Griechisch-Deutsches
WÖRTERBUCH

zu den Schriften des Neuen Testaments
und der übrigen urchristlichen Literatur

von

D. Dr. phil. h. c. WALTER BAUER

ord. Professor der neutestamentlichen Theologie in Göttingen

Fünfte, verbesserte und stark vermehrte Auflage

1. Lieferung:

A — ἀποπλανάω

1957

VERLAG ALFRED TÖPELMANN, BERLIN W 35

Zur Einführung

In diesem Wörterbuche wird der Versuch unternommen, die Ausbeute der Erforschung des hellenistischen Griechisch und besonders auch der Sprache der LXX ebenso zum Verständnis der ältesten christlichen Literatur innerhalb und außerhalb des Neuen Testaments zu verwerten, wie das Ergebnis der Bemühungen von Theologen und Historikern um dieses Schrifttum und die Geschichte, die aus ihm spricht. Doch werden dem Leser die von der Wissenschaft ermittelten „Bedeutungen" nicht nur einfach mitgeteilt, sondern es wird ihm in möglichst reichem Maße der gelehrte Stoff, den die alten Quellen und die Gegenwartsarbeit ergeben haben, als Grundlage für eine eigene Urteilsbildung vorgelegt. In umstrittenen Fällen erfährt er von den hauptsächlichsten Deutungsversuchen, und reichliche Hinweise auf neuzeitliche Veröffentlichungen mannigfaltigster Herkunft wollen ihn immer wieder zu tieferführender eigener Arbeit anregen. Die meisten Artikel buchen sämtliche Stellen, an denen das betreffende Wort in dem behandelten Schriftenkreis auftritt. Auch ist an keiner Schwierigkeit, die bemerkt wurde, vorbeigegangen worden. Die Auswahl und Darbietung des Stoffes, wie die Anordnung und Durchführung der Erklärung möchten den Anfängern, den Fortgeschrittenen und den selbständigen Forschern gleich nützlich sein.

Diese Grundsätze, die sich an den früheren Auflagen bewährt hatten, behielten auch für die neue ihre Gültigkeit. Trotzdem es sich also nur um ein Fortschreiten in der bisherigen Richtung handelte, blieb noch genug zu tun. Die unablässige Fortsetzung der Lektüre des griechischen Schrifttums ergab auch jetzt wieder viel neuen Stoff. Die wichtigsten der seit dem Erscheinen der vierten Auflage systematisch durchforschten Quellen sind den Listen 3 und 4 einverleibt worden. Nicht wenige der schon früher verwendeten Schriften waren unlängst neu herausgegeben worden und belohnten die wiederholte Durcharbeitung mit oft reichem Ertrag. Die Hoffnung, man würde nun bald zu einer Art Abschluß gelangt sein, ließen sie freilich nicht aufkommen, lehrten den Lexikographen eher, statt einen solchen Traum zu träumen lieber noch emsiger ans Werk zu gehen und bliebe es auch allezeit Stückwerk.

Die seit 1952 herausgekommene neuzeitliche Literatur habe ich in dem bescheidenen Maße berücksichtigt, das der leider immer stärker anschwellende Umfang des Buches und der schlechter werdende Zustand meiner Augen mir aufnötigen.

Die neue, fünfte Auflage des Griechisch-Deutschen Wörterbuches wird in 8 Lieferungen von je 12 Bogen Umfang und einer 9. (Schluß-) Lieferung erscheinen. Das ganze Werk wird voraussichtlich 112 Bogen umfassen.

Der Preis der Lieferungen mit 12 Bogen Umfang ist je DM 7.80

Abkürzungen

1. Die Schriften der in diesem Wörterbuch behandelten Literatur

(Zugrunde liegen für das NT EbNestles Ausgabe ^{21}1952, für die Apostolischen Väter, die Didache, den Diognetbr. und das Martyrium Polykarps die kleine Ausgabe der Patres Apostolici von OvGebhardt, AvHarnack u. ThZahn ^{6}1920 [daneben D. Apost. Väter ed. KBihlmeyer I, 2. Aufl. m. e. Nachtrag von WSchneemelcher 1956. Es fehlt Hermas], für den Rest der Schriften die besonders bezeichneten Ausgaben. Lesarten, die in diesen Drucken nicht in den Text aufgenommen sind, werden als Varianten behandelt.)

AE = Ägypterevangelium (Kl. T. [s. unter 5] 8 ^{3}1929, 15f.)
AG = Apostelgeschichte
Agr = Agraphon (EPreuschen, Antilegomena ^{2}1905, 26 bis 31: Herrenlose Herrnworte)
Apk = Apokalypse
B = Barnabasbrief
D = Didache
Dg = Diognetbrief
EbEv = Ebionitenevangelium (Kl. T. 8^{3}, 12–15)
Eph = Epheserbrief
Epil Mosq = Epilogus Mosquensis des MPol (s. d.; Ausg. S. 128)
Gal = Galaterbrief
H = Hermas
m = mandatum
s = similitudo
v = visio
Hb = Hebräerbrief
HE = Hebräerevangelium (Kl. T. 8^{3}, 5–12)
J = Johannesevangelium
1J = 1 Johannesbrief
2J = 2 Johannesbrief
3J = 3 Johannesbrief
[I] = Ignatius
IEph = I. an d. Epheser
IMg = I. an d. Magneten
IPhld = I. an d. Philadelphier
IPol = I. an Polykarp
IRö = I. an d. Römer
ISm = I. an d. Smyrnäer
ITr = I. an d. Trallianer
Jd = Judasbrief
Jk = Jakobusbrief
1Kl = 1 Klemensbrief
2Kl = 2 Klemensbrief
Kol = Kolosserbrief
1Kor = 1 Korintherbrief
2Kor = 2 Korintherbrief
LJ = Logien Jesu (Kl. T. 8^{3}, 19–22)
Lk = Lukasevangelium
Mk = Markusevangelium
Mk-Schluß der Freerhs. (-handschrift): Kl. T. 31, 1908, 10
MPol = Martyrium d. Polykarp
Mt = Matthäusevangelium
NaassEv = Naassenerevangelium (Preuschen, a. a. O. 12f.)
Ox = Evangelienfragment aus P. Oxy. V 840 (Kl. T. 31, 4f.)
PA = Petrusapokalypse (Kl. T. 3^{2}, 1908, 8–13)
PE = Petrusevangelium (Kl. T. 3^{2}, 3–8)
Phil = Philipperbrief
Phlm = Philemonbrief
PK = Petruskerygma (Kl. T. 3^{2}, 13–16)
Pol = Polykarpbrief
1Pt = 1 Petrusbrief
2Pt = 2 Petrusbrief
Rö = Römerbrief
1Th = 1 Thessalonicherbrief
2Th = 2 Thessalonicherbrief
1Ti = 1 Timotheusbrief
2Ti = 2 Timotheusbrief
Tit = Titusbrief
UGosp = Fragments of an Unknown Gospel ed. by HIdris Bell and TCSkeat 1935

* am Schluß eines Artikels bedeutet, daß alle Stellen angeführt sind, an denen das betr. Wort in uns(erer) Lit(eratur) vorkommt; ** daß alle ntl. Stellen genannt sind.

2. Die Schriften des Alten Testamentes

(Wo nicht ausdrücklich anders angegeben, Aq[uila], Sym[machus], Theod[otion], werden die Schriften des ATs nach LXX, Ausgabe von ARahlfs 1935, angeführt.)

Am = Amos
Bar = Baruch
Bel = Bel u. d. Drache
1Ch = 1 Chronik
2Ch = 2 Chronik
Da = Daniel
Dt = Deuteronomium
EpJer = Brief des Jeremia
1Esr = 1 Esra
2Esr = 2 Esra (Kap. 11–23 = Nehemia)
Esth = Esther
Ex = Exodus
Ez = Ezechiel
Gen = Genesis
Hab = Habakuk
Hg = Haggai
Hi = Hiob
HL = Hohes Lied
Hos = Hosea
Jdth = Judith
Jer = Jeremia
Jes = Jesaja
Jo = Joel
Jon = Jona
Jos = Josua
Kl = Klagelieder
1Kö = 1Könige (hebr. 1Samuelis)
2Kö = 2Könige (hebr. 2Samuelis)
3Kö = 3Könige (hebr. 1Könige)
4Kö = 4Könige (hebr. 2Könige)
Lev = Leviticus
1Makk = 1 Makkabäer
2Makk = 2 Makkabäer
3Makk = 3 Makkabäer
4Makk = 4 Makkabäer
Mal = Maleachi
Mi = Micha
Na = Nahum
Nehemia s. zu 2Esr
Num = Numeri
Ob = Obadja
Pre = Prediger
Ps = Psalm
PsSal = Psalmen Salomos
Ri = Richter
Sach = Sacharja
Sir = Jesus Sirach
Spr = Sprüche
Sus = Susanna
Tob = Tobit
Wsh = Weisheit Salomos
Ze = Zephanja

3. Veröffentlichungen von Inschriften und Papyri

(soweit sie nicht im Text unmißverständlich gekennzeichnet sind.)

Aberciusinschr(ift) ed. EPreuschen, Analecta ²I 1909 S. 26ff. – II n.

Audollent, Defix. tab. = AAud., Defixionum tabellae 1904.

Berl(iner) Klassikertexte I–VII 1904–23.

BGU = Ägyptische Urkunden aus den Museen zu Berlin: Griech. Urk. I–VIII 1895–1933.

CIA = Corpus inscriptionum Atticarum 1873–97.

CIG = Corpus inscriptionum Graecarum 1828–77.

CII = Corpus inscriptionum Iudaicarum I 1936. II 1952.

CIL = Corpus inscriptionum Latinarum 1863 bis 1909.

Dialekt-Inschr. = Sammlung der griechischen Dialekt-Inschriften herausg. v. HCollitz u. OHoffmann, 4 Bde. 1884–1915.

Dit., Or. = Orientis Graeci inscriptiones selectae ed. WDittenberger, 2 Bde. 1903–1905.

Dit., Syll. = Sylloge inscriptionum Graecarum ed. Dittenberger³, 4 Bde. 1915–1924. Die 2. Aufl., 3 Bde. 1898–1901, wurde gebraucht, wenn ein Stück aus der 2. Aufl. nicht in die 3. hinübergenommen war.

Enteux. = ʼΕντεύξεις I ed. OGuéraud 1931.

Epigr. Gr. = Epigrammata Graeca ex lapidibus conlecta. Ed. GKaibel 1878.

Fluchtaf. = RWünsch, Antike Fluchtafeln: Kleine Texte 20, ²1912.

Hatch = WHPHatch, Some Illustrations of NT Usage from Greek Inscriptions of Asia Minor: JBL (s. unter 5) 27, 1908, 134–46.

Hauser = KH., Gramm. d. griech. Inschr. Lykiens. Zürcher Diss. 1916.

IG = Inscriptiones Graecae 1873ff.

IG² = ed(itio) min(or) 1913ff.

Inschr. Gal. = Exploration archéol. de la Galatie et de Bithynie par GPerrot u. a. I 1872.

Inschr. v. Hierap. = D. Inschr. v. Hierapolis in: Jahrb. d. Kaiserl. Dtsch. Archäol. Inst. 4. Ergzgsheft 1898, S. 67–180 hrsg. v. WJudeich.

Inschr. v. Magn. = Die Inschriften von Magnesia am Mäander ed. OKern 1900.

Inschr. v. Perg. = Die Inschriften von Pergamon ed. MFränkel 1890. 1895.

Inschr. v. Priene = Die Inschriften von Priene ed. FHillervGaertringen 1906.

Inscr. gr. = Recueil d'Inscriptions grecques éd. ChMichel 1900. 1912.

Inscr. Rom. = Inscriptiones Graecae ad res Romanas pertinentes ed. RCagnat I–IV 1911 bis 1914.

Isishymnus von Andros und verwandte Texte von WPeek 1930.

Κυπρ. = ASakellarios, Τα Κυπριακα 2 Bde. 1890/91 (Athen.). Inschr.

Kyr.-Inschr. = D. Augustus-Inschr. auf d. Marktplatz v. Kyrene ed. JStroux u. LWenger in d. Abh. d. Bayer. Ak. d. W. phil.-hist. Kl. XXXIV 2, 1928 [7/6v u. 4v], auch = Suppl. epigr. Gr. IX 1938 Nr. 8.

Lind. Tempelchr. = D. Lindische Tempelchronik ed. ChrBlinkenberg: Kl. T. 131 (1915).

Maspero = JMasp., Pap. grecs d'époque Byzantine I–III 1910–1916.

Mitteis, Chrest. = LMitteis, Chrestomathie der Papyruskunde 1912.

Mose, 8. Buch (ADieterich, Abraxas 1891, 167 bis 205) = ZP (s. u.) 13.

Ostraka = UWilcken, Griechische Ostraka I. II 1899 (I enth. den Kommentar, II die Texte).

P. Amh. = BPGrenfell u. ASHunt, The Amherst Papyri I. II 1900f.

P. Berlin 5025. 5026 = ZP (s. u.) 1. 2.

P. Brem. = Die Bremer Papyri herausgeg. von UWilcken 1936.

P. Eleph. = ORubensohn, Elephantine-Papyri 1907.

P. Fay. = Grenfell, Hunt u. DGHogarth, Fayûm Towns and their Papyri 1900.

P. Flor. = GVitelli u. DComparetti, Papiri Fiorentini I–III 1906–1915.

P. Frankf. = HLewald, Griech. Papyri aus Frankfurt (Sitzgsber. d. Hdlbg. Ak. d. Wiss. 1920, Abh. 14).

P. Genf = JNicole, Les Papyrus de Genève I 1896ff.

P. Gieß. = OEger, EKornemann u. PMMeyer, Griech. Pap. zu Gießen 1910–1912.

P. Goodspeed = EJGoodsp., Greek Pap. from the Cairo Museum 1902.

P. Grenf. I = An Alexandrian Erotic Fragment and other Greek Pap., chiefly Ptolemaic. Ed. Grenfell 1896.

P. Grenf. II = New Classical Fragments. Ed. Grenfell u. Hunt 1897.

P. Hal. = Dikaiomata herausgeg. v. der Graeca Halensis 1913.

P. Hamb. = PMMeyer, Griech. Papyrusurkunden der Hamburger Stadtbibliothek 1911–1924.

P. Hermopol. = CWessely, Corpus papyrorum Hermopolitanorum (Studien z. Paläographie und Papyruskunde V) 1905.

P. Hib. = Grenfell u. Hunt, The Hibeh Papyri I 1906.

P. Holm. = Papyrus Graecus Holmiensis. Ed. OLagercrantz 1913.

P. Iand. = Papyri Iandanae. Ed. CKalbfleisch cum discipulis 1912ff.

P. Leid. = CLeemans, Papyri Graeci musei antiquarii publici Lugduni-Batavi I 1843. II 1885; zitiert nach UPZ (s. u.) und ZP 12. 13.

P. Leipz. = LMitteis, Griech. Urkunden d. Papyrussammlung zu Leipzig 1906

P. Lille = PJouguet, Papyrus grecs de Lille I 1907 bis 1923.

P. Lond. = FGKenyon u. HIBell, Greek Papyri in the British Musuem I–V 1893–1917; s. u. ZP 5. 7.

P. Magd. = JLesquier, Papyrus de Magdola 1912.

P. Mich. = Michigan Papyri I (Zenon Pap. ed. CCEdgar) 1931. II (Pap. from Tebtunis I ed. AERBoak) 1933. III (Miscell. Pap. ed. JGWinter) 1936.

P. Mimaut = ZP (s. u.) 3.

P. Osl. = Papyri Osloenses ed. SEitrem u. LAmundsen I–III 1925–1936. Nr. 1 ist = ZP (s. u.) 36.

P. Oxy. = Grenfell u. Hunt, The Oxyrhynchus Papyri I–XVII 1898–1927.

P. Par. = Pariser Pap. in Notices et Extraits XVIII 2, éd. Brunet de Presle 1865. D. meisten sind zit. nach UPZ (s. u.). – Der große Pariser Zauberpap. (Bibl. nat. Nr. 574 d. Supplément grec) = ZP (s. u.) 4.

P. Petr. = JPMahaffy u. JGSmyly, The Flinders Petrie Papyri I–III 1891–1905.
P. Rainer = CWessely, Corpus papyrorum Raineri 1895.
P. Reinach = ThR., Pap. grecs et démotiques 1905.
P. Rev. = Revenue Laws of Ptolemy Philadelphus. ed. BPGrenfell a. JPMahaffy 1896.
P. Ryl. = Catalogue of the Greek Papyri in the John Rylands Library, Manchester I–III 1911–1938.
PSI = Pubblicazioni della Società Italiana: Papiri Greci et Latini I–XI 1912–1935.
P. Straßb. = FPreisigke, Griech. Papyrus zu Straßburg I. II 1906–1920.
P. Tebt. = Grenfell, Hunt, Goodspeed u. Smyly, The Tebtunis Papyri I–III 1, 1902–1933.
P. Théad. = PJouguet, Pap. de Théadelphie 1911.
P. Turin = APeyron, Papyri Graeci regii Taurinensis musei Aegyptii I. II 1826. 1827.
P. Ups. 8 = GBjörck, D. Fluch des Christen Sabinus Pap. Upsaliensis 8, 1938. VI n.
P. Warr. = The Warren Papyri 1941.
P. Wien Bosw. = EBoswinkel, Einige Wiener Pap. 1942.
Rouffiac = JR., Recherches sur les caractères du Grec dans le NT d'après les inscriptions de Priène 1911.
Sb = Sammelbuch; s. 5 unter Preisigke.
Suppl. epigr. Gr. = Supplementum epigraphicum Graecum ed. JJEHondius I–IX 1923–1938.
Thieme = GTh., Die Inschriften v. Magnesia am Mäander u. d. NT. Heidelb. Diss. 1905.
UPZ = Urkunden der Ptolemäerzeit herausgeg. v. UWilcken I. II 1927ff.
Wadd. = WHWaddington, Inscriptions Grecques et Latines de la Syrie 1870.
Wilcken, Grundzüge / ,, Chrest. = UWilcken, Grundzüge und Chrestomathie der Papyruskunde I. II 1912.
Witkowski = StW., Epistulae privatae Graecae ²1911.
Zen.-P. = Zenon-Papyri. Ihre Hauptmasse findet sich in d. PSI (s. ob.) IV–VII, P. Mich. (s. ob.) I, P. der Columbia Univ. I II 1934–1940 u., herausgeg. v. CCEdgar, im Catalogue Général des Antiquités Égypt. du Musée du Caire 79 (1925). 82 (1926). 85 (1928). 90 (1931); e. Teil d. Kairener Zen.-P. auch im Sb (s. ob.) III S. 86ff. Nr. 6707–6820.
ZP = KPreisendanz, Papyri Graecae Magicae. Die Griech. Zauberpapyri I 1928. II 1931. Besond. wichtig sind: 1. 2 (= P. Berlin 5025. 5026). 3 (P. Mimaut). 4 (Pariser ZP). 5 (P. Lond. 46). 7. (P. Lond. 121). 12 (P. Leid. V). 13 (P. Leid. W). 36 (P. Osl. 1).

4. Schriftsteller und Schriften des Altertums

(mit Einschluß nicht abgekürzter Namen und unter Angabe der Zeit, für die Autoren der Zeit ihres literarischen Schaffens. Röm. Ziffern bedeuten dabei das Jahrhundert, arabische das Jahr.)

Achilles Tat(ius) ed. RHercher 1858 III n
Achmes, oneirocriticon, christl. überarb. Profantext, ed. FDrexl 1925, zitiert nach Seite und Zeile um 900 n
Aelian(us) ed. RHercher 1864 II n
Ael(ius) Aristid(es) II ed. BKeil 1898, der Rest ed. WDindorf 1829 II n
Ael(ius) Dion(ysius) II n und Pausanias II n, zwei Attizisten herausg. v. HErbse, Untersuchungen zu den attizist. Lexika 1950, S. 95–151; 152–221
Aeneas Tact(icus) ed. RSchöne 1911, zitiert nach Prosazeilen IV v
Aeschin(es) IV v
unecht die Briefe (ed. EDrerup 1904) II n
Aeschyl(us) V v
Aesop(us) zitiert nach Aesopica by Ben Edwin Perry I 1952 (Vitae Aesopi. Sententiae, Proverbia, Fabulae). Daneben werden gebraucht die Vitae Aes. ed. Eberhard (s. u.) u. frühere Ausgaben der Fabeln, bes. die von CHalm 1854 unbestimmt
Aëtius, Augenheilkunde ed. JHirschberg 1899 VI n
Alciphr(on) ed. MASchepers 1905 um 200 n
Alex(ander) Aphr(odisiensis), Scripta minora = Supplementum Aristotelicum II 1. 2 ed. IBruns 1887. 1892: (de) an(-ima) mant(issa), (de) an(ima), quaest(iones), (de) fat(o), (de) mixt(ione) um 200 n
Alexis IV v
Anacreontea carmina ed. CPreisendanz 1912 nachchristl.
Anakr(eon) VI v
Anaxandrides IV v
Anaximander VI v
Andoc(ides) um 400 v
Anecd(ota) Gr(aeca) ed. IBekker 1814–21; d. 3 Bde sind durchpaginiert
Anth(ologia) lyr(ica) Gr(aeca) ed. EDiehl ²1936–42
Anth(ologia) Pal(atina) ed. FDübner 1864–72
Antig(onus v.) Car(ystus) ed. OKeller: Rer. nat. scr. 1877 III v
Antiphanes IV v
Antipho Orator u. Sophista, beide V v
Anton(inus) Lib(eralis) ed. EMartini 1896 II n
Apollon(ius) Dysc(olus) = Grammatici Graeci II 1. 2. 3 ed. RSchneider u. GUhlig 1878 bis 1910 II n
Apollon(ius) Paradox(ographus) ed. OKeller (s. ob. Antig. Car.) unbestimmt
Apollonius von Rhodus III v
Appian(us) ed. PViereck u. AGRoos I 1936. II 1905 II n
Apuleius II n
Arat(us) III v
Archilochus Lyr. ed. EDiehl² VII v
Aretaeus ed. CHude: CMG II 1923 II n
Aristaen(etus) V n
Aristoph(anes) V-IV v
Aristot(eles) IV v
unecht de mundo I n
Aristoxenus ed. FWehrli 1945 IV-III v
Arrian(us) ed. AGRoos I 1907. II 1928 II n
Artem(idorus) ed. RHercher 1864 II n
Astrampsychus, oraculorum decades CIII ed. RHercher 1863. Wohl christlich, doch unter Verwendung profanen Stoffes V n
Athen(aeus) ed. GKaibel I–III 1887–1890 III n
Babrius ed. OCrusius 1897 geg. 200 n
Bacchylides ed. BSnell 1949 V v
Batr(achomyomachie) nicht vor I v
Biogr. = Βιογράφοι. Vitarum scriptores Gr. minores ed. AWestermann 1845 (zitiert nach Seite)
Bion II v
Caecilius Calactinus ed. EOfenloch 1907 I v-I n
Callim(achus) III v
Cass(ius) Dio ed. UPBoissevain 1895–1931 II-III n

Cat. cod. astr. = Catalogus codicum astrologorum Graecorum I ff. 1898 ff.

Cebes ed. KPraechter 1893 I n

Celsus bei Origenes, c. Celsum ed. PKoetschau 1899 II n

Chairemon ed. H-RSchwyzer 1932 I n

Charito ed. RHercher 1859 I-II n

Chio epistolographus s. ep(istola) I-II n

Chrysipp(us) III v

CMG = Corpus medicorum Graecorum, erscheint seit 1908; zitiert nach Bd., Seite, Zeile

Coll(ectanea Alexandrina) ed. IUPowell 1925

Comicorum Att. fragmenta ed. ThKock 3 Bde. 1881–88

Cornutus, Theologiae Gr. comp. ed. CLang 1881 I n

Cratinus Com. V v

Crinagoras ed. MRubensohn 1888 I v-I n

Critias V v

Ctesias ed. CMüller 1844 (hinter Herodot ed. GDindorf) um 400 v

Cyrill v. Scyth(opolis) ed. ESchwartz 1939 (= TU 49, 2) VI n

Demokrit um 400 v

Demosth(enes) IV v

Dicaearchus ed. FWehrli 1944. Die fälschlich auf ihn zurückgeführten Schriften bei MFuhr, Dic. quae supersunt 1841

Dinarchus IV v

Dio Chrys(ostomus) ed. Gde Budé 1916–19 I-II n

Diocles: D. Fgm. der sikel. Ärzte Akron, Philistion, Diokles v. Karystos hrsg. v. MWellmann 1901 IV v

Diod(orus) S(iculus) ed. [LDindorf-] FVogel- CThFischer [1866 ff.] 1888 ff. I v

Diog(enes) L(aertius) ed. CGCobet 1850 III n

Dionys(ius) Byz(antius), anaplus Bospori ed. RGüngerich 1927. Zitiert nach §§ um 200 n

Dionys(ius) Hal(icarnassensis) I v

Diosc(urides) I n

Diphilus IV-III v

Dositheus, ars grammatica rec. JTolkiehn 1913 IV n (?)

Doxogr(aphi) Gr(aeci) coll. HDiels 1879

Epici = Epicorum Graecorum fragmenta ed. GKinkel 1877

ep(istola): wo nicht e. besondere Ausgabe gebraucht ist (Aeschines, Alciphron, Apollonius v. Tyana, Demosthenes, Epikur, Julian, Philostratus, Plato, Socrat.), findet s. der Brief in den Epistolographi Graeci ed. RHercher 1873

Ep(istula) Arist(eae) ed. PWendland 1900 II v

Epicharmus V v

Epikt(et) ed. HSchenkl 1894 I-II n

Epikur um 300 v

Eratosth(enes) ed. AOlivieri 1897 III v

Eth(ica) Epic(urea) ed. WSchmid 1939 = Studia Herculanensia 1

Etym(ologicum) Gud(ianum) ed. EAloysius de Stefani I 1909. II 1920

Etym(ologicum) Mag(num) ed. ThGaisford 1848

Eunap(ius), vitae sophistarum ed. JFBoissonade 1822; zitiert nach Seite IV-V n

Eur(ipides) V v

Eustathius XII n

Eutecnius zu [Ps.-]Oppians cynegetica ed. OTueselmann: GGAbh. n. F. IV 1, 1900

Galen(us) II n

Geopon(ica) Sammlung älterer Stücke angelegt im X n

Gorgias aus Leontini V v

Harpocration ed. WDindorf 1853 II n

Hdt. = Herodot V v

Heliod(orus) III n

Hen(och) Kap. 1–32. 89, 42–49 ed. LRadermacher 1901; Kap. 97, 6–104. 106 f. ed. CBonner 1937

Heraclit(us) Sto(icus), Quaestiones Homericae ed. soc. philol. Bonn 1910 I v-I n

Heraklit ed. HDiels (Vorsokr. 22) V v

Herm(etische) Schr(iften), soweit nicht anders bemerkt, zitiert nach WScott, Hermetica I 1924 (– IV 1936). Vgl. auch ed. ADNock u. A-JFestugière 1945 Kaiserzeit

Hermippus V v

Hermogenes II n

Hero Alex(andrinus) ed. WSchmidt u. a. Bd. I–V 1899 bis 1914 I v-I n

Herodian(us) Grammatiker ed. ALentz 1867–70 II n

– Historiker ed. KStavenhagen 1921 (ihn meint d. bloße Name) III n

Herondas ed. OCrusius ^{5}1914 III v

Hes(iod) VII v

Hesych(ius) ed. MSchmidt 1858 bis 1868; ed. KLatte I [A–Δ] 1953 mit erheblich abweichendem Text V n

Hierocles, commentarius in aureum carmen: FWAMullach, Fragmenta philosophorum Graecorum I 1860 p. 416–84 IV-V n

Himerius, declamationes et orationes rec. A. Colonna 1951. Die frühere Zitierweise – noch bei FDübner 1849 – erscheint, wenn sie abweicht, in eckiger Klammer IV n

Hippiatr. = Corpus Hippiatricorum Graecorum ed. EOder u. CHoppe I 1924. II 1927

Hippokr(ates) = Corpus Hippocraticum V-IV v

Homer etwa VIII-VI v

homer(ische) Hymn(en) von VII v an

Horapollo, Hieroglyphica ed. CLeemans 1835 IV n

Hyperid(es) ed. ChJensen 1917 IV v

Jac. = Die Fragmente der griech. Historiker von FJacoby 1923 ff. Angegeben sind Nr. und Fragmentzahl

Jambl(ichus) um 300 n

Jambl(ichus) Erot(icus) ed. RHercher 1858 II n

Il. = Ilias

Io(annes) Lydus VI n

Jos(ephus) ed. BNiese 1887–95 zitiert nach Buch u. § I n

Isaeus IV v

Isokr(ates) IV v

Julian, Briefe ed. JBidez 1922 IV n

Kephal(aia) = Manichäische Handschriften I 1935 ff.

Klearch(os) ed. FWehrli 1948 IV-III v

Kleopatra = Kl. u. d. Philosophen ed. RReitzenstein: Nachr. d. Gött. Ges. Ph.-hist. Kl. 1919, S. 14 ff. Das Heidn.-Griechische daran III n

Kos(mas) u. Dam(ian) ed. LDeubner 1907

Kyraniden, die: ed. Ch-ERuelle, Les lapidaires Grecs II 1898 IV n (?)

Laud(atio) Therap(ontis) in LDeubner, De incubatione 1900 p. 120–34 VII n

Leo(nis imper.) strategemata als Anh. zu Polyaenus (s. d.) p. 503 bis 540 (engster Anschluß an Polyaen. ist unverkennbar)

Leontios (v. Neapolis), Leben des hl. Joh. des Barmherzigen ed. HGelzer 1893 VII n

Lex(icon) Vind(obonense) rec. ANauck 1867

Libanius ed. RFörster 12 Bde. 1903–23 IV n

Longus II n

Lucian II n

Lycophron III v

Lyriker s. ob. Anth(ologia) lyr(ica) Gr(aeca)

Lysias V-IV v

Manetho (aus Jos., c. Ap.) ed. WGWaddell 1948 III v

– apotelesmatica ed. AKöchly 1858 I n

M(arcus) Ant(oninus) = Mark Aurel ed. HSchenkl 1913 II n

Maximus Tyr(ius) ed. HHobein 1910 II n

Menand(er) ed. ChJensen 1929 u. Com.Att.Fgm.III 1888 IV v

Mesomedes, Hymnen ed. KHorna Sitzgsber. d. Wiener Ak. d. W. Bd. 207, 1) 1928 II n

Mimnermus VI v

Moeris ed. JPierson 1759 II n

Moschus II v

Musaeus, Hero u. Leander ed. ALudwich = Kl. T. 98 1929 V n

Musonius (Rufus) ed. OHense 1905 I n

Nicander ed. OSchneider 1856; hier auch die Scholien II v

Nicol(aus) Dam(ascenus) I v

Numenius v. Apamea II n

Ocellus Lucanus ed. RHarder 1926 II v

Od. = Odyssee

Oenomaus (Cynicus) ed. PValette 1908 nach Euseb., praep. ev. 5, 18, 6–5, 36, 4. 6, 7, 1–6, 7, 42 II n [Hadr.]

Olympiodor(us) VI n

Oppian(us) II n

unecht cynegetica III n

Oribasius IV n

Orphica ed. EAbel 1885; d. Hymnen ed. WQuandt 1941 unbestimmt

Or. Sib. = Oracula Sibyllina ed. JGeffcken 1902

Palaeph(atus) ed. NFesta 1902 unbestimmt

Paradoxogr(aphi) Flor(entini) anon. opusculum de aquis mirabilibus ed. HÖhler (Diss. Tüb.) 1913 I n

Parmenides ed. HDiels (Vorsokr. 28 B) VI-V v

Paroem. Gr. = Paroemiographi Graeci ed. ELvLeutsch und FGSchneidewin I 1839. II 1851

Parthenius ed. EMartini 1902 I v

Paus(anias) II n

Pausan. Attic. s. ob. bei Ael. Dion.

Pel(agia)-Leg(enden) = Legenden d. hl. Pelagia ed. HUsener 1879

Peripl(us maris) Eryth(raei) ed. HFrisk 1927 I n

Περὶ ὕψους (de sublimitate) I n

Petosiris (u. Nechepso), Astrolog. Schriften. Fragmentsammlung v. ERieß, Philol. Suppl. VI 1891/93, S. 327–94 II v

Philemo Com. (Com. Att. Fgm. Bd. II) IV-III v

Philo Alex. ed. LCohn u. PWendland 1896ff., zitiert nach Buch u. §. Bd. VII 1930 enthält die Indices v. JLeisegang I n

Philo Mech(anicus) ed. RSchöne 1893 III v

Philod(emus) I v

Philosophenspr(üche) versch. Art in Fgmta philos. Graec. ed. FWAMullach I 1860 p. 485 bis 509 (zit. nach Seite u. Nummer)

Philostrat(us) ed. KLKayser 1870 III n

Philumen(us) ed. MWellmann: CMG X 1, 1. 1908 II n

Phlegon v. Tralles II n [Hadr.]

Photius ed. SANaber 1864–65 IX n

Phryn(ichus), Ausg. v. CALobeck 1820 II n

Physiogn. = Scriptores physiognomici ed. RFörster 1893

Pind(ar) ed. OSchröder 1900 V v

Pla(to)

unecht außer gew. Dialogen (Tim. Locr., Alcib., dann Axioch[us] I v u. a.) die def. = definitiones IV v

Plinius, d. Ältere (natural. hist.) I n

Plinius, d. Jüngere (Briefe) I-II n

Plotin III n

Plut(arch) I-II n

Polemo Soph. ed. HHinck 1873 II n (Trajan)

Pollux ed. EBethe 1900–1937 II n

Polyaenus ed. JMelber 1887; wo nicht exc(erpta) steht, ist das Hauptwerk, strategemata, gemeint II n

Polyb(ius) ed. ThBüttner-Wobst 1882–1904 II v

Polystrat(us Epicureus) ed. CWilke 1905 III v

Porphyr(ius) III n

Posidippus III v

Posidon(ius) II-I v

Proclus (Diadochus) V n

s. Schrift Theol. = Στοιχείωσις θεολογική ed. ERDodds 1933

Psellus, History ed. CSathas 1899 XI n

Ps.-Apollod(orus) ed. RWagner 1894 II n

Ps.-Callisth(enes) = Historia Alex. Magni ed. WKroll 1926 200 n

Ps.-Demetr(ius), de eloc(utione) ed. LRadermacher 1901 I n

Ps.-Demetrius, form(ae) ep(istolicae) u.

Ps.-Libanius, charact(eres) ep(istolares) werden zitiert nach: Demetrii et Libanii qui feruntur Τύποι ἐπιστολικοί et Ἐπιστολιμαῖοι χαρακτῆρες ed. ValWeichert 1910 (nach Seite u. Zeile)

Ps.-Phok(ylides) ed. EDiehl (= Anthol. lyr. Gr. I² 1936) hellenist. Zeit

Ptolem(aeus) II n

–, apotel(esmatica) ed. FBoll-AeBoer 1940

Pythagoras VI v

Quintus Smyrnaeus ed. AZimmermann 1891 IV n

Rhet(ores) Gr(aeci) ed. ChWalz 1832–36 (Mischung v. Profanem u. Christl.) – Die v. LSpengel u. a. seit 1853 herausgeg. Sammlung der Rhet. Gr. wird nach antiken Autoren u. mod. Editoren angeführt.

Sallust(ius), περὶ θεῶν κ. κόσμου ed. ADNock 1926 IV n

Sappho VII-VI v

Schol(ien) zu Apollon(ius) v. Rhod(us) ed. KWendel 1935

– zu Aristoph(anes) ed. WDindorf 1838

– zu Eur(ipides) ed. ESchwartz 1887–1891

– zu Lucian ed. HRabe 1906

– zu Pind(ar) ed. ABDrachmann 1903–27

–

– zu Pla(to) ed. GChGreene 1938

Semonides v. Amorgos VII v

Sext(us) Emp(iricus) ed. HMutschmann u. a. 1912–55 II n

Sextus (Pyth.), Sententiae, christl. Bearbeitung einer hdn. Vorlage, ed. AElter Academica Bonn 1891-92. 1892 Ende II n

Simonides v. Keos VI-V v

Simplicius (, Commentarius) in Epict (eti enchiridion) ed. FDübner 1840. Zitiert n. Seite u. Zeile VI n

Socrat., ep. = D. Briefe des Sokrates u. der Sokratiker v. Liselotte Köhler: Philologus Suppl. 20, 2, 1928

Solon VII-VI v

Soph(okles) V v

Soranus ed. JIlberg: CMG IV 1927 II n

Stephan(us) Byz(antius) VI n

Stob(aeus) ed. CWachsmuth und OHense, 5 Bde. 1884–1923 V n

Stoic. = Stoicorum veterum fragmenta. Coll. JvArnim I–IV 1903–24

Strabo I v-I n

Suidas (= Suda) ed. AdaAdler 1928–35 X n

Synesius (d. Briefe: Epistolographi Gr. [s. ob. ep.]; die opuscula rec. NTerzaghi 1944. – Die Kapitelzahlen wurden nach Terz. angegeben; d. Seitenzahlen sind die der ed. Pettau, die Terz. a. R. vermerkt) um 400 n

Syntipas ed. VJernstedt-PNikition: Mémoires de l'Acad. impériale des sciences hist.-phil. tome XI 8me série, Pétersbourg 1912 p. 1–200. Zit. nach Seite u. Zeile

Teles ed. OHense ²1909 III v

Test. Rub., Sim. usw. = Test(amente der) 12 Patr(iarchen) ed. RHCharles 1908

Tetrast(icha) iamb(ica): Babrius ed. Crusius p. 264–296

Themist(ius), orationes ed. WDindorf 1832 IV n

Theognis VI v

Theokr(it) III v

Theophr(ast) ed. FWimmer 1854ff. IV v
Theophylactus Simocatta VII n
Theosophien, Fragmente griechischer, ed. HErbse (Diss. Hamb.) 1941
Thomas Magister ed. FRitschl 1832 XIV n
Thu(cydides) V v
Trag. = Tragiker oder Tragödie
Vett(ius) Val(ens) ed. WKroll; zitiert nach Seite und Zeile II n
Vi(tae) Aesopi ed. AEberhard 1872
Vi(tae) Homeri et Hesiodi ed. UvWilamowitz = Kl. T. 137 Neudruck 1929
Vorsokr(atiker) Ausg. ihrer Fragmente von HDiels, 5. Aufl. v. WKranz I–III 1934–37 6. Aufl. 1951ff.
Xenophanes VI v
X(enophon) IV v
unecht: Staat der Athener V v
cynegetica IV v
Xenophon Eph(esius) ed. RHercher 1858 II n
Zeno, d. Stoiker IV-III v

5. Zeitschriften, Sammelwerke, neuzeitliche Autoren und Literatur

ABA = Abhandlungen der Berliner Ak. d. Wissenschaft. (Phil.-hist. Klasse).
Abel = F-MAbel, Grammaire du Grec biblique 1927.
AGG = GGAbh.
AJPh = The American Journal of Philology 1880ff.
AJTh = The American Journal of Theology 1897ff.
Anz = HA., Subsidia ad cognoscendum Graecorum sermonem vulgarem e Pentateuchi versione Alexandrina repetita: Dissert. Philolog. Halenses XII 1894, 259–387.
APF = Archiv für Papyrusforschung 1901ff.
ARW = Archiv für Religionswissenschaft 1898ff.
Baedeker (K), Palästina u. Syrien [7]1910.
Beginn. = The Beginnings of Christianity. Ed. by FJFoakes-Jackson and KLake, 1. Teil, 5 Bde. (d. Apostelgesch.) 1920–1933.
BFChTh = Beiträge zur Förderung christlicher Theologie 1897ff.
Bibel-Lexikon hrsg. von DSchenkel, 5 Bde. 1869 bis 1875.
Bibelwörterbuch, Kurzes, hrsg. v. HGuthe 1903.
Billerb. = (HLStrack u.) PBillerbeck, Kommentar z. NT a. Talmud u. Midrasch, 4 Bde, 1922–1928.
Bl-D. = FBlaß, Grammatik d. ntl. Griechisch, bearbeitet v. ADebrunner [8]1950; zitiert nach §§; Anh. = Anhang.
Boll = FB., Aus der Offenb. Johannis 1914.
Bousset, Rel. = WB., D. Religion des Judentums im ntl. Zeitalter [3]1926.
BPhW = Berliner Philologische Wochenschr. 1881f.
Breusing = AB., D. Nautik d. Alten 1886.
Buhl (F), Geographie v. Palästina 1896.
Bull. de corr. hell. = Bulletin de correspondance hellénique 1877ff.
Buttmann (A), Grammatik des ntl. Sprachgebrauchs 1859.
ByzZ = Byzantinische Zeitschrift 1892ff.
BZ = Biblische Zeitschrift 1903ff.
ChQR = The Church Quarterly Review 1875ff.
Clemen = CCl., Religionsgesch. Erklärung des NT [2]1924.
ClR = The Classical Review 1887ff.
Congr. d'Hist. du Christ. = Congrès d'Histoire du Christianisme. Jubilé ALoisy, 3 Bde. 1928.
Con(iectanea) Neot(estamentica) cur. AFridrichsen u. a. 1ff., 1935ff.
Crönert = WCr., Memoria Graeca Herculanensis 1903.
Cumont = FC., D. oriental. Religionen im röm. Heidentum [3]1931.
—, Lux perpetua 1949.
Dalman (G), Arbeit = Arbeit u. Sitte in Palästina, 7 Bde. 1928–1942.
—, Gramm. = Grammatik d. jüd.-palästin. Aramäisch [2]1905.
—, Jesus = Jesus-Jeschua 1922.
Dalman (G), Orte = Orte u. Wege Jesu [3]1924.
—, Worte = D. Worte Jesu 1898, [2]1930.
Dibelius, Geisterwelt = MD., D. Geisterwelt im Glauben des Paulus 1909.
Dict. d'Arch. = Dictionnaire d'Archéologie chrétienne et de Liturgie par FCabrol et HLeclercq 1903ff.
Dictionary of the Bible, 5 Bde. 1898–1904. Dict. of Christ a. the Gospels, 2 Bde. 1906.1908. Dict. of the Apostolic Church, 2 Bde. 1915. 1918. Alle ed. by JHastings.
Dictionnaire de la Bible ed. par LVigouroux, 5 Bde. 1895–1912; dazu Supplement ed. par LPirot 1928ff.
Dodd = CHD., The Bible and the Greeks 1934.
Dßm. (ADeißmann), B = Bibelstudien 1895.
—, NB = Neue Bibelstudien 1897.
—, LO = Licht vom Osten [4]1923.
Elbogen = IE., Der jüd. Gottesdienst [2]1924. ([3]1931).
Encyclopaedia Biblica ed. by TKCheyne and JSBlack, 4 Bde. 1899–1903.
Encyclopaedia of Religion and Ethics ed. by JHastings, 13 Bde. 1908–1926.
Eranos. Acta philologica Suecana 1896ff.
ET = The Expository Times 1890ff.
Exp = The Expositor 1875ff.
Festschr. ist, wo Mißverständnis nicht zu befürchten, ohne Rücksicht auf den genauen Titel im Einzelfall = Festschrift.
FRL = Forschungen z. Rel. und Lit. des A und NT 1903ff.
Gbh. = OvGebhardt.
GGA = Göttingische Gelehrte Anzeigen.
GGAbh. = Abhandlungen der Gesellsch. d. Wissenschaften zu Göttingen (Philol.-hist. Klasse).
Goodspeed = ELG., Problems of New Testament Translation 1945.
Hahn = LH., Rom und Romanismus im griech.-röm. Osten 1906.
Handwörterbuch des Bibl. Altertums, hrsg. von ERiehm, 2 Bde. [2]1893f.
Hatch (E) u. Redpath (HA), A Concordance to the Septuagint and the other Greek Versions of the O. T. 1897. 1900.
Hdb. = Handbuch zum NT hrsg. v. HLietzmann.
Helbing = RH., Grammatik der LXX: Laut- und Wortlehre 1907.
—, D. Kasussyntax der Verba bei den LXX 1928.
Her = Hermes. Zeitschr. f. klass. Philologie 1866ff.
Hobart = WKH., The Medical Language of St. Luke 1882.
HThR = The Harvard Theological Review 1908ff.
JBL = Journal of Biblical Literature 1881ff.
JHS = The Journal of Hellenic Studies 1880ff.
IndogF = Indogermanische Forschungen 1891ff.

Johannessohn = MJ., D. Gebrauch der Präpositionen in LXX: NGG, Beiheft 1926.
JPh = The Journal of Philology 1868ff.
JQR = The Jewish Quarterly Review 1888ff.
JThSt = The Journal of Theological Studies 1900ff.
Jülicher, Gleichn. = AJ., D. Gleichnisreden Jesu II 1899.
Kalt (E), Biblisches Reallexikon, 2 Bde. 1931. 2. Aufl. 1938ff.
Kl.T. = Kleine Texte hrsg. v. HLietzmann.
Krüger (KW), Griech. Sprachlehre ^{5}1875–1879.
Kühner-Bl. u. Kühner-G. = RK., Ausf. Gramm. d. griech. Sprache^{3} von FBlaß u. BGerth 1890 bis 1904.
L. = KLachmann.
Lexikon für Theologie und Kirche hrsg. von MBuchberger, 10 Bde. 1930–1938.
Lghtf. = JBLightfoot.
Liddell (H) and Scott (R), A Greek-English Lexicon. New Edition by HStuartJones 1925–1940.
Ltzm. = HLietzmann.
Magie = DM., De Romanorum iuris publici sacrique vocabulis sollemnibus in Graecum sermonem conversis 1905.
Mayser = EM., Gramm. der griech. Pap. aus der Ptolemäerzeit I. II 1906–1934. Fehlt die Bandzahl, so ist Bd. I gemeint. Teile der 2. Aufl. sind jedesmal gekennzeichnet.
Μεγα Λεξικον της Ελληνικης Γλωσσης (JSZerbos), 9 Bde. 1950.
Meisterhans-Schw. = KM., Gramm. der attisch. Inschr. 3. Aufl. von ESchwyzer 1900.
Meyer (E) = EdMeyer, Ursprung u. Anfänge des Christentums, 3 Bde. 1921–1923.
Mlt. = JHMoulton, Einleitung in die Sprache des NT 1911.
Mlt-H. = JHMoulton, A Grammar of NT Greek II ed. by WFHoward 1919–1929.
Moulton (JH) and Milligan (G), The Vocabulary of the Greek Testament illustrated from the Papyri and other non-literary Sources, 8 Teile 1914–1929.
N. = Nestle.
Nägeli = ThN., Der Wortschatz des Ap. Paulus 1905.
NGG = Nachrichten der Gesellschaft der Wissenschaften zu Göttingen.
NJklA = Neue Jahrbücher f. d. klass. Altertum 1898ff.
NKZ = Neue Kirchliche Zeitschrift 1890ff.
Norden, Agn. Th. = EN., Agnostos Theos 1913.
NovTest = Novum Testamentum. An international Quarterly for NT and related Studies 1956ff.
NThSt = Nieuwe Theologische Studiën 1918ff.
NThT = Nieuw Theologisch Tijdschrift 1912ff.
NTSt = New Testament Studies 1954ff.
OLZ = Orientalische Literaturzeitung 1898ff.
Passow (F), Handwörterbuch der griech. Sprache, 5. Aufl. von VChFRost, FPalm u. a., 2 Bde. in 4 Abt. 1841–1857. – Völlig neu bearb. von WCrönert; nur drei Lieferungen 1912. 1913.
Pauly-W. = Pauly, Real-Encyclopädie der klass. Altertumswissensch. Neue Bearbeitg. seit 1892 nach GWissowa v. WKroll, KMittelhaus u. a
PEF = Palestine Exploration Fund 1870ff.
Philol(ogus), Zeitschr. f. d. klass. Altertum 1847ff.
Pj = Palästinajahrbuch 1905ff.
PJ = Preußische Jahrbücher 1858ff.
PM = Protestantische Monatshefte 1897ff.
Preisigke (F), Fachwörter = Fachw. des öffentl. Verwaltungsdienstes Ägyptens in den griech. Pap.urkunden d. ptol. u. röm. Zeit 1915.
–, Namenbuch 1922.
–, Sb = Sammelbuch griech. Urkunden aus Ägypten I 1915. II 1922. III–V 1927–1950 von FBilabel.
–, Wörterbuch der griech. Papyrusurkunden (vollendet von EKießling), 3 Bde. 1925–1931.
Prümm (K), Religionsgeschichtl. Handbuch f. d. Raum der altchr. Umwelt 1943.
Psaltes = StBP., Grammatik der Byzantinischen Chroniken (Forschungen zur griech. u. lat. Gramm. 2) 1913.
RAC = Reallexikon für Antike u. Christentum herausgegeben v. ThKlauser 1941ff.
Ramsay (WM), Bearing = The Bearing of Recent Discovery on the Trustworthiness of the NT 1915.
–, Church = The Church in the Roman Empire ^{5}1897.
–, Hist. Geogr. = The Historical Geography of Asia Minor 1890.
–, Letters = The Letters to the Seven Churches of Asia 1905.
–, Phrygia = The Cities and Bishoprics of Phrygia I 1 u. 2 1895–1897.
RB = Revue Biblique 1892ff. N. s. 1904ff.
Rdm. = LRadermacher, Neutest. Gramm. ^{2}1925.
RE = Realencyclopädie für protest. Theol. und Kirche, 24 Bde.^{3} hrsg. v. AHauck 1896–1913.
Reallexikon der Vorgeschichte, 15 Bde. 1924–1932.
RechdeScrel = Recherches de Science religieuse 1910ff.
Reinhold = HR., De graecitate Patrum Apostolicorum librorumque apocryphorum NTi quaestiones grammaticae, Diss. Phil. Hal. XIV 1 1898, 1–115.
RevStV = The Revised Standard Version of the NT 1946.
RGG = Die Religion in Geschichte und Gegenwart, 5 Bde. und Registerbd. ^{2}1927–1932. 3. Aufl. seit 1957 im Erscheinen.
RhM = Rheinisches Museum für Philologie. N. F. 1842ff.
RHPhr = Revue d'Histoire et de Philosophie religieuses 1921ff.
RSphth = Revue des Sciences philosophiques et théologiques 1907ff.
RThPh = Revue de Théologie et de Philosophie 1868ff. N. s. 1913ff.
Rtzst. (RReitzenstein), Erlösungsmyst. = D. iranische Erlösungsmysterium 1921.
Rtzst., Herr der Größe = D. mandäische Buch des Herrn der Größe 1919.
–, Hist. Mon. = Historia Monachorum und Historia Lausiaca 1916.
–, Mysterienrel. = Die hellenistischen Mysterienreligionen ^{3}1927.
–, Poim. = Poimandres 1904.
–, Taufe = D. Vorgeschichte der christl. Taufe 1929.
RVV = Religionsgesch. Versuche und Vorarbeiten 1903ff.
SAB = Sitzungsber. der Preußischen Akad. der Wissenschaften z. Berlin (Phil.-hist. Klasse).
Schmid = WSch., D. Attizismus in s. Hauptvertretern, 5 Bde. 1887–1897.
Schmidt = WSch., De Fl. Iosephi elocutione: Fleckeisens Jahrbücher f. klass. Philol. Suppl. XX 1894, p. 341–550.

SchThZ = Schweizerische Theolog. Zeitschrift 1884ff.
Schürer = ESch., Geschichte des jüdischen Volkes[4], 3 Bde. 1901–1911.
StKr = Theolog. Studien und Kritiken 1828ff.
Symb. Osl. = Symbolae Osloenses 1922ff.
Tdf. = CvTischendorf.
Thackeray = HStJTh., A Grammar of the Old Test. in Greek acc. to the Septuagint I 1909.
ThBl = Theologische Blätter 1922ff.
ThGl = Theologie und Glaube 1909ff.
ThLZ = Theolog. Literaturzeitung 1876ff.
ThQ = Theolog. Quartalschrift 1819ff.
ThSt = Theologische Studiën 1883ff.
ThT = Theologisch Tijdschrift 1867ff.
Thumb = ATh., D. griech. Sprache im Zeitalter des Hellenismus 1901.
ThW = Theologisches Wörterbuch zum NT, hrsg. v. GerhKittel u. GFriedrich I 1933. II 1935. III 1938. IV 1942. V 1954. VI 1—7, 1955—56.
ThZ = Theologische Zeitschrift herausgegeben v. d. Theol. Fak. der Universität Basel 1945ff.
TU = Texte und Untersuchungen 1882ff.
Ursing = UU., Studien zur griech. Fabel. Diss. Lund 1930.
W-H. = Westcott-Hort.
Winer (GB), Gramm. d. ntl. Sprachidioms[7] 1867.
Wlh. = JWellhausen; Einl. = Einleitung in d. drei ersten Ev. [2]1911.
W-S. = Winer, Gramm. d. ntl. Sprachidioms, 8. Aufl. von PWSchmiedel 1894ff.; zitiert nach §§.
Wuthnow = HW., Die semit. Menschennamen in griech. Inschr. u. Pap. des vord. Orients 1930.
Zahn(Th), Einl. = Einleitung in d. NT[3], 2 Bde. 1906f.
—, Forsch. = Forschungen z. Gesch. d. ntl. Kanons 1881ff.
—, GK. = Gesch. d. ntl. Kanons I. II 1888–1892.
ZAW = Zeitschr. f. die Atl. Wissenschaft 1881ff.
ZDMG = Zeitschr. d. Deutschen Morgenländischen Gesellschaft 1847ff.
ZDPV = Zeitschr. d. Deutschen Palästina-Vereins 1878ff.
ZKG = Zeitschr. f. Kirchengeschichte 1877ff.
ZkTh = Zeitschr. f. kathol. Theologie 1877ff.
ZMR = Zeitschr. f. Missionskunde u. Religionswissenschaft 1886ff.
ZNW = Zeitschr. f. die Ntl. Wissenschaft 1900ff.
Zorell (F), Novi Testamenti Lexicon graecum [2]1931.
ZsystTh = Zeitschr. f. systematische Theol. 1923ff.
ZThK = Zeitschr. f. Theologie und Kirche 1891ff.; n. F. 1920ff.
ZWTh = Zeitschr. f. Wissenschaftl. Theologie 1858–1914.

6. Sonstige Abkürzungen

A. = Andere
a. Anf. = am Anfang
a. a. O. = am angegebenen Orte
Abh. = Abhandlung(en)
abs(ol). = absolut
Adj. = Adjektiv(a)
adj. = adjektivisch
Adv. = Adverb(ien)
adv. = adverbiell
a. E. = am Ende
Akk. = Akkusativ
Akt. = Aktiv
akt. = aktivisch
allg. = allgemein
Anh. = Anhang
Anm. = Anmerkung
Antileg. = Antilegomena
Aor. = Aorist
Ap. = Apostel
Art. = Artikel
AT = Altes Testament
atl. = alttestamentlich
att. = attisch
Ausg. = Ausgabe(n)
b. = bei(m)
Bed. = Bedeutung(en)
bed. = bedeutet(-end)
bes. = besonder(s)
betr. = betreffen(d)
Bez. = Bezeichnung(en)
bez. = bezeichnet(-end)
bildl. = bildlich
bzw. = beziehungsweise
c. = cum
d. = der, die, das
dass. = dasselbe
Dat. = Dativ
dat. comm. = dativus commodi
dat. incomm. = dativus incommodi
dav. = davon
dgl. = dergleichen
d. h. = das heißt
Dem. = Deminutiv
Dep. = Deponens
dir. = direkt
e. = ein, eine, einer
ebd. = ebenda
ebs. = ebenso
eigtl. = eigentlich
entspr. = entspricht (-echend)
ep. = episch
erg. = ergänze(nd, -zt)
etw. = etwas
Ev. = Evangelium(-ien)
Exk. = Exkurs
f. = für
f. d. T. r. = falls der Text richtig
Fem. = Femininum
Fgm., fgm. = Fragment(e), fragmentum
flgd. = folgend
Fremdw. = Fremdwort
Fut. = Futurum
Gebr. = Gebrauch
gebr. = gebraucht (-chen)
geg. = gegen
Gen. = Genitiv
gen. abs. = genetivus absolutus
gen. obi. = genetivus obiectivus
gen. part. = gen. partitivus
gen. poss. = gen. possessivus
gen. qual. = gen. qualitatis
gen. subi. = gen. subiectivus
gew. = gewöhnlich
Ggs. = Gegensatz
Gräz. = Gräzität
Hapaxl. = Hapaxlegomenon
Hdb. = Handbuch
Hdn. = Heiden
hdn. = heidnisch
Hf. = Himmelfahrt
Hs(s). = Handschrift(en)
hsl. = handschriftlich
ib. = ibidem
jmd. = jemand
Imp. = Imperativ
Ind. = Indikativ oder Index
indekl. = indeklinabel
indir. = indirekt
Inf. = Infinitiv
insc. = inscriptio, Überschrift
Inschr. = Inschrift(en)
inscr. = inscriptio, Inschrift
intr. = intransitiv
in uns. Lit. = in unserer Literatur, d. h. dem Schrifttum, dessen Wortschatz hier behandelt ist
ion. = ionisch
Ipf. = Imperfekt
i. T. = im Text
jüd. = jüdisch
K. G. = Kirchengeschichte
kl(ass). = klassisch
Kod. = Kodex
Komm. = Kommentar(e)
Komp. = Komparativ
Konj. = Konjunktiv
Konstr. = Konstruktion(en)
krit. = kritisch
LA = Lesart
lat. = lateinisch
Lit. = Literatur(angaben)
m. = mit
Mask. = Maskulinum
Med. = Medium
med. = medial
mediz. = medizinisch
milit. = militärisch

n. A. = nach Anderen
neb. = neben
n. F. = neue Folge
NF. = Nebenform
Nomin. = Nominativ
N. pr. m., f. = Nomen proprium masc., fem.
NT = Neues Testament
ntl. = neutestamentlich
Ntr. = Neutrum
Obj. = Objekt
od. = oder
Opt. = Optativ
Pap. = Papyrus (-ri)
Parall. = Parallele(n)
parall. = parallel
Pass. = Passiv
pass. = passivisch
Pers. = Person(en)
pers. = persönlich
Pf. = Perfekt
Pl., Plur. = Plural
Pls = Paulus
Plsqpf. = Plusquamperfekt
Präd. = Prädikat
Präp. = Präposition(en)
Präs. = Präsens
Prät. = Präteritum
Pron. = Pronomen (-mina)
Ptz. = Partizipium (ia)
Rabb. = das Rabbinische, die rabb. Lit.
Rel. = Relativum
relig. = religiös
rit. = rituell
s. = siehe
s. d. Art. = siehe d. betreffenden Artikel
Sg., Sing. = Singular
s. d., o., u. = siehe dort, oben, unten
Sp. = Spätere
spez. = speziell
Sprachgebr. = Sprachgebrauch
str. = streicht (-chen)
Subj. = Subjekt
subsc. = subscriptio, Unterschrift
Subst. = Substantiv(a)
subst. = substantivisch, substantiviert
Superl. = Superlativ
s. v. a. = so viel als
syn. = synonym
t. = tomus, Buch, Band
T. = Text
TF = Textfehler
t. r. = textus receptus
trans. = transitiv
t. t. = terminus technicus
u. = und
u. a. = unter anderem
überh. = überhaupt
Überl. = Überlieferung
überl. = überliefert
Übers. = Übersetzung(en)
übers. = übersetzen
Übertr. = Übertragung
übertr. = übertragen
ugf. = ungefähr
unbek. = unbekannt
unpers. = unpersönlich
u. o. = und oft
u. ö. = und öfter
u. s. = und sonst
u. s. o. = und sehr oft
V. = Vers
v. = von, vom
Verb. = Verbindung(en)
verb. = verbunden, verbinden(d)
Verh. = Verhältnis(-sse)
vgl. = vergleiche
vi. = vita oder vitae
viell. = vielleicht
v. l. = varia lectio
Vok. = Vokativ
vollst. = vollständig
z. = zum, zur
z. d. St. = zu der (dieser) Stelle (z. St. = zur Stelle)
Zl. = Zeile(n)
z. l. = zu lesen
Zshg. = Zusammenhang
Ztschr. = Zeitschrift
Zub. = Zubehör (sprachl. u. sachl. Zugehöriges)
zus. = zusammen
zw. = zwischen
zweifelh. = zweifelhaft

A

A erster Buchstabe d. Alphabets (α′ = *1* [vgl. Or. Sib. 5, 15] od. *1.*: πρώτη, näml. ἐπιστολή, in den Überschr. der Briefe: 1 Kor. 1 Th. 1 Ti. 1 Pt. 1 J. 1 Kl; ἐντολή Hm 1 Überschr.), nach mystischer Buchstabensymbolik (FBoll, Sphaera '03, 469ff.) d. Anfang bezeichnend, wie ω d. Ende. Beide umschreiben daher d. All u. jede göttl. und dämon. Kraft. Vgl. Rtzst., Poim. 256ff.; Erlösungsmyst. 244. FBoll, Aus d. Offb. Joh. '14, 26f. In d. Redensart ἐγώ εἰμι τὸ ἄλφα καὶ τὸ ὦ werden d. beid. Buchstaben erklärt Apk 1, 8 t. r. 21, 6. 22, 13 als *Anfang u. Ende* (s. OWeinreich, ARW 19, '19, 180f.), 1, 11 t. r. 22, 13 als *Erster u. Letzter*. — S. zu ω u. FDornseiff, D. Alphabet in Mystik u. Magie[2] '25, 17f. 122ff. GerhKittel, ThW I 1—3. GStuhlfauth, Protestantenbl. 69, '36, 372—74; ThBl. 18, '39, 210—12.*

᾿Ααρών (אַהֲרוֹן) indekl. N. pr. m. (LXX. Philo. — Bei Joseph. ᾿Ααρών, ῶνος [ant. 3, 54] *Aaron*, Bruder d. Mose (Ex 4, 14), AG 7, 40 (Ex 32, 1). Verkörpert d. Priestertum (Ex 28, 1. Num 3, 10) Hb 5, 4. 7, 11. θυγατέρες ᾿Α. Lk 1, 5. — EbEv 1. D. Streit Aarons u. Mirjams mit Mose (Num 12) 1 Kl 4, 11; d. Stabprobe (Num 17) 43, 5. Hb. 9, 4.*

᾿Αβαδδών (אֲבַדּוֹן Spr 15, 11. Ps 87, 12. Theod Hi 26, 6. 28, 22 = ἀπώλεια) indekl. N. pr. m. *Abaddon* Name e. höll. Engels Apk 9, 11, d. als ἀπολλύων *Verderber* (vgl. אָבַד) erklärt ist. Dieser Name für den ἄγγελος τῆς ἀβύσσου u. seine Übers. verstehen sich aus dem AT, wo ἀπώλεια (s. o.) Spr 15, 11. Theod Hi 26, 6 m. ᾅδης = שְׁאוֹל, Ps 87, 12 m. τάφος parallel steht u. Theod Hi 28, 22 m. θάνατος zus. personifiziert ist.*

ἀβαναύσως Adv. *nicht engherzig*, λειτουργεῖν ἀ. neb. ἀμέμπτως, μετὰ ταπεινοφροσύνης und ἡσύχως 1 Kl 44, 3. Das Adj. ἀβάναυσος steht zwischen εὔσπλαγχνος u. ἀγαπητικός Const. Apost. 2, 3, 3 u. ist von d. Syrer d. Didasc. apost. syr. 4 (p. 35 Lewis) als חנן *gütig* verstanden; vgl. Klemens Alex., Päd. 3, 34 φιλανθρώπως, οὐ βαναύσως.*

ἀβαρής, ές, Gen. **οῦς** (d. Wort seit Aristot.; vgl. Nägeli 38) eigtl. *ohne Last, leicht von Gewicht*, nur übertr. *nicht lästig* (CIG 5361, 15 [I v] ἀ. ἑαυτὸν παρέσχηται. BGU 248, 26 [II n] ἐάν σοι ἀβαρὲς ᾖ. 1080, 17. P. Oxy. 933, 29) ἀβαρῆ ἐμαυτὸν ὑμῖν ἐτήρησα *ich habe mich so gehalten, daß ich euch nicht zur Last fiel* 2 Kor 11, 9.*

ἀββᾶ (aram. אַבָּא Vokativform, sekundär irrig mit dem St. emph. gleichgesetzt [Dalman, Gramm. 90f.] und daher mit ὁ πατήρ [statt πάτερ μου] wiedergegeben) *Vater* aram. Gebetsanrede (Dalman, Worte 157), v. den griech. sprechenden Christen übernommen (Ltzm., Hdb. zu Rö 8, 15), mit d. Übers. ὁ πατήρ versehen Mk 14, 36. Rö 8, 15. Gal. 4, 6. — JWackernagel, Anredeformen '12, 12. 18. CFabricius, RSeeberg-Festschr. '29, I 21—41. GerhKittel, ThW I 4—6; D. Religionsgesch. u. d. Urchristentum '32, 92ff. JoachJeremias, Abba: ZNW 45, '54, 131f.; vollständig in d. BFChTh. — Sollte sich das Wort auch in den Kyprischen Glossen (OHoffmann, D. griech. Dialekte I '91 S. 104—26) finden? Vgl. S. 105 ἀβάθ. διδάσκαλος. Κύπριοι. Vgl. Μανασσῆς.*

᾿Αβ(ε)ιρών (אֲבִירָם) indekl. N. pr. m. (LXX. — Bei Joseph. ᾿Αβίραμος, ου [ant. 4, 19]) *Abiron*, Sohn Eliabs, mit Dathan u. On Führer d. Rubeniden bei d. Erhebung geg. Mose u. Aaron (Num 16). Beispiel verderbl. Eifersucht 1 Kl 4, 12.*

῞Αβελ (הֶבֶל, in Pausa הָבֶל) indekl. N. pr. m. (LXX. Philo. Test. 12 Patr. — Bei Joseph. ῞Αβελος, ου [ant. 1, 67]) *Abel*, Sohn Adams (Gen 4); d. Blut Abels Mt 23, 35. Lk 11, 51. Hb 12, 24 (Hen. 22, 7); sein Opfer 11, 4. 1 Kl 4, 1f. 6. — VAptowitzer, Kain u. Abel '22.*

᾿Αβιά (אֲבִיָּה) indekl. N. pr. m. *Abia* — **1.** Sohn Rehabeams (1 Ch 3, 10), im Stammbaum Jesu Mt 1, 7 a. b. — **2.** Name e. Priestergeschlechtes (1 Ch 24, 10. 2 Esr 22, 17; an letzterer Stelle d. Name Zacharias) Lk 1, 5. Vgl. ἐφημερία, Ζαχαρίας.*

᾿Αβιαθάρ (אֶבְיָתָר) indekl. N. pr. m. (b. Joseph. ᾿Αβιάθαρος, ου [ant. 7, 110]) *Abjathar*, Priester in Nob (1 Kö 22, 20ff.), Sohn des Ahimelech, d. David d. Schaubrote zu essen gab (1 Kö 21, 6). Mk 2, 26 nimmt er d. Stelle des Vaters ein.*

᾿Αβιληνή, ῆς N. pr. f. *Abilene*, Gebiet um d. Stadt Abila (τὰ ῎Αβιλα) herum am Südende d. Antilibanus. Herrschaft d. Tetrarchen Lysanias. Lk 3, 1. — Quellen u. Lit. bei Λυσανίας.*

᾿Αβιούδ (אֲבִיהוּד) indekl. N. pr. m. (Philo. — Bei Joseph. ᾿Αβιοῦς) *Abihud*, Sohn d. Serubabel (fehlt 1 Ch 3, 19; 8, 3 als benjamin. Familie genannt), im Stammbaum Jesu Mt 1, 13 a. b. Lk 3, 23ff. D.*

᾿Αβραάμ (אַבְרָהָם) indekl. N. pr. m. (LXX. Philo. Test. 12 Patr., auch in Or. Sib. 2, 246 u. den ZP: 7, 315. 13, 817 δύναμιν τοῦ ᾿Αβραάμ, ᾿Ισὰκ καὶ τοῦ ᾿Ιακώβ. 35, 14 τ. θεοῦ τοῦ ᾿Αβρὰμ καὶ ᾿Ισακὰ καὶ ᾿Ιαχώβ. Ebenso indekl. b. d. Judengegner Apollonius Molon [I v]: Euseb., pr. ev. 9, 19, 2. 3. — B. dem Juden Artapanus [II v]: Euseb. 9, 18, bei Ps.-Hecataeus: 264 fgm. 24 Jac. in einer Schrift Κατ᾿ ῎Αβραμον καὶ τοὺς Αἰγυπτίους u. bei Josephus ῎Αβραμος, ου [ant. 1, 148]; vgl. Ep. Arist. 49. BGU 585 II, 3 [212 n]. Damasc., vi. Isid. 141. — Nicol. Dam. [b. Jos., ant. 1, 159f.] ᾿Αβράμης, ου. Charax v. Pergam. [II n): 103 fgm. 52 Jac. ἀπὸ ᾿Αβράμωνος. — Hesych 1, 81 findet s. ᾿Αβραμίας, offenbar gräzisiert f. Abraham, als Name eines Wurfes beim Würfelspiel. Hierfür wurden mit Vorliebe Personennamen verwendet: Eubul. Com., fgm. 57 K. DBm., NB 15. Bl-D. § 260, 2 Anh.) *Abraham* im Stammbaum Jesu Mt 1, 1. 2. 17. Lk 3 34; Stammvater d. Volkes Israel (Jos., ant. 1, 15, ὁ πατὴρ ἡμῶν 'Α.), auch des wahren Volkes Israel, der Christen, Mt 3, 9. Lk. 1, 73. 3, 8. J 8, 39. 53. 56. AG 7, 2. Rö 4, 1. Jk 2, 21. Das Volk Israel heißt daher A.s Same J 8, 33. 37. Rö 9, 7. 11, 1. 2 Kor 11, 22. Gal 3, 29. Hb 2, 16. — A. als Träger der Verheißung AG 3, 25. 7, 17. Rö 4, 13. Gal 3, 8. 14. 16. 18. Hb 6, 13; sein Glaube Rö 4, 3 (Gen 15, 6). 9. 12. 16. Gal 3, 6 (Gen 15, 6). 9. 1 Kl 10, 6 (Gen. 15, 6); ebenso Jk 2, 23. Hier und 1 Kl 10, 1. 17, 2 Freund Gottes genannt (nach Jes 41, 8. 2 Ch 20, 7. Da 3, 35. Doch gebr. nur Sym Jes 41, 8 u. etwa Ex 33, 11 das Wort φίλος, LXX Jes 41, 8 dagegen sowie die übrigen Stellen e. Form v. ἀγαπάω; s. EPeterson, ZKG 42, '23, 172ff. Philo zitiert Gen 18, 17 φίλος μου sobr. 56 [dazu PKatz, Philo's Bible '50, 85]; vgl. Wsh 7, 27. Buch der Jubiläen 19, 9. 30, 20); nimmt im Jenseits eine Vorzugsstellung ein Lk 16, 22ff. (s. zu κόλπος 1), an der auch Isaak, Jakob u. d. Propheten teilhaben 13, 28. Gott als Gott Abrahams, Isaaks u. Jakobs bezeichnet (Ex 3, 6. — MRist, The God of A. I. and J.: JBL 57, '38, 289—03) Mt 22, 32. Mk 12, 26. Lk 20, 37. AG 3, 13. 7, 32. B 6, 8. Neben Isaak u. Jakob beim Mahl im Reiche Gottes Mt 8, 11; zu d. großen Gottesmännern gezählt (vgl. Or. Sib. 2, 245—48) B 8, 4. IPhld 9, 1 (über d. Dreiheit s. oben u. zu 'Ιακώβ). Weist typisch auf Jesu hin B 9, 7f. — OSchmitz, Abr. im Spätjudent. u. im Urchristent.: ASchlatter-Festschr. '22, 99—123. Billerb. (s. Sach- u. Personenverzeichnis: IV 1213). JoachJeremias, ThW I 7—9. MColacci, Il Semen Abrahae alla luce del V e del NT: Biblica 21, '40, 1—27.

ἀβροχία, ας, ἡ *d. Dürre* (Dit., Or. 56, 15 [III v]. Pap. seit 238 v [Mayser I² 3, S. 27, 39. Wilcken, Grundz. Wörterverz. b, auch StWaszynski, D. Bodenpacht '05, 130ff.]. LXX. Or. Sib. 3, 540) ἀ. γίνεται *es tritt Dürre ein* Hs 2, 8.*

ἄβρωτος, ον (d. Wort seit Ctesias. Menand., auch Spr 24, 22e. Philo, spec. leg. 3, 144. Jos., ant. 5, 219. Fremdw. im Rabb.) v. Holz *nicht zerfressen* durch Würmer (Theophr., hist. pl. 5, 1, 2) ῥάβδοι Hs 8, 4, 6.*

ἄβυσσος, ου, ἡ (urspr. — seit Aeschyl. Hdt. — Adj.) *d. Abgrund, d. Tiefe, d. Unterwelt* (Diog. L. 4, 5, 27. Jambl., myst. 6, 5 p. 245, 15 Parthey. Herm. Schr. 3, 1. 16, 5. ZP 1, 343. 3, 554. 4, 1148. 1350. 2835. 7, 261. 517. LXX. Hen. 21, 7. Philo, op. m. 29. Or. Sib. 1, 223) — 1. allg., Luft u. Erde entgegengesetzt 1 Kl 28, 3 (Pl. wie Dt 8, 7. Ps 32, 7. 76, 17 u. ö. Test. Lev. 3,9. Cat. cod. astr. VIII 2 p. 173, 29). Dg 7,2; finster (Gen 1, 2), daher dem menschl. Auge unerforschl. 1 Kl 20, 5 u. nur Gott erkennbar 59,3. — 2. bes. Aufenthaltsort d. Toten Rö 10, 7 (Ps 106, 26), der Dämonen Lk 8, 31; Verließ für den Teufel Apk 20, 3; Sitz d. θηρίον, d. Antichrists 11, 7. 17, 8, des Engels der Unterwelt Abaddon (s. d.) 9, 11 (vgl. ZP 13, 169 u. s. Ael. Aristid. 38 p. 724 D. über Philipp: ἀνὴρ ὑβριστὴς ἐκ τοῦ βαράθρου τ. γῆς ὁρμώμενος κακῇ μοίρᾳ τ. 'Ελλήνων). φρέαρ τῆς ἀ. 9, 1f.; verschließbar 9, 1. 20, 1. 3. — JKroll, Gott u. Hölle '32. Käthe Schneider, RAC I 60—62.*

'Αγαβος, ου N. pr. m. *Agabus* (e. palmyr. Inschr. [Répert. d'épigraphie sémitique II '14 No. 1086] hat d. Frauennamen 'Agaba [עגבא]), ein christl. Prophet aus Judäa AG 11, 28. 21, 10.*

ἀγαθά, ῶν, τά, subst. Neutr. v. ἀγαθός, s. d. 2b.

ἀγαθοεργέω (Pythag., ep. 10 p. 607; kontrah. ἀγαθουργέω AG 14, 17; d. Verbum sehr selten, jedoch ἀγαθουργός u. ἀγαθουργίη schon bei Hdt.) *Gutes tun*, v. Reichen 1 Ti 6, 18. V. Gott AG 14, 17.*

ἀγαθοεργός, όν (Plut., mor. 370 E. 1015 E. Physiogn. I 364, 13. Julian, or. 4, 144 D. Proclus zu Pla., Tim. III p. 313, 17 Diehl; Theol. 122 p. 108, 21) *das Gute tuend*, subst. (Ggs. ὁ κακός) Rö 13, 3 v. l.*

ἀγαθόν, οῦ, τό, subst. Neutr. v. ἀγαθός, s. d. 2a.

ἀγαθοποιέω Aor. 1 Inf. ἀγαθοποιῆσαι. *Gutes tun* (Sext. Emp., math. 11, 70. Aesop 66 Halm. LXX. Ep. Arist. 242. Test. Benj. 5, 2) — 1. eigentl. (Ggs. κακοποιέω) Mk 3, 4 v. l. Lk 6, 9. V. menschl. Wohltun m. pers. Obj. ἀ. τινά *jmdm. G. t.* (Tob 12, 13 BA) Lk 6, 33. Abs. (Ze 1, 12) 6, 35. — 2. *rechtschaffen sein* im Sinne d. Erfüllg. d. christl. Sittengesetzes; Ggs. πονηρεύεσθαι Hs 9, 18, 1f. Dg 5, 16; Ggs. ἁμαρτάνειν 1 Pt 2, 20; vgl. V. 15. — 3, 6. 17. 3 J 11. 2 Kl 10. 2. Hv 3, 5, 4. 3, 9, 5.*

ἀγαθοποίησις, εως, ἡ *das Tun d. Guten* Hm 8, 10. προθυμίαν ἔχειν τῆς ἀ. *bereit sein, Gutes zu tun* Hs 5, 3, 4 (sonst nur noch ganz spät nachweisbar).*

ἀγαθοποιΐα, ας, ἡ (Ptolem., apotel. 1, 18, 4 ed. FBoll-AeBoer '40. Vett. Val. 164, 17. Vi. Aesopi III p. 309, 8) *das Tun d. Guten* (Test. Jos. 18, 2 v. l.) κτίστῃ παρατίθεσθαι τὰς ψυχὰς ἐν ἀγαθοποιΐᾳ (v. l. ἀγαθοποιΐαις) *d. Seelen dem Schöpfer durch Tun d. G. anbefehlen*, was allgemein od. v. Wohltaten (so, wenn Pl.) zu verstehen ist 1 Pt 4, 19. πόθος εἰς ἀ. *Verlangen, Gutes zu tun* 1 Kl 2, 2. — 2, 7. 33, 1. πρόθυμος εἰς ἀ. *bereit, Gutes zu tun* 34, 2.*

ἀγαθοποιός, όν (Wort d. späteren Gräz. [z. B. Sext. Emp., math. 5, 29f. ZP 4, 2678. 5, 48], in verschied. Bedeutg. vorkommend) *gut handelnd, rechtschaffen* (Plut., Is. et Osir. 42 p. 368 A. Physiogn. II 342, 31 u. ö. Sir 42, 14); subst. ὁ ἀ. (CWessely, Stud. z. Paläogr. u. Papyrusk. 20, '21, Nr. 293 II, 8) 1 Pt 2, 14 (Ggs. κακοποιός, wie Artem. 4, 59 p. 238, 9. 11. Porphyr., ep. ad Aneb. [GParthey, Iambl. de myst. lb. 1857 p. XXIX—XLV] c. 6. ZP 4, 2872ff. 13, 1028ff.).*

'Αγαθόπους, ποδος, Akk. **'Αγαθόπουν** N. pr. m *Agathopus*, Beiname des 'Ρέος (s. d.) IPhld 11, 1. ISm 10, 1. Als Name v. Sklaven u. Freigelassenen häufig s. Hdb. z. St. Preisigke, Namenbuch '22. Inschr. in d. Rev. archéol. 5. sér. 22, '25, p. 363 Nr. 97. S. auch Klem. Al., Strom. III 7, 59, 3.*

ἀγαθός, ή, όν (seit Homer, auch Inschr. Pap. LXX. Ep. Arist. Philo. Joseph. Test. 12 Patr.) Komp. ἀμείνων (nicht im NT, aber z. B. ZP 5, 50. 6, 2. Jos., bell. 5, 19; ant. 11, 296) 1 Kl 57, 2. IEph 13, 2. 15, 1; βελτίων, auch κρείσσων; vulgär ἀγαθώτερος (Diod. S. 8 fgm. 12, 8. Ri 11, 25 B. 15, 2 B) Hm 8, 9. 11. Superl. ἄριστος (Jos., c. Ap. 2, 156; ant. 16, 142); vulgär ἀγαθώτατος (Diod. S. 16, 85, 7. Philo Bybl. [um 100n] s. unt. 1b α. Heliodor 5, 15, 2. Synes., ep. 143. Jos., bell. 2, 277) Hv 1, 2, 3. — Ael. Dion. α, 10 verwirft d. Formen ἀγαθώτερος, -τατος als völlig ungriechisch. Bl-D. § 61, 1 Anh. *gut* — 1. adj. — a. in äuß. Sinne *tüchtig, brauchbar* — α. v. Pers. δοῦλος (Heraklit, ep. 9, 3) Mt 25, 21. 23. Lk 19, 17. ἀνήρ *wacker* (Teles p. 16, 6. Diod. S. 20, 58, 1. Epikt. 3, 24, 51 u. ö. P. Lond. 113, 1. 27. 2 Makk 15, 12. 4 Makk 4, 1. Jos., bell. 5, 413; ant. 18, 117. JGerlach, ΑΝΗΡ ΑΓΑΘΟΣ. Diss. München '32) Lk 23, 50. AG 11, 24. νέαι Tit 2, 5. ἀπόστολοι *trefflich* 1 Kl 5, 3. — β. v. Dingen καρποί (Procop. Soph., ep. 27. Sir 6, 19. Da 4, 12) Jk 3, 17. δένδρον Mt 7, 17f. γῆ *guter* (d. h. fruchtbarer) *Boden* (X., Oec. 16, 7 γῆ ἀ. — γῆ κακή. Diod. S. 5, 41, 6. Arrian, anab. 4, 28, 3.

Jos., ant. 5, 178) Lk 8, 8. B 6, 8. 10. δόματα *heilsam* (Sir 18, 17) Mt 7, 11. Lk 11, 13. δόσις Jk 1, 17. λόγος ἀ. πρὸς οἰκοδομήν *tauglich zur Erbauung* Eph 4, 29 (vgl. X., mem. 4, 6, 11. Chio, ep. 3, 6 πρὸς ἀνδρείαν ἀμείνους. Isokr. 15, 284 ἄριστα πρὸς ἀρετήν). γνώμη ἀ. *günstige Entscheidung* 1 Kl 8, 2. ἡμέραι ἀ. *glücklich* (Cass. Dio 51, 19. P. Genf 61, 10. Sir 14, 14. 1 Makk 10, 55) 1 Pt 3, 10. 1 Kl 22, 2 (beidemal Ps 33, 13); vgl. 50, 4. — **b.** v. innerem, bes. sittlichem Wert (so seit Pind.). — α. v. Pers.: *vollkommen* v. Gott (Dio Chrys. 80 [30], 26 οἱ θεοί. Zoroaster b. Philo Bybl. [Euseb., pr. ev. 1, 10, 52]: Gott ist ἀγαθῶν ἀγαθώτατος. Sallust c. 1 πᾶς θεὸς ἀγαθός. — Vgl. WRPaton u. ELHicks, The Inscr. of Cos '91 Nr. 92, die Nero ἀ. θεός nennt, d. ἀγαθὸς δαίμων [Dit., Or. 666, 3. P. Oxy. 1021, 8 — beide in Bez. auf Nero — P. Oxy. 1449, 4; vgl. auch JKroll, D. Lehren d. Hermes Trismeg. '14, 90. Rtzst., Erlösungsmyst. 189. 191. 192. 193] u. Sb 349 θεῷ ἀγαθῷ Διὶ Ἡλίῳ. Philo, leg. all. 1, 47 u. ö. Celsus 4, 14) Mt 19, 17b (b. Kleanthes [Eus., pr. ev. 13, 13, 37] folgt auf d. Frage: τἀγαθὸν ἐρωτᾷς μ' οἷόν ἐστ'; e. Beschreibg. Gottes). Mk 10, 18b. Lk 18, 19b. Dg 8, 8 (zu diesen Stellen vgl. Simonides, fgm. 4, 6f. χαλεπὸν ἐσθλὸν [= ἀγαθός Zl. 10] ἐμμέναι. 7 θεὸς ἂν μόνος τοῦτ' ἔχοι γέρας). μόνος ἀ. ἐστιν ebd. πατὴρ ἀ. 1 Kl 56, 16 (Philo, op. m. 21 ἀγ. εἶναι τὸν πατέρα κ. ποιητήν). ἀ. ἐν τοῖς ὁρωμένοις *gut in d. sichtbaren Dingen* 60, 1. — V. Christus Mk 10, 17. 18a. Lk 18, 18. 19a (WWagner, ZNW 8, '07, 143—61. FSpitta, ebd. 9, '08, 12—20. BWarfield, Princeton Theol. Rev. 12, '14, 177—228. WCaspari, Christent. u. Wissensch. 8, '32, 218—31; s. u. — Vgl. auch d. Wort des Pythagoras b. Diog. L., prooem. 12, der nicht σοφός heißen will mit der Begründung: μηδένα εἶναι σοφὸν ἀλλ' ἢ θεόν). J 7, 12. — V. Menschen Mt 12, 35. Rö 5, 7. D 3, 8. νομοθέται B 21, 4. πονηροί τε καὶ ἀ. *Böse u. Gute* als Bezeichng. e. wahllos zus. gelesenen Menge Mt 22, 10. D. Ggs. wie 5, 45 (vgl. Jos., ant. 8, 314). βελτίονα ποιεῖν *bessern* 1 Kl 19, 1. Pass. βελτίω γενέσθαι *sich bessern* Dg 1. *gütig* (X., Cyr. 3, 3, 4. CIG 37, 49) Mt 20, 15 (so verstehen es Mk 10, 17f. = Lk 18, 18f. [s. o.] Wlh. EKlostermann. Billerb. Wagner. Spitta. Dalman, Worte 277. EHirsch, D. Werden des Mk. '41, 246). δεσπόται 1 Pt 2, 18 (vgl. P. Leipz. 40 II, 19 d. Wort des Sklaven: ὁ ἀ. δεσπότης μου). — **β.** v. Sachen πνεῦμα Lk 11, 13 v. l. ἐντολή Rö 7, 12 (Archytas [IV v] b. Stob., ecl. 4, 138 t. IV p. 85, 17 H. νόμος ἀγ. καὶ καλός). ἀγγελία (Spr 25, 25) Hv 3, 13, 2. παιδεία s 6, 3, 6. μνεία ἀ. *gutes Andenken* 1 Th 3, 6 (2 Makk 7, 20 μνήμη ἀ.). ἐλπίς (Pla., Rep. 331 A. Charito 7, 5, 10. Jos., ant. 14, 96) 2 Th 2, 16. μερὶς ἀ. *d. bessere Teil* Lk 10, 42. πρᾶξις (Demokrit 177 πρῆξις) 1 Kl 30, 7. συνείδησις AG 23, 1. 1 Ti 1, 5. 19. 1 Pt 3, 16. 21. 1 Kl 41, 1. διάνοια Hm 5, 2, 7. ἐπιθυμία (Spr 13, 12. 11, 23) *d. reine* (d. h. auf Reines gerichtete) *Begierde* m 12, 1, 1f. 2, 4f. 3, 1. γνώμη ἀ. *gute Gesinnung* B 21, 2. ἀ. ἐν Χριστῷ ἀναστροφή *e. guter christl. Wandel* 1 Pt 3, 16. ἀ. θησαυρός Mt 12, 35. Lk 6, 45. καρδία καλὴ καὶ ἀ. 8, 15. ἔργον (Thu. 5, 63, 3. Maspero 151, 237) *e. rechtschaffene Tat* 2 Kor 9, 8. Kol 1, 10. 1 Ti 5, 10. 2 Ti 2, 21. 3, 17. Tit 1, 16. 3, 1. 1 Kl 2, 7. 33, 1. 34, 4. Pl. ἔργα ἀ. (Empedokles [V v] 112, 2) 1 Ti 2, 10; auch spez. v. Wohltaten (neb. ἐλεημοσύναι) AG 9, 36. 1 Kl 33, 7. ἐν παντὶ ἔργῳ καὶ λόγῳ ἀ. (λόγος ἀ. 3 Kö 8, 56. 4 Kö 20, 19. Jes 39, 8) 2 Th 2, 17. ὑπομονὴ ἔργου ἀ. *Beharrlichkeit im Tun d. Guten* Rö 2, 7. — **2.** z. reinen Subst. geworden (seit Homer, auch Inschr. Pap. LXX). — **a. ἀγαθόν, οῦ, τό** *das Gute, d. Gut* (Diog. L. 1, 105 ἀγαθόν τε καὶ φαῦλον = ein Gut u. ein Übel zugleich) — **α.** d. innerl. Wertvolle, sittl. Gute ἐργάζεσθαι τὸ ἀ. *d. Gute tun* Rö 2, 10. Hm 4, 2, 2. 7, 4; auch spez. vom Wohltun Gal 6, 10 u. von ehrlicher Arbeit Eph 4, 28. Hm 2, 4. τὸ ἀ. ποιεῖν (vgl. Jos., bell. 1, 392) Rö 13, 3b. Hm 8, 12; vgl. 6, 2, 8. — Mt 19, 17a. Rö 7, 13. 12, 9. 16, 19. 1 Th 5, 15. 1 Pt 3, 13. 1 Kl 21, 6. 2 Kl 13, 1. Hm 8, 2. 7. — **β.** *d. Vorteil, d. Nutzen* εἰς (τὸ) ἀ. (Theognis 162 τὸ κακὸν γίνεται εἰς ἀ. Sir 7, 13. 39, 27) *zum Guten* Lk 7, 16 v. l. Rö 8, 28. 13, 4. 15, 2. — **γ.** Undeutlich Rö 14, 16, wo τὸ ἀ. entw. d. Evangelium als *d. Gut* schlechthin oder die christl. Freiheit als *d. gute Recht* meint. — **b. ἀγαθά, ῶν, τά** *d. Güter* — **α.** ganz allg. τὰ ἀγαθά σου *dein Gutes* Lk 16, 25 (vgl. Hi 21, 13; d. Ggs. von τὰ κακά wie Ephor. v. Kyme [IV v] περὶ ἀγαθῶν κ. κακῶν: 70 test. 1 Jac. Diod. S. 18, 53, 1 ἀγαθῶν τε καὶ κακῶν μεταλαμβάνων. Hi 2, 10). τοιαῦτα ἀ. *soviel Schönes* Hs 9, 10, 1. ποιῆσαι ταῦτα κ. περισσότερα ἀ. μεθ' ἡμῶν *dies u. noch viel mehr Gutes an uns tun* 1 Kl 61, 3. — **β.** *d. Besitztümer, d. Schätze* (Hdt. 2, 172 u. a. P. Ryl. 28, 182 δεσπότης πολλῶν ἀγαθῶν καὶ κτημάτων. Sir 14, 4. Wsh 7, 11. Or. Sib. 3, 660. 750) Lk 1, 53 (Ps 106, 9. — Komik. Amphis [IV v] b. Athen. 3, 56 p. 100 A χορτάζομαι ἐν ἅπασιν ἀγαθοῖς. Sb 7517, 4 [211/2n] ἀγαθῶν πεπληρῶσθαι). Gal 6, 6. Hv 3, 9, 6. τὰ ἀ. τῆς γῆς 1 Kl 8, 4 (Jes 1, 19). — Auch *d. guten Gaben* spez. v. d. Feldfrüchten (Diod. S. 3, 46, 1 τὰ ἀγ. = *d. guten Gaben*, spez. *d. Naturprodukte*. Ebenso 19, 26, 3. Noch allgemeiner Synesius, Königtum 16 p. 17D τὰ ἀγ. = d. Lebensmittel. Philo, op. m. 167; Mos. 1, 6) Lk 12, 18f. — **γ.** Güter höherer Ordnung (Dio Chrys. 64 [14], 1 ἐλευθερία als μέγιστον τ. ἀγαθῶν. Ael. Aristid. 24, 4 K. = 44 p. 825 D.: ὁμόνοια als μεγ. τῶν ἀ. 45, 18 K. = 8 p. 89 D.: τὰ τῆς ψυχῆς ἀγ. Diog. L. 6, 4 verheißt der Priester den Orpheusmysten πολλὰ ἐν ᾅδου ἀγαθά.) Rö 3, 8. 10, 15 (Jes 52, 7). — Hb 9, 11. 10, 1. 2 Kl 6, 6. 15, 5. — **δ.** τὰ ἀ. *d. guten Taten* J 5, 29; vgl. Hm 10, 3, 1.

ἀγαθότης, ητος, ἡ *d. Güte*, (Philo, leg. all. 1, 59 ἡ γενικωτάτη ἀρετή, ἥν τινες ἀγαθότητα καλοῦσιν) v. Gott (Sallust. 3 p. 4, 4. c. 7 p. 14, 1 u. ö. Themist., or. 1, p. 8, 28. Procl. zu Pla., Rep. I p. 27, 10. 28, 4 u. ö. WKroll. Simplicius in Epict. p. 12, 7. Cat. cod. astr. VIII 2 p. 156, 16. Sb 2034, 7. Wsh 7, 26. 12, 22. Philo, deus imm. 73 u. ö.) u. d. Menschen (Wsh 1, 1. Sir 45, 23. Test. Asser 3, 1; Benj. 8, 1), wie 2 Kl 13, 4.*

ἀγαθουργέω AG 14, 17, s. ἀγαθοεργέω.*

ἀγαθωσύνη, ης, ἡ (Thom. Mag. p. 391, 12; über d. Bildung s. W-S. § 16b Anm. 14) als menschl. Eigenschaft (2 Ch 24, 16. Ps 51, 5; Physiogn. II 342, 17 ἀγαθοσύνη) *d. Rechtschaffenheit* Rö 15, 14. Eph 5, 9. 2 Th 1, 11. *d. Güte* Gal 5, 22. V. Gott (2 Esr 19, 25. 35) ἀ. τοῦ πατρὸς ἡμῶν B 2, 9.*

ἀγαλλίασις, εως, ἡ (nur im bibl. [auch Hen. 5, 9. Test. 12 Patr.] u. kirchl. Sprachgebr.; bes. häufig in d. Ps. Nicht b. Profanen [Con. Neot. 15, '55, S. 16, 5]) *d. Jubel* (v. lauten Freudenbezeigungen) ἦν πολλὴ ἀ. AG 11, 28 D. Neb. χαρά Lk 1, 14. 1 Kl 63, 2. MPol 18, 2; neb. εὐφροσύνη 1 Kl 18, 8. B 1, 6. ἐν ἀ. *voll Jubel* Lk 1, 44. AG 2, 46. Jd 24. MPol 18, 2. ἔλαιον ἀγαλλιάσεως *Freudenöl* Hb 1, 9 (Ps 44, 8 שֶׁמֶן שָׂשׂוֹן d. h. das Öl, das bei Freudenfesten zum Salben gebraucht wird). ἀπόδος μοι τὴν ἀ. τοῦ σωτηρίου σου *gib mir die Freude deines Heils wieder* 1 Kl 18, 12 (Ps 50, 14).*

ἀγαλλιάω (hellenist., nur im bibl. u. kirchl. Sprachgebr. nachgewiesene Neubildung von ἀγάλλω) selten Akt. (Bl-D. § 101): ἀγαλλιᾶτε 1 Pt 1, 8 v. l. (i. T. ἀγαλλιᾶσθε). Apk 19, 7 ἀγαλλιῶμεν (v. l. ἀγαλλιώμεθα). Aor. 1 (wie P. Oxy. 1592, 4 [IV n]) ἠγαλλίασεν Lk 1, 47 (ἐπὶ τ. θεῷ, vgl. Hab 3, 18 v.l.); gew. Dep. ἀγαλλιάομαι (Syntipas p. 75, 28) mit Aor. 1 Med. ἠγαλλιασάμην oder Pass. ἠγαλλιάθην v. l. ἠγαλλιάσθην (Bl-D. § 78) *jubeln, frohlocken, sich ergötzen* (oft LXX. Test. 12 Patr.) abs. 1 Pt 1, 6. 1 Kl 18, 8 (Ps 50, 10). Hm 5, 1, 2. 5, 2, 3. s 1, 6. MPol 19, 2. *d. Zunge jubelt vor lauter Freude* AG 2, 26 (Ps 15, 9); wie hier neb. εὐφραίνεσθαι (Ps 30, 8. 31, 11. Jes 25, 9) Hm 5, 1, 2. s 9, 18, 4. χαίρειν καὶ ἀ. (Tob 13, 15 BA) Mt 5, 12. Apk 19, 7; vgl. ἵνα χαρῆτε ἀγαλλιώμενοι *damit ihr vor Freude jubelt* 1 Pt 4, 13. Ergänzg. durch Ptz. ἠγαλλιάσατο πεπιστευκώς *er frohlockte darüber, daß er gläubig geworden war* AG 16, 34. M. flgd. ἵνα (s. d. II 1 a α): ἀ., ἵνα ἴδῃ *er freute sich laut darauf, zu sehen* J 8, 56 (Bl-D. § 392, 1 a Anh.). M. Angabe d. Urhebers d. Freude im Dat. ἀ. τῷ πνεύματι τῷ ἁγίῳ Lk 10, 21; mit ἐν c. dat. ebd. v. l. — M. Dat. d. Grundes ἀ. χαρᾷ ἀνεκλαλήτῳ *vor unaussprechl. Freude jubeln* 1 Pt 1, 8. οἷς ἀγαλλιῶμαι *ich frohlocke über euch* IEph 9, 2 (vgl. Quint. Smyrn. 9, 118 παισὶν ἀγαλλόμενος = s. laut über die Söhne freuen). D. Gegenstand d. Freude m. ἐπί τινι zugefügt (Ps 9, 15. 20, 2. Sir 30, 3 u. ö. Bl-D. § 196 m. Anh.): Hs 8, 1, 18. 9, 24, 2. Dafür ἔν τινι (Ps 88, 17) J 5, 35. ἀ. ἐν τῷ πάθει *über d. Leiden jubeln* IPhld insc.; einmal Akk. ἀ. τὴν δικαιοσύνην *über d. Gerechtigkeit jubeln* 1 Kl 18, 15 (Ps 50, 16). — RBultmann, ThW I 18—20. WNauck, Freude im Leiden: ZNW 46, '55, 68—80.*

ἀγάλλομαι (seit Homer, auch Jos., ant. 18, 66. Or. Sib. 3, 785) *sich freuen* ἐπί τινι *über etwas* (Thu 3, 82, 7. Polemo, decl. 2, 17 p. 22, 1. Aesop, Fab. 74 P. = 128 H. Philo, somn. 2, 211. Jos., ant. 17, 112) 1 Kl 33, 2 (A hat ἀγαλλιᾶται).*

ἄγαμος, ου, ὁ und **ἡ** (seit Homer, auch BGU 86, 15. 113, 4. P. Ryl. 28, 29) *der* u. *die Unverheiratete*, allg. von solchen beiderlei Geschlechtes 1 Kor 7, 8 (Ggs. γεγαμηκότες V. 10, wie X., conv. 9, 7). V. ehelos. Männern V. 32. Agr 18; v. ehelos. Frauen (Hyperid. 2, 12) 1 Kor 7, 34. PA 11, 26 (ergänzt; möglich auch d. Adv. ἀγάμως); v. geschied. Frauen 1 Kor 7, 11.*

ἀγανακτέω (seit Thu. 8, 43, 4, auch Inschr. Pap. LXX) Aor. 1 ἠγανάκτησα *erregt sein, aufgebracht sein, zürnen* (Bel 28 Theod. Jos., ant. 2, 284) Mt 21, 15. 26, 8. Mk 10, 14. 2 Kl 19, 2. Mit Angabe d. Person ἀ. περί τινος *über jmdn.* Mt 20, 24. Mk 10. 41 (vgl. Pla., ep. 7, p. 349 D. Jos., ant. 14, 182. Bl-D. § 229, 2). ἀ. ἐπί τινι (Lysias 1, 1. Isokr. 16, 49. P. Lond. 44, 20 [II v] ἀγανακτοῦντα ἐφ' οἷς διετελοῦντο ἐν τοιούτῳ ἱερῷ. Wsh 12, 27) *über jmdn.* PE 4, 14; *über etw.* (Diod. S. 4, 63, 3 ἐπὶ τῷ γεγονότι. Appian, Macedon. 1 § 3) 1 Kl 56, 2. Schwierig ist ἦσαν δέ τινες ἀγανακτοῦντες πρὸς ἑαυτούς etwa: *einige machten ihrem Unwillen einander gegenüber Luft* Mk 14, 4 (πρός führt freil. sonst den ein, geg. den s. d. Unwille richtet: Dio Chrys. 13 [7], 43 ὁ ἄρχων ἠγανάκτησε πρός με. Socrat., ep. 6, 7. — D hat οἱ δὲ μαθηταὶ αὐτοῦ διεπονοῦντο καὶ ἔλεγον). Der Grund d. Unwillens mit ὅτι zugefügt (Herodian 3, 2, 3) Lk 13, 14.*

ἀγανάκτησις, εως, ἡ (seit Thu. 2, 41, 3, auch Appian, bell. civ. 1, 10 § 39. 4, 124 § 521. P. Grenf. II 82, 17 f. Esth. 8, 12 i v. l. Jos., bell. 4, 342) *d. Unwille* 2 Kor 7, 11.*

ἀγαπάω (in mancherlei Bedeutg. seit Homer, auch Inschr. Pap. LXX. Ep. Arist. Philo. Jos., z. B. vi. 198 [mit φιλέω wechselnd]. Test. 12 Patr. — STromp de Ruiter, Gebruik en beteekenis van ἀγαπᾶν in de Grieksche Litteratuur '30. CCRichardson, Love: Greek a. Christian in: Journ. of Religion 23, '43, 173—85) Ipf. ἠγάπων. Fut. ἀγαπήσω. Aor. 1 ἠγάπησα. Pf. ἠγάπηκα, Ptz. ἠγαπηκώς; Pass. Ptz. ἠγαπημένος. Fut. 1 Pass. ἀγαπηθήσομαι. *lieben* — **1.** v. d. Zuneigg. zu Pers. — **a.** v. Menschen — **α.** zu Menschen; m. Angabe d. Obj. γυναῖκας Eph 5, 25. 28. 33. Kol 3, 19; ὡς ἀδελφήν Hv 1, 1, 1. τὸν πλησίον Mt 5, 43. 19, 19. 22, 39. Mk 12, 31. 33 (zu b s. Aristaen., ep. 2, 13 a. E. φιλῶ σε ὡς ἐμαυτήν). Rö 13, 9. Gal 5, 14. Jk 2, 8. B 19, 5 (überall nach Lev 19, 18); s. πλησίον 1. τὸν ἕτερον Rö 13, 8. τὸν ἀδελφόν 1 J 2, 10. 3, 10. 4, 20 f. τοὺς ἀδελφούς 3, 14. τὰ τέκνα τοῦ θεοῦ 5, 2. ἀλλήλους J 13, 34. 15, 12. 17. 1 J 3, 11. 23. 4, 7. 11 f. 2 J 5. Rö 13, 8. 1 Th 4, 9. τοὺς ἀγαπῶντας Mt 5, 46. Lk 6, 32. τὸ ἔθνος ἡμῶν 7, 5. τοὺς ἐχθρούς Mt 5, 44. Lk 6, 27. 35; s. ἐχθρός 2 b β. ἀ. τινα ὑπὲρ τὴν ψυχήν *mehr als sein Leben lieben* B 1, 4. 4, 6. 19, 5. D 2, 7 (vgl. Philo, rer. div. her. 42 ὑπερφυῶς ἀ. Epigr. Gr. 716, 5 φίλους ὑπὲρ ἀτὸν [= αὑτὸν] ἐτίμα). εἰ περισσοτέρως ὑμᾶς ἀγαπῶ, ἧσσον ἀγαπῶμαι; *wenn ich euch viel mehr liebe, soll ich darum weniger wiedergeliebt werden?* 2 Kor 12, 15. ἀ. πολύ, ὀλίγον *viel, wenig Liebe zeigen* Lk 7, 47; vgl. πλεῖον ἀγαπήσει αὐτόν *wird ihn mehr lieben* V. 42. Abs. ἡμεῖς ἀγαπῶμεν *wir haben Liebe* 1 J 4, 19. πᾶς ὁ ἀγαπῶν V. 7. ὁ μὴ ἀγαπῶν V 8. M. Angabe d. Eigenart: ἀ. ἐν 'Ιησοῦ Χρ. *in Jes. Christus lieben* IMg 6, 2. Ggs. μισεῖν (Dt 21, 15—17) Mt 6, 24. Lk 16, 13. — **β.** zu überirdischen Wesen: zu Jesus 1 Pt 1, 8. Bes. bei J: 8, 42. 14, 15. 21. 23 f. 21, 15 f (stets im Munde Jesu. — Z. letzt. Stelle vgl. AFridrichsen, Symb. Osl. 14, '35, 46—49. EAMcDowell, Rev. a. Exp. 32, '35, 422—41). — Zu Gott (Dio Chrys. 11 [12], 61. Sextus 442. 444. LXX. Philo, post. Caini 69. Jos., ant. 7, 269. Test. Benj. 3, 1. 4, 5) Mt 22, 37. Mk 12, 30. 33. Lk 10, 27 (überall Dt 6, 5). Rö 8, 28. 1 Kor 2, 9. 8, 3. V. d. Liebe zum Schöpfer B 19, 2. — **b.** v. der Liebe überirdischer Wesen — **α.** zu Menschen: Gottes Liebe zu den Menschen (Dio Chrys. 3, 60 ἀγαπώμενος ὑπὸ θεῶν, 79 [28], 13. CIG 5159 Βρουνταρᾶτος, ὃν ἀγαπᾷ ἡ Φαρία Ἶσις. Norden, Agn. Th. 225 ὃν Ἄμμων ἀγαπᾷ. 226 [= Dit., Or. 90, 4]; s. u. 1 d. LXX. Jos., ant. 8, 314. 173. Test. Naphth. 8, 4. 10) Rö 8, 37. 9, 13 (Mal 1, 2). 2 Th 2, 16. Hb 12, 6 (Spr 3, 12). J 14, 21. 1 J 4, 10. 19. 1 Kl 56, 4 (Spr 3, 12). ἱλαρὸν δότην 2 Kor 9, 7. — Jesu Liebe zu den Menschen 'Ι. ἠγάπησεν αὐτόν *J. gewann ihn lieb* Mk 10, 21 (möglich auch: *liebkoste ihn*; vgl. X., Cyr. 7, 5, 50. Plut., Perikl. 1, 1 u. a.). — Gal. 2, 20. Eph 5, 2. J 11, 5. 15, 9. B 1, 1. V. d. Lieblingsjünger Jesu J 13, 23. 19, 26. 21, 7. 20; s. Hdb.[3] zu J 13, 23, auch JAMaynard, Journ. of the Soc. of Oriental Research 13, '29, 155—59. Bultmann 369—71 u. ö. — **β.** zu anderen überird. Wesen: Gottes Liebe zu Jesus J 3, 35. 10, 17. 17, 26, die vorzeitl. ist 17, 24. — Jesu Liebe zu Gott 14, 31. — **c.** v. d. Betätigg. d. Liebe: *seine Liebe erweisen* J 13, 1. 34 (viell. e. Anspielg. auf die Agape, d. Liebesmahl). Abs. mit Angabe des Mittels μὴ ἀγαπῶμεν λόγῳ μηδὲ τῇ γλώσσῃ ἀλλὰ ἐν ἔργῳ *nicht durchs Wort oder mit der Zunge Liebe erweisen, sondern durch die Tat* (Test. Gad 6, 1 ἀγαπήσατε ἀλλήλους ἐν ἔργῳ) 1 J 3, 18; vgl. ἀ. τῷ στόματι *mit d. Munde l.* 1 Kl 15, 4 (Ps 77, 36 ed. Rahlfs '31 v. l.). — d. Ptz. Pf. Pass. *d.* von Gott *Geliebte* (vgl. Dt 32. 15. 33, 5. 26. Jes 44, 2) als Bez. Jesu (vgl. Od. Sal. 3, 8. Himmelf. d. Jesaja 1, 3 u. ö. Dit., Or 90, 4 [II v] d. ägypt. König als ἠγαπημένος ὑπὸ τοῦ Φθᾶ. Wilcken, Chrest. 109, 12 [III v] d. König ἠγαπημένος ὑπὸ τ. Ἴσιδος) Eph 1, 6. B 3, 6. 4, 3. 8. ἠγαπημένος παῖς αὐτοῦ 1 Kl 59, 2f. υἱὸς ἠ. Hs 9, 12, 5. V. Jerusalem τὴν πόλιν τὴν ἠ. (Sir 24, 11) Apk 20, 9. V. den Christen ἀδελφοὶ ἠ. ὑπὸ τ. θεοῦ (vgl. Sir 45, 1. 46, 13) 1 Th 1, 4. 2 Th 2, 13 ἅγιοι καὶ ἠ. Kol 3, 12. τοῖς ἐν θεῷ πατρὶ ἠγαπημένοις Jd 1. ἐκκλησίᾳ ἠ. ITr insc. IRö insc. — Rö 9, 25 (Hos 2, 25 v. l.). — S. d. Lit. bei φιλέω 1a. — **2.** v. d. Liebe zu Sachen; bez. d. Hochschätzung von od. die Zufriedenheit mit etw. (Aesop, Fab. 156 P. — Appian, Mithrid. 57 § 230 τὰ προτεινόμενα = mit den vorgelegten Bedingungen), oft auch das Streben nach etw. (Theopomp [IV v]: 115 fgm. 124 Jac. τιμήν. Diod. S. 11, 46, 2 τ. πλοῦτον. Appian, bell. civ. 1, 49 § 215 d. Bürgerrecht. Dit., Syll.[3] 1268 I, 9 [III v] φιλίαν ἀγάπα. Pap. d. jüngeren Ptolemäerzeit b. WCrönert, NGG '22, 31. Ps 39, 17. Sir 3, 26) τὴν πρωτοκαθεδρίαν καὶ τοὺς ἀσπασμούς Lk 11, 43. μισθὸν ἀδικίας 2 Pt 2, 15. τὸν κόσμον 1 J 2, 15. τὸν νῦν αἰῶνα 2 Ti 4, 10. Pol 9, 2. δικαιοσύνην (Wsh 1, 1) Hb 1, 9 (Ps 44, 8). σεμνότητα Hm 5, 2, 8. τὴν ἀλήθειαν (Jos., c. Ap. 2, 296. Test. Rub. 3, 9) 1 Kl 18, 6 (Ps 50, 8). Hm 3, 1. Ggs. ἀ. ψεύδη B 20, 2. ὅρκον ψευδῆ 2, 8 (Sach 8, 17). μᾶλλον τὸ σκότος ἢ τὸ φῶς J 3, 19 (zu ἀγ. μᾶλλον c. acc. vgl. Jos., ant. 5, 350 u. s. μᾶλλον 3c). ἀ. τὴν δόξαν τῶν ἀνθρώπων μᾶλλον ἤπερ τ. δ. τοῦ θεοῦ *die Meinung d. Menschen höher schätzen als das Urteil Gottes* 12, 43. ζωὴν *d. Leben lieb haben* (Sir 4, 12) 1 Pt 3, 10; ebenso τὴν ψυχήν (Sir 30, 23 v. l.) Apk 12, 11. — Daher geradezu *herbeisehnen* τὶ *etw.* (Ps 39, 17) τὴν ἐπιφάνειαν αὐτοῦ *seine Erscheinung* 2 Ti 4, 8. Mit flgd. Inf. *wünschen* (Anton. Lib. 40, 1 ἠγάπησεν ἀεὶ παρθένος εἶναι) ἀ. ἡμέρας ἰδεῖν ἀγαθάς *gute Tage zu sehen w.* 1 Kl 22, 2 (Ps 33, 13). τὸ παθεῖν *d. Martyrium w.* ITr 4, 2. — ἀγάπην ἀ. (2 Kö 13, 15) J 17, 26. Eph 2, 4. — *Seine Liebe beweisen* τὰ δεσμά *den Fesseln* IPol 2, 3 (nicht *küssen*, was als Bed. von ἀ. bisher nicht nachgewiesen ist). — ISm 7, 1 scheint d. Zshg. für ἀ. den Sinn v. ἀγάπην ποιεῖν (8, 2) = *Liebesmahl halten* zu fordern. Doch fehlt bisher noch d. lexikal. Sicherstellung dieser Auffassung.

ἀγάπη, ης, ἡ — **I.** *d. Liebe* (ein gesicherter Beleg aus d. Heidentum fehlte lange [Material u. Kritik b. EPeterson, BZ 20, '32, 378—82]. Jetzt haben wir eine zweifellos hdn. Inschr. [Suppl. epigr. Gr. VIII '37, 11, 6 — III n], neben der P. Berl. 9869 = Berl. Klassikertexte II '05 S. 55 [II v], Philod., παρρ. col. 13a, 3 Ol., P. Oxy. 1380, 28. 109 [II n] u. and. Hdn. [s. Ltzm., Exk. hint. 1 Kor. 13. Liddell-Scott] Bedeutg. gewinnen. Auf jüd. Boden: LXX, bes. HL, auch PsSal 18, 3. Ep. Arist. 229. Philo, deus imm. 69. Text. Gad 4, 7. 5, 2; Benj. 8, 2. Or. Sib. 2, 65. Vgl. ACarr, ET 10, '99, 321—30) — **1.** v. d. Liebe der Menschen — **a.** ohne ausdrückl. Angabe, auf wen sich d. Liebe richtet (vgl. Pre 9, 1. 6. Sir 48, 11 v. l.): ἀ. als Subj. ἡ ἀ. οἰκοδομεῖ 1 Kor 8, 1. — 13, 4. 8 (zu 1 Kor 13 vgl. AHarnack, SAB '11, 132—63, bes. 152f. ELehmann u. AFridrichsen, 1 Kor 13 e. christl.-stoische Diatribe: StKr Sonderheft '22, 55—95 [Maxim. Tyr. 20, 2 Lob des ἔρως, was er nicht ist u. was er ist]. EHoffmann, Pauli Hymnus auf d. Liebe: Dtsche Vierteljahrsschrift für Literaturwiss. u. Geistesgesch. 4, '26, 58—73. NWLund, JBL 50, '31, 266—76. GRudberg, Hellas och Nya Testamentet '34, 149f. HRiesenfeld, Con. Neot. 5, '41, 1—32). Phil 1, 9. ἡ ἀ. κακὸν οὐκ ἐργάζεται Rö 13, 10. πλήρωμα νόμου ἡ ἀ. ebd. ψυγήσεται ἡ ἀ. τ. πολλῶν Mt 24, 12. ἡ ἀ. ἀνυπόκριτος *d. Liebe sei ungeheuchelt* Rö 12, 9 vgl. 2 Kor 6, 6. Als Präd. 1 Ti 1, 5. 1 J 4, 16. Als Obj. ἀγάπην ἔχειν 1 Kor 13, 1—3. Phil 2, 2. διώκειν 1 Kor 14, 1. 1 Ti 6, 11. 2 Ti 2, 22. ἐνδύσασθαι τὴν ἀ. Kol 3, 14. — 2 Pt 1, 7. Kol 1, 8. Im Gen. ὁ κόπος τῆς ἀ. 1 Th 1, 3. τὸ τ. ὑμετέρας ἀ. γνήσιον *d. Echtheit euerer Liebe* 2 Kor 8, 8. ἔνδειξις τῆς ἀ. V. 24. — Hb 10, 24. Phil 2, 1. 1 Pt 5, 14. 1 Kl. 49, 2. — In präp. Wendungen: ἐξ ἀγάπης *aus Liebe* Phil 1, 16. παράκλησις ἐπὶ τῇ ἀ. σου *Trost an deiner Liebe* Phlm 7. περιπατεῖν κατὰ ἀ., ἐν ἀ. Rö 14, 15. Eph 5, 2. ἐν ἀ. ἔρχεσθαι (Ggs. ἐν ῥάβδῳ) 1 Kor 4, 21. ἀληθεύειν ἐν ἀ. Eph 4, 15. Andere Verbalzusammensetzungen m. ἐν ἀ. 1 Kor 16, 14. Eph 3, 17. 4, 2. Kol 2, 2. 1 Th 5, 13; vgl. Eph 4, 16. διὰ τῆς ἀ. δουλεύετε ἀλλήλοις Gal 5, 13. πίστις δι' ἀγάπης ἐνεργουμένη Gal 5, 6. διὰ τὴν ἀ. παρακαλῶ *bei d. Liebe bitte ich* Phlm 9. μετὰ ἀγάπης πολιτεύεσθαι *in Liebe wandeln* 1 Kl 51, 2. — Neb. πίστις 1 Th 3, 6. 5, 8. 1 Ti 1, 14. 2 Ti 1, 13. Phlm 5. B 11, 8. IEph 1, 1. 9, 1. 14, 1 u. ö. M. πίστις u. anderen Begriffen auf gleicher Linie verb. Eph 6, 23. 1 Ti 2, 15. 4, 12. 6, 11. 2 Ti 2, 22. 3, 10. Tit 2, 2. Apk 2, 19. Hm 8, 9; vgl. v 3, 8, 2—5. D. Dreiheit πίστις, ἐλπίς, ἀγάπη 1 Kor 13, 13; s. auch Kol 1, 4. 5. 1 Th 1, 3. 5, 8. B 1, 4 (vgl. Porphyr., ad Marcellam 24 τέσσαρα στοιχεῖα μάλιστα κεκρατύνθω περὶ θεοῦ· πίστις, ἀλήθεια, ἔρως, ἐλπίς u. s. Rtzst., Hist. Mon. '16, 242ff.; NGG '16, 367ff.; '17, 130ff.; Hist. Zeitschr. 116, '16, 189ff. AvHarnack, PJ 164, '16, 5ff. = Aus d. Friedens- u. Kriegsarbeit '16, 1ff. PCorssen, Sokrates 7, '19, 18ff. Annemarie Brieger, D. urchr. Trias Gl., Lbe, Hoff. Heidelb. Diss. '25. WTheiler, D. Vorbereitung d. Neuplatonismus '30, 148f.). Neb. δύναμις u. σωφρονισμός 2 Ti 1, 7. Vgl. B 1, 6. — Attribute der Liebe: ἀνυπόκριτος Rö 12, 9. 2 Kor 6, 6. γνησία 1 Kl 62, 2. φιλόθεος u. φιλάνθρωπος Agr 7. σύμφωνος IEph 4, 1. ἄοκνος IPol 7, 2. ἐκτενής 1 Pt 4, 8. Sie ist eine *Frucht d. Geistes* καρπὸς τοῦ πνεύματος Gal 5, 22, u. zwar an erster Stelle unter seinen Wirkungen genannt. ἀ. τοῦ πνεύματος Rö 15, 30; vgl. Kol 1, 8. Im Sinne v. *Liebeserweis, Wohltat* ISm 6, 2 (vgl. ἀ. λαμβάνειν *e. Almosen empfangen* P. Genf 14, 7). — ἀ. τῶν ἀδελφῶν *d. geliebten Brüder* IPhld 11, 2. Sm 12, 1; vgl. Tr 13, 1. IRö 9, 3. An diesen Stellen ergibt sich aus d. Zshg. oft deutl. der Gegenstand d. Liebe, an anderen wiederum wird er — **b.** ausdrückl. genannt, u. zwar — **α.** Unpers. ἀ. τῆς ἀληθείας *Liebe zur Wahrheit* 2 Th 2, 10. ἀ. τῆς πατρίδος *Vaterlandsliebe* 1 Kl 55, 5. — **β.** Menschen ἀ. εἴς τινα *Liebe zu jmdm.* εἰς πάντας τ. ἁγίους Eph 1, 15. Kol 1, 4. εἰς ἀλλήλους καὶ εἰς πάντας 1 Th 3, 12. 2 Th 1, 3; vgl. 2 Kor 2, 4. 8. 1 Pt. 4, 8. ἐν ἀλλήλοις J 13, 35. ἐξ ἡμῶν ἐν ὑμῖν 2 Kor 8, 7. ἡ ἀ. μου μετὰ ὑμῶν 1 Kor 16, 24. — **γ.** Gott od. Christus ἀ. τοῦ θεοῦ *Liebe zu Gott* (doch ist in vielen Fällen auch d. Deutung als gen. subi. möglich) Lk 11, 42. J 5, 42. 2 Th 3, 5. 1 J 2, 5. 15. 3, 17. 4, 12. 5, 3. ἀ. εἰς θεὸν καὶ Χριστὸν καὶ εἰς τὸν πλησίον Pol 3, 3. ἀ. εἰς τὸ ὄνομα θεοῦ Hb 6, 10. — **2.** v. d. Liebe Gottes u. Christi — **a.** zu d. Menschen. V. Gott (vgl. Wsh 3, 9): ἐν ἡμῖν 1 J 4, 9. 16. εἰς ἡμᾶς Rö 5, 8, vgl. V. 5. ἀγάπην διδόναι

L. schenken 1 Joh 3, 1. ἐν ἀ. προορίσας ἡμᾶς εἰς υἱοθεσίαν Eph 1, 5; vgl. 2, 4. — 2 Kor 13, 13. Jd 2. Gott ist d. Quelle der Liebe 1 J 4, 7, der θεὸς τῆς ἀ. 2 Kor 13, 11 u. daher d. Liebe gleichzusetzen 1 J 4, 8. 16. D. Christen heißen als v. seiner Liebe umfangen τέκνα ἀγάπης B 9, 7. 21, 9. — V. Jesu Liebe J 15, 9. 10 a. 13 (vgl. MDibelius, Joh 15, 13: Deißmann-Festschr. '27, 168 bis 186). Rö 8, 35. 2 Kor 5, 14; vgl. Eph 3, 19. Jesus geradezu als ἀληθὴς ἀγάπη bez. Pol 1, 1. ▬ **b.** v. d. gegenseit. Verh. zw. Gott u. Christus J 15, 10b. 17, 26 (z. Konstr. vgl. Pel.-Leg. 12, 21 ὁ πλοῦτος ὅν με ἐπλούτισεν ὁ σατανᾶς). τοῦ υἱοῦ τῆς ἀ. αὐτοῦ *d. Sohnes seiner Liebe* d. h. *seines geliebten Sohnes* Kol 1, 13 (s. PsSal 13, 9 υἱὸς ἀγαπήσεως). — WLütgert, D. L. im NT '05. JMoffatt, Love in the NT '29. HPreisker, StKr 95, '24, 272—94; D. urchr. Botschaft v. der L. Gottes '30. EStauffer, ThW I 20—55. RSchütz, D. Vorgeschichte der joh. Formel ὁ θεὸς ἀγ. ἐστίν Kieler Diss. '17. CRBowen, Love in the Fourth Gospel: Journ. of Rel. 13, '33, 39—49. GEichholz, Glaube u. Liebe im 1 J: Ev. Theol. '37, 411—37. Über ἔρως u. ἀ. s. Harnack, SAB '18, 81—94. ANygren, Eros u. Ag. I '30. II '37 (dazu JAT Robinson, Theology 48, '45, 98—104). LGrünhut, Eros u. Ag. '31. — Reiche Litangaben b. HRiesenfeld, Etude bibliographique sur la notion biblique d' ἀγάπη, surtout dans 1 Cor 13: Con. Neot. 5, '41. ACeresa-Gastaldo, Ἀγάπη nei documenti anteriori al NT: Aegyptus 31, 51, 269 bis 306. CSpicq, Agapè '55.

▬ **II.** *d. Liebesmahl*, wohl e. irgendwie gottesdienstl. Charakter tragende Veranstaltung der prakt. Bruderliebe (vgl. Acta Pauli et Theclae 25. Klemens Al., Päd. 2, 1, 4; Strom. 3, 2, 10. Pass. Perp. et Felic. 17, 1. Tertull., Apolog. 39; de ieiun. 17; s. auch ἀγαπάω 1 c zu J 13, 1. 34) Jd 12 (v. l. ἀπάταις wie 2 Pt 2, 13 ἀπάταις u. ἀγάπαις überl. ist; dieselbe v. l. Pre 9, 6, wo S sinnlos ἀπάτη liest; vgl. RSchütz, ZNW '18, 18, 224). ἀγάπη ἄφθαρτος IRö 7, 3. ἀγάπην ποιεῖν *e. Liebesmahl veranstalten* ISm 8, 2 (s. ἀγαπάω 2). — Genossenschafts- od. Gemeinschaftsmähler mit relig. Weihe od. Umrahmung sind b. Griechen seit alters Sitte (s. Con. Neot. 15, '55, 27f.). Schol. zu Pla. 112 B sagt von solchen Mahlzeiten b. d. Lacedämoniern, sie hätten φιλίτια geheißen, weil sie φιλίας συναγωγά ἐστιν. Ist ἀγ. etwa eine Übersetzung von φιλία ins Christliche? — JFKeating, The Agape a. the Eucharist in the Early Church '01. HLeclercq, Dict. d'Arch. I '03, 775—848. FX Funk, Kirchengesch. Abhdlgen. 3, '07, 1—41. EBaumgartner, Eucharistie u. Ag. im Urchristentum '09. RLCole, Love Feasts, a History of the Christian Agape '16. GPWetter, Altchr. Liturgien II '21. HLietzmann, Messe u. Herrenmahl '26 (dazu ALoisy, Congr. d'Hist. du Christ. I '28, 77—95). KVölker, Mysterium u. Ag. '27. DTambolleo, Le Agapi '31.

ἀγαπητός, ή, όν (Verbaladj. zu ἀγαπάω, zum Adj. erstarrt Bl-D. § 65, 3) ▬ **1.** *einziggeliebt* (seit Homer, auch Pollux 3, 19 καλοῖτο ἂν υἱὸς ἀγ. ὁ μόνος ὢν πατρί. LXX Gen 22, 2. 12. 16 u. ö. Philo, ebr. 30 μόνος κ. ἀγ. υἱός. Vgl. CHTurner, JThSt 27, '26, 113—29. 362. ASouter, ebd. 28, '27, 59f.) v. Verh. Christi zu Gott ὁ υἱός μου ὁ ἀ. Mt 3, 17 (BWBacon, Jesus' Voice from Heaven: AJTh 9, '05, 451—73) = Eb Ev 3b. Mt 17, 5. Mk 1, 11 = Eb Ev 3a. Mk 9, 7; vgl. 12, 6. Lk 3, 22. 9, 35 v. l.; vgl. 20, 13. 2 Pt 1, 17. — Mt 12, 18. MPol 14, 1. 3. Dg 8, 11. ▬ **2.** *geliebt, beliebt, geschätzt, wert* (Pap. LXX. Jos., bell. 1, 240; ant. 15, 15. Test. 12 Patr.) z. Bez. eines vertraul. Verh., namentl. d. Kindesverhältnisse υἱός (Artem. 5, 37) Hs 5, 2, 6. Bei τέκνον 1 Kor 4, 17, τέκνα V. 14. Eph 5, 1; ἀδελφός Phlm 16. Bei Eigennamen (P. Oxy. 235, 2 [I v] Τρύφων ἀγαπητέ) Rö 16, 12. Phlm. 1. AG 15, 25. 3 J 1; bei Eigennamen m. ἀδελφός verb. Eph 6, 21. Kol 4, 7. 9. 2 Pt 3, 15; m. σύνδουλος Kol 1, 7; m. τέκνον 2 Ti 1, 2; m. ἰατρός Kol 4, 14; m. Gen. des pron. pers. u. Eigennamen Ἐπαίνετον τὸν ἀ. μου Rö 16, 5; vgl. V. 8f. IPol 8, 2. — Häufig in d. Anrede *mein Lieber* 3 J 2. 5. 11 (vgl. Tob 10, 13); meist Pl. Rö 12, 19. 2 Kor 7, 1. 12, 19. Hb 6, 9. 1 Pt 2, 11. 4, 12. 2 Pt 3, 1. 8. 14. 17. 1 J 2, 7. 3, 2. 21. 4, 1. 7. 11. Jd 3. 17. 20. 1 Kl 1, 1. 7, 1. 12, 8. 21, 1. 24, 1f. u. ö. ἀ. μου 1 Kor 10, 14. Phil 2, 12. IMg 11, 1. ἄνδρες ἀγαπητοί 1 Kl 16, 17. ἀδελφοί μου ἀ. 1 Kor 15, 58. Jk 1, 16. 19. 2, 5. ἀδελφοί μου ἀ. καὶ ἐπιπόθητοι Phil 4, 1. — Als Bez. d. christl. Gemeindeglieder ἀ. θεοῦ Rö 1, 7 (vgl. Ps 59, 7. 107, 7). Die Juden sind κατὰ τὴν ἐκλογὴν ἀ. 11, 28. Bez. d. Propheten IPhld 9, 2. — ἀγαπητοὶ ἡμῖν ἐγενήθητε *ihr seid uns lieb geworden* 1 Th 2, 8; vgl. 1 Ti 6, 2 (viell. = *liebenswert*, wie X., mem. 3, 10, 5). ἀ. λίαν ἔχειν τινά *jmdn. sehr lieb haben* IPol 7, 2. — EHvanLeeuwen, Ἀγαπητοί: ThSt 21, '03, 139—51.

Ἁγάρ (הָגָר) indekl. N. pr. f. (LXX. Philo. — Bei Jos. Ἁγάρη, ης [ant. 1, 215]) *Hagar*, Name einer Nebenfrau d. Abraham, Mutter Ismaels (Gen 16); v. Pls allegorisch auf d. Judentum gedeutet Gal 4, 24. In V. 25 τὸ δὲ Ἁγὰρ Σινᾶ ὄρος ἐστὶν ἐν τῇ Ἀραβίᾳ schwankt d. LA (Zahn, Gal Exk. II S. 296—99). Vielleicht liegt e. Namenspielerei vor, da d. arab. ḥadschar „Stein" bedeutet u. damit zusammengesetzte Namen auch auf d. Halbinsel Sinai vorkommen. D. Sinn ist: Hagar ist Typus der Mos. Gesetzgebung, denn Ἁγάρ = Σινᾶ.*

ἀγγαρεύω (Menander, Sikyon 4. Pap. seit 257 v [Mayser I^1 S. 42 u. I^2 3 S. 139, 3]. Dit., Or. 665, 24. Jos., ant. 13, 52. Zur v. l. ἐγγαρεύω vgl. Bl-D. § 42, 2. — Persisches, viell. aus d. Babylon. stammendes [CFries, Klio 3, '03, 169f. 4, '04, 117ff.] Lehnwort, das s. auch in d. rabbin. Literatur findet [PFiebig, ZNW 18, '18, 64—72], ebenso im Latein. als angariare: Ulpian, Dig. XLIX 18, 4) Fut. ἀγγαρεύσω. Aor. 1 ἠγγάρευσα *requirieren* (ursprüngl. f. d. Zwecke der Post), *zur Fronleistung nötigen, pressen* mit Obj. τοῦτον ἠγγάρευσαν, ἵνα ἄρῃ τὸν σταυρόν *sie preßten ihn, das Kreuz zu tragen* Mt 27, 32; vgl. Mk 15, 21. ὅστις σε ἀγγαρεύσει μίλιον ἕν (sc. ὑπάγειν) *wer dich preßt, eine Meile zu gehen* Mt 5, 41. D 1, 4. — MRostovtzeff, Klio 6, '06, 249ff. Wilcken, Grundzüge 372ff.; APF 4, '08, 228. FZucker SAB '11, 803ff. Preisigke, Klio 7, '07, 241ff.; Fachwörter '15.*

ἀγγεῖον, ου, τό (seit Hdt., auch Inschr. Pap. LXX) *d. Gefäß* z. B. für Öl (BGU 248, 40 [I n]. Num 4, 9. Philo. Jos., bell. 3, 272; ant. 9, 48) Mt 25, 4. V. Behälter f. Fische (PSI 553, 11 [III v] f. Speiseschnecken) 13, 48 v. l. statt ἄγγη. Übertr. v. Leib (seit Hippokr., auch Dio Chrys. 11 [12], 59. M. Ant. 3, 3, 6. Stob. I 414, 9. Philo, post. Cain. 137; migr. Abr. 193. 197) als d. Behausung v. Geistern (neb. ἄγγος) Hm 5, 2, 5.*

ἀγγελία, ας, ἡ (seit Homer, auch LXX) ▬ **1.** *d. Botschaft* (Jos., ant. 17, 332; vi. 380. Test. Naphth. 2, 1) allg. ἀ. ἀγαθή (Spr 12, 25. 25, 25) Hv 3, 13,

2; v. Evangelium 1 J 1, 5, d. Inhalt ist mit ὅτι zugefügt. — 2. d. *Auftrag, d. Geheiß* v. der sittl. Forderung d. Bruderliebe 3, 11, mit flgd. ἵνα.*

ἀγγελικός, ή, όν (Pollux 4, 103) *zum Engel gehörig, Engel-* (Theosophien § 14. Hierocles, carm. aur. 2, p. 423 Mullach. Proclus zu Platos Rep. Index Kroll. Schol. zu Pla. 216 A. Simplicius in Epict. p. 42, 53 ἀρεταὶ ἀγγελικαί. 45, 54. 80, 7) τοποθεσίαι ἀ. *d. Engelrangordnungen* ITr 5, 2.*

ἀγγέλλω (seit Homer, auch Inschr. Pap., doch selten, LXX an mehreren Stellen, z. B. Jer 4, 15, als v. l. Jos., vi. 301 u. ö.) Aor. 1 ἤγγειλα *melden* τινί *jmdm.* v. d. Osterbotschaft d. Maria Magdalena J 20, 18. Absol. 4, 51 v. l.*

ἄγγελος, ου, ὁ (seit Homer, auch Inschr. Pap. LXX) *d. Bote.* — **1.** v. menschl. Boten: *d. Abgesandte* — **a.** v. Menschen (seit Homer, auch Inschr. Pap. Gen 32, 4. 7. Jdth 1, 11. 3, 1. 1 Makk 1, 44. 7, 10. Jos., ant. 14, 451; vi. 89): d. ird. Jesus ἀπέστειλεν ἀγγέλους (Diod. S. 2, 18, 1 der ind. König zu Semiramis. 4, 65, 4) Lk 9, 52; v. d. Jüngern d. Johannes 7, 24; v. d. Kundschaftern Josuas Jk 2, 25 (vgl. Jos 7, 22). — **b.** v. Gott (Propheten Hg 1, 13. Mal subsc. Priester Mal 2, 7. — 1 Esr 1, 48. 49. Vgl. auch Theognis 1, 769 der Dichter ist Μουσέων ἄγγελος. Epikt. 3, 22, 23. 38. Ael. Aristid. 37 K. = 1 p. 15 D. Maximus Tyr. 11, 9c heißt Pla. als der, der uns Kunde von Gott bringt, ὁ ἐξ 'Ακαδημίας ἄγγ. Oenom. b. Eus., pr. ev. 5, 20, 3. 5 ist d. Wahrsager Carnus ἄγγ. der Götter) v. d. Vorläufer d. Messias Mt 11, 10. Mk 1, 2. Lk 7, 27 (alle Mal 3, 1; vgl. Ex 23, 20). — **2.** v. übernatürl. Mächten (ἀ. als Geistwesen, das oft mit d. Unterwelt in Beziehung gesetzt wird, auf heidn. Boden [EZiebarth, Neue attische Fluchtafeln: NGG '99, 105ff. Nr. 24. IG XII 3, 933—974. Anderes Material b. Dibelius, Geisterwelt 209ff. Vgl. auch d. Orakel: Theosophien § 13 S. 169, 31. Ps.-Callisth. 1, 1, 3 ἐπεκαλεῖτο τοὺς ἀγγέλους καὶ θεὸν Ἄμμωνα. 2, 25, 1. Porphyr., ad Marcellam 21 ἄγγελοι θεῖοί τε κ. ἀγαθοὶ δαίμονες. Hierocles 3 p. 424. 23 p. 468. — ἀ. neb. θεοί u. δαίμονες Damascius — V/VIn — 183 Ruelle. ἀ. neb. δαίμονες u. ἥρωες Proclus, Rep. II 243 Kroll; Tim. III 109 Diehl. — FCumont, Rev. d'Hist. des Rel. 72, '15, 159—82. FAndres, D. Engellehre d. griech. Apologeten '14 u. b. Pauly-W. Suppl. III '18, 101ff. Rtzst., Myst. 171, 2. Bousset, ARW 18, '15, 170ff.] u. als überirdische Gestalt im Judentum [LXX. Hen. 10, 7. 20, 1. 99, 3 u. ö. Essener b. Jos., bell. 2, 142. Philo, vgl. Schürer III[4] 706ff. mit Lit. Joseph. Test. 12 Patr. Rachegebete v. Rheneia [I v] 9f. κύριε ὁ πάντα ἐφορῶν καὶ οἱ ἄνγελοι θεοῦ, dazu Dßm., LO 353f. 357. Dit., Syll.[3] 1181 m. Note 2. P. Fouad 203, 3f. [I n]; dazu PBenoit, RB 58, '51, 549—65. PKatz, ThZ 9, '53, 228—31. — Fremdw. im Rabb. — Bousset, Rel. 320ff. J-BFrey, L'Angélologie juive au temps de J-Chr.: RSphth 5, '11, 75—110. HBKuhn, JBL 67, '48, 217—32 jüd. Apokalypsen], ebenso in den aus Heiden- u. Judentum gemischten Zauberpap. [ZP 1, 76 ein ἀ. als Stern v. Himmel. 4, 570f. 998. 1112. 13, 329. 585. 609. 744]. Vgl. d. Inschriften im APF 3, '06, p. 445 Nr. 67, p. 451 Nr. 94) — **a.** *Engel* als Gottesboten (LXX. Philo, somn. 1, 190. D. überird. Götterboten Homers sind keine Mittelwesen. Doch mag d. Bezeichnung etwa des Hermes, des κῆρυξ τῶν θεῶν, als ihr ἄγγελος ἄριστος [Diod. S. 5, 75, 2] den Heiden das Verständnis v. ἀ. als himml. Gottesboten erleichtert haben), meist mit Gen.: κυρίου (Gen 16, 10. 11 u. ö.) Mt 1, 20. 2, 13. 19. Lk 1, 11. 2, 9. AG 5, 19. 12, 7. 23; τοῦ θεοῦ (Gen 31, 11. 32, 2 u. ö. Philo, deus imm. 1. Jos., bell. 5, 388) Lk 12, 8f. 15, 10. J 1, 51 (HWindisch, ZNW 30, '31, 215—33). ἀ. θεοῦ (Gen 21, 17 A. Ri 13, 6 B. Jos., ant. 1, 73) Gal 4, 14. Hb 1, 6 (Ps 96, 7. Dt 32, 43). 1 Kl 29, 2 (Dt 32, 8). Abs. (Num 20, 16. Ri 13, 11. Tob 6, 4ff. u. ö.) Lk 1, 13. 18. 38. 2, 10. 13. 15. 21. J 20, 12. AG 7, 53. 1 Ti 3, 16. 1 Pt 1, 12 (z. Höherwertigkeit v. Menschen gegenüber Engeln s. Sextus 32) u. ö. ἅγιοι ἀ. (ZP 4, 1934. 1938) Mk 8, 38. Lk 9, 26. AG 10, 22. Apk 14, 10. 1 Kl 39, 7 (Hi 5, 1). Hv 2, 2, 7. ἐκλεκτοὶ ἀ. 1 Ti 5, 21 (ἀ. als Zeugen wie Test. Levi 19, 3 u. Dit., Syll.[3] 1181, 10 = Dßm., LO 351—62; vgl. Jos., bell. 2, 401). ἀ. ἰσχυρός (vgl. Da 4, 13. Ps 102, 20) Apk 5, 2. 18, 21. Ihr Aufenthalt im Himmel, daher ἀ. τῶν οὐρανῶν Mt 24, 36 (wenn nicht οὐρ. = θεοῦ). ἀ. ἐν τοῖς οὐρανοῖς Mk 12, 25. ἀ. ἐν οὐρανῷ 13, 32. ἀ. ἐξ οὐρανοῦ Gal 1, 8; vgl. Mt 22, 30. 28, 2. Lk 22, 43; wohin sie zurückkehren, wenn sie ihren Auftrag auf Erden erfüllt haben 2, 15. Daher ἀ. φωτός (Ggs. Σατανᾶς) 2 Kor 11, 14. ἀ. φωταγωγοί B 18, 1. Dort sind die Frommen nach d. Tode mit ihnen vereint Hv 2, 2, 7. s 9, 27, 3. Sie erscheinen im Lichtglanz Lk 2, 9. AG 7, 30 (Ex 3, 2). ISm 6, 1; daher Bild d. Verklärung AG 6, 15; statt dessen in hellem Gewand J 20, 12; vgl. Mt 28, 3. Lk 24, 4. πνεύματα genannt Hb 1, 7. 1 Kl 36, 3 (beide nach Ps 103, 4). πνεύματα λειτουργικά *dienende Geister* Hb 1, 14. Ihre Stimme wie Donner J 12, 29. γλῶσσαι τῶν ἀ. *Sprachen d. Engel* 1 Kor 13, 1 (nach Analogie d. Göttersprache, Plato b. Klemens Al., Str. 1, 143; vgl. 2 Kor 12, 4. Apk 14, 2f. Test. Hiob 48—50: Texts and Studies V 1, '97, 135. GSteindorff, Apk. d. Elias: TU 17, 3a, '99, 153). Sie überbringen d. Menschen göttl. Botschaften Lk 1, 11ff. Mt 28, 2ff. Auch bei d. Gesetzgebung sind sie tätig νόμος διαταγεὶς δι' ἀγγέλων Gal 3, 19; vgl. AG 7, 38. 53. Hb 2, 2 (Jos., ant. 15, 136 τῶν ἐν τοῖς νόμοις δι' ἀγγέλων παρὰ τ. θεοῦ μαθόντων). Als Schutzengel einzelner Pers. (Tob 5, 6. 22. Vgl. ZP 1, 172ff. Ael. Aristid. 50, 57 K. = 26 p. 519 D.: ὁ σὸς 'Ερμῆς ἐστιν, dem Aristid. seit seiner Geburt anvertraut ist) Mt 18, 10 (Barry, ET 23, '12, 182). AG 12, 15 (JHMoulton, JThSt 3, '02, 514—27; ET 14, '03, 5ff.). Lk 4, 10 (Ps 90, 11). Hv 5, 1f.; die verstorbenen Frommen in d. Himmel führend Lk 16, 22 (das tut nach Pythag. [Diog. L. 8, 31] Hermes). Die Menschen z. Gutem anleitend Hv 3, 5, 4; ἀ. δικαιοσύνης m 6, 2, 1; sich über d. Besserung d. Sünders freuend Lk 15, 10; vgl. d. ἀ. τῆς μετανοίας Hm 12, 4, 7. 12, 6, 1 u. ö. Mit Angabe ihres Wirkungskreises ἀ. ὁ ἔχων ἐξουσίαν ἐπὶ τοῦ πυρός Apk 14, 18. ἀ. τῶν ὑδάτων 16, 5. Windengel 7, 1. E. Engel, Thegri, über der Tierwelt Hv 4, 2, 4 (Synes., ep. 57 p. 192 B δαίμονες als Anführer der Heuschrecken). ἀ. τοῦ προφητικοῦ πνεύματος m 11, 9. τὸν ἀ. τὸν τιμωρητήν s 7, 6. — Über ἀ. τῶν ἑπτὰ ἐκκλησιῶν Apk 1, 20; vgl. 2, 1. 8. 12. 18. 3, 1. 7. 14 s. zu ἀστήρ. — Christus untergeordnet Mt 4, 11. 13, 41. 16, 27. Hb 1, 4ff. (Ps 96, 7). 1 Pt 3, 22. Apk 5, 11f. δώδεκα λεγιῶνας ἀ. Mt 26, 53. μυριάσιν ἀ. Hb 12, 22; vgl. Apk 5, 11. Sieben Engel ausgezeichnet (Tob 12, 15) Apk 8, 2. 6. 15, 1. 6. 16, 1. 17, 1. 21, 9 (GHDix, The Seven Archangels and the Seven Spirits: JThSt 28, '27, 233—50). Sechs zuerst erschaffene Engel, denen d. Welt übergeben ist Hv 3, 4, 1. Engel bei d. Parusie Mt 24, 31. 2 Th 1, 7. Μιχαὴλ καὶ οἱ ἀ. αὐτοῦ Apk 12, 7. V. Menschen verehrt (Celsus 1, 26 'Ιουδαίους σέβειν ἀγγέλους. 5, 6) θρησκεία τῶν ἀ. *Engelverehrung* Kol 2, 18; λατρεύειν ἀγγέλοις als Kennzeichen jüd. Frömmigkeit PK 2 S. 14, 26. Christus als σεμνότατος ἀ. Hv 5, 2. m 5, 1, 7; vgl. ὁ ἅγιος ἀ. s 5, 4, 4. ὁ ἔνδοξος ἀ. s 7, 1ff. 8, 1, 2, ὁ ἀ. κυρίου s 7, 5. 8, 1, 2ff.; wenn er s 8, 3, 3 Michael genannt wird, so ist zu beachten, daß M. Schutzengel d. jüd. Volkes war (WLueken, D. Erzengel Michael '00. MDibelius, Hdb. Exk. z. Hs 5, 6, 8 S. 575f.). — **b.** Mittelwesen überhaupt, ohne daß auf ihre Beziehung zu Gott reflektiert würde (Ggs. ἄνθρωποι) 1 Kor 4, 9 (vgl. Test. Jos. 19, 9 ἔχαιρον ἐπ' αὐτῷ οἱ ἄγγελοι κ. οἱ ἄνθρωποι κ. πᾶσα ἡ γῆ). — Rö 8, 38 scheinen ἀ. als dienende Geistmächte von ἀρχαί als herrschenden unterschieden zu werden. — **c.** böse Geister (Lactant., inst. 2, 15, 8 daemonas Trismegistus ἀγγέλους πονηρούς appellat. Vgl. auch Hi 1, 6. 2, 1. Philo, gig. 16. Test. Ass. 6, 4. ZP 4, 2701. ADieterich, Nekyia '93, 60f.) τῷ διαβόλῳ καὶ τοῖς ἀγγέλοις αὐτοῦ Mt 25, 41; vgl. Apk 12, 9. ὁ δράκων καὶ οἱ ἀ. αὐτοῦ V. 7. ἀ. τῆς ἀβύσσου 9, 11 (s. Ἀβαδδών). ἀ. πονηρός B 9, 4. D. Schutzengeln entsprechend ἀ. τῆς πονηρίας Hm 6, 2, 1; ἀ. Σατανᾶ, der körperlich peinigt 2 Kor 12, 7; bes. genannt ἀ. τρυφῆς καὶ ἀπάτης Hs 6, 2, 1f.; die Menschen z. Bösen verführend B 18, 1. Vom Fall d. Engel u. ihrer Bestrafung (vgl. Gen 6, 2. Hen. 6ff. 54. Buch d. Jubil. 5. Apk Bar 56, 13. LJung, Fallen Angels in Jewish, Christian and Mohammedan Lit. '26. ALods, Congr. d'Hist. du Christ. I 29—54) ὁ θεὸς ἀγγέλων ἁμαρτησάντων οὐκ ἐφείσατο 2 Pt 2, 4. ἀ. τοὺς μὴ τηρήσαντας τὴν ἑαυτῶν ἀρχὴν *die ihr Herrschaftsgebiet nicht festhielten* (s. ἀρχή 4) Jd 6. Aus d. eben im Anschluß an Gen 6, 2 mitgeteilten Stellen (vgl. noch Test. Rub. 5, 3. Jos., ant. 1, 73 ἄγγελοι θεοῦ γυναιξὶ συνιόντες. Dazu d. heidn. Vorstellung v. der erotischen Begierde der Dämonen: HUsener, Weihnachtsfest[2] '11, 74f. Rtzst., Poim. 228ff.; Herr der Größe 14f. u. Protev. Jacobi 14, 1) ergibt sich d. Auffassung, daß Engel sinnl. Begier unterliegen, u. sie erklärt d. Vorschrift an die Frauen, beim Gottesdienst, dem d. Engel ihre Aufmerksamkeit schenken (vgl. Origenes, orat. 31; auch Ps 137, 1 ἐναντίον ἀγγέλων ψαλῶ σοι), den Schleier zu tragen διὰ τοὺς ἀγγέλους 1 Kor 11, 10 (Lit. s. zu ἐξουσία 5). Bei οὐκ οἴδατε, ὅτι ἀγγέλους κρινοῦμεν; 6, 3 fragt es sich, ob nur auf d. gefallenen Engel zu beziehen. — OEverling, D. paulinische Angelologie u. Dämonologie '88. Dibelius, Geisterwelt '09. GKurze, D. Engels- u. Teufelsglaube d. Ap. Pls '15. MJones, St. Paul a. the Angels: Exp 8. Ser. XVI '21, 356—70. 412—25. EPeterson, D. Buch von den Engeln '35. JMichl, D. Engelvorstellungen in Apk I '37. ELangton, The Angel Teaching of the NT '37. JBBernardin, JBL 57, '38, 273—79. ESchick, D. Botschaft der Engel im NT '40. WMichaelis, Z. Engelchristol. im Urchristent. '42. GNHatzidakis, Ἄγγελος u. Verwandts: SAWien 173, '14.

ἄγγος, ους, τό (seit Homer, auch CIG 3573. Inscr. gr. 1361, 4f. LXX. Philo, post. Cai. 130. Jos., ant. 8, 322) *d. Gefäß* B 8, 1. V. Behälter f. Fische Mt 13, 48 (v. l. ἀγγεῖα). Übertr. v. Leib als d. Behausung v. bösen Geistern Hm 5, 2, 5 (neb. ἀγγεῖον, s. d.).*

ἄγε Imp. Praes. v. ἄγω, erstarrt als Interjektion gebraucht (seit Homer u. schon bei ihm vor Plur., auch LXX. Or. Sib. 3, 562) *wohlan* ἄγε νῦν (oft in d. Komödie) mit flgd. Imp. (schon Homer) Jk 5, 1; mit flgd. Fragesatz (Hom.) 4, 13. ἀ. δή (seit Aeschyl.) *wohlan denn* Dg 2, 1.*

ἀγέλη, ης, ἡ (seit Homer, auch Inschr. Pap. LXX. Philo. Jos., ant. 8, 294) *d. Herde,* v. einer Schweineherde (wie Eudoxus Rhod. [II v] bei Aelian, n. a. 10, 16) Mt 8, 30—32. Mk 5, 11. 13. Lk 8, 32f.*

ἀγενεαλόγητος, ον *ohne Stammbaum,* v. Melchisedek (neb. ἀπάτωρ u. ἀμήτωρ) Hb 7, 3 (sonst nur in Abhängigkeit von dieser Stelle nachzuweisen).*

ἀγενής, ές Gen. οῦς *unedel* (ignobilis; Ggs. εὐγενής; in diesem Sinn seit X. Pla., auch P. Oxy. 33 V, 5 [II n] = Wilcken, Chrest. 20 V, 5. Jos., bell. 4, 148) 1 Kor 1, 28 (nicht ganz ausgeschlossen ist auch d. allgemeinere Bedeutung *gering, minderwertig,* Soph., Fgm. 81 Ggs. ἀγαθός. Philo, conf. lingu. 43. P. Oxy. 79, 3, auch Dit., Syll.[2] 855, 11. 862, 22).*

ἀγέννητος, ον (d. Wort seit Soph.) *unerzeugt* (so von Gott Herm. Schr. 2, 4. 5, 2. 14, 2 u.ö. Philo, Mos. 2, 171 v. l. [i. T. ἀγένητος]. D. Schreibung ἀγένητος: Thales, b. Diog. L. 1, 35. Zoroaster b. Philo Bybl. [um 100 n]: Euseb., pr. ev. 1, 10, 52. ZP 13, 842. Philo. Jos., c. Ap. 2, 167. Or. Sib. Fgm. 1, 7. 17) neb. γεννητός v. Christus (vgl. Act Phil. 141 p. 76, 27 B.) IEph 7, 2 (v. l. ἀγένητος); vgl. Lghtf., Apost. Fath. II 2 [2]'89, p. 90—94. — PStiegele, D. Agennesiebegriff in d. griech. Theol. d. 4. Jh. '13. LPrestige, JThSt 24, '23, 486—96. JLebreton, Ἀγέννητος dans la Tradition philos. et dans la Litt. chrét. du IIe siècle: RechdeScrel 16, '26, 431—43.*

ἅγια, ων s. zu ἅγιος 2b.

ἁγιάζω Aor. 1 ἡγίασα, Imp. ἁγίασον. Pf. Pass. ἡγίασμαι, Ptz. ἡγιασμένος. Aor. 1 Pass. ἡγιάσθην, Imp. ἁγιασθήτω. Fut. 1 ἁγιασθήσομαι 1 Kl 46, 2 *heilig machen, weihen* (LXX. Philo, leg. all. 1, 18; spec. leg. 1, 67. Im außerbibl. Sprachgebr., in dem ἁγίζω übl. ist, sehr selten; doch s. ZP 4, 522 ἁγιασθείς. Cat. cod. astr. VII 178, 1. 27. Anecd. Gr. p. 328, 1ff. u. Herm. Schr. 1, 32 συναγιάζειν. Unten 3 καθαγιάζειν) — **1.** v. Sachen: dem kultischen Gebr. übergeben od. dafür geeignet machen (Ex 29, 27. 37. 44 u. ö.) ἀ. τὸ δῶρον *d. Opfergabe* Mt 23, 19. 1 Ti 4, 5 (Act. Thom. 79 τὴν προσφορὰν ἀ.); durch Berührung m. Heiligem Profanes *heilig machen* ἀ. τὸν χρυσόν *d. Gold* am Tempel Mt 23, 17. — **2.** v. Pers. *weihen, heiligen,* d. h. kult. Charakter verleihen u. damit in den hl. Kreis einbeziehen (vgl. Ex 28, 41. Sir 33, 12. 45, 4. Ze 1, 7). So v. den Christen, die durch d. Taufe geweiht werden; neb. ἀπολούσασθαι 1 Kor 6, 11. V. d. Gemeinde ἵνα αὐτὴν ἁγιάσῃ καθαρίσας τῷ λουτρῷ τοῦ ὕδατος Eph 5, 26. Durch Opferblut *heiligen,* d. h. d. Sünden sühnen Hb 9, 13. Von Christus ἵνα ἁγιάσῃ διὰ τοῦ ἰδίου αἵματος τὸν λαόν 13, 12 (ἀ. τὸν λαόν Jos 7, 13. Ez 46, 20. ἀ. durch Blut Ex 29, 21); vgl. 2, 11. 10, 10. 29. Durch Berührung mit Heiligem *weihen:* Ungläubige durch d. Ehe mit Christen 1 Kor 7, 14. D. Christen daher ἡγιασμένοι (vgl. Dt 33, 3. 4 Makk 17, 19) Hb 10, 14. AG 20, 32. 26, 18. IEph 2, 2. ἡ. ἐν Χριστῷ Ἰησοῦ 1 Kor 1, 2. ἡ. ἐν ἀληθείᾳ J 17, 19b (vgl. Sir 45, 4 ἐν πίστει). D. Gemeinde ἡγιασμένη ἐν πνεύματι ἁγίῳ Rö 15, 16. D. Kirche ἁγιασθεῖσα = ἁγία D 10, 5. κλητοὶ ἡ. 1 Kl insc. D. Einzelne ein σκεῦος ἡγιασμένον 2 Ti 2, 21. Paulus ἡγιασμένος IEph 12, 2. Gott heiligt d. Seinen, u. zwar Christum J 10, 36 (s. Hdb.[3] z. d. St.), wie d. Christen (vgl. Schol. zu Apollon. Rhod. 3, 62 ἐλεήσας αὐτὸν ὁ Ζεὺς ἁγνίζει = Zeus entsühnt ihn, nimmt ihm die

Schuld ab) 17, 17. 1 Th 5, 23; letztere durch Christus 1 Kl 59, 3. V. Jesus ὑπὲρ αὐτῶν (ἐγὼ) ἁγιάζω ἐμαυτόν *ich weihe mich für sie* (d. Jünger) z. Opfer J 17, 19a (ἁ. vom Opfer Ex 13, 2. Dt 15, 19). — **3.** *jmdn. (etw.) als heilig behandeln* v. Personen κύριον δὲ τὸν Χριστὸν ἁγιάσατε 1 Pt 3, 15 (Jes 8, 13). ἁγιασθήτω τὸ ὄνομά σου *dein Name werde heilig gehalten* (vgl. Jes 29, 23. Ez 36, 23. ZP 4, 1119f. τὸ ὄνομα τὸ ἅγιον τὸ καθηγιασμένον ὑπὸ τ. ἀγγέλων πάντων. 1, 206. Ps.-Klem., hom. 13, 4) Mt 6, 9. Lk 11, 2. D 8, 2 (AFridrichsen, Geheiligt werde dein Name: Theologisk Tidsskrift 8, '17, 1—16. LBrun, Harnack-Ehrung '21, 22—31. RAsting, D. Heiligkeit im Urchristentum '30, 75—85 mit Lit.). τὸ σάββατον B 15, 1. 3. 6f. (Ex 20, 8—11). ἁγιασθῆναι *sich heiligen, sich heilig halten* ὁ ἅγιος ἁγιασθήτω ἔτι Apk 22, 11. — **4.** *reinigen* (Num 6, 11 u. ö.) ἁ. ἀπὸ πάσης πονηρίας καὶ ἀπὸ πάσης σκολιότητος Hv 3, 9, 1.*

ἁγίασμα, ατος, τό (fast nur bibl. u. christl.; doch auch Philo, plant. 50. ZP 4, 522) *d. Heiligtum* (1 Makk 1, 21. 36ff. 5, 1. Sir 36, 12. 49, 6. 50, 11. Test. Dan 5, 9) τὰ δεξιὰ μέρη τοῦ ἁ. Hv 3, 2, 1.*

ἁγιασμός, οῦ, ὁ (LXX. — Diod. S. 4, 39, 1 hat ἁγισμός) *d. Heiligung*; uns. Lit. eigentüml. ist d. Gebrauch im sittl. Sinn für eine Handlung od., viel öfter noch, für ihr Ergebnis, den Zustand des Geheiligtseins (vgl. Jer 6, 16 v. l. Test. Benj. 10, 11) εἰς ἁγιασμόν *zur Heiligung* (Ggs. εἰς ἀνομίαν) Rö 6, 19. 22 (Act. Thom. 121). Ggs. ἀκαθαρσία 1 Th 4, 7; neb. τιμή V. 4, vgl. V. 3; neb. πίστις u. ἀγάπη 1 Ti 2, 15; neb. εἰρήνη Hb 12, 14. ἐν ἁ. πνεύματος *in H. durch den Geist* 2 Th 2, 13. 1 Pt 1, 2 (Test. Levi 18, 7 πνεῦμα ἁγιασμοῦ). Christus als ἁ. bezeichnet neb. δικαιοσύνη u. ἀπολύτρωσις (abstr. pro concr. *Urheber der H.*) 1 Kor 1, 30. ποιεῖν τὰ τοῦ ἁ. πάντα *alles, was z. Heiligung gehört, tun* 1 Kl 30, 1. ἐγκράτεια ἐν ἁ. *Enthaltsamkeit, d. in H. geübt wird* 35, 2. — EGaugler, D. Heiligung in d. Ethik des Ap.Pls: Internat. kirchl. Ztschr. 15, '25, 100—120. MSEnslin, The Ethics of Paul '30. SDjukanović, Heiligkt u. Heiligg b. Pls. Diss. Bern '39.*

ἅγιοι, ων, οἱ s. ἅγιος 2d.

ἅγιον, ου, τό s. ἅγιος 2a.

ἁγιοπρεπής, ές *was einem Heiligen angemessen ist, heilig* λόγοι ἁ. *heilige Worte* 1 Kl 13, 3. δεσμοὶ ἁ. *Bande, wie sie e. H. trägt* Pol 1, 1.*

ἅγιος, ία, ον ursprgl. kult. Begriff, v. d. Beschaffenheit der Sachen u. Pers., d. mit Gott in Berührung kommen dürfen (so bei d. Trag. nur Thespis, Fgm. 4 p. 833 Nauck² βωμῶν ἁγίων, doch seit d. 5. Jahrh. v. Chr. in d. ion. u. att. Kultsprache ἱρόν Hdt. 2, 41. 44. Pla., Kritias 116 C; τόπος leg. 904 E; τελεταί Aristoph., nub. 304 u. Demosth. 25, 11 [ἁγιώταται τ.]; vor allem in d. Mysterienkulten [GWobbermin, Rel.gesch. Studien '96, 59ff., vgl. Dit., Or. 721, 1 τῶν ἁγιωτάτων Ἐλευσῖνι μυστηρίων]. LXX. Ep. Arist. Philo. Joseph. Test. 12 Patr. Or. Sib.) — **1.** adj. — **a.** v. Sachen — **α.** im kult. Sinne *gottgeweiht*, d. h. Gott u. s. Dienste vorbehalten: ἁ. πόλις v. Jerusalem (Appian, Syr. 50 § 250: Jerus. heißt der Juden ἁγιωτάτη πόλις. Ebenso Mithrid. 106 § 498. Jes 48, 2. 52, 1. 66, 20. 2 Esr 21, 1. Da 3, 28. 1 Makk 2, 7 u. ö.) Mt 4, 5. 27, 53. Apk 11, 2, auch d. himmlischen 21, 2. 10. 22, 19. ὁ τόπος ἁ. v. Tempel (2 Makk 2, 18. 8, 17. 3 Makk 2, 14) Mt 24, 15. AG 6, 13. 21, 28; dageg. v. Jenseits 1 Kl 5, 7, wie ὁ ἁ. αἰών *d. heilige Weltzeit* = αἰὼν μέλλων (vgl. im Zusatz d. lat. Übersetzung zu Sir 17, 27 u. 24, 33 aevum sanctum) B 10, 11. γῆ ἁ. (2 Makk 1, 7) AG 7, 33 (Ex 3, 5). ὄρος ἁ. (Wsh 9, 8. Ps 14, 1. 42, 3 u. ö. — Appian, bell. civ. 1, 1 § 2 τὸ ὄρος τὸ ἀπὸ τοῦδε [d. h. seit einem höchst bedeutsamen Vorfall] κληζόμενον ἱερόν) v. Berge d. Verklärung 2 Pt 1, 18. σκεύη (1 Esr 8, 57. 1 Makk 4, 49) Ox 14. 21. 29. διαθήκη (Da 11, 28ff. Theod. 1 Makk 1, 15) Lk 1, 72. γραφαί Rö 1, 2 (vgl. 1 Makk 12, 9. Philo, rer. div. her. 159). λόγος 1 Kl 13, 3. 56, 3. Dg 7, 2 (vgl. Herm. Schr. 1, 18 ὁ θεὸς εἶπεν ἁγίῳ λόγῳ). Da die Christen „Heilige" heißen (s. 2 d β), ist auch ihre κλῆσις ἁ. 2 Ti 1, 9. Ebenso d. ihnen geltende ἐντολή 2 Pt 2, 21. Ihre Gemeinschaft bildet d. ἐκκλησία ἁ. ITr insc. Hv 1, 1, 6. 1, 3, 4; vgl. 4, 1, 3, das ἱεράτευμα ἁ. 1 Pt 2, 5, das ἔθνος ἁ. (Wsh 17, 2) V. 9. φίλημα ἁ. s. φίλημα. — Die πίστις ist ἁγιωτάτη *hochheilig* Jd 20 (z. Superl. vgl. Pla., leg. 729 E u. a., auch Diod. S. 3, 44, 2 ἱερὸν ἁγιώτατον = e. hochheiliger Tempel. Dit., Syll.³ 339, 14. 768, 16 [31 v]. Jos., ant. 16, 115. ἁγιώτατος θεός: Dit., Or. 755, 1. 756, 3; vgl. ZP 4, 668. V. d. Synagoge CII 754. 781. 867). — **β.** hinüberspielend in die Bedeutung *heilig* = *rein, vollkommen, Gottes würdig, Gottes Art gemäß* (Stephan. Byz. s. v. Παλική: ὅρκος ἅγιος) θυσία Rö 12, 1. ἀναστροφαί 2 Pt 3, 11. V. göttl. Gesetz Rö 7, 12. ἀπαρχή (vgl. Ez 48, 9ff.) 11, 16a. ναός (Ps 10, 4. 17, 7 u. ö. Jos., bell. 7, 379; vgl. ἱερὸν ἁ.: Hdt. 2, 41. Diod. S. 5, 72, 3. 15, 14, 3. Pausan. 10, 32, 13) 1 Kor 3, 17. Eph 2, 21. — **b.** v. Personen — **α.** v. Menschen *gottgeweiht, heilig, gottgemäß* (Ramsay, Phrygia I 2 p. 386 Nr. 232, 8 [Anf. III n] von e. heidn. Persönlichkeit: Γάϊος, ὡς ἅγιος, ὡς ἀγαθός) Propheten (Wsh 11, 1) Lk 1, 70. AG 3, 21. 2 Pt 3, 2. Johannes der Täufer (neb. δίκαιος) Mk 6, 20. Apostel Eph 3, 5. Polykarp Epil Mosq 1. 2. 4. αἱ ἁ. γυναῖκες 1 Pt 3, 5. Israel λαὸς ἁ. (Jes 62, 12. Sir 49, 12 v. l. Da 7, 27) 1 Kl 8, 3; vgl. B 14, 6. πᾶν ἄρσεν ἁ. τῷ κυρίῳ Lk 2, 23. — D. Christen 1 Pt 1, 16a (Lev 19, 2). ἀδελφοὶ ἁ. Hb 3, 1. Ihre Kinder 1 Kor 7, 14. Neb. ἄμωμος Eph 1, 4. 5, 27. Kol 1, 22. ἁ. ἐν ἀναστροφῇ 1 Pt 1, 15. Vgl. D 10, 6. — **β.** v. Engeln *heilig* (Hi 5, 1. Tob 11, 14. 12, 15; vgl. Bousset, Rel.³ 321. Cat. cod. astr. VIII 2 p. 176, 19. Vgl. ZP 4, 668) Mk 8, 38. Lk 9, 26. AG 10, 22. Apk 14, 10. 1 Kl 39, 7. Hv 2, 2, 7. 3, 4, 1f. ἐν ἁ. μυριάσιν αὐτοῦ *mit s. hl. Zehntausendschaften* Jd 14 (vgl. Hen. 1, 9). — **γ.** v. Christus *heilig* τὸν ἅγιον παῖδά σου AG 4, 27, 30. τὸ γεννώμενον ἁ. κληθήσεται Lk 1, 35 (ἁ. gehört z. Präd.). — **δ.** v. Gott (Aristoph., av. 522. Pla., Soph. 248 E. Dit., Or. 262, 25. 378, 1 [19 n] θεῷ ἁγίῳ ὑψίστῳ. 590, 1. 620, 2 [98 n]. UPZ 79, 22 [159 v] v. Isis; ebenso P. Oxy. 1380, 34. 36. 89. Audollent, Defix. tab. 242 τὸν ἁ. Ἑρμῆν. Herm. Schr. 1, 31. ZP 1, 198. 3, 312. 4, 851. 2093. Weitere Beispiele b. Wobbermin 70. Cumont³ 266. — LXX. Philo, sacr. Abel. 101. Or. Sib. 3, 478) *heilig* J 17, 11. 1 Pt 1, 16b (Lev 19, 2). Apk 4, 8 (Jes 6, 3. — D. dreifache ἅγιος dient der Verstärkung, wie etwa die Verdoppelung Theokr. 8, 73 καλὸν καλόν = unbeschreiblich schön). 6, 10. Vom Namen Gottes (LXX. ZP 4, 1190. 13, 638) Lk 1, 49. 1 Kl 64. — Zum Hl. Geist vgl. πνεῦμα 5c. — **2.** z. reinen Subst. geworden — **a. ἅγιον, ου, τό** *das Heilige* — **α.** konkret *d. Opferfleisch* (Lev 22, 14. — Ebenso konkr. θύειν τὸ ἱερόν: 67. Brief d. Apollon. v. Ty. [Philostrat I 363, 30 K.]) μὴ δῶτε τὸ ἁ.

τοῖς κυσίν Mt 7, 6; vgl. D 9, 5 (IZolli, Religio 13, '37, 272—77. HJEWesterman Holstijn, Mt 7, 6: Onder Eig. Vaandel 15, '40, 259—67). — **β.** *d. Heiligtum* (Dit., Or. 56, 59 [239 v]. UPZ 119, 12 [156 v]. Num 3, 38. Ez 45, 18. 1 Esr 1, 5 v. l. 1 Makk 10, 42. Philo, leg. all. 3, 125. Jos., ant. 3,125) τὸ ἅ. κοσμικόν Hb 9, 1. — **b. ἅγια, ων, τά** *d. Heiligtum* (Jdth 4, 12. 16, 20. 1 Makk 3, 43. 59 u. ö. Philo, fuga 93 οἷς [sc. ἡ Λευιτικὴ φύλη] ἡ τῶν ἁγίων ἀνάκειται λειτουργία. Jos., bell. 2, 341) Hb 8, 2. 9, 24f. 13, 11. Auch d. vordere Teil d. Tempelgebäudes, *d.* sog. *Heilige* (3 Kö 8, 8. Philo, rer. div. her. 226) Hb 9, 2. τὰ ἅ. v. himml. Heiligtum (Or. Sib. 3, 308). V. 12. 10, 19. — (τὰ) ἅγια (τῶν) ἁγίων *d. Allerheiligste* (3 Kö 8, 6. 2 Ch 4, 22. 5, 7. Philo, leg. all. 2, 56. — Bildung wie κακὰ κακῶν Soph., Oed. C. 1238; ἄρρητ' ἀρρήτων Oed. R. 465. ἔσχατα ἐσχάτων Ael. Aristid. 46 p. 260 D.) Hb 9, 3. IPhld 9, 1. V. Christenvolk 1 Kl 29, 3 (vgl. 2 Ch 31, 14. Ez 48, 12). — **c. ἅγιος, ου, ὁ** *der Heilige* — **α.** v. Gott 1 J 2, 20 (auch β ist möglich). — **β.** v. Christus ὁ ἅ. Apk 3, 7. 1 Kl 23, 5. Dg 9, 2. ὁ ἅ. καὶ δίκαιος AG 3, 14. ὁ ἅ. τοῦ θεοῦ Mk 1, 24. Lk 4, 34. J 6, 69 (vgl. Ps 105, 16 ὁ ἅ. κυρίου von Aaron). — **d. ἅγιοι, ων, οἱ** *die Heiligen* — **α.** v. d. Engeln (Sach 14, 5. Ps 88, 6. Hen. 1, 9. ZP 1, 198. 4, 1345. 1347) 1 Th 3, 13. 2 Th 1, 10. D 16, 7. — **β.** v. d. Christen als Gottgeweihten (vgl. Jes 4, 3, auch Tob 8, 15. Ps 33, 10. Da 7, 18. 21) AG 9, 13. 32. Rö 8, 27. 12, 13. 15, 25 (Ltzm., Exk. z. d. St.). 1 Kor 6, 1f. 2 Kor 1, 1. Eph 2, 19. 3, 8. Phil 4, 22. Kol 1, 4. 1 Ti 5, 10. Hb 6, 10. 1 Kl 46, 2. Hv 1, 1, 9 u. ö. κλητοὶ ἅ. Rö 1, 7. 1 Kor 1, 2. οἱ ἅ. αὐτοῦ Kol 1, 26; vgl. AG 9, 13. Hv 3, 8, 8. οἱ ἅ. καὶ πιστοὶ αὐτοῦ ISm 1, 2. — **γ.** v. anderen Gott besonders nahestehenden Menschen (Dionys. Soph., ep. 70 σωφροσύνη... προσήγαγέ σε θεῷ . . . τοῖς ἁγίοις παρέστησεν) Mt 27, 52. Vgl. Apk 18, 20. 24. — FJDölger ΙΧΘΥΣ '10, 180—83. WLink. De vocis „sanctus" usu pagano Diss. Königsb. '10. AFridrichsen, Hagios-Qadoš '16. EWilliger, Hagios '22. JDillersberger, D. Heilige im NT '26. HDelehaye, Sanctus '27. ²'33. RAsting, D. Heiligkeit im Urchristentum '30. UBunzel, D. Begriff der Heiligkeit im AT, Diss. Breslau '14. JHänel, D. Religion d. Heiligkeit '31. OProcksch u. KGKuhn, ThW I 87—116. PChantraine et OMasson, Debrunner-Festschr. '54, 85—107.

ἁγιότης, ητος, ἡ *d. Heiligkeit* (Schol. Aristoph., Plut. 682. P. Amh. 151, 16. P. Gieß. 55, 5. 2 Makk 15, 2 u. e. Übers. Ps. 28, 2. Test Levi 3, 4 ὑπεράνω πάσης ἁγιότητος) μεταλαβεῖν τῆς ἁ. Hb 12, 10. V. sittl. Reinheit neb. εἰλικρίνεια 2 Kor 1, 12 (v. l. ἁπλότητι, πραότητι).*

ἁγιοφόρος, ον *heilige Dinge* (Kultgeräte in Prozessionen) *tragend* v. Personen (ἁγιαφόρος IG III 162 v. Kultpersonen d. Isis); im christl. Sprachgebr. nur übertr. (vgl. Plut., Is. et Osir. 3 p. 352 B: d. ἱεραφόροι im Isiskult sind die, welche d. v. allem Aberglauben gereinigte Götterlehre in d. Seele wie in e. Schrein tragen od. auch wie e. Schmuck) neb. ναοφόροι u. anderem IEph 9, 2. V. d. Gemeinde ISm insc., vgl. Lghtf. z. d. St.*

ἁγιωσύνη, ης, ἡ (daneben ἁγιοσύνη) *d. Heiligkeit* (Herodian Gr. I 335, 18. Schol. [Plato,] Axioch. 371 D. LXX Ps u. 2 Makk 3, 12. Pel.-Leg. p. 10, 2. Act. Thom. 58. 97. 104 u. ö. PMMeyer, Griech. Texte aus Ägypten ['16] 24, 2) v. Christus κατὰ πνεῦμα ἁγιωσύνης (πν. ἁγ. wie Test. Levi 18, 11) e. verstärktes πν. ἅγιον (Ggs. κατὰ σάρκα) Rö 1, 4. V. Christen ἐπιτελεῖν ἁγιωσύνην *d. Heiligkeit vollenden* = vollkommen heilig werden 2 Kor 7, 1. ἐν ἁγιωσύνῃ *in Heiligkeit* (Act. Thom. 85. 86) 1 Th 3, 13.*

ἀγκάλη, ης, ἡ (seit d. Trag. u. Hdt., auch Inschr. Pap. LXX, meist im Pl.) *d. Arm* δέξασθαι εἰς τὰς ἀ. *in die Arme nehmen* (Jos., ant. 8, 28 τὸ παιδίον . . . εἰς τὰς ἀ. μου τίθησι. Dit., Or. 56, 60 v. Götterbild τὶς τῶν ἱερέων οἴσει ἐν ταῖς ἀγκάλαις) Lk 2, 28 (Mk 9, 36 bez. d. Gleiche m. ἐναγκαλίσασθαι).*

ἄγκιστρον, ου, τό (seit Homer, auch LXX) *d. Angel* — **1.** eigtl. βάλλειν ἄ. εἰς θάλασσαν Mt 17, 27. — **2.** übertr. (Polyaenus, exc. 1 „goldene Angelhaken") ἐμπεσεῖν εἰς τὰ ἄ. τῆς κενοδοξίας *an d. Angeln d. Irrtums geraten* IMg 11.*

ἄγκυρα, ας, ἡ *d. Anker* (seit Alcaeus, auch Dit., Syll.² 588, 168. 171. Zen.-P. 59 287, 64 [III v]. P. Lond. 1164 h, 9. 1714, 31. Jos., vi. 167. — Sym. Jer 52, 18 in bes. Bed.) — **1.** eigtl. v. Schiffsanker ῥίπτειν ἀ. *Anker werfen* AG 27, 29. ἀ. ἐκτείνειν *Anker ausbringen* V. 30 (Breusing 195). ἀ. περιαιρεῖν V. 40 (περιαιρέω 1). — **2.** übertr. *d. Halt, d. Stütze* (Eur., Hek. 80 ἄ. οἴκων. Soph., Fgm. 623 ἄ. βίου. Heliodor 7, 25, 4 πᾶσα ἐλπίδος ἄ. IG XII, VII 123 b, 3 ἄ. γήρως) v. d. Hoffnung (Marinus, vi. Procli 29) ἣν ὡς ἄγκυραν ἔχομεν τῆς ψυχῆς Hb 6, 19.*

ἀγκών, ῶνος, ὁ (seit Homer, auch Pap. LXX. Jos., ant. 17, 187) *d. Arm* αἴρειν τινὰ τῶν ἀ. *jmdn. mit den Armen aufheben* = auf den Arm nehmen Hv 1, 4, 3.*

ἄγναφος, ον (Peripl. Eryth. c. 6. Moeris p. 31 unter ἄκναπτον. Thomas Mag. p. 12, 14. Cair. Zen.-P. 92, 16 [III v]. P. Lond. 193 verso, 22 [II n] κιτῶνα ἄγναφον. P. Hamburg 10, 32) *ungewalkt, frisch vom Webstuhl, neu* (s. PMMeyer zu d. angef. Hamb. Pap.) ἐπίβλημα ῥάκους ἀγνάφου *e. Flicklappen v. neuem Tuch* Mt 9, 16. Mk 2, 21.*

ἁγνεία, ας, ἡ (Soph., Oed. R. 864 ἁ. λόγων ἔργων τε πάντων. Pla., auch Inschr. [z. B. v. Epidaurus b. Porphyr., abst. 2, 19 ἁγνὸν χρὴ ναοῖο θυώδεος ἐντὸς ἰόντα ἔμμεναι· ἁγνεία δ'ἐστὶ φρονεῖν ὅσια. Wadd. 2034. 2203]. Pap. LXX. Ep. Arist. Philo. Joseph.) *d. Reinheit* v. reiner Gesinnung (s. ob. die Inschr. v. Epidaurus. Jos., ant. 19, 331), spez. *d. Keuschheit* (Diod. S. 10, 21, 2 ἁγνεία τ. σώματος. Philo, Abr. 98 ἁ. της γυναικός. Jos., ant. 3, 78) ἐν πάσῃ ἁ. *in aller Züchtigkeit* 1 Ti 5, 2. Neb. πίστις u. ἀγάπη Pol 4, 2. Neb. δικαιοσύνη Hs 9, 16, 7. Neb. σεμνότης (Diod. S. 4, 24, 5) Hs 5, 6, 5. Neb. σωφροσύνη (Test. Jos. 10, 2) IEph 10, 3. Neb. anderen Tugenden genannt 1 Ti 4, 12. 1 Kl 64. Hs 9, 15, 2. Hm 6, 2, 3 (Acta Io. 29; Phil. 3. 37; Thom. 104). Als erste Pflicht der Jugend bez. Pol 5, 3. ἐν ἁ. μένειν *keusch bleiben* IPol 5, 2 (Act. Phil. 119). ἐν ἁ. κατοικεῖν Hm 4, 3, 2 (vgl. Act. Thom. 131). ἁ. φυλάσσειν (vgl. Philo, vi. cont. 68) 4, 1, 1 = ἁ. τηρεῖν 4, 4, 3. — JMüller, D. Keuschheitsideen in ihrer gesch. Entwicklung '97. EFehrle, D. kult. Keuschh. im Altertum '10, 42ff.*

ἁγνευτήριον, ου, τό (Chairemon Hist. [I n] bei Porphyr., de abst. 4, 6) *d. Heiligtum* v. dem Teil d. Tempelbezirkes, in dem die ἅγια σκεύη stehen Ox 8. 13. JoachJeremias, Unbekannte Jesusworte '48, S. 37, 6. 43.*

ἁγνεύω (seit Aeschyl. u. Hdt., auch Inschr. BGU 1201, 6. P. Tebt. 298, 68. Philo. Jos., bell. 5, 227; ant. 14, 285) Fut. ἁγνεύσω *rein sein* ὑπὲρ τῆς ψυχῆς *um d. Seele willen* B 19, 8 (vgl. Diod. S. 10, 9, 6 [Exc. de virt. II 201 Vogel] τ. ψυχὴν ἁγνεύουσαν. Philo, mut. nom. 44).*

ἁγνίζω (d. Wort seit Aeschyl. u. Hdt., auch LXX. Joseph. Or. Sib. 3, 592). Aor. 1 ἥγνισα. Pf. Ptz. ἡγνικώς; Pass. ἡγνισμένος. Imp. Aor. 1 Pass. ἁγνίσθητι, Ptz. ἁγνισθείς. — **1.** *reinigen* — **a.** gebr. v. den kult. Lustrationen u. Sühneriten (so schon d. Trag., auch Lind. Tempelchr. D 74. Plut., mor. 263 E τὸ πῦρ καθαίρει κ. τὸ ὕδωρ ἁγνίζει), v. d. Juden vor dem Passafest J 11, 55 (vgl. Ex 19, 10. 2 Chr 31, 17f. Jos., bell. 6, 425; ant. 12, 145). — **b.** übertr. καρδίας Jk 4, 8. ψυχάς 1 Pt 1, 22. ἑαυτόν 1 J 3, 3. Pass. ἁ. τῇ ἀφέσει τ. ἁμαρτιῶν *durch Sündenvergebung rein werden* B 5, 1. Dafür ἁ. ἀπὸ τῶν ἁμαρτιῶν 8, 1. — **2.** Med. (mit Aor. Pass.) — **a.** *sich reinigen* (Plut., mor. 1105 B Jos 3, 5), v. d. Lustrationen b. Nasiräatsgelübde (vgl. Num 6, 3) AG 21, 24. 26. 24, 18. — **b.** *sich weihen* d. h. *sich als Sühnopfer hingeben* ὑπὲρ ὑμῶν *für euch* IEph 8, 1. ἁγνίζεται ὑπὲρ ὑμῶν τὸ ἐμὸν πνεῦμα *m. Geist weiht sich für euch* ITr 13, 3.*

ἁγνισμός, οῦ, ὁ *d. Reinigung* (Dionys. Hal. 3, 22. Plut., mor. 418 B u. ö. Dit., Syll.³ 1219, 19) — **1.** v. d. Reinigungsgebräuchen bei d. Lösung e. Gelübdes τῶν ἡμερῶν τοῦ ἁ. AG 21, 26 (πᾶσαι αἱ ἡμέραι τοῦ ἁ. Num 6, 5). — **2.** im sittl. Sinne (s. ἁγνίζω 1b) ὁ ἁ. τῆς καρδίας B 8, 3, neb. Sündenvergebung.*

ἀγνοέω (d. Wort seit Homer, auch Inschr. Pap. LXX. Philo. Joseph.) Impf. ἠγνόουν. Aor. 1 ἠγνόησα. — **1.** *nicht erkennen, nicht wissen,* auch *verkennen* mit flgd. ὅτι (Περὶ ὕψους 33, 3 [οὐδὲ ἐκεῖνο ἀγνοῶ, ὅτι = auch jenes verkenne ich nicht, daß ...]. P. Gieß. 11, 17 [118 n]) Rö 2, 4. 6, 3. 7, 1. MPol 17, 2. Bes. beliebt bei Pls d. Formel οὐ θέλω ὑμᾶς ἀγνοεῖν (vgl. Theophr., c. pl. 2, 4, 8. 3, 9, 5. P. Tebt. 314, 3 [II n] πιστεύω σε μὴ ἀγνοεῖν. Philo, opif. mundi 87 χρὴ μηδ' ἐκεῖνο ἀγνοεῖν ὅτι. Jos., ant. 13, 354 οὐ γὰρ ἀγνοεῖν βούλομαί σε) *ich möchte euch darüber nicht in Unkenntnis lassen* m. flgd. ὅτι Rö 1, 13. 1 Kor 10, 1; vgl. 2 Kl 14, 2; m. flgd. περί τινος 1 Kor 12, 1. 1 Th 4, 13; m. flgd. ὑπέρ τινος u. ὅτι 2 Kor 1, 8; m. flgd. Akk. Rö 11, 25; vgl. οὐ γὰρ αὐτοῦ τὰ νοήματα ἀγνοοῦμεν *wir kennen seine Anschläge sehr wohl* 2 Kor 2, 11 (vgl. Diod. S. 3, 66, 4. Appian, Samn. 4 § 14 οὐκ ἀγνοεῖν ὅτι = wohl wissen, daß. Athen. 4, 73 p. 172 F οὐκ ἀγνοῶ ἃ ... Wsh 12, 10. Jos., bell. 1, 608; ant. 6, 253. 7, 217. ZP 7, 245 οὐκ ἀγνοοῦμεν); m. flgd. indir. Frage 2 Kl 10, 4. MPol 10, 1. Abs. ἀγνοῶν ἐποίησα *ich habe es aus Unwissenheit getan* 1 Ti 1, 13 (Test. Jud. 12, 5). — **2.** *nicht kennen* m. Akk. d. Pers. (P. Gieß. 69, 4 Χαιρήμονα οὐκ ἀγνοεῖς. P. Petr. III 53n, 4 [III v]. Herm. Schr. 11, 21b ἁ. τὸν θεόν [codd. τὸ θεῖον]) od. Sache (Dit., Syll.³ 336, 9 ἁ. τοὺς τῆς πόλεως νόμους. 881, 2. Wilcken, Chrest. 57, 6 [II v]. Jos., vi. 107) τοῦτον ἀγνοήσαντες AG 13, 27. τὴν τοῦ θεοῦ δικαιοσύνην Rö 10, 3. παράπτωμα Hm 9, 7. τὸ χάρισμα IEph 17, 2; vgl. MPol 11, 2. Abs. ὃ ἀγνοοῦντες εὐσεβεῖτε *was ihr, ohne es zu kennen, verehrt* AG 17, 23 (z. Sache Maxim. Tyr. 11, 5e: allerlei Philosophen ἴσασιν οὐκ ἑκόντες καὶ λέγουσιν ἄκοντες sc. τὸ θεῖον = ohne es zu wollen kennen u. nennen sie Gott); vgl. ISm 5, 1. ὁ ἀγνοῶν *der es nicht kennt* ITr 6, 2. Pass. (Jos., ant. 1, 286) ἀγνοοῦνται (d. Christen) *sind unbekannt* (d. h. man weiß nichts v. ihnen) Dg 5, 12. ἀγνοούμενοι (Ggs. ἐπιγινωσκόμενοι) 2 Kor 6, 9; ἀγνοούμενος τῷ προσώπῳ ταῖς ἐκκλησίαις *den Gemeinden von Angesicht* (= persönl., Dat. d. Beziehung Bl-D. § 197) *unbekannt* Gal 1, 22. — Soviel wie *nicht anerkennen* εἴ τις ἀγνοεῖ, ἀγνοεῖται *wenn es einer nicht erkennt, so wird er* (von Gott) *nicht anerkannt* 1 Kor 14, 38 (v. l. ἀγνοείτω *so mag er unwissend bleiben.* — Zur Verbindung v. Akt. u. Pass. s. Alex. Aphr., fat. 31, II 2 p. 202, 18 ἀγνοῶν καὶ ἀγνοούμενος). — **3.** *nicht verstehen* m. Akk. τὸ ῥῆμα Mk 9, 32. Lk 9, 45. ἐν οἷς (= ἐν τούτοις, ἃ) ἀγνοοῦσιν βλασφημοῦντες *da lästernd, wo sie nichts verstehen* 2 Pt 2, 12 (vgl. P. Tebt. 43, 25 [118 v] ὑφ' ἡμῶν ἔν τισιν ἠγνοηκότων). — **4.** *irren, fehlen, sündigen* (klass. Polyb. 1, 67, 5. Diod. S. 1, 70, 7 ὑπὲρ τῶν ἀγνοουμένων. 11, 16, 1 τὰ ἠγνοημένα = die Verfehlungen. 17, 73, 6. Sir 5, 15. 2. Makk 11, 31 P. Tebt. 23, 12 [II v] τὰ προηγνοημένα = d. früheren Sünden) neb. πλανᾶσθαι Hb 5, 2.*

ἀγνόημα, ατος, τό (seit Gorgias, Helena 19 [V v]) *d. Vergehen aus Unwissenheit* (Diod. S. 1, 71, 3 ἐλάχιστα ἁ. 13, 90, 7. Dit., Or. 116, 2. UPZ 111, 3 [163 v]. P. Tebt. 5, 3 [118 v] ἀγνοήματα, ἁμαρτήματα, ἐνκλήματα, καταγνώσματα [APF 2, '03, 483 ff. PMMeyer, Jurist. Pap. '20, 69. KLatte, ARW 20, '21, S. 287, 1]. BGU 1185, 7. 1 Makk 13, 39. Tob 3, 3. Sir 23, 2) Hb 9, 7. V. Gott vergeben Hs 5, 7, 3 f.*

ἄγνοια, ας, ἡ (seit Aeschyl. u. Thu. 8, 92, 11, auch Inschr. Pap. LXX. Ep. Arist. 130. Philo. Jos., bell. 4, 29; ant. 18, 335; c. Ap. 1, 73. Test. 12 Patr.) *d. Unwissenheit* — **1.** allg. κατὰ ἄγνοιαν ἐπράξατε *ihr habt aus Unwissenheit gehandelt* AG 3, 17 (Polyb. 12, 12, 4. 5 κατ' ἄ. παραπαίειν. Parthenius 9, 8. Plut., mor. 551 E. Philo, leg. all. 1, 35. Jos., ant. 11, 130. Inschr. 14 bei FSteinleitner, D. Beicht '13. P. Oxy. 237 VIII, 36. BGU 619, 4). ἄχρι τῆς ἀγνοίας *so lange er nichts davon weiß* Hm 4, 1, 5. — PK 2 S. 14, 11. 3 S. 15, 26. — **2.** bes. in religiöser Hinsicht, fast = Sünde (so LXX z. B. Sir 23, 3 [in Parallele ἁμαρτίαι]. 28, 7. Test. Levi 3, 5; Seb. 1, 5. Philo, ebr. 154 ff.; doch vgl. auch Pla., Theaet. 176 C. Stoiker b. Diog. L. 7, 93 Diod. S. 14, 1, 3 τ. ἰδίαν ἄγνοιαν = d. eigene Verfehlung. Epikt. 1, 26, 6. Herm. Schr. 13, 8. 11, 21 ἡ τελεία κακία τὸ ἀγνοεῖν τὸ θεῖον, dazu 10, 9. P. Tebt. 24, 33 [II v] v. Übeltätern: λήγοντες τῆς ἀγνοίας. — Diod. S. 4, 11, 2 ist ἄ. d. *Verblendung,* in der Herakles zum Mörder wird) IEph 19, 3. τοὺς χρόνους τῆς ἀγνοίας AG 17, 30 (Test. Gad 5, 7 μετάνοια ἀναιρεῖ τὴν ἄ.). διὰ τὴν ἄγνοιαν (Diod. S. 11, 10, 2. Dit., Syll.³ 904, 6; vgl. Alex. Aphr., fat. 19, II 2 p. 189, 16 δι' ἄγνοιαν ἁμαρτάνειν) Eph 4, 18. ἐν τῇ ἀγνοίᾳ ὑμῶν 1 Pt 1, 14. ἁ. προτέρα Hs 5, 7, 3.*

ἁγνός, ή, όν (seit Homer, auch Inschr. Pap. LXX. Ep. Arist. Philo) *heilig, rein* sakrales Wort, urspr. Eigenschaft der Gottheit u. alles dessen, was ihr zugehört (Suppl. epigr. Gr. VIII 550, 2 [I v] Ἶσι ἁγνή, ἁγία. GBjörk, Der Fluch d. Christ. Sabinus '38; Inschr. [p. 25—38] Nr. 14 [vorchr.] τῇ Ἁγνῇ Θεᾷ), dann übertr. auf d. Sittliche (Klem. Al., Str. definiert 7, 27, 2 πᾶς ἁ. ἐστιν ὁ μηδὲν ἑαυτῷ κακὸν συνειδώς) — **1.** v. Pers. (Diog. L. 7, 119: nach der Stoa sind die Weisen ἁγνοί, ὅσιοι, δίκαιοι. P. Oxy. 41, 29f. ἁγνοὶ πιστοὶ σύνδικοι. Sb 4117): v. Christus 1 J 3, 3 (Or. Sib. 3, 49 v. Messias). σεαυτὸν ἁ. τήρει *halte dich rein* (v. Sünden) 1 Ti 5, 22. ἁ. ἐν τῇ σαρκί 1 Kl 38, 2. ἁ. ἐν ἔργοις 48, 5. — *schuldlos* (Pla., leg. 6, 759 C ἁ. τοῦ φόνου) συνεστήσατε ἑαυτοὺς ἁγνοὺς εἶναι *ihr habt bewiesen, daß ihr schuldlos seid* 2 Kor 7, 11, wo τῷ πράγματι mit ἁγνούς zu verb. ist. — Spez. v. Frauen *unberührt, keusch* (seit Aeschyl., fgm. 238 N. Pla., leg. 840 D, auch Dit., Syll.³ 985, 35. Sb 2481 Ἰουλία ἁγνή. ZP 36, 289) παρθένος (Herodian 1, 11, 4. Dit., Syll.³ 797, 20 [37 n]. Aberciusinschr. 14. 4 Makk 18, 7. Philo, spec. leg. 1, 107) 2 Kor 11, 2; vgl. Tit 2, 5. — **2.** v. Sachen ὅσα ἁγνά *alles was rein ist* Phil 4, 8. ἔργα ἁ. (Spr 21, 8) Hv 3, 8, 7. χεῖρες (Eur., Hipp. 316f.; Or. 1604) 1 Kl 29, 1. ἁ. ἀναστροφή 1 Pt 3, 2. ἀγωγή 1 Kl 48, 1. συνείδησις *reines Gewissen* (neb. ἄμωμος, σεμνός) 1, 3. Pol 5, 3. ἀγάπη *heilige Liebe* 1 Kl 21, 8. V. kultischen Handlungen (vgl. Herm. Schr. 1, 31 θυσίας ἁ.): (neb. ἀμίαντον) τὸ βάπτισμα ἁ. τηρεῖν *sich nach d. Taufe rein halten* 2 Kl 6, 9. V. d. gottgemäßen Weisheit Jk 3, 17.*

ἁγνότης, ητος, ἡ *d. Reinheit, d. Lauterkeit* (Cornutus 32 p. 67, 2. IG IV 588, 15 [IIn] δικαιοσύνης ἕνεκεν καὶ ἁγνότητος) ἐν ἁγνότητι 2 Kor 6, 6; dagegen 11, 3 kritisch unsicher, wenn auch alt bezeugt. ἁ. τῆς ἀληθείας *d. wahre R.* Hv 3, 7, 3. πορεύεσθαι ἐν ἁ. *e. reinen Lebenswandel führen* m 4, 4, 4.*

ἁγνῶς (seit Hes., auch Dit., Or. 485, 14. 524, 6; Syll.³ 986, 8. 16. Ep. Arist. 317. ZP 4, 2639. 12, 38 ἁ. καὶ καθαρῶς) Adv. v. ἁγνός *rein* μένειν B 2, 3. πολιτεύεσθαι *e. reines Leben führen* Hs 5, 6, 6. Dafür ἀναστρέφεσθαι s 9, 27, 2. διακονεῖν *in Lauterkeit* v 3, 5, 1; vgl. s 9, 26, 2. διδάσκειν σεμνῶς καὶ ἁ. *ernst u. aufrichtig lehren* s 9, 25, 2. τὸν Χριστὸν καταγγέλλουσιν οὐχ ἁ. *nicht aus reinen Beweggründen* Phil 1, 17.*

ἀγνωσία, ας, ἡ (d. Wort seit Eur. u. Thu., auch Pap. LXX. Test. 12 Patr.) *d. Unkenntnis,* nicht als intellektueller Mangel, sond. wie in der Mysteriensprache (Herm. Schr. 1, 27 ἁ. τοῦ θεοῦ. 7, 1. 10, 8) als ein solcher an religiöser Erfahrung (vgl. Rtzst., Mysterienrel.³ 292f.) ἀγνωσίαν θεοῦ τινες ἔχουσιν *einige haben keine Erkenntnis Gottes* (vgl. Wsh 13, 1. APF 5, '13, 383) 1 Kor 15, 34. καλεῖν ἀπὸ ἁ. εἰς ἐπίγνωσιν δόξης ὀνόματος αὐτοῦ 1 Kl 59, 2. φιμοῦν τὴν τῶν ἀφρόνων ἀνθρώπων ἁ. *d. unwissenden Reden der unverständigen Menschen zum Schweigen bringen* 1 Pt 2, 15.*

ἄγνωστος, ον (d. Wort seit Homer, auch Pap. [P. Gieß. 3, 2f. [117n] ἥκω σοι, ὦ δῆμε, οὐκ ἄγνωστος Φοῖβος θεός]. LXX. Philo. Jos., c. Ap. 2, 167 [v. Gottes οὐσία] u. ö.) *unbekannt* v. d. Aufschrift auf einem Altar in Athen ἀγνώστῳ θεῷ AG 17, 23 (Pausanias 1, 1, 4: ἐπὶ τῇ Φαληρῷ . . . Ἀθηνᾶς ναός ἐστιν . . . βωμοὶ θεῶν τε ὀνομαζομένων ἀγνώστων καὶ ἡρώων; vgl. 5, 14, 8 u. e. pergam. Inschr. [HHepding, Ath. Mitteilungen 35, '10, 454—57]. Vgl. auch Diog. L. 1, 110 ἔτι καὶ νῦν ἔστιν εὑρεῖν κατὰ τοὺς δήμους τ. Ἀθηναίων βωμοὺς ἀνωνύμους). Norden, Agn. Th. '13, 115—25 meint, daß dieser Zug aus einer Rede des Apollonius v. Tyana stamme (vgl. Philostr., vi. Apoll. 6, 3, 5 ἀγνώστων δαιμόνων βωμοὶ ἵδρυνται). S. vHarnack, TU 39, 1, '13, 1—46. Rtzst., NJklA 31, '13, 146ff. 393ff. PCorßen, ZNW 14, '13, 309ff. FC Burkitt, JThSt 14, '13, 445ff. ThBirt, RhM 69, '14, 342ff. OWeinreich, De dis ignotis: ARW 18, '15, 1—52. AWikenhauser, D. Apostelgesch. '21, 369—394. EMeyer III '23, 96—98. Clemen 290 bis 300. DBm., Paulus² '25, 226—29. KLake: Beginn. I 5, '33, 240—46. WGöber, Pauly-W. 2. R. V '34, 1988—94. MDibelius, Pls auf d. Areopag '39. Weitere Lit. s. zu Ἄρειος πάγος.*

ἀγορά, ᾶς, ἡ (in mancherlei Bed. seit Homer, auch Inschr. Pap. LXX. Jos., bell. 5, 513 u. ö. Fremdw. im Rabb.) *d. Marktplatz* als Spielplatz d. Kinder Mt 11, 16. Lk 7, 32. Standort d. Arbeitsuchenden u. Faulenzer (Harpocration, s. v. Κολωνέτας: die μισθωτοί stehen am Markte) Mt 20, 3; vgl. 23, 7. Mk 12, 38. Lk 11, 43. 20, 46. Schauplatz aller öffentl. Vorgänge, daher auch der Heilungen Jesu ἐν ταῖς ἁ. ἐτίθεσαν τοὺς ἀσθενοῦντας Mk 6, 56. Ort einer Gerichtsverhandlung (so schon Homer; vgl. Demosth. 43, 36 τῶν ἀρχόντων) gegen Pls AG 16, 19. 35 D. V. d. Agora (am Kerameikos) in Athen, d. Stätte d. gesamten öffentl. Lebens 17, 17 (vgl. ECurtius, Paulus in Athen: SAB '93, 925ff. Suzanne Halstead, Paul in the Agora: Quantulacumque [KLake-Festschr.] '37, 139—43). ἀπ' ἀγορᾶς (+ ὅταν ἔλθωσιν Dit ist richtige Deutung) ἐὰν μὴ ῥαντίσωνται οὐκ ἐσθίουσιν *nach der Rückkehr vom Markte essen sei nicht, wenn sie sich nicht abgespült haben* (prägnant wie Vita Aesopi I c. 40 πιεῖν ἀπὸ τοῦ βαλανείου = nach d. Rückkehr aus dem Bade. P. Holm. 20, 26 μετὰ τὴν κάμινον = nach d. Brennen im Ofen. Vgl. noch Epikt. 3, 19, 5 φαγεῖν ἐκ βαλανείου. Sir 34, 25 βαπτιζόμενος ἀπὸ νεκροῦ) Mk 7, 4; da d. Med. ῥαντ. etwas über d. Personen der Essenden aussagt, muß sich wohl auch d. ἀπ' ἀγ. auf sie beziehen u. ist die sprachlich mögl. Deutung des ἀπ' ἀγ. = „von der Marktware" (ἁ. in diesem Sinn seit X.; einfach = „Mundvorrat", „Speise": Memnon [Iv/In] Nr. 434 fgm. 1, 29, 9 Jac. Appian, Sicil. 2 § 10 u. 4. Polyaenus 3, 10, 10. 5, 2, 10. Jos., bell. 1, 308; ant. 14, 472) abzulehnen.*

ἀγοράζω Ipf. ἠγόραζον. Aor. 1 ἠγόρασα; Pass. ἠγοράσθην *kaufen* (so, transit., seit Aristoph., auch Inschr. Pap. LXX. Jos., ant. 12, 175. Test. 12 Patr.). — **1.** eigtl. m. Akk. d. Sache (X., an. 1, 5, 10. Gen 42, 7. 2 Ch 34, 11) τὸν ἀγρὸν ἐκεῖνον Mt 13, 44. Lk 14, 18. αὐτόν (sc. μαργαρίτην) Mt 13, 46. σινδόνα Mk 15, 46. ἀρώματα 16, 1. μάχαιραν Lk 22, 36; vgl. 14, 19. J 4, 8. 6, 5. τὸν γόμον αὐτῶν Apk 18, 11. M. relat. Obj. ἁ. ὧν χρείαν ἔχομεν *was wir brauchen* J 13, 29. Äcker u. übertr. *Seelen k.* = gewinnen Hs 1, 8f. M. Dat. d. Pers. u. Akk. d. Sache (Gen 43, 4. 44, 25) ἑαυτοῖς βρώματα Mt 14, 15; vgl. Mk 6, 36. Nur m. Dat. d. Pers. Mt 25, 9. ἁ. τι εἴς τινα *etw. für jmdn.* Lk 9, 13. Abs. (Gen 42, 5. 2 Ch 1, 16) Mt 25, 10. 1 Kor 7, 30. Neb. πωλεῖν (Aristoph., Ach. 625. Dit., Syll.³ 330, 19. Jes 24, 2. 1 Makk 13, 49. Jos., bell. 2, 127) Apk 13, 17; vgl. Mt 21, 12. Mk 11, 15. Lk 17, 28. 19, 45 v. l. M. Angabe des Preises im Gen. (P. Par. 59, 6. Dt 2, 6. Bar 1, 10; vgl. Bl-D. § 179) δηναρίων διακοσίων ἄρτους *Brot für 200 Denare k.* Mk 6, 37. Dafür ἐκ (Pap. b. Kuhring [s. ἀνά a. Anf.] 27f. EpJer 24) ἠγόρασαν ἐξ αὐτῶν (d. h. v. den 30 Silbersekeln) τὸν ἀγρόν Mt 27, 7. M. Angabe d. Verkäufers παρά τινος (Isokr. 2, 54. P. Lond. 882, 24. 1208, 10. P. Oxy. 1149, 5. Dt 2, 6. 2 Esr 20, 32) ἁ. παρ' ἐμοῦ χρυσίον Apk 3, 18. — **2.** bildl. m. Anlehnung an den im Sakralrecht vorkommenden Ankauf e. Sklaven (ἁ. v. Sklavenkauf Dit., Syll.³ 844, 9; Or. 338, 23. P. Oxy. 1149, 5f.) durch d. Gottheit, wodurch d. Betreffende tatsächl. die Freiheit erhält (LMitteis, Reichsrecht u. Volksrecht '91, 374ff. DBm., LO 274ff.; dageg. WElert, ThLZ 72, '47, 265—70) *als Eigentum erwerben* v. d. Gläubigen, für die Christus mit seinem Blut den Preis bezahlt hat: m. gen. pretii ἠγοράσθητε τιμῆς *ihr seid gegen Bezahlung erworben* 1 Kor 6, 20. 7, 23 (s. τιμή 1). τινά 2 Pt 2, 1. M. Dat. d. Besitzers und ἐν des Preises (Bl-D. § 219, 3; vgl. 1 Ch 21, 24): ἠγόρασας τῷ θεῷ ἐν τῷ αἵματί σου Apk 5, 9. M. ἀπό τινος, um zu bez., v. wem od.

v. was der Loskauf trennt ἠγορασμένοι ἀπὸ τῆς γῆς Apk 14, 3; vgl. V. 4.*

ἀγοραῖος, ον (seit Aeschyl. Hdt., auch Inschr. Pap.) z. *Markt gehörig, Markt-*, nur subst. — 1. οἱ ἀ. *d. Marktleute*, spez. *d. Marktgesindel*, auch einf. *d. gemeine Volk, d. Pöbel* (Gramm. Ammonius ἀγοραῖος σημαίνει τ. πονηρόν, τὸν ἐν ἀγορᾷ τεθραμμένον, vgl. Aristoph., ran. 1015. Pla., Prot. 347 C. Theophr., char. 6, 2. Dio Chrys. 49 [66], 25. Plut., Aemil. Paul. 38, 4 ἀνθρώπους ἀγεννεῖς καὶ δεδουλευκότας, ἀγοραίους δὲ καὶ δυναμένους ὄχλον συναγαγεῖν u. s.) AG 17, 5. — 2. αἱ ἀγοραῖοι (nämlich ἡμέραι od. σύνοδοι) *d. Gerichtstage, -versammlungen* ἀ. ἄγονται *es werden G. abgehalten* 19, 38 (Jos., ant. 14, 245 ἄγειν τὴν ἀγοραῖον. Ephemeris epigraphica VII p. 436, Nr. 44, 10 [IIn] ἡ ἀγοραῖος ἤχθη. Strabo 13, 4, 12 τὰς ἀ. ποιεῖσθαι = conventus forenses agere; Bl-D. § 5, 3b).*

ἄγρα, ας, ἡ (seit Homer, auch Jos., ant. 8, 40) — 1. *d. Fangen* (Ctesias, Ind. 22. Alciphr. 1, 15, 1. Aesop, Fab. 21 P. = 24 H. 191 P. = 260 H.) εἰς ἀ. *um etwas zu fangen* (Eur., Suppl. 885 ἐς ἄγρας ἰέναι) Lk 5, 4. Ebenso V. 9 bei d. LA ὧν συνέλαβον BD; dagegen pass. — 2. *d. Fang, d. Beute* (Solon 23, 3 Diehl.[2] X., Cyr. 2, 4, 19. Lycophron v. 665. Appian, bell. civ. 4, 129 § 545. Jambl. Erot. 34) bei d. LA ᾗ (= ἦν) συνέλαβον N. mit ℵ A.*

ἀγράμματος, ον *d. Schreibens unkundig* (seit X., mem. 4, 2, 20, auch Epikt. 2, 2, 22. BGU 118. 152. P. Oxy. 71. 133. 134. 137. 139 u. ö. — EMajer-Leonhard, Ἀγράμματοι, Diss. Marb. '13) u. auch *ungelehrt, ungebildet* (seit Pla., Tim. 23 B. ἄνθρωποι Epikur b. Philod., Rhet. 1, 141. Philo, omn. prob. lib. 51) v. Petrus u. Johannes ἄνθρωποι ἀ. καὶ ἰδιῶται AG 4, 13.*

ἀγραυλέω *unter freiem Himmel leben* (seit Aristot., auch Plut., Num. 4, 1. V. Hirten Bryso b. Stob. 4, 28, 15. Parthenius 29, 1; vgl. Il. 18, 162 ποιμένες ἄγραυλοι) Lk 2, 8.*

ἀγρεύω Aor. 1 ἤγρευσα *erhaschen* (seit Soph. u. Hdt., auch Pap. LXX) im NT nur übertr. (Soph., Fgm. 510. Spr 5, 22. 6, 25f.) ἵνα αὐτὸν ἀγρεύσωσιν λόγῳ *daß sie ihn mit e.* (unvorsichtigen) *Wort fingen* Mk 12, 13.*

ἀγρίδιον, ου, τό (Diod. S. 13, 84, 4. Epikt. 2, 22, 10 u. ö. M. Antonin. 4, 3, 9. Sb 5230, 28 [In]) eig. *d. Äckerchen, Landgütchen*, dann *d. Landhaus* MPol 5, 1. 6, 1.*

ἀγριέλαιος eigtl. Adj. (Bl-D. § 120, 3 m. Anh.) u. so viell. Rö 11, 17 (entspr. Erycius in Anthol. Pal. 9, 237. Theokr., Idyll. 25, 257). Doch ist auch subst. Fassung mögl., wie wir „Eiche" sagen z. Bez. der Holzart eines Gerätes.* Sicher Subst.

ἀγριέλαιος, ου, ἡ *d. wilde Ölbaum* (Theophr., hist. pl. 2, 2, 5. Theokr. 7, 18. 25, 21. Nicol. Dam.: 90 fgm. 66, 40 Jac. Zen. P. 100 [= Sb 6815], 7 [255v] Als Mskl.: Schol. zu Apollon. Rhod. 2, 843. 848—50a) bildl. v. Heidentume Rö 11, 24 (Ggs. καλλιέλαιος). — ThFischer, D. Ölbaum '04. WM Ramsay, The Olive-Tree a. the Wild-Olive: Exp. 6. Ser. XI '05, 16—34. 152—60. EFickendey, D. Ölbaum in Kleinasien '22. SLinder, D. Pfropfen mit wilden Ölzweigen (Rö 11, 17): Pj 26, '30, 40—43. FJBruijel, De Olijfboom: Geref. Theol. Tijdschr. 35, '35, 273—80.*

ἄγριος, ία, ον (seit Homer, auch Inschr. Pap. LXX. Ep. Arist. Philo. Jos., ant. 2, 246. Test. 12 Patr. Fremdw. im Rabb.) *im freien Felde befindlich, wild* — 1. eigtl. v. Pflanzen (Diod. S. 5, 2, 4. Artem. 4, 57. Jos., bell. 5, 437) Hs 9, 26, 4. V. Tieren (so Diod. S. 4, 17, 4 ζῷα. 4, 17, 5 θηρία. Arrian, Ind. 11, 11. 13, 1. PSI 406, 42. 409, 18 [IIIv]. BGU 1252, 4, in d. Regel LXX. Jos., c. Ap. 2, 139) 1 Kl 56, 11f. (Hi 5, 22f.). μέλι ἀ. *Honig von wilden Bienen* (Jambl. Erot. p. 222, 16 μέλιτται ἄγριαι m. ihrem μέλι. Cat. cod. astr. X 86b, 6 ἀγριομέλισσα. — A. denken an e. Pflanzenprodukt; vgl. Aristot., mirab. 19 ἐν Λυδίᾳ ἀπὸ τῶν δένδρων τὸ μέλι συλλέγεσθαι πολύ. Diod. S. 19, 94, 10 φύεται παρ' αὐτοῖς [d. h. den Nabatäern] ἀπὸ τ. δένδρων μέλι πολὺ τὸ καλούμενον ἄγριον. ᾧ χρῶνται ποτῷ μεθ' ὕδατος. Jos., bell. 4, 468) Mt 3, 4. Mk 1, 6. Eb Ev 2. — 2. übertr. v. Pers. *wild aussehend* v. Frauen m. aufgelösten Haaren Hs 9, 9, 5; vollst. ἀ. τῇ ἰδέᾳ *v. wildem Aussehen* 6, 2, 5. V. Begierden *heftig* (Pla., Rep. 572 B) Hm 12, 1, 2; vgl. 12, 4, 6. τὸ ἄγριον *d. wilde Wesen* (Pla., Rep. 571 C u. a. Herm. Schr. 486, 38. 492, 4 Sc.) IEph 10, 2 (Ggs. ἥμερος). V. Naturereignissen *stürmisch* (seit Aeschyl. Hdt.) κύματα ἀ. θαλάσσης (Wsh 14, 1. Or. Sib. 3, 778) Jd 13.*

ἀγριότης, ητος, ἡ (seit X., auch 2 Makk 15, 21. Philo. Jos., ant. 16, 363 θυμὸς καὶ ἀ.) *d. Wildheit* (v. Begierden) Hm 12, 1, 2.*

ἀγριόω *wild machen* (seit d. Trag. u. X., auch 3 Makk 5, 2). Pass. *verwildern* v. Menschen Hs 9, 26, 4 (Diod. S. 19, 6, 6. Appian, Iber. 96 § 417; d. Akt. = verwildern lassen Test. Sim. 4, 8 ἀγριοῖ τοῦτο τ. ψυχήν).*

Ἀγρίππας, α N. pr. m. *Agrippa* (Lit. [Diod. S. 12, 30, 1; auch Philo. Joseph.]. Inschr. Pap. Münzen). — 1. A. I (10v—44n), Sohn Aristobuls, Enkel Herodes d. Gr., Herrscher zuerst (37) über Gaulonitis, Trachonitis, Batanäa, Panias, dann (39) auch über Abilene, über Galiläa u. Peräa, zuletzt (41—44) auch über Judäa u. Samaria; AG 12, 1ff. Herodes genannt. — Schürer I 549ff. (Quellen u. Lit.). ESchwartz, NGG '07, 263ff. Rosenberg b. Pauly-W. X 1, '17, 143—46. EMeyer I 42f. 167f. 541f. — 2. A. II (27—92/93 n), Sohn von 1, regierte von 53 an. Über sein Eingreifen in den Prozeß des Pls berichtet AG 25, 13ff. (Er ist dort genannt 25, 13. 22—24. 26. 26, 1f. 7 v. l. 19. 27f. 32). — Schürer I 585ff. (Quellen u. Lit.). Rosenberg b. Pauly-W. X 1, '17, 146—50. — Zu beiden s. WOtto u. HWillrich b. Ἡρῴδης a. Anf.*

ἀγρός, οῦ, ὁ (seit Homer, auch Inschr. Pap. LXX. Philo. Joseph. Test. 12 Patr.) — 1. *d. Feld* im Ggs. zu Stadt oder Dorf Hv 2, 1, 4. 3, 1, 3 u. ö. ἐν (τῷ) ἀγρῷ *auf dem Felde* (P. Amh. 134 5. 2 Kö 2, 18. 10, 8 u. ö.) Mt 24, 18. Lk 17, 31. εἰς τ. ἀγρόν *auf dem Felde* Mk 13, 16. εἶναι ἐν (τῷ) ἀ. Mt 24, 40. Lk 15, 25. (17, 36). ἔρχεσθαι εἰς τὸν ἀ. *aufs Feld gehen* Hv 3, 1, 2. Dafür πορεύεσθαι εἰς ἀ. (Timaeus Hist. [IV/IIIv] Nr. 566 fgm. 48 Jac. Ruth 2, 2) Mk 16, 12 oder ὑπάγειν εἰς ἀ. Hv 4, 1, 2. περιπατεῖν εἰς τὸν ἀ. s 2, 1. ἔρχεσθαι ἀπ' ἀγροῦ *vom Felde heimkommen* Mk 15, 21. Lk 23, 26. Dafür εἰσέρχεσθαι ἐκ τοῦ ἀ. (vgl. P. Eleph. 13, 6 οὔπω εἰσελήλυθεν ἐξ ἀργοῦ. Gen 30, 16. Jos., ant. 5, 141) Lk 17, 7. πάρεστιν ἀπ' ἀγροῦ *ist vom Lande gekommen* 11, 6 D. — Bl-D. § 255, 1 m. Anh. — 2 Im Pl. kann ἀ. *Höfe* oder *Dörfer* bedeuten (vgl. Jos 19, 6. Jos., ant. 17, 193) neb. πόλις: ἀπήγγειλαν εἰς τὴν πόλιν καὶ εἰς τοὺς ἀγρούς Mk 5, 14. Lk 8, 34; neb. κῶμαι (Dio Chrys. 13 [7], 42) Mk 6, 36. Lk 9, 12; neb. κῶμαι u. πόλεις Mk 6, 56. — 3. *d. Acker* (X., mem. 1, 1, 8) Mt 13, 24. 27. 31.

38. Lk 14, 18. AG 4, 37. Nährboden für Pflanzen τὰ κρίνα τοῦ ἀ. *d. Feldlilien* Mt 6, 28. χόρτος τοῦ ἀ. (Gen 3, 18. 4 Kö 19, 26) V. 30. ζιζάνια τοῦ ἀ. 13, 36. παμβότανον τοῦ ἀ. 1 Kl 56, 14 (Hi 5, 25). Dient z. Vergraben gefährdeter Schätze Mt 13, 44. ἀ. τοῦ κεραμέως *d. Töpferacker* Mt 27, 7f. 10. — οἱ ἀγροί *d. Ackerstücke, d. Grundbesitz* (X., mem. 3, 9, 11. Dit., Syll.³ 747, 50. 914, 39; Or. 235, 2. 1 Kö 8, 14. 22, 7 u. ö.) Mt 19, 29. Mk 10, 29f. Lk 15, 15. — KDieterich, RhM 59, '04, 226ff.

ἀγρυπνέω *wachen* — **1.** eigtl. *sich wach halten, wachsam sein* (seit Theognis, auch Pap. LXX. Philo, aet. m. 70) bildl. ἀγρυπνεῖτε Mk 13, 33. Lk 21, 36 (vgl. 1 Esr 8, 58. 2 Esr 8, 29). — **2.** übertr. *über etw. wachen = auf etwas achten, für etw. sorgen* (Plut., mor. 337 B. Dit., Or. 521, 6. Da 9, 14 ἀ. ἐπὶ τὰ κακά) ἀ. ὑπὲρ τῶν ψυχῶν Hb 13, 17. εἰς αὐτό Eph. 6, 18. ἀ. οὐκ εἰς τὸ ἀγαθὸν ἀλλ' εἰς τὸ πονηρόν D 5, 2. οὐκ εἰς φόβον θεοῦ ἀλλὰ ἐπὶ τὸ πονηρόν B 20, 2.*

ἀγρυπνία, ας, ἡ (seit Hdt., auch BGU 1764, 9 [I v]. Sir 31, 2. 38, 26 u. ö. 2 Makk 2, 26. Jos., bell. 3, 318) *d. Wachen* — **1.** eigtl. nur Pl. (Dit., Syll.³ 1169, 50) ἐν ἀγρυπνίαις *unter Wachen* (neben and. Mühseligkeiten, wie X., mem. 4, 5, 9. Plut., mor. p. 135 E; Sertor. 13, 2 πόνοι, ὁδοιπορίαι, ἀγρυπνίαι; Sulla 28, 14 ἀγρυπνίαι κ. κόποι. Vgl. AFridrichsen, Symb. Osl. 7, '28, 25—29. 8, '29, 78—82; K. Hum. Vetensk.-Samfundet i. Upps. Årsbok '43, 31—34) 2 Kor 6, 5. 11, 27. — **2.** übertr. *d.* (Schlaflosigkeit verursachende) *Sorge* (Sir 42, 9) B 21, 7 (neben ἐπιθυμία).*

ἄγω (seit Homer, auch Inschr. Pap. LXX. Hen. 103, 15. Ep. Arist. Philo. Joseph. Test. 12 Patr.) Fut. ἄξω. Aor. 2 ἤγαγον. Ipf. Pass. ἠγόμην. Aor. 1 Pass. ἤχθην. Fut. 1 ἀχθήσομαι. — **1.** *führen* — **a.** eigtl. *führen, bringen* mit Akk. τὴν ὄνον καὶ τὸν πῶλον Mt 21, 7. γυναῖκα J 8, 3. τὸν παῖδα AG 20, 12. M. Akk. u. Angabe d. Zieles πρὸς αὐτόν Lk 4, 40. 18, 40; vgl. 19, 35. J 9, 13. AG 9, 27. 23, 18. πρὸς τὸ συμψέλιον Hv 3, 1, 7. εἰς τὴν ἔρημον B 7, 8. ἐπὶ σφαγήν *zur Schlachtbank* AG 8, 32. 1 Kl 16, 7. B 5, 2 (alle drei Jes 53, 7). ἔξω J 19, 4. 13. ὧδε Lk 19, 27. M. Dat. d. Pers. (1 Makk 7, 2) ἀγάγετέ μοι *führt es mir zu* Mt 21, 2. τινὰ σύν τινι (vgl. ZP 1, 179) 1 Th 4, 14. V. d. die Herde führenden Hirten J 10, 16. Bildl. *zuführen* ὁ θεὸς ἤγαγεν τῷ Ἰσραὴλ σωτῆρα Ἰησοῦν *Gott führte Israel als Heiland Jesum zu* AG 13, 23. — **b.** *geleiten, mitbringen, mitnehmen* (Jos., ant. 10, 179) εἰς Ἀντιόχειαν AG 11, 26. ἕως Ἀθηνῶν 17, 15. ἐπὶ τὸν Ἄρειον πάγον V. 19. ἄγοντες παρ' ᾧ ξενισθῶμεν Μνάσωνι = πρὸς Μνάσωνα ἵνα παρ' αὐτῷ ξενισθῶμεν 21, 16 (vgl. dazu ξενίζω u. Bl-D. § 294, 5 Anh.). ἄγε μετὰ σεαυτοῦ *bringe (ihn) mit* 2 Ti 4, 11 (P. Petr. II 32 [2a], 13 ἄγων μεθ' αὐτοῦ). — **c.** übertr. *bringen, führen zu* (X., mem. 1, 6, 14. Demosth. 25, 76 εἰς ἔλεον. 18, 316 εἰς ἀχαριστίαν. Spr 18, 6. Jos., ant. 2, 174) τινὰ εἰς μετάνοιαν Rö 2, 4 (Polyb. 5, 16, 2 εἰς μετάνοιαν ἄξειν τ. βασιλέα. Ep. Arist. 188. Jos., ant. 4, 144). εἰς δόξαν Hb 2, 10. V. d. Eifersucht ἀ. εἰς θάνατον 1 Kl 9, 1. — **2.** t. t. d. Gerichtssprache: *abführen, verhaften* m. Akk. Mk. 13, 11. Lk 22, 54. J 7, 45. AG 5, 26. ὅπως δεδεμένους ἀγάγῃ εἰς Ἰερουσαλήμ 9, 2; vgl. 22, 5. V. d. gerichtl. Vorführung z. Verhör mit ἐπί c. acc. (BGU 22, 34ff. P. Tebt. 331, 16f.) ἐπὶ ἡγεμόνας Mt 10, 18. ἐπὶ τὸ βῆμα AG 18, 12. ἐπ' ἐξουσίαν Hs 9, 28, 4. εἰς τὸ συνέδριον AG 6, 12. Absol. 25, 6. 17. 23. V. Transport e. Gefangenen 23, 31. J 18, 28. εἰς τὴν παρεμβολήν *in d. Kaserne abführen* AG 21, 34. 23, 10. V. d. Abführung z. Hinrichtung (vgl. Diod. S. 13, 102, 1. Appian, bell. civ. 5, 9 § 36. Lucian, Syr. dea 25. 2 Makk 6, 29. 7, 18) Lk 23, 32. — **3.** übertr. auf d. Einwirkung des Geistes auf d. Menschen *führen, leiten,* Pass. *geführt werden, sich leiten lassen* πνεύματι θεοῦ ἄγεσθαι Rö 8, 14; vgl. Gal 5, 18. Lk 4, 1. 9. γυναικάρια ἀγόμενα ἐπιθυμίαις ποικίλαις 2 Ti 3, 6 (Aristot., Eth. Nic. 7, 3, 10 p. 1147a, 34 ἡ ἐπιθυμία ἄγει. Vgl. Eur., Med. 310 σε θυμὸς ἦγεν. Pla., Prot. 355 A ὑπὸ τ. ἡδονῶν ἀγόμενος. Demosth. 18, 9 τοῖς ἔξωθεν λόγοις ἠγμένος. Parthenius 29, 2 ἄγειν εἰς ἐπιθυμίαν = zur Lust verführen). Schwierig ist ὅτι πρὸς τὰ εἴδωλα τὰ ἄφωνα ὡς ἂν ἤγεσθε ἀπαγόμενοι *wie ihr immer wieder zu d. stummen Götzen fortgerissen, hingezogen wurdet* 1 Kor 12, 2, wo ἄν d. Wiederholung bez. u. ὡς das vorhergehende ὅτι aufnimmt; andere Erklärung v. der Voraussetzung aus, daß ὡς ἀνήγεσθε zu lesen ist, b. JWeiß z. St. (Psellus p. 96, 33 stehen ἂν ἀγάγοι u. ἀναγάγοι zur Wahl. Herondas 6, 73 ἂν εὑρήσεις RHerzog oder ἀνευρήσεις ADKnox. Ramsay, Phrygia I 2 p. 390 Nr. 248 ὃς ἂν ὀρύξει od. ὃς ἀνορύξει). — **4.** v. d. Zeit *verbringen* (seit Eur. u. Hdt., auch Aberciusinschr. 18. LXX) ἀ. τὴν ἡμέραν τὴν ὀγδόην εἰς εὐφροσύνην *den achten Tag als Freudenfest begehen* B 15, 9 (vgl. Dit., Or. 90, 47 [196 v] ἄγειν τὰς ἡμέρας ταύτας ἑορτάς. P. Goodspeed 3, 18 [III v] ἡμέραν καλὴν ἤγαγον). Unpersönl. viell. τρίτην ταύτην ἡμέραν ἄγει *es ist dies der dritte Tag* Lk 24, 21; doch, da dies nicht zu belegen ist, wird wohl besser Ἰησοῦς als Subj. ergänzt (Bl-D. § 129 Anh.) *J. bringt nun schon den dritten Tag hin* (vgl. Galen XIII 581 Kühn τετάρτην ἡμέραν ἄγων ἀνώδυνος ἦν, ad Glauc. de med. meth. 1, 16 XI 65 K. πόστην ἄγει τὴν ἀπὸ τοῦ νοσεῖν ἡμέραν ὁ ἄνθρωπος;). V. Festen *begehen, feiern* (Hdt. u. a. Aesop, Fab. 389 P. γενέθλιον ἄγειν. Jos., ant. 11, 77 = 1 Esr 4, 50) γενέσια Mt 14, 6 v. l. τὸ σάββατον PK 2 S. 14, 28. νεομηνίαν ebd. Zl. 29. V. Versammlungen (wie agere) συμβούλιον ἄγειν *e. Vers. abhalten* IPol 7, 2. Pass. ἀγοραῖοι ἄγονται (s. ἀγοραῖος 2) AG 19, 38. — **5.** intr. *gehen, ziehen* (X. u. a.) ἄγωμεν *laßt uns gehen* (so Vita Aesopi I c. 77. Auch als Fremdw. im Rabb.) Mt 26, 46. Mk 14, 42. J 11, 16. M. Angabe d. Ziels (Ael. Aristid. 51, 28 K. = 27 p. 541 D.: εἰς τὸ ἱερόν. Epikt. 3, 22, 55 ἄγωμεν ἐπὶ τ. ἀνθύπατον) εἰς τὰς κωμοπόλεις Mk 1, 38. εἰς τὴν Ἰουδαίαν J 11, 7. εἰς τὸ ὄρος PA 4. εἰς ἀγρόν Hs 6, 1, 5. πρὸς αὐτόν J 11, 15. πρὸς τὸν πύργον Hs 9, 5, 6. M. Angabe d. Ausgangspunktes ἐντεῦθεν J 14, 31.

ἀγωγή, ῆς, ἡ (d. Wort seit Aeschyl. Hdt., auch Inschr. Pap. LXX) *d. Lebensführung* (so X., eq. 3, 4. Polyb. 4, 74, 1. 4 ἀ. τοῦ βίου. Diod. S. 13, 82, 7. M. Ant. 1, 6. Inschr. v. Magn. 164, 3 ἤθει καὶ ἀγωγῇ κόσμιον. Dit., Or. 223, 15 [III v]. 474, 9. 485, 3. UPZ 113, 12 [156 v]. P. Tebt. 24, 57 [117 v]. Esth 2, 20. 2 Makk 11, 24. Ep. Arist. Philo. Jos., ant. 14, 195. Vgl. Nägeli 34) 2 Ti 3, 10. ἡ ἐν Χριστῷ ἀ. *d. christliche Lebensführung* 1 Kl 47, 6. σεμνὴ . . . ἀγνὴ ἀ. 48, 1.*

ἀγών, ῶνος, ὁ (d. Wort in mancherlei Bed. seit Homer, auch Inschr. Pap. LXX. Ep. Arist. 14. Philo. Jos., ant. 17, 92. 185 u. ö. Fremdw. im Rabb.). — **1.** *d. Wettkampf* nur im Bild (vgl. Wsh 4, 2): τρέχωμεν τὸν προκείμενον ἡμῖν ἀγῶνα *laßt uns den uns bevorstehenden Wettlauf zurücklegen* Hb 12, 1 (vgl. Eur., Or. 847. Hdt. 9, 60, 1 ἀγῶνος μεγίστου προκειμένου, vgl. 7, 11, 3. Lucian, Gymnas. 15. Epikt. 3, 25, 3. — Hdt. 8, 102 πολλοὺς ἀγῶνας δραμέονται οἱ Ἕλληνες. Dionys. Hal. 7, 48). Vgl. 1 Kl 7, 1. — 2. allg. *d. Kampf* nur übertr., v. d. Leiden für d. Ev. Phil 1, 30 u. der Anstrengung in seinem Dienst ἐν πολλῷ ἀ. *in heißem Bemühen* 1 Th 2, 2. ἀ. ἀγωνίζομαι (Socrat., ep. 14, 4. Epikt. 1, 9, 12. Appian, bell. civ. 1, 110 § 515. Dit., Syll.³ 434 5, 10. Inschr. d. Brit. Mus. III 604, 7f. ἠγωνίσατο ἀ. τρεῖς, ἐστέφθη δύω. Philo. Herm. Schr. 10, 19a) 1 Ti 6, 12. 2 Ti 4, 7 (vgl. Thu. 7, 68, 3 καλὸς ὁ ἀ. Synesius, ad Paeon. 3 p. 309 C ὡς ἀγῶνα καλὸν ὑπὲρ ἡμῶν ἀγωνίζῃ = daß du ... kämpfst). ὁ τῆς ἀφθαρσίας ἀ. 2 Kl 7, 5. Dafür ἄφθαρτος ἀ. V. 3. Ggs. φθαρτὸς ἀ. V. 1 (s. καταπλέω). 4. — *Anspannung, Mühe* (Eur., Phön. 1350. Thu. 7, 71, 1. Polyb. 4, 56, 4. Plut., Tit. Flamin. 16, 1 ἀγῶνα καὶ πόνον. BGU 1139, 17. Jes 7, 13) ὑπέρ τινος Kol 2, 1; vgl. 1 Kl 2, 4 — FJDölger, Antike u. Christentum II '30, 294ff. III '32, 177ff.*

ἀγωνία, ας, ἡ (b. Pind. Hdt. u. a. Alten = ἀγών) in späterer Zeit (entspr. ἀγωνιάω) *d. Angst* (so Hyperid. fgm. 203. Demosth. 18, 33 φόβος καὶ ἀ., bes. Stoa: Chrysipp: Stoic. II 248. Epikt. 2, 13, 10; auch Schol. zu Apollon. Rhod. 3, 471 ἐτετάρακτο καὶ ἐν ἀγωνίᾳ ἦν. BGU 884, 6. P. Tebt. 423, 13f. εἰς ἀ. γενέσθαι. 2 Makk 3, 14. 16. Philo. Jos., bell. 4, 90; ant. 11, 326 ἦν ἐν ἀγωνίᾳ κ. δέει) γενόμενος ἐν ἀ. Lk 22, 44.*

ἀγωνιάω Ipf. ἠγωνίων *in Angst, in Sorge sein* (so d. Späteren, auch Dio Chrys. 4, 55 [m. flgd. μή]. Inschr. Pap. [Witkowski Index]. LXX. Jos., ant. 9, 32) ἀγωνιῶντες μεγάλως (P. Gieß. 19, 3. 2 Makk 3, 21) *voll großer Angst* PE 11, 45. Mit flgd. indir. Frage μήποτε (UPZ 62, 30 [161/60 v]) 5, 15.*

ἀγωνίζομαι (seit Eur. Hdt., auch Inschr. Pap. LXX. Philo. Jos., bell. 3, 194; ant. 5, 246. Test. Jos. 2, 2) Ipf. ἠγωνιζόμην. Aor. 1 ἠγωνισάμην. Pf. ἠγώνισμαι. — 1. v. Wettkampf: eigtl. u. bildl. *im Wettkampf kämpfen* πᾶς ὁ ἀγωνιζόμενος 1 Kor 9, 25; vgl. 2 Kl 7, 1ff. — 2. überh. *kämpfen* — a. eigtl. v. Waffenkampf (Polyb. 1, 45, 9. Plut., Marcell. 10, 4. 2 Makk 8, 16) ἠγωνίζοντο ἄν, ἵνα μὴ παραδοθῶ J 18, 36. — b. übertr. v. jedem Kampf κοπιῶ ἀγωνιζόμενος *ich mühe und kämpfe mich ab* Kol 1, 29; vgl. 1 Ti 4, 10. V. Ringen im Gebet ἀ. ὑπὲρ ὑμῶν Kol 4, 12 (ἀ. ὑπέρ τινος: Diod. S. 13, 14, 3. Dit., Syll.³ 317, 20. 386, 19. 409, 33. Jos., ant. 13, 193). ἀ. ἀγῶνα (s. ἀγών 2) 1 Ti 6, 12. 2 Ti 4, 7. Mit flgd. Inf. (Thu. 8, 89, 4 ἠγωνίζετο εἷς ἕκαστος αὐτὸς πρῶτος προστάτης τοῦ δήμου γενέσθαι. Diod. S. 31, 19, 8 ὥστε ὁ πατὴρ ἐξίστασθαι τῆς ὅλης ἀρχῆς ἠγωνίζετο τῷ παιδί. P. Lond. 1338. — ἀγ. einfach = s. *bemühen, bestrebt sein*: Alex. Aphr., fat. 31, II 2 p. 203, 9) ἀγωνίζεσθε εἰσελθεῖν *ringet danach, hineinzukommen* Lk 13, 24; vgl. 1 Kl 35, 4. B 4, 11.*

Ἀδάμ (אָדָם) indekl. Nom. pr. m. (LXX. Philo. Or. Sib. — Bei Joseph. Ἄδαμος, ου [ant. 1, 66]) *Adam*, d. erste Mensch 1 Ti 2, 13 (vgl. Gen 1, 27ff.). Stammvater d. Menschen Rö 5, 14. Jd 14. 1 Kl 50, 3. Daher πατὴρ ἡμῶν 6, 3; d. Menschen υἱοὶ Ἀ. 29, 2 (vgl. Dt 32, 8). Im Stammbaum Jesu Lk 3, 38. Sein Sündenfall Rö 5, 14. 1 Ti 2, 14. Nach d. Vorstellung, daß sich in der Endzeit d. Urzeit wiederholt, nur m. umgekehrten Vorzeichen, tritt dem Allvernichter Adam d. Allbeleber Christus gegenüber 1 Kor 15, 22 (HGunkel, Schöpfg. u. Chaos '95). Die Parall. zw. Adam u. Christus u. die Bez. d. letzteren als zukünftigen Rö 5, 14 od. letzten Adam 1 Kor 15, 45 ist um so begreiflicher, wenn man annehmen darf, daß d. weitverbreitete Mythus v. Urmenschen als d. Erlösergott hier Einfluß übt (vgl. Bousset, zuletzt Kyrios Christos² '21, 140—145. Rtzst., Erlösungsmyst. 107ff. u. s. zu ἄνθρωπος 2d). — BMurmelstein, Adam. E. Beitrag z. Messiaslehre: Wiener Ztschr. f. d. Kunde d. Morgenlandes 35, '28, 242—75. 36, '29, 51—86. Ltzm., Exk. zu 1 Kor 15, 45—49. AVitti, Christus-Adam: Biblica 7, '26, 121—45. 270—85. 384—401. AEJRawlinson, The NT Doctrine of the Christ '26, 124ff. AMarmorstein, ZNW 30, '31, 271—77. OKuß, Rö 5, 12—21. D. Adam-Christusparallele. Diss. Bresl. '30. GCWestberg, The two Adams: Bibl. Sacra 94, '37, 37—50. ARöder, D. Gesch.-philos. des Ap. Pls. Diss. Frb. '38.*

ἀδάπανος, ον (Aristoph., pax 594. Teles 7, 8 u. a. Inscr. gr. 1006, 21 [II v] ἀδάπανον τὴν συμμορίαν καθιστάνει) *kostenlos* ἵνα ἀ. θήσω τὸ εὐαγγέλιον *daß ich d. Ew. ohne Entgelt verkünde* 1 Kor 9, 18.*

Ἀδδί indekl. N. pr. m. *Addi* im Stammbaum Jesu Lk 3, 28.*

ἀδελφή, ῆς, ἡ (seit Aeschyl., auch Inschr. Pap. LXX. Philo. Jos., ant. 18, 130; vi. 186 u. ö. Test. 12 Patr.) *d. Schwester* — 1. eigtl. Mt 19, 29. Mk 10, 29f. Lk 10, 39f. 14, 26. J 11, 1. 3. 5. 28. 39. 19, 25. Rö 16, 15. 1 Ti 5, 2. V. Jesu *Schwestern* (s. zu ἀδελφός 1) Mt 13, 56. Mk 3, 32. 6, 3. D. Schwester d. Pls AG 23, 16. V. Jesus angewandt, um e. geistige Verwandtschaft an Stelle einer natürl. zu bez. Mt 12, 50. Mk 3, 35. ἀγαπᾶν ὡς ἀ. H v 1, 1, 1. ἐντρέπεσθαι ὡς ἀ. v 1, 1, 7. — 2. bildl. v. d. Trauer: ἀδελφή ἐστιν τῆς διψυχίας *ist mit dem Zweifel verschwistert* Hm 10, 1, 1f. (Alcaeus 142 Diehl: Armut u. Ratlosigkeit als Schwestern. Paroem. Gr. Append. 3, 12 ἡ μωρία ἀ. πονηρίας. Pla., Rep. 3, 404 B. Cebes 16, 2 ἐγκράτεια u. καρτερία als ἀδελφαί. Herm. Schr. 9, 1c ἡ νόησις ἀ. τοῦ λόγου). — 3. übertr. auf d. *Glaubensgenossin* (wie im Hbr. אָחוֹת d. *Volksgenossin* Num 25, 18; s. ἀδελφός 2 u. vgl. ZP 4, 1135ff. χαίρετε, οἷς τὸ χαίρειν ἐν εὐλογίᾳ δίδοται, ἀδελφοῖς καὶ ἀδελφαῖς, ὁσίοις καὶ ὁσίαις) Rö 16, 1. 1 Kor 7, 15. 9, 5. Phlm 2. Jk 2, 15. IPol 5, 1. 2 Kl 12, 5. 20, 2. Hv 2, 2, 3. 2, 3, 1. In d. Anrede neb. ἀδελφοί 2 Kl 19, 1. — 4. bildl. Bez. für d. enge Beziehung gleichartiger Gemeinschaften zueinander (Dit., Or. 536) 2 J 13 (s. κυρία).*

ἀδελφοκτονία, ας, ἡ (Philo, de Ios. 13. Jos., bell. 1, 606; ant. 17, 60. 91) *d. Brudermord* Kains (Philo, agric. 21) 1 Kl 4, 7.*

ἀδελφός, οῦ, ὁ (seit Homer [ἀδελφεός], auch Inschr. Pap. LXX. Philo. Jos., vi. 190 u. o. Test. 12 Patr.) *d. Bruder* — 1. eigtl. Mt 1, 2. 11. 4, 18. 21 u. ö. τὸν ἀ. τ. ἴδιον J 1, 41 (s. Jos., ant. 11, 300). V. Jesu Brüdern (Stellen wie Gen 13, 8. 14, 14. 24, 48. 29, 12. Lev 10, 4. 1 Ch 9, 6 sichern für ἀ. nicht d. Bed. „Vetter", sondern zeigen nur, daß es in Wiedergabe des hebr. אָח vereinzelt bei lockerem Sprachgebr. auch z. Bez. männlicher Verwandter verschiedener Art angewendet wird. Entsprechendes gilt für ἀδελφή [s. d. 1] Gen 24, 59f. Tob 8, 4. 7 [vgl. dazu 7, 15]. Jos., ant. 1, 211 [ἀδελφή = ἀδελφοῦ παῖς]. Ähnl. M. Ant., der 1, 14, 1 den ihm verschwägerten Severus ἀ. nennt, u. gelegentlich in Pap.: JJCollins, Theological Studies 5, '44, 484—94; dazu HThR '42, 25—44) Mt 12, 46f. 13, 55. Mk 3, 31f. J 2, 12. 7, 3. 5. AG 1, 14. 1 Kor 9, 5. Jakobus ὁ ἀδελφὸς τοῦ κυρίου Gal 1, 19. Vgl. ThZahn, Forschungen 6, '00, 225—364 u. als Vertreter d. kath. Standpunktes M-JLagrange,

Marc[4] '29, 72—89. JSickenberger, Lex. f. Theol. u. Kirche II '31, 580—82. — D. Plur. kann auch *Geschwister* verschied. Geschlechtes bedeuten (Eurip., El. 536. Andoc. 1, 47 ἡ μήτηρ ἡ ἐκείνου κ. ὁ πατὴρ ὁ ἐμὸς ἀδελφοί. Anton. Diog. 3 [Erot. Gr. I 233, 23. 26 Hercher]. P. Oxy. 713, 21f. [97 n] ἀδελφοῖς μου Διοδώρῳ κ. Θαΐδι. Schol. zu Nicander, ther. 11 [p. 5, 9] δύο ἐγένοντο ἀδελφοί, Φάλαγξ μὲν ἄρσην, θήλεια δὲ Ἀράχνη τοὔνομα. D. θεοὶ Ἀδελφοί, d. Geschwisterehepaar auf dem Ptolemäerthron: Dit., Or. 50, 2 [III v] u. Pap. [Wilcken, Grundz. 99; Chrest. No. 103—107—III v]). In all diesen Fällen handelt es sich um einen Bruder und eine Schwester. Doch gibt es auch Stellen, wo mit ἀδελφοί offensichtlich *Geschwister* schlechthin, verschied. Geschlechtes u. in belieb. Anzahl gemeint sind (Polyb. 10, 18, 15 ποιήσεσθαι πρόνοιαν ὡς ἰδίων ἀδελφῶν κ. τέκνων. Epikt. 1, 12, 20 ἀδ. neb. γονεῖς, τέκνα, γείτονες. 1, 22, 10. 4, 1, 111. Artem. 3, 31. Ptolem., apotelesm. 3, 6. Diog. L. 7, 108. 120. 10, 18). P. Mich. 214, 12 [296n] scheinen οἱ ἀδελφοί σου noch allgemeiner = deine Verwandten zu sein. So ist auch Lk 21, 16 kein Zweifel an der Bedeutung von ἀδελφοί = Geschwister. Eher ist e. solcher denkbar bei den ἀδελφοί Jesu Mt 12, 46f. Mk 3, 31. J 2, 12. 7, 3. 5. AG 1, 14. — **2.** übertr.: als Bruder bez. Jesus jeden, der ihm zugetan ist Mt 12, 50. Mk 3, 35, vor allem d. Jünger Mt 28, 10. J 20, 17. Daher überh. als Bez. für d. in solcher geistigen Gemeinschaft Stehenden gebr. Mt 25, 40. Hb 2, 12 (Ps 21, 23). 17 u. ö. Im Verh. zu e. Frau den Ggs. z. Ehemann bezeichnend Hs 9, 11, 3 u. ö. — V. d. Mitgliedern e. relig. Gemeinschaft (P. Par. 20 [II v] u. ö. d. Klausner des Serapeums in Memphis. UPZ 162 I, 20 [117 v] ἀδελφοὶ οἱ τὰς λειτουργίας ἐν ταῖς νεκρίαις παρεχόμενοι. IG Sic. It. 956 B, 11f. ἀ. = Mitglied der ἱερὰ ξυστικὴ σύνοδος. BLatyschev, Inscr. Pont. Eux. II 449f. εἰσποιητοὶ ἀ. σεβόμενοι θεὸν Ὕψιστον [Ltzm., ZWTh 55, '13, 121]. Mysterienpap. [III n]: APF 13, '39, 212. Essener b. Jos., bell. 2, 122. Vett. Val. 172, 31. Kleopatra Zl. 94. Vgl. GMilligan '08 zu 1 Th 1, 4. Ltzm., Hdb. zu Rö 1, 13 [Lit.]. Dßm., B 82f. 140. Nägeli 38. Cumont.[3] 276). Daher Bez. d. Christen in ihrem gegenseitigen Verh. Rö 8, 29. 1 Kor 5, 11. Eph 6, 23. 1 Ti 6, 2. AG 6, 3. 9, 30. 10, 23. Apk 1, 9. 12, 10. IEph 10, 3. Sm 12, 1 u. ö. So bes. bei Eigennamen (zu ἀδ. in übertr. Sinn verbunden mit e. Namen, vgl. die Aufschrift des Briefes P. Mich 162 verso [II n] ἀπὸ Ἀπλωναρίου ἀδελφοῦ) zur Bez. d. Zugehörigkeit z. Gemeinde Rö 16, 23. 1 Kor 1, 1. 16, 12. 2 Kor 1, 1. Phil 2, 25. Kol 1, 1. 4, 7. 9. 1 Th 3, 2. Phlm 1. 1 Pt 5, 12. 2 Pt 3, 15. Vollst. ἀδελφὸς ἐν κυρίῳ Phil 1, 14. Oft in d. Anrede 1 Kl 1, 1. 4, 7. 13, 1. 33, 1. 2 Kl 20, 2 u. ö. B 2, 10. 3, 6 u. ö. IRö 6, 2. Hv 2, 4, 1. 3, 1, 1. 4. ἀδελφοί μου B 4, 14. 5, 5. 6, 15. IEph 16, 1. ἄνδρες ἀ. AG 1, 16. 15, 7. 13. 1 Kl 14, 1. 37, 1. 43, 4. 62, 1. — **3.** *d. Volksgenosse* (vgl. Pla., Menex. 239 A ἡμεῖς δὲ καὶ οἱ ἡμέτεροι, μιᾶς μητρὸς πάντες ἀδελφοὶ φύντες. Lev 10, 4. Dt 15, 3. 12. 17, 15 u. ö. Philo, spec. leg. 2, 79f. „ἀ." τὸν ὁμόφυλον εἶπεν. Jos., ant. 10, 201. 7, 371 nach 1 Ch 28, 2) AG 2, 29. 3, 17. 22 (Dt 18, 15). 7, 2. 23 (Ex 2, 11). 25f. u. ö. Rö 9, 3. — **4.** ohne Rücksicht auf d. Volks- u. Glaubensgemeinschaft *d. Nächste* (vom intimen Freund X., an. 7, 2, 25. 38. Spez. im Sinne d. „Nächste" Gen 9, 5. Lev 19, 17 u. ö.) Mt 5, 22ff. 7, 3ff. 18, 15. 21. 35. Lk 6, 41f. 17, 3. B 19, 4. Hm 2, 2 u. ö. — **5.** Anrede d. Königs an sehr hochstehende Persönlichkeiten (Dit., Or. 138, 3. 168, 26. 36 [beide II v]. Jos., ant. 13, 45. 126) Herodes sagt: ἄδελφε Πιλᾶτε PE 2, 5.

ἀδελφότης, ητος, ἡ (Bl-D. § 110, 1) — **1.** *d. Bruderschaft* (= d. Glaubensgenossen; vgl. 4 Makk 9, 23. 10, 3. 15. Phryg. Inschr. [III n, bei vHarnack, Mission[4] '24, 773 Note] εἰρήνη πᾶσι τ. ἀδελφοῖς, εἰρήνη πάσῃ τ. ἀδελφότητι) v. d. christl. Gemeinde, deren Glieder ἀδελφοί u. ἀδελφαί sind 1 Pt 5, 9. 1 Kl 2, 4. τὴν ἀ. ἀγαπᾶν 1 Pt 2, 17 (Th Spörri, D. Gemeindegedanke im 1 Pt '25). — **2.** *d. brüderliche Gesinnung* (Dio Chrys. 21 [38], 15. Vett. Val. p. 2, 28. 4, 5. 1 Makk 12, 10. 17. 4 Makk 13, 27) ἀ. συντηρεῖν Hm 8, 10.*

ἀδεῶς (seit Hdt. Aristoph., vesp. 359. Manetho b. Jos., c. Ap. 1, 100, auch IG IV 597 [II n]. 3 Makk 2, 32. Philo, cherub. 99. Jos., ant. 6, 313. 18, 370) Adv. von ἀδεής *ohne Scheu, nach Belieben* προσεύχεσθαι MPol 7, 2.*

ἄδηλος, ον (d. Wort seit Hesiod, auch Inschr. P. Lond. 940, 23. P. Oxy. 118, 5f. P. Leipz. 37, 23. ZP 4, 3048. LXX. Philo. Jos., bell. 7, 115; ant. 1, 268. 13, 151) — **1.** *unerkennbar, unsichtbar* (seit Soph., auch Dit., Or. 218, 129 [III v]) τὰ μνημεῖα τὰ ἄ. *d. unkenntlichen Gräber* Lk 11, 44. τὰ ἄ. δηλοῦν *d. Unsichtbare kundtun* 1 Kl 18, 6 (Ps 50, 8). — **2.** *undeutlich* (Polyb. 8, 1, 2 ἄ. ἐλπίδες = vage Hoffnungen; ebenso Maximus Tyr. 36, 4a) v. d. Trompete ἄ. φωνὴν διδόναι *undeutlich ertönen*, so daß man das Signal nicht erkennt 1 Kor 14, 8.*

ἀδηλότης, ητος, ἡ *d. Unsicherheit, d. Ungewißheit* (seit Protagoras [V v], auch Polyb. Plut. Philo u. a.) ἐλπίζειν ἐπὶ πλούτου ἀδηλότητι *auf d. ungewissen Reichtum* 1 Ti 6, 17 (Bl-D. § 165).*

ἀδήλως (Thu. u. a. Plut. Aelian, v. 1, 21 p. 10, 4. Philo, conf. lingu. 119) Adv. v. ἄδηλος *ungewiß* (Ps.-Phok. 25. 117) v. Wettlauf οὕτως τρέχω ὡς οὐκ ἀδήλως *nicht ins Ungewisse*, d. h. nicht wie einer, der kein festes Ziel hat 1 Kor 9, 26 (vgl. Ps.-Phok. 28 ἄδηλος πλοῦς).*

ἀδημονέω (seit Hippokr. Pla. X., auch Jos., ant. 15, 211. 388. P. Oxy. 298, 45 [I n] λίαν ἀδημονοῦμεν χάριν τῆς θρεπτῆς Σαραποῦτος. Aq. Hi 18, 20. Sym. Ps 60, 3 u. ö.) *in Angst sein* neb. λυπεῖσθαι Mt 26, 37; neb. ἐκθαμβεῖσθαι Mk 14, 33. *in Unruhe sein* m. flgd. διότι *darüber daß* Phil 2, 26.*

ᾅδης, ου, ὁ (in verschied. Schreibung seit Homer, auch Inschr. ZP 1, 345. 12, 241. LXX. Philo. Jos., ant. 6, 332. Test. 12 Patr. Or. Sib.) — **1.** *d. Hades, d. Unterwelt* als Aufenthaltsort d. Toten AG 2, 27. 31 (Ps 15, 10. Pre 9, 10. ZP 1, 179. 16, 8. Philo, Mos. 1, 195. Jos., bell. 1, 596; ant. 6, 332). In d. Tiefe, dem Himmel entgegengesetzt Mt 11, 23. Lk 10, 15 (vgl. Jes 14, 11. 15). 16, 23. Durch Türen (doch wird [z. B. Homer. X. Ael. Aristid. 47, 20 K. = 23 p. 450 D.] der Pl. auch gebraucht, wenn es sich nur um ein Tor handelt) zugängl., daher πύλαι ᾅδου (seit Il. 5, 646, auch Jes 38, 10. Wsh 16, 13. 3 Makk 5, 51. PsSal 16, 2. — Lucian, Menipp. 6. die Magier können τοῦ Ἅιδου τὰς πύλας öffnen u. sicher hinein- u. hinausgeleiten) Mt 16, 18 (s. z. πέτρα 1b u. πύλη 1); verschlossen ἔχω τὰς κλεῖς τοῦ θανάτου καὶ τοῦ ᾅδου Apk 1, 18 (d. Genitive entw. obi. [Ps.-Apollodor 3, 12, 6, 10 hat der Zeussohn Aiakos τὰς κλεῖς τοῦ Ἅιδου. Suppl. epigr. Gr. VIII 574, 3 [III n] τῷ τὰς κλεῖδας ἔχοντι τῶν καθ' Ἅιδου] od. poss.; im letzteren Fall sind Tod u. Hades personifiziert; s. 2). ὠδῖνες τοῦ ᾅδου (Ps 17, 6) Pol 1, 2 (vgl. AG 2, 24, wo D, Lateiner, Pesch. für θανάτου ebenfalls ᾅδου lesen). εἰς ᾅδου (erg. δόμους; seit Homer, auch Bar 3, 11. 19. Tob 3, 10) AG 2, 31 v. l. 1 Kl 4, 12. 51, 4 (Jambl., vi. Pyth. 30, 179 ἐν ᾅδου κεῖσθαι τὴν κρίσιν. Hierocles 14 p. 451 τὰ ἐν ᾅδου κολαστήρια. Simplicius in Epict. p. 108, 14 Strafen der Sünder ἐν ᾅδου). — 2. personif. neb. θάνατος (vgl. Jes 28, 15. Hi 38, 17) Apk 6, 8. 20, 13f. 1 Kor 15, 55 v. l. — GBeer, D. bibl. Hades: HJHoltzmann-Festschr. '02, 1—30. (Stade-)ABertholet, Bibl. Theol. II '11, 397f. ERohde, Psyche[4] I 54ff. 309ff. ADieterich, Nekyia '93. Bousset, Rel.[3] 285f. 293ff. Billerb. IV 1016—29. JoachJeremias, ThW I 146—50. S. auch z. πνεῦμα 2 u. 4c.*

ἀδιάκριτος, ον (seit Hippokr., auch Polyb. 15, 12, 9. Dit., Or. 509, 8. LXX Spr 25, 1. Sym. Gen 1, 2. Philo, spec. leg. 3, 57 u. ö. D. verschiedenen Bed. bei Lghtf. zu IEph 3, 2. — Als menschl. Tugend auch b. Ptolem., apotel. 3, 14, 29) kann etwas bed., in dem es nichts Zwiespältiges, Unsicheres, Schwankendes gibt, *unparteiisch* Jk 3, 17. *unerschütterlich* IEph 3, 2. Mg 15. Tr 1, 1.*

ἀδιακρίτως (Anecd. Gr. 352. Proclus zu Pla., Crat. p. 91, 13. Schol. zu Apollon. Rhod. 2, 62. Philo fgm. 105 Harris ['86]. Test. Seb. 7, 2. P. Oxy. 715, 36 [131n] = Wilcken, APF 4, '08, 254) Adv. von ἀδιάκριτος *unerschütterlich* IRö insc. Phld insc.*

ἀδιάλειπτος, ον (Ps.-Plato, Tim. Locr. 98 E u. a., auch Dit., Syll.[3] 1104, 35. P. Tebt. 27, 45 [113v]. ZP 8, 32. Ep. Arist. 84. Jos., bell. 2, 155. 5, 31) *unaufhörlich, beständig* ὀδύνη Rö 9, 2. μνεία 2 Ti 1, 3. προσευχαί IPol 1, 3. ἀ. ἔχειν ὕδωρ Hs 2, 8. ἵνα ἀ. γένηται ἐν τῇ ζωῇ αὐτοῦ *damit er in s. Leben keinen Mangel habe* 2, 6 (s. MDibelius z. St.).*

ἀδιαλείπτως (seit Metrodorus Philos. [IV/IIIv]: Pap. Hercul. 931, 8, auch Polyb. 9, 3, 8. Dit., Syll.[3] 1104, 15. 1171, 4. Pap. von IIv ab [Mayser 458]. 1. 2. 3 Makk. Ep. Arist. 92. 294. Aristobul b. Eus., pr. ev. 13, 12, 4. Test. Levi 13, 2. Jos., bell. 3, 164. 241) Adv. v. ἀδιάλειπτος *beständig, unablässig* μνείαν ποιεῖσθαι Rö 1, 9. 1 Th 1, 2. εὐχαριστεῖν 2, 13. προσεύχεσθαι 5, 17. IEph 10, 1. Pol 4, 3. Hs 9, 11, 7. προσκαρτερεῖν τῇ ἐλπίδι Pol 8, 1. διδόναι (v. Gott) Hs 5, 4, 4. σκεπάζειν s 9, 27, 2.*

ἀδιαφθορία, ας, ἡ (d. Subst. sonst unbelegt, dagegen ἀδιάφθορος seit Pla. nicht selten, auch b. Philo) *d. Unverfälschtheit* ἐν τῇ διδασκαλίᾳ Tit 2, 7 t. r. für ἀφθορία, s. d.*

ἀδιήγητος, ον *unbeschreiblich* (so seit X., auch Ael. Aristid. 33, 30 K. = 51 p. 581 D. ZP 1, 164. Ep. Arist. 89. 99) ὁ ἐν ἀγάπῃ ἀ. *der in (seiner) Liebe U.* IEph 1, 3.*

ἀδικέω (seit homer. Hymn., auch Inschr. Pap. LXX. Joseph. Test. 12 Patr.). Fut. ἀδικήσω. Aor. 1 ἠδίκησα. Pf. ἠδίκηκα. Aor. 1 Pass. ἠδικήθην. — **1.** intrans. — **a.** *Unrecht tun* v. jeder Verletzung menschl. u. göttl. Rechtes (Aristot., Rhet. 1, 10 definiert: ἔστι τὸ ἀδικεῖν τὸ βλάπτειν ἑκόντα παρὰ τὸν νόμον. Philo, dec. 66) ὁ ἀδικῶν *d. Frevler* (Diod. S. 8, 15, 1. Dit., Syll.[3] 635, 22) ὁ ἀδικῶν ἀδικησάτω ἔτι Apk 22, 11. Vgl. Kol 3, 25a; auch 25b κομίσεται ὃ ἠδίκησεν *er wird das davontragen, in Beziehung worauf er sich vergangen hat* (vgl. BGU 1138, 13 ὃ ἠδίκησεν ἐμαρτύρησεν). — **b.** *im Unrecht sein* (Ex 2, 13) εἰ ἀδικῶ AG 25, 11. — **2.** trans. — **a.** *ungerecht behandeln, verunglimpfen* τινά *jmdn.* (58. Brief des Apollon. v. Ty. [Philostrat I 361, 25 K.] τὸν υἱόν) οὐκ ἀδικῶ σε *ich tue dir kein Unrecht* Mt 20, 13 (PSI 417, 10. 27 [III v] οὐ σὲ ἀδικεῖ 'Ετέαρχος). ἱνατί ἀδικεῖτε ἀλλήλους; AG 7, 26. τὸν πλησίον V. 27. οὐδένα 2 Kor 7, 2. ἀδελφούς 1 Kor 6, 8. νηπίους 1 Kl 57, 7 (Spr 1, 32). D. Akk. ergänzt sich 2 Kor 7, 12a. Mit doppelt. Akk. (Demosth. 21, 129. Epikt. 3, 24, 81. Jos., ant. 2, 138. Lev 5, 21. Spr 24, 29) οὐδέν με ἠδικήσατε *ihr habt mir kein Unrecht zugefügt* Gal 4, 12; vgl. AG 25, 10. MPol 9, 3. — Pass. (Bl-D. § 314) *Unrecht leiden* (Ael. Aristid. 45 p. 81 D.: ἀδικεῖσθαι βέλτιον ἢ ἀδικεῖν. Jos., bell. 5, 377) 1 Kl 8, 4 (Jes 1, 17). Dg 6, 5. ἰδών τινα ἀδικούμενον AG 7, 24. ὁ ἀδικηθείς 2 Kor 7, 12b. τίς πλέον ἀδικηθείς *wer hat mehr Unrecht erlitten* IEph 10, 3. *sich Unrecht tun lassen* 1 Kor 6, 7. — **b.** *schädigen* (seit Thu. u. Antipho, auch Tob 6, 15. Jdth 11, 4) mit Akk. d. Pers. (Jos., ant. 17, 109) με (Appian, bell. civ. 4, 69 § 291 ἀδικεῖν με) IRö 1, 2. τοὺς ἀνθρώπους (Ep. Arist. 146) Apk 9, 10. αὐτούς 11, 5. M. Akk. d. Sache (Dio Chrys. 14 [31], 54 τὸν τόπον. Bull. de corr. hell. 26, '02, 217 ἐάν τις τὴν στήλην ἀδικήσει. Dit., Syll.[3] 635, 8. 9) *beschädigen, verderben* τὴν γῆν Apk 7, 2f. τὸν χόρτον τῆς γῆς 9, 4. τὸ ἔλαιον καὶ τὸν οἶνον 6, 6. M. doppelt. Akk. (Demosth., ep. 2, 16 οὔτε ἠδίκηχ' ὑμᾶς οὐδέν) οὐδὲν ὑμᾶς οὐ μὴ ἀδικήσει Lk 10, 19 (falls οὐδέν nicht Subj. — Bl-D. § 431, 3 Anh.). εἰ δέ τι ἠδίκησέν σε *wenn er dir einen Schaden verursacht hat* Phlm 18. M. ἐν z. Angabe d. Mittels, wodurch d. Schädigung erfolgt ἐν αὐταῖς (d. h. οὐραῖς) ἀδικοῦσιν Apk 9, 19. — Pass. m. flgd. ἐκ zur Angabe d. Seite, von der d. Schädigung erfolgt οὐ μὴ ἀδικηθῇ ἐκ τοῦ θανάτου τοῦ δευτέρου *ihm wird kein Schaden geschehen durch den Zweiten Tod* Apk 2, 11. ἀδικούμενοι μισθὸν ἀδικίας *geschädigt* (d. h. gebracht) *um d. ungerechten Lohn* 2 Pt 2, 13 (d. unsicher überl. T. [s. κομίζω 2a] ist schwerlich in Ordnung; Bl-D. § 351, 2 Anh. GSchrenk, ThW I 157).*

ἀδίκημα, ατος, τό (seit Hdt., auch Inschr. Pap. LXX. Hen. Philo. Josephus) *d. Unrecht, d. Vergehen* (Aristot., Nik. Eth. 5, 7 τὸ ἄδικον . . . ὅταν πραχθῇ, ἀ. ἐστιν. Appian, bell. civ. 4, 69 § 292. Jos., ant. 3, 321. 5, 234) AG 18, 14. 24, 20. ἐμνημόνευσεν ὁ θεὸς τὰ ἀ. αὐτῆς Apk 18, 5. — Pl. *Mißhandlungen* (Diod. S. 14, 2, 2. P. Hal. 1, 193) IRö 5, 1.*

ἀδικία, ας, ἡ (seit Anaximander u. Hdt., auch LXX. Hen. Ep. Arist. Philo. Jos., c. Ap. 2, 217 u. ö. Test. 12 Patr.) — **1.** *d. Unrecht*, das man tut (Ggs. δικαιοσύνη, wie Aristot. p. 10b, 13. 20) Hb 1, 9 v. l. (Ps 44, 8 v. l.). 2 Kl 19, 2. Neb. ἀνομία (Epikt. 2, 16, 44. Jes 33, 15) 1 Kl. 35, 5 v. l.. χαρίσασθέ μοι τὴν ἀδικίαν ταύτην *verzeiht mir dieses Unrecht* (ironisch) 2 Kor 12, 13. ἀπέχεσθαι πάσης ἀ. Pol 2, 2. Pl. *d. ungerechten Taten* (Sir 17, 20. Bar 3, 8. Tob 13, 5 u. ö. Philo, conf. lingu. 21; migr. Abr. 60. Jos., bell. 7, 260) Hb 8, 12 (Jer 38, 34). Neb. ἀνομίαι u. a. 1 Kl 60, 1. — **2.** *d. Ungerechtigkeit, d. Ruchlosigkeit* (Isokr. 8, 35. Herm. Schr. 13, 9. LXX. Jos., c. Ap. 2, 291 [Ggs. δικαιοσύνη]) Dg 9, 1f. Als Sünde bez. 1 J 5, 17; daher bei Gott unmöglich Rö 9, 14 u. wahrheitsfeindlich ἐπὶ ἀδικίαν ἀνθρώπων τῶν τὴν ἀλήθειαν ἐν ἀ. κατεχόντων Rö 1, 18; derselbe Ggs. v. ἀ. u. ἀληθής (vgl. 1 Esr 4, 37) J 7, 18. πείθεσθαι τῇ ἀ. *sich von d. U. leiten lassen* Rö 2, 8. χαίρειν ἐπὶ τῇ ἀ. 1 Kor 13, 6. εὐδοκεῖν τῇ ἀ. *an d. U. Gefallen haben* 2 Th 2, 12. ἀφιστάναι ἀπὸ ἀ. (Sir 35, 3. Test. Dan 6, 10) 2 Ti 2, 19. καθαρίζειν ἡμᾶς ἀπὸ πάσης ἀ. 1 J 1, 9. πεπληρωμένος πάσῃ ἀ. Rö 1, 29; vgl. 3, 5. ἐν πάσῃ ἀπάτῃ ἀδικίας *mit jeder Art von Trug d. Ungerechtigkeit* d. h. mit allen Täuschungskünsten, wie sie d. Ungerechte ersinnt 2 Th 2, 10. ὅπλα ἀδικίας *Waffen der Ungerechtigkeit* Rö 6, 13. — D. Gen. steht häufig wie im Semitischen (vgl. 2 Kö 3, 34. 7, 10. Hos 12, 8), doch auch in profan. Gräzität (ENachmanson, Eranos 9, '09, 63—66. Mlt. 113. Rdm. 108f. — Polyaenus 1, 19 στρατήγημα τῆς ἀπάτης = trügerische Kriegslist) statt d. Adj. οἰκονόμος τῆς ἀ. Lk 16,8. κριτὴς τῆς ἀ. 18, 6. μαμωνᾶς τῆς ἀ. 16, 9 (dafür μ. ἄδικος V. 11); vgl. NSchlögl, BZ 14, '17, 41—43. μισθὸς ἀ. *ungerechter Lohn* 2 Pt 2, 13. 15. Dagegen μισθὸς τῆς ἀ. *Lohn für d. Frevel* AG 1, 18 (von d. einzelnen Untat: Arrian, anab. 3, 25, 8 ein Mord. Vgl. Ez 14, 4 κόλασις τ. ἀδικίας). Zu κόσμος τῆς ἀ. Jk 3, 6 s. κόσμος 8, zu σύνδεσμος ἀ. AG 8, 23 s. σύνδεσμος; anders B 3, 3 (Jes 58, 6). In ἐργάται ἀ. (vgl. 1 Makk 3, 6 ἐργάται τ. ἀνομίας) vertritt der Genit. den Objektsakk. = ἐργαζόμενοι τὴν ἀ. *Übeltäter* Lk 13, 27 (Ps 6, 9 ἐργαζόμενοι τὴν ἀνομίαν, vgl. Ps 13, 4. 1 Makk 9, 23). — BAvanGroningen, Αδικια: Mnemosyne. N. s. 55, '27, 260—62.*

ἀδικοκρίτης, ου, ὁ (Ggs. zu δικαιοκρίτης 2 Makk 12, 41. P.Ryl. 113, 35 [IIn] ἀδικοκρισία b. Hephaestio Astrol. [IVn] 3, 34: Cat. cod. astr. V 3 p. 81, 7) *d. ungerechte Richter* Tit 1, 9 v. l.*

ἄδικος, ον (seit Hes., auch Inschr. Pap. LXX. Philo. Joseph. Test. 12 Patr.) *ungerecht* — **1.** v. Personen: d. Recht verletzend Ggs. δίκαιος (Aristot. p. 10b, 15 u. ö. Epikt. 2, 11, 5. Aesop., Fab. 173 P. = 308 H. Philo, Abr. 33 Jos., bell. 2, 139. 5, 407) Mt 5, 45. AG 24, 15. 1 Pt 3, 18. Dg 9, 2. Hm 6, 1, 1f. Neb. ἄνομος (X., mem. 4, 4, 13) 1 Kl 56, 11 (Hi 5, 22). Neb. ἅρπαγες u. μοιχοί Lk 18, 11. Negativ v. Gott Rö 3, 5. Hb 6, 10. Der ἄ. v. Himmelreich ausgeschlossen 1 Kor 6, 9. ἄ. werden reich 2 Kl 20, 1. V. d. heidn. Richtern κρίνεσθαι ἐπὶ τῶν ἀ. 1 Kor 6, 1 (Maximus Tyr. 3, 4c ὡς ἐπὶ δικαστῶν; ἀλλὰ ἄδικοι). V. e. ungerechten (heidnischen) Richter MPol 19, 2. Ggs. εὐσεβής 2 Pt 2, 9 (Diod. S. 4, 2, 6 ἀδίκους κ. ἀσεβεῖς. Jos., ant. 8, 251 ἀδ. κ. ἀσεβής). *Unehrlich, untreu* (Ggs. πιστός) ὁ ἐν ἐλαχίστῳ ἄ. καὶ ἐν πολλῷ ἄ. ἐστιν Lk 16, 10. — **2.** v. Sachen (Phalaris, ep. 70 κέρδος ἄ. Spr 15, 26. Jos., vi 299) *ungerecht* μαμωνᾶς V. 9D. 11 (vgl. πλοῦτος ἄ. v. unrechtmäßig erworb. Reichtum: Charito 3, 3, 11. Philo, spec. leg. 4, 158 u. den Ggs. πλοῦτος δίκαιος Or. Sib. 3, 783). κρίσις ἄ. (Test. Jos. 14, 1) Pol 6, 1. ἄ. βίος (neb. ἄνομος) MPol 3. ζῆλος ἄ. 1 Kl 3, 4. 5, 4. 45, 4.*

ἀδίκως (seit Aeschyl. Hdt., auch Inschr. Pap. LXX. Philo. Joseph. Test. 12 Patr.) Adv. von ἄδικος *ungerechterweise* (Ggs. δικαίως wie Menander, Sam. 311 διαφέρει οὐδὲ γρῦ ἀδίκως παθεῖν ταῦτ' ἢ δικαίως. Ael. Aristid. 46 p. 223 D.) B 5, 4 (Spr 1, 17). μισεῖν τινα ἀ. 1 Kl 60, 3. *unverdientermaßen* (Plut., mor. 216 D. ἀ. πάσχειν Jos., ant. 10, 115. Ggs. δικαίως πάσχειν Ael. Aristid. 35 p. 671 D. Test. Sim. 4, 3) πάσχων ἀ. 1 Pt 2, 19. V. 23 hat v. l. τῷ κρίνοντι ἀδίκως (auf Pilatus bezogen v. Harnack, Beiträge VII '16 p. 89f. verteidigt. Vgl. UHolzmeister, Comm. p. 270ff. EG Selwyn, 1 Pt '46 z. St.).*

ἀδιστάκτως Adv. von ἀδίστακτος — **1.** akt. *ohne zu zweifeln, ohne Zögern* (Philodem, Rhet. I 133 Sudh.) αἰτεῖσθαι *zuversichtlich bitten* Hm 9, 2. 4. 6. ἐπιχορηγεῖν πάντα τῷ πένητι *dem Armen ohne Zögern alles darreichen* s 2, 5; vgl. 9, 24, 2 (neben ἀνονειδίστως). μετανοεῖν *ohne Zaudern Buße tun* s 8, 10, 3. — **2.** pass. *unzweifelhaft, sicher* (Apollon. Dysc.: Gramm. Graeci II 2 p. 213, 5 U. Anth. Pal. 12, 151. ZP 4, 2511) κατοικεῖν *wohnen dürfen* s 9, 29, 2.*

'Αδμίν indekl. N. pr. m. *Admin*, Sohn d. Arni, im Stammbaum Jesu Lk 3, 33 (d. Name fehlt im t. r.; v. l. 'Αδάμ).*

ἀδόκιμος, ον (seit Demokr., auch Polyb. 6, 25, 8. 16, 14, 9. Inschr. Pap. Spr 25, 4. Jes 1, 22) *was d. Probe nicht besteht, unbewährt*, sodann *untüchtig, unbrauchbar* v. Pers. (X., de rep. Lac. 3, 3. Plut., lib. educ. 7 p. 4C ἀνθρώποις ἀδοκίμοις ἐγχειρίζουσι τ. παῖδας. Herodian 7, 7, 5. Jos., c. Ap. 2, 236 ἀ. σοφισταί) 1 Kor 9, 27. 2 Kor 13, 5—7. ITr 12, 3. ἀνὴρ ἀ. ἀπείραστος *e. Mann, der nicht versucht ist, ist unbewährt* Agr 21. Mit Angabe dessen, worin d. Probe nicht bestanden wird ἀδόκιμοι περὶ τὴν πίστιν 2 Ti 3, 8. πρὸς πᾶν ἔργον ἀγαθὸν ἀ. *zu jedem guten Werk untüchtig* Tit 1, 16. — Von Sachen (Philo, conf. lingu. 198) unfruchtbarem Ackerboden Hb 6, 8. Im Wortspiel mit οὐ δοκιμάζειν vom νοῦς der Heiden Rö 1, 28.*

ἄδολος, ον *ohne Falsch* (seit Pind., doch meist akt. *ehrlich*, so auch als Adv. Wsh 7, 13 u. Jos., ant. 1, 212) pass. *unverfälscht* (bes. in Pap. u. Inschr. seit IIIv; z. B. P. Hib. 85, 16f. [261v]. 98 [251 v]. P. Oxy. 729, 19. BGU 290, 13. 1005. 1015. P. Tebt. 105. Dit., Syll.³ 736, 100. Philo, rer. div. her. 95) ἄ. γάλα *unverfälschte Milch* 1 Pt 2, 2. — FJDölger, Antike u. Christentum I '29, S. 170, 39.*

ἄδοξος, ον *nicht geachtet* (so seit X., auch Dit., Or. 5, 64 [311 v]. P. Oxy. 79 II, 4 [IIn]. Sir 10, 31. Jos., vi. 278) 1 Kl 3, 3. MPol 8, 1 (beidemal Ggs. ἔνδοξος, wie Ael. Aristid. 26, 39 K. = 14 p. 338 D. Diog. L. 7, 117).*

'Αδραμυττηνός, ή, όν ('Αδραμυντηνός W-H.; z. Schreibung vgl. Stephan. Byz. s. v. 'Αδραμύττειον. W-S. § 5, 26 d. Bl-D. § 42, 3 Anh.) *von Adramyttium* ('Ατραμύττειον Hdt. 7, 42 u. a., später 'Αδραμύττειον. D. Adj. z. B. Strabo 13, 1, 61. 62. Plut., Cic. 4, 5. Dit., Or. 238, 4), e. Hafen Mysiens am Ägäischen Meere. AG 27, 2. Vgl. RHarris, Adramyttium (Act 27, 2): Contemp. Rev. '25, 194—202.*

ἀδρανής, ές (hellenist. seit Posidippus [ca. 280v]: Anth. Pal. 9, 359, auch Plut. Dio Chrys. 11 [12], 31. Philostr., vi. Apoll. 3, 39. Wsh 13, 19) *kraftlos* (neb. ἀδύνατος; vgl. Proclus, Theol. 149 p. 130, 25) πνεύματα ἐπίγεια ἀ. Hm 11, 19.*

'Αδρίας, ου, ὁ (klass. Inschr. seit 325 v Meisterhans³-Schw.; Bl-D. § 261, 8) *d. Adriatische Meer* (d. Meer zw. Kreta u. Sizilien wird dazu gerechnet: Eudoxus [III v]: 79 fgm. 1 Jac. Ptolem. 3, 4, 1. 17, 1. Ael. Aristid. 48, 66 K. = 24 p. 483 D. Jos., vi. 15) AG 27, 27.*

ἁδρότης, ητος, ἡ (Il. 24, 6. Theophr. u. Epikur [Diog. L. 10, 83]) *d. Fülle* ἐν τῇ ἁ. ταύτῃ *bei diesem reichen Ertrag* (d. Kollekte) 2 Kor 8, 20.*

ἀδυνατέω Fut. ἀδυνατήσω eigtl. *unvermögend sein, außerstande sein* (so seit Epicharmus [ca. 480 v], der pers. konstruiert [Vorsokr.⁵ 23 B, 23 ἀδυνατεῖ δ' οὐδὲν θεός]; auch UPZ 110, 13. 89 [164 v]. 6, 36 [163 v]. Herm. Schr. 10, 18. Philo. Jos., ant. 15, 211); im NT nur unpers. (Philodem., ira p. 98 W. Hi 10, 13. 42, 2. 2 Ch 14, 10. Wsh 13, 16) *es ist unmöglich* οὐδὲν ἀδυνατήσει ὑμῖν Mt 17, 20. οὐκ ἀδ. παρὰ τοῦ θεοῦ (v. l. π. τῷ θεῷ) πᾶν ῥῆμα *nichts wird bei Gott (von Gottes Seite her) unmögl. sein* Lk 1, 37 (Gen 18, 14. Dt 17, 8. — D.

Gedanke, daß für d. Götter nichts unmöglich ist, findet sich auch bei den Griechen von alters her: Od. 16, 211f. Hes., erga 5f. Alcaeus 78, 7 Diehl).*

ἀδύνατος, ον — **1.** akt. *unvermögend, kraftlos* (seit Epicharm. Hdt. Eur., auch Inschr. Pap. LXX) — **a.** adj. v. Geistwesen Hm 11, 19c. Mit Dat. ἀνὴρ ἀ. τοῖς ποσίν AG 14, 8 (vgl. P. Lond. 678, 6 [99/98 v] ἀ. ὄμμασι, ebenso P. Straßb. 81, 17 [II v]. Tob S 2, 10. 5, 10). — **b.** subst. οἱ ἀδύνατοι (Hyperid. 2, 10 im Ggs. zu δυνάμενοι εἰπεῖν solche, die dazu unfähig sind) v. Glaubensschwachen (Ggs. οἱ δυνατοί) Rö 15, 1. — τὰ ἀδύνατα *das Kraftlose* Dg 9, 6b. — τὸ ἀδύνατον *d. Ohnmacht* εἰς τὸ τυχεῖν ebd. a. τὸ καθ' ἑαυτοὺς ἀδύνατον εἰσελθεῖν *d. eigene Ohnmacht, hineinzukommen* 9, 1. — **2.** pass. *unmöglich* (seit Pind. u. Hdt., auch LXX. Philo. Joseph.) — **a.** adj. ἀ. mit u. ohne ἐστίν *es ist u.* Hm 11, 19 a. b. παρὰ ἀνθρώποις τοῦτο ἀ. ἐστιν Mt 19, 26. Mk 10, 27 (vgl. Philo, spec. leg. 1, 282. Jos., ant. 10, 196. Weihinschr. aus Phrygien [JZingerle, Hlg. Recht: Österr. Jh. 23, '26, Beibl. S. 11] Μητρὶ Λητῷ ὅτι ἐξ ἀδυνάτων δυνατὰ ποιεῖ. — Ps.-Plat., Alkyon c. 3 ἀδύνατος u. δυνατός von dem, was Gott nicht kann od. kann). οὐδὲν ἀ. παρὰ τῷ θεῷ 1 Kl 27, 2; vgl. Lk 18, 27. Mit flgd. Inf. u. Akk. mit d. Inf. (Wsh 16, 15. 2 Makk 4, 6. 14, 10. Jos., ant. 5, 109) Hb 6, 4. 18. 10, 4. 11, 6. Hs 9, 26, 6. MPol 6, 1. οὐκ ἔστιν ἀ. ὑπὲρ ὀνόματος θεοῦ (erg. τοῦτο ποιεῖν) IPhld 10, 2. — **b.** subst. (Bl-D. § 263, 2. Mitteis, Chrest. 372 V, 24: ἐπιχειρεῖς τοῖς ἀδυνάτοις. Jos., ant. 11, 195) τὸ ἀ. τοῦ νόμου *was dem Gesetz unmöglich war* (hat Gott getan) Rö 8, 3.*

ᾄδω (seit Homer, dort nicht zusammengezogen, sondern ἀείδω, auch Inschr. Pap. LXX) *singen* absol. (neb. χορεύειν, ὀρχεῖσθαι) Hs 9, 11, 5. M. Dat. d. Pers. (LXX, auch Philostr., imag. 1, 11, 780. Heliod. 5, 15, 3 ἐμβατήρια ᾆδ. τ. Διονύσῳ. Vgl. Diod. S. 2, 47, 3 ὕμνους λέγειν τῷ θεῷ. Nägeli 42f.) ᾆ. διὰ 'Ι. Χρ. τῷ πατρί IEph 4, 2. τῷ πατρὶ ἐν Χρ. 'Ι. IRö 2, 2. ᾆ. ἐν ταῖς καρδίαις ὑμῶν τ. θεῷ Kol 3, 16. ᾄδοντες καὶ ψάλλοντες (+ ἐν v. l.) τῇ καρδίᾳ ὑμῶν τῷ κυρίῳ *singend u. spielend in eurem Herzen dem Herrn* Eph 5, 19. Mit flgd. Akk. des gesungenen Liedes (Polykrates: No. 588 fgm. 1 Jac. Jos., ant. 3, 64 ὕμνους) ᾠδὴν καινήν (Ps 143, 9; vgl. Philo, Mos. 1, 255 ᾆ. ᾆσμα καινόν) Apk 5, 9. (ὡς) ᾠδὴν καινήν 14, 3. τὴν ᾠδὴν Μωυσέως 15, 3 (Dt 31, 30; vgl. Ex 15, 1). Pass. 'Ιησοῦς Χριστὸς ᾄδεται *man singt v. Jesus Christus* IEph 4, 1. φόβος νόμου ᾄδεται *man singt v. Gesetzesfurcht* Dg 11, 6 (doch s. Philo, sacr. Abel. 131 λόγος ᾄδεται = e. Lehre wird vorgetragen. Aelian, n. a. 17, 5 Φύλαρχος ᾄδει [= sagt] τοιαῦτα. Arrian, anab. 4, 9, 5 verkünden. Ebenso Epikt., fgm. Stob. ᾄδειν τὰ λόγια. Plut., Thes. 19, 1. Maxim. Tyr. 32, 1b). — JKroll, D. christl. Hymnodik bis zu Klemens v. Al.: Beigabe z. Vorlesungsverz. v. Braunsberg SS. 1921 u. WS. 1921/22.*

ἀεί Adv. (seit Homer, auch Inschr. Pap. [Mayser 103f.]. LXX. Ep. Arist. Jos., vi. 87 u. ö.) — **1.** *immer, stets* ἀ. χαίροντες 2 Kor 6, 10. ἕτοιμοι ἀ. πρὸς ἀπολογίαν *stets zur Verteidigung bereit* 1 Pt 3, 15; vgl. Dg 8, 8. IEph 11, 2. εἰς ἀ. *für immer* (Dio Chrys. 21 [38], 51. Ael. Aristid. 43, 9 K. = 1 p. 3 D. BGU 180, 24. 316, 22. P. Oxy. 67, 22. P. Leipz. 4, 24. Jos., c Ap. 2, 156) IPol 2, 2. — **2.** *schon immer, von jeher* (Pla., Gorg. 523 A καὶ ἀεὶ καὶ νῦν = schon immer u. auch jetzt noch. Diod. S. 20, 24, 2) Κρῆτες ἀ. ψεῦσται Tit 1, 12. — **3.** v. einer häufig wiederkehrenden Handlung oder Sachlage *immer wieder, in einem fort* (Diod. S. 19, 39, 1 *in einem fort* kamen Verbündete an. Appian, bell. civ. 2, 139 § 579. P. Ryl. 114, 26 ἐμὲ τὴν χήραν ἀ. ἀποστερεῖν. Ep. Arist. 196) ἀ. εἰς θάνατον παραδιδόμεθα 2 Kor 4, 11. ἀ. τῷ πνεύματι τῷ ἁγίῳ ἀντιπίπτετε AG 7, 51. ἀ. ὑμᾶς ὑπομιμνῄσκειν 2 Pt 1, 12. ἀ. πλανῶνται Hb 3, 10 (Ps 94, 10). καθὼς ἀ. ἐποίει *wie er zu tun gewohnt war* Mk 15, 8 v. l.**

ἀέναος, ον (in verschied. Schreibung — meist mit e i n e m ν — seit Hes. u. Hdt., auch Inschr. Pap. LXX) — **1.** eigtl. *unversieglich* v. Quellen (Hes., op. 595. Simonides b. Diog. L. 1, 90. Epikt. b. Stob., fgm. 2 p. 463 Sch. M. Ant. 8, 51. Wsh 11, 6. Philo, spec. leg. 1, 303. Jos., bell. 3, 45; ant. 3, 258. Or. Sib. 4, 15) 1 Kl 20, 10. — **2.** übertr. *ewig* (seit Pind., auch LXX. Or. Sib. 3, 698. Herm. Schr. 18, 14a. ZP 13, 842) Gott (Sb 8141, 22 [Inschr. I v] θεοῦ μεγάλου ἔκγονος ἀενάου) PK 2. τὴν ἀ. τοῦ κόσμου σύστασιν *d. ewige Weltordnung* 1 Kl 60, 1 (vgl. Dit., Or. 56, 48 εἰς τὸν ἀ. κόσμον).*

ἀετός, οῦ, ὁ (seit Homer, der wie viele Spätere [vgl. Jos., bell. 5, 48] αἰετός schreibt, auch Inschr. Pap. LXX. Jos., bell. 1, 650f.; ant. 17, 151. Test. 12 Patr.) *d. Adler* Bild d. Schnelligkeit Apk 12, 14 (s. Ez 17, 3. 7); vgl. 4, 7. 8, 13 (s. Boll 37f. 113f. — ἀ. πετόμενος wie Hi 9, 26). Aas fressend im Sprichwort (vgl. Hi 39, 30) ἐκεῖ (ἐπι)συναχθήσονται οἱ ἀ. Mt 24, 28. Lk 17, 37 (wo d., auch v. Plinius, hist. nat. 10, 3 u. Aristot., hist. an. 9, 32 zu d. Adlern gerechnete *Aasgeier* gemeint ist). Die Juden dürfen ihn nicht essen B 10, 1. 4 (Dt 14, 12. Lev 11, 13).*

'Αζαρίας, ου N. pr. m. (Joseph.) *Azaria*, nach Da 1, 6f. 3, 19ff. einer d. drei Jünglinge im Feuerofen 1 Kl 45. 7.*

ἄζυμος, ον *ohne Gärung* (Pla., Tim. 74 D σάρξ ungegoren = unfertig. ἄρτος *ungesäuert*: Hippokr., περὶ διαίτης 2, 42. 3, 79. Trypho v. Alex. [I v] bei Athen. 3 p. 109 B ἄρτοι ἄζυμοι. Galen: CMG V 4, 2 p. 220, 1. 3 v. Landleuten, die sich ἑορτάζοντες Brote bereiten, die sie ἄζυμοι nennen. Pollux 6, 32. LXX) — **1.** substantiv. τὰ ἄζυμα — **a.** *d. ungesäuerten Brotfladen, d. Mazzen* (מַצּוֹת [d. Griech. haben μάζα, ἡ = d. Teig, d. Brot seit Hdt.; auch Harmodius — III v — No. 319 Jac. fgm. 1 μάζας καὶ ἄρτους. Antig. Car. 173]. τὰ ἄ. Ex 12, 8. 15 u. ö. 23, 15. Philo, congr. erud. gr. 161. Jos., ant. 3, 249b. 17, 213, nämlich λάγανα Lev 2, 4. Num 6, 15, wie ἄρτοι ἄ. Ex 29, 2. Lev 2, 5. Jos., ant. 3, 142), d. Speise d. Juden am Passafest. Im NT nur übertr. ἑορτάζειν ἐν ἀ. εἰλικρινείας καὶ ἀληθείας *d. Fest feiern mit Mazzen d. Reinheit u. Wahrheit*, d. h. einem reinen u. wahrhaftigen Wandel 1 Kor 5, 8. — **b.** *d. Mazzenfest* (s. πάσχα 1. GBeer, Pesachim '12 [S. 1, 1 Lit.]. Zum Pl. vgl. W-S. § 27, 4b. Bl-D. § 141, 3) PK 2 S. 14, 29. neb. πάσχα (1 Esr 1, 17; vgl. Jos., ant. 14, 21 κατὰ τὸν καιρὸν τῆς τ. ἀζύμων ἑορτῆς, ἣν πάσχα λέγομεν. 18, 29 u. Lk 22, 7 s. u.) Mk 14, 1. ἡ ἑορτὴ τῶν ἀ. (Ex 23, 15. 34, 18. Dt 16, 16. Jos., ant. 2, 317. 14, 21 s. o. Inschr. v. Hierap. Nr. 342) Lk 2, 42 D. 22, 1. ἡ ἡμέρα τῶν ἀ., ᾗ ἔδει θύεσθαι τὸ πάσχα V. 7 (s. o.). αἱ ἡμέραι τῶν ἀ. AG 12, 3. 20, 6. τῇ πρώτῃ ἡμέρᾳ τῶν ἀ. Mk 14, 12; vgl. Mt 26, 17 (LDieu, Ephem. theol. Lov. 14, '38, 657—67). πρὸ μιᾶς τῶν ἀ. *e i n e n Tag vor d. Feste d. ungesäuerten Brote* PE 2, 5 (über diesen Gebr. s. WSchulze, Graeca Latina '01, 14f. Bl-D. § 213 m. Anh.). — **2.** übertr. v. Menschen, bei denen d. Sünde prinzipiell überwunden ist καθώς ἐστε ἄ. 1 Kor 5, 7.*

'Αζώρ indekl. N. pr. m. *Azor*, im Stammbaum Jesu Mt 1, 13f. Lk 3, 23ff. D.*

"Αζωτος, ου, ἡ (seit Hdt. 2, 157, auch Diod. S. 19, 85, 1. LXX. Jos., Index Niese) *Asdod* eine d. fünf Philisterstädte, am Meere gelegen AG 8, 40. — Schürer II⁴ 125f. [Lit.].*

ἀηδία, ας, ἡ *d. Widerwille, d. Streit* (so seit Demosth., auch UPZ 72, 8 [152 v]. 119, 23. BGU 22, 14f. LXX Spr 23, 29. Aq. Sym. Jer 15, 10. Philo. Jos., ant. 17, 307. Test. Dan 4, 3) ὄντες ἐν ἀηδίᾳ Lk 23, 12 D (ἐν ἀ. εἶναι Ael. Aristid. 47, 10 K. = 23 p. 447 D.).*

ἀηδῶς Adv. v. ἀηδής *ungern, widerwillig* (so seit X. u. Pla., auch BGU 801, 4 λίαν ἀηδῶς. Jos., ant. 11, 149. 12, 174) ἀ. ἔχειν (Demosth. 20, 142. 37, 11. BGU 665 III, 10f. [I n] ἀηδῶς ἔσχον περὶ τοῦ ἵππου. P. Gieß. 20, 9) *etwas ungern haben, sich ärgern über* (neb. ἀγανακτεῖν) 2 Kl 19, 2.*

ἀήρ, έρος, ὁ (seit Homer, auch Pap. LXX. Ep. Arist. 70. Philo. Jos., ant. 14, 473. Test. Rub. 2, 5. Or. Sib. 2, 207. Fremdw. im Rabb.) *d. Luft* neb. d. Sonne Apk 9, 2; als Element neb. Feuer u. Wasser (ZP 12, 251. 17b, 15) Dg 7, 2. Als Bez. der Höhe (Achilles Tat. 7, 15, 3 ἐξάλλομαι εἰς ἀέρα. P. Par. 21b, 16 ἀπὸ ἐδάφους μέχρι ἀέρος. P. Lond. 991, 10. ZP 13, 832 εἰς ἀέρα βλέπων. Jos., ant. 7, 327) βάλλειν εἰς τὸν ἀ. *in die Höhe werfen* AG 22, 23. ἁρπάζεσθαι εἰς ἀ. 1 Th 4, 17 (vgl. ZP 1, 179). ἐκχέειν ἐπὶ τὸν ἀ. Apk 16, 17. In Redensarten: ἀέρα δέρειν *e. Lufthieb tun* aus der Fechterspr. v. Gladiator, d. danebenhaut 1 Kor 9, 26 (s. δέρω. Vergil, Aen. 5, 377 verberat ictibus auras. 6, 294; ähnl. Quint. Smyrn. 9, 259f. ἐς κενεὴν τύψας ἠέρα); sprichwörtl. (AOtto, D. Sprichwörter d. Röm. '90, 364) εἰς ἀ. λαλεῖν *in d. Wind reden* 14, 9 (Ovid, am. 1, 6, 42 dare verba in ventos. Lucret. 4, 931). — V. Luftraum (Artem. 2, 8 p. 91, 10ff. 2, 36 p. 138, 2 οἱ ὑπὲρ ἀέρα ἀστέρες. Kyranid. p. 49, 7 τὰ ἐν οὐρανῷ κ. ἐν ἀέρι) πετεινὰ τ. ἀέρος PK 2 S. 14, 17. ἶρις ἐν ἀ. PA 3, 10. — V. Luftreich, in dem d. Geistwesen wohnen (Ocellus Luc. c. 40: im Himmel wohnen d. Götter, auf d. Erde die Menschen, am ἀέριος τόπος die δαίμονες. Diog. L. 8, 32 nach Pythagoras εἶναί τε πάντα τὸν ἀέρα ψυχῶν ἔμπλεον, καὶ τούτους δαίμονάς τε καὶ ἥρωας νομίζεσθαι. Plut., mor. 274B. Celsus 8, 35. ZP 13, 278 πνεῦμα ἐν ἀέρι φοιτώμενον. 4, 1134. 2699. 3042 ἀέριον »Luftwesen«; ebenso 7, 314. — 1, 129 e. überird. Wesen als μόνος κύριος τοῦ ἀέρος. Fluchtaf. Nr. 4, 37 S. 19 ἀέρος τὴν ἐξουσίαν ἔχοντα Ωη 'Ιαω. SEitrem u. AFridrichsen, E. christl. Amulett auf Pap. '21, S. 3 Zl. 5; S. 13f. Philo, plant. 14; gig. 6f.; conf. lingu. 174 u. ö.) ὁ ἄρχων τῆς ἐξουσίας τοῦ ἀ. *d. Herrscher d. Luftreiches* d. h. der Satan Eph 2, 2 (vgl. Himmelf. d. Jesaj. 11, 23. Slav. Hen. 31. Test. Benj. 3, 4 ἀέριον πνεῦμα τοῦ Βελίαρ). — OEverling, D. paulinische Angelologie '88, 107f. Dibelius, Geisterwelt 156f. FPfister, Philol. 69, '10, 416ff. Cumont³ 289, 55.*

ἀθᾶ s. μαρὰν ἀθᾶ.

ἀθανασία, ας, ἡ (seit Isokr. Pla., auch Vett. Val. 221. 330. Dit., Syll.³ 798, 4. Sb 4127, 14. ZP 4, 477. Wsh. 4 Makk. Philo. Jos., bell. 7, 348; ant. 17, 354. Or. Sib 2, 41. 150. Fremdw. im Rabb.) *d. Unsterblichkeit* (neb. γνῶσις, πίστις) D 10, 2. ἐνδύσασθαι ἀ. *Unsterblichkeit anlegen* = m. e. Unsterblichkeitsleib umkleidet werden 1 Kor 15, 53f. Gott ὁ μόνος ἔχων ἀ. 1 Ti 6, 16. ζωὴ ἐν ἀ. 1 Kl 35, 2. D. Abendmahl nach verbreitetem mediz. Sprachgebr. (ThSchermann, ThQ 92, '10, 6ff.) ein φάρμακον ἀθανασίας (syn. ἀντίδοτος τοῦ μὴ ἀποθανεῖν) *Unsterblichkeitsarznei* IEph 20, 2 (Diod. S. 1, 25, 6 τὸ τῆς ἀ. φάρμακον).*

ἀθάνατος, ον (seit Homer, auch Inschr. Pap. LXX. Ps.-Phok. 115. Jos., ant. 11, 56; c. Ap. 2, 277) *unsterblich* v. Gott (Philo, aet. m. 44. Or. Sib. 3, 276. 582. οἱ ἀ. seit Homer) 1 Ti 1, 17 v. l. V. d. Seele (nach Diog. L. 1, 24 seit Thales u. Choerilus Ep. [V v]. Vgl. ferner Pla., ep. 7 p. 335 A. Diod. S. 5, 28, 6. Paus. 4, 32, 4. Herm. Schr. 8, 1. Vett. Val. 242, 16. Jambl., vi. Pyth. 30, 173. Philo, op. m. 119. — MPNilsson, The Immortality of the Soul in Greek Rel.: Eranos 39, '41, 1—16) Dg 6, 8. V. d. γνῶσις (vgl. d. Verb. m. χάρις Demosth., ep. 4, 9. Dit., Syll.³ 798, 7; m. κρίσις Dit., Or. 383, 207) 1 Kl 36, 2. τὸν ἀ. τῆς ἀναστάσεως καρπὸν τρυγᾶν 2 Kl 19, 3. Subst. v. Jesus ὁ ἀ. Dg 9, 2 (Ggs. οἱ θνητοί). τὸ ἀ. *das Ewige* (Ggs. τὸ θνητόν, wie Philo, rer. div. her. 265) D 4, 8 (vgl. Alexis 158 τὸ ἀ. gegensätzlich zu σῶμα).*

ἀθέμιστος Dg 4, 2 s. d. flgd.

ἀθέμιτος, ον (Homer u. d. ältere Zeit ἀθέμιστος; seit Antipho immer allgemeiner u. in der Koine, auch LXX u. Jos. [z. B. bell. 4, 562; vi. 26]. UPZ 162 II, 22 [117 v], d. Regel ἀθέμιτος) *ungesetzlich, frevelhaft* εἰδωλολατρίαι 1 Pt 4, 3. ὀργή 1 Kl 63, 2. ἀθέμιτόν ἐστιν *es ist unerlaubt* mit flgd. Inf. (Plut., mor. 150 F. Jos., bell. 1, 650) AG 10, 28. πῶς οὐκ ἀθέμιστον Dg 4, 2. — Subst. ἀ. ποιεῖν (X., mem. 1, 1, 9) *Freveltaten begehen* D 16, 4.*

ἄθεος, ον (seit Aeschyl., auch Diog. L. 7, 119. Stoic. III p. 157, 606. Vett. Val. Ind. ZP 36, 319. 337. Cat. cod. astr. II 98, 15. 108, 3. 109, 12. Philo, leg. all. 1, 49 u. ö. — HIBell, Jews and Christians in Egypt '24) *ohne Gott, gottlos* — 1. ohne tadelnden Sinn (Artem. 1, 8 p. 14, 4 οὐδὲν ἔθνος ἄθεον. Maxim. Tyr. 30, 2d δι' ἀμαθίαν ἄθεοι v. Menschen, die ohne ihre Schuld nichts von Göttern gehört haben), v. Heiden ἀ. ἐν τῷ κόσμῳ Eph 2, 12. So auch, falls richtig ergänzt, LJ 1, 5. — 2. im Sinne d. Verächters oder Leugners Gottes od. d. Götter u. ihrer Gesetze (so heißen gew. griech. Denker wie Euhemeros b. Sext. Emp., math. 9, 50 u. 9, 17; Diogenes, Epikur u. a. b. Aelian, v. h. 2, 31. — Nicol. Dam.: 90 fgm. 16 Jac. οἷα ἀθέους ἐπόντωσεν. Ptolem., apotel. 3, 14, 28 in e. Lasterkatalog) — a. im Munde d. Heiden gegen Christen (wie Juden: Jos., c Ap. 2, 148) αἶρε τοὺς ἀ. *weg mit d. Gottlosen!* MPol 3. 9, 2a (vgl. Justin, Apol. I 6, 1. 13, 1 u. ö. Dit., Or. 569, 22. ThMommsen, Hist. Ztschr. 64, '90, 407. ABDrachmann, Atheism in Pagan Antiquity '22). — b. im Munde der Christen, in Bez. auf Heiden MPol 9, 2b (ebenso Or. Sib. 8, 395. Ps.-Klemens, hom. 15, 4. Klemens Al., Paed. 3, 11, 80). V. falschgläubigen Christen ITr 10 u. deshalb wohl auch 3, 2.*

ἄθεσμος, ον (Diod. S. 1, 14, 3. Plut., Caes. 10, 5. P. Oxy. 129, 8. P. Lond. 1678, 5. ZP 4, 2607. 2670. Philo, Mos. 2, 198. Jos., bell. 7, 264. 3 Makk 5, 12. 6, 26) *gesetzlos, ruchlos* (Ggs. δίκαιος). Subst. ὁ ἀ. *d. Frevler* (Philo, praem. 126. Or. Sib. 5, 177) 2 Pt 2, 7. 3, 17.*

ἀθετέω (seit Polyb., auch Inschr. Pap. LXX. Joseph. [aber nur ant. 15, 26 v. l.]. Test. 12 Patr.) Fut. ἀθετήσω. Aor. 1 ἠθέτησα. — 1. trans. — a. *für ungültig erklären, aufheben* (BGU 1123, 11 [I v]. Ps 88, 35. 1 Makk 11, 36. 2 Makk 13, 25 u. ö.) e. Testament Gal 3, 15. τὴν ἐντολὴν τοῦ θεοῦ Mk 7, 9 (vgl. Act. Phil. 142). τὴν βουλὴν τοῦ θεοῦ Lk 7, 30 (vgl. Ps 32, 10). νόμον Μωϋσέως Hb 10, 28 (vgl. Ez 22, 26). τὴν χάριν τοῦ θεοῦ Gal 2, 21. τὴν πρώτὴν πίστιν *d. erste Treue brechen* 1 Ti 5, 12 (πίστιν ἀ. Polyb. 8, 2, 5. 11, 29, 3. Diod. S. 21, 20 u. a.). *zunichte machen* (Ps 32, 10) τὴν σύνεσιν τῶν συνετῶν 1 Kor 1, 19. — **b.** *verwerfen, nicht anerkennen, ablehnen* (P. Oxy. 1120, 8. P. Gieß. 34, 8) Christus J 12, 48. Gott 1 Th 4, 8 (vgl. Act. Io. 3. 41). Beide samt den Aposteln Lk 10, 16. κυριότητα Jd 8. τὸν κύριον Hm 3, 2. Allg.: οὐκ ἠθέλησεν ἀθετῆσαι αὐτήν *er wollte sie nicht abweisen* Mk 6, 26. — Pass. v. Christus τίς ἀθετηθεὶς IEph 10, 3. — **2.** intr. (so oft LXX, auch Maspero 151, 251) *sich vergehen* εἰς τὸν θεόν Hv 2, 2, 2 (vgl. 3 Kö 12, 19. Ez 39, 23).*

ἀθέτησις, εως, ἡ (Cicero, ad Att. 6, 9, 3. Diog. L. 3, 39, 66 u. a., auch Pap.LXX) — **1.** *d. Ungültigkeitserklärung* jurist. t. t. (BGU 44, 16 [102n]. 196, 21. 281, 18 u. ö.) ἀ. γίνεται προαγούσης ἐντολῆς *e. früher gegeb. Gebot wird für ungültig erklärt* Hb 7, 18. — **2.** allg. *d. Aufhebung* (Sextus Emp., adv. math. 8, 142 neben ἀναίρεσις) εἰς ἀ. τῆς ἁμαρτίας Hb 9, 26. — DBm., NB 55f.*

Ἀθῆναι, ῶν, αἱ (seit Homer, auch Philo, Joseph.) *Athen,* d. Hauptstadt v. Attika AG 17, 15f. 18, 1. 1 Th 3, 1 (auch in d. Unterschriften v. 1 u. 2 Th. Hb). Vgl. EHaenchen zu AG 17, 15 (Lit.).*

Ἀθηναῖος, α, ον (seit Homer, auch Philo, Joseph.) *athenisch;* subst. ὁ Ἀ., ου *d. Athener* AG 17, 21; als Anrede: ἄνδρες Ἀθηναῖοι *Athener!* (Demosth. 8, 35. 18, 27. Diod. S. 13, 102, 2 u.a.) V. 22.*

ἄθικτος, ον *unverletzlich, heilig* (so seit d. Trag., auch Dit., Syll.³ 569, 16. Sb 7202, 68 [III v]. Sym. Lev 8, 9. 21, 12) τὰ ἄ. ἀρχεῖα IPhld 8, 2.*

ἀθλέω (d. Wort seit Homer, auch Philo) Aor. 1 ἤθλησα *kämpfen* v. d. Kampf in d. Arena 2 Ti 2, 5. νομίμως ἀ. *nach d. Regeln kämpfen* ebd. (Epikt. 3, 10, 8. Galen, ad Hippocr. aphor. 18 οἱ γυμνασταὶ κ. οἱ νομίμως ἀθλοῦντες). V. d. Aposteln ἕως θανάτου ἤθλησαν 1 Kl 5, 2. Allg. θεοῦ ζῶντος πεῖραν ἀ. (neb. γυμνάζεσθαι) *als Kämpfer d. Probe des lebendigen Gottes bestehen* 2 Kl 20, 2.*

ἄθλησις, εως, ἡ (seit Polyb. 5, 64, 6, auch Bull. de corr. hell. 23, '99, 557 [II v]. IG XIV 1102 [II n]. Dit., Syll.³ 1073, 24. P. Hermopol. 119 B III, 13. Philo) *d. Wettkampf,* im NT nur übertr. v. Anfechtungen u. Leiden, die gleichs. gegen d. Menschen ankämpfen: πολλὴν ἄ. ὑπεμείνατε παθημάτων *ihr habt einen heftigen Leidenskampf zu bestehen gehabt* Hb 10, 32.*

ἀθλητής, οῦ, ὁ (seit Pind. [ἀεθλητής], auch Inschr. Pap. 4 Makk. Philo. Jos., ant. 13, 327. 17, 259. Fremdw. im Rabb.) *d. Kämpfer,* in unserer Lit. nur übertr. (seit Gorgias [EScheel, De Gorgianae disciplinae vestigiis. Diss. Rost. 90, 13], auch Diod. S. 9, 1, 1 ἀ. πάσης ἀρετῆς. Dio Chrys. 2, 18. 4 Makk 6, 10. 17, 15f.) v. d. Märtyrern οἱ ἔγγιστα γενόμενοι ἀ. 1 Kl 5, 1. V. d. im Leiden Geübten τέλειος ἀ. *Meisterkämpfer* IPol 1, 3. μέγας ἀ. 3, 1. θεοῦ ἀ. 2, 3.*

ἄθραυστος, ον (seit Eur., auch Dit., Syll.³ 970, 15. Sb 8960, 20 ἄ. βίος) *unversehrt* ἄ. διαφυλάσσειν τὸν ἀριθμὸν τῶν ἐκλεκτῶν *d. Zahl d. Auserwählten vollständig erhalten* 1 Kl 59, 2.*

ἀθροίζω (seit Trag. Hdt., auch Dit., Or. 764, 9. UPZ 12, 42 [158 v]. LXX. Philo, de Ios. 158. Jos., ant. 3, 300 Μωυσῆς εἰς ἐκκλησίαν ἀθροίζει τὸ πλῆθος) Pf. Pass. Ptz. ἠθροισμένος *versammeln* Lk 24, 33.*

ἀθυμέω (seit Aeschyl. Thu. 5, 91, 1, auch P. Amh. 37, 7. 10 [II v]. P. Gieß. 79 III, 11. LXX. Philo. Jos., bell. 6, 94; ant. 9, 87) *mutlos sein, den Mut verlieren* v. Kindern (Hyperid. fgm. 144) ἵνα μὴ ἀθυμῶσιν *damit sie nicht scheu werden* Kol 3, 21.*

ἀθυμία, ας, ἡ (seit Soph. u. Hdt., auch UPZ 19, 14 [163 v]. LXX. Philo. Jos., bell. 3, 182; ant. 12, 357; c. Ap. 1, 236) *d. Mutlosigkeit* εἰς ἀ. βάλλειν τινά *jmdn. in Mutlosigkeit stürzen* 1 Kl 46, 9 (vgl. Aeschin. 3, 177 εἰς τὴν ἐσχάτην ἀ. ἐμβαλεῖν).*

ἀθῷος, ον (seit Eur., auch Dit., Syll.³ 1157, 59. 1217, 6. P. Tebt. 44, 28. LXX. Philo. Jos., ant. 4, 271. 8, 15) *unschuldig* αἷμα ἀ. (oft LXX. Philo, spec. leg. 1, 204. Test. Lev. 16, 3; Seb. 2, 2) Mt 27, 4. V. Pers.: ἀ. εἶναι ἀπό τινος (Bl-D. § 182, 3; vgl. Gen 24, 41. Num 5, 19. 31) *an etw. unschuldig sein* V. 24. 1 Kl 59, 2. μετὰ ἀνδρὸς ἀθῴου ἀ. ἔσῃ 1 Kl 46, 3 (Ps 17, 26). Neb. δίκαιος V. 4 (vgl. Ex 23, 7). *schuldlos* v. Almosenspender, sofern er d. Gebote erfüllt hat D 1, 5. Hm 2, 6.*

αἴγειος, εία, ειον (seit Homer, auch Inschr. Pap. LXX. Jos., ant. 3, 102) *z. Ziege gehörig, Ziegen-* v. d. Bekleidung d. Propheten: ἐν αἰγείοις δέρμασιν (P. Fay. 107, 2f. δέρματα αἴγεια) *in Ziegenfellen* Hb 11, 37. 1 Kl 17, 1 (neben μηλωταί). V. d. Bekleidung d. Bußengels Hs 6, 2, 5.*

αἰγιαλός, οῦ, ὁ *d. Strand* (seit Homer, meist v. Meer, wie Dit., Or. 199, 21. Ri 5, 17 A. Philo, aet. m. 42. Jos., ant. 14, 292. Test. Seb. 6, 3, doch auch v. Seen: P. Tebt. 79 [148 v]. 82. 83. P. Fay. 82. Jos., bell. 3, 521 [See Genn.]) allg. ἑστάναι ἐπὶ τὸν αἰ. Mt 13, 2. ἑστάναι εἰς τὸν αἰ. J 21, 4. ἀναβιβάζειν ἐπὶ τὸν αἰ. Mt 13, 48. τιθέναι τὰ γόνατα ἐπὶ τὸν αἰ. AG 21, 5. Z. Anlaufen v. Schiffen geeignet κόλπον ἔχοντα αἰ. *eine Bucht mit (gutem) Strande* 27, 39 (vgl. X., an. 6, 4, 4 λιμὴν αἰγιαλὸν ἔχων). κατέχειν εἰς τὸν αἰ. *auf d. Strand zuhalten* (s. κατέχω 2) V. 40.*

Αἰγύπτιος, ία, ον (seit Homer, auch Inschr. Pap. LXX. Ep. Arist. Philo. Joseph. Test. 12 Patr. Or. Sib.) *ägyptisch* τὸ Αἰ. εὐαγγέλιον Kl. T. 8³, S. 15, 8. — Subst. nur als Volksname *d. Ägypter* AG 7, 24. Hb 11, 23 D (beidemal Ex 2, 12; vgl. Ezech. Trag. b. Euseb., pr. ev. 9, 28). AG 7, 28. 1 Kl 4, 10 (beidemal Ex 2, 14). Ihre Weisheit AG 7, 22. V. einem bestimmten, ungenannten Ägypter 21, 38 (vgl. Jos., ant. 20, 171. 172). οἱ Αἰγύπτιοι v. d. Pharao des Auszugs u. seinem Heere Hb 11, 29. Als Bez. d. Volkes B 9, 6. τὸ κατ' Αἰγυπτίους εὐαγγ. Kl. T. 8³, S. 4, 14. 15, 19. 16, 5. 9.*

Αἴγυπτος, ου, ἡ (seit Homer, auch Inschr. LXX. Ep. Arist. Philo. Joseph. Test. 12 Patr. Or. Sib.; m. Ausnahme von AG 7, 11. 1 Kl 25, 3 stets ohne Art. W-S. § 18, 5d. Bl-D. § 261, 7) *Ägypten* Mt 2, 13f. 15 (Hos. 11, 1). 19. AG 2, 10. 7, 9ff. 34 (Ex 3, 7. 10). 39. Hb 3, 16. 11, 26f. 1 Kl 4, 10. 25, 3. 51, 5. Vollst. γῆ Αἰγύπτου AG 7, 36 (Ex 7, 3). 40. 13, 17. Hb 8, 9 (Jer 38, 32). Jd 5. 1 Kl 51, 5. 53, 2. B 14, 3 (d. beid. letzt. Ex 32, 7. Dt 9, 12). D. Landesname f. d. Volk 1 Kl 17, 5. — Als symbol. Name e. Stadt neb. Sodom; durch den Zusatz ὅπου καὶ ὁ κύριος αὐτῶν ἐσταυρώθη auf Jerusalem bezogen Apk 11, 8.*

αἰδέομαι (seit Homer, auch Inschr. Pap. LXX. Jos., bell. 1, 8. 319; ant. 15, 28. Test. 12 Patr.; vgl. Nägeli 57) Aor. 1 ᾐδέσθην *ehrfürchtige Scheu haben* τινά *vor jmdm.* (Callinus [VII v], fgm. 1, 2 Diehl². Apollon. Rhod. 4, 796 ἐμέ = vor mir, näml. der Hera. Diod. S. 5, 31, 5 Ἄρης αἰδεῖται τὰς Μούσας) τοὺς προηγουμένους 1 Kl 21, 6. *Rück-*

sicht nehmen τὶ *auf etw.* (Appian, Maced. 9 § 6. Dio Chrys. 71 [21], 13) αἰδέσθητί σου τὴν ἡλικίαν *nimm Rücksicht auf dein Alter* MPol 9, 2 (vgl. 4 Makk 5, 7. Philo, spec. leg. 2, 238).*

ἀΐδιος, ον (seit homer. Hymnen u. Hes., auch Inschr. Wsh 7, 26. 4 Makk 10, 15. Lieblingswort Philos: op. m. 7. 171; cher. 2. 4. 9; post. Caini 39; fuga 173. Jos., ant. 4, 178. 17, 152) *ewig* ἡ ἀ. αὐτοῦ (Gottes) δύναμις Rö 1, 20 (Zoroaster b. Philo Bybl. [Euseb., pr. ev. 1, 10, 52], 58. Brief d. Apoll. v. Ty. [Philostrat I 360, 29 K.] u. Or. Sib. 5, 66 θεὸς ἀ.). ζωή (Philo, fug. 97) IEph 19, 3. δεσμοῖς ἀ. Jd 6 (ZP 4, 1466 πυλωρὲ κλείθρων ἀϊδίων).*

αἰδώς, οῦς, ἡ (seit Homer, auch Epikt. Dit., Or. 507, 8. Pap. LXX. Jos., bell. 2, 325. Test. Jud. 14, 7. Or. Sib. 1, 35) — **1.** *d. Schamhaftigkeit* v. Frauen (Diod. S. 13, 55, 4. — Neben σωφροσύνη) μετὰ αἰ. 1 Ti 2, 9 (vgl. Jos., ant. 2, 52). — **2.** *d. Scheu, d. Ehrfurcht* (Pind. u. a., auch Plut., Timol. 7, 1. Jos., ant. 6, 262) neben εὐλάβεια (wie Philo, leg. ad Gai. 352) Hb 12, 28 v. l. (vgl. Appian, bell. civ. 1, 71 § 331 αἰδὼς θεῶν). — RSchultz, ΑΙΔΩΣ Diss. Rostock '10. CE v Erffa, ΑΙΔΩΣ: Philol. Suppl. 30, 2 '37.*

Αἰθίοψ, οπος, ὁ (d. Wort seit Homer, auch Inschr. Pap. LXX. Philo, deus imm. 174. Joseph. Ep. Arist. 13. Or. Sib.) *d. Äthiopier* βασίλισσα Αἰθιόπων AG 8, 27; als Adj. neben ἀνήρ (Stephan. Byz. s. v. Αἰθίοψ nach Favorinus) ebd. — Lit. s. zu Κανδάκη.*

αἰκία, ίας, ἡ (in mancherlei Schreibung seit Aeschyl., auch Pap. 2. 3 Makk. Joseph.) *d. Mißhandlung* v. d. Folter, *d. Marter* b. qualvollem Tode (Andocid. 1, 138. Polyb. 1, 85, 2. Ps.-Plato, Axioch. 372 A) 1 Kl 6, 1 (neben βάσανος; vgl. Jos., bell. 3, 321). εἰς αἰ. περιβαλεῖν (παραβαλεῖν verm. Lghtf.) *drangsalieren* 45, 7 (vgl. 3 Makk 6, 26. Ep. Arist. 208). αἰκίαις περιπίπτειν *drangsaliert werden* 51, 2.*

αἴκισμα, ατος, τό (Trag. Lysias 6, 26. Pollux 6, 183) *d. Verstümmelung, d. Mißhandlung* 1 Kl 6, 2. (neb. μάστιγες) 17, 5.*

αἰκισμός, οῦ, ὁ (d. Wort seit Ctesias [400 v], auch Pollux 8, 79. Pap. LXX) *d. Mißhandlung* (P. Hal. 1, 118. 2. 4 Makk), (neb. κόλασις) *d. Züchtigung* (Plut., mor. 8 F) εἰς αἰ. τιθέναι = αἰκίζειν *züchtigen* 1 Kl 11, 1.*

Αἰλαμίτης s. Ἐλαμίτης.

αἴλουρος, ου, ὁ, ἡ (seit Hdt. 2, 66 [αἰέλουρος]) überwiegend *d. Katze* (Hdt. Aristot. Diod. S. 20, 58, 2. Ptolem., apotel. 3, 9, 2 κυνῶν ἢ αἰλούρων. Aelian. Plut., mor. 144 C. Kyraniden p. 59, 13 αἰ. ἤτοι κάττα. EpJer 21) PK 2 S. 14, 19.*

αἷμα, ατος, τό (seit Homer, auch Inschr. Pap. LXX. Hen. Ep. Arist. Philo. Joseph. Test. 12 Patr. Or. Sib.) *d. Blut* — **1.** eigtl. — **a.** v. Menschenblut J 19, 34 (PHaupt, Blood and Water: AJPh 45, '24, 53—55. FJDölger, Ant. u. Christent. II '30, 117 ff.). ὅταν ἐκ ξύλου αἰ. στάξῃ *wenn Blut aus d. Holze tropft* B 12, 1 (vgl. 4 Esr 5, 5). ῥύσις αἵματος *d. Blutfluß* (vgl. Lev 15, 25. 20, 18) als Frauenkrankheit Mk 5, 25. Lk 8, 43 f. πηγὴ τοῦ αἰ. Mk 5, 29. θρόμβοι αἵματος Lk 22, 44. — Bes. als ein Hauptbestandteil d. menschl. Leibes neb. σάρξ; σὰρξ καὶ αἷμα Umschreibung für *Mensch*, mit starker Betonung seiner Vergänglichkeit, Kurzsichtigkeit u. sittl. Schwäche (Sir 14, 18. 17, 31. Philo, rer. div. her. 57. Häufig b. Rabbinen als בָּשָׂר וָדָם s. Billerb. I 730 f. Auch Polyaenus 3, 11, 1 von Menschen im Ggs. zu Göttern: αἷμα καὶ σάρκας ἔχοντες. Herm. b. Stob., Floril. I 461, 12 W. = 510, 27 Sc. v. d. Seelen σαρκὶ καὶ αἱμ. βεβαπτισμέναι) Mt 16, 17. 1 Kor 15, 50. Gal 1, 16. Eph 6, 12. κοινωνεῖν αἵματος καὶ σαρκός *teilhaben an der Menschennatur* Hb 2, 14. — Pl. τὰ αἵματα (Pl. b. d. Trag., auch Polyb. 15, 33, 1. LXX. Ep. Arist. 88. 90. Bl-D. § 141, 6) *d. Geblüt* ἐξ αἱμάτων γεννηθῆναι (neb. ἐκ θελήματος σαρκός, Ggs. ἐκ θεοῦ) = aus d. sinnl. Natur stammen J 1, 13 (vgl. Aeschyl., Choëph. 284 ἐκ τ. πατρῴων αἱμάτων. Lycophron v. 1249 τῶν 'Ηρακλείων ἐκγεγῶτες αἱμάτων. Inschr. [Ramsay, Phryg. I 2 p. 537 No. 394 τέκνα ἐκ τ. αἵματός μου, vgl. p. 472 No. 315 ἀπὸ τοῦ αἱμ.]. P. Leipz. 28, 16 ff. [381 n] υἱὸν ἐξ ἰδίου αἵματος γεννηθέντα. Vgl. HJCadbury, The Ancient Physiological Notions underlying J 1, 13a. Hb 11, 11: Exp. 9. S. II '24, 430—39). ἐξ ἑνὸς αἵματος *aus d. Geblüt eines einzigen* AG 17, 26 t. r. (vgl. Musonius, ep. 1, 10 ἐξ αἵματος. Jos., ant. 20, 226). — **b.** v. Tierblut Hb 9, 7. 18. 25. αἰ. τράγων (vgl. Jes 1, 11) V. 12. ταύρων V. 13. B 2, 5. τῶν μόσχων Hb 9, 12. 19. ζῴων τὸ αἰ. 13, 11. πρόσχυσις τοῦ αἰ. 11, 28; vgl. 12, 24. Im Aposteldekret wird sein Genuß (nach Lev 3, 17. 7, 26 f. 17, 10) verboten AG 15, 20. 29. 21, 25 (Vertreter dieser Auffassung b. Haenchen zu AG 15, 21, S. 396; v. A. [z. B. GResch. Harnack. Six. Zahn, AG II 546 ff.; Lit. b. πνικτός] wird auf Grund d. LA des »westlichen« Textes das ἀπέχεσθαι τ. αἵματος als Verbot des Blutvergießens gedeutet; αἰ. akt. *Blutvergießen* b. Pausan. Attic. μ, 14. Maximus Tyr. 24, 4 k neb. σφαγή. Herodian 2, 6, 14. Wsh 14, 25 αἷμα κ. φόνος). — **2.** übertr. — **a.** als Sitz d. Lebens (Lev 17, 11. Wsh 7, 2. Jos., ant. 1, 102) αἰ. ἐκχύννειν od. ἐκχέειν *Blut vergießen* = *töten* (Aeschyl., auch Gen 9, 6. 37, 22. Lev 17, 4. 13. 1 Kö 25, 31 u. ö. Rachegebete v. Rheneia: DBm., LO 351 ff. u. Dit., Syll.[3] 1181, 5 f.) Lk 11, 50. AG 22, 20. Rö 3, 15 (Ps 13, 3. Jes 59, 7). Apk 16, 6. αἰ. Ἅβελ, Ζαχαρίου Mt 23, 35. Lk 11, 51. τῶν προφητῶν Mt 23, 30. ἁγίων καὶ προφητῶν Apk 16, 6. 17, 6. 18, 24. τῶν δούλων αὐτοῦ 19, 2 (4 Kö 9, 7); vgl. 6, 10. Pol 2, 1. αἰ. ἀθῷον Mt 27, 4. 24 (s. ἀθῷος). οὔπω μέχρις αἵματος ἀντικατέστητε *ihr habt noch nicht bis aufs Blut zu widerstehen gehabt* d. h. so, daß euer Blut vergossen wurde Hb 12, 4 (vgl. Heliodor 7, 8, 2 τῆς μέχρις αἵματος στάσεως). τιμὴ αἵματος *d. Lohn für e. Bluttat* (αἰ. = Bluttat, Mord Diod. S. 18, 56, 4. Paroem. Gr. I p. 18: Zenobius 1, 47 Αἰσώπειον αἷμα = d. Mord an Aesop. Spr 1, 11) Mt 27, 6 (vgl. Test. Seb. 3, 3. UPZ 77 II, 9 λάβε τοὺς χαλκοῦς τοῦ αἵματος). ἀγρὸς αἵματος *d. Acker, der für Blutgeld* gekauft ist V. 8; anders AG 1, 19 χωρίον αἰ. = d. vom Blut getränkte Acker. αἰ. ἐκζητεῖν (oft LXX) *d. Blut fordern* Lk 11, 50. ἐκδικεῖν (Dt 32, 43. 4 Kö 9, 7. Rachegeb. v. Rhen., s. o.) Apk 6, 10. 19, 2. τὸ αἷμα αὐτοῦ ἐφ' ἡμᾶς Mt 27, 25; vgl. 23, 35. AG 5, 28. 18, 6 (2 Kö 1, 16. Test. Lev. 16, 3 τὸ ἀθῷον αἰ. ἐπὶ τῆς κεφαλῆς ὑμῶν ἀναδεχόμενοι. — Z. Strafgericht über d. Haupt [AG 18, 6] u. d. Kinder [Mt 27, 25] vgl. den Pythiasspruch b. Aelian, v. h. 3, 43 ἀλλ' αὐτῶν κεφαλῇσι καὶ ἐν σφετέροισι τέκεσσιν εἰλεῖται). καθαρὸς ἀπὸ τοῦ αἰ. πάντων (Sus 46 Theod.) 20, 26. Dafür αἵματα 1 Kl 18, 14 (Ps 50, 16). — **b.** Blut und Leben als Sühnopfer 1 Kl 55, 1. — Bes. v. Blut Jesu als Sühnemittel ἱλαστήριον ἐν τῷ αὐτοῦ αἰ. Rö 3, 25. ἀπολύτρωσις διὰ τοῦ αἰ. αὐτοῦ Eph 1, 7 (Kol 1, 14 v. l.). V. hohepriesterl. Opfer Jesu Hb 9, 12. 14. 10, 19. 1 J 1, 7. Apk 1, 5. 5, 9. B 5, 1 ῥαντισμὸς αἵ. *Besprengung mit Blut* 1 Pt 1, 2. αἵ. τοῦ ἀρνίου Apk 7, 14. 12, 11. ἀμνοῦ 1 Pt 1, 19. Als Mittel d. Lossprechung v. d. Schuld Rö 5, 9. 1 Kl 7, 4. 12, 7. 21, 6. 49, 6. Daher πιστεύειν εἰς τὸ αἵ. Χρ. ISm 6, 1. αἵ. τῆς διαθήκης Hb 10, 29. 13, 20 (Test. Benj. 3, 8; vgl. Ex 24, 8). Bes. v. d. Abendmahl in d. Einsetzungsworten (vgl. διαθήκη 2 u. a. E.) Mt 26, 28. Mk 14, 24. Lk 22, 20. 1 Kor 11, 25; vgl. 10, 16. J 6, 53—55. 1 J 5, 6. 8. V. d. Abendmahlsgemeinschaft ποτήριον εἰς ἕνωσιν τοῦ αἵ. αὐτοῦ IPhld 4. Als gemeindebildend bez. AG 20, 28. Eph 2, 13; vgl. εἰρηνοποιήσας διὰ τοῦ αἵ. τοῦ σταυροῦ αὐτοῦ Kol 1, 20. Die Liebe als Blut Jesu bez. ITr 8, 1; vgl. auch IRö 7, 3. ISm 1, 1. αἵ. θεοῦ IEph 1, 1 (vgl. Hdb.). — FRüsche, Blut, Leben u. Seele '30. AAnwander, D. Blut in rel.-gesch. Schau: ThGl 26, '34, 414—27. OSchmitz, D. Opferanschauung d. späteren Judentums u. d. Opferaussagen d. NT '10. ARScott, Christianity acc. to St. Paul '27, 85ff. JSchneider, D. Passionsmystik d. Pls '29, 28ff. 120ff. HWindisch, Hdb. Exk. z. Hb 9, 22 (² '31; hier Lit.). ▬ **3.** v. d. (apokalypt.) roten Farbe, deren Erscheinen am Himmel Unglück anzeigt(vgl. MWMüller,ZNW8, '07, 290ff. Eva Wunderlich, D. Bed. d. roten Farbe im Kult d. Griech. u. Römer '25): neben Feuer u. Rauch AG 2, 19 (Jo 3, 3). Darum geht die Welt unter δι' αἵματος καὶ πυρός Hv 4, 3, 3. Neb. Feuer u. Hagel Apk 8, 7. Färbung d. Wassers V. 8. 11, 6 (Jos., ant. 3, 17 d. zu αἷμα geword. Wasser ist nicht trinkbar); vgl. 16, 3f. Färbung d. Mondes AG 2, 20 (Jo 3, 4). Apk 6, 12. Das Bild vom Traubenblut (Gen 49, 11. Dt 32, 14. Sir 39, 26) apokalyptisch verwendet ἐξῆλθεν αἵ. ἐκ τῆς ληνοῦ 14, 20 (vgl. Jes 63, 1—3). Zur Rolle d. Blutes neben anderen schrecklichen Vorzeichen vgl. Appian, bell. civ. 2, 36 § 144. 4, 4 § 14. — Z. Ganzen JBehm, ThW I 171—76.

αἱματεκχυσία, ας, ἡ (v. αἷμα u. ἐκχέω s. αἷμα 2a) *d. Blutvergießen* (d. Wort nur im christl. Sprachgebr. zu belegen [Byz. Chronisten b. Psaltes S. 349], doch ἔκχυσις αἵματος 3 Kö 18, 28. Sir 27, 15. Charax v. Pergamon [II/III n]: 103 fgm. 5 Jac.) χωρὶς αἱματεκχυσίας οὐ γίνεται ἄφεσις *ohne Blutvergießen gibt es keine Vergebung* Hb 9, 22.*

αἱματώδης, ες (d. Wort seit Thu.) *blutrot* (Nicander, Schol. zu ther. 228. Cat. cod. astr. VIII 2 p. 174, 3 Ἄρες αἱ.) = dunkelrot Hv 4, 1, 10 (als apokal. Farbe neb. schwarz, gelb u. weiß; vgl. αἷμα 3); m. πυροειδής (s. d.) *feuerrot* = hellrot zusammengestellt 4, 3, 3.*

αἱμορροέω (seit Hippokr., auch Lev 15, 33) *an Blutfluß leiden* γυνὴ αἱμορροοῦσα Mt 9, 20.*

Αἰνέας, ου N. pr. m. (Lit. Inschr. [z. B. Wadd. 1929. 2238, auch aus Paläst.: Suppl. epigr. Gr. VIII 255—112/11 v]. Pap. [Preisigke, Namenbuch]) *Aeneas* AG 9, 33f.*

αἴνεσις, εως, ἡ (Philod., παρρ . col. 8a, 10 Oliv. LXX. Philo, spec. leg. 1, 224) *d. Lob* ἀναφέρειν θυσίαν αἰνέσεως *ein Lobopfer darbringen* Hb 13, 15 (vgl. זֶבַח תּוֹדָה Lev 7, 12. 13. 15); vgl. 1 Kl 35, 12 (Ps 49, 23). 52, 3 (Ps 49, 14). ἀναγγέλλειν τὴν αἵ. τινος *jmds. Lob verkünden* 1 Kl 18, 15 (Ps 50, 17).*

αἰνέω *loben, preisen* (so seit Homer, auch LXX), in unserer Lit. nur v. d. Preise Gottes gebraucht (Diog. L. 1, 39; sehr oft LXX. ZP 4, 1146) αἱ. τὸν θεόν Lk 2, 13. 20. 19, 37. 24, 53 D. AG 2, 47. 3, 8f.; vgl. MPol 14, 3. τὸν κύριον Rö 15, 11 (Ps 116, 1). τῷ θεῷ ἡμῶν Apk. 19, 5 (d. Dat. entspr. לְ bei הוֹדָה u. הִלֵּל LXX z. B. Jer 20, 13. 1 Ch 16, 36. 2 Ch 5, 13. Bl-D. § 187, 4 Anh.); vgl. B 7, 1. Neben εὐλογεῖν (Da 5, 23) Lk 24, 53 v. l. V. Preise d. Götter durch d. Heiden Dg 2, 7 (vgl. Ri 16, 24 A. Da 5, 23).*

αἴνιγμα, ατος, τό (seit Pind. u. Aeschyl., auch LXX. Philo. Jos., c. Ap. 1, 114f. Or. Sib. 3, 812) eigtl. *d. Rätsel* PK 4 S. 15, 31, dann *d. undeutliche Bild* βλέπομεν δι' ἐσόπτρου ἐν αἰνίγματι *wir schauen vermittelst eines Spiegels in rätselhaftem Umriß* 1 Kor 13, 12 (vgl. Num 12, 8. Plut., mor. 382 A αἱ. τοῦ θείου v. d. undeutl. Gottesoffenbarung. — ἐν αἰν. = „undeutl." reden: mor. 12 D. 672 E. — αἴνιγμα = Andeutung: Sallust c. 6 p. 12, 10). — Lit. bei ἀγάπη I 1 a u. ἔσοπτρον.*

αἶνος, ου, ὁ (seit Homer, auch Inschr. LXX) *d. Lobpreis* αἶνον διδόναι τῷ θεῷ *Gott preisen* Lk 18, 43. 2 Kl 1, 5. 9, 10. καταρτίζεσθαι αἶνον *e. Lob zubereiten* Mt 21, 16 (Ps 8, 3).*

Αἰνών, ἡ indekl. *Aenon* Aufenthaltsort Johannes' d. Täufers J 3, 23. Nach M-JLagrange, RB 4, '95, 506ff., auch im Komm.³ '27, u. FMAbel, RB 23, '13, 222ff., die der altkirchl. Tradition (Euseb., Onom. S. 41) folgen, liegt es acht Meilen südl. v. Skythopolis. Vgl. ThZahn, NKZ 18, '07, 593—608 u. s. Σαλίμ.*

αἴξ, αἰγός, ἡ, ὁ, *d. Ziege, d. Ziegenbock* (seit Homer, auch Inschr. Pap. LXX. Philo, omn. prob. lib. 30. Jos., ant. 6, 217. 295. Test, Seb. 4, 9. Or. Sib. 3, 627) ἔριφος ἐξ αἰγῶν *Ziegenbock* (Gen 38, 20) Lk 15, 29 D.*

αἵρεσις, έσεως, ἡ (d. Wort seit Aeschyl. u. Hdt., auch Inschr. Pap. LXX. Ep. Arist. 7. Philo. Joseph.) ▬ **1.** *d. Schule, d. Partei* (v. Philosophenschulen Diod. S. 2, 29, 6. Diony. Hal., comp. verb. 2 τ. Στωϊκῆς αἱ. Epikt. 2, 19, 20. Diog. L. 1, 18. 19 u. ö. Jambl., vi. Pyth. 34, 241; vgl. HDiels, Doxographi Graeci '79, Index. Aristobul b. Euseb., pr. ev. 13, 12, 10. Nägeli 51). ▬ **a.** v. d. Sadduzäern AG 5, 17 (Jos., ant. 13, 171. 20, 199). V. d. Pharisäern 15, 5 (Jos., vi. 10. 12. 191 u. ö.). Diese als ἡ ἀκριβεστάτη αἱ. τῆς ἡμετέρας θρησκείας *die strengste Schule unserer Religion* bezeichnet 26, 5. Die Christen αἵρεσις τῶν Ναζωραίων 24, 5; vgl. 28, 22. ▬ **b.** im Sinne d. späteren Zeit *d. häretische Sekte* (auch Dit., Syll.³ 675, 28 [II v] ist αἱ. in malam partem gewendet: γίνωνται δὲ καὶ ἄλλοι ζηλωταὶ τῆς αὐτῆς αἱρέσεως) IEph 6, 2. ITr 6, 1. Epil Mosq 1. ▬ **c.** *d. Parteiung, d. Spaltung* 1 Kor 11, 19. Gal 5, 20 . ▬ **2.** *d. Lehrmeinung* (Philo, plant. 151 κυνικὴ αἱ.) κατὰ τὴν ὁδὸν ἣν λέγουσιν αἵρεσιν *nach d. Lehre, die sie e. Schulmeinung nennen* AG 24, 14. αἱ. ἀπωλείας *verderbliche Lehrmeinungen* 2 Pt 2, 1. — *d. Denkart* (UPZ 20, 26 [163 v]. 144, 10). αἱ. ἔχειν *eine Denkungsart haben* Hs 9, 23, 5 (mögl. auch *d. Neigung*: Dialekt-Inschr. 2746, 14. 2800, 7; beide aus Delphi).*

αἱρετίζω (seit Hippokr., auch Dit., Syll.³ 1042, 2. UPZ 109, 4 [98 v]. LXX) Aor. 1 ᾑρέτισα. Akt. *erwählen* Mt 12, 18 (Hg 2, 23; viell. im spez. Sinne von »adoptieren«, wie 1 Ch 28, 6. Mal 3, 17. Epigr. Gr. 252). — Med. (seit Ctesias, Pers. c. 9, auch LXX) *sich erwählen* mit flgd. Inf. (1 Makk 9, 30) 2 Kl 14, 1.*

αἱρετικός, ή, όν (d. Wort b. Ps.-Plato, definit. 412 A. Aelian, n. a. 6, 59. Hierocles Stoic. [I/II n], eth. 9, 5; hier 7 u. Diog. L. 7, 126 auch d. Adv.) *häretisch* ἄνθρωπος αἱ. *e. Häretiker* Tit 3, 10 (s. αἵρεσις 1 b).*

αἱρετός, ή, όν Komp. αἱρετώτερος *wünschenswert* (so seit Hdt., auch LXX) αἱρετώτερον ἦν αὐτοῖς m. flgd. Inf. (X., Cyr. 3, 3, 51. Diod. S. 14, 45, 3. Polyaenus 4, 6, 6. Aesop, Fab. 261 P. = 273 H.; vgl. Sextus 362) *es wäre für sie wünschenswerter gewesen* Hv 4, 2, 6.*

αἱρέω (seit Homer, auch Inschr. Pap. LXX. Philo. Joseph.) Med. Fut. αἱρήσομαι; Aor. 2 εἱλόμην u. εἱλάμην 2 Th 2, 13. Hs 5, 6, 6. — **1.** Akt. *nehmen* καρπὸν αἱρῶν *wenn du Frucht nimmst* Dg 12, 8 (T. unsicher; s. Bihlmeyer z. St.) — **2.** Med. (so ausschließl. im NT) *erwählen* (vgl. Nägeli 19f.) mit doppeltem Akk. (Hdt. 1, 96. Jos., ant. 9, 106) Hs 5, 6, 6. τινὰ εἴς τι *jmdn. zu etwas* 2 Th 2, 13. Mit Akk. *vorziehen* (Diod. S. 17, 29, 3. 17, 48, 2. Jos., bell. 6, 330) Phil 1, 22; ebenso μᾶλλον αἱ. mit flgd. Inf. u. ἤ mit Inf. (klass. Diod. S. 11, 11, 1 μᾶλλον εἵλοντο τελευτᾶν ἢ ζῆν. Περὶ ὕψους 33, 5. Appian, bell. civ. 4, 117 § 491) Hb 11, 25.*

αἴρω (seit Homer, der wie noch Spätere ἀείρω hat, auch Inschr. Pap. LXX. Ep. Arist. Philo. Joseph. Test. 12 Patr.) Fut. ἀρῶ. Aor. 1 ἦρα. Pf. ἦρκα (Kol 2, 14). Pass. Pf. ἦρμαι (J 20, 1. Hs 9, 5, 4). Aor. 1 ἤρθην. Fut. 1 ἀρθήσομαι. — **1.** *aufheben, erheben, in d. Höhe heben* — **a.** eigtl. Steine (Dio Chrys. 12 [13], 2) J 8, 59 (vgl. Jos., vi. 303). Apk 18, 21. Hs 9, 4, 7. e. Fisch Mt 17, 27. e. Sarg 1 Kl 25, 3. d. Hand (X., an. 7, 3, 6) Apk 10, 5 (Dt 32, 40). d. Hände, Gebärde d. Gebetes 1 Kl 29, 1 (Ael. Aristid. 24, 50 K. = 44 p. 840 D. 54 p. 691. GBjörck, D. Fluch des Christen Sabinus '38; Inschr. [p. 25—38] No. 14 [vorchristl.] Θεογένης αἴρει τὰς χεῖρας τῷ Ἡλίῳ. Sb 1323 [II n] θεῷ ὑψίστῳ καὶ πάντων ἐπόπτῃ καὶ Ἡλίῳ καὶ Νεμέσεσι αἴρει Ἀρσεινόη ἄωρος τὰς χεῖρας). Aber αἱ. τὴν χεῖρα ἀπό τινος *s. Hand v. jmdm. abziehen = sich v. jmdm. lossagen* B 19, 5. D 4, 9. Schlangen Mk 16, 18. κλίνην Mt 9, 6. κλινίδιον Lk 5, 24. κράβαττον Mk 2, 9. 11. J 5, 8—12. V. e. Boot, das an Bord gezogen wird AG 27, 17. V. e. Geist, der e. Menschen wegträgt Hv 2, 1, 1. αἱ. σύσσημον *e. Wahrzeichen aufrichten* ISm 1, 2 (Jes 5, 26). αἱ. τινὰ τῶν ἀγκώνων *jmdn. auf d. Arme nehmen* Hv 1, 4, 3. Abs. *Anker lichten, aufbrechen, abfahren* (seit Thu., auch Philo, Mos. 1, 85. Jos., ant. 7, 97. 9, 229. 13, 86 ἄρας ἀπὸ τῆς Κρήτης κατέπλευσεν εἰς Κιλικίαν) AG 27, 13. — Pass. 2 Kl 7, 4. ἄρθητι (v. Berge) *erhebe dich* Mt 21, 21. Mk 11, 23. ἤρθη νεκρός AG 20, 9. — **b.** übertr. αἱ. τοὺς ὀφθαλμοὺς ἄνω *aufwärts blicken* (b. Gebet, wie Ps 122, 1. Jes 51, 6 u. ö.) J 11, 41. αἱ. τὴν ψυχήν τινος *jmdn. innerlich in d. Schwebe halten, in Spannung versetzen, hinhalten, warten lassen* 10, 24 (Nicetas, de Manuele Comn. 3, 5 [Migne, s. gr. 139 p. 460 A]: ἕως τίνος αἴρεις, Σαρακηνέ, τὰς ψυχὰς ἡμῶν; Die Redensart αἱ. τὴν ψυχήν in anderer Bedeutung Ps 24, 1. 85, 4. 142, 8. Jos., ant. 3, 48). αἱ. φωνήν *d. Stimme erheben, laut rufen* (1 Kö 11, 4. 30, 4. 2 Kö 3, 32 u. ö.) Lk 17, 13. πρός τινα *jmdn. laut anrufen* AG 4, 24. — **2.** (*aufheben* u.) *mit sich tragen* eigtl. mit Akk. d. Obj. σταυρόν Mt 16, 24. 27, 32. Mk 8, 34. 15, 21. Lk 9, 23. ζυγόν (Kl 3, 27) Mt 11, 29. τινὰ ἐπὶ χειρῶν 4, 6. Lk 4, 11 (beidemal Ps 90, 12). Pass. Mk 2, 3. αἱ. τι εἰς ὁδόν *etw. auf d. Weg mitnehmen* Mk 6, 8. Lk 9, 3. *an sich nehmen* e. Beutel, Ranzen 22, 36. δόξαν ἐφ' ἑαυτὸν αἱ. *s. Ruhm anmaßen* B 19, 3. — **3.** (*aufheben* u.) *wegtragen, fortschaffen* eigtl. ταῦτα ἐντεῦθεν J 2, 16 (Inschr. [218 v]: ΕΛΛΗΝΙΚΑ 7, '34, S. 179, 15 ταῦτα αἰρέσθω). D. gekreuzigten Leib 19, 28. Einen Stein v. der durch ihn verschlossenen Öffnung *wegnehmen* 11, 39. Pass. 20, 1. τὸ περισσεῦον *d. Rest* Mt 14, 20. 15, 37; vgl. Lk 9, 17. περισσεύματα Mk 8, 8. κλάσματα *Brocken* 6, 43. Körbe 8, 19f. ζώνην *wegnehmen* AG 21, 11. *hinnehmen*: τὸ σόν *was dir zukommt* Mt 20, 14. τὰ ἀρκοῦντα αὐτῷ *was ihm genügte* Hs 5, 2, 9. *holen*: e. Leichnam Mt 14, 12. Mk 6, 29. αἱ. τι ἐκ τῆς οἰκίας *etw. aus d. Hause holen* Mk 13, 15; vgl. Mt 24, 17. *aus d. Grabe hervorholen* J 20, 2. 13. 15. *entrücken* τινὰ ἐκ τοῦ κόσμου 17, 15. — **4.** *wegnehmen, beseitigen*, ohne daß ein Aufheben deutl. Voraussetzung sein müßte. Gewaltsam, bes. auch durch Tötung: abs. ἆρον, ἆρον *fort, fort* (mit ihm) / J 19, 15 (vgl. P. Oxy. 119, 10 [Dßm., LO 168]. Philo, in Flacc. 144; d. doppelte ἆρον wie Kl 2, 19 v. l.). Mit Obj. αἶρε τοῦτον Lk 23, 18; vgl. AG 21, 36. 22, 22. αἶρε τοὺς ἀθέους (s. ἄθεος 2a) MPol 3. 9, 2. *wegraffen* Mt 24, 39. Gleichfalls mit der Nebenbed. des Gewaltsamen u. Widerrechtlichen (Epikt. 1, 18, 13. P. Tebt. 278 [I n]. HL 5, 7): τὸ ἱμάτιον Lk 6, 29; vgl. V. 30. D 1, 4. τὴν πανοπλίαν *d. volle Rüstung* Lk 11, 22. Pass. Mk 4, 25. *erobern, in Besitz nehmen* (Diod. S. 11, 65, 3 πόλιν) τόπον, ἔθνος J 11, 48. αἴρεις ὃ οὐκ ἔθηκας Lk 19, 21f. αἱ. τὴν ψυχὴν ἀπό τινος J 10, 18 (vgl. EFascher, Deutsche Theol. '41, 37—66). Pass. ἀπὸ τῆς γῆς AG 8, 33b (Jes 53, 8). ἀφ' ὑμῶν ἡ βασιλεία Mt 21, 43. — τὴν ὑπόκρισιν ἐξ ἑαυτοῦ *d. Heuchelei v. sich entfernen* B 21, 4. ἀπὸ τῆς καρδίας τὰς διψυχίας αἱ. *d. Zweifel aus d. Herzen reißen* Hv 2, 2, 4. αἱ. ἀφ' ἑαυτοῦ *ablegen* Hm 9, 1. 10, 1, 1. 10, 2, 5. 12, 1, 1. αἱ. ἐκ (τοῦ) μέσου *fortschaffen, austilgen* (Epikt. 3, 3, 15. Plut., mor. 519 D. BGU 388 II, 23 ἆρον ταῦτα ἐκ τοῦ μέσου. P. Hib. 73, 14. Jes 57, 2) 1 Kor 5, 2 (v. l. ἐξαρθῇ). e. Schuldschein αἱ. ἐκ τοῦ μέσου *vernichten* Kol 2, 14. V. Ranken: *abschneiden* J 15, 2. Wohl nicht intr., wofür Belege fehlen, sondern mit zu ergänzendem »etwas« αἴρει τὸ πλήρωμα ἀπὸ τοῦ ἱματίου *d. Flicken reißt etwas vom Kleid ab* Mt 9, 16; vgl. Mk 2, 21. *tilgen, aufheben, beseitigen* (Eur., El. 942 κακά. Hippokr., epid. 5, 49 Schmerz; vgl. Hi 6, 2. IG II 467, 81 ζημίας. Epikt. 1, 7, 5 τὰ ψευδῆ. Dit., Syll.³ 578, 42 τ. νόμον. Spr 1, 12. Ep. Arist. 215) τὴν ἁμαρτίαν τ. κόσμου J 1, 29 (ERiggenbach, NKZ 18, '07, 295—307). 1 J 3, 5 (vgl. 1 Kö 15, 25. 25, 28). Pass. Eph 4, 31. Übertr. *nehmen*, um etwas aus d. Obj. zu machen 1 Kor 6, 15.

αἰσθάνομαι (seit Aeschyl., auch Inschr. Pap. LXX. Philo. Jos., ant. 1, 333. 13, 25 u. ö.) Aor. 2 ᾐσθόμην, Konj. αἴσθωμαι — **1.** *Empfindung haben, merken* (Cleanthes [s. 2 a. E.]. Appian, Liby. 120 § 568. Test. Jud. 15, 1) Dg 2, 8 (vgl. EpJer 19. 23). — **2.** *verstehen* (X., Cyr. 1, 5, 4 u. a. Spr 17, 10. 24, 14) ῥῆμα Lk 9, 45 (Ggs. ἀγνοέω). γνώμην B 2, 9. Mit flgd. ὅτι (Dio Chrys. 52 [69], 2. Jes 49, 26) 6, 18. αἰσθάνεσθε *ihr bemerkt* mit flgd. indir. Fragesatz (Epikt. 1, 6, 41. 3, 23, 16) 11, 8; vgl. 13, 3. — Beide Bedeutungen werden v. Cleanthes [IV/III v] bei Diog. L. 7, 172 in e. Wortspiel zusammengefaßt, wenn er zu s. Schüler sagt: οὐκ αἰσθάνομαι, ὅτι αἰσθάνῃ = ich merke nicht, daß du verstehst.*

αἴσθησις, εως, ἡ (seit Vorsokr. u. Eur., auch Epikt. Herm. Schr. LXX, bes. Spr. Philo. Jos., bell. 7, 69; c. Ap. 2, 178. Test. 12 Patr. Or. Sib. fgm. 3, 23) *d. Erfahrung* neben ἐπίγνωσις, dem intellektuellen Erkennen, das sittl. Verständnis, d. Takt (vgl. αἰσθητήριον u. ABonhöffer, Epikt. u. d. NT '11, 105) bezeichnend; v. d. Liebe: περισσεύειν ἐν πάσῃ αἰσθήσει *in jeder* (sittl.) *Erfahrung reich werden* Phil 1, 9. *Empfindung, Gefühl* (Ep. Arist. 213) Dg 2, 9 (neb. λογισμός Überlegung).*

αἰσθητήριον, ου, τό (seit Hippokr., auch Herm. Schr. 7, 3. Jer 4, 19. 4 Makk 2, 22. Philo) eigtl.

Sinneswerkzeug, übertr. *d. Sinn* v. sittl. Unterscheidungsvermögen (vgl. PLinde, De Epicuri vocab., Bresl. Philol. Abh. X 3, '06, 32) τὰ αἰσθητήρια γεγυμνασμένα ἔχειν πρὸς διάκρισιν καλοῦ τε καὶ κακοῦ *d. Sinne geschärft haben für d. Unterscheidung von Gut u. Böse* Hb 5, 14 (Galen, de dign. puls. 3, 2 t. VIII 892 K. αἰσθητήριον ἔχειν γεγυμνασμένον).*

αἰσχροκερδής, ές (seit Eur., And. 451. Hdt. 1, 187, auch Philo, sacr. Abel. 32 a. E. Test. Jud. 16, 1) *schmutzig geizig* 1 Ti 3, 8 (3 t. r.). Tit 1, 7 (in e. Lasterkatalog auch b. Ptolem., apotel. 3, 14, 15).*

αἰσχροκερδῶς Adv. v. αἰσχροκερδής *in schmutziger Gewinnsucht* (Ggs. προθύμως) 1 Pt 5, 2.*

αἰσχρολογία, ας, ἡ (seit X., auch Polyb. Diod. S. Plut. Epikt. P. Oxy. 410, 77) *d. Schandrede* im Sinne v. *Zotenrede* (Diod. S. 5, 4, 7. Klemens Al., Paed. 2, 6, 52 αἰ. εἰκότως ἂν καλοῖτο ἡ περὶ τῶν τῆς κακίας ἔργων λογοποιία, οἷον τὸ περὶ μοιχείας διαλέγεσθαι ἢ παιδεραστίας. — αἰσχρός = *zotig*: Ps.-Demetr. eloc. 151) oder *Schmährede* (Polyb. 8, 11, 8. 31, 6, 4. BGU 909, 11) Kol 3, 8. D 5, 1. — AWikenhauser, BZ 8, '10, 270.*

αἰσχρολόγος, ου, ὁ (Pollux 6, 123. 8, 80f.) *d. Zotenreißer* od. *d. Schandmaul* (s. αἰσχρολογία) D 3, 3.*

αἰσχρός, ά, όν (seit Homer, auch Inschr. Pap. LXX. Philo) *schmutzig* nur übertr. αἰσχρὸν κέρδος Tit 1, 11 (Theognis 466. Polyb. 6, 46, 3). ῥῆμα (P. Flor. 309, 4) Hv 1, 1, 7. Neutr. in der Redensart αἰσχρόν ἐστί τινι m. flgd. Inf. *es ist e. Schande für jmdn.* (vgl. 4 Makk 16, 17. Jdth 12, 12): für d. Frau, sich zu scheren 1 Kor 11, 6; in d. Versammlung zu reden 14, 35. Ohne Angabe d. Pers. Eph 5, 12. Dafür Pl. αἰσχρά (erg. ἐστιν) 1 Kl 47, 6 (z. Verdopplung vgl. Demosth. 25, 58 μιαρόν, μιαρὸν τὸ θηρίον. Caecil. Calact., fgm. 61 p. 42f. Maximus Tyr. 41, 3a. Bl-D. § 493, 1 m. Anh.).*

αἰσχρότης, ητος, ἡ *d. Häßlichkeit* (Pla., Gorg. 525 A. Artem. 4, 2 p. 204, 8), dann abstr. pro concr. = αἰσχρολογία (s. d.) Eph 5, 4.*

αἰσχύνη, ης, ἡ (seit Theognis u. Aeschyl., auch Pap. LXX) — 1. *d. Schamgefühl*, das man besitzt (Aristoxenus, fgm. 42a. Diod. S. 2, 4, 3. Plut., mor. 248 B. ZP 17a, 8. Jos., ant. 5, 147) τὸ τῆς αἰσχύνης ἔνδυμα πατεῖν wahrscheinl. *d. Gewand d. Scham* (das d. Menschen seit Erwachen der Schamhaftigkeit, d. h. seit d. Sündenfall, tragen Gen 3, 7 vgl. V. 1) abwerfen u. *mit Füßen treten* AE 2. τὰ κρυπτὰ τῆς αἰ. *was man aus Schamgefühl verbirgt* 2 Kor 4, 2. (ehrfürchtige) *Scheu* (neb. φόβος) v. Sklaven gegenüber d. Herrn D 4, 11. B 19, 7 (vgl. X., Cyr. 6, 1, 35. Soph., Ai. 1079. Demosth. 25, 24). — 2. *d. Schande, d. Schmach*, die einen trifft (Diod. S. 2, 23, 2. Appian, Samn. 4 § 11. P. Eleph. 1, 6. P. Tebt. 104, 30. P. Oxy. 471, 78. Sir 25, 22. Ep. Arist. 206. Philo. Test. Levi 15, 2): ἡ αἰ. τῆς γυμνότητος *d. Sch., nämlich d. Blöße* Apk 3, 18. καταφρονεῖν αἰσχύνης *d. Sch. geringachten* Hb 12, 2. ἡ δόξα ἐν τῇ αἰσχύνῃ αὐτῶν *sie sehen ihren Ruhm in dem, was ihnen Schande macht* Phil 3, 19. μετὰ αἰσχύνης *mit Schande* (Demosth. 20, 16. Polyb. 3, 81, 6. 1 Esr 8, 74. Philo, det. pot. ins. 51. Jos., ant. 12, 179) Lk 14, 9. — 3. *d. Schändlichkeit, d. Schandtat*, die man begeht; Pl. (Eur., Herc. 1423. Isokr. 14, 50. Aeschin. 1, 154. Jos., ant. 4, 260) ἐπαφρίζειν τὰς αἰσχύνας *d. Schandtaten auswerfen* wie Wogen d. schmutzigen Schaum Jd 13.*

αἰσχυντηρός, ά, όν (seit Pla., auch Sir 26, 15. 32, 10. 41, 27) *schamhaft* (neben τρυφερός, πραΰς, ἡσύχιος) v. Engel d. Gerechtigkeit Hm 6, 2, 3.*

αἰσχύνω (seit Homer, auch Inschr. Pap. LXX. Test. 12 Patr.) in uns. Lit. nur Med. u. Pass. Ipf. ᾐσχυνόμην. Aor. 1 Pass. Konj. αἰσχυνθῶ. Fut. 1 αἰσχυνθήσομαι — 1. *sich schämen, sich scheuen* (Dit., Syll.³ 1168, 122. UPZ 62, 27 [161 v] οὐκέτι ἥκει πρὸς ἐμὲ αἰσχυνθείς. Philo, spec. leg. 1, 321) mit flgd. Inf. (Aeschyl. Hdt., auch UPZ 62, 24. Sir 4, 26. 22, 25. Sus 11 Theod. Jos., ant. 13, 327) ἐπαιτεῖν Lk 16, 3. μετ' αὐτῶν μένειν Hs 9, 11, 3. ἐξ αὐτῶν λέγεσθαι *mich zu ihnen zählen zu lassen* IRö 9, 2. Abs. (Gen 2, 25) 1 Pt 4, 16. IEph 11, 1. — 2. *beschämt werden, zuschanden werden* d. h. (wie LXX für בוש) in e. Hoffnung enttäuscht werden (d. Ggs. durch παρρησία bez.) Phil 1, 20. 2 Kor 10, 8. ἀπό τινος (Jes 1, 29. Jer 12, 13; vgl. Sir 41, 17) *vor jmdm.* 1 J 2, 28.*

αἰτέω (seit Homer, auch Inschr. Pap. LXX. Philo. Jos., ant. 15, 197 u. ö. Test. 12 Patr.) Imp. αἴτει IPol 2, 2; Med. αἰτοῦ IPol 1, 3. Fut. αἰτήσω. Aor. 1 ᾔτησα. Pf. ᾔτηκα 1 J 5, 15. Med. Ipf. ᾐτούμην. Aor. 1 ᾐτησάμην, Imp. αἴτησαι. Fut. αἰτήσομαι. *fordern, bitten* (ohne wesentl. Unterschied zw. Akt. u. Med. Der von den alten Grammatikern zw. Akt. u. Med. festgestellte Bedeutungsunterschied [Bl-D. § 316, 2] hat für unsere Lit. nur sehr bedingtes Recht; vgl. Jk 4, 2f.) mit Akk. d. Pers. oder Sache, um die man bittet (Lucian, dial. mer. 7, 2 αἰ. τὸ δίδραχμον) ἰχθύν Mt 7, 10. τὸ σῶμα τοῦ Ἰησοῦ 27, 58 (Appian, Syr. 63 § 335 αἰτήσας τὸ σῶμα, näml. z. Bestattung). Mk 15, 43. Lk 23, 52. πινακίδιον Lk 1, 63. εἰρήνην AG 12, 20. φῶτα AG 16, 29. σημεῖα 1 Kor 1, 22. τὸν Βαραββᾶν Mt 27, 20 (Appian, bell. civ. 4, 18 § 71 u. 72. Synesius, Vorsehg. 2, 3 p. 121 C Ὄσιριν ᾔτουν = sie baten sich den O. aus). βασιλέα (Jos., ant. 6, 88) AG 13, 21. Allg. τί Mk 6, 24. 10, 38. Mt 20, 22. ὃ 1 J 3, 22. πράγματος οὗ ἐὰν αἰτήσωνται (mit Attraktion d. Relat.) *um die sie bitten wollen* Mt 18, 19; vgl. Eph 3, 20 (s. Ri 8, 26). Mit Akk. d. Sache und Angabe d. Zweckes αἰ. τι πρός τι: αἰ. τὸ σῶμα τοῦ κυρίου πρὸς ταφήν PE 2, 3. τινί τι αἰ. *für jmdn. etw. erbitten* IRö 3, 2. Mit Akk. d. Person, die man bittet Mt 5, 42. 6, 8. 7, 11. Lk 6, 30. 11, 13. J 4, 10. AG 13, 28. Mit doppeltem Akk. *jmdn. um etwas bitten* (seit Homer, auch Diod. S. 14, 108, 1. Eunap., vi. soph. p. 31 αἰ. τοὺς θεούς τι. P. Fay. 109, 12. ZP 4, 777. Jos 14, 12. 1 Esr 6, 11. Jos., ant. 12, 24) Mk 6, 22f. (Diog. L. 6, 38 αἴτησόν με ὃ θέλεις [Alex. zu Diogenes]; auch Aesop, Fab. 287b H. αὐτῇ δοῦναι, ὃ ἂν αἰτήσῃ). 10, 35. J 11, 22. 15, 16. 16, 23. Mt 7, 9. Lk 11, 11; vgl. V. 12 αἰ. τινὰ λόγον *von jmdm. Rechenschaft fordern* (Pla., pol. 285 E; vgl. BGU 747, 21) 1 Pt 3, 15. τὶ ἀπό τινος *von jmdm. etwas erbitten* (Plut., Galb. 20, 6) Mt 20, 20. 1 J 5, 15 (beidemal v. l. παρά). τὶ παρά τινος (Appian, bell. civ. 3, 7 § 23. Apollon. Paradox. 5. Paradox. Vat. 43 αἰτεῖται παρὰ τῶν θεῶν οὐδέν. P. Fay. 121, 12ff. ZP 12, 277, oft LXX. Jos., ant. 13, 63) *Almosen* AG 3, 2. Absol. αἴτησαι παρ' ἐμοῦ *bitte mich* AG 13, 33 D. 1 Kl 36, 4 (beidemal Ps 2, 8); vgl. Hm 9, 1 (LA unsicher). 2. 4. J 4, 9. AG 9, 2. Jk 1, 5. αἰ. χάριν *e. Gunst erbitten* B 21, 7. αἰτούμενοι χάριν κατ' αὐτοῦ *sie baten sich e. Gunstbezeigung wider ihn aus*, d. h. eine solche, die sich gegen ihn (Paulus) richtete, AG 25, 3. αἰτούμενοι κατ' αὐτοῦ καταδίκην *sie baten um seine Verurteilung* V. 15. αἰ. περί τινος *zu jmds. Gunsten b.* IRö 8, 3. Mit näherer

Kennzeichnung der Art d. Bittens: κακῶς Jk 4, 3. ἐν τῇ προσευχῇ Mt 21, 22. Dafür δεήσεσιν αἰ. τὸν θεόν *unter Gebeten Gott b.* Pol 7, 2 (vgl. Dit., Syll.[3] 1168, 11); in dems. Sinn ὅσα προσεύχεσθε καὶ αἰτεῖσθε *was immer ihr im Gebet erbittet* Mk 11,24. ἐν πίστει Jk 1, 6. ἐν τῷ ὀνόματί μου J 14, 13f. 15, 16. 16, 24. 26. τὶ κατὰ τὸ θέλημα αὐτοῦ *etw. was s. Willen entspricht* 1 J 5, 14. Elliptisch: αἰτεῖσθαι καθὼς ἐποίει αὐτοῖς *bitten (zu tun), wie er ihnen zu tun pflegte* Mk 15, 8. M. flgd. Akk. u. Inf. (Dit., Syll.[3] 1168, 11. 3 Kö 19, 4) αὐτὸν σταυρωθῆναι Lk 23, 23; vgl. AG 3, 14. M. Inf. (Aristoph., Plut. 240. X., an. 2, 3, 18. Appian, Liby. 82 § 386) πεῖν αἰτεῖς J 4, 9 (Nicol. Dam.: 90, fgm. 4 p 332, 7f. Jac. πιεῖν ᾔτει. Jos., ant. 18, 192). ᾐτήσατο εὑρεῖν σκήνωμα *er bat sich aus, daß er eine Wohnstätte finde* AG 7, 46. αἰ. θεοῦ ἐπιτυχεῖν *b., zu Gott zu gelangen* ITr 12, 2; vgl. IRö 1, 1. Negat. αἰτοῦμαι μὴ ἐγκακεῖν Eph 3, 13. M. flgd. ἵνα (neb. προσεύχεσθαι) Kol 1, 9 (vgl. Polyb. 31, 4, 3 αἰτεῖσθαι ἵνα. Ps.-Apollod. 1, 106). Abs. (Arrian, anab. 2, 14, 8 αἴτει καὶ λάμβανε) Mt 7, 7f. Lk 11, 9f. J 16, 24. Jk 4, 3. 1 J 5, 16. Med. Mk 6, 25.

αἴτημα, τος, τό *d. Bitte* (so seit Pla., auch P. Oxy. 1273, 28. LXX. Philo, spec. leg. 1, 43. Jos., ant. 8, 24; wenn richtig ergänzt, Dit., Syll.[3] 888, 62) Hm 9, 4. τὰ αἰ. γνωριζέσθω πρὸς τὸν θεόν *d. Anliegen sollen bei Gott kundgetan werden* Phil 4, 6. αἰτεῖσθαι τὸ αἴ. (Ri 8, 24 B. 1 Kö 1, 27) Hm 9, 8. γενέσθαι τὸ αἴτημα *d. B. erfüllen* Lk 23, 24. ἔχειν τὰ αἰ. *d. B. erfüllt erhalten* 1 J 5, 15. λαμβάνεσθαι τὰ αἰ. *d. Erbetene bekommen* Hs 4, 6; vgl. m 9, 5. 7. τὸ αἴ. τῆς ψυχῆς σου πληροφορήσει *er wird d. Bitte deiner Seele erfüllen* Hm 9, 2 (πληροφορεῖν = πληροῦν, Ps 19, 5).*

αἴτησις, εως, ἡ *d. Bitte* (seit Hdt., auch Aristaen., ep. 2, 7 p. 162: τὴν αἴτησιν ἐπλήρου. Inschr. Pap. LXX. Philo. Jos., ant. 10, 27. 17, 232) πληρῶσαι τὴν αἴ. ITr 13, 3.*

αἰτία, ας, ἡ (seit Pind., auch Inschr. Pap. LXX. Philo. Joseph.) ▬ **1.** *d. Grund, d. Ursache* Dg 5, 17; in Verb. mit διά: διὰ ταύτην τὴν αἰτίαν *aus diesem Grunde* (Jambl., vi. Pyth. 10, 52. 2 Makk 12, 40. Jos., ant. 3, 279. Dit., Syll.[3] 700, 15. 826 G, 21. Inscr. gr. 456, 14 διὰ ταύτας τὰς αἰτίας) AG 28, 20; vgl. 10, 21. 1 Kl 44, 2. 2 Kl 10, 3. Hs 9, 8, 3. οὐ δι' ἄλλην τινὰ αἰ. . . . ἀλλά *aus keinem anderen Grund . . . als* 1 Kl 51, 5. δι' ἣν αἰτίαν (Dit., Syll.[3] 630, 6f. 1 Esr 2, 17. Wsh 18, 18; öfters 2 Makk) in indir. Frage *weshalb* Lk 8, 47. AG 22, 24; z. Beginn d. Satzes als kausale Konjunktion (Bl-D. § 456, 4) *deshalb, darum* (Diod. S. 4, 80, 4. 13, 11, 2. 2 Makk 4, 28. Philo, op. m. 100. Jos., ant. 17, 202) 2 Tim 1, 6. 12. Tit 1, 13. Hb 2, 11. κατὰ πᾶσαν αἰτίαν *aus jeder Ursache* (Appian, bell. civ. 3, 25 § 94 κατὰ μηδεμίαν αἰτίαν. BGU 136, 26 [II n] κατὰ ταύτην τ. αἰτίαν. Jos., ant. 4, 249. 253) Mt 19, 3. — *Sache, Verhältnis* (Latinismus = causa Bl-D. § 5, 3b; vgl. P. Ryl. 63, 2 τίς δὲ ἡ αἰτία τούτων τῶν εἰδώλων;) εἰ οὕτως ἐστὶν ἡ αἰτία τοῦ ἀνθρώπου μετὰ τῆς γυναικός *wenn das Verhältnis d. Mannes zur Frau derart ist* V. 10. ▬ **2.** t. t. d. Rechtssprache (Diod. S. 20, 62, 5 ἐν αἰτίαις ἔχειν τινά = jmdn. in Anklagezustand versetzen) ▬ **a.** *d. Schuld* (d. Klagegrund) AG 23, 28. αἰ. εὑρίσκειν (ἔν τινι) *jmdn. schuldig finden* J 18, 38. 19, 4. 6. αἰτία θανάτου = *causa capitalis, e. Kapitalverbrechen* AG 13, 28. 28, 18. D. Angabe der Schuld Mt 27, 37. Mk 15, 26. ▬ **b.** *d. Klage, d. Beschuldigung* (Athen. 12 p. 542 E) αἰτίαν φέρειν *Beschuldigungen vorbringen* AG 25, 18 (Jos., ant. 20, 47); t. r. hat αἰ. ἐπιφέρειν (s. d. 3). ▬ **c.** *d. Rechtsgrund* αἱ κατ' αὐτοῦ αἰ. *d. gegen ihn sprechenden Gründe* V. 27.*

αἰτίαμα, τος, τό (s. αἰτίωμα) AG 25, 7 t. r.*

αἰτιάομαι (seit Homer, auch Dit., Or. 484, 30. P. Tebt. 35, 19. Philo, decal. 87. Jos., ant. 14, 44. LXX) *d. Schuld auf jmdn. schieben, jmdn. anklagen* mit Akk. d. Pers. (seit Homer, auch Dit., Syll.[3] 1236, 5f. P. Leipz. 37, 7. Jos., ant. 15, 31) σεαυτόν Hm 9, 8. τὸν κύριον Hs 6, 3, 5 (vgl. Libanius, or. 6 p. 354, 6 F. αἰτιᾶται τὴν θεόν. Spr 19, 3). — *Anklage erheben* m. flgd. acc. c. inf. Rö 3, 9 v. l.*

αἰτίζω (seit Homer) Aor. 1 Pass ᾐτίσθην *betteln* μή τι αἰτισθῶσιν ὑπ' αὐτῶν *daß sie von ihnen um etwas angebettelt würden* Hs 9, 20, 2.*

αἴτιος, ία, ον (seit Homer, auch Inschr. Pap. LXX. Philo. Joseph.) *schuldig*, in unserer Lit. nur Subst. ▬ **1.** ὁ αἴ. *d. Urheber* αἴ. σωτηρίας Hb 5, 9 (klass., auch Diod. S. 4, 82, 3 αἴ. ἐγένετο τῆς σωτηρίας. Dit., Syll.[3] 1109, 80. Philo, agr. 96; spec. leg. 1, 252 θεὸν τ. σωτηρίας αἴτιον u. ö. Jos., ant. 14, 136. Bel 42. 2 Makk 4, 47. 13, 4. Ep. Arist. 205). ▬ **2.** Neutr. τὸ αἴ. = αἰτία 2a: *d. Schuld* αἴ. εὑρίσκειν ἔν τινι *jmdn. schuldig finden* Lk 23, 4. 14. αἴ. θανάτου *e. Kapitalverbrechen* V. 22. Auch einfach *Grund* (klass. P. Hib. 73, 18 [243/2 v]. BGU 1121, 27. 29. Philo. Jos., ant. 7, 75. 12, 84) μηδενὸς αἰ. ὑπάρχοντος AG 19, 40.*

αἰτίωμα, τος, τό (P. Fay. 111, 8 [95n]; klass. — seit Aeschyl. Thu. — αἰτίαμα W-S. § 5, 21d) *d. Beschuldigung* αἰ. καταφέρειν *B. erheben* AG 25, 7.*

αἰφνίδιος, ον (seit Aeschyl. Thu., auch Inschr. P. Fay. 123, 21. Wsh 17, 14. 2 Makk 14, 17. 3 Makk 3, 24. Jos., ant. 3, 207; vi. 253) *plötzlich* Lk 21, 34. 1 Th 5, 3. αἰ. συμφοραί 1 Kl 1, 1 (vgl. Dit., Syll.[3] 730, 20).*

αἰχμαλωσία, ας, ἡ (Polyb. 5, 102, 5. Diod. S. Plut. Vett. Val. Inscr. gr. 965, 6. LXX. Joseph. Test. 12 Patr.) ▬ **1.** *d. Kriegsgefangenschaft* (Am 1, 15. Jos., ant. 10, 68) 2 Kl 6, 8. Neb. πόλεμος 1 Kl 3, 2. εἴ τις εἰς αἰ. (erg. ἀπάγει, was t. r. zusetzt), εἰς αἰ. ὑπάγει *wer in Kr. führt, kommt selbst hinein* Apk 13, 10 (vgl. Jer 15, 2). ▬ **2.** abstr. pro concr. *d. Kriegsgefangenen* (Diod. S. 17, 70, 6. Num 31, 12. Jdth 2, 9. 1 Esr 6, 5. 8. 1 Makk 9, 70. 72. 2 Makk 8, 10. Jos., ant. 11, 1) Hb 7, 1 v. l. αἰχμαλωτεύειν αἰ. Eph 4, 8 (Ps 67, 19).*

αἰχμαλωτεύω (Ps.-Callisth. 1, 43, 1. 2, 4, 3. Phryn. p. 442 Lob. LXX. Ep. Arist. 23. Test. Seb. 9, 6. Suidas II S. 187, 387. Etym. Gud. 59, 10) Aor. 1 ᾐχμαλώτευσα *in Kriegsgefangenschaft führen* übertr. 2 Ti 3, 6 t. r. αἰχμαλωσίαν αἰ. Eph 4, 8 (Ps 67, 19).*

αἰχμαλωτίζω (seit Diod. S. 14, 37, 3, auch Plut., mor. 233 C. Epikt. 1, 28, 26. Ps.-Callisth. 2, 4, 3. 2, 6, 5 [Pass.]. 3, 4, 6 [Pass.]. Dit., Syll.[3] 763, 7. 10 [64 v]. LXX. Ep. Arist. 12. Test. 12 Patr. Jos., bell. 1, 433 [Med.]; ant. 10, 153 [Pass.]; vgl. Nägeli 29) Aor. 1 Pass. ᾐχμαλωτίσθην, Fut. 1 αἰχμαλωτισθήσομαι *z. Kriegsgefangenen machen* ▬ **1.** eigtl. εἰς τὰ ἔθνη πάντα *als Kr. unter alle Völker zerstreut werden* Lk 21, 24 (αἰ. εἰς wie Tob 1, 10. 1 Makk 10, 33). ▬ **2.** übertr. (so Dio Chrys. 15 [32], 90 αἰχμάλωτος u. αἰχμαλωσία) *gefangennehmen* v. d. ἕτερος νόμος: αἰχμαλωτίζοντά με ἐν τῷ νόμῳ τῆς ἁμαρτίας *nimmt mich gefangen durch d. Gesetz d. Sünde* Rö 7, 23. αἰχμαλωτίζοντες πᾶν νόημα εἰς τὴν ὑπακοὴν τοῦ Χριστοῦ *wir führen jeden Anschlag als Gefangenen in d. Gehorsamsbereich Chr.* 2 Kor 10, 5. V.

Teufel μὴ αἰχμαλωτίσῃ ὑμᾶς ἐκ τοῦ προκειμένου ζῆν *daß er euch nicht in Gefangenschaft führe aus dem Leben, das vor euch liegt* IEph 17, 1. ▬ **3.** m. verwischtem Bild: *abfangen = verführen, berücken* (Jdth 16, 9 αἰ. τὴν ψυχήν. Irenaeus I praef. 1) αἰ. γυναικάρια 2 Ti 3, 6. τινά τινι αἰ. *jmdn. durch etw. verführen* IPhld 2, 2 (m. Dat. u. zu erg. Akk. Test. Rub. 5, 3).*

αἰχμαλωτισμός, οῦ, ὁ (Simplicius in Epict. p. 35, 31. Schol. Aristoph., nub. 186) *d. Verhaftung,* v. d. Höllenstrafen (neb. θάνατος) αἰ. ἑαυτῷ ἐπισπᾶσθαι *sich V. zuziehen* Hv 1, 1, 8.*

αἰχμάλωτος, ώτου, ὁ *d. Gefangene* (seit Aeschyl., auch Inschr. P. Lille 3, 66. P. Petr. II 29e, 1. LXX. Jos., bell. 4, 116; ant. 10, 180; vi. 354. Test. 12 Patr.) neben Bettlern, Blinden, Verletzten als Bild d. Elends Lk 4, 18. B 14, 9 (beidemal Jes 61, 1).*

αἰών, ῶνος, ὁ (seit Homer, auch Herm. Schr. Inschr. Pap. LXX. Hen. Philo. Joseph. Test. 12 Patr. Or. Sib.) *d. Zeit* ▬ **1.** *lange Zeit, Ewigkeit* ▬ **a.** v. d. vergangenen Zeit, *d. Vergangenheit, d. graue Vorzeit,* die sich in d. Endlosigkeit, *Ewigkeit* verlieren kann. οἱ ἅγιοι ἀπ' αἰῶνος προφῆται *d. heiligen Propheten von Urzeiten her* (vgl. Hes., Theog. 609. Περὶ ὕψους 34, 4 τοὺς ἀπ' αἰ. ῥήτορας. Cass. Dio 63, 20 τῶν ἀπὸ τοῦ αἰ. Ῥωμαίων. Inschr. v. Magn. 180, 4. Dit., Syll.³ Index. Gen 6, 4. Tob 4, 12. Sir 14, 17. 51, 8. Hen. 14, 1. 99, 14. Jos., bell. 1, 12) Lk 1, 70. AG 3, 21; *von alters her bekanntmachen* AG 15, 18. πρὸ παντὸς τ. αἰ. *vor aller Ewigkeit* Jd 25a (z. Verbindg. m. πᾶς vgl. Sallust c. 20 p. 36, 5 τὸν πάντα αἰῶνα = d. ganze Ewigkeit hindurch); Pl. πρὸ τῶν αἰ. *v. Ewigkeit her* 1 Kor 2, 7 (vgl. Ps 54, 20 θεὸς ὁ ὑπάρχων πρὸ τῶν αἰ. [ZP 4, 3067 ἀπὸ τ. ἱερῶν αἰώνων]). ἐξ αἰ. *v. Urzeiten her* D 16, 4 (Diod. S. 3, 20, 2. 4, 83, 3. 5, 2, 3. Sext. Emp., math. 9, 62. Dit., Or. 669, 61. Philo, somn. 1, 19. Jos., bell. 5, 442. Sir 1, 4. Or. Sib., fgm. 1, 16 v. Gott μόνος εἰς αἰῶνα κ. ἐξ αἰῶνος). Negat. nachgestellt ἐκ τοῦ αἰῶνος οὐκ ἠκούσθη *es ist noch nie erhört worden* J 9, 32. ▬ **b.** v. der zukünftigen Zeit, die, wenn sie kein Ende hat, gleichfalls d. Begriff d. *Ewigkeit* (so seit Pla. den Griechen geläufig) gewinnt; εἰς τὸν αἰῶνα (seit Isokr. 10, 62, auch Diod. S. 1, 56, 1 εἰς τ. αἰ. = εἰς ἅπαντα τ. χρόνον. 4, 1, 4. Dit., Syll.³ 814, 50 u. Or. Index VIII. P. Oxy. 41. ZP 8, 33. 4, 1051 [εἰς αἰ.]. LXX. Hen. 12, 6. 102, 3. Jos., ant. 7, 356 [εἰς αἰ.]) *in Ewigkeit, ewig:* leben J 6, 51. 58. B 6, 3. bleiben J 8, 35a. b. 12, 34. 1 Pt 1, 23 t. r. 25 (Jes 40, 8). 1 J 2, 17. 2 J 2. bei jmdm. sein J 14, 16. M. Negation = *niemals, niemals mehr, nimmermehr* (Ps 124, 1. Ez 27, 36 u. ö.) Mt 21, 19. Mk 3, 29. 11, 14. 1 Kor 8, 13. ἕως αἰῶνος (LXX) 1 Kl 10, 4 (Gen 13, 15). Hv 2, 3, 3. s. 9, 24, 4. Bes. im joh. Sprachgebr., wo es z. T. ganz formelhaft verwendet wird u. oft d. Begriff der Ewigkeit vergessen ist (Lackeit [s. u.] 32f.): niemals mehr dürsten J 4, 14; den Tod nie schauen 8, 51f. vgl. 11, 26; niemals verloren gehen 10, 28; niemals (= durchaus nicht) d. Füße waschen 13, 8. εἰς τὸν αἰ. τοῦ αἰῶνος (Ps 44, 18. 82, 18 u. ö.) Hb 1, 8 (Ps 44, 7). ἕως αἰῶνος Lk 1, 55 v. l. — Auch d. Pl. wird gebr. (Emped., fgm. 129, 6 αἰῶνες = Generationen. Theokr. 16, 43 μακροὺς αἰῶνας = lange Zeiträume. Sext. Emp., phys. 1, 62 εἰς αἰῶνας διαμένει. Or. Sib. 3, 767. LXX. Hen. — Bl-D. § 141, 1), bes. in der Doxologie: εἰς τοὺς αἰῶνας (Ps 60, 5. 76, 8) Mt 6, 13 v. l. Lk 1, 33 (vgl. Wsh 3, 8). Hb 13, 8. εἰς πάντας τοὺς αἰ. (Tob 13, 4. Da 3, 52b. Hen. 9, 4. Or. Sib. 3, 50) Jd 25b. εὐλογητὸς εἰς τοὺς αἰῶνας *in alle Ewigkeit* (vgl. Ps 88, 53) Rö 1, 25. 9, 5. 2 Kor 11, 31. αὐτῷ ἡ δόξα εἰς τοὺς αἰ. Rö 11, 36; vollständiger εἰς τοὺς αἰ. τῶν αἰώνων (Ps 83, 5. ZP 4, 1038. 22b, 15) *bis in die fernste Ewigkeit* doxologisch 16, 27. Gal 1, 5. Phil 4, 20. 1 Ti 1, 17. 2 Ti 4, 18. Hb 13, 21. 1 Pt 4, 11. 5, 11. 1 Kl 20, 12. 32, 4. 38, 4. 43, 6. Apk 1, 6. 5, 13. 7, 12 u. ö. εἰς πάσας τὰς γενεὰς τοῦ αἰῶνος τῶν αἰ. Eph 3, 21 (vgl. Tob 1, 4. 13, 12. Hen. 103, 4. 104, 5). V. Gott ὁ ζῶν εἰς τοὺς αἰ. (vgl. Tob 13, 2. Sir 18, 1. Da 6, 27 Theod.) Apk 4, 9f. 10, 6. 15, 7; formelhaft = *ewig* 14, 11. 19, 3. 20, 10. 22, 5. — κατὰ πρόθεσιν τῶν αἰώνων *nach d. ewigen Vorsatz* Eph 3, 11. D. ganze Zeit umspannend ἀπὸ αἰώνων καὶ εἰς τοὺς αἰῶνας *v.* (vergangener) *Ewigkeit zu* (zukünftiger) *Ewigkeit* B 18, 2 (vgl. Ps 40, 14 u. Ps.-Aristot., de mundo 7, 1 p. 401a, 16 ἐξ αἰῶνος ἀτέρμονος εἰς ἕτερον αἰῶνα. M. Ant. 9, 28, 1 ἐξ αἰῶνος εἰς αἰῶνα. Or. Sib., Fgm. 1, 16 v. Gott μόνος εἰς αἰῶνα κ. ἐξ αἰῶνος). ▬ **2.** e. Zeitabschnitt, *d. Weltalter* ▬ **a.** ὁ αἰὼν οὗτος (הָעוֹלָם הַזֶּה) *d. gegenwärtige* (seinem Ende nahe) *W.* (vgl. Bousset, Rel. 243ff. Dalman, Worte 120ff. Schürer⁴ II 636ff. NMessel, D. Einheitlichkeit d. jüd. Eschatol. '15, 44—60) dem zukünftigen entgegenges. (Philo u. Joseph. haben die beiden Äonen nicht) Mt 12, 32. Zeit d. Sünden, Schwächen, d. Elends Hv 1, 1, 8. s 3, 1ff. Mk-Schluß d. Freerhs. 2. ἡ μέριμνα τοῦ αἰ. (verstehe τούτου) *d. Sorge d. Gegenwart* Mt 13, 22. Pl. Mk 4, 19. πλοῦτος *irdischer Reichtum* Hv 3, 6, 5. ματαιώματα *d. Eitelkeiten, Nichtigkeiten* Hm 9, 4. s 5, 3, 6. πραγματεῖαι m 10, 1, 4. ἐπιθυμία m 11, 8. s 6, 2, 3. 7, 2. 8, 11, 3. πονηρία s 6, 1, 4. ἀπάται s 6, 3, 3. οἱ υἱοὶ τοῦ αἰ. τούτου *d. Weltkinder* (Ggs. Bürger d. Gottesreichs) Lk 16, 8. 20, 34. — Die weltl. Reiche βασιλεῖαι τοῦ αἰ. τούτου IRö 6, 1. συσχηματίζεσθαι τῷ αἰ. τούτῳ *sich diesem Weltalter gleichgestalten* Rö 12, 2. Wie alles Nichtchristl., so auch das Streben nach weltl. Weisheit in sich fassend: συζητητὴς τοῦ αἰ. τούτου *Forscher nach d. Art dieses Weltalters* 1 Kor 1, 20. σοφία τοῦ αἰ. τούτου 2, 6. ἐν τῷ αἰ. τούτῳ 3, 18 gehört wohl zum Folgenden: *er muß nach dem Urteil dieser Weltzeit ein Tor werden.* Beherrscher dieser Weltperiode ist der Teufel: ὁ θεὸς τοῦ αἰ. τούτου 2 Kor 4, 4 (θεός 5). ἄρχων τοῦ αἰ. τούτου IEph 17, 1. 19, 1. IMg 1, 3. ITr 4, 2. IRö 7, 1. IPhld 6, 2; dessen Geister sind die ἄρχοντες τοῦ αἰ. τούτου 1 Kor 2, 6. 8 (ἄρχων 3). — Dafür ὁ νῦν αἰών: πλούσιοι ἐν τῷ νῦν αἰ. 1 Ti 6, 17. ἀγαπᾶν τὸν νῦν αἰ. 2 Ti 4, 10. Pol 9, 2. Vgl. Tit 2, 12. Oder: ὁ αἰ. ὁ ἐνεστὼς *d. gegenwärtige Weltalter* Gal 1, 4 (vgl. Dit., Syll.³ 797, 9 [37 n] αἰῶνος νῦν ἐνεστῶτος). D. Ende dieser Periode (vgl. Or. Sib. 3, 756 μέχρι τέρματος αἰῶνος) συντέλεια (τοῦ) αἰ. Mt 13, 39f. 49. 24, 3. 28, 20. συντέλεια τῶν αἰ. Hb 9, 26. ▬ **b.** ὁ αἰὼν μέλλων (הָעוֹלָם הַבָּא) d. messianische Weltperiode, *d. zukünftige Zeitalter* (z. Ausdr. vgl. Demosth. 18, 199. Hippokr., ep. 10, 6 ὁ μ. αἰ. = d. zukünft. Zeit, alle Zukunft. Ael. Aristid. 46 p. 310 D.: ἡ τοῦ παρελθόντος χρόνου μνεία κ. ὁ τοῦ μέλλοντος αἰῶνος λόγος. Jos., ant. 18, 287), nach 2 Kl 6, 3, vgl. Hs 4, 2ff. dem αἰὼν οὗτος zeitl. u. qualitativ entgegengesetzt: Mt 12, 32. Eph 1, 21. δυνάμεις μέλλοντος αἰ. Hb 6, 5. Dafür αἰ. ἐκεῖνος: τοῦ αἰ. ἐκείνου τυχεῖν *an d. zukünftigen Weltzeit teilnehmen* Lk 20, 35. ὁ αἰ. ὁ ἐρχόμενος Mk 10, 30. Lk 18, 30. Hs 4, 8. ὁ αἰ. ὁ ἐπερχόμενος Hv 4, 3, 5. Pl. ἐν τοῖς αἰῶσιν τοῖς ἐπερχομένοις *in d. kommenden Weltzeiten* Eph 2, 7. Als heiliges Weltalter ὁ ἅγιος αἰ. (Ggs. οὗτος ὁ κόσμος) B 10, 11 u. als vollkommene Zeit αἰ. ἀλύπητος *e. leidlose Weltzeit* 2 Kl 19, 4, während d. gegenwärtige αἰών ein „Äon der Schmerzen" (Slav. Henoch 65, 8) ist. — V. beiden Weltaltern, die, das erste mit seinem Schlußpunkt, das andere mit seinem Anfang, nach dem Glauben der ältesten Christen in ihrer Zeit zusammentreffen, also auf diese Zeit zielen, sind die Pl. 1 Kor 10, 11 schwerlich zu verstehen: *wir, auf die d. Enden der Weltalter getroffen sind* (JWeiß. Den Anfangspunkt würde der Grieche nicht τέλος nennen. Der Gordische Knoten hat οὔτε τέλος οὔτε ἀρχή: Arrian, anab. 2, 3, 7). Da τὰ τέλη auch sing. das Ende einer Einheit bedeuten kann (Ael. Aristid. 44, 17 K. = 17 p. 406 D.: σώματος ἀρχαὶ κ. τέλη = Anfang u. Ende. 39 p. 737 D.: τὰ τέλη . . . δράματος. Longus 1, 23, 1 Hs. ἦρος τέλη. Vi. Thu. II 2 τέλη τοῦ πολέμου. Aëtius, Augenheilk. S. 120, 25 Hirschb. nach Galen: τὰ τέλη τ. λόγου = der Schluß des Abschnittes. Philo, virt. 182), anderers. der Pl. αἰῶνες vielfach ledigl. formalen Wert hat (s. ob. 1a u. b. 2a a. E.), darf man τὰ τέλη τῶν αἰ. wohl einf. gleichsetzen dem τέλος αἰώνων (Or. Sib. 8, 311) = *d. Ende der Zeit(en)*. Vgl. Test. Levi 14, 1 ἐπὶ τὰ τέλη τῶν αἰώνων *am Ende d. Z.* — Zur sachl. Gleichsetzung von Sg. u. Pl. vgl. Maxim. Tyr. 14, 8b τὰ τῆς κολακείας τέλη neb. τέλος τῆς σπουδῆς. — **3.** *d. Welt* als räuml. Begriff (αἰ. im Sg. u. Pl. [Bl-D. § 141, 1]: Hippokr., ep. 17, 34. Diod. S. 1, 1, 3 Gott regiert ἅπαντα τὸν αἰῶνα. Ael. Aristid. 20, 13 K. = 21 p. 434 D.: ἐκ τοῦ παντὸς αἰῶνος. Maximus Tyr. 11, 5e. Isisaretal. aus Kyrene 4 [103 n] b. WPeek, D. Isishymnus usw. '30, 129. Ps 65, 7. Ex 15, 18 [dazu Philo, plant. 47. 51]. Wsh 13, 9. 14, 6. 18, 4) PA 4, 14. V. Gott durch d. Sohn geschaffen Hb 1, 2. Durch sein Wort 11, 3. Daher Gott βασιλεὺς τῶν αἰ. 1 Ti 1, 17. 1 Kl 61, 2 (vgl. ZP 12, 247 αἰώνων βασιλεῦ. Tob 13, 7. 11; vgl. Act. Phil. 2. 11 Bonnet); πατὴρ τῶν αἰ. 35, 3 (vgl. Justin, Apol. I 41, 2. Act. Phil. 144, S. 84, 9); θεὸς τῶν αἰ. 55, 6 (vgl. Sir 36, 17. ZP 4, 1163. ThSchermann, Griech. Zauberpap. 23. Act. Io. 82). Manche dieser Stellen gehören aber möglicherweise unter — **4.** *d. Äon* als Person (Rtzst., Erlösungsmyst. 268 Sachreg. unter Aion; Taufe 391 Sachverz. Epikt. 2, 5, 13 οὐ γάρ εἰμι αἰών, ἀλλ' ἄνθρωπος = ich bin kein Ewigkeitswesen, sondern ein Mensch [u. weiß daher, daß, was geschieht, auch vergehen muß]. Mesomedes 1, 17. Simplicius in Epict. p. 81, 15 οἱ αἰῶνες neb. der μήτηρ τῆς ζωῆς u. dem δημιουργός. Hen. 9, 4 κύριος τ. κυρίων καὶ θεὸς τ. θεῶν κ. βασιλεὺς τ. αἰώνων. ZP 4, 520. 1169. 2198. 2314. 3169. 5, 468. Act. Phil. 132, S. 63, 4f. Kephal. I S. 24, 6. 45, 7) ὁ αἰ. τοῦ κόσμου τούτου Eph 2, 2. D. vor den Äonen verborgene Geheimnis Kol 1, 26. Eph 3, 9 (Rtzst., Erlösungsmyst. 235f.). IEph 19, 2 (Rtzst., a. a. O. 86, 3); vgl. 8, 1 (Rtzst. 236, 2). — CLackeit, Aion I, Diss. Königsbg. '16. HJunker, Iran. Quellen d. hellenist. Aionvorstellung: Vortr. d. Bibl. Warburg I '23, 125ff. ENorden, D. Geburt d. Kindes '24. JKaerst, Gesch. d. Hellenismus II² '26, 239—42. MZepf, D. Gott Αιων in der hellenist. Theologie: ARW 25, '27, 225—44. HSasse, ThW I 197—208. RLöwe, Kosmos und Aion '35. ECEOwen, αἰών and αἰώνιος: JThSt 37, '36, 265—83. 390—404.

αἰώνιος, (**ία** Pla., Tim. 38B. Jer 39, 40. Ez 37, 26. 2 Th 2, 16. Hb 9, 12, als v. l. AG 13, 48. 2 Pt 1, 11; Bl-D. § 59, 2), **ον** *ewig* (seit Hyperides 6, 27. Pla., auch Inschr. Pap. LXX. Ps.-Phok. 112. Test. 12 Patr.; stehendes Beiwort fürstl., bes. kaiserl. Macht: Dit., Or. Index VIII. BGU 176. 303. 309. Sb 7517, 5 [211/2 n] κύριος αἰ. u. ö. in Pap. Jos., ant. 7, 352) — **1.** ohne Anfang χρόνοις αἰ. *ewig lang* Rö 16, 25. πρὸ χρόνων αἰ. *vor unvordenklicher Zeit* 2 Ti 1, 9. Tit 1, 2 (zu χρόνος αἰ. vgl. Dit., Or. 248, 54. 393, 10). — **2.** ohne Anfang u. Ende; v. Gott (Ps.-Plato, Tim. Locr. 96 C θεὸν τ. αἰώνιον. Inschr. d. Brit. Mus. 894 αἰ. κ. ἀθάνατος. Gen 21, 33. Jes 26, 4. 40, 28. Bar 4, 8 u. ö. Philo, plant. 8. 74. Or. Sib., Fgm. 3, 17 u. 4. ZP 1, 309. 13, 280) Rö 16, 26; v. Hl. Geist in Christus Hb 9, 14. θρόνος αἰ. 1 Kl 65, 2 (vgl. 1 Makk 2, 57). — **3.** ohne Ende (Diod. S. 1, 1, 5. 5, 73, 1. 15, 66, 1 δόξα αἰ. Ruhm für alle Zeiten. D. Aegypter nennen Diod. S. 1, 93, 1 d. Grab die αἰ. οἴκησις. Arrian, peripl. 1, 4 ἐς μνήμην αἰ. Jos., bell. 4, 461 αἰ. χάρις = ein Gnadengeschenk f. alle Zukunft. Dit., Or. 383, 10 [I v] εἰς χρόνον αἰ. — ECEOwen, οἶκος αἰ.: JThSt 38, '37, 248—50) v. Aufenthaltsort im Jenseits σκηναὶ αἰ. Lk 16, 9 (vgl. Hen. 39, 5). οἰκία, der οἰκία ἐπίγειος entgegenges. v. himml. Lichtleib 2 Kor 5, 1. διαθήκη (Gen 9, 16. 17, 7. Lev 24, 8. 2 Kö 23, 5 u. ö.) Hb 13, 20. εὐαγγέλιον Apk 14, 6. κράτος in e. doxolog. Formel (= εἰς τοὺς αἰῶνας) 1 Ti 6, 16. παράκλησις 2 Th 2, 16. λύτρωσις Hb 9, 12. κληρονομία (Esth 4, 17m) V. 15. αἰ. ἀπέχειν τινά (Ggs. πρὸς ὥραν) *jmdn. für immer behalten* Phlm 15. Sehr häufig vom Strafgerichte Gottes (Diod. S. 4, 63, 4 διὰ τὴν ἀσέβειαν ἐν ᾅδου διατελεῖν τιμωρίας αἰωνίου τυγχάνοντα. Ähnl. 4, 69, 5. Jer 23, 40. Da 12, 2. Ps 76, 6. 4 Makk 9, 9. 13, 15) κόλασις αἰ. (Test. Rub. 5, 5) Mt 25, 46. 2 Kl 6, 7. κρίμα αἰ. Hb 6, 2. θάνατος B 20, 1. ὄλεθρον (4 Makk 10, 15) 2 Th 1, 9. πῦρ (4 Makk 12, 12. — Or. Sib. 8, 401 φῶς αἰ.) Mt 18, 8. 25, 41. Jd 7. Dg 10, 7. ἁμάρτημα Mk 3, 29 (v. l. κρίσεως u. ἁμαρτίας). Andererseits v. *ewigen Leben* (Maximus Tyr. 6, 1d θεοῦ ζωὴ αἰ. Diod. S. 8, 15, 3 das Leben μετὰ τὸν θάνατον dauert εἰς ἅπαντα αἰῶνα. Da 12, 2. 4 Makk 15, 3. PsSal 3, 12. Philo, fuga 78. Jos., bell. 1, 650. Or. Sib. 2, 336) im Gottesreich: ζωὴ αἰ. Mt 19, 16. 29. 25, 46. Mk 10, 17. 30. Lk 10, 25. 18, 18. 30. AG 13, 46. 48. Rö 2, 7. 5, 21 u. ö. J 3, 15f. 36. 4, 14. 36 u. ö. 1 J 1, 2. 2, 25 u. ö. — D 10, 3. 2 Kl 5, 5. 8, 4. 6. IEph 18, 1 Hv 2, 3, 2. 3, 8, 4 u. ö. Dafür βασιλεία αἰ. 2 Pt 1, 11 (vgl. Da 4, 3. 7, 27. Philo, somn. 2, 285. Dit., Or. 569, 24 ὑπὲρ τῆς αἰωνίου καὶ ἀφθάρτου βασιλείας ὑμῶν. DBm., B 279f.). V. d. Verklärung im Jenseits δόξα αἰ. 2 Ti 2, 10 (vgl. Wsh 10, 14. Jos., ant. 15, 376. — Or. Sib. 8, 410). αἰώνιον βάρος δόξης 2 Kor 4, 17. σωτηρία αἰ. (Jes 45, 17. Ps.-Klem., hom. 1, 19) Hb 5, 9. Kurzer MkSchl. V. d. unsichtbaren Herrlichkeit im Ggs. zur vergängl. Erscheinungswelt τὰ μὴ βλεπόμενα αἰώνια 2 Kor 4, 18. — χαρά IPhld insc. δοξάζεσθαι αἰωνίῳ ἔργῳ *durch e. unvergängliche Tat verherrlicht werden* IPol 8, 1.

ἀκαθαρσία, ας, ἡ (seit Hippokr. u. Pla., auch Pap. LXX. Test. 12 Patr.) *die Unreinigkeit, der Schmutz* — **1.** eigtl. *d. Unrat* (BGU 1117, 27 [13 v]. P. Oxy. 912, 26. 1128, 25) v. d. rituell verunreinigenden Inhalt d. Gräber Mt 23, 27 (vgl. Num 19, 13). — **2.** übertr. auf d. sittl. Beschaffenheit d. Menschen (Epikt. 4, 11, 5. 8. Spr 6, 16. 24, 9. Wsh 2, 16. 3 Makk 2, 17. 1 Esr 1, 40. Ep. Arist. 166. Hen. 10, 20. Philo, leg. all. 2, 29) *d. Unsittlichkeit, d. Lasterhaftigkeit* bes. v. geschl. Sünden (Vett. Val. p. 2, 19. Hen. 10, 11) neb. πορνεία 2 Kor 12, 21. Gal 5, 19. Kol 3, 5. Eph 5, 3. Ggs ἁγιασμός 1 Th 4, 7. Rö 6, 19. V. unnatürl. Lastern: παραδιδόναι εἰς ἀ. *der Lasterhaftigkeit preisgeben* Rö 1,

24. δι' ἀκαθαρσίαν *aus unsauberer Gesinnung* B 10, 8. εἰς ἐργασίαν ἀκαθαρσίας πάσης *um alle möglichen unsauberen Dinge auszuführen* Eph 4, 19. Von schmutziger Gesinnung (Demosth. 21, 119. BGU 393, 16 [168n]) 1 Th 2, 3 (neb. πλάνη u. δόλος). Unsicher ἐν ἀ. τινῶν; wahrsch. *in Gegenwart v. Unreinen* B 19, 4.*

ἀκαθάρτης, ητος, ἡ *d. Unsauberkeit* τ. πορνείας Apk 17, 4 t. r. (s. ἀκάθαρτος 2).*

ἀκάθαρτος, ον (seit Soph. Hippokr., auch Inschr. Pap. LXX. Ep. Arist. Philo. Joseph. Test. 12 Patr.) *unrein, schmutzig* — **1.** in kult. Sinne, was mit d. Gottheit nicht in Berührung gebracht werden darf (so meist LXX, auch Jos., c. Ap. 1, 307. Dit., Syll.^{3} 1042, 3): v. Speisen (neben κοινός) πᾶν κοινὸν ἢ ἀ. *irgend etwas Gemeines oder Unreines* AG 10, 14. 11, 8; neb. μεμισημένος v. Vögeln (Lev 11, 4ff. Dt 14, 7ff.) Apk 18, 2. τὸ ἀ. *d. Unreine* 2 Kor 6, 17 (Jes 52, 11). — Bes. v. allem, was m. Götzendienst zusammenhängt, da dieser alles verunreinigt (vgl. Am 7, 17. Jes 52, 1 ἀπερίτμητος κ. ἀ. Or. Sib. 5, 264) v. Heiden ἄνθρωπος κοινὸς ἢ ἀ. AG 10, 28. τέκνα ἀ. (Ggs. ἅγια) 1 Kor 7, 14 (zur Frage d. Kindertaufe vgl. τέκνον 1a α). — **2.** mit Schwinden d. kult. Bed. übertr. auf d. sittl. Beschaffenheit (seit Pla., leg. 4, 716 E, auch Jes 6, 5. 64, 5. Sir 51, 5. Spr 3, 32 u. ö. Philo, deus imm. 132; spec. leg. 3, 209. Jos., bell. 4, 562) *unsauber, lasterhaft* (vgl. ἀκαθαρσία 2) B 10, 8. Neb. πόρνος (Plut., Oth. 2, 2 ἐν γυναιξὶ πόρναις καὶ ἀκαθάρτοις. Vgl. Vett. Val. 76, 1), πλεονέκτης u. εἰδωλολάτρης Eph 5, 5. — τὰ ἀ. (neb. πονηρά) *unsaubere Dinge* Hv 1, 1, 7. τὰ ἀ. τῆς πορνείας *d. schmutzige Unzucht* Apk 17, 4 (ἀ. v. Unzucht Test. Jos. 4, 6; z. Konstr. vgl. Bl-D. § 136, 1). — Bes. v. d. bösen Geistern πνεῦμα, πνεύματα ἀ. (vgl. Sach 13, 2. Test. Benj. 5, 2. Cat. cod. astr. X 179, 19. 181, 5) Mt 10, 1. 12, 43. Mk 1, 23. 26f. 3, 11. 30. 5, 2. 8. 13. 6, 7. 7, 25. 9, 25. Mk-Schluß d. Freerhs. 3. Lk 4, 36. 6, 18. 8, 29. 9, 42. 11, 24. AG 5, 16. 8, 7. Apk 16, 13. 18, 2. πνεῦμα δαιμονίου ἀκαθάρτου Lk 4, 33 (vgl. ZP 4, 1238). Zu ἐν πνεύματι ἀ. s. GBjörck, Con. Neot. 7, '42, 1—3.*

ἀκαιρέομαι (Akt. Diod. S. 10, 7, 3. Enteux. 45, 5 [222 v]. Pass. Corpus glossariorum lat. 2, 137) Ipf. ἠκαιρούμην. Aor. 1 ἠκαιρέθην *keine Zeit, keine* (günstige) *Gelegenheit haben* absol. ἠκαιρεῖσθε *ihr hattet keine G.*, eure Liebe zu mir zu betätigen Phil 4, 10. μικρὸν ἔχω ἀκαιρεθῆναι *ich bin noch kurze Zeit beschäftigt* Hs 9, 10, 5 (Bl-D. § 307 Anh.).*

ἄκαιρος, ον (seit Aeschyl. Thu. 5, 65, 2, auch Dit., Syll.^{3} 1102, 12 [II v]. Sir 20, 19. 22, 6. Jos., ant. 12, 6 [nach Agatharchides]) *unzeitgemäß*. εὔνοια ἀ. *unzeitgemäßes Wohlwollen* (sprichwörtl. Redensart ἄκαιρος εὔνοι' οὐδὲν ἔχθρας διαφέρει Zenob., Paroem. 1, 50), das jmdm. lästig od. gefährl. wird IRö 4, 1 (vgl. Lghtf. z. St.).*

ἀκαίρως (seit Aeschyl., auch BGU 846, 14 [II n]. Sir 32, 4. Philo, Mos. 2, 206. Jos., ant. 6, 137) Adv. v. ἄκαιρος. Wortspiel εὐκαίρως ἀ. *zur Zeit, zur Unzeit* (d. h. einerlei, ob ihnen d. Ermahnung gelegen od. ungelegen kommt) 2 Ti 4, 2.*

ἀκακία, ας, ἡ *d. Arglosigkeit, d. Einfalt* (seit Aristot., auch Diog. L. 4, 19. LXX) 1 Kl 14, 5 (Ps 36, 37); neb. ἁπλότης (wie Philo, op. m. 156. 170. Test. Is. 5, 1) Hv 1, 2, 4. 2, 3, 2. 3, 9, 1. ἐνδύσασθαι ἀκακίαν *Arglosigkeit anlegen* (Ggs. αἴρειν τὴν πονηρίαν) s 9, 29, 3; personif. als christl. Tugend v 3, 8, 5. 7. s 9, 15, 2.*

ἄκακος, ον *arglos, ohne Falsch* (so seit Aeschyl., auch Polyb. Diod. S. Plut. LXX. Philo, spec. leg. 3, 119) 1 Kl 14, 4 (Spr 2, 21). Hs 9, 30, 2. ἄκακον γίνεσθαι m 2, 1. τὰς καρδίας τῶν ἀ. ἐξαπατᾶν Rö 16, 18. (neb. μακρόθυμος, ἐλεήμων u. a.) D 3, 8. Dg 9, 2. (neb. ἁπλοῦς [Diod. S. 13, 76, 2 ἀ. καὶ τὴν ψυχὴν ἁπλοῦς. Vgl. Philo zu ἀκακία], μακάριος) Hs 9, 24, 2; v. Christus (neb. ὅσιος, ἀμίαντος) Hb 7, 26.*

ἄκανθα, ης, ἡ *d. Dornpflanze* (seit Od. 5, 328, auch Pap. LXX. Jos., bell. 5, 51) v. stachlig. Pflanzen, bes. v. d. als Unkraut wuchernden Ononis spinosa, Hauhechel (vgl. LFonck, Streifzüge durch d. bibl. Flora '00, 195) im Ggs. zu Nutzpflanzen (neb. τρίβολος, vgl. Gen 3, 18. Hos 10, 8) Mt 7, 16. Lk 6, 44 (vgl. Jer 12, 13). Auch auf Äckern vorkommend u. daher dem aufgehenden Getreide gefährlich (GDalman, Pj 22, '26, 126ff.) Mt 13, 7. 22. Mk 4, 7. 18. Lk 8, 7. 14 (z. Deutung der ἄκανθαι vgl. Philo, leg. all. 3, 248). B 9, 5 (Jer 4, 3). — στέφανος ἐξ ἀ. *e. Dornenkrone* Mt 27, 29. J 19, 2 (Fonck 51. 99. FLundgreen, D. Bäume im NT: NKZ 27, '16, 827—42. EHa-Reubéni, RB 42, '33, 230—34). — Neb. Disteln (τρίβολοι s. ob.) als Kennzeichen e. verwahrlosten Ackers Hb 6, 8. Hs 6, 2, 6f. 9, 1, 5. 9, 20, 1. Neb. anderem Unkraut Hm 10, 1, 5. — In d. Beschreibung d. Riten d. Versöhnungsfestes B 7, 11 bez. ἄ. *den Dornstrauch*, auf d. e. Teil d. Wolle aufgestreift wurde, vgl. ῥάχος, ῥαχία.*

ἀκάνθινος, η, ον (d. Wort seit Hdt., auch Pap.) *dornig* (so Jes 34, 13) ἀ. στέφανος *Dornenkranz* Mk 15, 17. J 19, 5. PE 3, 8.*

ἀκανθώδης, ες (seit Hdt. 1, 126, auch Agathokles [III v] No. 472, fgm. 4 Jac.) *dornig, mit Dorngestrüpp bewachsen* ὁδός Hm 6, 1, 3f. τόπος Hs 6, 2, 6.*

ἄκαρπος, ον (seit Aeschyl., auch Pap. LXX. Jos., ant. 2, 213. 15, 300) *ohne Frucht, keinen Ertrag bringend* — **1.** eigtl. πτελέα ξύλον ἀ. *d. Ulme ist e. unfruchtbarer* (d. h. keine eßbaren Früchte bringender; vgl. Pollux I 234) *Baum* Hs 2, 3. δένδρα ἀ. (Theophyl. Sim., ep. 11) *u. Bäume* (neb. φθινοπωρινά) Bild nichtsnutziger Menschen Jd 12. Hs 4, 4. V. e. Berg, auf dem nichts wächst (Jos., bell. 4, 452) ὄρος ἄ. *trägt gar nichts* Hs 9, 19, 2. — **2.** übertr. *keinen Nutzen bringend, unergiebig* (Jos., bell. 6, 36) v. d. Erfolglosigkeit d. Predigt Mt 13, 22. Mk 4, 19 (Pla., Phaedr. 277 A λόγοι ἄ. Synesius, Dio 3 p. 39 C λόγος ἄ.). V. Werken ἔργα ἄ. τοῦ σκότους *nutzlose Werke d. Finsternis* d. h. die nichts Gutes schaffen Eph 5, 11. V. Menschen, die keine guten Werke tun *unnütz* (Philostrat., gymn. 42 p. 284, 11) Tit 3, 14. 2 Pt 1, 8. V. Zungenrede: νοῦς ἄ. ἐστιν *d. Verstand ist* (dabei) *unfruchtbar*, weil er nicht in Tätigkeit gesetzt wird 1 Kor 14, 14.*

ἀκατάγνωστος, ον (Rhet. Gr. I 597. Syntipas p. 129, 12. Beispiele aus Inschr. u. Pap. b. Nägeli 47) *nicht zu verurteilen* (2 Makk 4, 47), *unanfechtbar* λόγον ἀ. *d. unanfechtbare Predigt* Tit 2, 8.*

ἀκατακάλυπτος, ον (Polyb. 15, 27, 2. Lev 13, 45. Acta Phil. 60 S. 25, 13 B.) *unverhüllt* ἀ. τῇ κεφαλῇ (Philo, spec. leg. 3, 60) *mit u. Haupte* (v. betenden Frauen; z. Sache Dit., Syll.^{3} 999, 10, vgl. 736, 22. Philostrat. d. J. [III n]: APF 14, '41, S. 8. 19 Zl. 60f. γυναῖκες ἀκάλυπτοι bei feierl. Umzug) 1 Kor 11, 5. Kurzweg γυναῖκα ἀ. *e. Frau ohne Kopfhülle* V. 13.*

ἀκατάκριτος, ον (Corpus gloss. lat. 2, 80) *unverurteilt, ohne geordnetes Prozeßverfahren* AG 16, 37. 22, 25.*

ἀκατάληπτος, ον (seit Aristot., auch Jos., bell. 3, 159) *unbegreiflich* (so Diog. L. 7, 46. 9, 91. Plut., mor. 1056 E. Epikt. Fgm. 1 Schenkl. Ep. Arist. 160. Philo, spec. leg. 1, 47; mut. nom. 10) v. Gottes Weisheit σύνεσις 1 Kl 33, 3. V. Gott selbst PK 2.*

ἀκατάλυτος, ον *unzerstörbar* = ewig (Dionys. Hal. 10, 31, 5. Chio, ep. 14, 1. 4 Makk 10, 11) ζωή Hb 7, 16.*

ἀκατάπαστος s. ἀκατάπαυστος.

ἀκατάπαυστος, ον (Polyb. 4, 17, 4. Diod. S. 11, 67, 7. Plut., Caes. 57, 1; mor. 114 F. Heliodor 1, 13, 5. PSI 28, 52. ZP 4, 2364) *unaufhörlich, ruhelos* mit Gen. (Bl-D. § 182, 3) ὀφθαλμοὶ ἀ. ἁμαρτίας *Augen, d. ruhelos nach Sünden ausblicken* 2 Pt 2, 14 (v. l. ἀκαταπάστους, was nicht sicher zu deuten u. vielleicht Schreibversehen ist).*

ἀκαταστασία, ας, ἡ (Polyb. 7, 4, 8. 14, 9, 6. Diog. L. 7, 110. Epikt. 3, 19, 3. Vett. Val. Index. P. Grenf. I 1, 4 [173 v]. Astrol. Pap. I v. München: APF 1, '01, 494. Tob 4, 13. Spr 26, 28) — **1.** *d. Beunruhigung* (Schol. zu Apollon. Rhod. 1, 916/18b) Hs 6, 3, 4. Pl. (Dionys. Hal. 6, 31) 2 Kor 6, 5. 2 Kl 11, 4 (Zitat unbekannter Herkunft). — **2.** *d. Unordnung* (Nicol. Dam.: 90 fgm. 130, 110 Jac. ἐν ἀ. πραγμάτων. Cat. cod. astr. VIII 3, 182, 8. 187, 2) 1 Kl 14, 1 (neb. ἀλαζονεία); vgl. 3, 2. 43, 6. (neb. φαῦλον πρᾶγμα) Jk 3, 16. (Ggs. εἰρήνη) 1 Kor 14, 33. Pl. (Cat. cod. astr. VII 126, 13. VIII 3, 175, 9) *unordentliche Zustände* 2 Kor 12, 20. (neb. πόλεμος) *Aufstände* (Maspero 4, 6) Lk 21, 9. — Boll 130f.*

ἀκαταστατέω (Epikt. 2, 1, 12. Vett. Val. Index. Cat. cod. astr. VII 134, 18. 138, 25. Tob 1, 15 BA. Gen 4, 12 Aq.) *unstet sein, schwanken*; d. von bösen Geistern Besessene ist unstet Hm 5, 2, 7. Mit Dat. ἀ. ταῖς βουλαῖς *in s. Entschlüssen schwanken* Hs 6, 3, 5.*

ἀκατάστατος, ον (seit Hippokr., auch Polyb. 7, 4, 6. Plut., mor. 437 D. Audollent, Defix. tab. 4b, 12. Or. Sib. 1, 164. Jes 54, 11 LXX. Gen 4, 12 u. Kl 4, 14 Sym. Test. Hiobs 36) *unbeständig, unruhig, haltlos* v. unentschlossenen Menschen ἀ. ἐν πάσαις ταῖς ὁδοῖς αὐτοῦ *wankelmütig in allen seinen Handlungen* Jk 1, 8. V. d. Zunge ἀ. κακόν *e. unruhiges Übel* 3, 8 (v. l. ἀκατάσχετον). V. d. personif. Verleumdung ἀκατάστατον δαιμόνιον *e. unsteter Dämon* Hm 2, 3.*

ἀκατάσχετος, ον (Hipparch. b. Stob. 4, 44, 81. Diod. S. 17, 38, 3. Plut., Mar. 44, 10. Aelian, n. a. 4, 48 ἀ. ὁρμῇ. Xenophon Eph. 1, 3, 4 ἔρως. P. Oxy. 684, 19 [ergänzt]. Philo, det. pot. ins. 110; deus imm. 138; somn. 2, 275. Jos., bell. 2, 407. Ps-Phok. 96. Hi 31, 11. 3 Makk 6, 17) *unbändig* ἀκατασχέτῳ θυμῷ *mit u. Wut* MPol 12, 2. Jk 3, 8 v. l. (s. ἀκατάστατος).*

ἀκαυχησία, ας, ἡ (Hapaxl.) *d. Freiheit von Selbstruhm* ἐν ἀ. *ohne Selbstruhm* IPol 5, 2.*

Ἀκελδαμάχ (v. l. Ακελδαιμαχ, Ακελδαμα, Ακελδαμακ, Αχελδαμαχ), aram. חֲקֵל דְּמָא (= Blutacker) als χωρίον αἵματος (nach Mt 27, 8 ἀγρὸς αἵματος) erklärt, *Blutacker*, v. Acker, der für den Judassold gekauft worden ist AG 1, 19 (nach Mt 27, 7 hieß er zuvor Töpferacker); der Tradition zufolge südl. von d. Hinnomtale gelegen. Vgl. EKautzsch, Gramm. d. Bibl.-Aramäischen '84, 8. Dalman, Gramm.^{2} 137, 1. 202, 2. JSickenberger, Judas als Stifter d. Blutackers: BZ 18, '29, 69—71.*

ἀκέραιος, ον (seit Eur. u. Hdt., auch Inschr. Pap. Ep. Arist. Jos., bell. 1, 621; ant. 1, 61. 5, 47) *unverdorben, rein, lauter* nur übertr. (vgl. Pla., Rep. 3, 409 A ἀ. κακῶν ἠθῶν. Epikt. 3, 23, 15. Esth 8, 12f. Ep. Arist. 31. 264) (neb. φρόνιμος) Mt 10, 16, zitiert IPol 2, 2. (neb. σοφὸς εἰς τὸ ἀγαθόν) ἀ. εἰς τὸ κακὸν *unverdorben d. Bösen gegenüber* Rö 16, 19. (neb. ἄμεμπτος) Phil 2, 15. (neb. εἰλικρινής) 1 Kl 2, 5. τὸ ἀ. τῆς πραΰτητος βούλημα *d. lautere Absicht ihrer Sanftmut* 1 Kl 21, 7.*

ἀκεραιοσύνη, ης, ἡ (nur bei Suidas) *d. Reinheit* ἐν ἀ. πιστεύειν *in* (Herzens)*reinheit glauben* B 3, 6. ἐν ἀ. περιπατεῖν 10, 4.*

ἀκηδεμονέω (sonst unbezeugt) für ἀδημονέω Mk 14, 33 D.*

ἀκηδία, ας, ἡ (d. Wort seit Hippokr., auch LXX) *d. Teilnahmslosigkeit, d. Trübsinn* (Pl. = Sg. Bl-D. § 142) παραδιδόναι ἑαυτὸν εἰς τὰς ἀ. *sich d. T. überlassen* Hv 3, 11, 3.*

ἀκίνητος, ον (seit Pind., auch Inschr. Pap. LXX. Philo. Jos., ant. 15, 364. 399) *ohne Bewegung* — **1.** eigtl. *unbeweglich* πέτρα ἀ. IPol 1, 1. V. d. Götzen Dg 2, 4. — **2.** übertr. *unbeweglich* (weil am Kreuze angenagelt) πίστις ISm 1, 1. *unbewegt* (v. Leidenschaften) τὸ ἀκίνητον (Dionys. Byz. § 23 p. 10, 5. Philo, op. m. 101) *d. unbewegte Wesen* IPhld 1, 2.*

ἄκκεπτα, ων, τά *das Guthaben*, lat. Lehnwort accepta, t. t. der milit. Finanzverwaltung: die Summe, d. dem Soldaten gutgeschrieben u. beim Ausscheiden aus d. Dienst ausbezahlt wurde IPol 6, 2.*

ἀκλινής, ές (seit Pla., auch Meleager [I v]: Anth. Pal. 12, 158, 4 φιλία. Lucian, encom. Demosth. 33 ἀ. τὴν ψυχήν. Aelian, v. h. 12, 64. P. Oxy. 904, 9. Philo, Mos. 1, 30; virtut. 158; spec. leg. 2, 2 ὅρκος ἀ. 4 Makk 6, 7. 17, 3) *unwandelbar* τὴν ὁμολογίαν ἀ. κατέχειν *unwandelbar am Bekenntnis festhalten* Hb 10, 23.*

ἀκμάζω (d. Wort seit Aeschyl. Hdt., auch Dit., Syll.^{3} 814, 17. 4 Makk 2, 3. Philo, aet. m. 63. 73. Jos., ant. 13, 2; c. Ap. 2, 253) Aor. 1 ἤκμασα *reif sein* (so seit Thu. 2, 19, 1, auch Dit., Syll.^{3} 866, 21f. ZP 5, 231) v. Trauben (Plut., mor. 671 D) Apk 14, 18.*

ἀκμήν adverb. Akk. (Bl-D. § 160 Anh. K Krumbacher, Ztschr. f. vergleich. Sprachforschg. 27, '85, 498—521. 29, '88, 188f.) *noch* Mt 15, 16. Hb 5, 13 v. l. (Hyperid., fgm. 116. X., an. 4, 3, 20, auch Polyb. 1, 13, 12. 4, 36, 8. Plut., mor. 346 C. Dit., Or. 201, 13. P. Genf 14, 13 u. a. Jos., ant. 19, 118. Phryn. p. 123 Lob.).*

ἄκμων, ονος, ὁ (seit Homer, auch P. Goodspeed 30, 22, 11. 18) *d. Amboß* Bild d. Festigkeit (Aeschyl., Pers. 51. Aristopho [IV v] 4 Kock ὑπομένειν πληγὰς ἄκμων. Hi 41, 16), ἀ. τυπτόμενος *e. A., auf d. man schlägt* IPol 3, 1.*

ἀκοή, ῆς, ἡ (d. Wort — als ἀκουή schon Homer — häufig, auch Inschr. Pap. LXX. Ep. Arist. Philo. Joseph. Test. 12 Patr.) — **1.** das, wodurch gehört wird — **a.** *d. Hörfähigkeit* (Philo, rer. div. her. 12 v. Standbildern οἷς ὦτα μέν ἐστιν, ἀκοαὶ δ' οὐκ ἔνεισιν) 1 Kor 12, 17; doch ist auch die Bedeutung c möglich. — **b.** *d. Akt d. Hörens, das Anhören* (Pla., Theaet. 142 D λόγος ἄξιος ἀκοῆς. Antig. Car. 129 ἀκοῆς ἄξια. BGU 1080, 6. Ep. Arist. 142 neb. ὅρασις. Jos., ant. 8, 171 neb. ὄψις 172) neb. βλέμμα 2 Pt 2, 8. ἀκοῇ ἀκούειν (Polyaenus, exc. 55, 2. LXX) Mt 13, 14. AG 28, 26 (alle beide Jes 6, 9). B 9, 2 (vgl. Ex 15, 26). εἰς ἀ. ὠτίου ὑπακούειν *aufs Hören mit d. Ohr hin gehorchen* B 9, 1

(Ps 17, 45; vgl. 2 Kö 22, 45). — c. d. Glied, mit dem man hört, *d. Ohr* (seit Sappho, auch P. Oxy. 129, 4. ZP 4, 306. 323. 2 Makk 15, 39. Ep. Arist. 166) bes. Pl. (Dio Chrys. 15 [32], 11. Aelian, v. h. 3, 1 p. 39, 21; oft Philo. Jos., ant. 8, 172. Or. Sib. 4, 172) αἱ ἀκοαί Mk 7, 35. εἰσφέρειν εἰς τὰς ἀ. *jmdm. zu Gehör bringen* AG 17, 20 (vgl. Soph., Ai 147). εἰς τὰς ἀ. τινος *vor d. Ohren jmds.* Lk 7, 1. νωθρός (s. d.) ταῖς ἀ. Hb 5, 11. κνήθεσθαι τὴν ἀ. *Juckreiz im Ohr empfinden* 2 Ti 4, 3, vgl. V. 4. Bildl. περιτέμνειν τὰς ἀ. *d. Ohren beschneiden* = jmdn. hellhörig machen B 9, 4. 10, 12. — **2.** das, was gehört wird — **a.** *d. Hörensagen, d. Gerücht, d. Kunde, d. Ruf* (seit Homer, auch 1 Kö 2, 24. 2 Kö 13, 30. 3 Kö 2, 28. 10, 7) Mt 4, 24. 14, 1. 24, 6. Mk 1, 28. 13, 7. 1 Kl 47, 7. — **b.** *d. Mitteilung, d. Erzählung, d. Predigt* (Thu. 1, 20, 1 ἀκοὴν δέχεσθαι) πιστεύειν τῇ ἀ. (vgl. Jos., c. Ap. 2, 14) J 12, 38. Rö 10, 16f. 1 Kl 16, 3 (alle drei Jes 53, 1). ἐξ ἀ. πίστεως *infolge einer Predigt, die (nur) Glauben forderte* Gal 3, 2. 5. λόγος τῆς ἀκοῆς *d. Wort der Predigt* Hb 4, 2. λόγος ἀκοῆς παρ' ἡμῶν τ. θεοῦ *d. von uns ausgehende Wort der göttlichen Predigt* 1 Th 2, 13. — AOepke, D. Missionspredigt d. Ap. Pls '20, 40ff.*

ἀκοίμητος, ον (seit Aeschyl., Pr. 139, auch Aelian, n. a. 11, 3 πῦρ ἄσβεστον καὶ ἀ. P. Oxy. 1468, 7. Wsh 7, 10. Philo. Or. Sib. 2, 181) *nicht einzuschläfern* σκώληκες ἀ. *ruhelose Würmer* PA 12, 27. ἀ. πνεῦμα IPol 1, 3.*

ἀκολουθέω (seit Thu. Aristoph., auch Inschr. Pap. LXX. Philo, aet. m. 84. 145 u. ö. Jos., ant. 9, 108 u. ö.) Imp. ἀκολούθει Ipf. ἠκολούθουν. Fut. ἀκολουθήσω. Aor. 1 ἠκολούθησα. Pf. ἠκολούθηκα Mk 10, 28. *folgen* — **1.** eigtl. *hinterhergehen, nachkommen* abs. (Diod. S. 13, 75, 7) οἱ προάγοντες καὶ οἱ ἀκολουθοῦντες Mt 21, 9. Mk 11, 9; vgl. J 21, 20. AG 21, 36. 1 Kor 10, 4. Apk 14, 8. M. Dat. d. Pers. (X., Hell. 5, 2, 26. Herodian 6, 7, 8) Mt 9, 19. 26, 58. Mk 14, 13. Lk 22, 10. J 10, 4f. 11, 31. IPhld 11, 1. Hv 3, 8, 4. 7. ἠκολούθει τῷ 'Ιησοῦ Σίμων Πέτρος καὶ ἄλλος μαθητής J 18, 15 (d. Verbum im Sing. bei mehreren Subjekten wie Appian, bell. civ. 3, 72 § 296 ὑπερόψεταί με Λέπιδος κ. Πλάγκος). — **2.** als Begleiter *nachfolgen*, häufig v. der Jesus nachziehenden Volksmenge ἠκολούθησαν αὐτῷ ὄχλοι πολλοί (s. ὄχλος 1) Mt 4, 25. 8, 1. 12, 15. 14, 13. Mk 5, 24. Lk 7, 9. 9, 11. J 6, 2. μετά τινος *einem* (seit Thu. 7, 57, 9. Phryn. 353 L.; Bl-D. § 193, 1) Apk 6, 8 (anders Lk 9, 49 οὐκ ἀκολουθεῖ [erg. σοι] μεθ' ἡμῶν *er folgt nicht mit uns zusammen* als dein Jünger *nach*). Hebraisierend steht dafür ὀπίσω τινός (3 Kö 19, 20. Jes 45, 14. Ez 29, 16) Mt 10, 38. Mk 8, 34 v. l. — V. den Werken, die ihrem Täter in d. and. Welt nachfolgen Apk 14, 13 (vgl. Diod. S. 13, 105, 4 νομίσαντες . . . ἑαυτοῖς τὴν μέμψιν ἀκολουθήσειν). — **3.** m. Übergang zu d. übertr. Bed. jmdm. als Jünger *nachfolgen* (Diog. L. 9, 21 von Parmenides: ἀκούσας Ξενοφάνους οὐκ ἠκολούθησεν αὐτῷ. Palaeph. 2 p. 6, 16) ἀκολούθει μοι *folge mir* = *sei mein Jünger* Mt 9, 9 (Diog. L. 2, 48 Sokrates hält d. Xenophon bei der ersten Begegnung an u. sagt: „ἕπου καὶ μάνθανε". καὶ τοὐντεῦθεν ἀκροατὴς Σωκράτους ἦν); vgl. 8, 19. 19, 21 (Aristoxenus, fgm. 17: der Tyrann Simichos hört den Pythagoras, legt s. Herrschaft nieder, verteilt s. χρήματα [Mt 19, 22 v. l.] u. schließt sich jenem an. Sextus 264a ἀφεὶς ἃ κέκτησαι ἀκολούθει τῷ ὀρθῷ λόγῳ). 27f. Mk 1, 18 (z. Berufung d. Jüngers unmittelbar v. d. Arbeit weg s. Jos., ant. 8, 354 εὐθέως . . . καταλιπὼν τ. βόας ἠκολούθησεν 'Ηλίᾳ . . . μαθητής [nach 3 Kö 19, 20f.]). 2, 14. 8, 34. Lk 5, 11. 27f. u. ö. — TArvedson, Svensk Teol. Kvartalskrift 7, '31, 134—61. — **4.** überh. *sich anschließen, Folge leisten* (Thu. 3, 38, 6 γνώμῃ. Ps-Andoc. 4, 19. Demosth. 26, 5. BGU 1079, 10 ἀκολούθει Πτολλαρίωνι πᾶσαν ὥραν, Zl. 26. 2 Makk 8, 36 νόμοις; vgl. Jdth 2, 3. — M. Ant. 7, 31 θεῷ. Jdth 5, 7 τοῖς θεοῖς) τοῖς ἔθεσιν *den Gepflogenheiten* Dg 5, 4. τοῖς νομίμοις τ. δεσπότου *den Vorschriften d. Herrn gehorchen* 1 Kl 40, 4. τῇ ὁδῷ τῆς ἀληθείας 35, 5 (vgl. Test. Ass. 6, 1 ἀ. τῇ ἀληθείᾳ). dem Bischof ISm 8, 1. e. Schismatiker Phld 3, 3. — Hm 6, 2, 9.

ἀκόλουθος, ον (d. Wort seit Bacchylid. u. Soph., auch Inschr. Pap. LXX. Ep. Arist. Philo. Joseph.) *folgend* (so Demosth. u. a., auch 2 Makk 4, 17) καὶ τῶν λοιπῶν τῶν ἀκολούθων πάντων *u. aller übrigen, die darauf folgten* Hs 5, 5, 1. M. Gen. (Ps-Demosth. 59, 8 τὰ ἀ. αὐτῶν) τὰ ἀ. τούτων *was hierauf folgt* Hm 8, 4. 10; vgl. s 9, 15, 3. M. Dat. (Lucian, Hermotim. 74. Ps.-Lucian: Anth. Pal. 11, 401, 4) τὰ τούτοις ἀ. (1 Esr 8, 14. Jos., ant. 14, 1) *usw.* MPol 8, 2. 9, 2. — Abs. ἀ. ἐστιν *es folgt daraus* (Dit., Or. 669, 32. P. Tebt. 296, 14) IEph 14, 1. *es ist angemessen* (Demosth. 46, 17. Ael. Aristid. 13 p. 172 D. u. a. P. Tebt. 304 τὸ ἀ. d. Angemessene) ὅπου καὶ ἀ. ἦν *da, wo es angemessen war* = an e. angemess. Ort MPol 18, 1.*

ἀκόρεστος, ον (seit Aeschyl. — b. Homer ἀκόρητος —, auch Maspero 89 III, 6) *unersättlich* übertr. (X., conv. 8, 15 φιλία. Philo, somn. 1, 50 ἵμερος; ebr. 4) πόθος *unstillbar* 1 Kl 2, 2.*

ἀκουστός, ή, όν *hörbar* (seit homer. Hymn., auch LXX. Philo) ἀκουστὸν ἐγένετο τοῖς ἀποστόλοις ὅτι *es kam den Aposteln zu Ohren, daß* AG 11, 1 D (ἀ. γίνεσθαι wie Isokr. 3, 49. Gen 45, 2. Dt 4, 36. Jes 48, 20).*

ἀκουτίζω (LXX. Syntipas p. 73, 1. Aesop.-Hss. [Ursing 78f.]. Suidas s. v. δογματίζω. Etym. Mag. p. 51, 32. Etym. Gud. 71, 3. Anecd. Gr. p. 366, 3) Fut. ἀκουτιῶ *hören lassen* ἀ. με ἀγαλλίασιν 1 Kl 18, 8 (Ps 50, 10).*

ἀκούω (seit Homer, auch Inschr. Pap. LXX. Philo, aet. m. 142 u. ö. Joseph. Test. 12 Patr.) Fut. ἀκούσω (Or. Sib. 4, 175) Mt 12, 19. 13, 14 (Jes 6, 9). J 5, 25. 28. 10, 16. ἀκούσομαι (Ep. Arist. 5) AG 3, 22 (Dt 18, 15). 28, 28. Aor. 1 ἤκουσα. Pf. ἀκήκοα. Aor. 1 Pass. ἠκούσθην *hören.* — **1.** eigtl. v. d. sinnl. Wahrnehmung — **a.** abs.: τὰ ὦτα ἀκούουσιν Mt 13, 16. κωφοὶ ἀ. 11, 5; vgl. Mk 7, 37. Lk 7, 22. τοῖς ὠσὶν βαρέως ἀ. *schwer hören* Mt 13, 15 (Jes 6, 10). ἀκοῇ ἀ. Mt 13, 14. AG 28, 26 (beidemal Jes 6, 9). ἀκούοντες οὐκ ἀκούουσιν *sie hören und hören doch nicht* Mt 13, 13 (s. Aeschyl., Prom. 448 κλύοντες οὐκ ἤκουον), vgl. Mk 8, 18 (Ez 12, 2) u. s. unten 7. Aufforderung an die Hörer, durch die auf e. bes. Schwierigkeit hingewiesen wird: ὁ ἔχων ὦτα (οὖς) ἀκούειν ἀκουέτω u. ä. (Arrian, Ind. 5, 1 ὅστις ἐθέλει φράζειν . . ., φραζέτω) Mt 11, 15. 13, 9. Mk 4, 23. Apk 2, 7. 11. 17. 29. 3, 6. 13. 22. 13, 9. — **b.** m. Obj. (z. Syntax Bl-D. § 173. 416, 1. Zur LXX s. MJohannessohn, D. Gebr. d. Kasus in LXX. Diss. Berl. '10, 36. RHelbing, D. Kasussyntax d. Verba b. den LXX, '28, 150ff.) — **α.** m. flgd. sachl. Obj. im Akk. (Diod. S. 8, 32, 1 τὶ *etw.*) Mt 11, 4. 13, 17ff. Lk 7, 22. 1 J 1, 1. 3. τὴν φωνήν (UPZ 77 I, 25) Mt 12, 19. J 3, 8. AG 22, 9. 1 Kl 39, 3 (Hi 4, 16). (Pass. Mt 2, 18 [Jer 38, 15]. Apk 18, 22). τὸν λόγον Mt 13, 20ff. J 5, 24. τοὺς λόγους, τὰ ῥήματα Mt 10, 14. J 8, 47. AG 2, 22. πολέμους καὶ ἀκοὰς πολέμων Mt 24, 6. τὴν βλασφημίαν 26,

65. τὸν ἀσπασμόν Lk 1, 41. ἄρρητα ῥήματα 2 Kor 12, 4. τὸν ἀριθμόν Apk 9, 16. τὴν ἀποκάλυψιν Hv 3, 12, 2. Pass. τὰ ἀκουσθέντα *d. Gehörte* = d. gehörte Verkündigung Hb 2, 1. ἠκούσθη ὁ λόγος εἰς τὰ ὦτα τῆς ἐκκλησίας τῆς οὔσης ἐν Ἰερουσαλήμ *d. Gerücht kam d. Gemeinde in Jerusalem zu Ohren* AG 11, 22. Häufig ist das Obj. aus d. Zshg. zu erg. Mt 13, 17. Mk 4, 15. J 6, 60a. AG 2, 37. 8, 30. 9, 21. Rö 10, 14. — **β.** τί τινος *etw. von jmdm. hören*: τὴν ἐπαγγελίαν ἣν ἠκούσατέ μου *d. Verheißung, die ihr aus meinem Munde gehört habt* AG 1, 4. Noch andere Konstr. kommen vor, die auch dann mögl. sind, wenn es sich nicht um ein wirkl. Hören aus dem Munde des Betr. handelt, sondern allgemeiner um eine Kunde, die man auf irgendeinem Wege von ihm erhalten hat (s. u. 3d). τὶ ἔκ τινος (Od. 15, 374. Hdt. 3, 62 ἐκ τοῦ κήρυκος) 2 Kor 12, 6. τὶ παρά τινος (Soph., Kg. Öd. 7 παρ' ἀγγέλων. Pla., Rep. 6 p. 506 D. Demosth. 6, 26. Jer 30, 8. Jos., bell. 1, 529) J 8, 26. 40 (τὴν ἀλήθειαν ἀ. wie Diod. S. 16, 50, 2). 15, 15. AG 10, 22. 28, 22. 2 Ti 2, 2; m. Attraktion d. Relat. λόγων ὧν παρ' ἐμοῦ ἤκουσας, *d. Lehren, die du von mir gehört hast* 1, 13. τὶ ἀπό τινος (Thu. 1, 125, 1) 1 J 1, 5. Hebraisierend ἀπὸ τ. στόματός τινος Lk 22, 71 (vgl. ἐκ τ. στόμ. τ. Ex 23, 13. Ez 3, 17. 33, 7). — **γ.** mit flgd. sachl. Obj. im Gen. (Hdt. 8, 135. X., Cyr. 3, 1, 8. Demosth. 18, 3. Bl-D. § 173, 2) *etw. hören* τῆς βλασφημίας (= τὴν βλ. Mt 26, 65) Mk 14, 64. συμφωνίας καὶ χορῶν Lk 15, 25. τῆς φωνῆς (BGU 1007, 11 [III v] ἀκούσαντες φωνῆς) J 5, 25. 28. AG 9, 7 (z. Erlebnis des Pls u. s. Begleiter vgl. Maximus Tyr. 9, 7d—f: die einen sehen e. göttl. Gestalt, die anderen sehen nichts, hören aber eine Stimme, die dritten sehen u. hören). 11, 7. 22, 7. τ. λόγων Lk 6, 47. τῶν ῥημάτων J 12, 47. — **c.** *hören, zuhören* mit Gen. d. Pers. u. Ptz. (Pla., Prot. 320 B. X., conv. 3, 13. Herm. Schr. 12, 8. Jos., ant. 10, 105 ἤκουσε τ. προφήτου ταῦτα λέγοντος): ἠκούσαμεν αὐτοῦ λέγοντος *wir haben ihn sagen hören* Mk 14, 58. ἤκουον εἷς ἕκαστος ... λαλούντων αὐτῶν *jeder einzelne hörte sie reden* AG 2, 6. 11. Apk 16, 5. 7 (wo der Altar redet). Hv 1, 3, 3; statt dessen mit Akk. πᾶν κτίσμα ... καὶ τὰ ἐν αὐτοῖς πάντα ἤκουσα λέγοντας (v. l. λέγοντα) Apk 5, 13. Ohne Ptz. mit bloßem Pron. verb. μου (Dio Chrys. 79 [28], 14) Mk 7, 14. AG 26, 3. αὐτῶν Lk 2, 46. αὐτοῦ V. 47. 15, 1. 19, 48. 21, 38. J 3, 29 usw. ἡμῶν AG 24, 4. — ἀ. τινὸς περί τινος (seit Hdt. 7, 209, auch IG II 168 [338 v]) *jmdn. über etw. hören* AG 17, 32. ἤκουσεν αὐτοῦ περὶ τῆς ... πίστεως *er hörte ihn über d. Glauben reden* AG 24, 24, vgl. Hm 11, 7. — M. flgd. ὅτι (X., Cyr. 3, 3, 18) J 14, 28. AG 22, 2. — Abs. οἱ ἀκούοντες *d. Zuhörer* (Diod. S. 4, 7, 4) Lk 6, 27. MPol 7, 2. Bes. Imp. ἄκουε *höre zu!* Mk 12, 29 (Dt 6, 4). Hs 5, 1, 3. Pl. Mk 4, 3. ἀκούσατε AG 7, 2. 13, 16. Neb. συνίετε *hört zu u. sucht zu verstehen* Mt 15, 10. — **2.** t. t. d. Rechtslebens *anhören, verhören* (X., Hell. 1, 7, 9 u. a. P. Amh. 135, 14. P. Iand. 9, 10. 15. BGU 511 II, 2. P. Oxy. 1032, 59) m. παρά τινος: ἐὰν μὴ ἀκούσῃ πρῶτον παρ' αὐτοῦ *wenn man ihn nicht zuerst verhört* J 7, 51. — AG 25, 22. — **3.** *erfahren, Kunde v. etw. erhalten* — **a.** absol. ἀκούσας δὲ ὁ Ἰησοῦς *als Jesus davon* (v. Tode d. Täufers) *erfuhr* Mt 14, 13. — Mk 3, 21. 6, 14 (vgl. HLjungvik, ZNW 33, '34, 90—92). Rö 10, 18. Neben ἀναγγέλλειν 15, 21 (Jes 52, 15). — **b.** mit Gen. d. Pers. οὗ οὐκ ἤκουσαν *über den sie nichts erfuhren* Rö 10, 14a. — M. Akk. d. Sache (X., Cyr. 1, 1, 4. Diod. S. 19, 8, 4. Chio, ep. 12 ἀκ. τὴν τυραννίδα. Herodian 4, 4, 8): τὴν ἀγάπην Phlm 5. τὴν ἀναστροφήν Gal 1, 13. τὰ ἔργα τοῦ Χριστοῦ Mt 11, 2. τὴν ἐνέδραν *v. d. Anschlag* AG 23, 16. Χριστιανισμὸν ἀ. *Christentum hören* IPhld 6, 1. τὴν οἰκονομίαν Eph 3, 2. τὴν πίστιν 1, 15. Kol 1, 4. τὴν ὑπομονήν Jk 5, 11. — Pass. ἀκούεται ἐν ὑμῖν πορνεία *man hört von Unzucht* (, die) *bei euch* (getrieben wird) 1 Kor 5, 1 (Schol. zu Nicander, ther. 139 τοῦτο ἐξακούεται = das hört man erzählen). ἐὰν ἀκουσθῇ τοῦτο ἐπὶ τοῦ ἡγεμόνος *wenn dies dem Statthalter zu Ohren kommen sollte* Mt 28, 14. — **c.** ἀ. τι περί τινος (seit Hdt. 2, 43) *etw. über jmdn. erfahren* Lk 9, 9. 16, 2. — ἀ. περί τινος *über jmdn.* od. *etwas Kunde erhalten* (Jos., vi. 246) Lk 7, 3. — **d.** z. Bez. des Urhebers od. d. Quelle der Kunde dienen Präp. (s. oben 1b β) ἀ. τι παρά τινος: τῶν ἀκουσάντων παρὰ Ἰωάννου *die es v. Johannes erfahren hatten* (wer Jesus sei) J 1, 40, vgl. 6, 45 (Simplicius in Epict. p. 110, 35 τὸ ἀκοῦσαι παρὰ θεοῦ, ὅτι ἀθάνατός ἐστιν ἡ ψυχή). ἀ. τι ἔκ τινος: ἠκούσαμεν ἐκ τοῦ νόμου *wir vernahmen* (bei d. gottesdienstlichen Verlesung) *aus dem Gesetz* J 12, 34. ἀ. ἀπό τινος περί τινος *von jmdm. etw. über jmdn. erfahren* AG 9, 13. — **e.** m. flgd. ὅτι (klass., auch Dit., Syll.[3] 370, 21. P. Tebt. 416, 8. BGU 246, 19. Jos 10, 1. Da 5, 14 Theod. 1 Makk 6, 55. 4 Makk 4, 22) Mt 2, 22. 4, 12 u. ö. — Pass. ἠκούσθη ὅτι ἐν οἴκῳ ἐστίν *es wurde bekannt, daß er im Hause sei* Mk 2, 1. οὐκ ἠκούσθη ὅτι *es ist unerhört, daß* J 9, 32. — **f.** m. flgd. acc. c. inf. (seit Homer, auch Jos., ant. 11, 165. 13, 292) J 12, 18. 1 Kor 11, 18. M. Akk. u. Ptz. (X., Cyr. 2, 4, 12. Herodian 2, 12, 4) AG 7, 12. 3 J 4. — **4.** ἀ. τινός *auf jmdn. hören, jmdm. folgen* (seit Homer) ἀκούετε αὐτοῦ Mt 17, 5. Lk 9, 35. AG 3, 22 (alle drei Dt 18, 15); vgl. Mt 18, 15. Lk 16, 29. 31. J 10, 8. AG 4, 19. — Abs. *folgen, gehorchen* αὐτοὶ καὶ ἀκούσονται AG 28, 28; vgl. Mt 18, 16. J 5, 25b. *zustimmen, beipflichten* 9, 27a. — **5.** ἀ. τινός *jmdn.* oder *etw. anhören* (Wilcken, Chrest. 14, 18. 461, 6) Mk 6, 11. J 6, 60b. V. Gott: *erhören* (seit Homer) AG 7, 34 (Ex 3, 7). J 9, 31. 11, 41f. 1 J 5, 14f. — Absol. καθὼς ἠδύναντο ἀ. *wie sie anhören mochten* Mk 4, 33 (EMolland, Symb. Osl. 8, '29, 83—91; s. auch unten 7). — **6.** *etw. zu hören bekommen* (Demosth. 18, 46 κόλακες ἀκούουσι. Diog. L. 2, 111 einen Spottnamen. 2, 140) ἤκουσαν προδόται γονέων *sie mußten hören, daß sie Verräter d. Eltern seien* Hv 2, 2, 2. — **7.** *verstehen* (Teles p. 47, 12. Galen: CMGSuppl. I p. 12, 29. Aelian, v. h. 13, 46. Apollon. Dysc., Gramm. Gr. II 2 p. 424, 5 U. ἀκούειν = συνιέναι τῶν ἠκουσμένων. Sext. Emp., math. 1, 37 τὸ μὴ πάντας πάντων ἀκούειν. Iulian., orat. 4 p. 147 A. ZP 3, 453 ἀκούσεις τὰ ὄρνεα λαλοῦντα. Philo, leg. all. 2, 35) abs. 1 Kor 14, 2. Vielleicht ebenso Mk 4, 33 (s. o. 5, dazu Epikt. 1, 29, 66 τ. δυναμένοις αὐτὰ ἀκοῦσαι). Mit Akk. τὸν νόμον *d. Gesetz begreifen* Gal 4, 21. Vgl. auch d. Wortspiel (oben 1a) ἀκούοντες οὐκ ἀκούουσιν Mt 13, 13.

ἀκούω wird gelegentlich als perfektisches Präsens gebraucht: *ich höre = ich habe gehört* (so schon Il. 24, 543. Aristoph., ran. 426. X., an. 2, 5, 13; mem. 2, 4, 1. 3, 5, 26. Pla., Rep. 583 D. Theokrit 15, 23) Lk 9, 9. 1 Kor 11, 18. 2 Th 3, 11. Bl-D. § 322.

ἀκρασία, ας, ἡ (seit Vorsokr. = ἀκράτεια Phryn. p. 524f. Lob.) *d. Unenthaltsamkeit, d. Zügellosigkeit* (so bei X. u. a., auch Philo. Jos., bell. 1, 34. Or. Sib. 1, 35); in geschl. Beziehung (X., conv. 8, 27. Diod. S. 3, 65, 2. 19, 33, 2 δι' ἀκρασίαν. Musonius

p. 66 H. Jos., ant. 8, 191 τ. ἀφροδισίων ἀκ.) ἵνα μὴ πειράζῃ ὑμᾶς ὁ σατανᾶς διὰ τὴν ἀ. ὑμῶν *infolge eures ungezügelten Verlangens* (vgl. Jos., c. Ap. 1, 319. 2, 244) 1 Kor 7, 5. *Unmäßigkeit* Mt 23, 25 (d. vv. ll. ἀκαθαρσίας, ἀδικίας, πλεονεξίας, πονηρίας sind unpassende Angleichungen an ἁρπαγῆς; aber d. Unmäßigkeit paßt gut zu dem Becher). Personif. als Laster Hs 9, 15, 3.*

ἀκρατής, ές (seit Aeschyl. Thu., auch Vett. Val. 39, 33. Inschr. Spr 27, 20a. Ep. Arist. 277. Philo. Jos., ant. 16, 399) *ohne Willenskraft, unbeherrscht, zügellos* 2 Ti 3, 3 (im Lasterkatalog).*

ἄκρατος, ον (seit Homer, der ἄκρητος sagt, auch LXX. Philo. Jos., ant. 17, 103) *ungemischt* οἶνος (Od. 24, 73. Hdt. 1, 207, auch Posidon.: 87 fgm. 15, 4 Jac. 22. 3 Makk 5, 2) bildl. (vgl. P. Oxy. 237 VII, 40 ἄκρατος τῶν νόμων ἀποτομία) v. d. Zorn Gottes *unverdünnt, in voller Stärke* Apk 14, 10 (vgl. Jer 32, 15. Ps 74, 9. Ps Sal 8, 14. In Verbindung mit ὀργή findet s. ἄκρ. Aeschyl., Prom. 678. Alcidamas [IV v] b. Aristot., Rhet. 1406a, 10. Jos., ant. 5, 150. 17, 148).*

ἀκρίβεια, ας, ἡ *d. Genauigkeit* (so seit Thu., auch UPZ 110, 46 [164 v]. P. Oxy. 471, 11ff. [II n]. 237 VIII, 39 [II n]. LXX. Ep. Arist. 103. Philo. Jos., ant. 4, 309. 9, 208 u. ö.) πεπαιδευμένος κατὰ ἀ. τοῦ πατρῴου νόμου *genau nach d. väterlichen Gesetz erzogen* AG 22, 3 (Isokr. 7, 40 ἀ. νόμων. Jos., vi. 191).*

ἀκριβεύομαι (περί τινος Sext. Emp., math. 1, 71; d. Aktiv. P. Amh. 154, 7) *genau achten auf* περὶ τῆς σωτηρίας B 2, 10.*

ἀκριβής, ές (seit Heraklit, auch Inschr. Pap. LXX. Philo. Jos., ant. 2, 60) *genau, streng* κατὰ τὴν ἀκριβεστάτην αἵρεσιν *nach d. strengsten Schule* AG 26, 5.*

ἀκριβόω (seit Eur. X. Pla., auch Aq. Jes 30, 8. 49, 16. Philo) Aor. 1 ἠκρίβωσα *etw. genau erkunden* (so Aristot., gen. anim. 5, 1. Vett. Val. 265, 3. Philo, op. m. 77. Jos., bell. 1, 648; vi. 365) τὶ παρά τινος: παρ' αὐτῶν τὸν χρόνον Mt 2, 7; vgl. V. 16.*

ἀκριβῶς (seit Aeschyl. Hdt., auch Inschr. Pap. LXX. Ep. Arist. Philo. Joseph.) Adv. v. ἀκριβής *genau, sorgfältig* βλέπειν (P. Oxy. 1381, 111f. [I/II]) Eph 5, 15. ἀκούειν (Thu. 1, 134, 1) Hm 3, 4. 4, 3, 7. προσέχειν *genau aufmerken* B 7, 4. γινώσκειν (Antiphanes 196, 15 Kock. Diod. S. 11, 41, 5 u. a.) Hs 9, 5, 5. κατανοεῖν (Herm. Schr. 11, 6b) s 9, 6, 3. εἰδέναι (Aeschyl., Pr. 328 u. a., auch Epiktet 1, 27, 17. 2, 22, 36. P. Petr. II 15 [1], 11) 1 Th 5, 2. διδάσκειν AG 18, 25. Pol 3, 2. ἐξετάζειν (Isokr. 7, 63. Demosth. 6, 37. Galen ed. Kühn XIV, 210. Dt 19, 18. Jos., ant. 3, 70) Mt 2, 8. Hs 9, 13, 6. παρακολουθεῖν *gewissenhaft nachgehen* Lk 1, 3 (vgl. Herodian 1, 1, 3 μετὰ πάσης ἀκριβείας ἤθροισα ἐς συγγραφήν. Stephan. Byz. s. v. Χαράκμωβα: Οὐράνιος ἐν τοῦς 'Αραβικοῖς — ἀξιόπιστος δ' ἀνὴρ ... σπουδὴν γὰρ ἔθετο ἱστορῆσαι ἀκριβῶς ...). — Komp. ἀκριβέστερον *genauer, ausführlicher* (P. Oxy. 1102, 12. BGU 388 II, 41. Philo. Joseph.) ἀ. ἐκτίθεσθαι *a. auseinandersetzen* AG 18, 26, vgl. 23, 15. 20; auch *aufs genaueste, ganz genau* (P. Petr. II 16, 13 [205 v]. Epikt. 1, 24, 10) 24, 22. ἀ. αὐτὰ γνωσόμεθα *wir werden es ganz genau erfahren* Hv 3, 10, 10. μανθάνειν (Herm. Schr. 10, 25. Jos., ant. 8, 402) s 9, 1, 3. *

ἀκρίς, ίδος, ἡ *d. Heuschrecke* (seit Homer, auch P. Tebt. 772, 2 [236 v]. LXX. Philo. Jos., ant. 2, 306. Or. Sib. 5, 454) als Nahrungsmittel in Arabien u. Afrika, auch in Syrien noch heute bei d. ärmeren Bevölkerung beliebt (vgl. Aristoph., Ach. 1116. Diod. S. 3, 29, 1f. Vogel. Strabo 16, 4, 12. Theophyl. Sim., ep. 14. Plin. d. Ä. 6, 35. Lev 11, 22): Nahrung des Täufers (and., minder wahrscheinl., Deutungen des ἀ. b. ELohmeyer, Joh. d. T. '32, S. 50, 4) Mt 3, 4. Mk 1, 6 (vgl. ἐγκρίς); begleiten d. Auftreten d. Antichrists Apk 9, 3. 7; feurige Heuschrecken (in einer apokalypt. Vision) Hv 4, 1, 6. — SKrauß, Z. Kenntnis d. Heuschrecken in Palästina: ZDPV 50, '27, 244—49. HGregoire, Les Sauterelles de St. Jean: Byzantion 5, '30, 109—28. — Zur Apk: Boll 68—77. 145f.; gegen ihn JFreundorfer, D. Apk. d. Ap. J. u. d. hellenist. Kosmologie u. Astrologie '29.*

ἀκροατήριον, ου, τό *d. Audienzsaal* (auditorium) d. Statthalters, in dem d. Verhör u. d. nichtöffentl. Rechtsprech. stattfindet (Mommsen, Röm. Strafrecht '99, 362) AG 25, 23; da hier keine eigentl. Gerichtsverhandlung beschrieben wird, kann auch ein Hörsaal gemeint sein (so Philo, congr. erud. grat. 64. Dio Chrys. 15 [32], 8. Plut., mor. 45 F. Epikt. 3, 23, 8).*

ἀκροατής, οῦ, ὁ (seit Thu., auch Jes 3, 3. Sir 3, 29. Ep. Arist. 266) *d. Hörer* Dg 2, 1. ἀ. λόγου (vgl. Philo, congr. erud. grat. 70) Jk 1, 23; Pl. (Diod. S. 4, 7, 4) V. 22 (Thu., 3, 38, 4 e. ähnl. Tadel geg. die θεαταὶ μὲν τῶν λόγων, ἀκροαταὶ δὲ τῶν ἔργων). ἀ. νόμου Rö 2, 13 (vgl. Jos., ant. 5, 107. 132 νόμων ἀκροαταί). ἀ. ἐπιλησμονῆς *e. vergeßlicher H.* Jk 1, 25. γενοῦ ἀ. *höre zu!* Hv 1, 3, 3.*

ἀκροβυστία, ας, ἡ (wohl aus ἀκροποσθία [Hippokrates, aph. 6, 19. Aristot., h. an. 1, 13 p. 493a, 29] entstanden, infolge volksetymologischer Anknüpfung an βύειν; Bl-D. § 120, 4; nur in d. bibl. u. kirchl. Gräz. nachgewiesen. Etym. Magn. p. 53, 47) *d. Vorhaut* (Ggs. περιτομή) — **1.** eigtl. ἄνδρες ἀ. ἔχοντες *unbeschnittene Leute* (= Heiden; vgl. Gen 34, 14) AG 11, 3. — 1 Kor 7, 18f. ἀπερίτμητος ἀκροβυστίαν *mit unbeschnittener V.* B 9, 5. — **2.** übertr. v. *Heidentum* als d. Zustand d. Unbeschnittenheit Rö 2, 25ff. Gal 5, 6. 6, 15. πιστεύειν δι' ἀκροβυστίας *im Zustande d. Unbeschnittenheit = als Heide glauben* Rö 4, 11. B 13, 7; vgl. Rö 4, 10—12. M. Beziehung auf d. Sünden d. Heidentums νεκροὶ ... τῇ ἀ. τῆς σαρκὸς ὑμῶν *tot durch euer unbeschnittenes* (= in heidn. Weise lasterhaftes) *Fleisch* Kol 2, 13 (vgl. Gen 17, 11 σάρξ τῆς ἀ.). — **3.** abstr. pro concr. *d. Heidenschaft, d. Unbeschnittenen* (neb. περιτομή) Rö 3, 30. 4, 9. Kol 3, 11. Eph 2, 11. τὸ εὐαγγέλιον τῆς ἀ. *d. Evangelium für die Heidenwelt* (mögl. auch: *d. Ev. der Unbeschnittenheit*) Gal 2, 7.*

ἀκρόβυστος, ου, ὁ (nicht LXX, jedoch bei den and. Übersetzern des AT) *d. Unbeschnittene, d. Heide* IPhld 6, 1 (d. Heidenchrist).*

ἀκρογωνιαῖος, α, ον (nur bibl. Sprachgebr.) *an d. äußersten Ecke liegend* ἀ. λίθος *Eckstein* od. *Abschlußstein*, nur im Bild e. Baues v. Christus Eph 2, 20; m. Rücksicht auf d. Kostbarkeit d. Materials λίθον ἐκλεκτὸν ἀ. ἔντιμον 1 Pt 2, 6. B 6, 2 (beidemal Jes 28, 16). — κεφαλή 2b.*

ἀκροθίνιον, ου, τό oft Pl., *d. Erstlingsgabe*, gewöhnl. (Hdt. 1, 86. Thu. 1, 132, 2 u. a., auch Dit., Syll.[3] 23. 605 A, 5) v. besten Teil der Beute, die für die Gottheit bestimmt ist, auch wohl *d. Beute* überh. Hb 7, 4.*

ἄκρον, ου, τό (seit Homer, auch Inschr. Pap. LXX. Philo. Joseph.; eigtl. Neutr. v. ἄκρος W-S. § 20, 12c) *d. Spitze* τὸ ἀ. τοῦ δακτύλου (Schol. zu

Nicander, ther. 383 τὰ ἄκρα τῶν δακτύλων. Vgl. 4 Makk 10, 7. Philo, de prov. b. Euseb., pr. ev. 8, 14, 65. Jos., ant. 11, 234) *d. Fingerspitze* Lk 16, 24. τὸ ἄ. τῆς ῥάβδου *d. Stockspitze* Hb 11, 21 (Gen 47, 31). V. d. *Spitze* e. Zweiges Hs 8, 1, 14. 8, 10, 1. ὄρους *Berggipfel* (Ex 34, 2) s 9, 1, 4. ἐπ' ἄκρον ὄρους ὑψηλοῦ[ς] *auf d. Gipfel e. hohen Berges* (Jes 28, 4) LJ 1, 7. — d. *äußerste Grenze, d. Ende* (Pla., Phaedon 109 D ἄ. τῆς θαλάσσης. P. Oxy. 43 vers. I, 17. P. Théad. 19, 12. Jos., ant. 14, 299): ἀπ' ἄ. οὐρανῶν ἕως ἄ. αὐτῶν *v. einem Ende d. Himmels zum andern* Mt 24, 31 (Dt 30, 4. Ps 18, 7; vgl. Dt 4, 32. Jos., ant. 19, 6 ἀπ' ἄκρων ἐπ' ἄκρα). D. an den genannten atl. Stellen sich findende Wendung ist vermischt m. d. Ausdruck v. Dt 13, 8. Jer 12, 12 in ἀπ' ἄ. γῆς ἕως ἄ. οὐρανοῦ Mk 13, 27.*

ἀκτίν (so Herodian Gr. Index Lentz. Corp. Gloss. lat. 3, 278. Kephal. I 166, 4. 165, 30) PA 3, 7 (Bl-D. § 46, 4); s. d. flgd.

ἀκτίς, ῖνος, ἡ (seit Homer, auch Inschr. [z. B. Isis v. Andros 8 Peek]. LXX. Or. Sib. 3, 803; spätere Form ἀκτίν; s. d. vorhergehende) *d. Strahl* v. d. Sonne (Straton v. Lamps. [300 v], fgm. 65a Wehrli ['50] τοῦ ἡλίου ἀκτῖνες. Ps.-Pla., Axioch. 13 p. 371 D. Diod. S. 3, 48, 3. Wsh 2, 4. 16, 27. Sir 43, 4. Philo, conf. lingu. 157. Jos., ant. 19, 344. Herm. Schr. 10, 4b) B 5, 10. PA 5, 15. V. d. Himmelsglanz d. Engel PA 3, 7 v. l. (vgl. Hen. 106, 5). <ἀκτῖν>ες πυρός 26 (Ergänzung von Diels).*

'Ακύλας, Akk. **-αν** N. pr. m. *Aquila* (Brutus, ep. 61. 63. 64. Philostrat., vi. soph. 2, 11, 1. Dit., Or. 533, 84. 544, 9. P. Gießß. 73, 5. BGU 71, 21. 484, 6. Jos., ant. 19, 110. 283 [DBm., NB 15]) e. aus d. Pontus (ein Aq. aus d. Pontus in e. Inschr. v. Sinope: AJPh 27, '06, p. 269) stammender Handwerker (s. σκηνοποιός) jüd. Abkunft, Freund d. Pls, der ihn und seine Frau Priscilla hochschätzte, AG 18, 2. 18. 21 v. l. 26. Rö 16, 3. 1 Kor 16, 19. 2 Ti 4, 19. Vgl. RSchumacher, Aquila u. Priscilla: ThGl 12, '20, 86—99. FXPölzl, D. Mitarbeiter des Weltap. Pls '11, 371—81. Billerb. III 486—93. AHarnack, SAB '00, 2—13 = Studien I '31, 48—61; dazu FMSchiele, ZMR 15, '00, 353—360.*

ἄκυρος, ον (seit Thu., auch Inschr. Pap. Spr. Philo. Jos., ant. 13, 262. 16, 38) *ungültig* ἄκυρον ποιεῖν *ungültig machen* (Pla., Prot. 356 D u. a. Spr 5, 7) τὰς βουλάς 1 Kl 57, 4 (Spr 1, 25).*

ἀκυρόω Aor. 1 ἠκύρωσα *außer Geltung setzen* (so Dinarchus 1, 63. Diod. S. 16, 24, 5 u. a. [Nägeli 29]. Dit., Syll.^{3} 742, 30 [86 v]. BGU 944, 11. 1167, 26, auch LXX. Philo, ebr. 197; conf. lingu. 193. Jos., ant. 18, 304 ἐντολάς. 20, 183) τὸν λόγον τοῦ θεοῦ Mt 15, 6. Mk 7, 13. Als juristischer t. t. (OEger, ZNW 18, '18, 92f.) διαθήκην (P. Oxy. 491 [126 n]; vgl. 494. 495) Gal 3, 17.*

ἀκωλύτως (seit Pla.; in Pap. mehrfach als jurist. Ausdruck: P. Oxy. 502. BGU 917, 14. P. Leipzig 26, 11. 30, 9; auch Sym. Hi 34, 31. Jos., ant. 12, 104. 16, 41 ἀ. τὴν πάτριον εὐσέβειαν διαφυλάττειν) Adv. v. ἀκώλυτος *unbehindert* διδάσκειν ἀ. AG 28, 31.*

ἄκων, ἄκουσα, ἄκον (seit Homer, d. ἀέκων sagt, auch Inschr. Pap. 4 Makk 11, 12. Jos., bell. 2, 123; ant. 16, 256) *unfreiwillig, gezwungen* πράσσειν 1 Kor 9, 17 (vgl. Philo, omn. prob. lib. 61 ἄ. ποιεῖν). ἄ. ἁμαρτάνειν *unabsichtlich sündigen* (Soph., Fgm. 604 Nauck.^{2} Pla., Rep. 336 E ἄκοντες ἡμαρτάνομεν. Dio Chrys. 17 [34], 13. Ael. Aristid. 34, 5 K. = 50 p. 547 D. — S. auch Ps.-Callisth. 1, 9, 2 ἁμαρτήσασα οὐχ ἥμαρτες) 1 Kl 2, 3 (vgl. Hi 14, 17).*

ἄλα s. ἅλας.

ἀλάβαστρος, ου, ὁ u. ἡ auch **ἀλάβαστρον, τό** (s. Mk 14, 3 mit s. Varianten; vgl. Theokr. 15, 114. Delische Inschr. [III v]: IG XI [2], 161 B, 9. 4 Kö 21, 13 mit v. l. u. Bl-D. § 49, 1) *d. Alabaster,* dann *d.* aus Alabaster verfertigte *Salbenbüchse, d. Salbengefäß* m. längl. Halse, der b. Gebr. abgebrochen wurde; Behälter für Nardensalbe (so seit Hdt.; auch lat. Lehnwort: Plinius, h. nat. 13, 3 unguenta optime servantur in alabastris) Mt 26, 7. Mk 14, 3. Lk 7, 37 (ἀλ. μύρου wie Hdt. 3, 20. Lucian, dial. mer. 14, 2. Dionys. Hal. 7, 9. PSI 333, 6. 628, 8). — A van Veldhuizen, De alabasten flesch: ThSt 24, '06, 170—72.*

ἀλαζονεία, ας, ἡ (seit Aristoph. Pla., auch Wsh 5, 8. 4 Makk 1, 26. 2, 15. 8, 19. Test. Jos. 17, 8. Philo, virt. 162ff. Jos., ant. 6, 179. 14, 111. Pap. [HIBell, Jews and Christians in Egypt '24]; z. Schreibung vgl. Kühner-Bl. II S. 275) *d. Großtun* in Tat u. Wort, *d. Prahlerei,* in Worten καυχᾶσθαι ἐν ταῖς ἀλαζονείαις *sich in seinen Prahlereien rühmen* Jk 4, 16. ἐγκαυχᾶσθαι ἐν ἀ. τοῦ λόγου *sich m. prahlerischen Worten rühmen* 1 Kl 21, 5. ἀποτίθεσθαι ἀ. (neb. τύφος [wie 3. Brief d. Apoll. v. Ty.: Philostrat. I 345, 22 K.], ἀφροσύνη, ὀργαί) 13, 1. (neb. ἀκαταστασία) 14, 1. (neb. ὑπερηφανία) 16, 2. Neb. andern Lastern 35, 5. Hm 6, 2, 5. 8, 5. D 5, 1. V. jüd. Hochmut: Dg 4, 1. 6. ἡ ἀ. τοῦ βίου *d. Prahlen mit d. Vermögen, d. Protzentum* 1 J 2, 16 (vgl. X., Hell. 7, 1, 38. Polyb. 6, 57, 6 ἀ. περὶ τοὺς βίους. Wsh 5, 8). — PJoüon, Rech de Sc rel 28, '38, 311—14.*

ἀλαζονεύομαι (seit Aristoph. Lysias, auch Philo, fug. 33. Jos., bell. 4, 122) *prahlen* m. Akk. *mit etw.* (Aeschin. 3, 218. Herodian 2, 7, 2 χρήματα. Wsh 2, 16) μηδέν 1 Kl 2, 1. τὴν μείωσιν τῆς σαρκός Dg 4, 4. Absol. (Timaeus Hist. [IV/III v] No. 566 fgm. 132 Jac. Dio Chrys. 26 [43], 2) 1 Kl 38, 2.*

ἀλαζών, όνος, ὁ (seit Cratinus. Aristoph., auch Hi 28, 8. Philo, Mos. 2, 240) *d. Prahler, d. Protz* Rö 1, 30. 2 Ti 3, 2. — Auch (wie Hdt. 6, 12. Philostrat., vi. soph. 2, 9, 2 p. 87, 11. Hab 2, 5. Jos., ant. 8, 264) als Adj. (neb. ὑπερήφανος, wie Syntipas p. 126, 9) ἡ ἀ. αὐθάδεια *d. prahlerische Anmaßung* 1 Kl 57, 2. — ORibbeck, Alazon '82.*

ἀλαλάζω (seit Pind., auch LXX. Jos., ant. 5, 225. 6, 191 u. o.) *laut schreien* v. d. Geheul der Klageweiber bei der Totenklage ἀ. πολλά (neben κλαίειν) *laut klagen* Mk 5, 38 (vgl. Eur., El. 483. Jer 32, 34. — PHeinisch, D. Trauergebräuche b. d. Israeliten '31). Überh. v. schrillen Tönen (Nonnus, Dionys. 12, 354 vom Kreischen der Weinpresse) κύμβαλον ἀλαλάζον *e. gellende Cymbel* 1 Kor 13, 1 (Ps 150, 5 ἐν κυμβάλοις ἀλαλαγμοῦ). — S. κύμβαλον.*

ἀλάλητος, ον (Philodem. Anth. Pal. 5, 4. Kyraniden p. 19, 19) *unausgesprochen, wortlos* στεναγμοὶ ἀ. *wortlose Seufzer* (so d. syr. u. armen. Übers., Vulg. gibt es mit inenarrabilis *unaussprechlich* wieder) Rö 8, 26.*

ἄλαλος, ον (seit Aeschyl., auch IG XIV 1627. LXX. Or. Sib. 4, 7) *stumm* ἄ. γίνεσθαι *stumm werden* v. trügerischen Lippen 1 Kl 15, 5 (Ps 30, 19). πνεῦμα ἄ. (Plut., or. def. 51 p. 438 B v. der Pythia: ἀλάλου καὶ κακοῦ πνεύματος πλήρης. Pariser Hs. 2316 Bl. 318 bei Rtzst., Poim. 293, 1 πνεῦμα . . .

ἄλαλον) e. *sprachloser Geist,* der d. Menschen d. Sprache raubt Mk 9, 17; nach V. 25 ist d. πν. ἄ. zugleich taub (ἄ. neb. κωφός Alex. Aphrodis., probl. 1, 138. Artem. 1, 76. Ps 37, 14). — ὁ ἄ. *d. Stumme* (Ps 37, 14) ποιεῖ ἀ. λαλεῖν 7, 37.*

ἅλας, ατος, τό (seit Aristot. Pap. seit III v [Mayser 286. Nägeli 58, 1]. LXX [Helbing 49. Thackeray 152]. Zur v. l. ἅλα [Sb 8030, 21 [47n]; wohl Rückbildung v. ἁλατ- her nach dem Muster σῶμα, ατος] s. W-S. § 9, Note 7. Bl-D. § 47, 4 m. Anh. Von ἅλς nur Mk 9, 49 als v. l. ἁλί [vgl. Lev 2, 13] u. ἁλός 1 Kl 11, 2 [Gen 19, 26]) *d. Salz* — **1.** eigtl. als Würze d. Speisen od. als Düngemittel Mt 5, 13b. Mk 9, 50a. b. Lk 14, 34. — **2.** übertr. auf die geistigen Qualitäten d. Jünger τὸ ἅ. τῆς γῆς Mt 5, 13a; vgl. Mk 9, 50c. (Jülicher, Gleichn. 67—79. LFonck, D. Parabeln⁴ '27, 782ff. GAicher, Mt 5, 13: BZ 5, '07, 48—59 [geg. ihn Fonck, ZkTh 31, '07, 553—58]. WSWood, JThSt 25, '24, 167—72. LKöhler, ZDPV 59, '36, 133f. GBertram, ThW IV 842—44). V. d. Rede, die dadurch würzend od. befruchtend wirkt (Plut., mor. 514 EF. 685 A) ὁ λόγος ἅλατι ἠρτυμένος (erg. ἔστω) *d. Rede sei mit Salz versehen* Kol 4, 6 (Diog. L. 4, 67: Timon [III v] nennt die Rede der Akademiker ἀνάλιστος).*

Ἄλασσα AG 27, 8 v. l.; s. Λασαία.*

ἀλατόμητος, ον *unbehauen* Hs 9, 16, 7.*

ἀλγέω (seit Homer, auch Inschr. Pap. LXX. Philo, leg. all. 3, 200. 211. Jos., ant. 15, 58) *Schmerz empfinden, Schm. haben* ἀλγεῖν ποιεῖ *läßt Sch. e.* = schickt Leiden 1 Kl 56, 6 (Hi 5, 18). ὁ ἀλγῶν σάρκα *d. leiblich Kranke* B 8, 6 (vgl. Pla., Rep. 7 p. 515 E τὰ ὄμματα. Artem. 4, 24 p. 218, 7 τὴν κεφαλήν. Jos., vi. 420 τὴν ψυχήν).*

ἁλεεῖς, οἱ s. ἁλιεύς.

ἀλείφω (seit Homer, auch Inschr. Pap. LXX. Jos., bell. 2, 123) Aor. 1 ἤλειψα. Aor. 1 Med. Imp. ἄλειψαι *salben* — **1.** eigtl. τί τινι *etw. mit etw.* (Diod. S. 17, 90, 2) τοὺς πόδας μύρῳ *d. Füße mit Myrrhensalbe salben* Lk 7, 38. 46. J 12, 3; vgl. 11, 2. Kranke werden mit Öl gesalbt (mediz. Hausmittel; vgl. Cat. cod. astr. VII p. 178, 3. 28) Mk 6, 13. Jk 5, 14 (MMeinertz. D. Krankensalbung Jk 5, 14f.: BZ 20, '32, 23—36. CArmerding, Biblioth. Sacra 95, '38, 195—201. HFriesenhahn, BZ 24, '40, 185—90. Vgl. ἔλαιον 1 u. κάμνω 2. 3); Tote mit Spezereien Mk 16, 1. Med. *sich salben* (Jos., bell. 5, 565) τὴν κεφαλήν Mt 6, 17 (neb. d. Waschen des Gesichtes wie Plut., mor. 142 A). — **2.** übertr. (Philo, conf. lingu. 91; Mos. 1, 298) Pass. ἀ. δυσωδίαν *sich mit Unrat beschmieren lassen* v. d. Annahme v. Irrlehren IEph 17, 1 (ἀ. m. Akk. dessen, was man aufstreicht, wie 2 Kö 14, 2. Mi 6, 15 u. ö.). S. χρίω.*

ἀλεκτοροφωνία, ας, ἡ (Strabo 7, 35. Aesop, Fab. 55 P. Phryn. 229 Lob. Bl-D. § 123, 1) *d. Hahnenschrei* ἀλεκτοροφωνίας *z. Zeit d. Hahnenschreies,* Name d. 3. Nachtwache (24—3 Uhr) Mt 26, 34 v. l. (s. PKatz, ThLZ 80, '55, 737). Mk 13, 35 (z. Gen. vgl. Bl-D. § 186, 2). — Z. Haltung von Hühnern in Judäa u. Jerusalem s. KHRengstorf zu Tosefta Jebamot 3, 4 (Rabb. Texte I 3, '33, S. 36f.). — Dalman, Arbeit VII (s. οἰκία 1).*

ἀλεκτρυών, όνος, ὁ *d. Hahn* (seit Theognis 864. Cratinus 108, κοκκύζει 311, auch P. Oxy. 1207, 8. Inscr. gr. 692, 5 [I n]. Dit., Syll.³ 1173, 16. 3 Makk 5, 23. ZP 3, 693. 701) Ev.-Fgm. aus d. Fajjûm (Kl. T. 8³, S. 23, 10).*

ἀλέκτωρ, ορος, ὁ *d. Hahn* (f. d. klass. Zeit vgl. WGRutherford, New Phryn. '81, 307. Lycophron v. 1094. Batrachom. 192. P. Tebt. 140 [72 v]. P. Fay. 119, 29 [c. 100 n]. BGU 269, 4. 1067, 11. ZP 2, 73. 4, 2190. Spr 30, 31) φωνεῖ Mt 26, 34. 74f. Mk 14, 30. 72. Lk 22, 34. 60f. J 13, 38. 18, 27.*

Ἀλεξανδρεύς, έως, ὁ *d. Alexandriner* (Plut., Pomp. 49, 6. Dit., Or. Index II. 3 Makk 2, 30. 3, 21. Philo. Joseph. Or. Sib.; vgl. Wilcken, Grundzüge 15; Chrestom. 82) v. Apollos AG 18, 24 (z. Juden als Ἀλ. vgl. Jos., c. Ap. 2, 38). συναγωγὴ Ἀ. (Schürer II⁴ 87. 502. 524) 6, 9.*

Ἀλεξανδρῖνος, η, ον (z. Akzent s. Kühner-Bl. II 296. — Polyb. 34, 8, 7. BGU 142, 5. 143, 3. 741, 4 κλάσῃ Ἀλεξανδρίνῃ = classis Alexandrina; vgl. Wilcken, Grundzüge 379) *alexandrinisch* πλοῖον Ἀ. AG 27, 6. 28, 11. — Subst. 6, 9 v. l.*

Ἀλέξανδρος, ου N. pr. m. *Alexander,* e. auch bei d. Juden beliebter Name (Joseph. — ET 10, '99, 527) — **1.** Sohn des Simon v. Kyrene Mk 15, 21. — **2.** e. Jude aus hohepriesterl. Geschlecht AG 4, 6. — **3.** e. ephesinischer Jude 19, 33. — **4.** e. Apostat 1 Ti 1, 20, vermutlich der Schmied *A.* 2 Ti 4, 14.*

ἀλεσμός, οῦ, ὁ *d. Mahlen* (Jos., ant. 3, 252 v. l.) übertr. ἀλεσμοὶ ὅλου τοῦ σώματος *d. Zermahlung* (s. 4, 1) *d. ganzen Körpers* v. Foltern d. Martyriums IRö 5, 3 (vgl. Lghtf. z. St. — V. e. besond. Art der Tortur Eunap., vi. soph. 59 Kod.; vgl. 312).*

ἄλευρον, ου, τό (seit Hdt., auch ZP 7, 539 u. sonst. in Pap. LXX. Jos., ant. 3, 142. 8, 322. Or. Sib. 8, 14) *d. Weizenmehl* z. Brotherstellung benutzt Mt 13, 33. Lk 13, 21.*

ἀλήθεια, ας, ἡ (seit Homer, bei dem es ἀληθείη lautet, auch Inschr. Pap. LXX. Ep. Arist. Philo. Joseph. Test. 12 Patr.) — **1.** *d. Wahrhaftigkeit, d. Aufrichtigkeit, d. Zuverlässigkeit* in Gesinnung u. Wandel (Alcaeus 57. Mimnermus 8 u. a.); v. Gott (Gen 24, 27 u. ö.) Rö 3, 7. 15, 8. V. Menschen (Pittacus bei Diog. L. 1, 78. Arrian, anab. 7, 30, 3. Lucian, dial. mort. 11, 6. 4 Kö 20, 3. Ri 9, 15f. u. ö. Ep. Arist. 206) ἐν ἀ. λαλεῖν *aufrichtig reden* 2 Kor 7, 14. (neb. εἰλικρινεία) 1 Kor 5, 8. (neb. ἀγαθωσύνη und δικαιοσύνη) Eph 5, 9. 1 Kl 19, 1. 31, 2. 35, 2. Pol 2, 1. ἐν πάσῃ ἀ. *ganz aufrichtig* 4, 2. Hm 8, 9. 12, 3, 1. s 9, 15, 2. — **2.** *d. Wahrheit* (Ggs. ψεῦδος) — **a.** allg. ἀ. λαλεῖν *d. Wahrheit reden* (Sach 8, 16) Eph 4, 25. Hm 3, 5. 2 Kl 12, 3. ἀ. λέγειν (Hdt. 2, 115 u. a., auch P. Gieß. 84, 14 [II n] τὴν ἀ. εἰπεῖν) Rö 9, 1. 1 Ti 2, 7. Fut. ἀ. ἐρῶ 2 Kor 12, 6. ἀλήθειαν ἀγαπᾶν Hm 3, 1. Ggs. ψεύδεσθαι κατὰ τῆς ἀ. *wider d. Wahrheit lügen* Jk 3, 14. εἶπεν αὐτῷ πᾶσαν τὴν ἀ. *sie sagte ihm d. volle Wahrheit* Mk 5, 33 (vgl. Hdt. 9, 89. Thu. 6, 87, 1 u. a., auch Kleopatra Zl. 88. P. Oxy. 283, 13f. [45 n] γνωσθῆναι πᾶσαν τὴν ἀ. Jos., bell. 7, 31 πυθόμενος παρ' αὐτοῦ πᾶσαν τὴν ἀλ.). ἐν λόγῳ ἀληθείας *in d. Predigt der Wahrheit* 2 Kor 6, 7. ῥήματα τῆς ἀ. AG 26, 25. μόρφωσις τῆς γνώσεως καὶ τῆς ἀ. *die Verkörperung der Erkenntnis u. d. W.* Rö 2, 20. ἡ ἁγνότης τῆς ἀ. *d. mit d. Wahrh. verbundene Heiligkeit* Hv 3, 7, 3. ἔξωθεν τῆς ἀ. = ψευδής 3, 4, 3. — **b.** bes. v. d. Gehalt des Christentums als der abs. Wahrheit (vgl. Plut., Is. et Os. 2 p. 351 E ἀ. περὶ θεῶν. Philo, spec. leg. 4, 178 d. Proselyt e. μεταναστὰς εἰς ἀ.) Eph 4, 21 (CAScott, Exp 8. Ser. III '12, 178—85. RBultmann, ZNW 27, '28, 128. FJBriggs, ET 39, '28, 526). ὁ λόγος τῆς ἀ. *d. Wort der Wahrheit* Eph 1, 13. Kol 1, 5. 2 Ti 2, 15. Jk 1, 18. ἡ ἀ. τοῦ εὐαγγελίου Gal 2, 5. 14. ὁ περὶ ἀ. λόγος Pol 3, 2. πείθεσθαι τῇ ἀ. Gal 5, 7. πιστεύειν τῇ ἀ. 2 Th 2, 12; daher πίστει ἀληθείας *Gl. an d.*

Wahrheit V. 13. περιπατεῖν ἐν ἀ. 2 J 4. 3 J 3f. (vgl. 4 Kö 20, 3). ζῆν κατὰ ἀ. IEph 6, 2. πορεύεσθαι κατὰ τὴν ἀ. Pol 5, 2. ἐν ἀ. (3 Kö 2, 4) Hm 3, 4. sich mit Wahrh. gürten Eph 6, 14; vgl. Hm 11, 4. — D. Wahrheit hat e. stark praktische Seite, d. sich in Tugenden wie Gerechtigkeit u. Heiligkeit äußert, Eph 4, 24 (Nicol. Dam.: 90 fgm. 67,1 Jac. δικαιοσύνην κ. ἀλ.). Darum bildet ἀδικία ihr Gegenstück 1 Kor 13, 6. Rö 1, 18. 2, 8. An letzterer Stelle heißt entspr. die ablehnende Haltung gegenüber d. ἀ. ein ἀπειθεῖν τῇ ἀ. Dafür πλανᾶσθαι ἀπὸ τῆς ἀ. *v. d. Wahrheit abirren* Jk 5, 19. καταστρέφειν ἀπὸ τῆς ἀ. Hs 6, 2, 1 vgl. 4. ἀποστερεῖσθαι τῆς ἀ. 1 Ti 6, 5. ἐρευνᾶν περὶ τῆς ἀ. *über die Wahrheit Untersuchungen anstellen* Hm 10, 1, 4. 6. ἀνθίστασθαι τῇ ἀ. *d. Wahrheit* (d. h. dem Ev.) *widerstreben* 2 Ti 3, 8. (Ggs. μῦθοι) 4, 4; sie ist mitteilbar: φανερώσει τῆς ἀ. *dadurch, daß wir d. Wahrheit offenbaren* 2 Kor 4, 2 (vgl. P. Oxy. 925, 5 φανέρωσόν μοι τὴν παρὰ σοὶ ἀλήθ.); wird gelehrt D 11, 10; erkannt 1 Ti 4, 3. Hv 3, 6, 2; vgl. ἐπίγνωσις τῆς ἀληθείας (Alex. Aphr., quaest. 3, 12, II 2 p. 102, 3 γνῶσις τῆς ἀληθείας) 1 Ti 2, 4. 2 Ti 2, 25. 3, 7. Tit 1, 1. Hb 10, 26. ὁδὸς τῆς ἀ. 2 Pt 2, 2. 1 Kl 35, 5 (vgl. Pind., P. 3, 103. Eur., Fgm. 289. Gen 24, 48 u. ö.). ὑπακοὴ τῆς ἀ. 1 Pt 1, 22. ἀγάπη τῆς ἀ. 2 Th 2, 10. Gott ist πατὴρ τῆς ἀ. 2 Kl 3, 1. 20, 5. φῶς ἀληθείας *Wahrheitslicht* IPhld 2, 1 (vgl. Ps 42, 3). θεὸς τῆς ἀ. (1 Esr 4, 40) 2 Kl 19, 1; vgl. 1 Kl 60, 2. Die Umkehr des genit. Verh. in dem unbestimmten u. mehrdeutigen Ausdruck ἀ. τοῦ θεοῦ Rö 1, 25 wird man am besten adj. wiedergeben *d. göttl. Wahrheit* = d. wahre Gott. — Bes. beliebt ist ἀ. im joh. Sprachgebr., in dem d. Wort e. große Rolle spielt. Gottes Wort ist W. J 17, 17 (Ps 118, 142). Diese neb. χάρις 1, 14. 17; neb. πνεῦμα 4, 23f. D. Geist führt ein in d. W. 16, 13. Daher πνεῦμα τῆς ἀ. 14, 17. 15, 26. 16, 13. 1 J 4, 6 (vgl. Hm 3, 4). πνεῦμα wird mit ἀ. identifiziert 1 J 5, 6. Sie wird vermittelt durch Christus J 1, 17, der sich d. Wahrheit nennt 14, 6 (vgl. ZP 5, 148 ἐγώ εἰμι ἡ ἀλήθεια, andererseits P. Oxy. 1380, 63 [Anfg. d. II n] d. Bez. der Isis als ἀ. Apollonaretal. Berl. Gr. Pap. 11517 [II n]: Her 55, '20, 188—95 Zl. 52 Apollon die ἀψευδὴς ἀλ. M. Ant. 9, 1, 3 die Gott[-Natur] ἀλήθεια ὀνομάζεται. Auch Lucian, hist. quomodo conscrib. 61: von e. guten Geschichtschreiber soll es heißen: ἦν ἀλήθεια ἐπὶ πᾶσι). Wer Christus besitzt, erkennt d. W. (γινώσκ. τὴν ἀλ. wie Jos., ant. 10, 291. ἀληθείας γνῶσις: Maximus Tyr. 26, 5b) 8, 32. 2 J 1; tut d. W. J 3, 21, vgl. 1 J 1, 6 (ποιεῖν τὴν ἀ. Gen 32, 10. 47, 29. Jes 26, 10 u. ö. Test. Rub. 6, 9; Benj. 10, 2); er steht in d. W. J 8, 44; ist aus d. W. 18, 37; vgl. 1 J 2, 21. 3, 19 (ἐκ τῆς ἀληθείας = der Wahrheit entsprechend P. Turin I 6, 13). D. W. befreit ihn J 8, 32. Christus verkündet diese W.: λέγειν (Jos., ant. 10, 124) 8, 45f. 16, 7. λαλεῖν 8, 40 (dafür λαλεῖν ἐν ἀ. IEph 6, 2). μαρτυρεῖν τῇ ἀ. J 18, 37. Indem Joh. d. T. v. Christus zeugt, zeugt er v. der W. 5, 33; vgl. μαρτυρούντων σου τῇ ἀληθείᾳ *Zeugnis ablegen für dein Stehen in der Wahrheit* 3 J 3. ἵνα συνεργοὶ γινώμεθα τῇ ἀ. V. 8. Für den Weltmenschen gilt d. skeptische Pilatusfrage τί ἐστιν ἀ.; J 18, 38. Ggs. θάνατος ISm 5, 1. ▬ **3.** *d. Wirklichkeit* (Diod. S. 2, 8, 4) im Ggs. z. Schein (Ggs. πρόφασις) Phil 1, 18. κατὰ ἀλήθειαν *d. wahren Sachverhalt entsprechend* Rö 2, 2 (vgl. Diod. S. 4, 64, 2 οἱ κατ' ἀλήθειαν γονεῖς. M. Ant. 2, 11, 3. 4, 11. Damianus v. Larissa S. 20, 2 [ed. Schöne '97]. Zen.-P. Kairo 59 202, 7 [254 v]. Ep. Arist. 140. 4 Makk 5, 18. ZP 12, 235). ἐν ἀληθείᾳ *wirklich, wahrhaftig* (Jer 33, 15) Mt 22, 16. J 17, 19. 1 Kl 63, 1. ἐπιγιγνώσκειν τὴν χάριν ἐν ἀλ. Kol 1, 6; auch d. οὓς ἐγὼ ἀγαπῶ ἐν ἀλ. 2 J 1. 3 J 1 gehört hierher (entspr. den Briefformeln P. Fay. 118, 26. 119, 26 [100—110 n] τοὺς φιλοῦντας ἡμᾶς πρὸς ἀ. = *wirklich u. wahrhaftig*). ἐπ' ἀληθείας *der Wirklichkeit gemäß, wahrheitsgetreu* (Demosth. 18, 17, auch Dit., Syll.³ 495, 174 [III v]. P. Amh. 68, 33. P. Oxy. 480, 9. Hi. Da. Philo, leg. ad Gai. 60. 248): διδάσκειν Mk 12, 14. Lk 20, 21. εἰπεῖν Mk 12, 32. λέγειν Lk 4, 25. συνάγεσθαι AG 4, 27. καταλαμβάνεσθαι 10, 34. τελειοῦν 1 Kl 23, 5. ἐπιστέλλειν 47, 3. ἐπ' ἀ. καὶ οὗτος μετ' αὐτοῦ ἦν *wirklich, auch der war m. ihm* Lk 22, 59. — GStorz, Gebr. u. Bedeutungsentwicklg v. ἀλήθεια u. begriffsverwandten Wörtern. Diss. Tüb. '22. Dodd 65—75. WLuther, „Wahrheit" u. „Lüge" im ältest. Griechentum '35. FBüchsel, D. Begriff d. Wahrheit in dem Ev. u. den Briefen des J. '11. ASchlatter, D. Glaube im NT⁴ '27, 551—61. HansvSoden, Was ist Wahrheit? '27. RBultmann, Untersuchungen z. J. 'Αλήθεια: ZNW 27, '28, 113—63; ThW I 239—51.

ἀληθεύω (seit Vorsokr. Aeschyl., auch P. Amh. 142, 1. LXX. Jos., c. Ap. 1, 223) *wahrhaftig sein, die Wahrheit reden* τινί *zu jmdm.* (Philo, cher. 15) Gal 4, 16. Abs. (Solon b. Stob. III p. 114, 10 H. Philostrat., vi. Apoll. 4, 16 p. 135, 2. 8, 26 p. 339, 27. Jos., bell. 3, 322; vi. 132) ἀληθεύοντες ἐν ἀγάπῃ d. h. so, daß d. Gebot d. Liebe nicht verletzt wird Eph 4, 15 (vgl. Spr 21, 3).*

ἀληθής, ές (seit Homer, auch Inschr. Pap. LXX. Philo. Joseph. Test. 12 Patr.) *wahr* ▬ **1.** v. Pers.: *wahrhaftig, aufrichtig* (seit Aeschyl. Thu., auch IG XIV 1071. BGU 1024 VI, 17. 2 Esr 17, 2. Wsh 1, 6. Jos., ant. 8, 234) v. Jesus Mt 22, 16. Mk 12, 14. J 7, 18. V. Gott (Wsh 15, 1. Philo, spec. leg. 1, 36. Jos., bell. 7, 323. Or. Sib. Fgm. 1, 10. 5, 499) J 3, 33. 8, 26. Rö 3, 4. Dg 8, 8. Allg. (Ggs. πλάνοι) 2 Kor 6, 8. V. Bischöfen u. Diakonen D 15, 1. ▬ **2.** v. Sachen: *wahr* ῥῆμα (Gen 41, 32) Hm 3, 3f. παροιμία (Soph., Ai. 664) *e. wahrer Spruch* 2 Pt 2, 22. ἀληθῆ λέγειν (Soph., Ph. 345. Ps.-Demosth. 7, 43, auch P. Oxy. 37, 12 [I n]. P. Straßb. 41, 18 [ca. 250 n] τὰ ἀληθῆ λέγειν. 3 Makk 7, 12. Jos., vi. 286) J 19, 35. τοῦτο ἀληθὲς (v. l. ἀληθῶς) εἴρηκας *dies hast du wahr* (eig. als etwas Wahres; vgl. Pla. Ps.-Demosth. 59, 34 ταῦτ' ἀληθῆ λέγω. Lucian, fugit. 1) *geredet* 4, 18; vgl. 10, 41 (πάντα ὅσα . . ἀλ. wie Jos., ant. 8, 242). οὐδὲν ἀληθές AG 14, 19 v. l. (der Cyn. Oenom. b. Eus., pr. ev. 5, 26, 4 sagt, in den Orakeln fände sich μηδὲν ἀληθὲς ἢ ἔνθεον). ὅσα ἐστὶν ἀληθῆ Phil 4, 8. ἀληθές ἐστιν καὶ οὐκ ἔστιν ψεῦδος (d. Ggs. wie Pla., ep. 7 p. 344 B. Philo, rer. div. her. 132) 1 J 2, 27; vgl. V. 8. Hv 3, 4, 3. *untrüglich* v. d. Hl. Schrift γραφαί 1 Kl 45, 2. λόγος (seit Pind., Ol. 1, 28, auch Galen, in Hippocratis de natura hom, 29 p. 17, 26f. Mewaldt. Dt 13, 15. Jdth 11, 10. Wsh 2, 17. Philo) Dg 12, 7. *zuverlässig* μαρτυρία (P. Hal. 1, 227 ἀληθῆ μαρτυρεῖν. Jos., ant. 4, 219 μαρτυρία) J 5, 31f. 8, 13f. 17. 21, 24. 3 J 12. Tit 1, 13. ▬ **3.** *wirklich, echt* (Thu. u. a., auch P. Tebt. 285, 3. 293, 17. Spr 1, 3. Wsh 12, 27) ἀγάπη Pol 1, 1. MPol 1, 2. χάρις 1 Pt 5, 12. ζωή (Philo, poster. Cai. 45) Dg 12, 4. βρῶσις, πόσις v. d. Leib u. Blut Jesu J 6, 55. ἵνα τὸ πνεῦμα ἀληθὲς εὑρεθῇ Hm 3, 1. ἀ. ἐστιν τὸ γινόμενον διὰ τ. ἀγγέλου *d. durch d. Engel Geschehene ist Wirklichkeit* AG 12, 9. Zu μαθητὴς ἀ. IRö 4, 2 s. ἀληθῶς 2.*

ἀληθινός, ή, όν (Heraklit. X. Pla. u. a., auch Inschr. Pap. LXX. Hen. Philo. Joseph. Test. 12

Patr.) *wahr* — **1.** *wahrhaftig, zuverlässig* (X., an. 1, 9, 17. LXX) v. Gott (Ex 34, 6. Num 14, 18. 1 Esr 8, 86. 3 Makk 2, 11. Jos., ant. 11, 55) Apk 6, 10 (neb. ἅγιος). (neb. ἀψευδής) MPol 14, 2. Mit genauerer Bestimmung ὁ κύριος ἀ. ἐν παντὶ ῥήματι Hm 3, 1 (Ggs. ψεῦδος). V. Christus, d. Weltrichter, neb. ἅγιος Apk 3, 7; neb. πιστός Apk 3, 14. 19, 11. V. Hiob 1 Kl 17, 3 (Hi 1, 1). ἀ. καρδία (Jes 38, 3. Test. Dan 5, 3) Hb 10, 22. — **2.** *wahr, wahrheitsgemäß* Hm 3, 5. λόγος (Pla., Rep. 7 p. 522 A u. a., auch 3 Kö 10, 6. 2 Ch 9, 5. Da Theod. 6, 13. 10, 1) J 4, 37. λόγοι (2 Kö 7, 28. Hen. 99, 2) Apk 19, 9. (neb. πιστός) 21, 5. 22, 6. μαρτυρία *glaubwürdig, zuverlässig* J 19, 35. κρίσις ἀ. (Tob 3, 2 BA. Jes 59, 4. Hen. 27, 3) *Gericht*, bei dem d. Warheit zutage kommt 8, 16; Pl. (neb. δίκαιος) Apk 16, 7. 19, 2. ὁδοί 15, 3; vgl. Hv 3, 7, 1. — **3.** *echt, wirklich* (X., Ök. 10, 3. Pla., Rep. 6 p. 499C, auch Dio Chrys. 47 [64], 21 αἷμα ἀλ. P. Oxy. 465, 108 ἄγαλμα κυάνου ἀ. = Bild von echtem Lasurstein. ZP 8, 20. 41. 43 οἶδά σου καὶ τ. βαρβαρικὰ ὀνόματα . . . τὸ δὲ ἀ. ὄνομά σου, dazu Fluchtaf.^{2} S. 19f. ZP 4, 278. 5, 115) ἀ. φῶς (Ael. Aristid. 23, 15 K. = 42 p. 772 D. [Asklep.]. Plotin, Enn. 6, 9, 4) J 1, 9. 1 J 2, 8. ἀ. τ. θεοῦ δύναμις Mk-Schluß d. Freerhs. 3f. ἄμπελος J 15, 1. ἄρτος *d. echte Brot* v. Abendmahl 6, 32. ζωή (Philo, leg. all. 1, 32) IEph 7, 2; vgl. 11, 1. Tr 9, 2. Sm 4, 1. Von Gott im Ggs. zu and. Göttern, die nicht *echt* sind (ZP 7, 634f. πέμψον μοι τὸν ἀ. 'Ασκληπιὸν δίχα τινὸς ἀντιθέου πλανοδαίμονος. Philo, leg. ad Gai. 366. Jos., ant. 8, 343. Or. Sib., Fgm. 1, 20. Jes 65, 16. 3 Makk 6, 18) J 17, 3 (s. μόνος 1a δ). 1 J 5, 20 (s. AvHarnack, SAB '15, 538f. = Studien I '31, 110f.). 1 Th 1, 9. 1 Kl 43, 6. ἀ. ὁ πέμψας με *mein Absender ist echt*, darf wirkl. so genannt werden J 7, 28. V. Menschen (Demosth. 9, 12. 53, 8. 12 ἀ. φίλος. Polyb. 1, 6, 5. 1, 80, 2. 3, 12, 6. Epikt. 4, 1, 154. 172. P. Hamb. 37, 6 ὁ ἀ. φιλόσοφος. P. Gieß. 40 II, 27 ἀ. Αἰγύπτιοι) προσκυνηταί J 4, 23. προφῆται im Ggs. zu d. falschen Propheten D 11, 11; vgl. 13, 1. διδάσκαλος im Ggs. zu d. Irrlehrern 13, 2. — πάθος *d. wirkliche Leiden* (Ggs. z. Doketismus) IEph insc. *wahr* im Sinne der Realität, die nur d. Urbild, nicht d. Abbild besitzt (X., mem. 3, 10, 7. Pla., leg. 1 p. 643 C v. Knabenspielzeug ὄργανα σμικρά, τῶν ἀ. μιμήματα. V. echten Körper im Ggs. zu s. künstlerischen Wiedergabe: Alcidamas [IV v], soph. 28 Blaß. Theokr., epigr. Nr. 18 Gow = Anth. Pal. 9, 600. Athen. 6 p. 253 E): σκηνή *d. wahre Stiftshütte*, d. himmlische Heiligtum Hb 8, 2. d. Tempel ἀντίτυπα τῶν ἀ. *Gegenbild d. wahren Heiligtums* 9, 24. — τὸ ἀ. *das wahre Gut* (im Gegensatz z. vermeintlichen, dem ἄδικος μαμωνᾶς) πιστεύειν τὸ ἀ. *das w. G. anvertrauen* Lk 16, 11 (vgl. Philo, praem. 104 ὁ ἀ. πλοῦτος ἐν οὐρανῷ).*

ἀλήθω (Hippokr. Theophr. 4, 12, 13. Diod. S. 3, 13, 2, auch P. Oxy. 908, 26. 34 [II n]. ZP 4, 3097. LXX; nach Phryn. p. 151 Lob. für das att. ἀλέω, das auch Jos., ant. 3, 270 hat) *mahlen* ἀ. ἐν τῷ μύλῳ (Num 11, 8) *an d. Handmühle m.* Mt 24, 41. Dafür ἀ. ἐπὶ τὸ αὐτό *an demselben Platze m.*, weil d. Mühlen meist von zwei Frauen bedient werden Lk 17, 35. Bildl. v. Martyrium des Ign., der als Weizen Gottes v. den Zähnen der wilden Tiere zermahlen werden möchte IRö 4, 1.*

ἀληθῶς (seit Aeschyl. Hdt., auch Inschr. Pap. LXX. Ep. Arist. 219. Philo. Joseph.) Adv. v. ἀληθής. *wahrhaftig, in Wahrheit, wirklich, tatsächlich* — **1.** als eigtl. Adv. mit d. Verbum verb. λέγειν *wahrheitsgemäß sagen* (Dio Chrys. 33 [50], 7. P. Fay. 123, 24) Lk 9, 27. IRö 8, 2. λαλεῖν ebd. γιγνώσκειν *wirklich erkennen* J 7, 26. 17, 8. εἰδέναι *wirklich wissen* AG 12, 11. ἀ. τετελείωται *ist wirklich vollkommen* 1 J 2, 5. κτᾶσθαι IEph 15, 2. πέμπειν 17, 2. πράσσειν IMg 11. ἐγείρεσθαι ITr 9, 2; vgl. 1. ἐκλέγεσθαι Pol 1, 1. φρονεῖν (neb. καλῶς) Hm 3, 4. βλέπειν B 1, 3. κατοικεῖν 16, 8. ζῆν (Charito 8, 6, 8) Dg 10, 7. ἀ. καθηλωμένος *in Wahrheit angenagelt* ISm 1, 2. ἀληθῶς θεοῦ υἱὸς εἶ *du bist wirklich Gottes Sohn* Mt 14, 33. 27, 54; vgl. 26, 73. Mk 11, 32 D. 14, 70. 15, 39. J 4, 42. 6, 14. 7, 40. PE 11, 45. B 7, 9. Dg 7, 2. Als Beteuerungsformel mit λέγω verb. (ἀμήν 2) *wahrlich, ich sage euch* Lk 12, 44. 21, 3. — **2.** in attrib. Verb. m. Substantiven (Pla., Phaedo 109 E ἐκεῖνός ἐστιν ὁ ἀληθῶς οὐρανός. Plut., Is. et Os. 3 p. 352 C. Dit., Syll.^{3} 834, 6. Ruth 3, 12 ἀληθῶς ἀγχιστεὺς ἐγώ εἰμι. 4 Makk 11, 23. Jos., ant. 9, 256 ὁ ἀ. θεός) ἴδε ἀ. 'Ισραηλίτης *da ist e. echter Israelit* (eigtl.: wirklich e. I.) J 1, 47. ἀ. μαθηταί μού ἐστε *meine echten Jünger* 8, 31; vgl. IRö 4, 2, wo μαθητὴς ἀληθῶς τ. Χριστοῦ zu lesen ist (ἀληθής 3). — ἀ. οἰκοδομητὸς ναὸς διὰ χειρός *e. wirklich mit Händen erbauter Tempel* B 16, 7. καθὼς ἀ. ἐστιν (wofür sonst ὡς ἀ. steht; vgl. 4 Makk 6, 5) *wie es wirklich ist* 1 Th 2, 13.*

ἁλιεύς, έως, ὁ (über d., auch Arrian, anab. 6, 23, 3 [zweimal als v. l. ἁλεέας]. P. Flor. 127, 15 [256 n]. BGU 1035, 6. Jes 19, 8. Ez 47, 10 vorkommende Form ἁλεεῖς, neb. der s. im NT an allen Stellen als v. l. ἁλιεῖς findet, vgl. Bl-D. § 29, 5 m. Anh. W-S. § 5, 20a) *d. Fischer* (seit Homer) eigtl. Mt 4, 18. Mk 1, 16. Lk 5, 2; übertr. v. d. Jüngern ἁλεεῖς ἀνθρώπων *Menschenfischer* Mt 4, 19. Mk 1, 17 m. allegor. Verknüpfung des gegenwärtigen u. zukünftigen Berufes (Lk 5, 10 hat dafür ἀνθρώπους ἔσῃ ζωγρῶν, s. ζωγρέω). Bild u. Ausdruck auch bei d. Alten (RhM n. F. 35, '80, 41, Nr. 12. — S. dazu Diog. L. 4, 16. 17 θηράω = erjagen im Sinne von „jmdn. für e. Lehre einfangen". 8, 36 läßt Diog. L. den Timon (fgm. 58 Diels) von Pythag. sagen, er wäre ausgezogen θήρῃ ἐπ' ἀνθρώπων = auf Menschenjagd). — Lit. b. ἀμφιβάλλω.*

ἁλιεύω (als Akt. IG XII 5, 126 [II/I v]. Plut., Ant. 29, 5 u. a. P. Flor. 275, 24. Jer 16, 16. Test. Seb. 6, 3. 7. 8. Als Med. Philo, agr. 24; plant. 102) *fischen* ὑπάγω ἁλιεύειν *ich gehe fischen* J 21, 3.*

ἁλίζω (seit Aristot., auch LXX) Pass. Fut. 1 ἁλισθήσομαι; Aor. 1 ἡλίσθην *salzen* ἐν τίνι ἁλισθήσεται; *womit soll es* (d. Salz) *wieder salzig gemacht werden?* Mt 5, 13. Unsicher überl. u. dunkel ist Mk 9, 49 mit den drei LA: 1. πᾶς γὰρ πυρὶ ἁλισθήσεται 2. πᾶσα γὰρ θυσία ἁλὶ ἁλισθ. 3. πᾶς γὰρ πυρὶ ἁλισθ. καὶ πᾶσα θυσία (ἁλὶ) ἁλισθ. 2 = 3 b ist atl. Opferbestimmung (Lev 2, 13). in 1 = 3 a dient offenbar d. Feuer als Bild f. die Leiden u. Opfer, durch die sich die Kraft des Jüngers erprobt. Vgl. d. Lit. z. ἅλας 2 u. πῦρ 2. V. ähnl. apokalypt. Dunkelheit ist d. Wort des Heraklit, fgm. 66 πάντα τὸ πῦρ ἐπελθὸν κρινεῖ καὶ καταλήψεται. Übertr. auch ἁλίζεσθαι ἐν αὐτῷ (Χριστῷ) *s. durch Christus salzen lassen*, d. h. sich seiner vor Fäulnis bewahrenden Wirkung unterstellen IMg 10, 2.*

ἀλίσγημα, ατος, τό (Anecd. Gr. p. 377, 1. Hesych. Suidas; v. ἀλισγέω rituell verunreinigen LXX) *d. Befleckung*, ἀπέχεσθαι τῶν ἀ. τῶν εἰδώλων *d. Befleckung* (Pl. z. Bez. d. einzelnen Handlungen) *durch d. Götzen meiden* AG 15, 20.*

"Αλκη, ης N. pr. f. *Alke* (Isaeus 6, 19. 20. 55. Diod. S. 5, 49, 3. CIG 3268 [Smyrna]. 7064; häufiger das lat. Alce [CIL III 2477. VI 20852. IX 3201 u. s.]) e. Smyrnäerin ISm 13, 2. IPol 8, 3. MPol 17, 2.*

ἀλλά (allgem. seit Homer, auch Inschr. Pap. LXX. Ep. Arist. Philo. Joseph. Test. 12 Patr.) Adversativpartikel, bezeichnet dem Vorangehenden Entgegengesetztes oder von ihm Verschiedenes, und zwar bei einzelnen Satzgliedern wie bei ganzen Sätzen *sondern, aber, doch, vielmehr, indessen* — **1.** nach vorausgegang. Negation — **a.** e. Ggs. einführend οὐκ ἦλθον καταλῦσαι, ἀλλὰ πληρῶσαι Mt 5, 17. οὐ πᾶς ὁ λέγων . . . ἀλλ' ὁ ποιῶν 7, 21. οὐκ ἀπέθανεν, ἀλλὰ καθεύδει Mk 5, 39. οὐκέτι οὐδένα εἶδον, ἀλλὰ τὸν Ἰησοῦν μόνον 9, 8 v. l. (i. T. εἰ μή). οὐκ ἔστι θεὸς νεκρῶν ἀλλὰ ζώντων Mt 22, 32. Mk 12, 27. Lk 20, 38. — Steigernd (Bl-D. § 448) οὐ μόνον . . . ἀλλὰ καί *nicht allein, sondern auch* (Ep. Arist. mehrfach. Jos., bell. 3, 102): οὐ μόνον δεθῆναι, ἀλλὰ καὶ ἀποθανεῖν AG 21, 13. οὐ μόνον σὲ ἀλλὰ καὶ πάντας τοὺς ἀκούοντας 26, 29, vgl. 27, 10. Rö 1, 32. 4, 12. 16. 9, 24. 13, 5. 2 Kor 8, 10. 21. 9, 12. Eph 1, 21. Phil 1, 29. 1 Th 1, 5. 2, 8. Hb 12, 26. 1 Pt 2, 18. Mit Verkürzung d. ersten Gliedes: οὐ μόνον δέ, ἀλλὰ καὶ *nicht nur dies aber* (ist der Fall), *sondern auch*: οὐ μόνον δέ (erg. καυχώμεθα ἐπὶ τούτῳ), ἀλλὰ καὶ καυχώμεθα ἐν ταῖς θλίψεσιν Rö 5, 3, vgl. V. 11. 8, 23. 9, 10. 2 Kor 8, 19. — Nach vorausgegangenen ausdrückl. od. involvierten Fragen u. darauf erfolgter verneinender Antwort d. Zutreffende einführend: οὐχί, ἀλλὰ κληθήσεται Ἰωάννης *nein; vielmehr soll er Johannes genannt werden* Lk 1, 60. οὐχί, λέγω ὑμῖν, ἀλλὰ ἐὰν μὴ μετανοῆτε *nein! sage ich euch; vielmehr, wenn ihr nicht Buße tut* 13, 3. 5; vgl. 16, 30. J 7, 12. AG 16, 37. Rö 3, 27; nach μὴ γένοιτο, das d. Stelle e. scharfen Negation vertritt 3, 31. 7, 7. 13; vgl. 1 Kor 7, 21. D. verneinende Antwort wird als selbstverständlich weggelassen: *(nein,) statt dessen* 6, 6 (als Aussage). Für ἀ.: ἀλλ' ἤ Lk 12, 51. B 2, 8. Auch nach vorausgegang. Negation und ἄλλος, wie schon klassisch (Kühner-G. II 284f., auch IG IV 951, 76 [320 v]. P. Petr. II 46 a, 5 [200 v]. Bl-D. § 448, 8): *außer* οὐ γὰρ ἄλλα γράφομεν ὑμῖν ἀλλ' ἢ ἃ ἀναγινώσκετε *denn wir schreiben euch nichts anderes, außer was ihr* (wirklich) *lest* 2 Kor 1, 13. Diese Konstruktion οὐκ ἄλλος ἀλλ' ἤ ist eine Vermischung von οὐκ ἄλλος . . ., ἀλλά (P. Tebt. 104, 19 [92 v] μὴ ἐξέστω Φιλίσκωνι γυναῖκα ἄλλην ἐπαγαγέσθαι, ἀλλὰ Ἀπολλωνίαν) 1 Kl 51, 5 und οὐκ ἄλλος ἤ . . . (Ps.-Klem., hom. 16, 20). — **b.** innerhalb desselben Satzgliedes zur Gegenüberstellung einzelner Worte dienend: οὐ . . . δικαίους ἀλλ' ἁμαρτωλούς Mt 9, 13. Lk 5, 32. οὐκ ἐμὲ δέχεται ἀλλὰ τὸν ἀποστείλαντά με Mk 9, 37. ἀλλ' οὐ τί ἐγὼ θέλω ἀλλὰ τί σύ 14, 36, vgl. J 5, 30. 6, 38. ἡ ἐμὴ διδαχὴ οὐκ ἔστιν ἐμὴ ἀλλὰ τοῦ πέμψαντός με 7, 16. οὐκ ἐγὼ ἀλλὰ ὁ κύριος 1 Kor 7, 10. οὐ τῇ πορνείᾳ, ἀλλὰ τῷ κυρίῳ 6, 13. οὐκ εἰς τὸ κρεῖσσον ἀλλὰ εἰς τὸ ἧσσον 11, 17. οὐκ ἔστιν ἓν μέλος ἀλλὰ πολλά 12, 14. οὐκ εἰς τὸ ἀγαθὸν ἀλλ' εἰς τὸ πονηρόν D 5, 2. οὐχ ὡς διδάσκαλος ἀλλ' ὡς εἷς ἐξ ὑμῶν B 1, 8 u. o. Bei οὐκ ἔστιν ἐμὸν τοῦτο δοῦναι, ἀλλ' οἷς ἡτοίμασται ὑπὸ τοῦ πατρός μου Mt 20, 23 liegt eine Verschränkung vor = οὐκ ἐμὸν . . . ἀλλὰ τοῦ πατρός, ὃς δώσει οἷς ἡτοίμασται ὑπ' αὐτοῦ. — Nach μέν, das auf d. flgd. Beschränkung hinweist: πάντα μὲν καθαρά, ἀλλὰ κακὸν τῷ ἀνθρώπῳ Rö 14, 20. σὺ μὲν γὰρ καλῶς εὐχαριστεῖς, ἀλλ' ὁ ἕτερος οὐκ οἰκοδομεῖται 1 Kor 14, 17. — Bes. bemerkenswert ist d. Verwendung v. ἀλλά im johann. Sprachgebrauch, sofern die genaue Kongruenz d. Glieder oft fehlt: οὐκ ἦν ἐκεῖνος τὸ φῶς ἀλλ' ἵνα μαρτυρήσῃ περὶ τοῦ φωτός = ἀλλὰ μαρτυρῶν π. τ. φ. 1, 8. οὐκ ᾔδειν αὐτόν, ἀλλ' . . . ἦλθον *obgleich ich ihn nicht kannte, kam ich doch* V. 31. εἶπον· οὐκ εἰμὶ ἐγὼ ὁ Χριστός, ἀλλ' ὅτι *ich habe gesagt: nicht ich bin der Christus, ich bin vielmehr nur vor ihm hergesandt* 3, 28. οὔτε οὗτος ἥμαρτεν οὔτε οἱ γονεῖς αὐτοῦ, ἀλλ' ἵνα φανερωθῇ *weder dieser hat gesündigt, noch seine Eltern, sondern* (er ist blind geboren), *damit offenbart würden* 9, 3. — **2.** bei Gegenüberstellung v. ganzen Sätzen zur Bez. d. Überganges zu Verschiedenem oder Entgegengesetztem: *doch, aber.* δεῖ γὰρ γενέσθαι, ἀλλ' οὔπω ἐστὶν τὸ τέλος Mt 24, 6, vgl. Lk 21, 9. κεκοίμηται· ἀλλὰ πορεύομαι ἵνα ἐξυπνίσω αὐτόν J 11, 11, vgl. 15. 16, 20. Lk 22, 36. J 4, 23. 6, 36. 64. 8, 37. AG 9, 6. Rö 10, 18f. ἁμαρτία οὐκ ἐλλογεῖται . . . ἀλλὰ . . . *Sünde wird nicht zugerechnet . . .; trotzdem . . .* 5, 14. Einen neuen Einwand einführend: ἀλλὰ ἐρεῖ τις (Jos., bell. 7, 363 ἀλλὰ φήσει τις) 1 Kor 15, 35. Jk 2, 18. Eine vorhergegangene Aussage zurücknehmend od. einschränkend: παρένεγκε τὸ ποτήριον τοῦτο ἀπ' ἐμοῦ. ἀλλ' οὐ τί ἐγὼ θέλω Mk 14, 36. ἀλλ' οὐχ ὡς τὸ παράπτωμα, οὕτως καὶ τὸ χάρισμα Rö 5, 15. ἀλλ' οὐκ ἐχρησάμεθα τῇ ἐξουσίᾳ ταύτῃ 1 Kor 9, 12. ἀλλὰ ἕκαστος ἴδιον ἔχει χάρισμα 7, 7. ἀλλὰ καὶ περὶ τούτου δὲ εἴρηται D 1, 6. — In ἀλλ' οὐ πάντες οἱ ἐξελθόντες . . .; Hb 3, 16 scheint das ἀλλ' lediglich dem Mißverständnis des ersten τίνες als τινές seinen Ursprung zu verdanken (Bl-D. § 448, 4 m. Anh.). — **3.** vor selbständigen Sätzen, um anzudeuten, daß d. Vorhergehende als erledigt zu betrachten ist, u. demgemäß den Übergang zu etwas Neuem bildend ἀλλὰ ὁ ὄχλος οὗτος . . . ἐπάρατοί εἰσιν *aber gar dieser Pöbel . . . verflucht ist er!* J 7, 49. ἀλλ' ἐν τούτοις πᾶσιν ὑπερνικῶμεν (nein, nichts davon!) *sondern in dem allen tragen wir den glänzendsten Sieg davon* Rö 8, 37. ἀλλ' ὅτι ἃ θύουσιν, δαιμονίοις . . . θύουσιν (nein!) *sondern daß sie* (d. Heiden), *was sie opfern, Dämonen opfern* 1 Kor 10, 20. Vgl. Gal 2, 3. Ähnl. Mt 11, 7f. ἀλλὰ τί ἐξήλθατε ἰδεῖν (das konntet ihr nicht sehen wollen;) *sondern was seid ihr ausgegangen zu sehen?* Ebenso elliptisch zu erkl. das steigernde ἀλλὰ καί (u. nicht nur dies;) *sondern auch* Lk 12, 7. 16, 21. 24, 22. Phil 1, 18; negativ ἀλλ' οὐδέ Lk 23, 15. AG 19, 2. 1 Kor 3, 2. 4, 3; verstärkt ἀλλά γε καί *aber sogar* Lk 24, 21; ἀλλὰ μὲν οὖν γε καί Phil 3, 8. — **4.** im Nachsatz von Bedingungssätzen *so doch, wenigstens.* εἰ καὶ πάντες σκανδαλισθήσονται, ἀλλ' οὐκ ἐγώ *so doch nicht ich* Mk 14, 29; vgl. 1 Kor 8, 6. 2 Kor 4, 16. 5, 16. 11, 6; verstärkt ἀλλὰ καί: εἰ γὰρ σύμφυτοι γεγόναμεν . . ., ἀλλὰ καὶ τῆς ἀναστάσεως (erg. σύμφυτοι) ἐσόμεθα *so werden wir doch gewiß erst recht mit seiner Auferstehung verwachsen sein* Rö 6, 5; durch γε eingeschränkt εἰ ἄλλοις οὐκ εἰμὶ ἀπόστολος, ἀλλά γε ὑμῖν εἰμι *so bin ich es doch zum mindesten für euch* 1 Kor 9, 2 (Bl-D. § 439, 2). ἐὰν γὰρ μυρίους παιδαγωγοὺς ἔχητε ἐν Χριστῷ, ἀλλ' οὐ πολλοὺς πατέρας *so doch nicht viele Väter* 1 Kor 4, 15. — **5.** rhetorisch steigernd: (nicht nur dies,) *sondern vielmehr* πόσην κατειργάσατο ὑμῖν σπουδήν, ἀλλὰ ἀπολογίαν, ἀλλὰ ἀγανάκτησιν, ἀλλὰ φόβον, ἀλλὰ ἐπιπόθησιν, ἀλλὰ ζῆλον, ἀλλὰ ἐκδίκησιν *ja sogar* 2 Kor 7, 11. — **6.** in Verb. m. einem Imp. zur Verstärkung d. Aufforderung: *nun denn, so . . . denn* (Arrian, anab. 5, 26 ἀλλὰ παραμείνατε = so haltet denn aus! Jos., ant. 4, 145. Or. Sib. 3, 624. 632): ἀλλὰ ἐλθὼν ἐπίθες τὴν χεῖρά σου *nun denn, so komm und lege deine Hand auf* Mt 9, 18. ἀλλ' εἴ τι δύνῃ, βοήθησον *nun hilf, wenn du etw.* (oder: *wenn du* *irgend) kannst* Mk 9, 22. ἀλλὰ ὑπάγετε εἴπατε *nun geht denn hin und sagt* 16, 7. ἀλλὰ ἀναστὰς κατάβηθι AG 10, 20. ἀλλὰ ἀνάστηθι 26, 16. — In dems. Sinne bei dem Konj. ἀλλ'... ἀπειλησώμεθα αὐτοῖς μηκέτι λαλεῖν *nun so wollen wir sie bedrohen, nicht mehr zu reden* 4, 17. ἀλλ' ὥσπερ ἐν παντὶ περισσεύετε... ἵνα καὶ ἐν ταύτῃ τῇ χάριτι περισσεύητε 2 Kor 8, 7. In dieser Richtung liegt wohl auch das Verständnis von Eph 5, 24, das als Ellipse gefaßt u. etwa ergänzt werden kann: *so sollen sich denn, wie die Kirche dem Christus untergeordnet ist, ebenso auch d. Frauen ihren Männern unterordnen.* Doch wird ἀλλά auch verwendet, um eine Folgerung aus dem Vorhergehenden einzuleiten: *also, demgemäß, darum* (z.B. Aristoph., Ach. 1189 ὁδὶ δὲ καὐτός. Ἀλλ' ἄνοιγε τὴν θύραν = da ist er selbst. Darum öffne die Tür; av. 1718. Herondas 7, 89. Artem. 4, 27 p. 219, 22).

ἀλλαγή, ῆς, ἡ (seit Aeschyl., auch Pap. Wsh 7, 18) *d. Veränderung, d. Wechsel* τὰς τῶν καιρῶν ἀλλαγὰς καταδιαιρεῖν *d. Wechsel d. Zeiten einteilen* Dg 4, 5 (vgl. Wsh 7, 18. Or. Sib. 2, 257).*

ἀλλάσσω (seit Aeschyl., auch Inschr. Pap. LXX. Joseph.) Fut. ἀλλάξω. Aor. 1. ἤλλαξα. Fut. 2 Pass. ἀλλαγήσομαι — **1.** *verändern* τὴν φωνήν μου *e. andern Ton anschlagen* Gal 4, 20 (Artem. 2, 20 v. Raben πολλάκις ἀλλάσσειν τ. φωνήν. Test. Jos. 14, 2 ἀλλ. τὸν λόγον). V. Hyänen τὴν φύσιν *d. Natur wechseln* B 10, 7 (vgl. Windisch, Hdb. z. St.). τὰς χρόας *d. Farbe wechseln* v. Steinen Hs 9, 4, 5. 8. V. Jesus am Gerichtstag: ἀλλάξει τὸν ἥλιον καὶ τὴν σελήνην καὶ τοὺς ἀστέρας *er wird d. Sonne, den Mond, die Sterne verwandeln,* daß sie ihren Schein verlieren B 15, 5. τὰ ἔθη *andere Sitten einführen* AG 6, 14 (Diod. S. 1, 73, 3 τὰς τῶν θεῶν τιμὰς ἀλλάττειν). — Pass. (Dionys. Perieg. [Geogr. Gr. min. ed. CMüller II 1861 p. 127, v. 392]. Herm. Schr. 1, 4. 13, 5. Jos., ant. 2, 97 v. l. Or. Sib. 3,638. 5, 273 ἕως κόσμος ἀλλαγῇ v. d. letzten Zeit): v. d. Veränderung des leibl. Zustandes der Christen am Jüngsten Tage *verwandelt werden* 1 Kor 15, 51f.; v. der Veränderung, die Christus b. der kommenden Weltzerstörung m. den Himmeln vornimmt Hb 1, 12 (Ps 101, 27). — **2.** *vertauschen* (Aeschyl. u. a., auch P. Oxy. 729, 43. BGU 1141, 41. 44. Jer 2, 11. Jos., ant. 18, 237) ἤλλαξαν (v. l. ἠλλάξαντο, wie im att. Sprachgebr.) τὴν δόξαν τοῦ ἀφθάρτου θεοῦ ἐν ὁμοιώματι εἰκόνος *sie vertauschten d. Herrlichkeit d. unvergänglichen Gottes mit* ... Rö 1, 23 (ἀ. ἔν τινι nach Ps 105, 20, wo es Wiedergabe von הֵמִיר בְּ ist; doch vgl. ἐν IV 5). V. schlechten Steinen an e. Bau: *auswechseln* Hs 9, 5, 2. V. Kleiderwechsel (Appian, bell. civ. 5, 122 § 504 τὴν ἐσθῆτα ἤλλαξεν. Gen 35, 2. 2 Kö 12, 20) Ox 19.*

ἀλλαχόθεν (seit Antipho 3, 4, 3 Thalh., auch Appian, Liby. 126 § 604. Plut., Fab. 6, 9; mor. 1086 D. 1129 E. Jos., ant. 2, 198. 4, 236. 18, 316. P. Rainer 232, 28. P. Oxy. 237 V, 15 [186 n]. 4 Makk 1, 7) Ortsadv. *anderswoher* ἀναβαίνειν *sonstwie übersteigen* (Ggs. εἰσέρχεσθαι διὰ τῆς θύρας) J 10, 1.*

ἀλλαχοῦ Ortsadv. *anderswo* (so seit Soph. X.), auch *anderswohin* (Epikt. 3, 23, 22. 3, 26, 4. Dio Chrys. 21 [38], 15. Polyaenus 1, 12. 1, 46. 4, 2, 21. Dit., Syll.³ 888, 38 [238 n]. Phryn. 43 f. L.) ἀ. ἄγειν εἰς τὰς ἐχομένας κωμοπόλεις *anderswohin gehen* Mk 1, 38.*

ἀλληγορέω (Athen. 2 p. 69 C. Plut., Is. et Os. 32 p. 363 D. Porphyr., vi. Pyth. 12 Nauck. Schol. zu Pind., Ol. 10, 13a. Philo, cher. 25; somn. 2, 31; vi. cont. 28. Jos., ant. 1, 24) *allegorisch reden* ἅτινά ἐστιν ἀλληγορούμενα Gal 4, 24. — FWehrli, Z. Gesch. der allegor. Deutung Homers, Diss. Basel '28: Mythendeutung dieser Art wird mindestens seit V v geübt. Z. allegor. Deutg. b. Griechen u. Juden vgl. etwa neben Heraclit. Sto., Quaestiones Homericae den Alexandriner Philo. — FBüchsel ThW I 260—64 (Lit.).*

ἀλληλουϊά (הַלְלוּיָהּ) eigtl. *preiset Jahve,* liturg. Formel d. jüd. (Ps, auch Tob 13, 18. 3 Makk 7, 13) u. dann des christl. Gottesdienstes. Als solche verwendet Apk 19, 1. 3. 6; neben ἀμήν (vgl. d. hebr. Ps 106, 48. ZP 7, 271. Christl. Amulett P. Berol. 6096 bei Wilcken, APF 1, '01, 430. ESchaefer in d. P. Iand. I S. 29) V. 4.*

ἀλλήλων (seit Homer allgem., auch Inschr. Pap. LXX. Joseph. Test. 12 Patr.) Gen. d. pron. reciproc. Dat. ἀλλήλοις, Akk. ἀλλήλους *einander, wechsel-, gegenseitig* ἀλλήλων μέλη *im Verhältnis zueinander Glieder* Rö 12, 5. Eph 4, 25. 1 Kl 46, 7. ἀ. τὰ βάρη Gal 6, 2. καταλαλεῖν ἀ. *einander verleumden* Jk 4, 11. ἀνέχεσθαι ἀ. Kol 3, 13. ἀπ' ἀ. Mt 25, 32. AG 15, 39. κατ' ἀ. (Appian, bell. civ. 5, 24 § 95) Jk 5, 9. μετ' ἀ. J 6, 43. 11, 56. 16, 19. ITr 12, 2. μεταξὺ ἀ. Rö 2, 15. παρὰ ἀ. J 5, 44. ὑπὲρ ἀ. 1 Kor 12, 25. ὑπ' ἀ. (Appian, bell. civ. 5, 22 § 89) Gal 5, 15. — ἀλλήλοις ἀντίκειται Gal 5, 17. ἐγκαλεῖν ἀ. AG 19, 38. ἐν ἀ. (Jos., bell. 2, 127; ant. 9, 240): εἰρηνεύειν Mk 9, 50; vgl. J 13, 35. Rö 15, 5. — ἀλλήλους: ἀγαπᾶν ἀ. J 13, 34. Rö 13, 8. 1 Th 4, 9. 1 J 3, 11. 2 J 5. 2 Kl 9, 6. παραδιδόναι ἀ. Mt 24, 10. πρὸς ἀ. (Ael. Aristid. 46 p. 404 D. Hen. 6, 2. Jos., ant. 2, 108) Mk 4, 41. 8, 16. εἰς ἀ. J 13, 22. Rö 12, 10.

ἀλλογενής, ές (Dit., Or. 598 [I n]. Sb 6235, 6. LXX. Philo. Jos., bell. 2, 417) *aus anderm Volke stammend, landfremd* v. d. dankbaren Samariter εἰ μὴ ὁ ἀ. οὗτος *außer diesem Landfremden* Lk 17, 18.*

ἀλλοιόω (seit Vorsokr., auch Enteux. 51, 6 [III v]. LXX) Aor. 1 ἠλλοίωσα, Pass. ἠλλοιώθην *verändern, ändern* τὸ ῥηθέν *d. Wort* (Gen 2, 23), so daß es nicht mehr gilt 1 Kl 6, 3. V. d. Erde μηδὲ ἀλλοιοῦσά τι τῶν δεδογματισμένων ὑπ' αὐτοῦ *nichts an seinen Satzungen abändernd* 20, 4 (vgl. Da 2, 21. 6, 9 Theod. Hen. 2, 1. 2). — Pass. *verwandelt werden, s. verändern* (Thu 2, 59, 1. Antig. Car. 25. 164. Polyb. 8, 27, 2. Dio Chrys. 35 [52], 13) Lk 9, 29 D. ἠλλοιώθη ἡ ἰδέα αὐτοῦ Hv 5, 4. ἡ μορφὴ αὐτοῦ ἠλλοιώθη m 12, 4, 1 (vgl. Da Theod. 5, 6. 7, 28). — s 8, 5, 1.*

ἅλλομαι (seit Homer, auch LXX. Jos., bell. 5, 330; ant. 20, 61) Aor 1 ἡλάμην *springen* — **1.** eigtl. v. d. raschen Bewegung lebender Wesen (P. Ryl. 138, 15): v. d. geheilten Lahmen (Jes 35, 6) περιπατῶν καὶ ἁλλόμενος *gehend u. springend* d. h. in langsamer u. schneller Bewegung d. Tatsache d. Heilung zeigend AG 3, 8. ἥλατο καὶ περιεπάτει *er sprang auf und konnte gehen* 14, 10. — **2.** übertr. auf d. rasche Bewegung v. Leblosem (seit Il. 4, 125); v. Wasser *sprudeln* (wie lat. salire Vergil, ecl. 5, 47. Suet., Octav. 82) πηγὴ ὕδατος ἁλλομένου *e. Quelle sprudelnden Wassers* J 4, 14.*

ἄλλος, η, ο (seit Homer, auch Inschr. Pap. LXX. Ep. Arist. Philo. Joseph. Test. 12 Patr.) Adj. u. Subst. — **1.** *e. anderer* — **a.** verschieden v. d. redenden od. log. Subjekt μήπως ἄλλοις κηρύξας αὐτὸς ἀδόκιμος γένωμαι *damit ich nicht, während ich andern predige, selbst untüchtig werde* 1 Kor 9, 27. ἀ. ἐστὶν ὁ μαρτυρῶν J 5, 32 (ἄλλος v. Gott wie

Epikt. 3, 13, 13). ἄλλη συνείδησις (= ἄλλου συν.) *d. Gewissensbedenken e. andern* 1 Kor 10, 29. ἄλλους ἔσωσεν, ἑαυτὸν οὐ δύναται σῶσαι *andere hat er gerettet, sich selbst kann er nicht retten* Mt 27, 42. Mk 15, 31, vgl. Lk 23, 35. — **b.** verschieden v. e. zuvor genannten Subjekt od. Obj. ἄλλα δὲ ἔπεσεν ἐπὶ κτλ. Mt 13, 5. 7f. ἄλλην παραβολήν V. 24. 31. 33. 21, 33. ἄλλους ἑστῶτας 20, 3. 6. — Häufig ist d. Subjekt od. Obj. nicht ausdrückl. genannt, sondern aus d. Vorhergehenden zu entnehmen δι' ἄλλης ὁδοῦ ἀνεχώρησαν 2, 12 (vgl. 3 Kö 13, 10) u. ö. — **c.** im Parallelismus d. Gegenüberstellung οἱ μὲν — ἄλλοι (δέ) *d. einen — andere* J 7, 12. Unbestimmt τινὲς — ἄλλοι 9, 16. Dafür auch ὁ ὄχλος — ἄλλοι *d. große Masse — andere* 12, 29. ὁ πλεῖστος ὄχλος — ἄλλοι δέ Mt 21, 8. Ohne Bez. d. ersten Gliedes, während die flgden. durch ἄλλοι — ἄλλοι eingeführt werden Mk 6, 15. 8, 28. Lk 9, 19. J 9, 9. — Bei Aufzählungen im ersten Gliede ὁ μέν, d. flgd. mit ἄλλος δέ weitergeführt (damit wechselnd ἕτερος, wie Hb 11, 35f. Libanius, or. 32 p. 155, 18 F. ἄλλοι ... ἕτεροι. Ps.-Kl., hom. 19, 9. UPZ 42, 32f. [162v]; s. unten e) 1 Kor 12, 8ff. οἱ πέντε — ὁ εἷς — ὁ ἄλλος = *d. Letzte* Apk 17, 10. οἱ ἄλλοι m. zugefügtem od. zu erg. Hauptwort (X., Cyr. 3, 3, 4. Herodian 2, 4, 4) *d. übrigen, d. Rest* (Ps.-Callisth. 3, 35 τὰ ἄλλα λ'[ἔτη] = der Rest der 30 Jahre) J 20, 25. 21, 8. 1 Kor 14, 29. — Verschiedene Kasus v. ἄ. zusammengestellt (Epiktet Index Schenkl. Hippokr., ep. 17, 31 ἀλλὰ ἄλλος ἄλλου. Maximus Tyr. 3, 1d ἀλλὰ ἄλλον ἄλλο. 21, 7b. Sallust. 4 p. 6, 19. Jos., bell. 7, 389. 396; ant. 7, 325) ἄ. πρὸς ἄ. λέγοντες *einer sagte zum andern* AG 2, 12. ἄλλοι μὲν οὖν ἄλλο τι ἔκραζον *d. einen schrien nun dies, andere etw. anderes* (X., an. 2, 1, 15 ἄλλος ἄλλα λέγει. Nicol. Dam.: 90 fgm. 130, 25 p. 409, 25 ἄλλοι δὲ ἄλλα ὑπελάμβανον) 19, 32; vgl. 21, 34. — **d.** ἄλλος τις *irgend e. anderer, e. beliebiger anderer* μήτε ἄλλον τινὰ ὅρκον Jk 5, 12. ἄ. τις διϊσχυρίζετο Lk 22, 59. Bes. εἴ τις ἄ. (1 Makk 13, 39) 1 Kor 1, 16. Phil 3, 4. — οὐδεὶς ἄλλος *kein anderer* (vgl. Jos., vi. 196) J 15, 24. — **e.** vergleichend *e. anderer* (als, verglichen mit) — **α.** *e. anderer v. Art* 1 Kor 15, 39ff. 2 Kor 11, 4 (mit ἕτερος wechselnd; s. unten β Gal 1, 7 u. oben c). — **β.** *e. anderer* (außer, neben) οὐκ ἔστιν ἄ. πλὴν αὐτοῦ *es gibt keinen* (Gott) *außer ihm* Mk 12, 32 (vgl. Ex 8, 6. Jes 45, 21. Spr 7, 1a). Mit flgd. ἀλλά 1 Kl 51, 5, ἀλλ' ἤ 2 Kor 1, 13, εἰ μή J 6, 22, παρά c. acc. (Philostrat., vi. Apoll. 5, 30 p. 188, 30) 1 Kor 3, 11. Hierher gehört (ἕτερος 1b γ) Gal 1, 6. 7 (Bl-D. § 306, 4. Mlt. 126, 2). — **γ.** ἄλλος ἐστὶν ὁ σπείρων καὶ ἄλλος ὁ θερίζων *d. Säemann ist e. anderer als d. Schnitter* J 4, 37. — **δ.** ἄλλος καὶ ἄλλος *jeder ein and.* (Appian, Iber. 62 § 260) Hs 9, 1, 4. 10. 9, 17, 1. 2. 9, 28, 1. — **2.** *e. weiterer* (Pla., leg. 5 p. 745A ἄλλο τοσοῦτον μέρος) bei Kardinalzahlen addierend (Stephan. Byz. s. v. Ἐορδαῖαι: ἄλλαι δύο χῶραι. Diog. L. 1, 115 Ἐπιμενίδαι ἄλλοι δύο. Gen 41, 3. 6. 23. Jos., ant. 1, 92) ἄ. δύο ἀδελφούς *zwei weitere Brüder, noch zwei Br.* Mt 4, 21. ἄ. πέντε τάλαντα (vgl. Dit., Syll.³ 201, 17 [356v] ἄλλας τριάκοντα μνᾶς. P. Bouriant 23, 7 [IIn]. 1 Esr 4, 52. 1 Makk 15, 31) 25, 20; vgl. 22. μετ' αὐτοῦ ἄ. δύο J 19, 18. — **3.** mit Art. *d. andere* v. zweien (Soph., El. 739. Eur., Iph. T. 962f. Pla., leg. 1 p. 629D. Dit., Syll.³ 736, 91 [92v]. UPZ 162 VIII, 34 [117v]. BGU 456, 10ff. P. Rain. 22, 15 [IIn] τὸ ἄλλο ἥμισυ, ebenso Tob 8, 21 S; vgl. auch 1 Kö 14, 4. Korrekt wäre ἕτερος): d. geheilte Hand ist ὑγιὴς ὡς ἡ ἄλλη Mt 12, 13. ἡ ἄ. Μαρία (z. Unterschied v. Maria Magdalena, wie Appian, Basil. 1a § 4 Αἰνείας ἄλλος. Arrian, anab. 5, 21, 3. 5 ὁ ἄλλος Πῶρος) 27, 61. 28, 1. στρέψον αὐτῷ καὶ τὴν ἄ. *halte ihm auch d. andere* (linke Wange) *hin* Mt 5, 39; vgl. Lk 6, 29. ὁ μαθητὴς ὁ ἄ. *d. Jünger, u. zwar d. andere* J 18, 16 (vgl. 20, 2ff.). τοῦ ἄ. τοῦ συσταυρωθέντος 19, 32.

ἀλλοτριεπίσκοπος (t. r. ἀλλοτριοεπίσκοπος, s. Mlt-H. 272. Bl-D. § 124), **ου, ὁ** (nur noch Dionys. Areop. ep. 8 p. 783) e. Wort mit noch nicht genügend erklärter Bedeutung, viell. *Hehler*; auch wohl *Spitzel, Denunziant* (so AHilgenfeld, Einl. '75, 630); neb. φονεύς, κλέπτης, κακοποιός genannt 1 Pt 4, 15. EZeller, SAB '93, 129ff. deutet d. Ausdruck unter Hinweis auf den Anspruch der kynischen Sittenprediger, als ἐπίσκοποι die Menschen zu beaufsichtigen (Epikt. 3, 22, 97 οὐ τὰ ἀλλότρια πολυπραγμονεῖ ὅταν τὰ ἀνθρώπινα ἐπισκοπῇ ἀλλὰ τὰ ἴδια), auf *jmd., der sich in fremde Dinge einmischt* (vgl. PWendland, Kultur² '12, 82, 1. Zahn, Einl. II 39f.). DBm., NB 51, 5 (BGU 531 II, 22 [IIn] οὔτε εἰμὶ ἄδικος οὔτε ἀλλοτρίων ἐπιθυμητής) *Aufrührer* (vgl. ABischoff, ZNW 7, '06, 271—274; 9, '08, 171. PSchmidt, ZWTh 50, '08, 26ff.). KErbes, ZNW 19, '20, 39—44; 20, '21, 249 denkt an e. christliche Prägung, die s. gegen pflichtvergessene Bischöfe richtet. Tertullian, scorp. 12 alieni speculator. Cyprian, Test. 3, 37 curas alienas agens. Vulg. alienorum adpetitor. — HWBeyer, ThW II '35, 617—19.*

ἀλλότριος, ία, ον (seit Homer, auch Inschr. Pap. LXX. Philo, aet. m. 40. Jos., ant. 11, 41. Test. 12 Patr. Or. Sib. 3, 464) was e. andern (ἄλλος) gehört — **1.** *fremd* (Ggs. ἴδιος; Περὶ ὕψους 4, 1. Epikt. 2, 4, 10. 3, 24, 3f. Proverb. Aesopi 114 P. Dit., Syll.³ 982, 4ff. BGU 1121, 22 [5v] μήτε ἴδια μήτ' ἀλλότρια. 15, 15. Jos., ant. 18, 46. 19, 305) — **a.** adj. ἀ. οἰκέτης *e. fremder Sklave* (Dio Chrys. 14 [31], 34 ἀλλ. οἰκ. Jos., ant. 18, 47. — ἀ. δοῦλος schon Pla., legg. 9, 9 p. 868A; vgl. Diod. S. 36, 2, 2) Rö 14, 4. γυνὴ ἀ. (Charito 6, 3, 7. P. Oxy. 1067, 6ff.) Hm 4, 1, 1. 12, 2, 1. καυχᾶσθαι ἐν ἀ. κόποις *s. fremder Arbeit rühmen = s. mit fremden Federn schmücken* 2 Kor 10, 15 (vgl. Epikt. 1, 28, 23 ἀλλότριον ἔργον = d. Tat eines anderen). κοινωνεῖν ἁμαρτίαις ἀ. *s. an fr. Sünden beteiligen* 1 Ti 5, 22. ἐν ἀ. κανόνι καυχᾶσθαι *in e. fremden Bereich* (mit dem dort von anderen Geleisteten) *prahlen* 2 Kor 10, 16. πάντα ἀ. ἐστι (neb. ὑπ' ἐξουσίαν ἑτέρου) Hs 1, 3. ἀ. αἷμα Hb 9, 25. θεμέλιον Rö 15, 20. ἀλλοτρίας σάρκας καταφαγεῖν B 10, 4. V. Ländern (Suppl. epigr. Gr. VIII 548, 31 [I v]) πάροικον ἐν γῇ ἀ. AG 7, 6 (Ex 2, 22). παροικεῖν εἰς γῆν ... ὡς ἀ. *in e. Lande, wie in e. fremden, nur Beisasse sein* Hb 11, 9. ἀ. τοῦ θεοῦ ὄντες *Gott fremd* 1 Kl 7, 7 (vgl. Herm. Schr. 2, 16); ähnlich τὰ κοσμικὰ ὡς ἀ. ἡγεῖσθαι, d. h. als etw. ansehen, was die Christen nichts angeht 2 Kl 5, 6. — **b.** subst. — **α.** τὸ ἀ. *d. fremde Eigentum* (Epikt. 2, 6, 8. Jos., c. Ap. 2, 216) B 10, 4. ἐν τῷ ἀ. πιστοί *d. fremden E. gegenüber zuverlässig* Lk 16, 12 (dem Christen ist der Reichtum dieser Welt fremd, wie Epikt. 4, 5, 15 v. d. vergängl. Gütern: οὐδὲν ἴδιον τῷ ἀνθρώπῳ ἐστίν, ἀλλὰ πάντα ἀλλότρια. Auch 2, 6, 8. 24. — S. ἡμέτερος). τοῦ ἀ. ἅψασθαι Hs 1, 11. ἀλλοτρίων ἐπιθυμεῖν ebd. — **β.** ὁ ἀ. *der Fremde* (= d. Unbekannte wie Sir 8, 18) J 10, 5a. οἱ ἀλλότριοι *d. fremden Leute* V. 5b; spez. *d. Landfremden* (LXX. Jos., bell. 7, 266) Mt 17, 25f. (Ggs. οἱ υἱοί). — **2.** *fremdartig, unpassend, untauglich* (unser „Allotria"; vgl. P. Oxy. 282, 9) στάσις ἀ., genauer erläutert durch ξένη τοῖς ἐκλεκτοῖς τοῦ θεοῦ 1 Kl 1, 1. ἀ. γνώμη *fremdartige* = falsche *Ansicht* IPhld 3, 3. ἀ. βοτάνη ITr 6, 1. ἀ. χρῶμα IRö insc. — 3. *feindlich* (seit Homer, auch Polyb. 27, 15, 13. Diod. S. 11, 27, 1 u. a. 1 Makk 1, 38. 2, 7; vgl. Dit., Or. 90, 91) παρεμβολὰς κλίνειν ἀ. Hb 11, 34.*

ἀλλόφυλος, ον (seit Aeschyl. u. Thu., auch BGU 34. 411. 419. 858. LXX. Philo, leg. ad Gai. 200. Jos., bell. 5, 194; ant. 1, 338 u. ö. Test. 12 Patr.) *stammesfremd, ausländisch* daher für jüd. Anschauungsweise = *heidnisch*, Subst. *d. Heide* (Ggs. ἀνὴρ Ἰουδαῖος; vgl. Jos., ant. 4, 183) κολλᾶσθαι ἢ προσέρχεσθαι ἀ. *s. m. e. Heiden abgeben od. an ihn herankommen* AG 10, 28. Vgl. 13, 19 D. Bes. (wie LXX) v. d. Philistern 1 Kl 4, 13 oder Amalekitern B 12, 2. ἡ παρεμβολὴ τῶν ἀ. *d. Heerlager d. H.* (vgl. 1 Kö 14, 19. 17, 46. 28, 5) 1 Kl 55, 4; v. d. Christen im Verhältnis zu d. Juden Dg 5, 17.*

ἄλλως (seit Homer, auch Inschr. Pap. LXX. Jos., bell. 2, 113) Adv. v. ἄλλος *anders, auf andere Weise* Hs 7, 3. 9, 12, 5f. 9, 13, 2. 9, 16, 2. τὰ ἄ. ἔχοντα κρυβῆναι οὐ δύνανται *wenn es anders steht, können sie* (doch schließl.) *nicht verborgen bleiben* 1 Ti 5, 25.*

ἀλοάω (seit Aristoph. Pla. X.) *dreschen* (so Pla. X. Theokr. 10, 48. P. Frankf. 2, 27. 70 [III v]. P. Lond. 131, 502. 576 u. ö. [78 n]. LXX) meist durch Ochsen besorgt, d. über d. Tenne getrieben wurden 1 Kor 9, 9. 1 Ti 5, 18 (beidemal Dt 25, 4); vgl. dazu IBenzinger, Hebr. Archäologie² '07, § 30, 2. GDalman, Arbeit u. Sitte in Palästina III: Von d. Ernte z. Mehl. Ernten, Dreschen, Worfeln, Sieben, Verwahren, Mahlen '33. ὁ ἀλοῶν (erg. ἀλοᾷ) ἐπ' ἐλπίδι τοῦ μετέχειν *wer drischt* (tut es) *in d. Hoffnung, v. d. Ertrag e. Teil zu bekommen* 1 Kor 9, 10.*

ἄλογος, ον (seit Vorsokr., auch Pap. LXX) *unvernünftig* — 1. *ohne Vernunft* v. Tieren ὡς ἀ. ζῷα *wie vernunftlose Tiere* 2 Pt 2, 12. Jd 10 (so Demokrit A 116. B 164. X., Hiero 7, 3 u. a., Herm. Schr. 1, 11. 10, 19. 22 u. ö. Wsh 11, 15. 4 Makk 14, 14. 18. Philo, leg. all. 3, 30 u. ö. Jos., c. Ap. 2, 213; ant. 10, 262). — 2. *gegen d. Vernunft* (seit Thu., auch Jos., ant. 1, 24 u. ö.) ἄλογόν μοι δοκεῖ *es scheint mir ungereimt* AG 25, 27 (vgl. BGU 74, 8).*

ἀλόη, ης, ἡ (Plut., mor. p. 141 F. 693 C. Diosc. 3, 22 u. a., auch P. Leid. II X 12, 36) *die Aloe*, der an d. Luft rasch trocknende, stark aromatische Saft e. Baumes (Aquillaria), m. Myrrhe gemischt (ἀ. neb. σμύρνα ZP 7, 434. HL 4, 14) z. Einbalsamieren verwandt J 19, 39 (Ps.-Callisth. 3, 34, 4 werden ἀλόη u. μύρρα [so] bei der Einbalsamierung der Leiche Alexanders gebraucht).*

ἅλς, ἁλός, ὁ (seit Homer, auch Lev 2, 13. Philo, spec. leg. 1, 289 u. ö. Jos., ant. 3, 227; vgl. ἅλας) *d. Salz* πᾶσα θυσία ἁλὶ ἁλισθήσεται Mk 9, 49 v. l. (s. ἁλίζω). στήλη ἁλός *e. Salzsäule* 1 Kl 11, 2 (Gen 19, 26).*

ἁλυκός, ή, όν (seit Aristoph. Hippokr., auch BGU 14 IV, 22. LXX) *salzig*, in οὔτε ἁλυκὸν γλυκὺ ποιῆσαι ὕδωρ Jk 3, 12 wird ἁ. in d. Regel als *Salzquelle* (so ἁλυκίς Strabo 4, 1, 7) verstanden: *noch vermag die Salzquelle Süßwasser zu geben.* Doch ist der T. viell. nicht in Ordnung (HWindisch u. MDibelius z. St. — Theophrast, h. pl. 4, 3, 5 stellt ἁλ. ὕδωρ in Ggs. zu ὕδωρ γλυκύ. Lycus Hist. [IV/III v] No. 570 fgm. 8 Jac. vom Fluß Himeras in Sizilien: τὸν δὲ Ἱμέραν ἐκ μιᾶς πηγῆς σχιζόμενον τὸ μὲν ἁλυκὸν τῶν ῥείθρων ἔχειν, τὸ δὲ πότιμον).*

ἀλύπητος, ον *ohne Kummer, leidlos* (Soph. Theopomp [IV v]: 115 fgm. 399 Jac.) εὐφρανθήσεται εἰς τὸν ἀ. αἰῶνα *er wird Wonne haben in der leidlosen Weltzeit* 2 Kl 19, 4 (vgl. Soph., Trach. 168 τὸ λοιπὸν ἤδη ζῆν ἀλυπήτῳ βίῳ).*

ἄλυπος, ον pass. *ungeplagt, sorgenfrei* (so seit Soph. X., Hiero 9, 9, auch Epikt. Lucian. Herm. Schr. 482, 9 Sc. Wadd. 1835. 1851 u. o. P. Petr. II 13, 13 [ca 250 v]. BGU 246, 17 [II/III n]. Philo, cher. 86) ἵνα κἀγὼ ἀλυπότερος ὦ *damit auch ich sorgenfreier* (als jetzt = *ganz sorgenfrei*) *sein darf* Phil 2, 28.*

ἅλυσις, εως, ἡ (z. Spiritus vgl. W-S. § 5, 10e) — 1. eigtl. *d. Kette* (seit Hdt., auch Dit., Syll.² 586, 86. 588, 32. PSI 240, 12. ZP 4, 3092. 13, 294. Philo, leg. all. 1, 28. Jos., ant. 3, 170), bes. *d. Handschellen* AG 28, 20. δῆσαί τινα ἁλύσει (seit Thu. 4, 100, 2, auch Wsh 17, 16. Jos., ant. 19, 294) *jmdn. in Ketten legen* v. e. Tobsüchtigen Mk 5, 3 vgl. V. 4. δεσμεύειν ἁλύσεσιν (neb. πέδαις, wie Polyb. 3, 82, 8. Dionys. Hal. 6, 26, 2. 6, 27, 3, auch Mk 5, 4) Lk 8, 29. Doppelte Ketten AG 12, 6f. 21, 33. In d. Endzeit wird d. Satan an e. Kette gelegt Apk 20, 1. — 2. allg. von *Gefangenschaft* πρεσβεύω ἐν ἁλύσει *in Ketten* = als Gefangener Eph 6, 20; entehrend 2 Ti 1, 16.*

ἀλυσιτελής, ές (seit Hippokr. Pla. X., auch PSI 441, 21 [III v]. P. Tebt. 68, 31 [117/16 v]. Philo) *unnütz*, ἀλυσιτελὲς ὑμῖν τοῦτο *d. bringt euch keinen Nutzen* Hb 13, 17; doch kann ἀ. auch direkt *nachteilig, schädlich* sein (Polyb. 11, 4, 7. 28, 6, 4 u. ö. Philo, spec. leg. 1, 100 ἡ οἴνου χρῆσις ἀ.).*

ἄλφα, τό indekl. (Pla., Cratyl. 431 E. Aeneas Tact. 1500. 1505. Herondas 3, 22) *Alpha* s. o. Sp. 1.

Ἁλφαῖος, ου N. pr. m. (aram. חַלְפַי, hebr. חַלְפִּי; MLidzbarski, Handb. d. nordsem. Epigraphik '98, 275. ThNöldeke, Beiträge z. semit. Sprachwissenschaft '04, 98. Procop. Soph., ep. 99) *Alphäus* — 1. Vater d. Zöllners Levi Λευὶν τὸν τοῦ Ἁ. Mk 2, 14. Lk 5, 27 D. PE 14, 60. — 2. Vater eines der Zwölf Jünger, welcher zur Unterscheidung von d. Zebedäussohn Ἰάκωβος ὁ τοῦ Ἁ. heißt Mt 10, 3. Mk 3, 18, auch bloß Ἰ. Ἁλφαίου Lk 6, 15. AG 1, 13. — Über d. Persönlichkeit u. d. Versuche, 2 mit Klopas, sowie 1 u. 2 gleichzusetzen, s. Zahn, Forsch. 6, '00, 323f. JChapman, JThSt 7, '06, 412ff. FMaier, BZ 4, '06, 164ff. 255ff.*

ἅλων, ωνος, ἡ (seit Aristot., auch in Pap. [Mayser 287. Crönert p. IX], LXX u. b. Joseph. [ant. 20, 181] begegnende NF f. att. [seit Aeschyl.] ἅλως, Gen. ἅλω od. ἅλωος, das s. 1 Kl 29, 3 [wohl nach LXX] wie in Inschr. [Dit., Syll.³ 631, 7. 671 A, 9], Pap. [Mayser 258f. ZP 4, 2746], LXX u. Jos., ant. 4, 281 findet; vgl. W-S. § 8, 13. Bl-D. § 44, 1. 52) *d. Tenne* — 1. eigtl. γεννήματα ληνοῦ καὶ ἅλωνος *d. Ertrag von Kelter u. Tenne* D 13, 3 (vgl. Num 18, 30). θημωνιὰ ἅλωνος *d. Schober auf d. Tenne* 1 Kl 56, 15 (Hi 5, 26). — 2. übertr. auf d. auf der Tenne ausgedroschene, dort noch liegende Korn (P. Ryl. 122, 10. 20 [II n]. Hi 39, 12) διακαθαίρειν τὴν ἅλωνα *d. Ausdrusch reinigen* Mt 3, 12. Lk 3, 17.*

ἀλώπηξ, εκος, ἡ (seit Archilochus [VII v]. Hdt., auch Sb 7223. LXX. Jos., ant. 5, 295 [nach Ri 15, 4]. Or. Sib. 8, 41) *d. Fuchs* — 1. eigtl. αἱ ἀ. φωλεοὺς ἔχουσιν Mt 8, 20. Lk 9, 58. — 2. übertr. auf verschlagene Menschen (Alcaeus [VII/VI v] 42, 6 Diehl². Theokr. 5, 112. Plut., Solon 30, 2; Sulla 28, 5. Epikt. 1, 3, 7. Artem. 2, 12 p. 104, 9. —

Billerbeck II 678) v. Herodes Antipas εἴπατε τῇ ἀλώπεκι ταύτῃ 13, 32.*

ἅλως s. ἅλων.

ἅλωσις, εως, ἡ (seit Pind. Hdt., auch Jer 27, 46. Jos., ant. 2, 250. 5, 261. Or. Sib. 4, 89) *d. Einfangen* v. jagdbaren u. eßbaren Tieren (so Aristot. Epikt. 4, 1, 29) γεγεννημένα εἰς ἅ. καὶ φθοράν *d. geboren sind, um eingefangen zu w. u. zugrunde zu gehen* 2 Pt 2, 12.*

ἅμα (seit Homer, auch Inschr. Pap. LXX) — **1.** Adv. — **a.** z. Bez. d. zeitl. Zusammenfallens zweier Handlungen (Bl-D. § 425, 2) *zugleich, gleichzeitig* B 8, 6; mit d. Ptz. (Jes 41, 7. Jos., bell. 3, 497) ἅ. ἀνέντες τὰς ζευκτηρίας *indem sie zugleich* AG 27, 40; vgl. 16, 4 D. M. Verb. fin. *alles auf einmal* Dg 8, 11. ἅ. (δὲ) καί *zugleich (aber) auch* ἅ. καὶ ἐλπίζων AG 24, 26 (Jos., ant. 18, 246 ἅ. καὶ ἀγόμενος). ἅ. δὲ καὶ ἀργαὶ μανθάνουσιν 1 Ti 5, 13 (s. μανθάνω 4). ἅ. δὲ καὶ ἑτοίμαζε Phlm 22. — Nachgestellt προσευχόμενοι ἅμα καὶ περὶ ἡμῶν Kol 4, 3. — **b.** z. Bez. d. sachl. Zusammengehörigkeit *gemeinsam, zumal* ἅ. ἠχρεώθησαν (wie יַחְדָּו) Rö 3, 12 (Ps 13, 3. 52, 4).

— **2.** uneigtl. Präp. m. Dat. *zugleich mit*(seit Homer, auch Dit., Syll.³ 958, 21f. 1168, 6. P. Reinach 26, 14. P. Oxy. 658, 13. 975. P. Flor. 21, 15. Wsh 18, 11. 1 Esr 1, 43 u. ö.) ἐκριζώσητε ἅ. αὐτοῖς Mt 13, 29. ἅ. Ῥέῳ IPhld 11, 1; vgl. IEph 2, 1. 19, 2. IMg 15 u. ö. Scheinbar pleonastisch mit σύν verb. (vgl. Alex. Aphrodis., an. 83, 19 ἅ. αἰσθομένη σὺν αὐτῷ. Hen. 9, 7. Jos., ant 4, 309. S. auch Dit., Syll.³ 705, 57 ἅμα μετ' αὐτῶν), um Gleichzeitigkeit u. Zusammengehörigkeit zu bez. (ugf. wie lat. *una cum*): ἅ. σὺν αὐτοῖς ἁρπαγησόμεθα 1 Th 4, 17. ἅ. σὺν αὐτῷ ζήσωμεν 5, 10. — Auch m. Zeitadv. (P. Oxy. 1025, 16 [III n] ἅμ' αὔριον; vgl. Jos., ant. 6, 40 ἅ. ἕῳ) ἅ. πρωΐ *gleich am frühen Morgen* Mt 20, 1 (Theophanes Continuatus 719, 7 [IBekker 1838]; vgl. Ep. Arist. 304 ἅ. τῇ πρωΐᾳ).

ἀμαθής, ές (seit Hdt. Eurip. Aristoph., auch Epikt., ench. 48, 3. Sym. Ps 48, 11. Philo. Jos., ant. 12, 191) *unwissend* (neb. ἀστήρικτος) v. Häretikern 2 Pt 3, 16 (vgl. Plut., mor. 25 C ἐν πᾶσιν ἁμαρτωλὸν εἶναι τὸν ἀμαθῆ).*

Ἀμαλήκ indekl. N. pr. gent. (LXX. Philo. Test. Sim. 6, 3. Or. Sib. 8, 252. — Bei Jos. Ἀμάληκος, ου [ant. 2, 6]) *Amalek*, semit. Volksstamm in der Wüste d. Sinaihalbinsel (vgl. Ex 17, 8ff.) B 12, 9.*

ἀμαράντινος, η, ον *unverwelklich*, in uns. Lit nur übertr. v. ewigen Leben τὸν ἀ. τῆς δόξης στέφανον *d. unverwelklichen Strahlenkranz* (στέφ. ἀμ. auch Philostr., her. 19, 14 p. 208, 18; viell. CIG 155, 39) 1 Pt 5, 4. Möglicherweise ist auch an einen Kranz von Amaranten (Diosc. 4, 57 u. Aesop, Fab. 369 P. = 384 H. = Babrius 178 τὸ ἀμάραντον od. Artem. 1, 77 p. 70, 19 ὁ ἀμάραντος die Blume, die μέχρι παντὸς διαφυλάττει), Immortellen zu denken, der in s. Unverwelklichkeit d. ewige Herrlichkeit abbildet.*

ἀμάραντος, ον *unverwelklich* (Diosc. 4, 57. Lucian, dom. 9. Schol. zu Apollon. Rhod. 2, 399—401a. Inschr. aus II v APF 1, '01, 220. CIG II 2942 c, 4. Wsh 6, 12) — **1.** eigtl. ἀ. ἄνθη *unverwelkliche Blumen* (wie s. im Jenseits blühen) PA 5, 15. — **2.** übertr. (neb. ἄφθαρτος u. ἀμίαντος) v. d. Seligkeit *unvergänglich* κληρονομία 1 Pt 1, 4 (vgl. Or. Sib. 8, 411 ζωὴ ἀ.).*

ἁμαρτάνω (im Sinne von *sich vergehen, sündigen* geg. Gottheit, Sitte, Gesetz seit Homer, bes. LXX, auch Hen. Ep. Arist. Philo. Joseph. Test. 12 Patr. Herm. Schr.) Fut. ἁμαρτήσω Mt 18, 21; vgl. Hm 4, 1, 1. 2 (W-S. § 13, 8). Aor. 2 (klass.) ἥμαρτον; Konj. ἁμάρτω Lk 17, 3. Aor. 1 (hellenist.) ἡμάρτησα; Konj. ἁμαρτήσω Mt 18, 15. Lk 17, 4. Rö 6, 15; Ptz. ἁμαρτήσας Rö 5, 14. 16. Hb 3, 17. 2 Pt 2, 4 (Bl-D. § 75. 77; zu den Formen in LXX vgl. Thackeray 259). *fehlen, sündigen* v. d. Verfehlungen gegen d. relig. u. sittl. Ordnungen Gottes — **1.** abs. (Menand., fgm. 499 K. ἄνθρωπος ὢν ἥμαρτον. Herondas 5, 27) Mt 18, 15. Lk 17, 3. J 5, 14. 9, 2f. Rö 3, 23. 5, 12 (s. d. Lit. zu ἁμαρτία 3). 1 Kor 7, 28. 36. Eph 4, 26 (Ps 4, 5). Tit 3, 11. 1 Pt 2, 20. 1 Kl 4, 4 (Gen 4, 7). 56, 13 (Hi 5, 24). 2 Kl 1, 2. B 10, 10. Hv 3, 5, 5. m 4, 1, 4f. 8. 4, 2, 2 u. ö. V. sündigenden Engeln (Hen. 106, 14; vgl. 7, 5) 2 P 2, 4. V. Teufel 1 J 3, 8. — **2.** m. näherer Angabe dessen, worin d. Sünde besteht, durch ergänzendes Ptz. (Bl-D. § 414, 5; vgl. Hipponax [VI v] 70 Diehl οὐκ ἁμαρτάνω κόπτων = ich verfehle mich nicht, wenn ich schlage. Jos., ant. 3, 174) ἥμαρτον παραδοὺς αἷμα ἀθῷον *ich beging e. Sünde dadurch, daß ich unschuldiges Blut verriet* Mt 27, 4. — **3.** m. Angabe d. Art d. Sündigens ἀνόμως ἁ. Rö 2, 12. Ggs. ἐν νόμῳ ἁ. ebd. ἑκουσίως ἁ. (vgl. Hi 31, 33) Hb 10, 26. Ggs. εἴ τι ἄκοντες ἡμάρτετε 1 Kl 2, 3 (s. ἄκων). Auch mit Akk. (Epigr. b. Demosth. 18, 289 μηδὲν ἁμαρτεῖν ἐστι θεῶν) ἁ. ἁμαρτίαν (= חָטָא חֲטָאָה Ex 32, 30f u. ö.; vgl. Soph., Phil. 1249, auch Pla., Phaedo 113 E) 1 J 5, 16a. ἁμαρτίας ἁ. Hv 2, 2, 4. Dafür τοσαῦτα Hm 9, 1 (Cornutus 10 τοιαῦτα ἁ.). — ὑπὸ χεῖρα ἁ. *fortwährend, immer wieder sündigen* Hm 4, 3, 6 (Bl-D. § 232, 1 Anh.). — **4.** m. Angabe d. Pers., gegen die d. Sünde begangen wird. — **a.** im Dat. (M. Ant. 4, 26. 9, 4 ἑαυτῷ ἁμαρτάνει. Ps 77, 17. Bar 1, 13. 2, 5) σοὶ μόνῳ ἥμαρτον *gegen dich allein* 1 Kl 18, 4 (Ps 50, 6). — **b.** ἁ. εἴς τινα (Soph., Fgm. 21 εἰς θεούς. Ebenso X., Hell. 1, 7, 19. Pla., Phaedr. 242 C εἰς τὸ θεῖον; auch Jdth 5, 20. 11, 10. Sir 7, 7. EpJer 12. Jos., ant. 7, 320 εἰς τ. θεόν) Mt 18, 21. Lk 17, 4. εἰς Χριστὸν 1 Kor 8, 12. εἰς τοὺς ἀδελφοὺς ebd. εἰς τὸ ἴδιον σῶμα 1 Kor 6, 18. — εἰς τὸν οὐρανόν *gegen Gott* Lk 15, 18. 21. ἁ. εἴς τινά τι (M. Ant. 7, 26. BGU 1141, 14ff. [13 v] ἡμάρτηκά τι εἰς σέ) AG 25, 8. — **c.** ἁ. ἐνώπιόν τινος (1 Kö 7, 6. 20, 1. Tob 3, 3. Bl-D. § 214, 6): ἐνώπιόν σου Lk 15, 18. 21. — **5.** mit Angabe d. Folge ἁ. μὴ πρὸς θάνατον *e. Sünde, d. nicht zum Tode führt, begehen* (wie חָטָא לָמוּת Num 18, 22 λαβεῖν ἁμαρτίαν θανατηφόρον. Dt 22, 26 ἁμάρτημα θανάτου) 1 J 5, 16b (RSeeberg, LIhmels-Festschr. '28, 19—31. OBauernfeind, VSchultze-Festschr. '31, 43—54). — OHey, Ἁμαρτία: Philol. 83, '27, 1—17. 137—63. FSteinleitner, D. Beicht '13. KLatte, Schuld u. Sünde in d. griech. Rel.: ARW 20, '21, 254—98.

ἁμάρτημα, τος, τό (seit Vorsokr. Soph., auch Diod. S. 14, 76, 4 εἰς θεοὺς ἁμαρτήματα. P. Oxy. 34 III, 13. P. Tebt. 5, 3 [s. ἀγνόημα]. P. Par. 63 XIII, 2ff. BGU 1141, 8. 1185, 7. LXX. Hen. Ep. Arist. 297. Philo. Jos., bell. 4, 348; ant. 1, 22. 3, 221 u. ö.) *d. Verfehlung, d. Sünde* Rö 5, 16 v. l. αἰώνιον ἁ. *e. ewigdauernde S.* Mk 3, 29. τὰ προγεγονότα ἁμαρτήματα Rö 3, 25 (s. Eunap. p. 76 τὰ προγεγενημένα τῶν ἁμαρτημάτων); vgl. τῶν πάλαι αὐτοῦ ἁμαρτημάτων 2 Pt 1, 9 v. l. ἐξαλείφειν τὰ πρότερα ἁ. *d. früheren S. tilgen* 2 Kl 13, 1. καθαρίζεσθαι ἀπὸ τῶν ἁ. *v. d. Sünden gereinigt werden* Hv 3, 2, 2. ποιεῖν ἁ. (Hdt. 7, 194. Jdth 11, 17. 13, 16) 1 Kor 6, 18. ἀφιέναι τινὶ τὰ ἁ. (1 Makk 13, 39) *jmdm. d. Sünden vergeben* Mk 3, 28. PK 3 S. 15, 27. Dafür ἰᾶσθαι τὰ ἁ. (Pla., Gorg. [525 B ἰάσιμα ἁμαρτήματα ἁμαρτάνειν) Hv 1, 1, 9. s 9, 23, 5. ποιεῖν ἴασιν τοῖς προτέροις ἁ. m 12, 6, 2. τελειοῦν τὰ ἁ. PE 5, 17. ἵνα κἀκεῖνοι τελειωθῶσιν τοῖς ἁ. *damit sie in ihren S. vollendet* = *damit d. Maß ihrer* (d. h. der Juden) *S. voll würde* B 14, 5. μετανοεῖν ἐπὶ τοῖς ἁ. *für d. S. Buße tun* 1 Kl 7, 7 (Wsh 12, 19 ἐπὶ ἁμαρτήμασιν μετάνοια. Vgl. Appian, bell. civ. 2, 63 § 261f. ἐπὶ μετάνοιαν . . . τὸ ἁμάρτημα). ἐφήδεσθαι τοῖς ἁ. *sich über d. S. freuen* Dg 9, 1.*

ἁμάρτησις, εως, ἡ *d. Sünde* ἐὰν . . ἔτι ἁ. γένηται *wenn noch e. Sünde geschieht* Hv 2, 2, 5.*

ἁμαρτία, ίας, ἡ (seit Aeschyl. Antipho. Demokr., auch Inschr. v. Cyzicus JHS 27, '07, p. 63 [III v] ἁμαρτίαν μετανόει. P. Leipz. 119r., 3. P. Oxy. 1119, 11. LXX. Hen. Ep. Arist. 192. Philo. Jos., ant. 13, 69 u. ö. Test. 12 Patr.; vgl. ClR 24, '10, p. 88. 234. 25, '11, 195—97) *d. Sünde* — **1.** sowohl d. Tun selbst (ἁμάρτησις), als auch d. Ergebnis, die Tat (ἁμάρτημα), jedes Abirren v. Wege d. göttl. u. menschl. Rechtes πᾶσα ἀδικία ἁ. ἐστίν 1 J 5, 17 (vgl. Eur., Or. 649. Gen 50, 17). ἁ. neb. ἀνομήματα Hv 1, 3, 1, als ἀνομία bez. (vgl. Ps 58, 3) 1 J 3, 4; wer aber liebt, ist fern v. d. S. Pol 3, 3, vgl. Jk 5, 20. 1 Pt 4, 8. 1 Kl 49, 5. Agr 13. ἀναπληρῶσαι τὰς ἁ. *d. Maß d. S. vollmachen* (Gen 15, 16) 1 Th 2, 16. κοινωνεῖν ἁ. ἀλλοτρίαις 1 Ti 5, 22. ποιεῖν ἁ. *sündigen* (Tob 12, 10. 14, 7 S. Dt 9, 21) 1 J 3, 4. 8. 2 Kor 11, 7. 1 Pt 2, 22. Jk 5, 15. Dafür ἁμαρτάνειν ἁ. (Ex 32, 30. Kl 1, 8) 1 J 5, 16. ἐργάζεσθαι ἁ. Jk 2, 9. Hm 4, 1, 2 (LXX oft ἐργάζ. ἀδικίαν od. ἀνομίαν). μεγάλην ἁ. ἐργάζεσθαι *eine schwere S. begehen* m 4, 1, 1. 8, 2. Pl. (vgl. Pla., ep. 7 p. 335 A τὰ μεγάλα ἁμαρτήματα κ. ἀδικήματα) s 7, 2. ἐπιφέρειν ἁ. τινί Hv 1, 2, 4. ἑαυτῷ ἁ. ἐπιφέρειν *sich e. Sünde aufladen* m 11, 4; dafür ἁ. ἐπισπᾶσθαί τινι m 4, 1, 8 (vgl. Jes 5, 18). προστιθέναι ταῖς ἁ. *weiter sündigen* v 5, 7. m 4, 3, 7. s 6, 2, 3. 8, 11, 3. φέρειν ἁ. 1 Kl 16, 4 (Jes 53, 4). ἀναφέρειν V. 14 (Jes 53, 12). γέμειν ἁμαρτιῶν B 11, 11. εἶναι ἐν ταῖς ἁμαρτίαις 1 Kor 15, 17 (vgl. Alex. Aphr., eth. probl. 9 II 2 p. 129, 13 ἐν ἁμαρτήμασιν εἶναι). — V. Gott od. Chr. ἀφιέναι τὰς ἁ. *d. S. erlassen* = *vergeben* (Lev 4, 20 u. o.) Mt 9, 2. 5f. Mk 2, 5. 7. 9f. Lk 5, 20ff. Hv 2, 2, 4. 1 Kl 50, 5. 53, 5 (Ex 32, 32) u. ö. (ἀφίημι 2); daher ἄφεσις (τῶν) ἁμαρτιῶν *Sündenvergebung* Mt 26, 28. Mk 1, 4. Lk 1, 77. 3, 3. 24, 47. AG 2, 38. 5, 31. 10, 43. 13, 38. Hm 4, 3, 2. B 5, 1. 6, 11. 8, 3. 11, 1. 16, 8. λαβεῖν ἄφεσιν ἁ. *Sündenvergebung erlangen* AG 26, 18. καθαρίζειν τὰς ἁ. *d. S.* (als Befleckg. gefaßt) *abputzen, von d. S. reinigen* Hs 5, 6, 3. καθαρίζειν ἀπὸ ἁ. 1 Kl 18, 3 (Ps 50, 4; vgl. Sir 23, 10). Dafür καθαρισμὸν ποιεῖσθαι τῶν ἁ. Hb 1, 3. ἀπολούεσθαι τὰς ἁ. AG 22, 16 (neb. βαπτίζειν). λύτρον ἁ. *Lösegeld f. d. S.* B 19, 10. — αἴρειν J 1, 29. περιελεῖν ἁ. Hb 10, 11. ἀφαιρεῖν (Ex 34, 9. Jes. 27, 9) V 4. Hs 9, 28, 3. ῥυσθῆναι ἀπὸ ἁ. 1 Kl 60, 3. D. Sünde als Last αἱ ἁ. κατεβάρησαν Hs 9, 28, 6; als Krankheit gefaßt ἰᾶσθαι s 9, 28, 5 (vgl. Dt 30, 3); s. auch d. betr. Verben. — Wie e. Eintrag im Schuldbuch angesehen; daher ἐξαλείφεται ἡ ἁ. *wird ausgelöscht* (Ps 108, 14. Jer 18, 23. Jes 43, 25) AG 3, 19. — Ggs. στῆσαι τὴν ἁ. AG 7, 60. λογίζεσθαι ἁ. *S. berechnen* (wie e. Schuld) Rö 4, 8 (Ps 31, 2). 1 Kl 60, 2. Pass. ἁ. οὐκ ἐλλογεῖται *S. wird nicht berechnet* = *aufs Konto gesetzt* Rö 5, 13. V. Sünder ὀφειλέτης ἁ. Pol 6, 1 (vgl. Dit., Syll.³ 1042, 14ff. [II n] ὃς ἂν δὲ πολυπραγμονήσῃ τὰ τοῦ θεοῦ ἢ περιεργάσηται, ἁμαρτίαν ὀφιλέτω Μηνὶ Τυράννωι, ἣν οὐ μὴ δύνηται ἐξειλάσασθαι). — γινώσκειν ἁ. (vgl. Num 32, 23) Rö 7, 7. Hm 4, 1, 5. ἐπίγνωσις ἁμαρτίας Rö 3, 20. ὁμολογεῖν τὰς ἁ. 1 J 1, 9. ἐξομολογεῖσθαι ἐπὶ ταῖς ἁ. B 19, 12. ἐξομολογεῖσθαι τὰς ἁ. Mt 3, 6. Mk 1, 5. Hv 3. 1, 5f. s 9, 23, 4. ἐξομολογεῖσθε ἀλλήλοις τὰς ἁ. *bekennt euch gegenseitig d. S.* Jk 5, 16. — ἐλέγχειν τινὰ περὶ ἁ. *jmdm. e. S. nachweisen* J 8, 46; vgl. ἵνα σου τὰς ἁ. ἐλέγξω πρὸς τόν κύριον *damit ich vor d. Herrn deine S. nachweise* Hv 1, 1, 5. — σεσωρευμένος ἁμαρτίαις *sündenbeladen* 2 Ti 3, 6; vgl. ἐπισωρεύειν ταῖς ἁ. B 4, 6. ἔνοχος τῆς ἁ. *d. S. schuldig* Hm 2, 2. 4, 1, 5. μέτοχος τῆς ἁ. m 4, 1, 9. — **2.** Im joh. Sprachgebr. ist ἁ. als Zustand oder Eigenschaft gedacht u. der ἀλήθεια entgegengesetzt; daher ἁ. ἔχειν J 9, 41. 15, 24. 1 J 1, 8. μείζονα ἁ. ἔχειν J 19, 11. ἁ. μένει 9, 41. γεννᾶσθαι ἐν ἁμαρτίαις *sündig geboren werden* 9, 34. Ggs. ἐν ἁ. ἀποθανεῖν *sündig sterben* 8, 21. 24. ἁ. ἐν αὐτῷ οὐκ ἔστιν 1 J 3, 5. — **3.** Pls faßt d. S. beinahe persönl. (vgl. Sir 27, 10. ZP 4, 1448 neb. and. Unterweltsgottheiten auch Ἁμαρτίαι χθόνιαι; Dibelius, Geisterwelt 119ff.) als e. herrschende Gewalt. Die S. kam in d. Welt Rö 5, 12 (JFreundorfer, Erbsünde u. Erbtod b. Ap. Pls '27. ELohmeyer, ZNW 29, '30, 1—59. JSchnitzer, D. Erbsünde im Lichte d. Religionsgesch. '31. ROtto, Sünde u. Urschuld '32), herrscht dort V. 21. 6, 14; alles war ihr unterworfen Gal 3, 22; d. Menschen dienen ihr Rö 6, 6; sind ihre Sklaven V. 17. 20; sind unter ihre Herrschaft verkauft 7, 14 od. werden v. ihr freigelassen 6, 22; sie hat ihr Gesetz 7, 23. 8, 2; sie lebt auf (ἀνέζησεν) Rö 7, 9 oder ist tot V 8; sie zahlt ihren Sold, d. Tod 6, 23, vgl. 5, 12. Als e. persönl. Prinzip wohnt sie im Menschen Rö 7, 17. 20, u. zwar im Fleisch (vgl. σάρξ 7) 8, 3; vgl. V. 2. 7, 25. D. ird. Leib wird daher e. σῶμα τῆς ἁ. genannt 6, 6 (Kol 2, 11 t. r.). — Als abstr. pro concr. τὸν μὴ γνόντα ἁ. ὑπὲρ ἡμῶν ἁμαρτίαν ἐποίησεν (Gott) *hat den, der von S. nichts wußte, um unseretwillen zur Sünde*, d. h. zu e. dem Tode Unterworfenen, *gemacht* 2 Kor 5, 21. — **4.** Als die den Menschen betrügende und zum Abfall verführende Macht, deren Einfluß u. Wirkungen nur durch Opfer aufgehoben werden können, erscheint d. S. wie im AT in Hb: ἀπάτη τῆς ἁ. 3, 13; d. Sünde wird gesühnt (ἱλάσκεσθαι τὰς ἁ. 2, 17) durch Opfer θυσίαι ὑπὲρ ἁ. 5, 1 (vgl. 1 Kl 41, 2). προσφορὰ περὶ ἁ. *Sündopfer* 10, 18. Hierfür auch bloß περὶ ἁ. (Lev 5, 11. 7, 37) V. 6. 8 (beidemal Ps 39, 7). προσφέρειν περὶ ἁ. *Sündopfer darbringen* 5, 3; vgl. 10, 12. 13, 11. D. vollkommene Schuldopfer für d. S. hat Christus dargebracht 9, 23ff. συνείδησις ἁ. *d. Sündenbewußtsein* 10, 2. ἀνάμνησις ἁ. *d. Erinnerung an d. Sünden*, die durch das Versöhnungsfest bewirkt wird V. 3. — **5.** Besondere Sünden: ἁ. πρὸς θάνατον *d. zum Tode führen* 1 J 5, 16 (ἁμαρτάνω 5). Ggs. οὐ πρὸς θάνατον V. 17. μεγάλη ἁ. *schwere Sünde* Hv 1, 1, 8 u. ö. (Gen 20, 9. Ex 32, 30 u. ö. Vgl. Schol. zu Pla. 189 D ἁμαρτήματα μεγάλα). μείζων ἁ. m 11, 4. ἥττων 1 Kl 47, 4. μεγάλη καὶ ἀνίατος Hm 5, 2, 4. τέλειαι ἁ. v 1, 2, 1. B 8, 1, vgl. τὸ τέλειον τῶν ἁ. 5, 11 (Philo, Mos. 1, 96 κατὰ τῶν τέλεια ἡμαρτηκότων). ἡ προτέρα ἁ. (Arrian, anab. 7, 23, 8 εἴ τι πρότερον ἡμάρτηκας) d. vor d. Taufe begangene S. Hm 4, 1, 11. 4, 3, 3. s 8, 11, 3; vgl. v 2, 1, 2. — Z. Ganzen s. ἁμαρτάνω a. E. JKöberle, Sünde u. Gnade im relig. Leben d. Volkes Israel bis auf Chr. '05. JHempel, Sünde u. Offenbarung nach atl. u. ntl. Ansch.: Ztschr. f. syst. Theol. 10, '33, 163—99. GFMoore, Judaism I '27, 445—552. ABüchler, Studies in Sin and

Atonement in the Rabb. Lit. of the 1. Cent. '28. WKnuth, D. Begriff der Sünde b. Philon v. Alex. Diss. Jena '34. EThomas, The Problem of Sin in the NT '27. ThW I 267—320. — Über d. Sonderfrage: »Christ u. Sünde« haben früher gehandelt PWernle '97, HWindisch '08, EHedström '11, neuerdings RBultmann, ZNW 23, '24, 123—40. Windisch, ebd. 265—81. EGaugler, Internat. kirchl. Ztschr. 15, '25, 100—120. WMundle, Ztschr. f. syst. Th. 4, '27, 456—82. JSchnitzer, Paulus und die Sünde des Christen: Religio 10, '34, 539—45. OMoe, Tidsskr. f. Teol. og K. 11, '40, 33—40. RSchulz, D. Frage nach d. Selbsttätigkt. d. Menschen im sittl. Leben b. Pls. Diss. Hdlb. '40. AKirchgässner, D. Chr. u. d. Sü. b. Pls. Diss. Frbg. '42.

ἀμάρτυρος, ον (seit Thu. 2, 41, 4, auch Callim., fgm. 442 Schn. ἀμάρτυρον οὐδὲν ἀείδω = ich künde nichts, was nicht bezeugt ist. Herodian 1, 1, 3. Inscr. Ariassi 58, 8 [Bull. de corr. hell. 16, '92, p. 428]. P. Rain. 232, 30. P. Flor. 59, 13 [III n] ἵνα μὴ ἀμάρτυρον ᾖ. Philo, sacr. Abel. 34. Jos., ant. 14, 111) *unbezeugt*; v. Gott οὐκ ἀμάρτυρον αὐτὸν ἀφῆκεν *Gott hat sich nicht unbezeugt gelassen* = deutlich bezeugt (in s. Werken) AG 14, 17 (Philostrat., vi. Apoll. 6, 1 p. 204, 3 ist ἀμ. direkt „unbekannt").*

ἁμαρτωλός, όν — 1. adjekt. (Aristoph., Th. 1111. Aristot., Eth. Nicom. 2, 9. Philodem, ira p. 73 W. Plut., mor. 25 C. LXX) *sündhaft, sündig* ἀνὴρ ἁ. (Sir 15, 12. 27, 30. 1 Makk 2, 62) *e. Sünder* Lk 5, 8. 19, 7. ἄνθρωπος ἁ. (Sir 11, 32. 32, 17) J 9, 16; Pl. (Num 32, 14) Lk 24, 7. ἐν τῇ γενεᾷ ταύτῃ τῇ μοιχαλίδι καὶ ἁ. *in diesem ehebrecherischen* (= untreuen) *u. sündhaften Geschlecht* Mk 8, 38. ἵνα γένηται καθ' ὑπερβολὴν ἁ. ἡ ἁμαρτία *damit d. Sünde über alle Maßen sündig würde* Rö 7, 13. — 2. subst. ὁ ἁ. d. *Sünder* (Inschr. aus Lycien ἁ. θεοῖς *S. gegen d. Götter* [OBenndorf u. a., Reisen im südw. Kleinasien I '84, 30 Nr. 7. CIG 4307. lyc. Inschr.: ARW 19, '19, 284] oder ἁ. θεῶν [Reisen usw. II '89, 36 Nr. 58. Dit., Or. 55, 31f. CIG 4259]. Weitere Inschr.: Steinleitner [ἁμαρτάνω a. E.] S. 84f. LXX. Hen. Test. 12 Patr.) ἁ. παρὰ πάντας τοὺς Γαλιλαίους *größere S. als alle andern G.* Lk 13,2 . (Ggs. δίκαιος wie Hen. 104, 6) οὐκ ἦλθον καλέσαι δικαίους, ἀλλὰ ἁ. Mt 9, 13. Mk 2, 17. Lk 5, 32. 2 Kl 2, 4. B 5, 9; vgl. Hs 3, 2f. 4, 2ff. Neb. ἀσεβής (Hen. 5, 6) 1 Ti 1, 9. 1 Pt 4, 18 (Spr 11, 31). B 11, 7 (Ps 1, 5); neben πονηρός (Gen 13, 13) 4, 2; neben ἄπιστος Apk 21, 8 v. l. ἁ. εἰμι Hm 4, 2, 3. οὗτος ὁ ἄνθρωπος ἁ. ἐστιν J 9, 24; vgl. 25. ἁ. μετανοῶν *e. bußfertiger S.* Lk 15, 7. 10. μετάνοια τῶν ἁ. Hs 8, 6, 6. ἁμαρτωλοὺς προσδέχεσθαι Lk 15, 2. ἁ. σῶσαι 1 Ti 1, 15. ἐπιστρέφειν ἁ. Jk 5, 20. ἱλάσθητί μοι τῷ ἁ. *vergib mir S.* Lk 18, 13. ἁμαρτωλῶν οὐκ ἀκούει v. Gott J 9, 31. ἡ ἁμαρτωλός *d. Sünderin* Lk 7, 37. 39. — Neb, τελώνης (IAbrahams, Publicans and Sinners: Stud. in Pharisaism a. the Gospels I '17, 54ff. JoachJeremias, ZNW 30, '31, 293—300. WHRaney, Journal of Religion 10, '30, 578—91) Mt 9, 10f. 11, 19. Mk 2, 15f. Lk 5, 30. 7, 34. 15, 1. — Lk 6, 32 findet s. ἁ., während d. Parall. Mt 5, 46 τελώνης hat. Neb. ἔθνη Hs 4, 4, genauer ἡμεῖς οὐκ ἐξ ἐθνῶν ἁμαρτωλοί, wobei ἁ. im Sinne d. Juden u. Judenchristen gesagt ist: *keine „Sünder" heidnischer Herkunft* Gal 2, 15. Überh. beliebte Bez. von Heiden (Jes 14, 5. Tob 13, 8. 1 Makk 1, 34 u. ö.); daher viell. als *Heiden* zu fassen in ὁ υἱὸς τ. ἀνθρώπου παραδίδοται εἰς (τὰς) χεῖρας (τῶν) ἁμαρτωλῶν Mt 26, 45. Mk 14, 41 (zu χεῖρ. ἁ. s. Ps 70, 4. 81, 4. 96, 10); vgl. Lk 6, 32ff., wo an der entsprechend. Stelle Mt 5, 47 ἐθνικός auftaucht. ἡ ὁδὸς ἁμαρτωλῶν *d. Weg d. Sünder* B 10, 10 (Ps 1, 1). Völlig verloren ist der Adjektivcharakter Jd 15, wo ἁ. ἀσεβεῖς *gottvergessene Sünder* gewagt ist (Hen. 1, 9). — Von d. Zustande d. Menschen, der noch nicht versöhnt ist ἔτι ἁ. ὄντων ἡμῶν Rö 5, 8. ἁ. κατεστάθησαν οἱ πολλοί *d. Vielen* (d. h. die Menschheit; Ggs. d. Eine, Adam) *wurden zu Sündern gemacht* 5, 19. Ggs. κεχωρισμένος ἀπὸ τῶν ἁ. *v. d. Sündern gesondert* v. Jesus Hb 7, 26. — ESjöberg, Gott u. die Sünder im paläst. Judentum '38. KHRengstorf, ThW I 320—39.

'Αμασίας, ου (אֲמַצְיָה) N. pr. m. *Amasja*, jüd. König (2 Ch 25, 1. 4 Kö 14, 1. Jos., ant. 9, 186) im Stammb. Jesu Mt 1, 8 v. l. Lk 3, 23ff. D.*

ἀμαύρωσις, εως, ἡ *d. Trübung, d. Verfinsterung* (Hippokrat. u. a. Plut., Anton. 71, 8. Vett. Val. 109, 31. 110, 36. Herm. Schr. 3, 4), in uns. Lit. nur übertr. v. d. Erkenntnis (Aristot., de anima 408b, 20 v. d. geistigen Abstumpfung. — Neb. ἀχλύς wie Jos., ant. 9, 57) ἀμαύρωσιν περικείμενοι *mit V. behaftet* 2 Kl 1, 6.*

ἄμαχος, ον akt. (wie seit X., auch Jos., ant. 15, 115) *friedfertig* (so Epigr. Gr. 387, 6 ἄ. ἐβίωσα μετὰ φίλων. WRPaton u. ELHicks, Inscr. of Cos '91, 325, 9. D. Adv. ἀμάχως Sir 19, 6 v. l.) v. d. Christen allg. Tit 3, 2. V. Bischöfen 1 Ti 3, 3.*

ἀμάω (seit Homer, auch Philostrat., gymn. 43 p. 285, 2. P. Hib. 47, 12 [256 v] θερίζειν δὲ καὶ ἀμᾶν. P. Straßb. 35, 14. LXX. Jos., ant. 4, 231) Aor. 1 Ptz. ἀμήσας *abmähen* d. Felder Jk 5, 4.*

ἀμβλυωπέω (seit Hippokr. X., auch Plut., mor. 53 F. 3 Kö 12, 24 i. — ZP 7, 245 ἀμβλυωπός) *schwachsichtig sein* (Ggs. ὀξυωπεῖν Theophr., sens. 8) in uns. Lit. nur übertr. ἐν τῇ πίστει *in d. Dingen d. Glaubens nicht scharf sehen* 1 Kl 3, 4.*

ἀμέθυστος, ου, ἡ (Plinius, h. n. 37, 121. Plut., mor. 15 B) oder **ὁ** (P. graec. Holm. [ed. Lagercrantz '13] δ 3) *d. Amethyst* (Ex 28, 19. Ez 28, 13. Jos., bell. 5, 234 [ἀμέθυστος]; ant. 3, 168 [ἀμέθυσος wie Mich. Psellus 4: Les lapidaires Gr. '98 p. 201 u. Apk. 21, 20 v. l.]) Apk 21, 20. — MBauer, Edelsteinkunde (3. Aufl. v. KSchloßmacher) '32. EFJourdain, The Twelve Stones in the Apo: ET 22, '11, 448—50. JLMyres, Precious Stones: Encyclop. Bibl. 4799—4812. CWCooper, The Precious Stones of the Bible '25.*

ἀμείβομαι (seit Homer, auch Inschr. Pap. Sym. 2 Kö 1, 6. Aq. Theod. Spr 11, 17) Fut. ἀμείψομαι *vergelten, belohnen*; m. Akk. d. Person (12. Brief d. Apoll. v. Ty.: Philostrat. I 348, 32. Jos., ant. 12, 139. Dit., Syll.^{3} 898, 23. 902, 15) ISm 12, 1. Über 9, 2 s. zu ἀμοιβή.*

ἀμέλεια, ας, ἡ (seit Eur. u. Thu., auch Dit., Syll.^{3} 784, 7. 837, 14. P. Oxy. 62, 9. 1220. Sym. Ps 89, 8. Ep. Arist. 248. Jos., ant. 6, 316. 12, 164) *d. Vernachlässigung* ἄμπελος ἀμελείας τυγχάνουσα *e. Weinstock, d. Vernachlässigung erfährt* Hs 9, 26, 4; vgl. m 10, 1, 5.*

ἀμελέω (seit Homer, auch Inschr. Pap. LXX) Aor. 1 ἠμέλησα (Fut. ἀμελήσω 2 Pt 1, 12 t. r. für διὸ μελλήσω, wie z. l.); Pass. Imp. ἀμελείσθω *vernachlässigen, sich nicht kümmern* τινός *um jmdn.* od. *etw.* (Il. Trag., auch Appian, fgm. [I p. 532—36 Viereck-R.] 21. UPZ 81 col. 3, 4 τοῦ ἱεροῦ. Wsh 3, 10. 2 Makk 4, 14. Philo, exs. 156. Jos., ant. 4, 67) κἀγὼ ἠμέλησα αὐτῶν Hb 8, 9 (Jer 38, 32). χήρας

Pol 6, 1; m. gleich. Hauptwort im Pass. *vernachlässigt werden* IPol 4, 1. τηλικαύτης ἀμελήσαντες σωτηρίας *da wir ein solches Heil unbeachtet ließen* Hb 2, 3. μὴ ἀμέλει τοῦ ἐν σοὶ χαρίσματος *laß nicht außer acht d. Gnadengabe in dir* 1 Ti 4, 14. ἀμελήσαντες τῆς ἐντολῆς τοῦ θεοῦ *die s. nicht kümmerten um d. Gebot Gottes* PA 30. ἀ. ἡμῶν ἐδόκει (neben ἀφροντιστεῖν) Dg 8, 10. — Absol. (Epikt. 3, 24. 113. P. Tebt. 37, 23ff. [73 v]. P. Oxy. 742, 14 [2 v]. P. Gieß. 13, 22f. Jos., bell. 4, 168) ἀμελήσαντες ἀπῆλθον *s. gingen unbekümmert weg* Mt 22, 5.*

ἀμελής, ές *nachlässig, träge* (so seit Aristoph. X. Pla., auch Epikt. 2, 6, 2. Plut., mor. 34 D. 64 F. P. Gieß. 79 II, 9. Jos., ant. 11, 20) οὐχ εὑρεθήσομαι ἀ. Hs 8, 2, 7. κἀγὼ ἀ. δόξω εἶναι 9, 7, 6.*

ἄμεμπτος, ον (seit d. Trag. Pla. X., häufig in Inschr. u. Pap. [Nägeli 54]. LXX. Philo. Jos., ant. 3, 278. 4, 230) *untadelig*, woran nichts auszusetzen ist: v. d. unter Mose geschlossenen Bund Hb 8, 7; v. Herzen ἀ. ἐν ἁγιωσύνῃ *untadelig in Heiligkeit* 1 Th 3, 13. Sonst nur v. Pers. (Ael. Aristid. 33 p. 637 D. 45 p. 91 παρὰ θεοῖς ἀ. 46 p. 319) γενόμενος ἀ. Phil 3, 6 (vgl. Gen 17, 1 — MGoguel, JBL 53, '34, 257—67). πορευόμενοι . . . ἄμεμπτοι (für ἀμέμπτως, vgl. Bl-D. § 243) Lk 1, 6. Neb. ἀκέραιος Phil 2, 15; neb. δίκαιος v. Hiob 1 Kl 17, 3 (Hi 1, 1). ἀ. ἀπὸ τῶν ἔργων *u. wegen seiner Werke* (vgl. Bl-D. § 210, 1) 39, 4 (Hi 4, 17). V. Diakonen Pol 5, 2. ἀ. ἐν πᾶσιν *in allen Stücken u.* 5, 3.*

ἀμέμπτως (seit Aeschyl., auch in Inschr. u. Pap. Esth 3, 13 d. Philo, migr. Abr. 129) Adv. v. ἄμεμπτος *untadelhaft* (neb. ὁσίως u. δικαίως) γενηθῆναι 1 Th 2, 10. ἀ. τηρεῖσθαι 5, 23. ἀναστρέφεσθαι ἀ. *e. untadeligen Wandel führen* 1 Kl 63, 3. δουλεύειν τῷ κυρίῳ ἀ. Hv 4, 2, 5. δουλεύειν τῷ πνεύματι ἀ. s 5, 6, 7 (T. lückenhaft). λειτουργεῖν ἀ. (UPZ 20, 62 [163 v]) 1 Kl 44, 3. προσφέρειν ἀ. 44, 4. μετάγειν ἐκ τῆς ἀ. αὐτοῖς τετιμημένης λειτουργίας *von dem durch sie in Ehren verwalteten Amt absetzen* 44, 6 (z. Text vgl. Knopf im Hdb.).*

ἀμεριμνία, ας, ἡ (Plut., mor. 830 A. Appian, Liby. 65 § 290. Secundus [II n], sententiae 8 b. Herodian 2, 4, 6. Inschr. u. Pap. in mancherlei, auch techn. Bedeutung) *d. Sorglosigkeit = Vertrauen* (Appian, Syr. 61 § 321. Jos., bell. 1, 627. — Ps 107, 10 hat Sym. ἀ. für ἐλπίς LXX) ἐν ἀ. θεοῦ *in göttlicher Unbesorgtheit* IPol 7, 1.*

ἀμέριμνος, ον *sorgenfrei, sorglos* (so seit d. neuen Komödie [Philemo 114. Menand., Fgm. 1083], auch Grabinschr.: Eranos 13, '13, 87 Nr. 9, 5ff. Pap. Wsh 6, 15. 7, 23; vgl. Nägeli 37, 1) — **1.** v. Personen θέλω ὑμᾶς ἀ. εἶναι *ich will, daß ihr ohne Sorge* (Appian, Maced. 19 § 3 ἀμέριμνός εἰμι. Vett. Val. 355, 34 neb. ἀλύπητος, Sext. Emp., adv. ethic. 117 syn. χωρὶς ταραχῆς) *seid* 1 Kor 7, 32 (vgl. Theophrast [Hieron., adv. Iovin. 1, 47 = Seneca, fgm. 13, 47 Haase], der die Ehelosigkeit empfiehlt, weil sie zur Kontemplation frei macht. P. Fay. 117, 22 [108 n] ἵνα ἀ. ἦς). ἀμέριμνον ποιεῖν τινα *jmdm. d. Sorge abnehmen* (vgl. P. Mich. 211, 8 [um 200 n]) Mt 28, 14. — **2.** v. persönl. Eigenschaften μακροθυμία Hm 5, 2, 3.*

ἀμέριστος, ον (seit Pla., Tim. 35 A, auch Philo, meist als *unteilbar*) *ungeteilt* (Dit., Syll.³ 783, 35f. von einem Ehepaar: παρ' ἀμφοτέροις ἀμέριστος ὁμόνοια) ἀγαπᾶν ἐν ἀ. καρδίᾳ *ungeteilten Herzens lieben* ITr 13, 2; vgl. IPhld 6, 2.*

ἀμετάθετος, ον — **1.** *unabänderlich, unwandelbar* (seit d. Stoikern Zeno u. Chrysipp, auch Polyb. 2, 32, 5. 30, 19, 2 u. ö. Diod. S. 1, 23, 8 u. a. Dit., Or. 331, 58 [II v]. 335, 73 [II-I]. P. Oxy. 75, 15. 482, 35. 636, 12 [v. Testament]. 3 Makk 5, 1. 12. Jos., c. Ap. 2, 189) πράγματα ἀ. Hb 6, 18. — D. Neutr. subst. τὸ ἀ. τῆς βουλῆς αὐτοῦ *d. Unabänderlichkeit s. Ratschlusses* Hb 6, 17 (vgl. ZP 4, 527 f. κατὰ δόγμα θεοῦ ἀμετάθετον). — **2.** *unvollziehbar, unmöglich* MPol 11, 1.*

ἀμετακίνητος, ον (Pla., ep. 7 p. 343 A, auch Dionys. Hal. 8, 74. Inschr. [RB 40, '31, p. 544, 5]. PHamb. 62, 18 [123 n]. Jos., c. Ap. 2, 169. 234. 254; ant. 1, 8) *unbeweglich* (neb. ἑδραῖος) γίνεσθε ἀ. 1 Kor 15, 58.*

ἀμεταμέλητος, ον *ohne Reue* — **1.** pass. *etw., was nicht bereut wird, unbereut, unbereubar* (so Pla., Tim. 59 D, auch Polyb. 21, 11, 11. 23, 16, 11. Diod. S. 10, 15, 3. Dionys. Hal. 11, 13. Plut., mor. 137 B) μετάνοια ἀ. *e. Buße, die man nie bereuen kann* 2 Kor 7, 10. πολιτεία ἀ. 1 Kl 54, 4. ἔσται ἀμεταμέλητα ὑμῖν *ihr werdet es nicht zu bereuen haben* 58, 2. Daher etwas, was man auch nicht zurücknimmt, *unwiderruflich* (ὀργὴ ἀ.: Epist. Claud. S. 8 StLösch '30; so in Testamenten LMitteis, Chrest. 319 [VI n]. OEger, ZNW 18, '18, S. 91, 1) χαρίσματα, κλῆσις τ. θεοῦ Rö 11, 29. — **2.** akt. *einer, der keine Reue empfindet* (Aristot., Eth. Nic. 9, 4) 1 Kl 2, 7.*

ἀμεταμελήτως (Aesop 40 d, 7 Chambry. Themist., or. 19 p. 281, 14) Adv. v. ἀμεταμέλητος *ohne Reue zu empfinden, unverdrossen* 1 Kl 58, 2 (vgl. Inschr. v. Priene 114 [I v]).*

ἀμετανόητος, ον (meist — Lucian. Vett. Val. Plotin — pass. *unwiderruflich*, so auch in Pap.) akt. *unbußfertig*, wer nicht μετανοεῖ Rö 2, 5 (vgl. Test. Gad 7, 5. Epiktet, Fgm. 25 Sch.).*

ἄμετρος, ον (seit Pla., X., auch Dit., Or. 669, 51. Philo. Jos., bell. 4, 350) *ungemessen, maßlos* εἰς τὰ ἄ. καυχᾶσθαι *sich ins Ungemessene rühmen* 2 Kor 10, 13. 15 (Epikt., ench. 33, 14 ἀμέτρως vom Selbstlob).*

ἀμήν (LXX gelegentl. für das, sonst in d. Regel mit γένοιτο übersetzte, אָמֵן; dann christl. Sprachgebr., in d. Pap. symbol. durch d. Zahlzeichen 99 [α = 1 + μ = 40 + η = 8 + ν = 50] ausgedrückt [ESchaefer, P. Iand. I 29], doch auch als ἀμήν [P. Oxy. 1058. SEitrem u. AFridrichsen, E. christl. Amulett '21, 3]. Inschr.: Wadd. 1918. MvOppenheim-HLucas, ByzZ 14, '05, S. 34ff. Nr. 36. 39. 46. 84) *wahrlich, gewiß, Amen* — **1.** liturg. Formel, am Schluß der Liturgie, v. d. Gemeinde gesprochen (vgl. 1 Ch 16, 36. 2 Esr 15, 13. 18, 6); daher τὸ ἀ. λέγειν 1 Kor 14, 16, vgl. Apk 5, 14. Am Schluß d. Doxologie (vgl. 3 Makk 7, 23. 4 Makk 18, 24) Mt 6, 13 v. l. Rö 1, 25. 9, 5. 11, 36. 15, 33. 16, 24 v. l. 27. Gal 1, 5. 6, 18. Eph 3, 21. Phil 4, 20. 23 v. l. 1 Ti 1, 17. 6, 16. 2 Ti 4, 18. Hb 13, 21. 25 v. l. 1 Pt 4, 11. 5, 11. Jd 25. Apk 1, 6. 7, 12. 1 Kl 20, 12. 32, 4. 38, 4. 43, 6. 45, 8. 50, 7. 58, 2. 61, 3. 65, 2 2 Kl 20, 5. Mit d. Übers. ναί, ἀ. *ja, Amen* Apk 1, 7. — Bes. ist ἀ. nach späterer Sitte (vgl. Tob. 3. 4 Makk. Kyraniden p. 124, 18 'Αμήν· τέλος· ἀμήν· ἀμήν) an d. Buchschlüssen fast überall zugefügt worden, doch nicht v. d. älteren Hss. (u. daher v. l.) Mt 28, 20. Mk 16, 20. Lk 24, 53. J 21, 25. AG 28, 31. 1 Kor 16, 24. 2 Kor 13, 13 u. ö. Erweitert ist die liturg. Formel zu ἀ. ἀλληλουϊά (s. d.) nach d. Doxologie Apk 19, 4; zu ἀ., ἔρχου κύριε 'Ιησοῦ (vgl. μαρὰν ἀθᾶ) 22, 20 oder μαρὰν ἀθᾶ ἀ. D 10, 6. — Am Anfang d. Doxologie u. am Schluß Apk 7, 12. — Daher — **2.** Beteuerungspartikel, stets mit λέγω verbunden, am Anfang einer feierl. Erklärung, jedoch nur im Munde Jesu Mt 5, 18. 26. 6, 2. 5. 16. 8, 10 (31 mal, doch ist 18, 19 fragl.). Mk 3, 28. 8, 12. 9, 1. 41 (13 mal). Lk 4, 24. 12, 37. 18, 17 (6 mal). J hat dafür stets ἀμὴν ἀμὴν λέγω (im AT dient אָמֵן אָמֵן [Num 5, 22. 2 Esr 18, 6. Ps 41, 14. 72, 19], griech. meist γένοιτο, γένοιτο, doch 2 Esr 18, 6 ἀμήν u. an d. entspr. Stelle 1 Esr 9, 47 ebenso mit der v. l. ἀμ. ἀμ. [wie ZP 22b, 21. 25], nur als Bekräftigung vorangegangener Rede) 1, 51. 3, 3. 5. 11. 5, 19. 24f. (25 mal). Z. steigernd. Kraft d. Verdoppelung s. Rdm.² 68, 1. Vgl. Aristaen., ep. 1, 24 εὐθὺς εὐ. 2, 13 οἶδα οἱ. — **3.** τὸ ἀ. (neb. τὸ ναί): διὸ καὶ δι' αὐτοῦ τὸ ἀ. τῷ θεῷ πρὸς δόξαν *deshalb erklingt auch durch ihn d. Amen Gott zum Preis* (Anspielung auf d. liturg. Gebrauch v. Amen) 2 Kor 1, 20; s. 1 Kor 14, 16 ob. 1. — **4.** ὁ ἀ. v. Christus nur in d. Rätselsprache d. Apk, erklärt als ὁ μάρτυς ὁ πιστὸς καὶ ἀληθινός 3, 14 (Ps 88, 38). LGillet, ET 56, '45, 134–6. — Z. Ganzen Dalman, Worte 185; Jesus 27f. PGlaue, Amen: ZKG, n. F. 7, '25, 184–98. EPeterson, Εἷς Θεός '26, Index.

ἀμήτωρ, ορος (seit Vorsokr. Trag. Hdt. in versch. Bedeutung; d. mutterlose Entstehung besagt es Ps.-Oppian., cyneg. 2, 567 ἀμήτορα φῦλα [Fische, die aus Schlamm entstehen]. Philostrat., vi. Apoll. 2, 14 p. 57, 32 [v. d. Vipern]. Pla., conviv. 180 D [v. d. himml. Aphrodite]. Eur., Phoen. 666. Philo, op. m. 100; leg. all. 1, 15; Mos. 2, 210. Celsus 6, 42 [v. Pallas Ath.]. Io. Lydus, de mens. 2, 11. Apollo-Orakel: Theosophien § 13 S. 169 = Lactant., inst. 1, 7, 1, auch 4, 13, 2 [v. Gott]. Philo, ebr. 61 [v. Sara]. Vgl. ἀπάτωρ) *ohne Mutter* (neben ἀπάτωρ [wie Eur., Ion 109. Nonnus, Dionys. 41. 53] u. ἀγενεαλόγητος) v. Melchisedek, um s. himmlische Herkunft zu bezeichnen, Hb 7, 3.*

ἀμίαντος, ον (seit Pind., auch Wsh. 2 Makk. Philo. ZP 4, 289) *unbefleckt* nur übertr. (Pla., leg. 6, 777 E. Plut., Nic. 9, 5 u. ö.) *rein* im rel. u. sittl. Sinn — **1.** v. Sachen κοίτη ἀ. (parall. τίμιος γάμος; vgl. Epigr. Gr. 204 [I v]. Plut., Numa 9, 5. Wsh 3, 13) Hb 13, 4; neben καθαρός (Cornutus 20 p. 36, 9. Plut., Perikl. 39, 2; mor. 383 B. 395 E. Jos., bell. 6, 99. Test. Jos. 4, 6): θρησκεία ἀ. Jk 1, 27 (vgl. Wsh 4, 2). καρδία Hm 2, 7. σάρξ s 5, 7, 1 (vgl. Wsh 8, 20 σῶμα ἀ.); neben ἁγνός: βάπτισμα 2 Kl 6, 9. χεῖρες ἀ. 1 Kl 29, 1; neben ἄσπιλος: σάρξ Hs 5, 6, 7; neben ἄφθαρτος: κληρονομία 1 Pt 1, 4. — **2.** v. Pers.: neben ὅσιος, ἄκακος v. Christus Hb 7, 26.*

'Αμιναδάβ (עַמִּינָדָב) indekl. N. pr. m. (Philo, poster. Cai. 76 'Αμιναδάμ. — Bei Joseph. 'Αμινάδαβος, ου [ant. 6, 18]) *Aminadab*, Sohn Arams (Lk: Admins), Vater Naassons; im Stammbaum Jesu (vgl. Ex 6, 23. Num 1, 7. 1 Ch 2, 10. Ruth 4, 19f.) Mt 1, 4. Lk 3, 33.*

ἄμμον, ου, τό *d. Sand* τὸ ἄ. τῆς θαλάσσης Rö 4, 18 v. l.*

ἄμμος, ου, ἡ (seit Pla., X,. auch Pap. LXX. Hen. 101, 6. Or. Sib. 3, 363) *d. Sand* ἡ ἄ. τῆς θαλάσσης = Meeresgestade Apk 12, 18. V. sandigen Untergrund Mt 7, 26. Vgl. AG 7, 24 D. — Meist im Bilde: als Bild d. Unzählbarkeit (LXX. Philo, somn. 1, 175) Rö 9, 27 (Jes 10, 22). Apk 20, 8. Dafür genauer ἡ ἄ. ἡ παρὰ τὸ χεῖλος τῆς θ. (Gen 22, 17. Da 3, 36. 1 Makk 11, 1) *d. Sand am Meeresstrand* Hb 11, 12. In demselben Sinne ἄ. τῆς γῆς 1 Kl 10, 5 (Gen 13, 16).*

ἀμνησίκακος, ον (Philo, de Ios. 246. — Nicol. Dam.: 90 fgm. 130, 59 p. 402, 19 Jac. μνησίκακος. 130, 117 p. 415, 25 ἀμνησικακεῖν) *an zugefügtes Böse nicht denkend* (neben εἰλικρινής, ἀκέραιος) εἰς ἀλλήλους *einander nichts nachtragend* 1 Kl 2, 5. ἀμνησίκακον εἶναι *nichts nachtragen* Hm 8, 10; v. Gott 9, 3.*

ἀμνησικάκως (Diod. S. 31, 8, 4) Adv. v. ἀμνησίκακος *ohne nachzutragen* ὁμονοεῖν ἀ. 1 Kl 62, 2.*

ἀμνός, οῦ, ὁ (seit Soph. Aristoph., auch Dit., Syll.³ 1024, 9 [III v]. LXX. Philo, mut. nom. 159. Jos., ant. 7, 382) *d. Lamm* (nach Istros [III v] No. 334 fgm. 23 Jac. das einjährige Schaf; nach Schol. zu Nicander, alexiph. 151 ὁ μηδέπω κέρατα ἔχων. Nach Ex 12, 5 muß das Passalamm einjährig sein); in uns. Lit. nur v. Christus gebr. od. auf ihn bezogen (so auch d. chr. Zus. zu Test. Jos. 19). Fehlerloses Opferlamm 1 Pt 1, 19. ὁ ἀ. τοῦ θεοῦ J 1, 29. 36 (PFederkiewiz, Verb. Dom. 12, '32. JoachJeremias, ZNW 34, '35, 115–23. PJoüon, Nouv. Rev. Théol. 67, '40, 318–21. CKBarrett, JThSt 48, '47, 155ff.; NTStudies 1, '55, 210–18). Bild d. Geduld ἀ. ἐναντίον τοῦ κείροντος AG 8, 32. 1 Kl 16, 7. B 5, 2 (alle Jes 53, 7). — FSpitta, Streitfragen d. Gesch. Jesu '07, 172–224. HWenschkewitz, D. Spiritualisierung d. Kultusbegriffe Tempel, Priester u. Opfer im NT '32.*

ἀμοιβή, ῆς, ἡ (seit Homer, auch Inschr. Pap. Aq. Sym. Philo, aet. m. 108) *d. Vergeltung, d. Dank* (so häufig in Ehreninschr. z. B. v. Priene, 119, 27. 113, 120. 112, 17. Jos., ant. 4, 266) ἀμοιβὰς ἀποδιδόναι τοῖς προγόνοις *den Vorfahren vergelten* 1 Ti 5, 4 (ἀ. ἀποδιδόναι Demokr. B 92. P. Lond. 1729, 22. Jos., ant. 5, 13). Auch ISm 9, 2 ist mit d. neuen Pap. (Berl. Klassikertexte VI '10, S. 3ff.) ἀμοιβή zu lesen.*

ἄμορφος, ον *mißgestaltet, häßlich* (so seit Eur. Hdt., auch Aelian, n. a. 16, 24 p. 402, 10. Ps.-Apollodor 1, 4, 2, 1. Philo) v. d. εἴδωλα 1 Kor 12, 2 v. l.*

ἄμπελος, ου, ἡ (seit Homer, auch Inschr. Pap. LXX. Ep. Arist. Philo. Jos., ant. 12, 75 κλήματα ἀμπέλων σὺν βότρυσιν) *d. Weinstock* — **1.** eigtl. 1 Kl 23, 4 = 2 Kl 11, 3 (Zitat unbek. Urspr.). Hs 5, 2, 5. 5, 5, 2. 9, 26, 4. τὸ γένημα τῆς ἀ. (vgl. Jes 32, 12) Mt 26, 29. Mk 14, 25. Lk 22, 18. μὴ δύναται ποιῆσαι ἄ. σῦκα; *ein W. kann doch nicht Feigen tragen?* Jk 3, 12 (Plut., mor. 472 E τὴν ἄμπελον σῦκα φέρειν οὐκ ἀξιοῦμεν. Epikt. 2, 20, 18 πῶς δύναται ἄμπελος μὴ ἀμπελικῶς κινεῖσθαι, ἀλλ' ἐλαϊκῶς κτλ.;). An Ulmen in d. Höhe rankend Hs 2, 1ff. τρυγᾶν τοὺς βότρυας τῆς ἀ. τῆς γῆς *d. Trauben v. dem Weinstock d. Erde* (d. h. der unter d. Bilde d. Weinstockes dargestellten Erde) *abernten* Apk 14, 18f.; viell. jedoch gewinnt hier ἄ. d. Bed. von ἀμπελών wie oft in Pap., etwa P. Hib. 70b, 2 [III v]. P. Tebt. 24, 3. P. Amh. 79, 56. P. Flor. 50, 2. Greek Parchments f. Avroman in Medina (JHS 34, '14), auch Aelian, n. a. 11, 32 p. 286, 12 Hercher nach den Hss. (s. p. XL). Themistius 21 p. 245 D. Aesop-Hss. (Ursing 77f.). — Lit. b. οἶνος 1 u. συκῆ. HFLutz, Viticulture . . . in the Ancient Orient '22. ILöw, D. Flora d. Juden I '28, 48–189. — **2.** übertr. auf Christus u. d. Jünger: er d. Weinstock, sie d. Reben J 15, 1. 4f. (vgl. Cornutus 27 p. 51, 3 d. erfreul. Zustand f. d. ἀμπ. ist τὸ πολυφόρον κ. καθαρόν. Sir 24, 17 von d. Weisheit: ἐγὼ ὡς ἄ. ἐβλάστησα χάριν). Unsicher ist d. Deutung d. Worte d. eucharist. Gebetes über d. Kelch εὐχαριστοῦμέν σοι . . . ὑπὲρ τῆς ἁγίας ἀ. Δαβὶδ τοῦ παιδός σου, ἧς ἐγνώρισας ἡμῖν διὰ 'Ιησοῦ τοῦ παιδός σου D 9, 2 (vgl. AHarnack, TU II 1f.,

'84 z. d. St. PDrews im Hdb. z. d. ntl. Apokr. '04, 269f. EvdGoltz, D. Gebet in d. ältesten Christenh. '01, 214ff. ThSchermann, Knöpfler-Festschr. '06, 225ff. GKlein, ZNW 9, '08, 132ff. GLoeschcke, ZWTh 54, '12, 193ff. RKnopf, Hdb. z. St.).*

ἀμπελουργός, οῦ, ὁ (seit Aristoph. Hippokr., auch Lucian, Philops. 11. Inschr. Pap. LXX. Philo, plant. 1) *d. Winzer* Lk 13, 7.*

ἀμπελών, ῶνος, ὁ (Theophr. hist. pl. 9, 10, 3. P. Eleph. 14, 2. P. Hib. 151. P. Petr. II 140 [III v] u. Sp., auch LXX. Philo. Jos., ant. 8, 359) *d. Weinberg, d. Weingarten* φυτεύειν ἀ. (Gen 9, 20 u. ö. Philo, virt. 28; exs. 128) *e. W. anlegen* 1 Kor 9, 7 (vgl. Dt 20, 6). Hs 5, 2, 2. 5, 6, 2. ἀ. καλοί *gutgepflegte W.* m 10, 1, 5. χαρακοῦν ἀ. *e. W. einfriedigen* s 5, 2, 3; vgl. 5, 4, 1ff. σκάπτειν ἀ. (Diod. S. 4, 31, 7) *e. W. umgraben* 5, 2, 4. In d. Parabeln: Mt 20, 1ff. 21, 28ff. Mk 12, 1ff. Lk 20, 9ff., vgl. 13, 6. Bild d. Christenvolkes Hs 5, 5, 2.*

Ἀμπλιᾶτος (NF [Rö 16, 8, als v. l.] Ἀμπλιάς, richtiger Ἀμπλιᾶς zu betonen; s. W-S. § 6, 7 g. Bl-D. § 125, 1. 2), **ου** N. pr. m. *Ampliatus* (häufiger Sklavenname: CIL II 3771 [Spanien]. VI 14918. 15509 [Rom]. IV 1182. 1183 [Pompeji]. IG III 1161, 8. 1892 [Athen]. CIL III 436 [Ephesus]) Empfänger e. Grußes, durch ἀγαπητὸς ἐν κυρίῳ ausgezeichnet Rö 16, 8 (vgl. Lghtf., Phil. '91, 172. Rouffiac 90. Ltzm., Hdb. z. St.).*

ἀμύνομαι (seit Homer, auch LXX, doch hier ebenso selten wie in d. Inschriften [z. B. Dit., Syll.³ 780, 35. Isisaretal. v. Kyme 37] und d. Pap. [z. B. APF 3, '06, S. 418, 71]. — Jos., bell. 1, 319. 5, 129; ant. 9, 9 u. noch öfters) Aor. 1 ἠμυνάμην *heimzahlen* abs. (wie Epikt. 4, 13, 7) neben ἐκδίκησιν ποιεῖν v. Mose, der d. Ägypter erschlug AG 7, 24; möglich auch *beistehen* (Jes 59, 16; für att. ἀμύνω Bl-D. § 316, 1).*

ἀμφιάζω (Plut., C. Gracch. 2, 3 Z. v. l. Vett. Val. 64, 9. Alciphr. 3, 6, 3. Dit., Or. 200, 24. Sb 6949, 24. P. Iand. 62, 14. LXX. Jos., bell. 7, 131; ant. 10, 11) NF zu ἀμφιέζω (hellenist. Bildung; JACramer, Anecd. Ox. 1835—37, II 338 τὸ μὲν ἀμφιέζω ἐστὶ κοινῶς, τὸ δὲ ἀμφιάζω δωρικόν) *bekleiden* Lk 12, 28 (d. Hss. schwanken zw. ἀ., ἀμφιέζει, ἀμφιέννυσιν). Vgl. Bl-D. § 29, 2. 73. 101. W-S. § 15. Rdm. 44. 225.*

ἀμφιβάλλω (in mancherlei Bed. seit Homer, auch Pap. Hab 1, 17) *herumwerfen* t. t. v. Auswerfen d. runden Wurfnetzes (δίκτυον Geop. 20, 12. ἀμφίβληστρον Hab 1, 17); abs. εἶδεν Σίμωνα καὶ Ἀνδρέαν ἀμφιβάλλοντας ἐν τῇ θαλάσσῃ *er sah, wie sie d. Netze im See im Bogen auswarfen* Mk 1, 16 (vgl. P. Flor. 119, 3 [254 n] οἱ ἁλιεῖς . . . ἀμφιβάλλουσι, doch sind die durch Punkte angedeuteten Worte nicht mit Sicherheit wiederherzustellen, u. es bleibt daher zweifelhaft, ob das Wort abs. gebraucht ist). — Herm vSoden, Reisebriefe aus Palästina² '01, 162. FDunkel, D. Fischerei am See Genesareth u. d. NT: Biblica 5, '24, 375—90. Dalman, Arbeit VI: Zeltleben, Vieh- u. Milchwirtschaft, Jagd, Fischfang '39. L. Bunsmann, De piscatorum in Graec. atque Rom. litteris usu. Diss. Münst. '10.*

ἀμφίβληστρον, ου, τό (seit Hesiod. Hdt., auch Artem. 2, 14 p. 107, 13. LXX) *d.* (kreisrunde) *Wurfnetz* des Fischers. βάλλειν ἀ. *d. Netz auswerfen* (Aesop, Fab. 11 P. = 27 H. βάλλειν τὸ ἀμφ.) Mt 4, 18. Mk 1, 16 v. l.; s. ἀμφιβάλλω.*

ἀμφιβολία, ας, ἡ (d. Wort b. Aristot. u. a., auch Dit., Syll.³ 728 V, 6. P. Lond. 1716, 8. Jos., bell. 3, 434) *d. Streit* ἀ. ἔχειν μετά τινος D 14, 2.*

ἀμφιέζω s. ἀμφιάζω.

ἀμφιέννυμι (seit Homer, auch Inschr. BGU 388, 41) Pf. Pass. Ptz. ἠμφιεσμένος (Aelian, n. a. 4, 46 p. 102, 17. Jos., ant. 8, 186; vgl. W-S. § 12, 6. Bl-D. § 69, 1) *bekleiden* m. Akk. des Bekleideten τὸν χόρτον Mt 6, 30. Pass. (Jos., bell. 4, 473; ant. 15, 403) ἐν μαλακοῖς (ἱματίοις) ἠ. *mit weichen Gewändern bekleidet* Mt 11, 8. Lk 7, 25 (z. Konstruktion Bl-D. § 159, 1). Zu Lk 12, 28 s. ἀμφιάζω.*

Ἀμφίπολις, εως N. pr. f. *Amphipolis*, Hauptstadt d. südöstl. Mazedoniens, vom Strymon umflossen (Thu. 4, 102, 4. Appian, bell. civ. 4, 104 § 437. 4, 107 § 447), woher der Name, Militärstation an d. Via Egnatia. Paulus kam durch d. Stadt auf d. Reise von Philippi nach Thessalonich AG 17, 1. — OHirschfeld bei Pauly-W. I 1949ff.*

ἄμφοδον, ου, τό (Aristoph. u. Hyperid., fgm. 137. Inschr. [Dit., Syll.³ 961 m. Note; Or. 483, 80] u. Pap. [UPZ 77 I, 6—163 v. P. Lond. 208, 7. 225, 4. 247 b, 5 u. ö.; vgl. Preisigke, Fachwörter 1915] seit II v. Jer 17, 27. 30, 33) *d.* von Straßen umlaufene und durchzogene *Stadtviertel*, dann *d. Straße* (Hesych erklärt ἄμφοδα. αἱ ῥῦμαι. ἀγυιαί. δίοδοι) ἔξω ἐπὶ τοῦ ἀ. *außen, an d. Straße* Mk 11, 4 (Beisp. für ἐπὶ τοῦ ἀ. in Pap. b. Mayser 261, 1). τρέχειν εἰς τὸ ἀ. *auf die Straße laufen* AG 19, 28 D.*

ἀμφότεροι, αι, α (seit Homer, auch Inschr. Pap. LXX) — **1.** *beide* (Jos., ant. 16, 125) Dg 9, 6. ἀ. συντηροῦνται *beide* (d. h. Wein u. Schläuche) *werden erhalten* Mt 9, 17. Lk 5, 38 t. r. ἀ. εἰς βόθυνον (ἐμ-)πεσοῦνται *beide* (Führer u. Geführter) *werden in d. Grube fallen* Mt 15, 14. Lk 6, 39. — ἦσαν δίκαιοι ἀ. Lk 1, 6; vgl. V. 7 (d. Msk.form v. e. Ehepaar Ammonius, vi. Aristot. p. 10, 6 Westerm.). ἀμφοτέροις ἐχαρίσατο 7, 42. κατέβησαν ἀ. AG 8, 38. ἀ. οἱ νεανίσκοι PE 9, 37. ἀ. τὰ πλοῖα Lk 5, 7. τὸν ἐπ' ἀμφοτέροις θεόν *d. über beiden* (stehenden) *Gott* B 19, 7. D 4, 10. — οἱ ἀ. *beide zusammen* (utrique; οἱ δύο jeder einzelne v. beiden *uterque*, vgl. Bl-D. § 275, 8) ἀποκαταλλάσσειν τοὺς ἀ. τῷ θεῷ *beide zusammen m. Gott versöhnen* Eph 2, 16. οἱ ἀ. ἐν ἑνὶ πνεύματι V. 18. τὰ ἀ. ἐν ποιεῖν V. 14. — **2.** *alle*, u. zwar auch dann, wenn es sich um mehr als zwei handelt (Diod. S. 1, 75, 1 πρὸς ἀμφότερα = für alles, in jeder Hinsicht. P. Lond. 336, 13 [167 n]. P. Théad. 26, 4 [296 n]. P. Genf 67, 5. 69, 4) AG 19, 16. Φαρισαῖοι ὁμολογοῦσιν τὰ ἀ. *behaupten d. alles* 23, 8. JBury, ClR 11, '97, 393ff. 15, '01, 440; ByzZ 7, '98, 469. 11, '02, 111. Mlt. 127f. Rdm. 77f.

ἀμώμητος, ον (seit Homer, auch Diod. S. 33, 7, 3. Plut., mor. 489 A. Ep. Arist. 93. Philo, aet. mundi 41. Wadd. 2007. Sb 332. 367. ZP 13, 89. 603) *untadelig* v. d. Christen 2 Pt 3, 14 (neben ἄσπιλος). Phil 2, 15 v. l.*

ἄμωμον, ου, τό (seit Hippokr., auch Theophr., hist. pl. 9, 7, 2. Diosc. 1, 15. ZP 4, 1311. Jos., ant. 20, 25) *Amomum* e. Gewürzpflanze, neben κιννάμωμον, θυμιάματα, μύρον u. a. Gewürzen Apk 18, 13.*

ἄμωμος, ον (seit Hes., auch Arrian: 156 fgm. 121 Jac. CIG 1974. Herodesepigr.: APF 1, '01, 220. LXX. Philo, congr. erud. grat. 106. Jos., bell. 5, 229 u. ö.) *untadelig* — **1.** von d. Fehlerlosigkeit der Opfertiere (Num 6, 14. 19, 2 u. ö. Philo, sacrif. Abelis 51; somn. 1, 62) Christus als d. Opferlamm ὡς ἀμνοῦ ἀ. καὶ ἀσπίλου 1 Pt 1, 19. Vgl.

ἑαυτὸν προσήνεγκεν ἄ. τῷ θεῷ *er brachte sich selbst Gott als ein untadeliges Opfer dar* Hb 9, 14. — **2.** auf die sittl. u. relig. Haltung übertragen (Aeschyl., Pers. 185. Hdt. 2, 177. Theokr. 18, 25, auch 2 Kö 22, 24. Ps 14, 2. 17, 24 u. ö.) — **a.** von Personen (Sb 625. Sir 31, 8. 40, 19. Philo, mut. nom. 60. Jos., ant. 3, 279 neb. καθαρός): v. Christen und d. Gemeinde (neb. ἅγιος) Eph 1, 4. 5, 27; (neb. ἅγιος, ἀνέγκλητος) Kol 1, 22; (neb. ἄσπιλος) 2 Pt 3, 14 v. l. τέκνα θεοῦ ἄ. Phil 2, 15. ἄ. εἰσιν Apk 14, 5; vgl. Jd 24. 1 Kl 50, 2. ITr 13, 3. — **b.** v. göttl. u. menschl. Eigenschaften u. ä. (Jos., ant. 3, 278 δίαιτα = Lebenswandel): βούλησις 1 Kl 35, 5. ὄψις 36, 2. πρόσωπον IPol 1, 1. χεῖρες (neb. ἱεραί) 1 Kl 33, 4. διάνοια ITr 1, 1. καρδία (neb. καθαρά) Hv 4, 2, 5 (vgl. Ps 118, 80). πρόθεσις (neb. ὅσιος) 1 Kl 45, 7. συνείδησις (neb. σεμνός, ἁγνός) 1, 3; vgl. Pol 5, 3. χαρά IEph insc. ἑνότης 4, 2. IMg 7, 1. προστάγματα 1 Kl 37, 1. — D. Hl. Geist πνεῦμα ἄ. ISm insc. ἄμωμον παθεῖν *als Untadelhafter leiden* (v. Christus) MPol 17, 2.*

ἀμώμως Adv. v. ἄμωμος *untadelhaft, ohne Tadel* χαίρειν IRö insc.*

Ἀμών (אָמוֹן) indekl. N. pr. m. (b. Jos., ant. 10, 46—48 Ἀμμών, ῶνα) *Amon*, im Stammbaum Jesu Mt 1, 10 v. l. (i. T. Ἀμώς; s. d. 2), Sohn Manasses, Vater Josias (vgl. 1 Ch 3, 14 u. 4 Kö 21, 18—26 mit den vv. ll.).*

Ἀμώς (über d. entsprechenden hebr. Namen s. ENestle, ZNW 4, '03, 188) indekl. N. pr. m. *Amos*, im Stammbaum Jesu — **1.** Vater des Mattathias, Sohn d. Nahum Lk 3, 25 — **2.** Sohn Manasses, Vater Josias Mt 1, 10 (v. l. Ἀμών; s. d.). Lk 3, 23 ff. D.*

ἄν (dafür nach Relativen häufig ἐάν gebraucht, doch schwanken die Hss. vielfach, vgl. Bl-D. § 107. 377. Mlt. S. 62 f. 260. Mayser 152 f. Crönert 130 f. Thackeray 67. DBm., NB 30 ff.). Dem Griechischen (seit Homer, auch LXX) eigentüml. Partikel, durch die d. Inhalt des Satzes, in dem sie angewandt wird, als je nach d. Modi u. Tempora d. Verbs bedingt bez. wird. Im Deutschen nur durch d. Modus d. Verbums zum Ausdruck zu bringen. Im NT findet sich in d. Hauptsache d. Partikel ebenso gebraucht wie in d. klass. Sprache, wenn schon, wie in d. späteren Gräz. überh., die reiche Mannigfaltigkeit der Anwendung eingeschränkt wird. — **I.** ἄν mit Ind. d. Aor. od. Ipf. — **a.** d. wiederholte, aber nur gegebenenfalls eintretende Handlung bezeichnend bes. nach Relativen (Bl-D. § 367): Aor. (Gen 30, 42. Num 9, 17. 1 Kö 14, 47. Ez 10, 11) ὅσοι ἂν ἥψαντο αὐτοῦ, ἐσῴζοντο *wer immer ihn berührte, wurde geheilt* Mk 6, 56. Ipf. (Ez 1, 20. 1 Makk 13, 20. Tob 7, 11) ὅπου ἂν εἰσεπορεύετο εἰς κώμας *wo er* (wie er zu tun pflegte. — ADebrunner, D. hellenist. Nebensatziterativpräteritum mit ἄν: Glotta 11, '20, 1—28) *in d. Dörfer eintrat* Mk 6, 56. καθότι ἄν τις χρείαν εἶχεν *wie es gerade ein jeder bedurfte* AG 2, 45. 4, 35. Ähnlich ὡς ἂν ἤγεσθε, falls nicht ἀνήγεσθε zu lesen ist, 1 Kor 12, 2. Vgl. auch ὅταν 2 c. d. — **b.** im Nachsatz nach Bedingungssätzen mit εἰ zur Bez. d. Gegenteils als d. Realen (Bl-D. § 360; doch kann d. ἄν auch fehlen: § 360, 1. Mlt. 315, 1. PMelcher, De sermone Epicteteo '05, 75); und zwar — **α.** mit Ipf. (4 Makk 17, 7. Bar 3, 13) οὗτος εἰ ἦν προφήτης, ἐγίνωσκεν ἄν *wenn er ein Prophet wäre, so würde er erkennen* (was er aber nicht tut) Lk 7, 39. εἰ ἔχετε πίστιν . . . ἐλέγετε ἄν *wenn ihr Glauben besäßet . . ., so würdet ihr sprechen* 17, 6. εἰ ἐπιστεύετε Μωϋσεῖ, ἐπιστεύετε ἂν ἐμοί J 5, 46. εἰ ἐμὲ ᾔδειτε, καὶ τὸν πατέρα μου ἂν ᾔδειτε 8, 19; vgl. V. 42. 9, 41. 15, 19. εἰ ἔτι ἀνθρώποις ἤρεσκον, Χριστοῦ δοῦλος οὐκ ἂν ἤμην Gal 1, 10; vgl. 3, 21. εἰ ἑαυτοὺς διεκρίνομεν, οὐκ ἂν ἐκρινόμεθα 1 Kor 11, 31. εἰ ἦν ἐπὶ γῆς, οὐδ᾽ ἂν ἦν ἱερεύς *wenn er auf d. Erde wäre, so wäre er nicht einmal Priester* Hb 8, 4; vgl. 4, 8. 8, 7. 11, 15. — **β.** mit Aor., d. Annahme in d. Sphäre d. Vergangenheit rückend, wofür im Deutschen d. Konj. d. Plsqpf. steht (Gen 30, 27. Wsh 11, 25. Jdth 11, 2. 4 Makk 2, 20. P. Gieß. 47, 17. P. Lond. II 278). εἰ ἐγένοντο αἱ δυνάμεις, πάλαι ἂν . . . μετενόησαν *wenn d. Wundertaten geschehen wären, so hätten sie längst Buße getan* Mt 11, 21. εἰ ἔγνωσαν, οὐκ ἂν ἐσταύρωσαν 1 Kor 2, 8; vgl. Rö 9, 29 (Jes 1, 9). εἰ ἐγνώκειτε, οὐκ ἂν κατεδικάσατε *wenn ihr erkannt hättet, so hättet ihr nicht verurteilt* Mt 12, 7. εἰ ἠγαπᾶτέ με, ἐχάρητε ἄν *wenn ihr mich liebtet, so hättet ihr euch gefreut* J 14, 28. Für d. Ind. d. Aor. steht Plsqpf. (P. Gieß. 79 II, 6 εἰ δυνατόν μοι ἦν, οὐκ ἂν ὠκνήκειν. BGU 1141, 27 f.) εἰ ἦσαν, μεμενήκεισαν ἂν 1 J 2, 19; vgl. J 11, 21 v. l. — κἀγὼ ἐλθὼν σὺν τόκῳ ἂν αὐτὸ ἔπραξα Lk 19, 23 enthält in ἐλθών gleichsam einen irreal-temporalen Vordersatz (Bl-D. § 360, 2); vgl. καὶ ἐλθὼν ἐγὼ ἐκομισάμην ἂν τὸ ἐμόν Mt 25, 27. Ähnl. ἐπεὶ οὐκ ἂν ἐπαύσαντο προσφερόμεναι; wo das ἐπεί die Rolle des Vordersatzes übernimmt, *hätte man sonst* (d. h. wenn die Opfer wirklich e. dauernde Entsühnung bewirkt hätten) *nicht mit ihrer Darbringung aufgehört?* Hb 10, 2. — **2.** ἄν m. Konj. nach Relativen. D. Relativsatz wird dadurch z. Vertreter d. Vordersatzes in e. hypothet. Satzverhältnisse, das eine der wirkl. Sachlage entsprech. Bedingung enthält (Bl-D. § 380, 1). — **a.** m. Fut. od. Imp. im Nachsatze, um zu bez., daß Bedingung u. Folge in der Zukunft, sei es einmal, sei es wiederholt gedacht wird (IG XIV 865 [VI v] ὃς δ᾽ ἄν με κλέψῃ, τυφλὸς ἔσται). ὃς δ᾽ ἂν ποιήσῃ καὶ διδάξῃ, οὗτος μέγας κληθήσεται *wer es aber tut u. lehrt* = wenn er es tut u. lehrt Mt 5, 19. ὃς ἂν ἐσθίῃ . . ., ἔνοχος ἔσται 1 Kor 11, 27. οὓς ἐὰν (v. l. ἂν) δοκιμάσητε, τούτους πέμψω 16, 3. — Mt 10, 11. 1 Kor 16, 2. — **b.** m. Präs. im Nachsatz, um zu bez., daß die Bedingung u. Folge ohne Rücksicht auf d. Zeitstufe wiederholt gedacht wird: ἃ ἂν ἐκεῖνος ποιῇ, ταῦτα καὶ ὁ υἱὸς ὁμοίως ποιεῖ *was jener tut, tut der Sohn ebenfalls* J 5, 19. ὅπου ἐὰν (v. l. ἂν) αὐτὸν καταλάβῃ, ῥήσσει αὐτόν *wo immer er ihn packt* Mk 9, 18. ὑμῖν ἐστιν ἡ ἐπαγγελία . . ., ὅσους ἂν προσκαλέσηται κύριος AG 2, 39. ὃς ἐὰν (v. l. ἂν) βουληθῇ φίλος εἶναι τοῦ κόσμου, ἐχθρὸς τοῦ θεοῦ καθίσταται *jeder, der ein Freund d. Welt sein will* Jk 4, 4. — Wo ὅς, ὅστις m. Konj. ohne ἄν erscheint (doch vgl. IG XII 1, 671 ὃς ἀνασπαράξῃ τ. τάφον. P. Rainer 24. 25. Act. Thom. 93. Jes 7, 2. 31, 4), ist möglicherweise die LA, die den Ind. d. Fut. bietet, im Rechte: ὅστις τηρήσῃ אBC, τηρήσει AKLP Jk 2, 10. ὅσοι (ohne ἄν P. Petr. I 13. P. Rain. 237. Inschr. v. Perg. 249, 26 ὅσοι ἐγλίπωσι τὴν πόλιν. Vett. Val. 125, 16): ὅσοι μετανοήσωσι καὶ καθαρίσωσι Hs 8, 11, 3 ist von vGebhardt durch Konjektur eingesetzt; die Hs. bietet καθαρίσουσι, d. Michigan-Pap. ed. CBonner '34, p. 114, gibt keine Sicherheit. Vgl. Reinhold 108. Bl-D. § 380, 4. — **3.** In Temporalsätzen steht ἄν c. conj., wenn e. Fall zu bez. ist, der zwar eintreten kann u. wird, dessen Eintreten aber noch nicht bestimmt vorausgesetzt werden kann. So — **a.** ὅταν (aus ὅτε ἄν; vgl. ὅταν) mit Konj. d. Präs. z. Bez. d. stets regelmäßig Wiederkehrenden (Wsh 12, 18): ὅταν ἄρτον ἐσθίωσιν *so oft sie Brot essen* Mt 15, 2. ὅταν λαλῇ τὸ ψεῦδος *so oft er Lüge redet* J 8, 44. ὅταν λέγῃ τις *so oft jemand sagt* 1 Kor 3, 4. — Mit Konj. d. Aor. zur Bez. d. in d. Sphäre der Zukunft bereits vollendet gedachten Handlung (Sir praef. Zl. 22. Tob 8, 21) ὅταν ποιήσητε πάντα *wann ihr getan habt* Lk 17, 10. ὅταν ἔλθῃ ὁ κύριος *wann d. Herr gekommen ist* Mt 21, 40. ὅταν ἔλθῃ ἐν τῇ δόξῃ Mk 8, 38; vgl. J 4, 25. 16, 13. AG 23, 35. ὅταν πάλιν εἰσαγάγῃ τὸν πρωτότοκον Hb 1, 6. — **b.** ἡνίκα ἄν *jedesmal wenn* (Ex 1, 10. 33, 22. 34, 24 u. ö. P. Oxy. 104, 26 [96n]. P. Tebt. 317, 18 [174/75] ἡνίκα ἐὰν εἰς τὸν νόμον παραγένηται). ἡνίκα ἐάν (so ABℵC 17 𝔓^{46}, ἐάν fehlt DFG t. r.) ἀναγινώσκηται Μωϋσῆς *jedesmal, wenn Mose vorgelesen wird* 2 Kor 3, 15. ἡνίκα δὲ ἐάν (Aℵ* 𝔓^{46}, δ' ἄν Bℵ^{c}DFG rel) ἐπιστρέψῃ V. 16. — **c.** ὁσάκις ἄν *so oft*: ὁσάκις ἐάν (so BℵC 17, ἄν DFG 47 KL) πίνητε 1 Kor 11, 25. ὁσάκις ἐάν (ABℵC 17, ἄν DFG 37. 47 KLP) ἐσθίητε V. 26. — **d.** ὡς ἄν *sobald* (P. Hib. 59, 1 [ca. 245 v] ὡς ἄν λάβῃς. 66, 4. P. Eleph. 9, 3 [III v]. P. Par. 46, 18 [143 v]. BGU 1209, 13 [23 v]. Jos 2, 14. Jdth 11, 15. 1 Makk 15, 9): ὡς ἄν πορεύωμαι *sobald ich reise* Rö 15, 24. ὡς ἄν ἔλθω *sobald ich komme* 1 Kor 11, 34. ὡς ἄν ἀφίδω τὰ περὶ ἐμέ *sobald ich meine Verhältnisse überblicken kann* (eigtl. überblickt habe) Phil 2, 23. ὡς ἐάν (P. Fay. 111, 16 [95/6]) Hv 3, 8, 9. 3, 13, 2. — ἀφ' οὗ ἄν *nachdem* Lk 13, 25. — Bei den e. Ziel bezeichnenden Zeitpartikeln ἕως οὗ, ἄχρις (οὗ), μέρχις (οὗ) herrscht in d. Hss. Schwanken; doch ist d. Zufügung d. ἄν wohl selten im Rechte (s. Bl-D. § 383, 2). Nur ἕως ἄν (P. Petr. II 40a, 28 [III v] ἕως ἄν ὑγιαίνοντας ὑμᾶς ἴδωμεν. Gen 24, 14. 19. 49, 10. Ex 23, 30 u. ö.) ist sicher belegt: μείνατε ἕως ἄν ἐξέλθητε *bleibt, bis ihr hinausgeht* Mt 10, 11. ἕως ἄν ἴδωσιν τὴν βασιλείαν τοῦ θεοῦ Lk 9, 27. — Mt 2, 13. 5, 26. ἕως ἄν (ℵ 13. 31, οὗ 68 al.; in ABKL al. nur ἕως) λάβῃ Jk 5, 7. — ἄχρις οὗ (ἄν ℵ^{c}D^{c} 37. 47 KLP, es fehlt in ABℵ* CD* FG 17) ἔλθῃ 1 Kor 11, 26. ἄχρις οὗ (ἄν ℵ^{c}D^{b} 37. 47 KL) θῇ 15, 25. ἄχρι οὗ ἄν (fehlt 38) ἥξω Apk 2, 25. ἄχρις ἄν ἔλθῃ (vgl. BGU 830, 13 [I n] ἄχρις ἄν σοι ἔλθω) Gal 3, 19 (so B. — 𝔓^{46}ℵA D t. r. haben ἄχ. οὗ). — πρίν ἄν: πρὶν ἄν (πρὶν ἤ ADℵ^{a} 1, πρὶν ἢ ἄν BR(L)X 33, πρίν allein 69, ἕως ἄν ℵ*) ἴδῃ τὸν Χριστόν Lk 2, 26 (Bl-D. § 383, 3). — **4.** In Absichtssätzen ist das im Attischen (EHermann, Griech. Forschungen I '12, 267 f. JKnuenz, De enuntiatis Graec. finalibus '13, 13 ff. 26 ff.), bes. in älteren Inschr. (Meisterhans^{3}-Schw. 254) häufige ὅπως ἄν recht selten geworden (LXX noch zieml. oft: Gen 18, 19. 50, 20. Ex 33, 13. Jer 7, 23 u. s.) ὅπως ἄν ἀποκαλυφθῶσιν διαλογισμοί Lk 2, 35. ὅπως ἄν ἔλθωσιν καιροί AG 3, 20. — 15, 17 (Am 9, 12 v. l.). Rö 3, 4 (Ps 50, 6). — **5.** D. Opt. m. ἄν im Hauptsatz ist fast ganz verschwunden; singulär εὐξαίμην (εὐξάμην ℵ* 61 HL) ἄν AG 26, 29 in d. Rede d. Pls vor Agrippa (Buchsprache vgl. Bl-D. § 385, 1. Themist. 6 p. 80 D. — Über d. Seltenheit des Potentialis in Pap. LXX. Apost. Vätern s. CHarsing, De optat. in chartis Aeg. usu. Diss. Bonn '10, 28. Reinhold 111). Dazu — gleichfalls bei Lk (Literatursprache!) — d. direkten rhetor. Fragen (Gen 23, 15. Hi 19, 23. Sir 25, 3. 4 Makk 7, 22. 14, 10 v. l.) πῶς γὰρ ἄν δυναίμην; AG 8, 31. τί ἄν θέλοι οὗτος λέγειν; 17, 18. Nur Dg hat, elegant stilisiert, d. Opt. bewahrt (2, 3. 10. 3, 3 f. 4, 5. 7, 2 f. 8, 3). Auch MPol 2, 2 findet sich τίς οὐκ ἄν θαυμάσειεν. — Häufiger in indir. Frage, nach e. Praeterit. od. Praes. hist. (Bl-D. § 386, 1) τὸ τί ἄν θέλοι καλεῖσθαι αὐτό *wie er es etwa genannt haben wolle* Lk 1, 62. τὸ τίς ἄν εἴη μείζων αὐτῶν *wer wohl d. Größte von ihnen sein möchte* 9, 46. τί ἄν ποιήσαιεν τῷ Ἰησοῦ *was sie wohl mit Jesus anfangen könnten* 6, 11. τί ἄν γένοιτο τοῦτο AG 5, 24. τί ἄν εἴη τὸ ὅραμα 10, 17. (Inschr. v. Magn. 215 [I n] ἐπερωτᾷ τί ἄν ποιήσας ἀδεῶς διατελοίη. Esth 3, 13 c πυθομένου δέ μου . . . πῶς ἄν ἀχθείη τοῦτο). — **6.** Der Gebr. v. ἄν beim Inf. u. Ptz., der in d. klass. Sprache häufig ist, fehlt im NT völlig (Bl-D. § 396); ἵνα μὴ δόξω ὡς ἄν ἐκφοβεῖν ὑμᾶς 2 Kor 10, 9 ist sicher so zu erklären, daß ὡς ἄν einen Begriff bilden = quasi: *ich mag nicht den Anschein erwecken, als wollte ich euch gleichsam einschüchtern*; vgl. Bl-D. § 453, 3. Mlt. 262. — Zu εἰ μήτι ἄν (erg. γένηται) ἐκ συμφώνου *außer etwa nach Verabredung* 1 Kor 7, 5; vgl. Bl-D. § 376 Anh. Mlt. 264 f.

ἄν statt ἐάν im Hellenismus selten (Bl-D. § 107; vgl. Hyperid. 4, 5. 5, 15. Teles p. 31, 6. Plut., mor. 547 A. Epikt., Index Schenkl. Pap. [Mayser 152]. Inschr., bes. des Aeg. Meeres [Rdm.^{2} 198, 3; s. auch Dit., Syll.^{3} Ind. IV p. 204]. 1 Esr 2, 16. 4 Makk 16, 11. Jos., ant. 4, 70. 219. Test. 12 Patr.), von einzelnen Hss. geboten und gelegentl. in den T. aufgenommen: J 5, 19 a (ἄν μή). 12, 32 B. 13, 20. 16, 23. 20, 23. AG 9, 2 ℵE. IMg 10, 1. — Mlt. 63, 1.

ἀνά Präp.

Sonderliteratur zu d. Präpositionen: Bl-D. § 203 bis 240. Rdm.^{2} S. 137—146. Mlt.-H. p. 292—332. Mayser II 2, S. 152—68. 337—543. — MJohannessohn, D. Gebrauch d. Präpositionen in LXX: NGG, Beiheft '26. — PFRegard, Contribution à l'Etude des Prepositions dans la langue du NT '19. — FKrebs, D. Präpositionen b. Polybius, Diss. Würzburg '82. FKrumbholz, De praepos. usu Appianeo, Diss. Jena '85. PMelcher, De sermone Epict. (Diss. philol. Halenses 17, 1) '05. JKäser, D. Präpos. b. Dionys. Hal., Diss. Erl. '15. HTeykowski, D. Präpositionsgebr. b. Menander, Diss. Bonn '40. — RGünther, D. Präpos. in d. griech. Dialektinschriften: IndogF 20, '06, 1—163. ENachmanson, Eranos 9, '09, 66 ff. — WKuhring, De praepos. Graec. in chartis Aeg. usu, Diss. Bonn '06. KRoßberg, De praepos. Graec. in chart. Aeg. Ptolem. aetatis usu, Diss. Jena '09. — GRudberg, Ad usum circumscribentem praepositionum graec.: Eranos 19, '22, 173—206.

ἀνά (seit Homer), in der späteren Sprache selten — **1.** ἀνὰ μέσον (Aristot. u. a., auch Polyb. Diod. S. Inschr. Pap. LXX. Ep. Arist. [Stellen b. ELohmeyer, Diatheke '13, 86, 1. Nägeli 30. Roßberg 34. Johannessohn 170—73, bes. 170, 6]) c. gen. — **a.** *mitten hinein in* (ZP 36, 302) ἀ. μ. τῶν ὁρίων Δεκαπόλεως Mk 7, 31. ἀ. μ. τοῦ σίτου Mt 13, 25. — **b.** (*in der Mitte*) *zwischen* (Diod. S. 11, 90, 3 ἀνὰ μέσον ποταμῶν δυοῖν. 12, 9, 2. 14, 80, 2. 17, 52, 1. Strabo 4, 4, 2) PE 4, 10. Hs 9, 2, 3. 9, 15, 2. Mit Breviloquenz — falls der T. unbeschädigt, was Mlt. 160 u. JWeiß z. St. bezweifeln — διακρῖναι ἀ. μ. τοῦ ἀδελφοῦ αὐτοῦ *zu schlichten zwischen d. Bruder* (*u. s. Gegner*) 1 Kor 6, 5 (z. Verkürzung vgl. Sir 25, 18 v. l. ἀ. μ. τοῦ πλησίον αὐτοῦ ἀναπεσεῖται ὁ ἀνήρ. Auch zu μέσος 2 a. A. — Prozesse ἀ. μ. Ἑλλήνων: Kyr.-Inschr. Zl. 64). *mitten in* (Antiatt.: IBekker, Anecd. I 1814, 80, 24 ἀ. μέσον· ἀντὶ τοῦ ἐν μέσῳ. Vgl. Diod. S. 1, 30, 4 ἀνὰ μ. τῆς Κοίλης Συρίας. P. Petr. III 37 a II, 18. Ex 26, 28. Jos 16, 9. 19, 1) τὸ ἀρνίον τὸ ἀ. μ. τοῦ θρόνου *mitten auf d. Throne* Apk 7, 17. ἀ. μ. ἐκκλησίας *in-*

mitten d. Gemeinde B 6, 16. — **2.** ἀνὰ μέρος *d. Reihe nach* (Aristot., Pol. 1287a, 17. Polyb. 4, 20,10 ἀνὰ μέρος ᾄδειν. Appian, Iber. 82 § 357; Mithrid. 22 § 83; bell. civ. 3, 44 § 183 Kyr.-Inschr. 122) 1 Kor 14, 27. — **3.** bei Zahlen distributiv *je* (Aristoph., ran. 554f. X., an. 4, 6, 4. Kyr.-Inschr. 27. P. Amh. II 88 [128 n]. P. Oxy. 819 [In] u. ö. Gen 24, 22. 3 Kö 18, 13. 1 Ch 15, 26. Hen. 10, 19. Jos., ant. 8, 179. 17, 172; Rdm. 20) ἀνὰ δηνάριον *je einen Denar* Mt 20, 9f. ἀπέστειλεν αὐτοὺς ἀνὰ δύο *er sandte sie zu zwei und zwei aus* Lk 10, 1. κλισίας ὡσεὶ ἀνὰ πεντήκοντα *etwa zu je fünfzig* 9, 14. ἀνὰ μετρητὰς δύο ἢ τρεῖς *je zwei oder drei Maß* J 2, 6 (Diod. S. 3, 13, 2 ἀνὰ τρεῖς ἢ δύο). — Lk 9, 3. Apk 4, 8. PE 9, 35. ἀνὰ μέσον αὐτῶν ἀνὰ δύο παρθένοι *mitten zwischen ihnen* (den d. Ecken einnehmenden Jungfrauen) *je zwei Jungfrauen* Hs 9, 2, 3 (s. MDibelius, Hdb. z. d. St.). — In ἀνὰ δύο παρθένοι ist es z. Adv. erstarrt. Ebenso ἀνὰ εἷς ἕκαστος τῶν πυλώνων Apk 21, 21 (Bl-D. § 204. 305). Zu ἀνὰ δύο δύο *je zwei u. zwei* Lk 10, 1 v. l. vgl. Act. Philippi 142 p. 79, 6 Bonnet und δύο 5.*

ἀναβαθμός, οῦ, ὁ (seit Hdt., auch Aelian, n. a. 6, 61. 11, 31. Cass. Dio 65, 21. 68, 5. Philo, leg. ad Gaium 77. PSI 546,3. LXX) *d. Stufe*. V. d. Treppe, d. vom Tempelplatz zur Burg Antonia führt: ὅτε ἐγένετο ἐπὶ τοὺς ἀ. *als er auf d. Stufen kam* AG 21, 35. ἑστὼς ἐπὶ τῶν ἀ. (vgl. 2 Ch 9, 19) V. 40.*

ἀναβαίνω (seit Homer, auch Inschr. Pap. LXX. Philo, aet. m. 58. Joseph. Test. 12 Patr.) Aor. 2 ἀνέβην, Imp. ἀνάβα Apk 4, 1. Pl. ἀνάβατε 11, 12 (W-S. § 13, 22.) Fut. ἀναβήσομαι. Pf. ἀναβέβηκα — **1.** eigtl. *hinaufgehen, hinaufsteigen* — **a.** v. lebenden Wesen — **α.** v. wirkl. Gehen: εἰς τὸ ὑπερῷον (vgl. Jos., vi. 146) AG 1, 13. εἰς τὸ ὄρος (Ex 19, 3. 12 u. ö. Jos., c. Ap. 2, 25) Mt 5, 1. 14, 23. 15, 29. Mk 3, 13. Lk 9, 28. Bes. v. d. Wege nach d. hochgelegenen Jerusalem (wie עָלָה; vgl. 2 Esr 1, 3. 1 Esr 2, 5. 1 Makk 13, 2. Jos., bell. 2, 40; ant. 14, 270) Mt 20, 17f. Mk 10, 32f. Lk 18, 31. 19, 28. J 2, 13. 5, 1. 11, 55. AG 11, 2. 21, 12. 15. 24, 11. 25, 1. 9. Gal 2, 1. εἰς τὸ ἱερόν, weil d. Tempel auf e. Höhe liegt (UPZ 41, 5. 42, 4 [162v] ἀ. εἰς τὸ ἱερὸν θυσιάσαι. 70, 19f. [152/1 v]. Jes 37, 1. 14 v. l. 38, 22. Jos., ant. 12, 164f. ἀναβὰς εἰς τὸ ἱερὸν ... καταβὰς ἐκ τ. ἱεροῦ) Lk 18, 10. J 7, 14. AG 3, 1. — ἀ. εἰς τὴν ἑορτήν *h.* nach Jerusalem *zum Fest* J 7, 8. 10 (vgl. BGU 48, 19 [III n] ἐὰν ἀναβῇς τῇ ἑορτῇ. Sb 7994, 21). — M. ἐπί τι verb. (X., Cyr. 6, 4, 9. Jos., bell. 6, 285) ἐπὶ τὸ δῶμα (Jos 2, 8. Ri 9, 51) Lk 5, 19. AG 10, 9. — πρός τινα (UPZ 62, 31 [161 v]) πρὸς τοὺς ἀποστόλους καὶ πρεσβυτέρους εἰς Ἰερουσαλὴμ περὶ τοῦ ζητήματος τούτου AG 15, 2. M. Angabe d. Ortes, v. dem aus man aufsteigt ἀπό τινος (X., Hell. 6, 5, 26. Polyb. 10, 4, 6. Dio Chrys. 79 [28], 1) ἀπὸ τοῦ ὕδατος bei d. Taufe Mt 3, 16; dafür ἔκ τινος (X., Hell. 5, 4, 58) ἐκ τοῦ ὕδατος Mk 1, 10. AG 8, 39, δι' ὕδατος Hs 9, 16, 2. V. d. Reise nach Judäa ἀπὸ τῆς Γαλιλαίας εἰς τὴν Ἰουδαίαν Lk 2, 4. Allg. ἀλλαχόθεν J 10, 1. Bei Schiffen: *besteigen, einsteigen* (Appian, bell. civ. 2, 85 § 358 v. l. ἀ. ἐς τὸ σκάφος) εἰς τὸ πλοῖον (Jon 1, 3 v. l.) Mt 14, 32. Mk 6, 51. — Abs. ἀναβάς *er stieg* wieder *hinauf* in das Obergemach AG 20, 11; nach Jerusalem (Sir 48, 18. 1 Esr 1, 38. 5, 1. 1 Makk 3, 15; ähnl. ἀ. von der Reise in die Hauptstadt Epikt. 3, 7, 13. P. Oxy. 935, 13. 1157, 7. 25. BGU 1097, 3) 18, 22. — **β.** v. jeder nach oben gerichteten Bewegung: *aufsteigen* εἰς (τοὺς) οὐρανούς od. εἰς τ. οὐρανόν (Charito 3, 2, 5 zu Zeus; Polyaenus 7, 22 zu Hera. Artem. 4, 72 τὸ ἀ. εἰς οὐρανόν bedeutet d. ὑπερβάλλουσα εὐδαιμονία. Diogenes, ep. 33, 4 ἀ. ἐπὶ τὸν οὐ. Herm. Schr. 10, 25. 11, 21a. ZP 4, 546. Or. Sib. 5, 72. Vgl. Himmelf. d. Jes. 2, 16 = P. Amh. 1) AG 2, 34. Rö 10, 6 (Dt 30, 12). J 3, 13. Apk 11, 12. B 15, 9; dafür εἰς ὕψος Eph 4, 8f. (Ps 67, 19). ὑπεράνω πάντων τῶν οὐρανῶν V. 10; umschrieben ἀ. ὅπου ἦν τὸ πρότερον J 6, 62. ὧδε Apk 4, 1. 11, 12. ἐπὶ τὸ πλάτος τῆς γῆς 20, 9. M. Angabe d. Ausgangspunktes ἐκ τῆς ἀβύσσου 11, 7. 17, 8. ἐκ τῆς θαλάσσης (vgl. Da 7, 3) 13, 1. ἐκ τῆς γῆς *aus e. Erdspalt* V. 11. Abs. v. Engeln: ἀγγέλους τοῦ θεοῦ ἀναβαίνοντας καὶ καταβαίνοντας J 1, 51 (vgl. Gen 28, 12 u. s. z. ἄγγελος 2a). — *hinaufklettern* ἐπὶ συκομορέαν Lk 19, 4 (Diod. S. 3, 24, 2 ἐπὶ τὰ δένδρα. Aesop, Fab. 32 P. = 48 H. Dit., Syll.[3] 1168 91 ἐπὶ δένδρον ἀ.). — Vertritt ein Pass. (Wlh., Einl.[2] 19. — Synes., ep. 67 p. 215 D e. Last „wird aufgelegt" ἐπί τι) τὸν ἀναβάντα πρῶτον ἰχθύν *den ersten heraufgezogenen Fisch* Mt 17, 27 (Bl-D. § 315). — **b.** v. Sachen: v. Rauch (Ex 19, 18. Jos 8, 21. Jes 34, 10) Apk 8, 4. 9, 2. 19, 3; von Felsen ἐκ τοῦ πεδίου Hs 9, 2, 1; v. Steinen ἐκ βυθοῦ 9, 3, 3; v. Reben, die sich an Ulmen hinaufranken ἐπὶ τὴν πτελέαν *hinaufklettern* Hs 2, 3. V. Pflanzen auch *aufgehen* (Theophr., hist. pl. 8, 3, 2): Dornsträucher (vgl. Jes 5, 6. 32, 13) Mt 13, 7. Mk 4, 7. ὅταν σπαρῇ ἀναβαίνει V. 32; neben αὐξάνεσθαι V. 8. Bäume *aufsprossen* B 11, 10. — Gebete *steigen auf* z. Himmel (Ex 2, 23. 1 Makk 5, 31. 3 Makk 5, 9. Hen. 9, 10 στεναγμός. Proverbia Aesopi 79 P.: ἀγαθῷ θεῷ λίβανος οὐκ ἀναβαίνει) AG 10, 4. — **2.** übertr. ἀνέβη φάσις τῷ χιλιάρχῳ *e. Gerücht drang nach oben z. Tribunen* AG 21, 31. — Semitismus (4 Kö 12, 5. Jer 3, 16. 51, 21. Jes 65, 16) ἀ. ἐπὶ καρδίαν *e. Gedanke steigt* in uns *auf*, weil d. Herz als Sitz d. Denkens galt (= עָלָה עַל לֵב. — Der Grieche sagt ἐπὶ νοῦν ἀναβαίνει [Synes., ep. 44 p. 182 C] od. ἦλθεν [Marinus, vi. Procli 17 Boiss.]) 1 Kor 2, 9. Hv 1, 1, 8. 3, 7, 2 u. ö. (s. καρδία 1 b β). Dafür ἀ. Dafür ἀ. ἐν τῇ καρδίᾳ s 5, 1, 5. διαλογισμοὶ ἀναβαίνουσιν ἐν τῇ καρδίᾳ *Gedanken steigen in d. Herzen auf* Lk 24, 38.

ἀναβάλλω (in mancherlei Bed. seit Homer, auch LXX) Akt. u. Med. *aufschieben* (Med.: Hes., Werke 410 ἀναβάλλεσθαι ἐς αὔριον soll man nichts. Nicol. Dam.: 90 fgm. 130, 43 Jac. Diod. S. 14, 100, 1 εἰς ἕτερον καιρὸν ἀνεβάλετο. Syntipas p. 52, 2. Jos., ant. 4, 288. 14, 28); t. t. der Rechtssprache *vertagen* (Hdt., Demosth. u. a., auch P. Tebt. 22, 9 [112 v]. Jos., ant. 14, 177) τινά *jmdm. d. Vertagungsbeschluß eröffnen* (wie ampliare alqm. Cicero, Verr. 1, 29) ἀνεβάλετο αὐτούς ὁ Φῆλιξ AG 24, 22.*

ἀναβάτης, ου, ὁ (Pla. X u. a., auch LXX) ἅρματα καὶ ἀναβάται αὐτῶν läßt offen, ob αὐτῶν auf ἅρματα geht, wodurch ἀ. die Bedeutung *Besteiger* (der Wagen) bekommen würde, od. auf die Ägypter. Im letzteren Falle behielte ἀ. seinen übl. Sinn *Reiter*, den es auch an den zugrunde liegenden atl. Stellen (Ex 14, 23. 26. 28) besitzt 1 Kl 51, 5.*

ἀναβιβάζω (seit Hdt., auch Zen.-P. 59736, 36 [III v]. P. Oxy. 513, 27. LXX. Philo, de Ios. 120. Jos., ant. 20, 60) *hinaufbringen* v. Netze ἀναβιβάσαντες ἐπὶ τὸν αἰγιαλόν *sie zogen es auf d. Strand* Mt 13, 48 (vgl. Maxim. Tyr. 29, 6a ἀναβ. ἐπὶ ἵππους ἱππέας = Reiter auf Pferde bringen. X., Hell. 1, 1, 2 πρὸς τ. γῆν ἀνεβίβαζε τὰς τριήρεις).*

ἀναβιόω (Aristoph. Andoc. Pla. u. a., auch Artapanus b. Euseb., pr. ev. 9, 27, 25) *wiederauf-*

leben nach d. Tode (Artem. 2, 62. 4, 82. Palaeph. p. 60, 6. Philostrat., vi. Apoll. 1, 1, 1. 8, 7 p. 324, 27; heroicus 1, 4. Jos., ant. 18, 14) 2 Kl 19, 4.*

ἀναβλέπω (seit Eur. Vorsokr. Hdt., auch Pap. LXX. Jos., ant. 10, 270) Aor. 1 ἀνέβλεψα, Imp. ἀνάβλεψον *aufsehen, wieder sehen.* — **1.** eigtl. ἀ. εἰς τὸν οὐρανόν *z. Himmel hinaufblicken* (X., Cyr. 6, 4, 9. Ps.-Plato, Axioch. 370 B. Charito 8, 7, 2 εἰς τὸν οὐρ. ἀναβλέψας εὐφήμει τ. θεούς. Dt 4, 19. Hi 35, 5. Jos., ant. 11, 64) Mt 14, 19. Mk 6, 41. 7, 34. Lk 9, 16. 1 Kl 10, 6 (Gen 15, 5). MPol 9, 2. 14, 1. — *d.* (gesenkten) *Augen aufschlagen* Mk 8, 24. ἀ. τοῖς ὀφθαλμοῖς 1 Kl 10, 4 (Gen 13, 14; vgl. X., Hell. 7, 1, 30 ἀν. ὀρθοῖς ὄμμασιν). MPol 2, 3. ἀναβλέψασαι θεωροῦσιν *als sie d. Augen aufschlugen, sahen sie* Mk 16, 4. Lk 19, 5. 21, 1. ἀνάβλεψον *schlage d. Augen auf* AG 22, 13a. M. εἰς αὐτόν um d. Richtung des Blickes zu bez. (Jos., ant. 12, 24) ebd. b. Doch gehört dieser V. viell. unter 2a. — **2.** *d. Gesicht erlangen* — **a.** eigtl. — **α.** v. Blinden, die früher sehen konnten, *wieder sehend werden* (Hdt. 2, 111. Aristoph., Plut. 126. Pla., Phaedr. 234 B. Ps-Apollod. 1,4, 3, 3. Dit., Syll.³ 1173, 4. 17 [138n]. Tob 14, 2. Philo, cher. 62) Mt 11,5. Lk 7, 22. εὐθέως ἀνέβλεψαν *sogleich wurden sie wieder sehend* Mt 20, 34; vgl. Mk 10, 52. (θέλω), ἵνα ἀναβλέψω *ich möchte wieder sehen können* Mk 10, 51. Lk 18, 41ff. AG 9, 12. 17f. — **β.** m. vollst. Preisgabe d. Bed. von ἀνά (vgl. ἀναζάω 1b; Aristoph., Plut. 95. 117 πάλιν ἀν. Philostrat., vi. soph. 2, 1, 2) auch von Blindgeborenen *sehend werden* (Pausan. 4, 12, [7] 10 συνέβη τὸν Ὀφιονέα . . . τὸν ἐκ γενετῆς τυφλὸν ἀναβλέψαι) J 9, 11. 15. 18. — **b.** übertr. auf d. geistige Schauen (Herm. Schr. 7, 3. 1a) ἐν τίνι ἀνεβλέψατε; *worin seid ihr zum Schauen gekommen?* 2 Kl 9, 2; vgl. 1, 6.*

ἀνάβλεψις, εως, ἡ (Aristot. u. a.) *d. Wiedererlangung des Gesichtes* κηρῦξαι τυφλοῖς ἀνάβλεψιν Lk 4, 18. B 14, 9 (beidemal Jes 61, 1).*

ἀναβοάω (seit Aeschyl. Hdt., auch Antig. Car. 1. LXX. Jos., bell. 5, 120; ant. 19, 345; in Pap. selten: P. Oxy. 33 III, 7. ZP 36, 141) Aor. 1 ἀνεβόησα *aufschreien, ein Geschrei erheben* Mk 15, 8 v. l. Lk 9, 38 v. l. ἀ. φωνῇ μεγάλῃ (1 Kö 28, 12. Jdth 7, 23. Bel 41 Theod. 3 Makk 5, 51) Mt 27, 46. Lk 1, 42 v. l. ἀνεβόησε λέγων (Jos., ant. 9, 10) PE 5, 19.*

ἀναβολή, ῆς, ἡ (seit Hdt. in mancherlei Bedeutung, auch Inschr. Pap. LXX) *d. Verzögerung, d. Aufschub* (Hdt. u. a., auch Dit., Syll.³ 546, 22 [III v]. P. Amh. 3a II, 7. P. Oxy. 888, 5. P. Tebt. 24, 22. Jos., bell. 7, 69; ant. 17, 75. ἀ. ποιεῖσθαι: Thu. 2, 42, 4. Dionys. Hal. 11, 33. Plut., Camill. 35, 3. Jos., ant. 19, 70) t. t. d. Rechtsspr. *d. Vertagung* (P. Amh. 34d, 5 [ca. 157 v]) ἀ. μηδεμίαν ποιησάμενος *ich vertagte d. Sache nicht weiter* AG 25, 17; vgl. ἀναβάλλω.*

ἀνάγαιον, ου, τό *d. Oberzimmer* (Varro, de lingua lat. 5, 162. P. Par. 21c, 19. PSI 709, 17 [beide VI n]) Mk 14, 15. Lk 22, 12 (an beiden Stellen als v. l. ἀνώγαιον u. ἀνώγεον, vgl. Phryn. 297f.). Vgl. Bl-D. § 25. 35, 2. 44, 1. W-S. § 5, 18.*

ἀναγγέλλω (seit Aeschyl. Thu., auch Inschr. Pap. LXX. Joseph. Test. 12 Patr.) Fut. ἀναγγελῶ. Aor. 1 ἀνήγγειλα, Inf. ἀναγγεῖλαι. Aor. 2 Pass. ἀνηγγέλην (Bl-D. § 76, 1). Anz 283f. — **1.** eigtl. *zurückberichten* v. dem Bericht zurückkehrender Pers. (X., an. 1, 3, 21. Gen 9, 22. Jdth 11, 15) τινί τι: ἀναγγέλλων ἡμῖν τὴν ὑμῶν ἐπιπόθησιν 2 Kor 7, 7. ἀ. ὅσα ἐποίησεν ὁ θεός *sie berichteten, was Gott getan habe* AG 14, 27; vgl. 15, 4. — **2.** allg. *eröffnen, melden, verkündigen, lehren* (= att. ἀπαγγέλλω, ein Gebrauch, den Inschr. u. Pap. reichlich belegen, aber schon Aeschyl., Prom. 661. X. u. a. kennen. Zu LXX vgl. Anz 283) αἴνεσιν *d. Lob Gottes v.* 1 Kl 18, 15 (Ps 50, 17). ποίησιν χειρῶν *d. Werk d. Hände* 27, 7 (Ps 18, 2). τινί τι *jmdm. etw.* (Hen. 13, 10. Jos., bell. 1, 663; ant. 5, 114) ἀ. ταῦτα τοῖς ἐκλεκτοῖς Hv 2, 1, 3; vgl. 3, 3, 1. ἀ. τοῖς λοιποῖς τὰ γενόμενα MPol 15, 1. — Neben ἐξομολογεῖσθαι: ἀ. τὰς πράξεις αὐτῶν *ihre Taten mitteilen* AG 19, 18. — V. Anzeigen an d. Behörde J 5, 15 v. l. — V. d. Verkündigung d. Zukunft (Jes 41, 22f.) durch d. Geist τὰ ἐρχόμενα ἀ. ὑμῖν *d. Kommende wird er euch künden* 16, 13, vgl. V. 14f.; ähnlich J 4, 25 (PJoüon, Rech de Sc rel 28, '38, 234f.: ἀν. = Gehörtes berichten). — V. d. Lehrverkündigung: *predigen* neben διδάσκειν AG 20, 20; vgl. ἀ. πᾶσαν τὴν βουλὴν τοῦ θεοῦ V. 27 (vgl. Dt 24, 8 τὸν νόμον). ἃ νῦν ἀνηγγέλη ὑμῖν *was euch jetzt verkündigt wurde* 1 Pt 1, 12. 1 J 1, 5. ἀνηγγείλαμεν ἐναντίον αὐτοῦ *wir predigten vor ihm* 1 Kl 16, 3 (Jes 53, 2); vgl. EbEv 4. περί τινος Rö 15, 21 (Jes 52, 15). 2 Kl 17, 5.*

ἀναγεννάω (Philod., ira p. 18 W. Sir prol. Zl. 28 v. l.) Aor. 1 ἀνεγέννησα. Ptz. Pass. Pf. ἀναγεγεννημένος *wiederzeugen, wiedergeboren werden lassen* übertr. v. d. geistigen Neugeburt d. Christen. — V. Gott ὁ ἀναγεννήσας ἡμᾶς εἰς ἐλπίδα ζῶσαν *d. uns wiedergezeugt hat zu e. lebendigen Hoffnung* 1 Pt 1, 3. ἀναγεγεννημένοι οὐκ ἐκ σπορᾶς φθαρτῆς *wiedergezeugt nicht aus vergänglichem Samen* V. 23 (Herm. Schr. 13, 1 Sc. ἀγνοῶ, ὦ τρισμέγιστε, ἐξ οἵας μήτρας ἄνθρωπος ἀναγεννηθείη ἄν, σπορᾶς δὲ ποίας ist d. ἀναγ. handschriftl. nicht gedeckt, aber Sallust 4 p. 8, 24 gebraucht d. Wort b. d. Schilderung v. Mysterien). — Vgl. RPerdelwitz, D. Mysterienreligion u. d. Problem des 1 Pt '11, 37ff. HWindisch, Hdb. Exk. zu 1 Pt 2, 2 u. d. Art. παλιγγενεσία.*

ἀναγι(γ)νώσκω (d. Wort seit Homer, auch Inschr. Pap. LXX) Fut. ἀναγνώσομαι. Aor. 2 ἀνέγνων, Inf. ἀναγνῶναι Lk 4, 16, Ptz. ἀναγνούς. Aor. 1 Pass. ἀνεγνώσθην. — **1.** *lesen* (seit Pind. Thu., auch P. Eleph. 9, 3 [222 v]. 13, 3. BGU 1079, 6ff. [I n]. Dit., Syll.³ 785, 1f. [I n]. LXX Philo, spec. leg. 4, 160. 161. Jos., ant. 11, 98) mit Angabe des Schriftstückes, *in* dem man etw. liest ἐν τῇ βίβλῳ (Test. Dan 5, 6) Mk 12, 26. ἐν τῷ νόμῳ Mt 12, 5. ἐν ταῖς γραφαῖς 21, 42. M. Akk. (Jos., ant. 20, 44 τὸν νόμον. Test. Levi 13, 2) τὸ ῥηθέν Mt 22, 31. τὴν γραφὴν ταύτην Mk 12, 10; vgl. AG 8, 32. τὸν τίτλον *d. titulus* an d. Kreuze J 19, 20. Ἠσαΐαν AG 8, 28. 30. ἐπιστολήν (Diod. S. 15, 8, 4 ἀναγνοὺς τὴν ἐπιστολήν. Jos., vi. 227) Kol 4, 16. τοῦτο Lk 6, 3. — βιβλαρίδιον Hv 2, 1, 3. — M. flgd. ὅτι Mt 19, 4. 21, 16. — M. flgd. Fragesatz ἀ. τί ἐποίησεν Δαυίδ Mt 12, 3. Mk 2, 25. — πῶς ἀναγινώσκεις; Lk 10, 26. — Wortspiele (vgl. Pla., ep. 2 p. 312 D ἵνα ὁ ἀναγνοὺς μὴ γνῷ. Polyb. 23, 11, 1 μὴ μόνον ἀναγινώσκειν τὰς τραγῳδίας . . . ἀλλὰ καὶ γινώσκειν. P. Oxy. 1062, 13 [II n] αὐτὴν δέ σοι τὴν ἐπιστολὴν πέμψω διὰ Σύρου, ἵνα αὐτὴν ἀναγνοῖς νήφων καὶ σαυτοῦ καταγνοῖς) γινώσκεις ἃ ἀναγινώσκεις; *verstehst du, was du liesest?* AG 8, 30. ἐπιστολὴ γινωσκομένη καὶ ἀναγινωσκομένη ὑπὸ πάντων ἀνθρώπων *verstanden u. gelesen v. allen Menschen* 2 Kor 3, 2; vgl. 1, 13. — Abs. ὁ ἀναγινώσκων (so P. Fay. 20, 23. Sb 1019. 1020 u. ö. Sir prol. Zl. 4) νοείτω *d. Leser überlege* Mt 24, 15. Mk 13, 14 (hier ist auch die Bedeutung

2 möglich). μακάριος ὁ ἀ. *selig d. Leser* (dieses Buches) Apk 1, 3. Meist ist d. Obj. leicht zu erg.: ἀναγνόντες (d. h. τὴν ἐπιστολήν) ἐχάρησαν AG 15, 31. ἀναγνοὺς (d. h. τὴν ἐπιστολήν) καὶ ἐπερωτήσας 23, 34. δύνασθε ἀναγινώσκοντες (d. h. ἃ προέγραψα) νοῆσαι Eph 3, 4. ἵνα καὶ ὑμεῖς ἀναγνῶτε (d. h. τὴν ἐπιστολήν) Kol 4, 16. — **2.** *vorlesen* (X., Cyr. 4, 5, 26 u. a., auch P. Grenf. I 37, 15 [II v]. P. Oxy. 59, 8. P. Kairo 29 III, 1 Goodspeed '02. Dit., Syll.³ 883, 27. 789, 48. LXX. Hen. 13, 4. Ep. Arist. 310. Jos., ant. 4, 209 ἀ. τοὺς νόμους ἅπασι. 12, 52), *verlesen* v. d. Schriftlesung im Gottesdienst d. Synagoge u. d. christl. Gemeinde (vgl. Sb 7336, 29 [III n] ἀναγνώστῃ = für den Vorleser beim Serapisfest, wohl der aufgezeichneten Serapiswunder [Ael. Aristid. 45, 29f. K.]). V. Jesus ἀνέστη ἀναγνῶναι *er stand auf, um d. Schriftverlesung zu halten* Lk 4, 16. Μωϋσῆς κατὰ πᾶν σάββατον ἀναγινωσκόμενος *allsabbatlich verlesen* AG 15, 21; vgl. 13, 27. ἡνίκα ἂν ἀναγινώσκηται Μωϋσῆς *so oft auch immer M. verlesen wird* 2 Kor 3, 15. In d. christl. Gemeinden wurden frühzeitig d. Apostelbriefe verlesen (vgl. Diod. S. 15, 10, 2 τὴν ἐπιστολὴν ἀναγνόντες = nachdem sie den Brief vorgelesen hatten) Kol 4, 16. 1 Th 5, 27 (der Schluß des 6. platon. Briefes [p. 323 C] verlangt: ταύτην τὴν ἐπιστολὴν πάντας ὑμᾶς ἀναγνῶναι χρή). ἀναγινώσκω ὑμῖν ἔντευξιν 2 Kl 19, 1. παραβολάς Hv 5, 5 (hier ist auch d. Bed. 1 möglich). Abs. v 1, 3, 3. 2, 4, 3. ἐτέλεσεν ἀναγινώσκουσα *sie hörte mit d. Vorlesen auf* v 1, 4, 1. — PGlaue, Die Vorlesung hl. Schriften im Gottesdienste I '07.*

ἀναγκάζω (seit Soph. Hdt. Thu., auch Inschr. Pap. LXX. Ep. Arist. Philo, aet. m. 136. Joseph.) Ipf. ἠνάγκαζον. Aor. 1 ἠνάγκασα, Imp. ἀνάγκασον. Aor. 1 Pass. ἠναγκάσθην. — **1.** *zwingen, nötigen* von äußerem und innerem Zwang; mit flgd. Inf. (Ps.-Pla., Sisyphus 1 p. 387 B ξυμβουλεύειν αὐτοῖς ἠνάγκαζόν με = sie suchten mich zu zwingen, mit ihnen gemeins. Sache zu machen. Jos., ant. 12, 384f.) 1 Kl 4, 10. ἠνάγκαζον βλασφημεῖν *ich wollte sie zwingen zu lästern* AG 26, 11. τὰ ἔθνη ἀ. ἰουδαΐζειν *d. Heiden nötigen jüdisch zu leben* Gal 2, 14. οὐκ ἠναγκάσθη περιτμηθῆναι *er wurde nicht gezwungen, sich beschneiden zu lassen* 2, 3 (s. Jos., vi. 113); vgl. 6, 12. ἠναγκάσθην ἐπικαλέσασθαι Καίσαρα *ich sah mich gezwungen, Berufung an d. Kaiser einzulegen* AG 28, 19 (vgl. BGU 180, 16). ἀ. αὐτοὺς πεισθῆναί σοι *ich werde sie nötigen, dir zu folgen* Hm 12, 3, 3. Statt d. Inf. steht εἴς τι: ἀναγκάζομαι εἰς τοῦτο *ich fühle mich dazu gedrungen* B 1, 4. — **2.** gemildert (*nachdrücklich*) *auffordern*, (*dringend*) *einladen* (P. Oxy. 1069, 2. 20. Vgl. HPernot, Études sur la langue des Évang. '27; ET 38, '27, 103—08) mit Akk. u. Inf. (Diog. L. 1, 26 τ. μητρὸς ἀναγκαζούσης αὐτὸν γῆμαι) ἠνάγκασεν τ. μαθητὰς ἐμβῆναι *er veranlaßte d. Jünger einzusteigen* Mt 14, 22. Mk 6, 45. D. Akk. erg. sich Lk 14, 23. — EFascher, Lk 14, 23: D. evangel. Diaspora 27, '56, 1—16. **

ἀναγκαῖος, α, ον (in mannigfacher Bedeutung seit Homer, auch Inschr. Pap. LXX. Hen. 103, 2. Ep. Arist. Philo. Jos., vi. 144 u. ö.) — **1.** *notwendig* (physisch) τὰ μέλη τοῦ σώματος ἀ. ἐστιν *d. Glieder d. Leibes sind n.* 1 Kor 12, 22; vgl. 1 Kl 37, 5. αἱ ἀ. χρεῖαι (Diod. S. 1, 34, 11. Inschr. v. Priene 108, 80 [ca. 129 v]. P. Oxy. 56, 6. 1068, 16. Philo, omn. prob. lib. 76) *d. dringenden Bedürfnisse* Tit 3, 14. — Neutr. ἀναγκαῖόν ἐστιν *es ist nötig, es muß* m. flgd. (Akk. u.) Inf. (P. Flor. 132, 11 ὅπερ ἀναγκαῖόν σε ἦν γνῶναι. Philo, migr. Abr. 82. Jos., vi. 413) AG 13, 46. ἀ. ἡγοῦμαι (P. Fay. 111, 19. Dit., Syll.³ 867, 9 ἀναγκαῖον ἡγησάμην . . . φανερὸν ποιῆσαι. 2 Makk 9, 21) *ich halte es für nötig* 2 Kor 9, 5. Phil 2, 25. ἀ. ἐστιν, μηδὲν πράσσειν ὑμᾶς ITr 2, 2. ὅθεν ἀναγκαῖον (m. zu erg. ἐστίν, wie Ep. Arist. 197. 205) ἔχειν τι τοῦτον *weshalb dieser etw. haben muß* Hb 8, 3. — Komp. (P. Lond. 24, 31. Witkowski 36, 21) ἀναγκαιότερόν ἐστιν *es ist nötiger* Phil 1, 24. — **2.** wie necessarius v. engen Banden d. Verwandtschaft u. Freundschaft τοὺς ἀ. φίλους *d. nächsten Freunde* AG 10, 24 (vgl. Eur., Andr. 671. Dio Chrys. 3, 120. Dit., Syll.³ 1109, 51. P. Osl. 60, 5 [II n]. P Flor. 142, 2. BGU 625, 26. Jos., ant. 7, 350. 11, 254).*

ἀναγκαστῶς (Ps-Plato, Axioch. 366 A) Adv. v. ἀναγκαστός (seit Hdt., auch Jos., ant. 18, 37) *gezwungen* (Ggs. ἑκουσίως) ποιμαίνειν 1 Pt 5, 2.*

ἀνάγκη, ης, ἡ (seit Homer, auch Inschr. Pap. LXX. Hen. Philo. Joseph.) — **1.** *d. Nötigung, d. Zwang* jeder Art, v. außen wie v. innen, herbeigeführt durch d. Natur d. Dinge, die Fügung Gottes, den erhofften Vorteil, Sitte, Pflichtgefühl usw. (Appian, bell. civ. 5, 17 § 68 ἀ. νόμων. Or. Sib. 3, 101. 296) ἄνευ ζυγοῦ ἀνάγκης *ohne d. Zwang e. Jochs* B 2, 6. ἀ. mit zu erg. ἐστίν *es ist notwendig, unvermeidlich, man muß* m. Inf. od. Akk. m. Inf. (Hdt. 2, 35. Dit., Syll.³ 888, 79. BGU 665 II, 16) ἀ. (ἐστιν [v. l.]) ἐλθεῖν τὰ σκάνδαλα *d. Anstöße müssen kommen* Mt 18, 7. διὸ ἀ. (erg. ἐστὶν) ὑποτάσσεσθαι *daher muß man sich unterordnen* Rö 13, 5. θάνατον ἀ. (erg. ἐστὶν) φέρεσθαι τοῦ διαθεμένου *d. Tod d. Erblassers muß beigebracht werden* Hb 9, 16; vgl. V. 23. Ohne d. Notwendigkeit der Erg. und ohne Inf. εἰ ἀ. ἐστί Hs 9, 9, 3. ἐὰν ᾖ ἀ. D 12, 2. — ἀ. ἔχειν m. Inf. (Plut., Cato Min. 24, 6. Jos., ant. 16, 290; vi. 171 u. a. P. Oxy. 1061, 4 [22 v]. P. Flor. 278 IV, 23) *müssen* ἰδεῖν αὐτόν Lk 14, 18; ἀπολῦσαι 23, 17 t. r.; γράψαι ὑμῖν Jd 3; θυσίας ἀναφέρειν Hb 7, 27; αἰτεῖσθαι Hs 5, 4, 5; ἐρωτᾶν 9, 14, 4; vgl. 9, 16, 2. Ohne Inf. μὴ ἔχων ἀ. 1 Kor 7, 37. — ἀ. μοι ἐπίκειται (Il. 6, 458) *e. Zwang liegt auf mir* 9, 16. — M. Präp.: ἐξ ἀνάγκης *gezwungenermaßen* (Trag. Thu., auch Epikt. 2, 20, 1. Jos., bell. 5, 568. P. Oxy. 237 IV, 33. P. Iand. 19, 1) 2 Kor 9, 7; dagegen *notwendiger-* (= folgerichtiger-) *weise* (Diod. S. 1, 80, 3. Dio Chrys. 21 [38], 31. 34. Philo, aet. m. 21. 52) Hb 7, 12. Hs 7, 3. Dafür pleonastisch δεῖ ἐξ ἀ. m 6, 2, 8. s 9, 9, 2. ὡς κατὰ ἀνάγκην (Ggs. κατὰ ἑκούσιον) *gleichsam aus Zwang* Phlm 14 (vgl. X., Cyr. 4, 3, 7. Artem. 5, 23. Ep. Arist. 104. 2 Makk 15, 2. Jos., ant. 3, 223. Maspero 66, 2). — **2.** *d. Zwangslage, d. Not, d. Bedrängnis* (Diod. S. 10, 4, 6 [Todesnot]. Appian, bell. civ. 5, 40 § 167 ἐσχάτη ἀ. Musaeus v. 289. LXX. Jos., bell. 5, 571; ant. 2, 67. So Fremdw. im Rabb.) v. d. Not d. Endzeit ἀ. μεγάλη Lk 21, 23. ἡ ἐνεστῶσα ἀ. *d. bevorstehende Not* 1 Kor 7, 26 (der Ausdruck von gegenwärtiger Drangsal gebraucht Epikt. 3, 26, 7. 3 Makk 1, 16 v. l. u. ZP 4, 526f. Bei Antipho Or. 6, 25 heißt die gegenwärtige Notlage ἡ παροῦσα ἀνάγκη. — Z. Sache KBenz, ThGl 10, '18, 388ff. PTischleder, ebd. 12, '20, 225ff.). Neb. θλῖψις (wie Hi 15, 24) 1 Th 3, 7. Pl. *d. Nöte* (Antipho Or. 6, 25. Herond. 5, 59. Diod. S. 4, 43, 5. 10, 17, 1. Dit., Syll.³ 521, 23 [III v]. Cat. cod. astr. VII 143, 23. VIII 3, 182, 17. 185, 27. LXX. Philo, rer. div. her. 41. Jos., ant. 16, 253. Test. Jos. 2, 4) neb. θλίψεις, στενοχωρίαι u. a. 2 Kor 6, 4, neb. διωγμοί u. στενοχωρίαι 12, 10. ἐξ ἀναγκῶν ἐξαιρεῖσθαι *aus Nöten erretten* 1 Kl 56, 8 (Hi 5, 19). Dafür ἐξ ἀναγκῶν λυτροῦσθαι τοὺς δούλους τοῦ θεοῦ Hm 8, 10. — **3.**

d. Zwangsmittel (Belege b. AFridrichsen, Con. Neot. 9, '44, 29) diese Bed. ist an einigen Stellen nicht unmöglich.*

ἄναγνος, ον (seit d. Trag., auch Ramsay, Phryg. I 1 p. 149 No 41 [= kult. unrein]. Philo, cher. 94. Jos., c. Ap. 1, 306. Or. Sib. 3, 496f.) *unkeusch* (neben μιαρός wie Antipho Or., tetral. 1, 1, 10 Blaß μιαρὸν κἄναγνον) συμπλοκαί *u. Umarmungen* b. Geschlechtsverkehr 1 Kl 30, 1 (vgl. Ptolem., apotel. 3, 14, 17 τὰς συνουσίας ἀνάγνους).*

ἀναγνωρίζω (Pla., polit. 258 A. Herm. Schr. 1, 18. Gen 45, 1) Aor. 1 ἀνεγνωρισάμην *wiedererkennen, wiedersehen* ταύτην Hv 1, 1, 1. ἀνεγνωρίσθη 'Ιωσὴφ τ. ἀδελφοῖς αὐτοῦ AG 7, 13 v. l. (Gen 45, 1).*

ἀνάγνωσις, εως, ἡ (d. Wort seit Hdt., auch LXX. Ep. Arist. Philo. Jos., c. Ap. 2, 147) — **1.** *d. Lesen, d. Vorlesen* (Pla., auch Dit., Syll.³ 695, 81. Pap. LXX. Ep. Arist. 127. 283. 305) v. der Vorlesung d. Gesetzes u. d. Propheten in d. Synagoge (vgl. d. Synagogeninschrift zu Jerusalem Suppl. epigr. Gr. VIII 170, 4 συναγωγὴν εἰς ἀνάγνωσιν νόμου) μετὰ τὴν ἀ. τοῦ νόμου καὶ τῶν προφητῶν AG 13, 15. ἡ ἀ. τῆς παλαιᾶς διαθήκης *d. Vorlesung d. Alten Testamentes* 2 Kor 3, 14. Auch d. christl. Gemeinde kennt Vorlesung πρόσεχε τῇ ἀ., τῇ παρακλήσει, τῇ διδασκαλίᾳ *widme dich d. Vorlesung, d. Ermahnung, d. Lehre* 1 Ti 4, 13. Vgl. WBauer, D. Wortgottesdienst d. ältesten Christen '30, 39–54. — **2.** *d. Lesung = d. Verlesene* ἤρεσέν σοι ἡ ἀ. μου; *hat dir m. Vorlesung = das, was ich verlesen habe, gefallen?* Hv 1, 4, 2.*

ἀναγραφή, ῆς, ἡ (seit Pla. u. X., auch Inschr. Pap. Ep. Arist. Philo) Pl. *d. öffentlichen Aufzeichnungen* (Polyb. Diod. S. 1, 31, 7 ἐν ταῖς ἱεραῖς ἀναγραφαῖς. Plut. Jos., c. Ap. 1, 28. 2 Makk 2, 13. Sammlg. d. griech. Dialektinschr. 1743, 10 Collitz) ἐπισκέπτεσθαι τὰς ἀ. τῶν χρόνων *d. Zeittafeln nachsehen* 1 Kl 25, 5 (Diod. S. 16, 51, 2 von den alten Urkunden in den aeg. Tempeln).*

ἀναγράφω (seit Hdt., auch Inschr. Pap. LXX. Ep. Arist. Philo, Abr. 17; deus imm. 137. Jos., ant. 10, 271. Test. Benj. 11, 4) *aufschreiben, eintragen, einregistrieren* εἰ αὕτη μοι ἡ ἁμαρτία ἀναγράφεται *wenn mir diese Sünde aufgeschrieben wird* (im Buche d. Gerichts. — Aesop, Fab. 317, 17 P. = Babr. 75, 17 vom Aufschreiben in Büchern der Unterwelt) Hv 1, 2, 1.*

ἀνάγω (seit Homer, auch Inschr. Pap. LXX. Philo. Joseph. Test. 12 Patr.) Aor. 2 ἀνήγαγον. Aor. 1 Pass. ἀνήχθην *hinaufführen* — **1.** eigtl. auf e. höher gelegenen Punkt: Lk 4, 5. εἰς ὄρος ὑψηλόν ebd. t. r. Mt 17, 1 D. εἰς 'Ιεροσόλυμα Lk 2, 22 (Jos., bell. 1, 96). ἀνήχθη εἰς τὴν ἔρημον *er wurde hinaufgeführt in d. Wüste*, aus d. Jordanniederung in d. Hochland Mt 4, 1, falls nicht an eine „Entrückung" gedacht wäre (vgl. 1 Kor 12, 2, wenn dort ὡς ἀνήγεσθε zu lesen ist). εἰς τὸ ὑπερῷον *in d. Obergemach* AG 9, 39. εἰς τὸν οἶκον *in d.* (eigentliche) *Haus*, während d. Kellerräume als Kerker dienen 16, 34. — ἀ. ἐκ νεκρῶν *aus d.* unterirdisch gedachten *Totenreich heraufführen* Rö 10, 7. Hb 13, 20 (vgl. Lucian, dial. mort. 23, 6. 1 Kö 2, 6. 28, 11. Tob 13, 2. Ps 29, 4). — *vorführen* (Dit., Syll.³ 799, 24 [38 n] ἀναχθέντα εἰς τ. δῆμον. P. Magd. 33, 8. P. Tebt. 43, 19) τινά τινι (Jos., ant. 12, 390) AG 12, 4. — **2.** uneigtl. (mit εἴς τι, wie Ioannes Sard., comm. in Aphth. p. 4, 10 Rabe ['28]) von d. Liebe τὸ ὕψος εἰς ὃ ἀνάγει ἡ ἀγάπη 1 Kl 49, 4. — ἀ. θυσίαν *e. Opfer darbringen* (vgl. Hdt. 2, 60. 6, 111. Dit., Or. 764, 47 [ca. 127 v] ἀναγαγὼν ... ταύρους δύο, auch 3 Kö 3, 15. Philo, agr. 127; Mos. 2, 73 u. ö.) AG 7, 41. — **3.** als t. t. d. seemännischen Sprache (ἀ. τὴν ναῦν *d. Schiff auslaufen lassen*), Med. od. Pass. ἀνάγεσθαι *auf d. hohe See fahren, auslaufen* (klass., auch Polyb. 1, 21, 4. 1, 23, 3 u. ö. Pap. [Mayser 380]. Jos., bell. 3, 502): ἀνήχθημεν ἐν πλοίῳ *wir liefen aus* AG 28, 11. ἀ. ἀπὸ τῆς Πάφου (vgl. Epikt. 3, 21, 12 ἀ. ἀπὸ λιμένος) *v. Paphos abfahren* AG 13, 13; vgl. 16, 11. 18, 21. 27, 21. ἐκεῖθεν (Jos., ant. 14, 377) 27, 4. 12. Mit Angabe d. Kurses εἰς τὴν Συρίαν 20, 3 (vgl. BGU 1200, 14 [I v] ἀ. εἰς 'Ιταλίαν). ἐπὶ τὴν *Ἄσσον V. 13. Absol. ἀνήχθησαν *sie liefen aus* Lk 8, 22, vgl. AG 21, 1f. 27, 2. 28, 10. — **4.** übertr. *fördern* (in Pap. von d. Veredelung des Bodens) τοὺς ἀσθενοῦντας περὶ τὸ ἀγαθόν *d. Schwachen mit Rücksicht auf d. Gute fördern* 2 Kl 17, 2.*

ἀναγωγεύς, έως, ὁ *d. Geleiter nach oben* (Proclus, zu Pla., Tim. I p. 34, 20 Diehl von Hermes; Hymni 1, 34 [Orphica p. 277 Abel] v. Helios ψυχῶν ἀναγωγεύς), nur übertr. ἡ πίστις ὑμῶν ἀ. ὑμῶν IEph 9, 1 (vgl. Hdb. z. St.).*

ἀναδείκνυμι (seit Soph. u. Hdt., auch Inschr. LXX. Philo, sacr. Abel. 35. Joseph.) Aor. 1 ἀνέδειξα *aufzeigen.* — **1.** *etw. Verborgenes offenbar machen* (vgl. Isisaretal. v. Ios 19 Peek. P. Oxy. 1081, 31. 2 Makk 2, 8. Or. Sib. 3, 15) τινά AG 1, 24. — **2.** jmdn. zu etwas *bestimmen, bestellen, ernennen, einsetzen* (Polyb. 4, 48, 3. 4, 51, 3. Diod. S. 1, 66, 1. 13, 98, 1. Plut., Caes. 37, 2. Dit., Or. 625, 7. Da 1, 11. 20. 1 Esr 8, 23. 2 Makk 9, 23. 25 u. ö. Jos., ant. 14, 280. 20, 227) ἀνέδειξεν ὁ κύριος ἑτέρους ἑβδομήκοντα Lk 10, 1. — EPeterson, Deißmann-Festschr. '27, 320–26.*

ἀνάδειξις, εως, ἡ (Polyb. u. a. ESRoberts and EAGardner, Introduct. to Greek Epigraphy II '05, 119, auch Sir 43, 6) *d. Einsetzung, d. Bestallung* (Polyb. 15, 26, 7. Plut., Mar. 8, 5; s. ἀναδείκνυμι 2) ἕως ἡμέρας ἀναδείξεως αὐτοῦ πρὸς τὸν 'Ισραήλ *bis zum Tage s. Bestallung* zum Vorläufer des Messias *vor Israel* (vgl. Lk 3, 2) Lk 1, 80. — EBickermann, 'Ανάδειξις: Mélanges Emile Boisacq I '37, 117–24.*

ἀναδέχομαι (seit Homer, auch 2 Makk. Joseph.) Aor. 1 ἀνεδεξάμην — **1.** *annehmen, übernehmen* (Dit., Syll.³ 962, 65 [IV v]. P. Eleph. 29, 12 [III v]. P. Tebt. 329, 19. BGU 194, 11 u. ö. 2 Makk 6, 19. 8, 36) τὰς ἐπαγγελίας Hb 11, 17. *e. Last auf s. nehmen* (Diod. S. 15, 51, 1 ἀ. τὸν πόλεμον. Plut., Eumen. 6, 3. Epikt. 3, 24, 64. Dit., Syll.³ 685, 30 [139 v] ἀ. πᾶσαν κακοπαθίαν. Jos., bell. 3, 4. 14) τὸ βάρος Dg 10, 6. τὰς ἁμαρτίας 9, 2 (vgl. Demosth. 19, 36 ἁμαρτήματα). — **2.** *bei s. aufnehmen* v. Gästen (Dit., Or. 339, 20 [II v] τάς τε πρεσβείας ἀνεδέχετο προθύμως. 441, 9) AG 28, 7.*

ἀναδίδωμι (seit Pind., auch Inschr. Pap. Sir 1, 23. Joseph.) Aor. 2 Ptz. ἀναδούς *hinaufreichen, hingeben, übermitteln* τινί τι *jmdm. etw.* (Philo, aet. m. 62. Jos., ant. 1, 249) ἀ. τὴν ἐπιστολὴν τῷ ἡγεμόνι AG 23, 33 (dieselbe Redensart b. Polyb. 29, 10, 7. Diod. S. 11, 45, 3. Inscr. Graec. Sic. It. 830, 22. P. Tebt. 448. P. Fay. 130, 15).*

ἀναζάω (Nicander [II v] b. Athen. 4, 11 p. 133 D. Charito 3, 8, 9. Artem. 4, 82. Paradox. Flor. 6. CIG 2566. Dßm., LO 75f. Nägeli 47) Aor. 1 ἀνέζησα *wieder aufleben* — **1.** eigtl. — **a.** *wieder aufleben* (so an den ob. zitierten Stellen) v. Toten Apk 20, 5 t. r., v. Christus Rö 14, 9 v. l. — **b.** *aufleben* (ohne daß sich das ἀνά geltend machte; vgl. ἀναβλέπω 2a β) ἡ ἁμαρτία ἀνέζησεν *d. Sünde bekam Leben*

Rö 7, 9. — 2. übertr. v. e. sittlich Abgestorbenen ὁ υἱός μου νεκρὸς ἦν καὶ ἀνέζησεν Lk 15, 24 (v. l. ἔζησεν). 32 v. l. (im Text ἔζησεν).*

ἀναζέω intrans. (so seit Soph. Hippokr., auch Περὶ ὕψος p. 67, 5 V. Plut., Artax. 16, 6; mor. 728 B. Ex 9, 9. 10. 2 Makk 9, 9) *aufwallen* v. Höllenschlamm PA 31.*

ἀναζητέω (Hdt. 1, 137. Thu. 2, 8, 3 u. a., auch Inschr. Pap. LXX. Philo, somn. 2, 61. Joseph.) Impf. ἀνεζήτουν. *aufsuchen* τινά *nach jmdm. suchen* (in d. Pap. von Verbrechern u. entlaufenen Sklaven: P. Hib. 71, 9 [245/4]. P. Reinach 17, 13. P. Flor. 83, 12; auch 2 Makk 13, 21. Jos., bell. 3, 340; ant. 9, 134) Σαῦλον AG 11, 25. ἀνεζήτουν αὐτόν Lk 2, 44; vgl. 45 (an letzterer Stelle v. l. ζητοῦντες). ein verlorengegangenes Schriftstück MPol 22, 3.*

ἀναζώννυμι (Didym. Gramm. [Iv/In] b. Athen. 4, 17 p. 139 E. Spr 31, 17 τὴν ὀσφύν. Ri 18, 16 B. Philo, leg. all. 2, 28. 3, 153) Med. Aor. 1 ἀνεζωσάμην *sich aufschürzen*, um d. Arbeit oder d. Gehen zu erleichtern (Dio Chrys. 55 [72], 2 ἀνεζωσμένοι. Achilles Tat. 8, 12, 1). Bildl. ἀναζωσάμενοι τὰς ὀσφύας τῆς διανοίας ὑμῶν *nachdem ihr euch d. Lenden eures Sinnes gegürtet habt* 1 Pt 1, 13. Pol 2, 1.*

ἀναζωπυρέω Aor. 1 ἀνεζωπύρησα — 1. trans. (seit Pla., X.) *anfeuern, anfachen, beleben* τὶ *etw.* meist bildl. (Plut., Perikl. 1, 4; Pomp. 49, 5. Jambl., vi. Pyth. 16, 70. ZP 13, 739. Jos., bell. 1, 444 [Pass. ὁ ἔρως]; ant. 8, 234) τὸ χάρισμα τοῦ θεοῦ *d. Gnadengabe Gottes anfachen* 2 Ti 1, 6. — 2. intr. (Dionys. Hal. 7, 54. Plut., Timol. 24, 1; Pomp. 41, 2. Gen 45, 27. 1 Makk 13, 7. Jos., ant. 11, 240) *sich beleben, neue Kraft gewinnen* ἀναζωπυρήσαντες ἐν αἵματι θεοῦ *neu belebt durch Gottes Blut* IEph 1, 1. ἀναζωπυρησάτω ἡ πίστις αὐτοῦ *d. Glaube an ihn soll neues Leben gewinnen* 1 Kl 27, 3. — Vgl. Anz. 284.*

ἀναθάλλω Aor. 2 ἀνέθαλον (W-S. § 13, 10. Bl-D. § 101 unter θάλλειν) — 1. intr. *neu aufsprossen, wieder aufblühen* (eigtl. von Pflanzen z. B. Schol. zu Nicander, ther. 677. Oder auch Oenomaus b. Eus., pr. ev. 5, 34, 14 a.E. γῆ ἀνέθαλεν = d. Land sproßte auf), auch bildlich (Aelian, v. h. 5, 4. ZP 4, 1611. Ps 27, 7. Wsh 4, 4. Sir 46, 12. 49, 10) ἡ ἐσκοτωμένη διάνοια ἡμῶν ἀναθάλλει εἰς τὸ φῶς *unser verfinsterter Sinn blüht wieder auf ins Licht* 1 Kl 36, 2. — 2. faktitiv *neu aufsprossen lassen, wieder aufblühen lassen* (wirkl. Sir 50, 10. Ez 17, 24 und bildl. Sir 1, 18. 11, 22) — Phil 4, 10 sind beide Deutungen möglich ἀνεθάλετε τὸ ὑπὲρ ἐμοῦ φρονεῖν entweder: *ihr seid wieder aufgeblüht, was eure Fürsorge für mich anbetrifft* oder: *ihr habt eure Fürsorge für mich wieder aufblühen lassen.**

ἀνάθεμα, ατος, τό = ἀνατεθειμένον Aufgestelltes, hellenist. Form f. das klassische ἀνάθημα (Moeris 188. Phryn. 249 L.; vgl. Dit., Syll. Index) — 1. *d.* im Tempel aufgestellte *Weihgeschenk* (Plut., Pelop. 25, 7. 2 Makk 2, 13. Philo, Mos. 1, 253) Lk 21 5 אAD. — 2. LXX in der Regel = חֵרֶם: das „der Gottheit Überantwortete" kann entweder d. Geweihte sein od. d. Verfluchte. In letzterer Richtung bewegt sich d. Bed., die d. Wort an d. übrigen Stellen d. NT hat (entspr. Num 21, 3. Dt 7, 26. Jos 6, 17. 7, 12. Ri 1, 17. Sach 14, 11, doch auch d. Fluchtafel v. Megara [Fluchtaf. 1]). — a. Gegenstand des Fluches οὐδεὶς ἐν πνεύματι θεοῦ λαλῶν λέγει · ἀνάθεμα Ἰησοῦς *keiner, der durch göttlichen Geist redet, sagt: Verflucht sei Jesus!* 1 Kor 12, 3 (z. Sache Laud. Therap. 22 ὅταν ὁ δαίμων ἀλλοιώσας τὸν ἐνεργούμενον, ἐκεῖνος ὅλος λαλεῖ, τὸ στόμα τοῦ πάσχοντος ἴδιον τεχναζόμενος ὄργανον = wenn der Dämon den seiner Einwirkung Unterliegenden umgewandelt hat, dann redet jener [d. Dämon] ganz und gar [= ausschließlich], da er den Mund des Leidenden künstlich zu s. eigenen Werkzeug gestaltet). Formelhaft ἀνάθεμα ἔστω Gal 1, 8f. Dafür ἤτω ἀ. 1 Kor 16, 22. Ebenso ηὐχόμην ἀνάθεμα εἶναι αὐτὸς ἐγὼ ἀπὸ τοῦ Χριστοῦ *ich wünschte selbst verflucht u. so geschieden zu sein von dem Christus* Rö 9, 3 (CSchneider, D. Volks- u. Heimatgefühl b. Pls.: Christentum u. Wissensch. 8, '32, 1—14). — b. in d. Ausdruck ἀναθέματι ἀνεθεματίσαμεν ἑαυτοὺς μηδενὸς γεύσασθαι AG 23, 14 heißt es: sich unter d. schärfsten Bedingungen zu etw. verpflichten, so daß bei Nichterfüllung d. Betr. d. Banne verfällt (ἀ. ἀναθεματίζειν wie Dt 13, 15. 20, 17). Vgl. DBm., ZNW 2, '01, 342; LO 74. Nägeli 49. Schürer[4] II 508f. Billerb. IV 293—333: D. Synagogenbann. — S. auch ἀνάθημα, eine Schreibung, die in d. Texten vielfach m. ἀνάθεμα wechselt, bevor u. soweit nicht d. künstl. Scheidung ἀνάθημα = Weihgeschenk, ἀνάθεμα = Verfluchtes durchdringt. — GBornkamm, ThLZ 75, '50, 227—30.*

ἀναθεματίζω Aor. 1 ἀνεθεμάτισα (LXX, meist = den Bann vollstrecken: Num 21, 2f. Dt 13, 15. 20, 17. Jos 6, 21 u. ö) — 1. *mit d. Fluch belegen, verfluchen* τινά *jmdn.* (so Fluchtaf. v. Meg. s. ἀνάθεμα 2) ἀναθέματι ἀ. ἑαυτόν AG 23, 14 s. ἀνάθεμα 2b; dafür ἀ. ἑαυτόν V. 12. 21 (vgl. Hen. 6, 4 ἀναθεματίσωμεν πάντες ἀλλήλους μὴ . . . μέχρις οὗ . . . 5). — 2. intr. ἤρξατο ἀναθεματίζειν καὶ ὀμνύναι *er begann zu fluchen u. zu schwören* Mk 14, 71.*

ἀναθεωρέω wieder u. wieder ansehen = *genau ansehen* (so bald eigtl., bald übertr. Theophr., hist. pl. 8, 6, 2. Diod. S. 12, 15, 1 ἐξ ἐπιπολῆς θεωρούμενος im Gegens. zu ἀναθεωρούμενος καὶ μετ' ἀκριβείας ἐξεταζόμενος. 2, 5, 5. 14, 109, 2. Lucian, vit. auct. 2; necyom. 15. Plut., Cato Min. 14, 3; mor. 1119 B) — 1. eigtl. ἀναθεωρῶν τὰ σεβάσματα ὑμῶν *ich sah mir die Gegenstände eurer Verehrung genau an* AG 17, 23. — 2. übertr. auf d. geist. Gebiet τὶ *etw.* (Philostrat., vi. Apollon. 2, 39 p. 81, 17) ὧν ἀναθεωροῦντες τὴν ἔκβασιν τῆς ἀναστροφῆς *d. Ausgang ihres Wandels genau betrachtend* Hb 13, 7.*

ἀνάθημα, ατος, τό (d. Wort seit Homer) *d. Weihgeschenk* (seit Soph., Ant. 286. Hdt. 1, 14. 92, auch Inschr. Pap. 3 Makk 3, 17. Jdth 16, 19. Ep. Arist. 40. Philo. Jos., bell. 6, 335; ant. 17, 156 u. ö.) Lk 21, 5 (d. hier gebrauchte Redensart ἀναθήμασι κοσμεῖν: Hdt. 1, 183. Ps.-Plato, Alcib. 2, 12 p. 148 C. Epiktet b. Stob. 59 Sch. 2 Makk 9, 16). Vgl. ἀνάθεμα.*

ἀναίδεια, ας, ἡ (seit Homer, auch Zen.-P. 59534, 21 [IIIv]. Sir 25, 22. Jos., bell. 1, 224; ant. 17, 119. Or. Sib. 4, 36; z. Schreibung vgl. Kühner-Bl. II 276, 1. Bl-D. § 23 Anh.) *d. Unverschämtheit, d. Dreistigkeit,* dann *d. Zudringlichkeit,* d. trotz aller Abweisung nicht v. Platze weicht Lk 11, 8 (anders NLevison, Exp. 9 S. III '25, 456—60 u. zuletzt AFridrichsen, Symb. Osl. 13, '34, 40—43).*

ἀναιδεύομαι (Aristoph., Eq. 397. Philod., Rhet. I 251 Sudh. Phryn. 66f. L. P. Ryl. 141, 19 [37n]. Spr 7, 13 Theod.) Aor. 1 Ptz. ἀναιδευσάμενος *unverschämt, dreist sein* ἀ. αὐτὴν ἐπηρώτησα *dreist fragte ich sie* Hv 3, 7, 5.*

ἀναιδής, ές (seit Homer, auch Dit., Or. 665, 16 [Adv.]. P. Lond. 342, 14 [185n]. LXX. Test. 12

Patr.) *unverschämt, dreist* (Jos., bell. 6, 337) ἀ. εἶ *du bist unverschämt* Hv 3, 3, 2; neben ἰταμός (wie Menand., epitr. 310) u. πολύλαλος m 11, 12.*

ἀναίρεσις, εως, ἡ (seit Eur. Thu., auch Philo, aet. m. 5 u. ö.) *d. Vernichtung, d. Ermordung* (X., Hell. 6, 3, 5. Plut., mor. 1051 D. Herodian 2, 13, 1. Num 11, 15. Jdth 15, 4. 2 Makk 5, 13. Jos., ant. 5, 165; vi. 21. Test. Jud. 23, 3) ἦν συνευδοκῶν τῇ ἀναιρέσει αὐτοῦ *er war mit s. Ermordung einverstanden* AG 8, 1. (22, 20 v. l. aus 8, 1 stammend). 13, 28 D.*

ἀναιρέω (seit Homer, auch Inschr. Pap. LXX. Ep. Arist. Philo. Joseph. Test. 12 Patr.) Fut. ἀναιρήσω u. ἀνελῶ (Bl-D. § 74, 3), letzteres (Dion. Hal. 11, 18, 2. Jdth 7, 13) gebildet nach Aor. 2 ἀνεῖλον, neben dem auch (Bl-D. § 81, 3 Anh.) ἀνεῖλα (ἀνείλατε AG 2, 23, ἀνεῖλαν 10, 39); Konj. ἀνέλω; Med. ἀνειλόμην u. ἀνειλάμην (ἀνείλατο 7, 21; vgl. CIG 4137, 3. Ex 2, 5. 10. Bl-D. § 81, 3 Anh. W-S. § 13, 13). — **1.** Akt. *jmdn.* od. *etw. wegnehmen, beseitigen* — **a.** Pers. τινά *jmdn.*, meist v. d. gewaltsamen Beseitigung, d. Tötung im Kampfe, durch Hinrichtung, offenen Mord od. Meuchelmord (seit Trag. Hdt., auch Dit., Syll.³ 226, 20. 709, 35. P. Amh. 142, 8. LXX. Ep. Arist. 166. Jos., bell. 1, 389; ant. 17, 44) ἀ. πάντας τοὺς παῖδας Mt 2, 16 (PSaintyves, Le massacre des Innocents: Congr. d'Hist. du Christ. I 229—72). ἐζήτουν τὸ πῶς ἀνέλωσιν αὐτόν *wie sie ihn beseitigten* Lk 22, 2. τοῦτον AG 2, 23; vgl. 5, 33. 7, 28 (Ex 2, 14). 9, 23f. 29. 22, 20. 23, 15. 21. 25, 3. 1 Kl 4, 10 (Ex 2, 14). ἀ. ἑαυτόν *Selbstmord begehen* (Parthenius 17, 7. Jos., ant. 20, 80) AG 16, 27. V. d. Hinrichtung (Charito 4, 3, 5) Lk 23, 32. AG 10, 39. 12, 2. 13, 28. Syn. m. θανατοῦν 1 Kl 39, 7 (Hi 5, 2). V. d. Vernichtung d. Antichrists ὃν ὁ κύριος Ἰησοῦς ἀνελεῖ (v. l. ἀναλοῖ, ἀναλώσει) τῷ πνεύματι τοῦ στόματος αὐτοῦ *den d. Herr Jesus töten wird durch d. Hauch seines Mundes* 2 Th 2, 8 (nach Jes 11, 4). Prägn. v. Märtyrern ἀναιρούμενοι εἰς θεόν *d. durch e. blutigen Tod zu Gott Kommenden* IEph 12, 2. V. Baume d. Erkenntnis: *töten* οὐ τὸ τῆς γνώσεως (erg. ξύλον) ἀναιρεῖ ἀλλ' ἡ παρακοὴ ἀναιρεῖ Dg 12, 2. — Pass. AG 23, 27. ἀναιρεθῆναι 5, 36. 13, 28. 26, 10. — **b.** Sachen *wegnehmen* πνοήν 1 Kl 21, 9. *aufheben, beseitigen* (Aeschin. 3, 39 νόμον. Isaeus 1, 14. Polyb. 31, 20, 3. Dio Chrys. 59 [76], 2) Hb 10, 9 (Ggs. στῆσαι). V. Reliquien MPol 18, 1. — **2.** Med. — **a.** *für sich aufnehmen* (Jos., ant. 5, 20) v. d. ausgesetzten Mosekind, das d. Tochter Pharaos aus d. Wasser ziehen läßt (Ex 2, 5. 10. Philo, Mos. 1, 17) AG 7, 21. Ganz ähnl. Aristokritos [III v] No. 493 fgm. 3 Jac. Dio Chrys. 65 [15], 9 (ἀλλότρια εὑρόντες ἐν τῇ ὁδῷ παιδία ἀνελόμενοι ἔτρεφον ὡς αὑτῶν). Hier, wie AG ist wohl ausgeschlossen die Bed. — **b.** *annehmen = adoptieren* (Arist., nub. 531, auch Epikt. 1, 23, 7. Plut., Anton. 36, 3; mor. 320 E u. ö. PSI 203, 3. P. Oxy. 38, 6 [49 n]).

ἀναισθητέω (Demosth. 18, 221. Plut., mor. 1103 D. 1105 A. Philo, ebr. 6. 154) *unempfindlich sein* τινός *gegen etw.* (Plut., mor. 1062 C. Jos., bell. 4, 165; ant. 11, 176) τῆς χρηστότητος αὐτοῦ *für seine Güte keine Empfindung haben* IMg 10, 1. Absol. (Epikur, ep. 1 p. 21 Us.) *nichts spüren* Dg 2, 8f.*

ἀναίσθητος, ον (seit Thu., auch Philo. Jos., ant. 11, 41) *empfindungslos* (Thrasymachus [IV v]: Vorsokr. B 1 t. II⁵ 322, 11. Pla., Tim. 75 E. Philostrat., imag. 1, 23 p. 326, 20. Herm. Schr. 9, 9 ὁ θεὸς οὐκ ἀ.) v. Götzen Dg 2, 4. 3, 3.*

ἀναίτιος, ον *unschuldig* (seit Homer, auch P. Tebt. 43, 32 [II v]. Philo. Jos., bell. 4, 543; ant. 17, 174; LXX nur in der Verb. ἀ. αἷμα, die auch in d. Rachegebeten v. Rheneia [DBm., LO 353. 354 = Dit., Syll.³ 1181, 7. 12] vorkommt) AG 16, 37 D. ψυχή 2 Kl 10, 5. ἀ. εἶναι Mt 12, 5. 7.*

ἀνακαθίζω Aor. 1 ἀνεκάθισα *sich aufsetzen*, aus d. liegenden Stellung in d. sitzende *sich aufrichten* (Ps.-Xenophon, cyn. 5, 7. 19. Plut., Alex. 14, 4. P. Oxy. 939, 25. Öfters b. Mediz. [Hobart 11f.], auch Hippiatr. I 177, 24. Gen 48, 2 v. l. [ed. ARahlfs '26]); v. ausgestreckt liegenden Toten ἀνεκάθισεν ὁ νεκρός *d. Tote setzte sich auf* Lk 7, 15 (v. l. ἐκάθισεν); vgl. AG 9, 40.*

ἀνακαινίζω Aor. 1 ἀνεκαίνισα *erneuern* (seit Isokr., auch Plut., Marcell. 6, 3. Appian, Mithridates 37 § 144. Ps.-Lucian, Philopatris 12 δι' ὕδατος ἡμᾶς ἀνεκαίνισεν [wohl geg. d. Christen]. Philo, leg. ad Gai. 85 v. l. Jos., ant. 9, 161. 13, 57. Ps 38, 3. 102, 5. 103, 30. Kl 5, 21. 1 Makk 6, 9) ἀ. εἰς μετάνοιαν *zur Buße erneuern* Hb 6, 6. ἀνακαινίσας ἡμᾶς ἐν τῇ ἀφέσει τῶν ἁμαρτιῶν *da er uns durch d. Sündenvergebung* (bei d. Taufe) *erneuert hat* B 6, 11. ἀ. τὸ πνεῦμα *e. neuen Geist geben* Hs 9, 14, 3; vgl. 8, 6, 3.*

ἀνακαινόω (d. Med. b. dem Philos. Heliodor, in Eth. Nicom. paraphr. 221, 13 Heylbut) *erneuern* nur b. Pls, im Pass. u. übertr. v. d. geistigen Neuschöpfg. d. Christen (Ggs. διαφθείρειν) ὁ ἔσω ἡμῶν (ἄνθρωπος) ἀνακαινοῦται *unser innerer* (geistiger) *Mensch wird erneuert* 2 Kor 4, 16. ἀ. εἰς ἐπίγνωσιν *erneuert werden zur Erkenntnis* Kol 3, 10.*

ἀνακαίνωσις, εως, ἡ (außerhalb der christl. Lit. nicht nachweisbar; Nägeli 52. — καίνωσις Jos., ant. 18, 230) *d. Erneuerung*; von d. geistigen Neubildung d. Menschen μεταμορφοῦσθαι τῇ ἀ. τοῦ νοός *umgestaltet werden durch d. Erneuerung d. Geistes* Rö 12, 2. λουτρὸν ἀ. πνεύματος ἁγίου *Bad d. Erneuerung durch Hl. Geist* (neb. παλιγγενεσία) Tit 3, 5. ἀ. τῶν πνευμάτων ὑμῶν *d. Erneuerung eures Geistes* d. h. Verleihung e. neuen G. Hv 3, 8, 9.*

ἀνακαλύπτω (seit Eur. X., auch Polyb. Plut. Dit., Syll.³ 1169, 62. P. Oxy. 1297, 7. LXX. Hen. 16, 3. 98, 6. Philo, congr. erud. grat. 124 ἀ. πρόσωπον = entschleiern) Pf. Pass. ἀνακεκάλυμμαι *enthüllen, aufdecken* ἀνακεκαλυμμένῳ προσώπῳ *mit unverhülltem Antlitz* (m. Rücksicht auf Ex 34, 34 v. d. Verkehr d. Christen m. d. Herrn gebr.) 2 Kor 3, 18 (ἀνακεκαλυμμένῳ πρ. wie Pel.-Leg. 4, 14). κάλυμμα μένει μὴ ἀνακαλυπτόμενον *d. Hülle bleibt, ohne daß sie weggenommen wird* V. 14 (vgl. Test. Juda 14, 5. Dt 23, 1 v. l. ἀνακαλύψει συγκάλυμμα. ZP 57, 17 ἀνακάλυψον τὸν ἱερὸν πέπλον. Maximus Tyr. 26, 2c ἀποκαλύψαντες τὰ προκαλύμματα).*

ἀνακάμπτω (seit Hdt. 2, 8, auch LXX; vgl. Anz 314f.) Fut. ἀνακάμψω. Aor. 1 ἀνέκαμψα intr. — **1.** *zurückkehren* — **a.** eigtl. (Diod. S. 16, 3, 6. 16, 8, 1 u. ö. P. Magd. 8, 10. Zen.-P. 34 [= Sb 6740], 5 [255/4 v]. Ex 32, 27. Philo, aet. m. 58; vgl. 31 [m. πρός c. acc.]. Jos., bell. 2, 116. Or. Sib. 5, 33) μὴ ἀ. πρὸς Ἡρῴδην Mt 2, 12. πρὸς ὑμᾶς AG 18, 21. Abs. Hb 11, 15. — **b.** übertr. (vgl. BGU 896, 6 πάντα τὰ ἐμὰ ἀνακάμψει εἰς τὴν θυγατέρα) auf d. Friedensgruß ἐφ' ὑμᾶς ἀνακάμψει *er wird auf euch zurückkehren* Lk 10, 6 (ἀ. ἐπί m. Akk. wie Pla., Phaedo 72 B. Περὶ ὕψους p. 57, 8 V. M. Ant. 4, 16). — **2.** *umkehren, s. wieder wegwenden* ἀπὸ τ. παραδοθείσης ἐντολῆς 2 Pt 2, 21 v. l.*

ἀνάκειμαι (seit Pind. Hdt., auch Inschr. Pap. LXX. Jos., ant. 3, 38 u. ö.) Ipf. ἀνεκείμην *liegen*

— **1.** allg. (Ggs. ἑστηκέναι) Mk 5, 40 v. l. Hv 3, 12, 2. — **2.** sonst stets v. d. Liegen zu Tische = *bei Tische sein* (Aristot. u. Diphilus [300 v] bei Athen. 1 p. 23 C. Polyb. 13, 6, 8. BGU 344. 1 Esr 4, 11; vgl. Phryn. 216f. Lob.) αὐτοῦ ἀνακειμένου ἐν τῇ οἰκίᾳ *als er im Hause bei Tische war* Mt 9, 10. — 26, 7. Mk 14, 18. 16, 14. ἀ. μετά τινος Mt 26, 20. σύν τινι J 12, 2. ἀ. ἐν τῷ κόλπῳ τινός *an jemds. Brust liegen* = d. Ehrenplatz einnehmen, wenn es an der Brust des Hausherrn geschah 13, 23 (vgl. Lk 16, 23, wo ἀνακείμενον z. erg. ist). Plinius, epist. 4, 22, 4 cenabat Nerva cum paucis; Veiento proximus atque etiam in sinu recumbebat. — ὁ ἀνακείμενος *d. zum Mahle Gelagerte* Mt 22, 10f. Lk 22, 27 (Ggs. ὁ διακονῶν). Pl. οἱ ἀ. J 6, 11. 13, 28. — Abbildungen auf antiken Reliefs u. Vasen; vgl. z. B. JJung, Leben u. Sitten d. Römer I '83, 24. A. Baumeister, Denkmäler d. klass. Altert. I '85, 365f.*

ἀνακεφαλαιόω (seit Aristot., im AT nur Theod. u. d. Quinta zu Ps 71, 20) Aor. 1 Med. ἀνεκεφαλαιωσάμην *mit Beschränkung auf d. Hauptsache wiederholen* (Protev. Jac. 13, 1), *rekapitulieren, zusammenfassen* (Aristot., Fgm. 123, 1499a, 33. Dionys. Hal. 1, 90. Quintil. 6, 1 rerum repetitio et congregatio, quae graece ἀνακεφαλαίωσις dicitur). V. d. einzelnen Geboten: ἐν τῷ λόγῳ τούτῳ ἀνακεφαλαιοῦται alles *wird in diesem Worte* (d. Gebot d. Liebe) *zusammengefaßt* Rö 13, 9. ἀνακεφαλαιώσασθαι τὰ πάντα ἐν τῷ Χριστῷ *alles zusammenfassen in dem Christus* Eph 1, 10 (Ps.-Aristot., de mundo 4, 1 τὰ ἀναγκαῖα ἀνακεφαλαιούμενοι = d. Notwendige zusammenfassen). ἀ. τὸ τέλειον τῶν ἁμαρτιῶν *d. Summe d. Sünden z.* B 5, 11. — HSchlier, ThW III 681f.*

ἀνακλίνω (seit Homer, auch 3 Makk 5, 16. Or. Sib., Fgm. 3, 37) Fut. ἀνακλινῶ. Aor. 1 ἀνέκλινα. Pass. Aor. 1 ἀνεκλίθην; Fut. 1 ἀνακλιθήσομαι — **1.** Akt. — **a.** *niederlegen* v. e. Kinde ἀ. αὐτὸν ἐν φάτνῃ Lk 2, 7. — **b.** *z. Niederlegen bringen, veranlassen sich zu legen* (Polyb. 30, 26, 5. Test. Gad 1, 5). ἐμὲ ἀνέκλιναν εἰς τὸ μέσον αὐτῶν *mich ließen sie m. Lager zwischen ihnen suchen* Hs 9, 11, 7. ἀνακλινεῖ αὐτούς *er wird sie sich niederlegen lassen* Lk 12, 37 (d. Normale ist d. Gegenteil: Lucian, ep. Sat. 1, 22. 3, 32); vgl. 9, 15 t. r. — Mk 6, 39 v. l. (Bl-D. § 392, 4 Anh.). — **2.** Pass. *sich niederlegen* z. Mahle abs. Lk 7, 36 t. r. ἐπὶ τοῦ χόρτου *im Grase* Mt 14, 19. ἐπὶ τῷ χλωρῷ χόρτῳ *im grünen Grase* Mk 6, 39. ἀνακλίνεσθαι εἰς τοὺς ἐξέχοντας τόπους *sich auf d. bevorzugten Plätze legen* Mt 20, 28 D. Übertr. auf d. messianische Mahl Mt 8, 11. Lk 13, 29.*

ἀνακοινόω (seit X., auch Pap., gewöhnl. im Med., wie Diod. S. 4, 40, 2. Zen.-P. 59520, 6 [III v]. 2 Makk 14, 20. Jos., ant. 19, 19) *mitteilen* τινί (τι) *jmdm.* (*etw.*) Dg 8, 9 (ἀνακοινοῦν τινί τι: Syntipas p. 9, 17. 47, 8).*

ἀνακόπτω (seit Homer, auch Jos., ant. 2, 338) *zurückstoßen, abhalten* (so Plut. Lucian. Philo, spec. leg. 1, 67. Jos., bell. 1, 180, auch P. Flor. 36, 3. Wsh 18, 23. 4 Makk 13, 6) Gal 5, 7 t. r. (s. ἐγκόπτω). V. Begierden *zurückhalten* (Procop. Soph., ep. 117 σωφροσύνη νεότητος ἀλόγους ὁρμὰς ἀνακόπτουσα = Besonnenheit, d. die unverständigen Begierden der Jugend zurückhält) Med. *s. zurückhalten* ἀνακόπτεσθαι ἀπὸ τῶν ἐπιθυμιῶν Pol 5, 3.*

ἀνακράζω (seit Homer, auch Polyb. Plut. Pap. LXX) Aor. 1 ἀνέκραξα (BGU 1201, 11 [II n]. Ri 7, 20. Mk 1, 23). Aor. 2 ἀνέκραγον *aufschreien* (Jos., ant. 2, 235) v. Geschrei Besessener (vom ausfahrend. Dämon selbst: Neuplat. Damascius [VI n], vi. Isidori 56 Westerm.) Mk 1, 23, m. d. Zusatz φωνῇ μεγάλῃ (בְּקוֹל גָּדוֹל; 1 Kö 4, 5. 1 Makk 2, 27. Aber auch Phlegon: 257 fgm. 36, 3, 9 Jac.: ἀνεκεκράγει μεγάλῃ τῇ φωνῇ λέγων) *mit lauter Stimme* Lk 4, 33, vgl. 8, 28; v. Aufschreien Erschreckter Mk 6, 49; v. Geschrei e. erregten Volksmenge Lk 23, 18. — V. lauten Reden Ärgerlicher ἀ. φωνῇ μεγάλῃ Hv 3, 8, 9.*

ἀνακραυγάζω (Epikt. 2, 19, 15) *aufschreien* Lk 4, 35 D.*

ἀνακρίνω (seit Thu., auch Inschr. Pap. LXX) Aor. 1 ἀνέκρινα, Pass. ἀνεκρίθην — **1.** *befragen, ausfragen, untersuchen* — **a.** v. einfachen Fragen (Epikt. 1, 1, 20. 2, 20, 27 τὴν Πυθίαν. 1 Kö 20, 12. Sus 13. Jos., ant. 5, 329) ἀ. τὰς γραφὰς *d. Hl. Schriften befragen* = darin suchen AG 17, 11 (ἀ. εἰ wie Jos., ant. 8, 267. 12, 197). μηδὲν ἀνακρίνοντες *ohne nachzufragen* 1 Kor 10, 25. 27. — **b.** v. Verhöre: mit Akk. d. Verhörten (Dit., Syll.[3] 953, 46 [II v] ἀνακρινάντω δὲ καὶ τ. μάρτυρας. Sus 51 Theod. Jos., ant. 17, 131) ἀ. τοὺς φύλακας *d. Posten verhören* AG 12, 19. — 28, 18. 1 Kor 4, 3f. 9, 3. Pass. 4, 3. Absol. *e. Untersuchung anstellen* (Sus 48) Lk 23, 14. — Mit Angabe d. Sache, auf d. sich d. Untersuchung erstreckt ἀ. περὶ πάντων τούτων *über all diese Dinge* AG 24, 8. — Mit Angabe d. Gründe, die e. Verhör veranlassen ἐπὶ εὐεργεσίᾳ *wegen e. Wohltat* 4, 9. — **2.** untersuchen u. *beurteilen, prüfen* (Demosth. 57, 66. 70. P. Oxy. 1209, 19. 1706, 20) πάντα 1 Kor 2, 15. Pass. V. 14f. 14, 24 (neb. ἐλέγχειν).*

ἀνάκρισις, εως, ἡ *d. Untersuchung, d. Verhör,* bes. auch *d. Voruntersuchung, d. Vorverhör* (X., conv. 5, 2. Pla., leg. p. 766 D. Isaeus 6, 13. Dit. Syll.[3] 780, 28; Or. 374, 6. PSI 392 [III v]. P. Tebt. 86, 1ff. P. Leipz. 4, 15. P. Lond. 251. 3 Makk 7, 5. Jos., ant. 17, 121) τῆς ἀ. γενομένης AG 25, 26.*

ἀνακτάομαι (seit Trag. Hdt., auch Inschr. Pap. Sym. 1 Kö 30, 12 u. ö.) Aor. 1 ἀνεκτησάμην mit ἑαυτόν *wieder zu Kräften kommen, sich stärken* (Epikt. 3, 25, 4. P. Fay. 106, 18 ὅπως δυνηθῶ ἐμαυτόν ἀνακτήσασθαι. Jos., ant. 9, 123. 15, 365). ἀνακτήσασθε (ἑαυτοὺς ἐν πίστει) ITr 8, 1 ist Coteliers Konjektur für d. überlieferte ἀνακτίσασθε.*

ἀνακτίζω (Strabo 9, 2, 5. Aq. Ps 50, 12. Jos., bell. 1, 165; ant. 11, 12) *neu schaffen*; Med. *sich neu schaffen lassen* ITr 8, 1; s. ἀνακτάομαι.*

ἀνακυλίω (Alexis b. Athen. 6 p. 237 C. Lucian, de luctu 8 u. a.) Pf. Pass. ἀνακεκύλισμαι *wegwälzen,* v. d. Verschlußstein d. Grabhöhle Mk 16, 4.*

ἀνακύπτω Aor. 1 ἀνέκυψα, Imp. ἀνάκυψον *sich aufrichten* — **1.** wirkl. (X., de re equ. 7, 10 u. a., auch Sus 35. Jos., ant. 19, 346) J 8, 7. 10. V. d. durch Krankheit krumm gezogenen Körper μὴ δυναμένη ἀνακύψαι Lk 13, 11 (nach Hobart 20ff. medizin. t. t.). — **2.** übertr. (wie Hdt. 5, 91. X., Oec. 11, 5. Diod. S. 14, 9, 3 ἀ. ταῖς ἐλπίσιν. UPZ 70, 23 [152/1 v] ἀ. ὑπὸ τῆς αἰσχύνης. Hi 10, 15. Philo, in Flacc. 160. Jos., bell. 6, 401) Lk 21, 28 (neben ἐπαίρειν τὴν κεφαλήν).*

ἀναλαμβάνω (seit Hdt., auch Inschr. Pap. LXX. Philo. Joseph.) Aor. 2 ἀνέλαβον. Pf. ἀνείληφα. Aor. 1 Pass. ἀνελήμφθην. W-S. § 5, 30. Bl-D. § 101 λαμβ. — **1.** *aufnehmen, in die Höhe nehmen* εἰς τὸν οὐρανόν (4 Kö 2, 10. 11. 1 Makk 2, 58. Philo, Mos. 2, 291) Pass. v. Christus Mk 16, 19. AG 1, 11.

In demselben Sinne ohne d. Zusatz (vgl. Sir 48, 9. 49, 14) AG 1, 2. 22. 1 Ti 3, 16. PE 5, 19. V. einer Verstorbenen (chr. Inschr. ἀνελήμφθη = ist gestorben, wie unser „ist im Himmel": Byzantion 2, '26, 330. Ramsay, Phrygia I p. 561 Nr. 454) Hv 1, 1, 5. V. e. Gerät AG 10, 16. — **2.** *aufnehmen, um mit sich zu tragen* ἀ. τὴν σκηνὴν τοῦ Μολόχ *ihr habt das Zelt d. M. mitgeführt* AG 7, 43 (Am 5, 26). — V. Waffen: *ergreifen* (Hdt. 3, 78. 9, 53 u. a., auch Dit., Syll.³ 742, 45. 49. 2 Makk 10, 27. Jdth 6, 12. 7, 5. 14, 3 ἀναλαβόντες τὰς πανοπλίας. Jos., ant. 20, 110 πανοπλ. ἀναλ. 121) τὴν πανοπλίαν τοῦ θεοῦ Eph 6, 13. τὸν θυρεὸν τῆς πίστεως V. 16. — **3.** *in sich aufnehmen, annehmen* τὴν πραϋπάθειαν ἀ. ITr 8, 1. ἀ. ζῆλον ἄδικον καὶ ἀσεβῆ 1 Kl 3, 4. μιαρὸν καὶ ἄδικον ζῆλον ἀ. 45, 4. — ἀ. τὴν διαθήκην ἐπὶ στόματός σου *d. Bund in d. Mund nehmen* 35, 7 (Ps 49, 16). — τὴν δύναμίν τινος *jmds. Kraft annehmen* Hs 9, 14, 2. τὴν ζωὴν *d. Leben empfangen* s 9, 16, 3. — **4.** *mitnehmen* v. e. Reisebegleiter (Thu. X., auch 2 Makk 12, 38. Jos., bell. 2, 551; ant. 4, 85. Test. Jos. 16, 5) 2 Ti 4, 11; v. d. Eskorte, die den Paulus m. AG 23, 31. — *an Bord nehmen* (Thu. 7, 25, 4) 20, 13f. — **5.** *etw. zur Hand nehmen* (βίβλον Polyb. 3, 9, 3. 1 Esr 9, 45) τὴν ἐπιστολὴν τοῦ μακαρίου Παύλου 1 Kl 47, 1.*

ἀνάλημψις, εως, ἡ (in mancherl. Bed. seit Hippokr., auch Inschr. Pap. Philo; z. Schreibg. vgl. Bl-D. § 101 λαμβ.) in d. Bibel nur Lk 9, 51 αἱ ἡμέραι τῆς ἀ. αὐτοῦ. Hier wird es in der Regel auf d. *Himmelfahrt* gedeutet, was ἀνάλημψις PK 4 S. 15, 35. Test. Levi 18, 3 v. l. Hf. d. Mose 10, 12 heißt (vgl. ἀναλαμβάνω 1). Dies ist offenbar der Sinn in der Unterschr. zum Mk in der Ferrargruppe (Min. 13 u. a. S. zu 'Ρωμαϊστί) ἐγράφη ιβ' ἔτη τῆς ἀναλήψεως τ. κυρίου. — Doch kann ἀ. auch *Tod, Hinscheiden* sein (vgl. PsSal 4, 18 τὸ γῆρας αὐτοῦ εἰς ἀνάλημψιν. Chr. Inschr. v. Aphrodisias: Byzantion 2, '26, 331. Ps.-Klem., hom. 3, 47).*

ἀναλίσκω (Spr 24, 22 d. Ez 15, 4 Jos., ant. 3, 236. 19, 352) oder ἀναλόω (Bel 12 Theod., vgl. EpJer 9. Jos., bell. 7, 321) Aor. 1 ἀνήλωσα, Pass. ἀνηλώθην (d. Wort seit Pind. Thu., auch Inschr. Pap.) *verzehren* τινά v. Feuer Lk 9, 54 (wie Alex. Aphr., an. mant. 111, 20; quaest. 2, 23 p. 73, 17; mixt. 9 p. 223, 5 Bruns. Jo 1, 19. 2, 3. Ez 19, 12. 2 Makk 2, 10. Philo, prov. 2, 32 ed. Mangey II p. 642. Jos., bell. 7, 321). Übertr. v. d. restlosen Vernichtung (vgl. Gen 41, 30. Spr 23, 28. Hen. 103, 9. Or. Sib. 3, 646. Jos., ant. 2, 287) βλέπετε μὴ ὑπ' ἀλλήλων ἀναλωθῆτε *sehet zu, daß ihr nicht der eine vom andern völlig aufgezehrt werdet* Gal 5, 15 (neb. κατεσθίειν wie Spr 30, 14). 2 Th 2, 8 v. l. (ἀναιρέω 1a. Ael. Dion. α, 121 ἀναλοῦντες· ἀντὶ τοῦ ἀναιροῦντες).*

ἀνάλλομαι (seit Aristoph. X., auch ZP 36, 138) *aufspringen* ἀνήλατο AG 14, 10 D.*

ἀναλογία, ας, ἡ (seit Vorsokr., auch Philo. Jos., ant. 15, 396) *d. richtige Verhältnis, d. Proportion* κατὰ (τὴν) ἀναλογίαν *im richtigen Verhältnis zu, in Übereinstimmung mit* (Pla., polit. 257 B. P. Flor. 50, 91 [III n]. Lev 27, 18 nach Field, Hexapla κατὰ ἀναλογίαν τῶν ἐτῶν. Vgl. Philo, virtut. 95) κατὰ τὴν ἀ. τῆς πίστεως *in Übereinstimmung mit d. Glauben* Rö 12, 6 (s. auch πίστις 3).*

ἀναλογίζομαι (seit Thu. 8, 83, 3, auch Stoic. III p. 246, 15. Polyb. 10, 37, 10. Diod. S. 20, 8, 1. Plut., Anton. 75, 6. Lucian, Toxar. 17. P. Tebt. 183. 3 Makk 7, 7. Wsh 17, 12 v. l. Jos., ant. 4, 312) Aor. 1 ἀνελογισάμην *überlegen, erwägen, denken an* m. Akk. (Diod. S. 4, 83, 2) Hb 12, 3. Abs. ἀναλογισώμεθα *laßt uns bedenken* 1 Kl 38, 3.*

ἄναλος, ον (Aristot., probl. 21, 5, 1. Plut., mor. 684 F. Aq. Ez 13, 10. 22, 28) *salzlos, d. Salzgehaltes beraubt* ἅλας Mk 9, 50. Da das am Toten Meere durch natürl. Verdunstung gewonnene Salz nie rein ist, bleiben, wenn Feuchtigkeit d. Salz auflöst, unbrauchbare Reste zurück. — FPerles, La parab. du Sel sourd: Rev. d. Ét. juives 82, '26, 119—23. JdeZwaan, Het smakelooze zout bij Mc 9, 50: NThSt 11, '28, 176—78. Vgl. ἅλας 2.*

ἀναλόω s. ἀναλίσκω.

ἀνάλυσις, εως, ἡ (seit Soph.) eigtl. *d. Auflösung*; dann *d. Abmarsch, d. Aufbruch* (Philo, in Flacc. 115. Jos., ant. 19, 239); übertr. auf *d. Scheiden* aus d. Leben (Philo, in Flacc. 187 τ. ἐκ τοῦ βίου τελευταίαν ἀνάλυσιν. Einfaches ἀνάλυσις = Tod im Ggs. zu γένεσις bei [Ioannes Sard., comm. in Aphth. p. 87, 4 Rabe): καιρὸς τῆς ἀ. μου 2 Ti 4, 6. ἔγκαρπον καὶ τελείαν ἔχειν τὴν ἀνάλυσιν *e. Heimgang haben reich an Ertrag* (d. h. nach ertragr. Leben) *u. vollkommen* 1 Kl 44, 5; s. ἀναλύω 2.*

ἀναλύω (seit Homer, auch Pap. LXX. Philo. Joseph.) Aor. 1 ἀνέλυσα — **1.** trans. *auflösen, losknüpfen* (Callim., Del. 237 ζώνην. Isishymn. v. Andr. 144f. δεσμῶν ἀνάγκαν) Pass. τὰ δεσμὰ ἀνελύθη AG 16, 26 v. l. — **2.** intr. *aufbrechen*, auch *zurückkehren* (Polyb. Pap. im APF 1, '01, S. 59 Zl. 10. Tob 2, 9. 2 Makk 8, 25. 12, 7. Jos., ant. 6, 52. 11, 34 [nach d. Gastmahl]) ἔκ τινος *aus* od. *von etw.* (Aelian, v. h. 4, 23 v. l. ἐκ συμποσίου. Wsh 2, 1. 2 Makk 9, 1) ἐκ τῶν γάμων Lk 12, 36. — Übertr. *scheiden* (erg. ἐκ τοῦ ζῆν) euphemistisch f. *sterben* (Lucian, Philops. 14 ὀκτωκαιδεκαέτης ὢν ἀνέλυεν. Socrat., ep. 27, 5. IG XIV 1794, 2. Inscr. Oenoand. 58 I, 11 [Bull. de corr. hell. 21, '97 p. 401] ἀ. ἐκ τοῦ ζῆν) ἐπιθυμίαν ἔχων εἰς τὸ ἀναλῦσαι Phil 1, 23 (GOsnes, Tidsskr. f. Teol. og K. 11, '40, 148—59).*

ἀναμάρτητος, ον (seit Hdt. 5, 39, 2, auch Musonius 6, 16 H. Epikt. 4, 8, 6. 4, 12, 19. Plut., mor. 419 A. Appian, Liby. 51 § 224 πρὸς τοὺς θεούς. Inschr. [LAMuratori, Nov. Thes. vet. inscr. IV 1742, p. 2062, 6 Ναρκίσσῳ τέκνῳ ἀναμαρτήτῳ]. Pap. Dt 29, 19. 2 Makk 8, 4. 12, 42. Hen. 99, 2. Ep. Arist. 252. Philo, mut. nom. 51. Jos., bell. 7, 329 πρὸς τ. θεόν) *sündlos* im Sinne des Nichtgesündigthabens (Teles p. 55, 13 = ἐκτὸς ἁμαρτίας) ὁ ἀ. ὑμῶν J 8, 7.*

ἀναμαρυκάομαι (Lucian, gall. 8. Lev 11, 26 v. l. Dt 14, 8 v. l.) *wiederkäuen* übertr. m. Anspielung auf Lev 11, 3. Dt 14, 6 τὸν λόγον κυρίου *d. Wort d. Herrn wiederkäuen*, d. h. immer wieder darüber nachsinnen B 10, 11. — S. μαρυκάομαι.*

ἀναμένω (seit Homer, auch Pap. LXX) Aor. 1 ἀνέμεινα; Imp. ἀνάμεινον *erwarten* — **1.** allg. abs. *warten, abwarten* (Ps.-Callisth. 2, 19, 5. P. Oxy. 1773, 32) ἀνάμεινον *warte* Hs 8, 1, 4. — **2.** *etw.* od. *jmdn. erwarten* (Attiker. Epikt. 4, 8, 42. Jdth 8, 17. Sir 2, 7. Jes 59, 11. Jos., bell. 3, 72), bes. den Messias: ἀ. τὸν υἱὸν αὐτοῦ ἐκ τῶν οὐρανῶν *s. Sohn aus d. Himmel* (kommend) *erwarten* 1 Th 1, 10. ὃν δικαίως ἀνέμενον IMg 9, 3. Neb. εἰς αὐτὸν ἐλπίζειν IPhld 5, 2. — Übertr. v. d. Zeit μακάριος αὐτὸν ἀναμένει χρόνος *e. selige Zeit erwartet ihn* 2 Kl 19, 4 (vgl. Test. Ass. 5, 2).*

ἀναμέσον s. ἀνά 1.

ἀναμιμνήσκω (seit Homer, auch Inschr. Pap. LXX. Hen. 103, 15. 104, 1. Philo. Joseph.) Fut. ἀναμνήσω. Aor. 1 Pass. ἀνεμνήσθην *erinnern* τινά τι *jmdn. an etw.* (X., an. 3, 2, 11. Diod. S. 17, 10, 6) ὃς ὑμᾶς ἀναμνήσει τὰς ὁδούς μου *der euch an meine Lehren erinnern wird* 1 Kor 4, 17. τινά c. inf. ἀ. σε ἀναζωπυρεῖν *ich erinnere dich daran, daß du ... anfachst* 2 Ti 1, 6. — Pass. *erinnert werden, sich erinnern* (Dit., Syll.³ 557, 26. P. Grenf. I 1 col. 1, 2. 22) m. Akk. d. Sache (X., an. 7, 1, 26. Pla., Phaedo 72E. Jos., bell. 3, 396. Bl-D. § 175) ἀνεμνήσθη ὁ Πέτρος τὸ ῥῆμα *P. dachte an d. Wort* Mk 14, 72. ἀ. τὴν ὑπακοήν 2 Kor 7, 15. ἀ. τὰς πρότερον ἡμέρας Hb 10, 32. Vgl. AG 16, 35D. — M. Genit. (Thu. 2, 54, 2. 2 Esr 19, 17. Jos., bell. 4, 174; ant. 2, 137. Maspero 2 III, 6) τῆς περυσινῆς ὁράσεως *an d. Vision v. vorigen Jahr* Hv 2, 1, 1. — Abs. (Hdt. 3, 51, 1 ὁ δὲ ἀναμνησθεὶς εἶπε) ἀναμνησθεὶς ὁ Πέτρος λέγει Mk 11, 21.*

ἀνάμνησις, εως, ἡ (seit Pla., auch Inschr. LXX. Philo. Jos., ant. 4, 189) *d. Erinnerung* τινός *an etw.* (Diod. S. 20, 93, 7 τῆς φιλίας ἀν. Wsh 16, 6. Jos., bell. 3, 394) ἀ. ἁμαρτιῶν *Erinnerung an d. Sünden,* d. durch d. jährlich wiederholten Opfer bewirkt wird Hb 10, 3. Im Abendmahlsbericht εἰς τὴν ἐμὴν ἀνάμνησιν *z. Erinnerung an mich* 1 Kor 11, 24f. Lk 22, 19 (εἰς ἀ. Appian, Hann. 1 § 2. Hierocles 11 p. 440 εἰς ἀν. τοῦ νόμου. p. 441 εἰς ἀν. τοῦ ὀρθοῦ λόγου = s. zu erinnern an. Lev 24, 7. Ps 37, 1. 69, 1. Jos., ant. 19, 318. Z. Sache vgl. μνήμη 2. Diod. S. 3, 57, 8 Basíleia wird v. den Menschen, aus deren Mitte sie verschwindet, als Göttin verehrt. Und wenn sie ihr opfern od. andere Ehren erweisen, lassen sie — wie einst die B. — Pauken u. Zymbeln erschallen u. stellen, was jene erlebt hat, nachahmend dar [ἀπομιμουμένους]. P. Oxy. 494, 22ff. Wilcken, Chrest. 500. Ltzm., Messe u. Herrenmahl '26. JoachJeremias, D. Abendmahlsworte Jesu ² '48). πρὸς ἀ. γράφειν *zur Erinnerung* = damit ihr euch erinnert 1 Kl 53, 1.*

ἀνανεόω (seit Trag., auch Inschr. Pap. LXX. Jos., ant. 12, 321) Aor. 1 ἀνενέωσα — 1. trans. *erneuern.* D. Akt. findet sich in dieser Bed. nicht sehr oft (Aristonous Corinth. [III v]: Anth. lyr. Gr. II 6 p. 139 D.² Δελφοὶ ἀνενέωσαν τὰν πάτριον προξενίαν. M. Ant. 4, 3, 3 σεαυτόν. 6, 15, 1. Herm. Schr. 9, 6, auch Inschr. Pap. Hi 33, 24. 1 Makk 12, 1) ἀ. τὴν ζωήν v. Bußengel: *e. neues Leben verschaffen* Hs 9, 14, 3. Um so häufiger ist (seit Thu. 7, 33, 4) d. Med. (Diod. S. 33, 28a, 3 Dind. 37, 15, 2. Chio, ep. 16, 8. Appian, Maced. 11 § 6. Dit., Syll.³ 721, 13. 475, 10. 654, 61., vgl. Index; Or. 90, 35. Esth 3, 13b. 1 Makk 12, 3. 10. 16 u. ö. Jos., bell. 1, 283; ant. 1, 290), das d. reflexiven Sinn von „sich erneuern" nicht zu haben scheint. Man wird daher d. ἀνανεοῦσθαι τῷ πνεύματι τοῦ νοός besser pass. nehmen *erneuert werden = s. erneuern lassen im Geiste d. Gesinnung* Eph 4, 23 (z. Bilde Cornutus 33 p. 70, 10 ἀνανεάζειν ἐκ τῶν νόσων καὶ ἐκδύεσθαι τὸ γῆρας). ἀνανεοῦται τὸ πνεῦμα *d. Geist wird erneuert* Hv 3, 12, 2. 3, 13, 2, vgl. 3, 12, 3. — 2. intr. *wieder jung werden* μηκέτι χοντες ἐλπίδα τοῦ ἀνανεῶσαι v 3, 11, 3.*

ἀνανέωσις, εως, ἡ (Thu. u. a. Herm. Schr. 3, 4. Dit., Syll.³ 1059 II, 9. P. Oxy. 274, 20. P. Straßb. 52, 7. 1 Makk 12, 17. Jos., ant. 9, 161. 12, 324) *d. Erneuerung* d. Christen ἀ. λαμβάνειν τῶν πνευμάτων *Erneuerung des Geistes* (Pl., da es sich um mehrere Pers. handelt) *empfangen* Hv 3, 13, 2. ἐλπὶς ἀνανεώσεώς τινος *Hoffnung auf e. gewisse E.* s 6, 2, 4.*

ἀνανήφω (seit Aristot.) Aor. 1 ἀνένηψα *sich ernüchtern* (auf das geistige, bes. sittl. Gebiet übertragen in nachklass. Zeit nicht selten: Cebes 9, 3. Dio Chrys. 4, 77. Ps.-Lucian, salt. 84. M. Ant. 6, 31. Philo, leg. all. 2, 60 ἀνανήφει, τοῦτο δ' ἐστὶ μετανοεῖ. Jos., ant. 6, 241; vgl. Nägeli 30) *zu ruhiger Überlegung kommen* ἀ. ἐκ τῆς τοῦ διαβόλου παγίδος *zur Besinnung kommen u. sich d. Schlinge d. Teufels entziehen* 2 Ti 2, 26. Abs. ἀνανῆψαι *nüchtern werden* ISm 9, 1.*

'Ανανίας (חֲנַנְיָה), **ου** N. pr. m. (Ep. Arist. 48. Joseph. — Diod. S. 20, 97, 7 heißt e. Feldherr der Rhodier 'Ανανίας. S. auch Athen. 12, 3 p. 511 C 'Ανάνιος od. "Ανανις) *Ananias* — 1. e. der drei Jünglinge im Feuerofen 1 Kl 45, 7 (vgl. Da 3, 24 nach LXX). — 2. e. Mitglied d. Jerusalemer Christengemeinde, Mann d. Sapphira AG 5, 1. 3. 5 (z. Sache vgl. d. Szene Jos., ant. 8, 266—73). — WBornemann, A. u. S.: Christl. Welt 13, '99, 987—91. RSchumacher, A. u. S.: ThGl 5, '13, 824—30., EHaenchen, AG '56, 196 — 201. — 3. e. Christ zu Damaskus, der Paulus in d. christl. Lehre unterwies u. taufte 9, 10. 12f. 17. 22, 12 (EFascher, Z. Taufe des Paulus: ThLZ 80, '55, 643—48). — 4. e. jüdischer Hohepriester, Sohn d. Nedebäus, amtierte von etwa 47—59 (Jos., ant. 20, 103. 131. 205. 208—210. 213; bell. 2, 243. 426. 429. 441f.) AG 22, 5 v. l. 23, 2. 24, 1. Vgl. Schürer II⁴ 272.*

ἀναντίρρητος, ον (ἀναντίρητος W-H.; W-S. § 5, 26b) Pass. (Polyb. Plut. Dit., Or. 335, 138 [II/I v mit einem ρ]. Hi 11, 2 Sym.) *ohne Widerspruch zu erfahren, unwidersprechlich, unbedingt richtig* (Herm. Schr. 2, 11 ἀ. ὁ λόγος. Jos., c. Ap. 1, 160) ἀ. ὄντων τούτων *da dies unbedingt richtig ist* AG 19, 36. βραβεῖον ἀ. ἀποφέρεσθαι *e. Siegespreis, d. nicht angefochten werden kann, davontragen* MPol 17, 1.*

ἀναντιρρήτως Adv. v. ἀναντίρρητος, im NT nur im akt. Sinn (Polyb. 23, 8, 11. Diod. S. Pap. Hi 33, 13 Sym.) *ohne Widerspruch zu erheben* ἔρχεσθαι AG 10, 29.*

ἀναντλέω Aor. 1 ἀνήντλησα *ausschöpfen,* übertr. auf Mühen *geduldig ertragen* (Dionys. Hal. 8, 51 πόνους. Phalaris, ep. 19 πόνους. Dio Chrys. 11 [12], 51. UPZ 60, 14 [168 v] τοιούτους καιροὺς ἀνηντληκυῖα) ταῦτα πάντα 1 Kl 26, 3 (Hi 19, 26). κόπους Hs 5, 6, 2 (nach d. Michig.-Pap. ed. CBonner '34, 58).*

ἀνάξιος, ον (seit Soph. Hdt., auch Epikt. 2, 8, 18. P. Straß. 5, 8 [262 n]. Sir 25, 8. Philo, aet. m. 85. Jos., ant. 6, 17) *nicht entsprechend, unwürdig* τινός: ἀνάξιοί ἐστε κριτηρίων ἐλαχίστων; *seid ihr nicht gut genug* oder *nicht zuständig, Gericht über Bagatellsachen zu halten?* 1 Kor 6, 2 (Simplicius in Epict. p. 60, 33 τοὺς μηδὲ ἀξίους ὄντας τῶν τοιούτων κριτάς). πράσσειν ἀ. (Hippocrat., ep. 9, 1. Herm. Schr. 478, 33 Sc. Ep. Arist. 205. 217) θεοῦ IEph 7, 1. ἀ. ζωῆς *d.* (ewigen) *Lebens unwürdig* Dg 9, 1. τῆς ἐν Χριστῷ ἀγωγῆς 1 Kl 47, 6. ἀνάξιοι *unwürdige Menschen* Hs 6, 3, 4.*

ἀναξίως (seit Soph. Hdt., auch Teles p. 56, 9. Sb 1267, 5. 2 Makk 14, 42) Adv. v. ἀνάξιος *nicht entsprechend* ἐσθίειν, πίνειν b. Herrnmahl, wenn man es in *unangemessener* Haltung genießt 1 Kor 11, 27 (29 v. l.). Z. unangemessenen Genuß des Herrnmahles u. seinen Folgen vgl. Con. Neot. 15, '55, S. 27f.*

ἀναπάρτιστος, ον (Diog. L. 7, 63) *unfertig* ὡς ἔτι ὢν ἀ. *als einer, der noch unfertig ist* IPhld 5, 1 (v. l. ἀνάρπαστος; s. d. textkrit. Noten bei Zahn, Lghtf., Bihlmeyer).*

ἀνάπαυσις, εως, ἡ (seit Mimnermus u. Pind., auch Inschr. P. Flor. 57, 56. BGU 180, 5. LXX)

— 1. *d. Aufhören* ἀνάπαυσιν οὐκ ἔχουσιν λέγοντες *sie sagen unaufhörlich* Apk 4, 8; vgl. 14, 11. — 2. *d. Ruhe* (Diocles, Fgm. 142 p. 186, 13. LXX. Ep. Arist. 94. Philo, fuga 174 ἡ ἐν θεῷ ἀ. Jos., ant. 3, 281 u. ö.) εὑρίσκειν ἀ. (Sir 6, 28. 11, 19. 22, 13. Jes 34, 14. Kl 1, 3) εὑρίσκειν ἀ. ταῖς ψυχαῖς Mt 11, 29 (Ps.-Dicaearch p. 140 F. ψυχῆς ἀνάπαυσις); vgl. 2 Kl 6, 7. ἀ. διδόναι τινί (Ps 131, 4. Aristobul b. Euseb., pr. ev. 13, 12, 9. Jos., bell. 4, 88) *jmdm. Ruhe gewähren, gönnen* Hs 6, 2, 7. — ἀ. τῆς μελλούσης βασιλείας καὶ ζωῆς αἰωνίου *R. d. künftigen Reiches u. d. ewigen Lebens* d. h. die das k. R. gibt 2 Kl 5, 5. — 3. *d. Ruheplatz, d. Ruhestätte* (Ps.-Dicaearch p. 142 Zl. 5. Gen. 8, 9. Num 10, 33. Ps 131, 8) ζητεῖν ἀ. (Ruth 3, 1. Sir 24, 7) *e. Ruheplatz suchen* Mt 12, 43. Lk 11, 24.*

ἀναπαύω (seit Homer, auch Inschr. Pap. LXX. Philo. Joseph. Test. 12 Patr.) Fut ἀναπαύσω. Aor. 1 ἀνέπαυσα; Imp. ἀνάπαυσον. Pf. Pass. ἀναπέπαυμαι. Aor. 1 Pass. ἀνεπαύθην Hs 9, 5, 1f. Fut. Med. ἀναπαύσομαι u. Fut. 2 Pass. ἀναπαήσομαι Apk 14, 13. LJ 2, 2 (vgl. W-S. § 13, 9. Bl-D. § 78) — 1. trans. *ausruhen lassen, Ruhe gewähren, erquicken* m. Akk. (X., Cyr. 7, 1, 4. Appian, Mithrid. 45 § 176. Arrian, anab. 3, 7, 6 τὸν στρατόν. 1 Ch 22, 18. Spr 29, 17. Sir 3, 6. Jos., ant. 3, 61) κἀγὼ ἀναπαύσω ὑμᾶς *u. ich werde euch* R. g. Mt 11, 28. ἀ. τὸ πνεῦμα 1 Kor 16, 18. τὴν ψυχήν *beruhigen* Hs 9, 5, 4 ἀνάπαυσόν μου τὰ σπλάγχνα *verschaffe meinem Herzen e. Erquickung* Phlm 20 (vgl. Nägeli 64f.). κατὰ πάντα *in jeder Weise* IEph 2, 1. Mg 15. Tr 12, 1. Sm 9, 2. 10, 1. 12, 1. Abs. IRö 10, 2. — Pass. ἀναπέπαυται τὸ πνεῦμα αὐτοῦ *s. Geist ist erquickt worden* 2 Kor 7, 13. τὰ σπλάγχνα ἀναπέπαυται Phlm 7. — 2. Med. *sich ausruhen* (Cornutus 32 p. 69, 17. Artem. 1, 8 p. 14, 7. Plotin, enn. 6, 9, 9 ἀναπαύεται ψυχή. Julian, Briefe 97 p. 382 D. Herm. Schr. 408, 27 Sc. Ex 23, 12. Jes 14, 30. 57, 20. Esth 9, 17f. Philo. Jos., vi. 249) v. Schlaftrunkenen ἀναπαύεσθε Mt 26, 45. Mk 14, 41 (s. λοιπός 3 a α). V. Satten B 10, 11. V. Müden allg. Mk 6, 31. Hs 9, 5, 1f. ἀ. ἐκ τῶν κόπων *sich v. d. Mühen ausruhen* Apk 14, 13 (vgl. Pla., Kritias 106 A ἐκ μακρᾶς ἀναπεπαυμένος ὁδοῦ. Arrian, anab. 3, 9, 1 ἐκ τῆς ὁδοῦ. Jos., ant. 3, 91 ἀ. ἀπὸ παντὸς ἔργου). *es sich bequem machen* Lk 12, 19. 16, 23 D. — ἀ. χρόνον μικρόν *kurze Zeit Ruhe halten* = abwarten (Da 12, 13) Apk 6, 11. — *ruhen auf* (Jes 11, 2 ἀναπαύσεται ἐπ' αὐτὸν πεῦμα τ. θεοῦ) τὸ τοῦ θεοῦ πνεῦμα ἐφ' ὑμᾶς ἀναπαύεται 1 Pt 4, 14. — V. Gott ἅγιος ἐν ἁγίοις ἀναπαυόμενος *e. Heiliger, der unter Heiligen ruht* 1 Kl 59, 3 (Jes 57, 15).**

ἀναπαφλάζω (Eutecnius 1 p. 13, 9. Hesych. Ps.-Caesarius v. Naz., dial. 3, 146 [Migne, s. gr. XXXVIII 1096] v. Tigris. — D. Simplex ist seit Homer nicht selten) *aufwallen* PA 9, 24.*

ἀναπείθω (seit Hdt., auch Inschr. Pap. LXX) Aor. 1 Pass. ἀνεπείσθην *überreden*, in malam partem *verlocken, verführen* (so Hdt. 3, 148. 5, 66. X., Cyr. 1, 5, 3. P. Magd. 14, 3f. [221 v]. P. Oxy. 1295, 10. Jer 36, 8. 1 Makk 1, 11) τινά *jmdn.* m. flgd. Inf. (vgl. Philo, leg. all. 3, 212. Jos., bell. 7, 438; ant. 14, 285. 15, 72) ἀ. τοὺς ἀνθρώπους AG 18, 13. Pass. Hs 9, 13, 8.*

ἀνάπειρος, ον (Tob 14, 2 S = ℵ) Lk 14, 13. 21 ℵ ABD für ἀνάπηρος; s. d. Auch LXX (2 Makk 8, 24) sind beide Formen handschr. bezeugt (Thackeray 83). Phrynichus, praep. soph. p. 13, 4f. Borries ['11] διὰ τοῦ η τὴν τρίτην, οὐ διὰ τῆς ει διφθόγγου ὡς οἱ ἀμαθεῖς. Vgl. W-S. § 5, 15. Bl-D. § 24 Anh.*

ἀναπέμπω (seit Pind. Aeschyl., auch Inschr. Pap. Joseph.) Fut. ἀναπέμψω. Aor. 1 ἀνέπεμψα — 1. *hinaufsenden* — a. eigtl. *emporsenden, aufsteigen lassen* (Aristot., mirabilia 114 φλόγα πυρός) zum Himmel (Bias b. Diog. L. 1, 88 εἰς θεοὺς ἀνάπεμπε) τὸ ἀμήν MPol 15, 1. — b. übertr. *senden* (hinauf, d. h. zu e. Höherstehenden: Plut., Marius 17, 3. Jos., bell. 2, 571. Dit., Or. 329, 51. P. Hib. 1, 57 [III v]. P. Tebt. 7, 7; daher t. t. f. das Einsenden an d. zuständige Pers. od. Behörde [Jos., ant. 4, 218. Nägeli 34]) τινὰ πρός τινα Lk 23, 7. AG 25, 21; dafür τινά τινι 27, 1 v. l. — 2. *zurücksenden* (Plut., Sol. 4, 6. P. Par. 13, 22 [157 v]. P. Oxy. 1032, 50 [162 n]) τινά τινι Lk 23, 11. Phlm 12. τινὰ πρός τινα Lk 23, 15. 1 Kl 65, 1.*

ἀναπηδάω (seit Homer, auch LXX. Jos., vi. 265) Aor. 1 ἀνεπήδησα *aufspringen*, auch abgeschwächt *aufstehen* (Epikt. 3, 4, 4. Tob 2, 4. 7, 6. ZP 1, 93. Jos., ant. 8, 360) Mk 10, 50.*

ἀνάπηρος, ον (seit Soph., auch Jos., ant. 7, 61) *verkrüppelt*, subst. *d. Krüppel* neb. πτωχός, χωλός, τυφλός (Plato, Kriton 53 A χωλοὶ καὶ τυφλοὶ καὶ ἄλλοι ἀνάπηροι. Aelian, v. h. 11, 9 p. 115, 23. Diog. L. 6, 33) Lk 14, 13. 21; s. ἀνάπειρος.*

ἀναπίπτω (seit Trag., auch Pap. LXX. Jos., ant. 8, 256) Aor. ἀνέπεσον u. hellenist. ἀνέπεσα (W-S. § 13, 13. Bl-D. § 81, 3) — 1. *sich niederlegen*, bes. zum Essen (Alexis b. Athen. 1, 23 E. Ps.-Lucian, asin. 23. ZP 1, 24. Tob 2, 1. 7, 9 S. Jdth 12, 16. Vgl. Anz 301f.) Lk 11, 37. 17, 7. 22, 14. J 13, 12. ἀ. εἰς τὸν ἔσχατον τόπον *sich am untersten Platze niederlassen* Lk 14, 10; vgl. Mt 20, 28 D. ἀνέπεσαν πρασιαὶ πρασιαί *sie lagerten sich abteilungsweise* z. Essen Mk 6, 40; vgl. J 6, 10. ἀ. ἐπὶ τῆς γῆς *sich auf d. Erde lagern* Mk 8, 6 (Diod. S. 4, 59, 5 ἐπί τινος κλίνης. Syntipas 48, 29 ἐπὶ τ. κλίνης). ἀ. ἐπὶ τὴν γῆν Mt 15, 35. — 2. *sich zurücklegen, sich rückwärtsbeugen* (Pla., Phaedr. 254 B. E. Polyb. 1, 21, 2) J 13, 25. 21, 20.*

ἀναπλάσσω (seit Hdt., auch P. Hal. 1, 183 [III v]. Jos., c. Ap. 2, 248) Aor. 1 Med. ἀνεπλασάμην *umbilden* — 1. eigtl. v. Töpfer, d. e. mißratenes Gefäß neu formt πάλιν αὐτὸ ἀ. 2 Kl 8, 2 (vgl. Wsh 15, 7). — 2. übertr. auf d. geistige Umbildung d. Menschen B 6, 11. 14.*

ἀναπληρόω (seit Eur., auch Inschr. Pap. LXX) Fut. ἀναπληρώσω. Aor. 1 ἀνεπλήρωσα — 1. *vollständig machen, auf d. Vollmaß bringen*, übertr. (Appian, bell. civ. 3, 47 § 191 einen Truppenkörper. 4, 89 § 374 v. den noch ausstehenden Verpflichtungen. Schol. z. Nicander, ther. 447 τὴν ἡλικίαν = das Kindesalter. Ep. Arist. 75) ἀ. αὐτῶν τὰς ἁμαρτίας (Gen 15, 16) *d. Maß ihrer Sünden vollmachen* 1 Th 2, 16. — 2. *erfüllen* (Kontrakt: UPZ 112 V, 3 [203/2 v]. Ostraka I 532, 7. Pflicht: P. Oxy. 1121, 11. Arbeitsleistung: Jos., ant. 8, 58) v. Prophezeiungen (1 Esr 1, 54 εἰς ἀναπλήρωσιν τ. ῥήματος τοῦ κυρίου) ἀναπληροῦται αὐτοῖς ἡ προφητεία *es erfüllt sich an ihnen d. Prophezeiung* Mt 13, 14. V. Anforderungen: ἀ. τὸν νόμον τοῦ Χριστοῦ Gal 6, 2. ἀ. πᾶσαν ἐντολήν B 21, 8. — 3. *e. Lücke ausfüllen, ersetzen* (Pla. symp. 188 E. Dit., Syll.³ 364, 62; Or. 56, 56. Jos., bell. 4, 198; ant. 5, 214) τὸ ὑστέρημα (Herm. Schr. 13, 1 τὰ ὑστερήματα ἀναπλήρωσον. Test. Benj. 11, 5) m. Gen. der Pers. *das Fehlen jmds. ausgleichen, e. Abwesenden vertreten* (AHeisenberg u. LWenger, Byz. Pap. '14, Nr. 14, 18 τῷ βικαρίῳ Ἑρμώνθεως ἀναπληροῦντι τὸν τόπον τοῦ τοποτηρητοῦ) 1 Kor 16, 17. Phil 2, 30. 1 Kl 38, 2. τὸν τῆς ὑπακοῆς τόπον ἀναπληρῶσαι *d. Stelle, an die der Gehorsam gehört, wieder ausfüllen* 1 Kl 63, 1. τοὺς τύπους τῶν λίθων ἀ. *d. Formen der Steine ergänzen* (vgl. Ep. Arist. 75) Hs 9, 10, 1. — **4.** ὁ ἀναπληρῶν τ. τόπον τ. ἰδιώτου 1 Kor 14, 16 kann wegen des ἰδ. V. 23f. nicht heißen „der, welcher die Stellung (zu dies. Bed. v. τόπος s. da 1e; ἀναπληρ. in solchem Zshg.: Jos., bell. 5, 88. Ps.-Klem., hom. 3, 60) des Laien inne hat", d. h. im Ggs. z. Zungenredner nicht glossolal. begabt ist (PhBachmann. Ltzm. JSickenberger. H-D Wendland). Vielmehr bed. ἀ. τὸν τόπον τινός *d. Platz jmds. einnehmen, ausfüllen* (vgl. Diod. S. 19, 22, 2 τὸν τόπον ἀ. Hero Alex. I p. 8, 20 τὸν κενωθέντα τόπον ἀ. Pla., Tim. 79 B ἀ. τὴν ἕδραν. Epikt. 2, 4, 5 ἀ. τὴν χώραν), wobei Platz ganz eigtl. der dem ἰδ. vorbehaltene Platz in der Versammlung ist (GHeinrici. JWeiß). S. ἰδιώτης 2 u. GHWhitaker, JThSt 22, '21, 268.*

ἀναπολόγητος, ον (Polyb. 29, 10, 5. Dionys. Hal. 7, 46. Plut., Brut. 46, 2. Cicero, ad Att. 16, 7 u. a. Jos., c. Ap. 2, 137) *ohne Entschuldigung* (Polyb. 12, 21, 10. Dio Chrys. 2, 39) εἰς τὸ εἶναι αὐτοὺς ἀναπολογήτους *so daß sie keine Entschuldigung haben* Rö 1, 20. ἀ. εἶ 2, 1.*

ἀναπράσσω (seit Thu., auch Inschr. Pap.) *erheben, eintreiben, einfordern* Lk 19, 23 v. l.*

ἀναπτύσσω Aor. 1 ἀνέπτυξα *aufwickeln* v. Aufrollen e. Buchrolle (so seit Hdt., auch Epikt. 1, 17, 21. Aesop, Fab. 264 P. = 332 H. 4 Kö 19, 14. Jos., vi. 223) Lk 4, 17 v. l. PK 4 S. 15, 30.*

ἀνάπτω Aor. 1 Pass. ἀνήφθην *anzünden* (so seit Eur. u. Hdt., auch P. Gieß. 3, 8. ZP 13, 681. 2 Ch 13, 11) τί *etw.* ὕλην (vgl. Polyaenus 4, 7, 9 πῦρ ... ἀνῆψε τὴν ὕλην. Philo, aet. m. 127) *ein Wald* Jk 3, 5. Vgl. AG 28, 2 t. r. Vom Feuer (Eur., Or. 1137. Jos., ant. 3, 207) ἀνήφθη *ist bereits angezündet* = brennt schon Lk 12, 49 (Diod. S. 13, 84, 2 ὅταν ἀναφθῇ πῦρ = wenn ein Feuer angezündet sein oder brennen würde).*

ἀναρίθμητος, ον (seit Pind. Hdt., auch LXX. Jos., ant. 17, 214) *unzählbar* v. Sand am Meere Hb 11, 12.*

ἀνασείω (seit Hes., auch P. Tebt. 28, 20 [II v]. Jos., bell. 5, 120) *aufreizen* (so Diod. S. 13, 91, 4. 14, 10, 3. 17, 62, 5. 18, 10, 1. Jes 36, 18 Aq. Sym.) m. Akk. τὸν ὄχλον Mk 15, 11. τὸν λαόν Lk 23, 5 (vgl. Dionys. Hal. 8, 81 τὸ πλῆθος. Philod., Rhet. II 290 Sudh.).*

ἀνασκευάζω (seit Thu. in mancherlei Bedeutg., auch P. Oxy. 745, 5 [I n]. Jos., bell. 6, 282; ant. 14, 406. 418) *niederreißen, umstoßen, verstören, verwirren* übertr. neb. ταράσσειν (vgl. Vett. Val. 212, 20 ἀνασκευασθήσεται καὶ ἐπιτάραχον γενήσεται) ἀνασκευάζειν τὰς ψυχάς AG 15, 24.*

ἀνασπάω (seit Homer, auch P. Tebt. 420, 25. BGU 1041, 8. ZP 4, 2498. 2973. Hab 1, 15. Da 6, 18. Bel 42 Theod. Jos., ant. 2, 259 u. ö.) Fut. ἀνασπάσω. Aor. 1 Pass. ἀνεσπάσθην *heraufziehen* Lk 14, 5. V. d. Gerät, d. Petrus im Gesicht sah ἀνεσπάσθη εἰς τὸν οὐρανόν AG 11, 10 (Pherecrates Com., fgm. 180 K. κάδους ἀνασπῶν).*

ἀνάστασις, εως, ἡ (seit Aeschyl. Hdt. in mancherlei Bed., auch Inschr. Pap. LXX. Jos., bell. 6, 339; ant. 11, 19) ▬ **1.** *d. Aufstehen* (Kl 3, 63. Ze 3, 8. Jos., ant. 17, 212. 18, 301 [hier vom „Aufstellen" e. Bildsäule]) κεῖται εἰς πτῶσιν καὶ ἀ. πολλῶν *er ist gesetzt z. Fall u. Aufstehen für viele* v. Jesus Lk 2, 34, d. h. viele werden über ihn z. Falle kommen, andere durch ihn z. Aufstehen, beides auf das Religiöse übertr. (z. Ggs. zu πτῶσις vgl. Euagrius Pont., Cent. 5, 19 p. 327 Frankenberg: ἡ μικρὰ τ. σώματος ἀνάστασίς ἐστιν ἡ μετάθεσις αὐτοῦ ἐκ πτώσεως τ. ἀσελγείας εἰς τὴν τ. ἁγιασμοῦ ἀνάστασιν). — Bes. ▬ **2.** *d. Auferstehung* v. den Toten (Aeschyl., Eum. 648 ἅπαξ θανόντος οὔτις ἔστ' ἀ. Ps.-Lucian, de salt. 45. Ael. Aristid. 32, 25 K. = 12 p. 142 D. 46 p. 300 D. Inscr. Rom. IV 743 οἱ δείλαιοι πάντες εἰς ἀνάστασιν βλέποντες. 2 Makk 7, 14. 12, 43), u. zwar ▬ **a.** in der Vergangenheit: v. Jesu Auferstehung AG 1, 22. 2, 31. 4, 33. Rö 6, 5. Phil 3, 10. 1 Pt 3, 21. 1 Kl 42, 3. ISm 3, 1. 3; genauer ἀ. ἐκ νεκρῶν 1 Pt 1, 3. ἀ. νεκρῶν *A. v. d. Toten* Rö 1, 4; neb. Jesu Leiden IEph 20, 1. Mg 11. Tr insc. Phld insc. 8, 2. 9, 2. Sm 7, 2. 12, 2; vgl. 1, 2. τὸν Ἰησοῦν καὶ τὴν ἀ. εὐαγγελίζεσθαι *v. Jesus u. d. Auferstehung predigen*, d. h. seiner Auferstehung u. daran anschließend d. Möglichkeit d. Auferstehung allg. AG 17, 18 (τὸν Ἰησοῦν καὶ τὴν ἀνάστασιν könnte auch sein = „die Auferstehung Jesu", wie etwa Nicol. Dam.: 90 fgm. 130, 18 p. 400, 17 Jac. μνήμη τἀνδρὸς καὶ φιλοστοργίας = „... die Liebe des Mannes"); vgl. V. 32. 4, 2. V. d. Totenerweckungen durch Elia u. Elisa ἔλαβον γυναῖκες ἐξ ἀ. τοὺς νεκροὺς αὐτῶν *Frauen* (d. h. d. Witwe in Sarepta u. d. Sunamitin 3 Kö 17, 23. 4 Kö 4, 36) *erhielten ihre Toten durch A.* Hb 11, 35. ▬ **b.** v. d. zukünftigen Auferstehung, die mit dem Gericht verbunden ist: als ἀ. νεκρῶν bez. Mt 22, 31. AG 23, 6. 24, 15. 21. 26, 23. 1 Kor 15, 12f. Hb 6, 2. D 16, 6; oder ἀ. ἐκ νεκρῶν Lk 20, 35. B 5, 6; vgl. IPol 7, 1. Pol 7, 1. MPol 14, 2. V. Jesus: τὴν ἀ. ποιεῖν *d. A.* (*d. Toten*) *bewirken* B 5, 7. Jesu Leiden als unsere *A.* bez. ISm 5, 3. ἀθάνατος τῆς ἀ. καρπός 2 Kl 19, 3. Z. Unterschied v. der in d. Vergangenh. geschehenen Auferweckung als ἀ. κρείττων bez. Hb 11, 35, weil jene doch wieder von d. Tode gefolgt war. ἡ μέλλουσα ἀ. ἔσεσθαι *d. zukünftige A.* 1 Kl 24, 1. ἡ κατὰ καιρὸν γινομένη ἀ. *d. A., d. zu ihrer Zeit erfolgen wird* 24, 2. Genauere Angaben bei J, der d. A. ἀ. ἐν τῇ ἐσχάτῃ ἡμέρᾳ *am Jüngsten Tage* nennt 11, 24 u. diese als ἀ. κρίσεως *Gerichtsauferstehung* f. d. Gottlosen u. ἀ. ζωῆς *Lebensauferstehung* f. d. Jünger unterscheidet 5, 29. Christus nennt sich J 11, 25 selbst ἡ ἀ. u. ἡ ζωή, sofern er beides vermittelt. Pls sucht d. Gewißheit d. Auferstehungshoffnung zu beweisen 1 Kor 15, 12ff. (s. z. τάγμα 1b); sie ist gewährleistet durch d. A. Jesu, vgl. Phil 3, 10. Nur e. Auferstehung d. Frommen nach jüd. Glauben kennt Lk 14, 14; ähnl. B 21, 1. Hebraisierend υἱοὶ τῆς ἀ. (neb. υἱοὶ θεοῦ) *Kinder d. A.* = Auferstehende Lk 20, 36. Eine zweimalige A. setzt Apk 20, 5f. mit ἀ. ἡ πρώτη voraus. Leugnung d. Auferstehung bei Sadduzäern Mt 22, 23. 28. 30f. Mk 12, 18. 23. Lk 20, 27. 33. 35f. (vgl. dazu Schürer II[4] 459. 485), Epikureern AG 17, 18 (ERohde, Psyche[3] '03 II 331—335. Vgl. d. Inschrift 2 ob.) u. Christen 1 Kor 15, 12 (wohl im Sinne von Justin, Dial. 80 λέγουσι μὴ εἶναι νεκρῶν ἀνάστασιν, ἀλλ' ἅμα τῷ ἀποθνήσκειν τὰς ψυχὰς αὐτῶν ἀναλαμβάνεσθαι εἰς τ. οὐρανόν). 2 Ti 2, 18 (etwa wie Menander b. Iren. 1, 23, 5 resurrectionem enim per id, quod est in eum baptisma, accipere eius discipulos, et ultra non posse mori, sed perseverare non senescentes et immortales; vgl. Justin, Ap. 1, 26, 4. Valent. b. Klem. v. Al., Str. 4, 13, 91; Tertull., carn. resurr. 25 agnitio sacramenti [= ἡ τοῦ μυστηρίου γνῶσις] resurrectio). — FNötscher, Altoriental. u. atl. Auferstehungsglaube '26. JLeipoldt, Sterbende u. auferstehende Götter '23. Cumont³ '31. ATNikolainen, D. Auferstehungsglauben in d. Bibel u. in ihrer Umwelt. I Relgesch. Teil '44. II NT '46. — WBousset, Rel.³, '26, 269—74 u. ö., Billerb. IV '28, 1166—98. — AMeyer, D. Auferstehung Christi '05. KLake, The Historical Evidence for the Resurrection of J. Chr. '07. LBrun, D. Auferst. Christi in d. urchr. Überl. '25. PGardner-Smith, The Narratives of the Resurrection '26. SVMcCasland, The Resurr. of Jes. '32. MGoguel, La foi à la résurr. de Jésus dans le Christianisme primitif '33. EFascher, ZNW 26, '27, 1—26. EFuchs, ZKG 51, '32, 1—20. AThomson, Did Jesus rise fr. the Dead? '40. EHirsch, D. Auferstehungsgeschichten u. d. christl. Glaube '40. PAlthaus, D. Wahrheit des kirchl. Osterglaubens² '41. WMichaelis, D. Erscheinungen des Auferstandenen '44. AMRamsey, The Resurrection of Christ '45. JLeipoldt, Zu den Auferstehungsgeschichten: ThLZ 73, '48, 737—42 (rel. gesch.). S. auch τάφος 1. — KDeißner, Auferstehungshoffnung u. Pneumagedanke b. Pls '12. GVos, The Pauline Doctrine of the Res.: Princeton Th. Rev. 27, '29, 1—35. 193—226. FGuntermann, D. Eschatologie d. hl. Pls '32. HMolitor, D. Auferstehung d. Christen und Nichtchristen nach d. Ap. Pls '33. LSimeone, Resurrectionis iustorum doctr. in ep. S. Pauli '38.

ἀναστατόω Aor. 1 ἀνεστάτωσα (hellenist. Wort: Pap. z. B. BGU 1858, 12 [Iv]. P. Oxy. 119, 10. ZP 4, 2244. LXX. Aq. Sym. [Nägeli 47f.]) *aufscheuchen, beunruhigen, verstören* τὴν οἰκουμένην AG 17, 6. V. den d. Gemeinden beunruhigenden Parteiführern Gal 5, 12 (vgl. BGU 1079, 20 [41n] μὴ ἵνα ἀναστατώσῃς ἡμᾶς). Abs. ὁ ἀναστατώσας *d. e. Aufruhr gemacht hat* AG 21, 38.*

ἀνασταυρόω (seit Hdt.) stets im Sinne von *kreuzigen* (ἀνα = hinauf; vgl. Pla., Gorg. 473 C. Polyb. 1, 11, 5. 1, 24, 6. Diod. S. 2, 1, 10. 2, 44, 2. 13, 111, 5. 14, 53, 5. Plut., Fab. 6, 5; Cleom. 39, 2. Charito 4, 2, 6. Aesop, Fab. 152 P. [= σταυρόω 264 H.]. P. Oxy. 842: 66 XV 5 Jac. Jos., bell. 2, 306. 5, 449; ant. 2, 73. 11, 246; vi. 420) ἀνασταυροῦντας ἑαυτοῖς τὸν υἱὸν τοῦ θεοῦ *da sie sich selbst z. Schaden d. Sohn Gottes kreuzigen* Hb 6, 6 v. abgefallenen Christen (d. alten Übersetzungen u. d. griech. Väter verstehen allerdings: wieder kreuzigen. — AMVitti, Verb. Dom. 22, '42, 174—82).*

ἀναστενάζω (seit Aeschyl., Choëph. 335. Hdt. 1, 86, auch ZP 4, 2493. Sir 25, 18. Kl 1, 4. Sus 22 Theod.) Aor. 1 ἀνεστέναξα *aufseufzen*. ἀναστενάξας τῷ πνεύματι αὐτοῦ λέγει *er seufzte in s. Geiste* (= bei sich; vgl. Mk 2, 8) *auf und sagte* Mk 8, 12 (vgl. 2 Makk 6, 29). — CBonner, HThR 20, '27, 171—81.*

ἀναστρέφω (seit Homer in verschiedener Bed., auch Inschr. Pap. LXX. Philo. Joseph.) Aor. 1 ἀνέστρεψα. Aor. 2 Pass. ἀνεστράφην, Ptz. ἀναστραφείς. — **1.** trans. *umkehren, umwerfen* (Polyb. 5, 9, 3. Ps.-Apollod. 3, 8, 1. Dionys. Hal. 9, 6, 2, alle nach d. Hss.) τι *etw.* τὰς τραπέζας *d. Tische umwerfen* J 2, 15 v. l. (s. Hdb. z. St.). — **2.** Pass. refl. *sich hin- und herwenden* — **a.** örtl. *sich aufhalten* ἐν (Pla., Rep. 8 p. 558 A μένειν καὶ ἀ. ἐν. X., Hell. 6, 4, 16. Polyb. 3, 33, 18. Epikt. 1, 2, 26. Plut., Fab. 9, 5. Jos 5, 6. Ez 19, 6. Vgl. PKatz, JThSt 47, '46, 31) Mt 17, 22 v. l. — **b.** übertr. auf d. Verhalten d. Menschen: *wandeln, sich irgendwie betragen,* od. überh. *leben* im Sinne d. Betätigung bestimmter Grundsätze (seit X., auch Polyb. 1, 9, 7. 1, 74, 13 u. ö. Chio, ep. 7, 1. Crates, ep. 35, 2 p. 216 H. Vett. Val. Index. Inschr. u. Pap.: DBm., B 83; NB 22; LO 264f. Nägeli 38. Thieme 14. Hatch 136. Spr 20, 7. Ez 22, 30. Jos., ant. 15, 190); stets mit genauerer Bestimmung d. Art — **α.** durch Adv. (Ael. Dion. σ, 41 ἀμαθῶς ἀναστρέφεσθαι. Dit., Syll. u. Or. Indices. Jos., ant. 19, 72 εὐπρεπῶς) ἁγνῶς (Hatch, a. a. O. III 73 cilic. Inschr.) Hs 9, 27, 2. ἰσχυρῶς καὶ ἀνδρείως ἀ. *stark u. mannhaft wandeln* 5, 6, 6. καλῶς ἀ. (Dit., Syll.³ 717, 95; Or. 322, 8) Hb 13, 18. ἀμέμπτως (Or. 323, 5) 1 Kl 63, 3. ὁσίως (Syll.³ 800, 21) 2 Kl 5, 6. — **β.** durch präpositionale Ausdrücke (X., Ages. 9, 4 ἀ. ἐν μέσαις εὐφροσύναις. Ep. Arist. 252): ἐν ταῖς ἐπιθυμίαις τῆς σαρκός *in d. fleischl. Lüsten wandeln* = im Leben d. fl. L. frönen Eph 2, 3. ἐν παλαιοῖς πράγμασιν *in d. alten* (jüdischen) *Verhältnissen* IMg 9, 1. ἐν τρυφαῖς πολλαῖς Hm 11, 12. ἐν πλάνῃ 2 Pt 2, 18. ἀ. ἐν οἴκῳ θεοῦ *sich im Hause Gottes* entsprechend *benehmen, aufführen* 1 Ti 3, 15. ἐν φόβῳ ἀ. *in Furcht leben* 1 Pt 1, 17. — **γ.** beide Konstr. verb. (Simplicius in Epict. p. 24, 16 ἀλύτως ἐν τούτοις ἀναστρεφώμεθα. Jos., vi. 273) ὁσίως ἀ. ἐν καθαρᾷ διανοίᾳ *heilig in reiner Gesinnung wandeln* 1 Kl 21, 8. — **δ.** mit mehrfachem ἐν in verschied. Bedeutung ἐν ἁγιότητι τοῦ θεοῦ, οὐκ ἐν σοφίᾳ σαρκικῇ ἀλλ' ἐν χάριτι θεοῦ ἀνεστράφημεν ἐν τῷ κόσμῳ *in Heiligkeit vor Gott, nicht in fleischl. Weisheit, sondern in Gottes Gnade sind wir in der Welt gewandelt* 2 Kor 1, 12. — Ähnlich wie hier das ἀ. ἐν τ. κόσμῳ — d. h. nicht als Betätigung — ist aufzufassen d. οὕτως ἀ. Hb 10, 33 *so wandeln*, d. h. unter Trübsal u. Schmähungen: *denen es so erging.* — **3.** intr. — **a.** *umgehen, verkehren* (vgl. Epikt. 4, 1, 116 πρός τινα mit jmdm. Jos., ant. 1, 55) μετά τινος B 19, 6. D 3, 9. — **b.** *umkehren, sich umwenden, zurückkommen* (Appian, bell. civ. 5, 51 § 215. Polyaenus 1, 48, 1. 8, 12. Sus 49 Theod. Jdth 15, 7. 1 Makk 5, 8. 10, 52. 55 v. l. Jos., ant. 7, 226) AG 5, 22. 15, 16.*

ἀναστροφή, ῆς, ἡ (in mancherl. Bedeutg. seit Aeschyl. u. den Vorsokr., auch Inschr. Pap. LXX. Jos., ant. 18, 359 u. ö.) *d. Betragen, d. Lebensart, d. Wandel* (Polyb. 4, 82, 1 [FKälker, Quaest. de elocut. Polyb. = Leipz. Stud. III 2, '80, 301]. Teles p. 41, 2. Diog. L. 9, 64. Epikt. 1, 9, 24. 1, 22, 13. Inschr.: Dit., Syll. Index. IG mar. Aeg. 1032, 6 [IIv]. Magn. 91. Perg. 86. Brit. Mus. 200, 24 Hicks. Tob 4, 14. 2 Makk 6, 23. Ep. Arist. 130. 216) ἠκούσατε τὴν ἐμὴν ἀ. ποτε ἐν τῷ Ἰουδαϊσμῷ *ihr habt davon gehört, wie ich mich einst als Jude aufführte* Gal 1, 13. κατὰ τὴν προτέραν ἀ. *nach d. früheren* (d. h. vorchristlichen) *Wandel* Eph 4, 22 (Dialekt-Inschr. 4320, 5 κατὰ τὰν ἄλλαν ἀναστροφάν [Rhodos]). ἡ ἐν φόβῳ ἁγνὴ ἀ. 1 Pt 3, 2; vgl. V. 1. ἡ ἀγαθὴ ἐν Χριστῷ ἀ. V. 16. ἡ καλὴ ἀ. Jk 3, 13. 1 Pt 2, 12. ἡ ματαία ἀ. πατροπαράδοτος *d. eitle* (d. h. Eitlem nachgehende) *v. d. Vätern überlieferte W.* 1, 18. ἡ ἐν ἀσελγείᾳ ἀ. 2 Pt 2, 7. ἡ ἔκβασις τῆς ἀ. Hb 13, 7. ἅγιον ἐν πάσῃ ἀ. γίνεσθαι *sich in d. ganzen Lebensführung heilig erweisen* 1 Pt 1, 15. Im Ggs. zum Reden ἐν λόγῳ, ἐν ἀ. *im Wort, im Benehmen* 1 Ti 4, 12 .Pl. ἅγιαι ἀ. καὶ εὐσέβειαι *heiliger Wandel u. Frömmigkeit* (Pl. um alle Spielarten einzuschließen; vgl. Ep. Arist. 130) 2 Pt 3, 11.*

ἀνασῴζω (seit Soph. Hdt., auch Hippokr., ep. 11, 3 ἀνασῴζω τι. Inschr. Jer 27, 29. Sach 2, 11. Jos., ant. 5, 214. 6, 364. 365) *retten* Pass. τοὺς ἀνασῳζομένους Hb 10, 14 $\mathfrak{P}^{46}$ (für τ. ἁγιαζομένους).*

ἀνατάσσομαι Aor. 1 ἀνεταξάμην eigtl. in Reih u. Glied stellen, übertr. *der Reihe nach wiederholen* (Plut., mor. 968 C. Iren. 3, 21, 2) διήγησιν ἀ. *eine*

Erzählung (schriftl.) *reproduzieren* Lk 1, 1; doch wird ἀ. auch gleichbedeutend mit συντάσσεσθαι *verfassen* genommen (syr. kopt. goth. Übers. Athanasius' 39. Festbrief: EPreuschen, Analecta² II '10, S. 43, 9. So Hippiatr. 1, 1 in e. stark an Lk 1, 1 erinnernden Vorrede). Vgl. PCorssen, GGA '99, 317f. Zahn zu Lk 1, 1. PScheller, De hellenist. conscribendae historiae arte, Diss. Lpz. '11, 23. JMansion, Serta Leodiensia '30, 261—67. HJCadbury, JBL 52, '33, 56—58. S. auch bei παρακολουθέω 3.*

ἀνατέλλω Fut. ἀνατελῶ. Aor. 1 ἀνέτειλα. Pf. ἀνατέταλκα. — 1. trans (seit Homer, auch Philo, conf. ling. 63. Gen 3, 18; vgl. Anz 265f.) *aufsprossen lassen* (Jos., ant. 1, 31) ξύλον *hervortreiben* Dg 12, 1 (Aeschyl., fgm. 300 Αἴγυπτος Δήμητρος ἀντέλλει στάχυν). τροφὴν τοῖς ζῴοις *Nahrung wachsen lassen für d. Tiere* 1 Kl 20, 4. ἥλιον *die Sonne aufgehen lassen* Mt 5, 45. NaassEv 2 (vgl. Nicephorus: Rhet. Gr. I p. 500, 2 μετὰ τόκον ἀστέρα καινὸν ἀνέτελλε). — 2. intr. (seit Soph. Hdt., auch LXX. Joseph.) *aufgehen* v. d. Sonne (oft b. Profanen; auch Inscr. gr. 466, 10 ἅμα τῷ ἡλίῳ ἀνατέλλοντι. P. Hib. 27, 52. Gen 32, 31. Ex 22, 3. Sir 26, 16. Philo) Mt 13, 6. Mk 4, 6. 16, 2. Jk 1, 11. V. e. Licht φῶς ἀνέτειλεν αὐτοῖς *e. Licht ging ihnen auf* Mt 4, 16 (vgl. Jes 58, 10. Esth 1, 1k). Bildl. v. d. Kleidern des Gerechten *aufstrahlen* B 3, 4 (vgl. Jes 58, 8). V. Christus ἕως οὗ φωσφόρος ἀνατείλῃ ἐν ταῖς καρδίαις ὑμῶν *bis d. Morgenstern in euren Herzen aufgehe* 2 Pt 1, 19. V. Wolken *heraufziehen* Lk 12, 54. V. d. Herkunft *hervorgehen* Hb 7, 14 (vgl. Test. Sim. 7, 1. Jer 23, 5 ἀναστήσω τῷ Δαυὶδ ἀνατολὴν δικαίαν. Apollonius Rhod. 1, 810). Mit stark verwischtem Bild *hervorbrechen* (Jos., bell. 1, 406 πηγαί) v. Hörnern B 4, 5. Übertr. ἡ ζωὴ ἡμῶν ἀνέτειλεν *unser Leben ist aufgegangen* IMg 9, 1. D. Tod wird mit d. Untergang, d. Auferstehung m. d. Aufgang e. Gestirnes vergl. IRö 2, 2.*

ἀνατίθημι (in verschied. Bedeutung seit Homer, auch Inschr. Pap. LXX. Philo. Joseph.) Aor. 2 Med. ἀνεθέμην. *beilegen* — 1. Akt. τινί τι *jmdm. etw.* (Schol. zu Eurip., Hippol. 264 τὸ μηδὲν ἄγαν τῷ Χίλωνι) τῷ θεῷ τὴν κατὰ πάντων ἐξουσίαν *Gott die Allmacht beilegen* MPol 2, 1 (vgl. Alex. Aphr., fat. 30, II 2 p. 201, 26 πρόγνωσιν ἀνατιθέναι τοῖς θεοῖς. Jos., ant. 1, 15; c. Ap. 2, 165). — 2. Sonst nur Med. *eröffnen, jmdm. Mitteilung v. etw. machen,* auch m. d. Nebenbed., daß er zugleich um sein Urteil gebeten wird, *zur Begutachtung vorlegen* (Polyb. 21, 46, 11. Diog. L. 2, 141. Alciphr. 3, 23, 2. P. Par. 69D, 23. 2 Makk 3, 9) τινί τι (Plut., mor. 772 D τὴν πρᾶξιν ἀνέθετο τ. ἑταίρων τισί. Artem. 2, 59 v. l. ἀ. τινι τὸ ὄναρ. Mi 7, 5) ὁ Φῆστος τῷ βασιλεῖ ἀνέθετο τὰ κατὰ τὸν Παῦλον AG 25, 14. ἀνεθέμην αὐτοῖς τὸ εὐαγγέλιον *ich legte ihnen das Evangelium vor* Gal 2, 2. Vgl. Nägeli 45.*

ἀνατολή, ῆς, ἡ (seit Vorsokr. Hdt., auch Inschr. Pap. LXX. Hen. Philo. Joseph. Test. 12 Patr.) — 1. *d. Aufgehen* v. Gestirnen (seit Eur., auch P. Hib. 27, 45 πρὸς τ. δύσεις καὶ ἀνατολὰς τ. ἄστρων. P. Tebt. 276, 38. ZP 13, 1027. 1037. Philo, spec. leg. 3, 187) ἐν τ. ἀνατολῇ *b. seinem Aufgehen* Mt 2, 2, wegen des Sing. u. des Artikels neben ἀπὸ ἀνατολῶν V. 1 wohl kein geograph. Ausdruck wie dieses, sondern ein astronomischer; ebenso V. 9 (vgl. Petosiris, fgm. 6 Zl. 31 vom Mond ἅμα τῇ ἀνατολῇ = gleich beim Aufgang. 12 Zl. 133 ἐν τῇ τοῦ ἄστρου ἀνατολῇ. Basilius, hom. 25 p. 510 Migne τὴν τοῦ ἀστέρος ἀ. FBoll, ZNW 18, '18, 44f. Einen Unterschied macht auch ZP 36, 239 ἐξ ἀνατολῆς τ. χωρίου πλησίον ἀνατολῶν ἡλίου). — 2. *d. Sonnenaufgang, d. Osten, d. Orient* (seit Hdt., auch LXX) — a. Sing. vollst. (vgl. Aeschyl., Pr. 707) ἀπὸ ἀ. ἡλίου *von Osten* Apk 7, 2. 16, 12; nur ἀπὸ ἀ. (Dit., Syll.³ 1112, 25) 21, 13. (Ggs. δύσις; vgl. Appian, Mithrid. 68 § 288 ἀπό τε δύσεως καὶ ἐξ ἀνατολῆς. Dit., Or. 199, 32. Jos., bell. 6, 301) kurzer Mk-Schluß. πρὸς τὴν ἀ. *nach Osten hin* (Jos., ant. 1, 37; c. Ap. 1, 77) Hv 1, 4, 1. 3. — b. Pl. (seit Hdt., auch Diod. S. 5, 42, 3. Jos., c. Ap. 1, 65; Bl-D. § 141, 2) 1 Kl 10, 4 (Gen 13, 14). ἀπὸ ἀνατολῶν *von Osten* (Greek Parchments from Avroman II A, 8: JHS 35, '15, p. 30 ἀπὸ τ. ἀνατολῶν. Num 23, 7) μάγοι ἀπὸ ἀνατολῶν Mt 2, 1. ἐξέρχεσθαι ἀπὸ ἀ. *v. Osten her kommen* (v. Blitz) Mt 24, 27. ἀπὸ ἀ. καὶ δυσμῶν (dieser Gegensatz Apollon. Rhod. 1, 85. Epikt. 3, 13, 9. Sb 358, 2. Mal 1, 11. Sach 8, 7. Jes 59, 19. Philo, in Flac. 45) *v. Ost u. West* = aus d. ganzen Welt 8, 11. Vier Himmelsrichtungen (Ps 106, 3) Lk 13, 29. Allg. *d. Morgenland* bezeichnend (Ggs. δύσις) 1 Kl 5, 6. IRö 2, 2. — 3. bildl. vom Kommen des Messias (vgl. Damasc., vi. Isidori 244 φέρειν τὴν θείαν ἀνατολήν. Epigr. Gr. 978 ἀνέτειλε σωτήρ) ἀ. ἐξ ὕψους *e. Lichterscheinung aus d. Höhe* Lk 1, 78, von AJacoby, ZNW 20, '21, 205ff. als *Sproß Gottes* u. ähnlich v. Billerb. II '24, 113 als *Messias Jahwes* gedeutet. — FJDölger, Sol Salutis² '25, 149ff.*

ἀνατολικός, ή, όν (Epikur, Fgm. 346 B. Strabo 2, 3, 2. Plut., mor. 888 A. Herodian 3, 2, 2. 3, 4, 3. Philo, leg. ad Gai. 289. Jos., ant. 20, 220. P. Flor. 278 V, 1. Sym. Hi 1, 3 u. ö.) *östlich* AG 19, 1 v. l. ἐν τοῖς ἀ. τόποις *in d. östlichen Ländern* 1 Kl 25, 1.*

ἀνατομή, ῆς, ἡ (Aristot. Plut. Philo) *d. Zerschneidung, d. Aufschneidung, d. Zerhackung* (d. Körpers) Pl. v. Folterungen IRö 5, 3 (textkrit. unsicher; vgl. d. textkrit. Noten v. Lghtf., Hilgenfeld, Bihlmeyer z. d. St.).*

ἀνατρέπω (seit Aeschyl., auch Inschr. Pap. LXX. Philo, mut. nom. 239. Jos., bell. 4, 318; vi. 250) Aor. 1 ἀνέτρεψα *umstürzen, zu Fall bringen, zerstören* — 1. eigtl. τὰς τραπέζας (Teles p. 18, 9 H. Plut., Galba 5, 3. Ps-Lucian, asin. 40. Ps.-Apollodor 3, 7, 7, 6) *umstoßen* J 2, 15 (v. l. ἀνέστρεψεν; vgl. ἀναστρέφω 1 u. Hdb. z. d. St.). — 2. übertr. (Pla., ep. 7 p. 336 B. Appian, bell. civ. 4, 131 § 550 ἐλπίδα. Test. Ass. 1, 7) ἀνατρέπουσιν τήν τινων πίστιν *sie bringen d. Glauben mancher zu Fall* 2 Ti 2, 18 (ἀ. πίστιν auch Diod. S. 1, 77, 2). ὅλους οἴκους ἀ. *sie ruinieren ganze Familien,* nämlich durch Irrlehren Tit 1, 11 (vgl. UPZ 144 IX, 37 [II v] τῆς πατρικῆς οἰκίας ἀνατετραμμένης).*

ἀνατρέφω (seit Aeschyl., auch LXX. Joseph.) Aor. 1 ἀνέθρεψα. Aor. 1 Med. ἀνεθρεψάμην. Pf. Pass. ἀνατέθραμμαι. Aor. 2 Pass. ἀνετράφην. — 1. v. leiblicher Förderung *großziehen, aufziehen, auffüttern* (X., mem. 4, 3, 10 u. a. P. Leipz. 28, 12. Wsh 7, 4) v. Kindern: v. Mose AG 7, 20 (vgl. Jos., ant. 9, 142. Dazu Eutecnius 4 p. 41, 18 Διόνυσον ἐκ τοῦ κιβωτίου δεξάμενος ἀνεθρέψατο); v. Jesus Lk 4, 16 v. l. V. d. Jungen d. Phönix 1 Kl 25, 3. — 2. v. geistiger Förderung *erziehen* (Epikt. 2, 22, 26. 3, 1, 35. Herodian 1, 2, 1. 4 Makk 10, 2) ἀνεθρέψατο αὐτὸν ἑαυτῇ εἰς υἱόν *sie erzog ihn sich z. Sohne* AG 7, 21 (Jos., ant. 2, 232). ἀνατεθραμμένος ἐν τῇ πόλει ταύτῃ 22, 3.*

ἀνατρέχω (d. Wort seit Homer, auch P. Tebt. 711, 10. Philo, ebr. 8; aet. m. 33) Aor. 2 ἀνέδραμον *nachholen* (Plut., mor. 2 C. Lucian, adv. ind. 4) m. Akk. d. Sache ἵν' ὃ οὐκ εἰργάσαντο, νῦν ἀναδράμωσιν *damit sie jetzt noch nachholen, was sie zu tun versäumt haben* Hs 9, 20, 4.*

ἀνατυλίσσω (Lucian) Aor. 1 ἀνετύλιξα *zurückwickeln*; übertr. *noch einmal überdenken* τὶ *etw.* (Lucian, Nig. 7 τ. λόγους, οὓς τότε ἤκουσα, συναγείρων καὶ πρὸς ἐμαυτὸν ἀνατυλίττων) τὰ ἀπ' ἀρχῆς γενόμενα 1 Kl 31, 1.*

ἀναφαίνω (seit Homer, auch LXX) Aor. 1 (dor.) ἀνέφανα (Bl-D. § 72) *aufhellen, erscheinen lassen* ἀναφάναντες (nur diese LA möglich, nicht d. Aor. 2 Pass. ἀναφανέντες) τὴν Κύπρον *wir ließen uns K. sichtbar werden, brachten es uns vor Augen* = wir sichteten es AG 21, 3 (Bl-D. § 309, 1 Anh.), wohl ein Schifferausdruck (vgl. Lucian, d. mar. 10, 1. Philostrat., her. 19, 6 p. 212, 10 τὴν νῆσον. Theophanes, Chronograph. I p. 721 Classen [Corpus script. hist. Byz.] οἱ Ἄραβες περιεφέροντο ἐν τῷ πελάγει. ἀναφανέντων δὲ αὐτῶν τὴν γῆν, εἶδον αὐτοὺς οἱ στρατηγοί). Pass. *erscheinen, in Erscheinung treten* (Hi 13, 18. 40, 8. Philo. Jos., ant. 2, 339. 7, 333. ZP 36, 107) Lk 19, 11.*

ἀναφέρω (seit Homer in mancherl. Bed., auch Inschr. Pap. LXX. Philo, aet. m. 64. Jos., bell. 1, 234; c. Ap. 1, 232) Aor. 2 ἀνήνεγκα (hell.) u. ἀνήνεγκον (Bl-D. § 80. 81. W-S. § 13, 13) *hinaufbringen.* — 1. eigtl. ἀ. αὐτοὺς εἰς ὄρος ὑψηλόν *er führte sie auf e. hohen Berg* Mt 17, 1. Mk 9, 2. Pass. ἀνεφέρετο εἰς τὸν οὐρανόν *er wurde in d. Himmel hinaufgehoben* (v. Romulus: Plut., Numa 2, 4; v. Endymion: Hes., fgm. 148 Rz. τὸν Ἐνδυμίωνα ἀνενεχθῆναι εἰς οὐρανόν. Schol. zu Apollon. Rhod. 4, 57. 58 p. 264, 17) Lk 24, 51 v. l. ἀναφερόμενοι εἰς τὰ ὕψη IEph 9, 1. — 2. spez. t. t. d. Opferwesens (Lev 17, 5. 1 Esr 5, 49. Jes 57, 6. 2 Makk 1, 18. 2, 9 u. ö.) ἀ. θυσίας ὑπέρ τινος *für etw. Opfer darbringen* Hb 7, 27. ἀ. τινὰ ἐπὶ τὸ θυσιαστήριον (Gen 8, 20. Lev 14, 20. Bar 1, 10. 1 Makk 4, 53) *jmdn. auf d. Opferaltar legen* Jk 2, 21. V. d. Opfer Jesu: ἑαυτὸν ἀνενέγκας *der sich selbst* als Opfer *dargebracht hat* Hb 7, 27. τὰς ἁμαρτίας ἡμῶν αὐτὸς ἀνήνεγκεν ἐν τῷ σώματι αὐτοῦ ἐπὶ τὸ ξύλον *er brachte unsere Sünden an seinem Leibe auf d. Kreuz* 1 Pt 2, 24 (vgl. DBm., B 83ff.). Pol 8, 1 (Jes 53, 12). — Übertr. (Schol. zu Apollon. Rhod. 2, 214b χάριν = der Gottheit Dank darbringen) ἀ. θυσίαν αἰνέσεως *e. Lobopfer darbringen* Hb 13, 15 (vgl. 2 Ch 29, 31). ἀ. πνευματικὰς θυσίας 1 Pt 2, 5. ἀ. προσευχάς *Gebete emporsteigen lassen* 2 Kl 2, 2. ἀ. δέησιν περί τινος *e. Bitte für etw. emporsenden* B 12, 7. — 3. Jes 53, 11 steht ἀ. für סָבַל, V. 12 für נָשָׂא, u. an d. entsprech. Stellen in uns. Lit. wird es gern mit „tragen" od. „wegschaffen" wiedergegeben. Das scheint ἀ. aber nicht zu bedeuten. Sehr oft dagegen hat es einen Sinn, der dem ἀνα sein Recht läßt: *aufladen, aufbürden, zu tragen geben*, u. zwar in der Regel jmdm., der nicht dazu verpflichtet ist (Aeschyl., choeph. 841 ἄχθος. Polyb. 1, 36, 3. 4, 45, 9. Diod. S. 15, 48, 4. 32, 26, 1. Appian, Liby. 93; Syr. 41, wo die and. Angeklagten τὴν αἰτίαν ἐς τὸν Ἐπαμεινώνδαν ἀναφέροντες sind, d. h. die Schuld auf E. schieben. Das Lex. Vind. p. 12, 3 sieht in Eurip., Or. 76 ἐς Φοῖβον ἀναφέρουσα τ. ἁμαρτίαν u. Procop. Soph., ep. 7 p. 535 H. einen Beweis dafür, daß ἀναφέρειν steht ἀντὶ τοῦ τὴν αἰτίαν εἰς ἕτερον τιθέναι. Legt man s. selber die Last auf, die der andere zu tragen hätte, so ist ἀ. = *(sich) aufladen* (Thu. 3, 38, 3 ἡ πόλις τὰ μὲν ἆθλα ἑτέροις δίδωσιν, αὐτὴ δὲ τοὺς κινδύνους ἀναφέρει = d. Stadt gibt die Preise anderen, sie selbst aber lädt die Gefahren auf). *D. Christus ist einmal dargebracht worden mit Rücksicht* oder in Hinblick *darauf* (εἰς 5), *daß er die Sünden vieler (sich) aufgeladen hatte* Hb 9, 28. Vgl. 1 Kl 16, 12. 14.*

ἀναφωνέω (Epikur p. 24, 16 Us. Polyb. 3, 33, 4. Ps.-Aristot., de mundo 6 p. 400a, 18. Artem. 1, 58, auch P. Fay. 14, 2. 1 Ch 15, 28 u. ö. 2 Ch 5, 13) Aor. 1 ἀνεφώνησα *aufschreien.* ἀ. κραυγῇ μεγάλῃ *laut aufschreien* v. Überraschten Lk 1, 42.*

ἀνάχυσις, εως, ἡ (Strabo 3, 1, 9. Plut., Mar. 25, 5. Philo, decal. 41; aet. m. 102; spec. leg. 1, 34; somn. 2, 278) eigtl. *d. Ausgießung*, dann *d. breite Strom* (Ocellus Luc. c. 41 vom Meer. Maxim. Tyr. 26, 1a. 38, 3e ἀ. θαλάττης); nur übertr. ἡ τῆς ἀσωτίας ἀ. *d. Strom d. Liederlichkeit* 1 Pt 4, 4.*

ἀναχωρέω (seit Homer, auch Inschr. Pap. LXX) Aor. 1 ἀνεχώρησα. Pf. ἀνακεχώρηκα — 1. *weggehen, sich entfernen* (Epikt. 2, 1, 8. 2, 12, 6. 4, 1, 96. Herodian 1, 12, 2. 2 Makk 10, 13. Jos., vi. 151) Mt 2, 13. 9, 24. 27, 5. Hv 3, 1, 8. s 9, 5, 1f. μικρόν *e. kleine Strecke* s 9, 5, 1. ἀπό τινος s 9, 11, 2. τόπος ἀνακεχωρηκώς *e. entfernter Ort* v 3, 1, 3. — in besonderem Sinn — a. *zurückkehren* (εἰς Polyb. 1, 11, 15. Dit., Syll.³ 1168, 117; Or. 335, 121. Jos., bell. 2, 407; ant. 17, 58) εἰς τ. χώραν αὐτῶν *in ihre Heimat* Mt 2, 12. — b. *sich zurückziehen, entweichen* (P. Oxy. 251, 10 εἰς τὴν ξένην. 252, 9 [19/20 n]. P. Lille 3, 76 [241 v]; Wilcken, APF 5, '08, 222. Ex 2, 15. 2 Makk 5, 27 εἰς) εἰς Αἴγυπτον Mt 2, 14. εἰς τ. μέρη τῆς Γαλιλαίας 2, 22; vgl. 15, 21. εἰς τὴν Γαλιλαίαν 4, 12. εἴς τινα τόπον *an e. Stelle* Hv 2, 1, 4. πρὸς (Tdf. εἰς) τὴν θάλασσαν *nach d. Meere* = *westwärts* (wie יָמָּה) Mk 3, 7 (ἀ. πρός m. Akk. wie Jos., ant. 1, 85). εἰς τὸ ὄρος J 6, 15. ἀπὸ τ. Ἀθηνῶν AG 18, 1 D. ἐκεῖθεν Mt 12, 15. ἐκεῖθεν εἰς ἔρημον τόπον *von da an e. einsamen Ort* 14, 13. κατ' ἰδίαν ebd. AG 23, 19. Abs. 26, 31.*

ἀνάψυξις, εως, ἡ (Diocles, Fgm. 15. Strabo 10, 2, 19. Heraclit. Sto. 10 p. 17, 17. Herm. Schr. 512, 4 Sc. Philo, de Abrah. 152. Ex 8, 11. Pap. [s. Witkowski Index]) *d. Atem holen, d. Aufatmen, d. Erholung, d. Erquickung* übertr. v. d. messianischen Zeit καιροὶ ἀναψύξεως *Zeiten d. Ruhe* AG 3, 20. Vgl. ADieterich, Nekyia '93, 95f.*

ἀναψύχω Aor. 1 ἀνέψυξα 1. trans. (seit Homer, auch Plut. Jos., ant. 15, 54. [Nägeli 16. Anz 303]) *Atem holen lassen, erquicken* τινά *jmdn.* IEph 2, 1. Tr 12, 2. πολλάκις με ἀνέψυξεν *er brachte mir oft Erquickung* 2 Ti 1, 16. — 2. intr. (Diphilus [um 300 v] 81, auch P. Osl. 153, 10 [frühes II n]. P. Oxy. 1296, 7. Sb 3939, 28. 1 Kö 16, 23. Ps 38, 14. Hen. 103, 13) *sich erquicken* μετά τινος *mit jmdm.* zusammen Rö 15, 32 D.*

ἀνδραποδιστής, οῦ, ὁ (seit Aristoph. Pla. X., auch Demosth. 4, 47. Polyb. 13, 6, 4. Dio Chrys. 52 [69], 9. Charito 5, 7, 4. Philo, spec. leg. 4, 13) *d. Seelenverkäufer, d. Sklavenräuber, d. Menschenhändler* 1 Ti 1, 10 (hier viell. im Sinne v. Kuppler; Vulg.: plagiarius).*

'Ανδρέας, ου N. pr. m. gut griech. Name (Diod. S. 8, 24. Dit., Syll.³ 649, 5. Ep. Arist. Joseph. E. Jude 'A. auch b. Cass. Dio 68, 32, 2) *Andreas*, Bruder des Simon Petrus, nach J 1, 44 aus Bethsaida am Galiläischen Meere stammend u. nach V. 35. 40 ursprüngl. zum Jüngerkreis d. Johannes d. T. gehörend. Mt 4, 18. 10, 2. Mk 1, 16. 29. 3,

18. 13, 3. Lk 6, 14. J 6, 8. 12, 22. AG 1, 13. PE 14, 60. EbEv 2.*

ἀνδρεῖος, εία, εῖον (seit Trag. Hdt., auch Inschr. P. Leipz. 119 II, 3. LXX. Jos., c. Ap. 2, 292. Test 12 Patr.) *mannhaft, stark* subst. τὰ ἀνδρεῖα *d. Heldentaten* (Philo, mut. nom. 146) ἐπιτελεῖσθαι πολλὰ ἀ. *viele H. verrichten* 1 Kl 55, 3.*

ἀνδρείως (Aristoph., pax 498, auch 1 Makk 9, 10 v. l. 2 Makk 6, 27. Philo, Mos. 2, 184. Jos., ant. 12, 302) Adv. v. ἀνδρεῖος *mannhaft* ἀ. ἀναστρέφεσθαι *e. mannhaften Wandel führen* (neb. ἰσχυρῶς) Hs 5, 6, 6. ἀ. ἑστηκέναι *fest dastehen* s 9, 2, 5.*

ἀνδρίζομαι (seit Pla. X., auch Lucian, de gymn. 15 u. a. PSI 402, 3. 512, 29. P. Petr. II 40a, 12 [ca. 233 v] μὴ οὖν ὀλιγοψυχήσητε, ἀλλ' ἀνδρίζεσθε. LXX. Jos., bell. 6, 50) *sich mannhaft betragen* neb. κραταιοῦσθαι (wie חֲזַק וֶאֱמָץ; vgl. 2 Kö 10, 12. Ps 26, 14. 30, 25) 1 Kor 16, 13; neb. ἰσχύειν (Dt 31, 6. 7. 23. Jos 1, 6. 7 u. ö.) MPol 9, 1. ἀνδρίζου *sei e. Mann!* Hv 1, 4, 3. V. e. Greis, d. neue Lebenshoffnung geschöpft hat v 3, 12, 2. Selbst v. e. Frau, d. geschürzt u. wie e. Mann dasteht v 3, 8, 4.*

'Ανδρόνικος, ου N. pr. m. verbreiteter Name (Diod. S. 19, 59, 2. Appian, Maced. 16. Dit., Syll.[2] u. Or. Index. Inschr. v. Priene 313 [I v]. Preisigke, Namenbuch. 2 Makk 4, 31. 32. 34. 38. 5, 23. Jos., ant. 13, 75. 78) *Andronicus* Empfänger e. Grußes Rö 16, 7; m. Junias v. Paulus als συγγενεῖς μου καὶ συναιχμάλωτοι bez. u. ἐπίσημοι ἐν τ. ἀποστόλοις genannt. — BW Bacon, ET 42, '31, 300—04. GABarton, ebd. 43, '32, 359—61.*

ἀνδροφόνος, ου, ὁ (seit Homer, auch Dit., Or. 218, 99 [III v]. Epigr. Gr. 184, 6 [III v]. P. Osl. 18, 4 [162 n]. 2 Makk 9, 28. Philo) *d. Mörder* (Lex. Vind. p. 192, 13: auch der von Frauen u. Kindern) 1 Ti 1, 9.*

ἀνεγκλησία, ας, ἡ (Pap. mehrfach = Indemnität) *d. Unbescholtenheit, d. Tadellosigkeit* (Bardesanes b. Euseb., praep. ev. 6, 10, 10 p. 274 D) ἀ. τοῦ θεοῦ *Unbescholtenheit vor Gott* Phil 3, 14 v.l.*

ἀνέγκλητος, ον (seit Pla. X., auch Epikt. 1, 28, 10. Dit., Syll.[3] 911, 25 [II v] 556 D, 5 [207/6]. Pap. 3 Makk 5, 31. Jos., ant. 10, 281. 17, 289) *unbescholten* Eigensch. d. Christen allg. ὃς βεβαιώσει ὑμᾶς ἀ. ἐν τῇ ἡμέρᾳ τοῦ κυρίου *der euch befestigen wird als Unbescholtene am Tage d. Herrn* = daß ihr an ihm u. seid 1 Kor 1, 8; neb. ἅγιος u. ἄμωμος Kol 1, 22. Eigenschaft d. kirchl. Führer 1 Ti 3, 10. Tit 1, 6f.*

ἀνεκδιήγητος, ον (Rhet. Gr. III 747, 8. Hesych. Ep. Arist. 99 v. l.) *unbeschreiblich* im Sinn v. gewaltig, erhaben ἐπὶ τῇ ἀ. αὐτοῦ δωρεᾷ 2 Kor 9, 15. V. Gottes Kraft ἀ. κράτος 1 Kl 61, 1. τὸ ὕψος, εἰς ὃ ἀνάγει ἡ ἀγάπη, ἀ. ἐστι 49, 4. νερτέρων ἀ. κρίματα (so d. Zeugen; κλίματα ist entbehrl. Änderung) *d. unbeschreiblichen Gerichte d. Unterwelt* 20, 5 (s. Knopf Hdb. z. St.).*

ἀνεκλάλητος, ον (Diosc., Eup. praef. Wellm. Heliodor 6, 15, 4. Ps.-Callisth. 1, 40, 5. Herm. Schr. 1, 4. 31. Eunap. 486) *unaussprechlich* χαρᾷ ἀ. καὶ δεδοξασμένῃ 1 Pt 1, 8. Pol 1, 3. φῶς ἀ. v. Glanze d. Sternes b. Jesu Geburt IEph 19, 2.*

ἀνέκλειπτος, ον (seit Hyperides, auch Diod. S. 1, 36, 1. 4, 84, 2. Plut., mor. 438 D. Dit., Or. 383, 70 [I v]. P. Lond. 1166, 7 [42 n]. Ep. Arist. 89. 185) *unaufhörlich, unerschöpflich* v. d. Schatz d. guten Werke θησαυρὸς ἀ. (vgl. Wsh 7, 14. 8, 18) Lk 12, 33.*

ἀνεκτός, όν (seit Homer, auch Dit., Syll.[2] 793. Inscr. Rom. IV 293 II, 4 [II v. Pergam.]. Jos., bell. 7, 68; ant. 18, 348) *erträglich* ἀνεκτὸν ἦν, εἰ *es wäre erträglich, wenn* 2 Kl 10, 5. — Komp. (Memnon [I v/I n] No. 434, fgm. 1, 2, l. 1, 6, 3 Jac. ἀνεκτότερον. Cicero, Att. 12, 45, 2. Christl. Brief P. Oxy. 939, 25 ἀνεκτότερον ἐσχηκέναι) Τύρῳ καὶ Σιδῶνι ἀνεκτότερον ἔσται *es wird Tyrus u. Sidon erträglicher ergehen* Mt 11, 22. Lk 10, 14. ἀ. ἔ. γῇ Σοδόμων Mt 10, 15. 11, 24; vgl. Mk 6, 11 t. r. Lk 10, 12.*

ἀνελεήμων, ον (Aristot. 1442a, 13. Cat. cod. astr. II 173. Spr 5, 9. Hi 30, 21 u. ö.) *erbarmungslos, unbarmherzig* Rö 1, 31. Tit 1, 9 v. l. (in einem Lasterkatalog bei Ptolem., apotel. 3, 14, 28).*

ἀνέλεος, ον (für att. ἀνηλεής; vgl. Phryn. 710 L. Bl-D. § 120, 2) *unbarmherzig* κρίσις ἀ. *e. unbarmherziges Urteil* Jk 2, 13 (t. r. ἀνίλεως).*

ἀνεμίζω (für att. ἀνεμόω) Pass. *vom Wind bewegt werden* (Schol. zu Od. 12, 336) κλύδων ἀνεμιζόμενος καὶ ῥιπιζόμενος *d. v. Winde aufgeregte u. hin- u. hergetriebene Brandung* Jk 1, 6.*

ἄνεμος, ου, ὁ (seit Homer, auch Inschr. Pap. LXX. Philo, aet. m. 125 u. ö. Joseph.) *d. Wind* — **1.** eigtl. — **a.** d. Wind selbst: wehend Apk 7, 1; im Röhricht spielend Mt 11, 7. Lk 7, 24; Staub aufwirbelnd B 11, 7 (Ps 1, 4); dem Schiffer erwünscht IPol 2, 3, oder nicht ἐναντίος ἄ. *e. widriger W.* Mt 14, 24. Mk 6, 48. ὁ ἄ. *d. Sturm* Mt 14, 30 (ἄ. ἰσχυρός t. r.); vgl. V. 32. Mk 6, 51. ἄ. μέγας *e. starker W.* J 6, 18. Apk 6, 13. ἄ. τυφωνικός *e. Zyklon* AG 27, 14. Dafür λαῖλαψ ἀνέμου *e. Sturmwind* Mk 4, 37. Lk 8, 23 (z. Sturmstillung P. Oxy. 1383, 1 [III n] κελεύειν ἀνέμοις. — WFiedler, Antik. Wetterzauber '31, bes. 17—23). — Pl. ohne Art. (Jos., bell. 4, 286) Jk 3, 4. οἱ ἄ. (Jos., bell. 4, 299; auch personif. gedacht; vgl. Fluchtaf. 4, 6 τὸν θεὸν τῶν ἀνέμων καὶ πνευμάτων Λαιλαμ) Mt 7, 25. 27. 8, 26f. (d. Par. Mk 4, 39. 41 hat d. Sing.). Lk 8, 25. Jd 12. ἄ. ἐναντίοι *widrige W.* AG 27, 4. οἱ τέσσαρες ἄ. τῆς γῆς Apk 7, 1 (vgl. Sach 6, 5. Jer 25, 16. Dan 7, 2; z. d. Windengeln vgl. ZP 15, 14. 16, z. Herrschaft über die W. Diod. S. 20, 101, 3 Aeolus als κύριος τῶν ἀνέμων. Ps.-Apollodor, epit. 7, 10 Zeus hat den Aeolus zum ἐπιμελητής τ. ἀνέμων eingesetzt καὶ παύειν καὶ προΐεσθαι. Ael. Aristid. 45, 29 K. Isisaretal. v. Kyme 39. P. Oxy. 1383, 9 ἀπέκλειε τὰ πνεύματα). — **b.** οἱ τέσσαρες ἄ. können auch sein *d. vier Wind. oder Himmelsrichtungen* (Annales du service des antiquités de l'Égypte 19, '20, p. 40, 20 [93 v]. P. Rainer 115, 6. P. Flor. 50, 104 ἐκ τῶν τεσσ. ἀ. Ez 37, 9 v. l. Sach 2, 10. 1 Ch 9, 24. Jos., bell. 6, 301; ant. 8, 80. ZP 3, 496. 4, 1607) Mt 24, 31. Mk 13, 27. D 10, 5. ἀνέμων σταθμοί *d. regelmäßigen Winddrehungen* 1 Kl 20, 10 (Hi 28, 25; s. Lghtf. u. Knopf z. d. St.). — **2.** übertr. (vgl. 4 Makk 15, 32) auf geistige Strömungen περιφερόμενοι παντὶ ἀνέμῳ τῆς διδασκαλίας *umhergetrieben v. jedem Wind d. Lehre* Eph 4, 14.*

ἀνεμπόδιστος, ον (Aristot. u. a., auch Epikt. 3, 22, 41. 4, 4, 5. Vett. Val. 246, 5. Dit., Syll.[2] 517, 32 [[3]955, 32 ergänzt d. Stelle anders]; Or. 383, 129. UPZ 191, 13. 192, 23. 193, 23. P. Amh. 38, 12. Wsh 17, 19. 19, 7) *unbehindert, unangefochten* nur Adv. **ἀνεμποδίστως** (Aristot., Nikom. 7, 12, 13. Diod. S. 1, 36, 10. P. Tebt. 6, 48. 43, 40 [118 v] u. ö. in Pap. Jos., ant. 16, 172): κλῆρον ἀ. ἀπολαβεῖν *d. Los u. empfangen* IRö 1, 2.*

ἀνένδεκτος, ον (Artemidor 2, 70. Diog. L. 7, 50. P. Lond. 1404, 8) *unmöglich* ἀνένδεκτόν ἐστιν *es ist unmöglich* Lk 17, 1 (vgl. Bl-D. § 400, 4. Mlt. 345).*

ἀνεξεραύνητος, ον *nicht zu erforschen, unerforschlich* v. Gottes Gerichtssprüchen τὰ κρίματα αὐτοῦ Rö 11, 33. (NF ἀνεξερεύνητος — so Heraklit b. Klemens Al., Str. 2, 17, 4 Stählin. Cass. Dio 69, 14. Sym. Spr 25, 3. Jer 17, 9 — s. W-S. § 5, 21a. Bl-D. § 30, 4. Nägeli 16. 23).*

ἀνεξίκακος, ον (Lucian, iud. voc. 9. Vett. Val. 38, 21. Cat. cod. astr. VIII 2 p. 156, 15. Pollux 5, 138. P. Tebt. 272, 19 [II n]. — ἀνεξικακία Epikt., ench. 10. Wsh 2, 19. Jos., bell. 1, 624) *geduldig Böses ertragend, gelassen* als Eigensch. v. Christen 2 Ti 2, 24 (neb. ἤπιος, διδακτικός).*

ἀνεξιχνίαστος, ον (Cat. cod. astr. VIII 2 p. 156, 16. Etym. Mag. p. 709, 50. Hi 5, 9. 9, 10. 34, 24. Gebet Manasses [= Ode 12] 6) *nicht aufspürbar* d. h. *unbegreiflich, unergründlich* v. Gottes Wegen Rö 11, 33. V. Christi Reichtum Eph 3, 8 (REThomas, ET 39, '28, 283). ἀ. δημιουργία *d. unergründliche Schöpfung* Dg 9, 5. — 1 Kl 20, 5. Vgl. EPfister, SA Heidelb. 1914, Nr. 11, S. 8.*

ἀνεπαίσχυντος, ον (Jos., ant. 18, 243. Agapetus, de offic. boni princ. 57 p. 174 Groebel) *der sich nicht zu schämen braucht* v. e. Bischof: ἐργάτης ἀ. 2 Ti 2, 15.*

ἀνεπιδεής, ές (Pla., leg. 12 p. 947 E. Lucian, dial. mort. 26, 2) *bedürfnislos* v. Gott (Philo, plant. 35) PK 2 S. 13, 25.*

ἀνεπίλημπτος, ον (seit Eur. Thu., auch Lucian, pisc. 8. Ps.-Lucian, salt. 81. Dio Chrys. 11 [12], 66. P. Tebt. 5, 48. 61 b, 237 f. 72, 176. Inscr. or. sept. Pont. Eux. II 52, 8 Latyschev) *tadellos, tadelfrei* 1 Ti 3, 2. 5, 7; neb. ἄσπιλος 6, 14. ἀ. πολιτεία *e. tadelloser Wandel* (Philo, spec. leg. 3, 24; vgl. P. Gieß. 55, 10 ἀ. βίον ἔχειν) MPol 17, 1.*

ἀνέρχομαι (seit Homer, auch Inschr. Pap. LXX. Philo, Mos. 2, 70 u. ö. Joseph. Test. 12 Patr.) Aor. 2 ἀνῆλθον *heraufkommen, hinaufgehen* v. e. tiefer gelegenen Orte zu e. höheren (X., Hell. 2, 4, 39 εἰς τ. ἀκρόπολιν. 3 Kö 13, 12. Jos., ant. 6, 314) εἰς τὸ ὄρος J 6, 3; v. d. Reise nach Jerusalem vgl. ἀναβαίνω 1a α) ἀ. εἰς Ἱεροσόλυμα Gal 1, 17 f. (v. d. Reise zur Hauptstadt: Epikt. 1, 11, 32 νῦν ἐν Ῥώμῃ ἀνέρχῃ. P. Tebt. 412, 3 ἄνελθε εἰς μητρόπολιν. 411, 5. Jos., ant. 16, 91 εἰς τ. Ῥώμην). V. d. Heraussteigen aus e. Flusse ἀ. ἀπὸ ὕδατος EbEv 3.*

ἀνερωτάω (seit Homer) *fragen* τινά (Dio Chrys. 13 [7], 5. Ael. Aristid. 36, 48 K. = 48 p. 457 D.) MPol 9, 2.*

ἄνεσις, εως, ἡ (seit Hdt. 5, 28, auch Dit., Syll.³ 880, 53. 884, 16. Pap. LXX. Ep. Arist. 284) *d. Linderung, d. Milderung* — **1.** eigtl. v. d. Milderung d. Haft ἀ. ἔχειν *milde Haft haben* AG 24, 23 (vgl. Jos., ant. 18, 235 φυλακὴ μὲν γὰρ καὶ τήρησις ἦν, μετὰ μέντοι ἀνέσεως). — **2.** *d. Erholung, d. Ruhe* (Pla., leg. 4, 724 A. Strabo 10, 3, 9. M. Ant. 1, 16, 6. Philo, rer. div. her. 156) ἵνα ἄλλοις ἀ. (erg. ᾖ), ὑμῖν θλῖψις, *daß andere Erleichterung, ihr Last habt* 2 Kor 8, 13. ἀ. ἔχειν (Jos., bell. 3, 319) 2, 13. 7, 5. ἄνεσιν διδόναι τινί (Diod. S. 19, 26, 10 αὐτῷ δοὺς ἄνεσιν. 2 Ch 23, 15. 1 Esr 4, 62. Jos., ant. 3, 254. 281) B 4, 2. ἀνταποδοῦναι τοῖς θλιβομένοις ἄνεσιν *d. Bedrängten zur Entschädigung Ruhe gewähren* 2 Th 1, 7.*

ἀνετάζω (PSI 380, 9 [249 v]. P. Oxy. 34 I, 13 [127 n]. Ri 6, 29 A. Sus 14 Theod.) *verhören* t. t. d. Rechtsspr. (Anaphora Pilati A 6 S. 417 Tischendorf) AG 22, 29. μάστιξιν ἀ. *unter Anwendung d.* (in Geißelung bestehenden) *Folter verhören* V. 24.*

ἄνευ Präp. m. d. Gen. (seit Homer, auch Inschr. Pap. LXX; Witkowski 60 u. vgl. d. Lit. b. ἀνά) *ohne* (vgl. ἄτερ, χωρίς, v. denen es s. im Gebrauch kaum unterscheidet) — **1.** v. Pers. *ohne Wissen u. Willen* (Od. 2, 372, Appian, bell. civ. 5, 100 § 416 und Ael. Aristid. 28, 105 K. = 49 p. 525 D.: ἄνευ θεοῦ. UPZ 69, 4 [152 v] ἄνευ τ. θεῶν οὐθὲν γίνεται. P. Petr. II Append. p. 3. Ostraka I 559 f.) ἀ. τοῦ πατρὸς ὑμῶν Mt 10, 29 (vgl. Am 3, 5). — **2.** v. Sachen (Jos., bell. 2, 1; ant. 7, 72; vi. 167) ἀ. λόγου *ohne daß sie e. Wort verlieren* (Ggs. διὰ τῆς ἀναστροφῆς) 1 Pt 3, 1. ἀ. γογγυσμοῦ *o. Murren* 4, 9. ἀ. χειρῶν (Da 2, 34) *ohne m. Händen gebaut zu sein* Mk 13, 2 D; neb. χωρίς: οὐ δύναται κεφαλὴ χωρὶς γεννηθῆναι ἀ. μελῶν *d. Haupt kann nicht abgesondert geboren w., ohne d. Glieder* ITr 11, 2.*

ἀνεύθετος, ον (Hesych. Suidas. D. Anfang des Lexikons des Photius hsgeg. v. RReitzenstein '07. Anecd. Gr. p. 399, 11) *schlecht, ungünstig gelegen* v. e. Hafen λιμὴν ἀ. πρὸς παραχειμασίαν *ungünstig für d. Überwintern* AG 27, 12 (v. d. Hafen Καλοὶ Λιμένες auf Kreta).*

ἀνευρίσκω (seit Aeschyl. Hdt., auch Inschr. Pap. 4 Makk 3, 14. Philo, aet. m. 2. Jos., bell. 7, 114) Aor. 2 ἀνεῦρα Lk 2, 16 (ἀνεῦρον ℵ AB³ PR al. εὗρον D. 1. 69. εὗραν L; vgl. W-S. § 13, 13); Ptz. ἀνευρών *auffinden* (d. Suchen voraussetzend) τινά *jmdn.*: τήν Μαριὰμ καὶ τὸν Ἰωσὴφ καὶ τὸ βρέφος Lk 2, 16. τοὺς μαθητάς AG 21, 4.*

ἀνευφημέω (seit Soph., Pla., auch Jos., bell. 2, 608. 4, 113) Ipf. ἀνευφήμουν *laut preisen* τὸν κύριον θεόν PA 19 (vgl. Ps 62, 8 Sym. Achilles Tat. 3, 5, 6 τ. θεοὺς ἀ.).*

ἀνέχω (seit Homer, auch Inschr. Pap. LXX. Philo. Joseph.) in uns. Lit. nur Med.: Ipf. ἀνειχόμην. Fut. ἀνέξομαι. Aor. 2 ἀνεσχόμην (AG 18, 14; v. l. ἠνεσχόμην; über d. Augm. s. Bl-D. § 69, 2. W-S. § 12, 7) — **1.** *aushalten, ertragen*; z. Konstruktion vgl. Bl-D. § 176, 1 — **a.** τινός *jmdn.* (Pla., Polit. 8 p. 564 E. Teles p. 18, 6. Gen 45, 1. Jes 63, 15. 3 Makk 1, 22) Hm 4, 4, 1. ὑμῶν Mt 17, 17. Mk 9, 19. Lk 9, 41. μου 2 Kor 11, 1 b (Appian, Samn. 4 § 10 τίς ἀνέξεταί μου). πάντων IPol 1, 2. ἀλλήλων ἐν ἀγάπῃ *einander in Liebe ertragen* Eph 4, 2; vgl. Kol 3, 13. τῶν ἀφρόνων *törichte Leute* 2 Kor 11, 19. — **b.** *etwas*: m. Akk. (Procop. Soph., ep. 161 p. 597 κακά. Jes 1, 13. Hi 6, 26) od. Gen. (Od. 22, 423. Polyaenus 8, 10, 1. Hi 6, 26 v. l. 2 Makk 9, 12) der Sache πάντα 1 Kl 49, 5. τὰ σάββατα *d. Sabbatfeiern* B 2, 5. 15, 8 (Jes 1, 13). ταῦτα ἀ. (neb. ὑπομένειν) Dg 2, 9. ἀ. μου μικρόν τι ἀφροσύνης *v. mir e. bißchen Unverstand ertragen* 2 Kor 11, 1a (Ltzm. z. St. — Appian, bell. civ. 1, 103 § 480 ἀνέχεσθαι = s. etw. gefallen lassen). ἐν ταῖς θλίψεσιν αἷς ἀνέχεσθε *in d. Nöten, d. ihr zu ertragen habt* (αἷς kann Attraktion ebensogut für ἃς als für ὧν — W-S. § 24, 4e — sein) 2 Th 1, 4. — **c.** absol.; doch ist d. Obj. aus d. Zshg. zu erg. (Vita Aesopi I c 3. Jes 42, 14. Hi 6, 11): *an sich halten* Dg 9, 1 f. διωκόμενοι ἀνεχόμεθα *wenn wir verfolgt werden, halten wir aus* 1 Kor 4, 12 (so mit Partiz. ganz gewöhnl. seit Thu.; vgl. z. B. Epikt. Index Schenkl). — **2.** *sich gefallen lassen, zulassen, billigen* m. Gen. (Synesius, Vorsehung 2, 6 p. 226 C ἀνέχεσθαι φαύλων εἰκόνων = s. schlechte Bilder gefallen lassen. Philo, omn. prob. lib. 36. Jos., c. Ap. 2, 126) τοῦ λόγου τῆς παρακλήσεως *d. Trostwort willig anhören* Hb 13, 22. τῆς ὑγιαινούσης διδασκαλίας 2 Ti 4, 3. M. Akk. (Appian, bell. civ. 2, 63 § 264 Καῖσαρ οὐδὲ τοῦτ᾽ ἀνασχόμενος. Hi 6, 26. Jos., ant. 19, 12) ὀλίγα μου ῥήματα ἔτι ἀνάσχου *e. paar Worte v. mir laß dir noch gefallen* Hm 4, 2, 1.

M. Adv. καλῶς ἀνέχεσθε *ihr laßt euch das ganz schön gefallen* 2 Kor 11, 4 (vgl. εὖ ἀ. P. Amh. 3a II, 14 u. s. καλῶς 5 [Lit.]). Mit flgd. εἰ 11, 20. — t. t. d. Rechtsspr. *e. Klage annehmen* κατὰ λόγον ἂν ἀνεσχόμην ὑμῶν *ich hätte eure Klage mit Recht angenommen* AG 18, 14.*

ἀνεψιός, οῦ, ὁ (seit Homer) *d. Vetter* (IG IV^2 1, 693, 4 [III n]. Wadd. 2053c. P. Lond. 1164k, 20. P. Tebt. 323, 13. Sb 176 ἀ. πρὸς πατρός u. πρὸς μητρός. Num 36, 11. Tob 7, 2. Philo, leg. ad Gai. 67. Jos., bell. 1, 662; ant. 1, 290. 15, 250 u. ö.) Μᾶρκος ὁ ἀ. Βαρναβᾶ Kol 4, 10. Vgl. JKalitsunakis, Mittel- u. neugriech. Erklärungen b. Eustathius '19, 42ff.*

ἄνηθον, ου, τό (seit Aristoph., nub. 982, auch Theokr. 15, 119. Dit., Syll.^{3} 1170, 26. Pap.) *der Dill*, Gewürzpflanze, neb. ἡδύοσμον u. κύμινον genannt (s. Hippiatr. II 164, 13 πήγανον, κύμινον, ἄνηθον), nach rabb. Tradition (Maaseroth 4, 5) zehntpflichtig Mt 23, 23.*

ἀνήκω (d. Wort seit Soph. u. Hdt., auch Inschr. Pap. LXX) ▬ 1. *sich beziehen* εἴς τι *auf etw.* (Demosth. 60, 6. Dit., Syll.^{3} 589, 63 ἃ ἀνήκει εἰς τ. τροφήν. 742, 15. BGU 1120, 32 [I v]. Sir prol. Zl. 12. Jos., ant. 4, 198) διακονία εἰς τὸ κοινὸν ἀνήκουσα *e. Dienst, der sich auf d. Gemeinde bezieht, e. Dienst an der Gem.* IPhld 1, 1. τὰ ἀνήκοντα εἰς τὴν ἐκκλησίαν *was d. Kirche angeht* ISm 8, 1. τὰ ἀ. εἰς σωτηρίαν *was zum Heile dient* 1 Kl 45, 1. B 17, 1. οἰκοδομὴ εἰς τὸν κύριον ἡμῶν ἀνήκουσα *Erbauung, d. unsern Herrn betrifft* Pol 13, 2. Statt d. Präp.: τινί *auf etw.* (BGU 300, 7. 638, 14 u. ö.) τὰ ἀ. τῇ θρησκείᾳ ἡμῶν *was unsere Religion angeht* 1 Kl 62, 1. τὰ ἀ. τῇ βουλήσει θεοῦ *was d. Willen Gottes entspricht* 35, 5. εὐποιΐα θεῷ ἀνήκουσα *e. schöne Tat, die Gott gilt* IPol 7, 3. τὰ ἀ. ταῖς ψυχαῖς *was d. Seelen nottut* D 16, 2. παροβολὴ ἀνήκουσα τῇ νηστείᾳ *e. Gleichnis, das sich auf d. Fasten bezieht* Hs 5, 2, 1. ▬ 2. unpers. (Nägeli 48. Thieme 15) ἀνήκει *es gebührt, geziemt sich* (Ael. Dion. α, 138 ἀνήκει· 'Αντιφῶν [Fgm. 103 Blaß] ἀντὶ τοῦ καθήκει. BGU 417, 17 ὅτι καὶ σοὶ τοῦτο ἀνήκει καὶ συμφέρει. 1 Makk 10, 42) ὡς ἀνῆκεν *wie es sich ziemt* Kol 3, 18 (über d. Gebr. d. Impf. Bl-D. § 358, 2). ἃ οὐκ ἀνῆκεν Eph 5, 4 (τὰ οὐκ ἀνήκοντα t. r.). τὸ ἀνῆκον *d. Geziemende, d. Pflicht* (Inschr. v. Magn. 53, 65 [III v] τὰ ἀνήκοντα τῇ πόλει *was man der Stadt schuldig ist.* P. Fay. 94. P. Tebt. 6, 41. 1 Makk 11, 35. 2 Makk 14, 8) ἐπιτάσσειν τὸ ἀ. *d. Pflicht einschärfen* Phlm 8. τὰ ἀνήκοντα τῇ ἀρχῇ *was der Obrigkeit zusteht* UGosp Zl. 49.*

ἀνήμερος, ον (seit Anakr. 1, 7, auch Epikt. 1, 3, 7. Dio Chrys. 11 [12], 51. Aelian, n. a. 15, 25. Ep. Arist. 289. Philo u. a. [Nägeli 16. 25]) *unkultiviert, wild, ungezügelt* neb. anderen Untugenden 2 Ti 3, 3.*

ἀνήρ, ἀνδρός, ὁ (seit Homer in all den, auch durch LXX zu belegenden, Bedeutungen üblich, die unsere Literatur kennt) *d. Mann* ▬ 1. im Ggs. zum Weibe (Pla., Gorg. 514E. X., Hell. 4, 5, 5. Dio Chrys. 1, 14. Ex 21, 29. 35, 22. 29 u. o. Philo, Abr. 137) Mt 14, 21. 15, 38. Mk 6, 44. Lk 9, 14. J 1, 13. AG 4, 4. 8, 3. 12. 1 Kor 11, 3. 7ff. Hm 5, 2, 2. 6, 2, 7. 12, 2, 1 u. o. Daher ἄνδρα γινώσκειν (יָדַע אֶת־הָאִישׁ Gen 19, 8. Ri 11, 39) v. Weibe: *mit e. Manne Geschlechtsverkehr pflegen* Lk 1, 34. Bes. *d. Ehemann* (seit Homer, auch Diod. S. 2, 8, 6. Sir 4, 10. Jos., ant. 18, 149) Mt 1, 16. 19. Mk 10, 2. 12. Lk 2, 36. J 4, 16ff. AG 5, 9f. Rö 7, 2f. (Sb 8010, 21 [Pap. I n] μέχρι οὗ ἐὰν συνέρχωμαι ἑτέρῳ ἀνδρί. P. Lond. 1731, 16 [VI n] κολλᾶσθαι ἑτέρῳ ἀνδρί [prof. jur. Urk.]). 1 Kor 7, 2ff. 10ff. 14, 35. Gal 4, 27. Eph 5, 22ff. Kol 3, 18f. 1 Ti 3, 2. 12. 5, 9. Tit 1, 6 (zu d. letzten vier Stellen s. εἷς 2b und vgl. außer den Komm.: JFischer, Weidenauer Studien 1, '06, 177—226 u. Außerchristl. z. Vergleich bei J-BFrey, Signification des termes μονάνδρα et Univira: RechdeScrel 20, '30, 48—60. Auch GDelling, Pls' Stellung z. Frau u. Ehe '31, 136ff.). 2, 5. 1 Pt 3, 1. 5. 7. Hm 4, 1, 4ff. 1 Kl 6, 3. Pol 4, 2. — 1 Ti 2, 12 (vgl. Ocellus Luc. c. 49: d. Frau wünscht ἄρχειν τοῦ ἀνδρὸς παρὰ τὸν τῆς φύσεως νόμον). Auch *d. Bräutigam* kann so genannt werden (vgl. אִישׁ Dt 22, 23) ὡς νύμφην κεκοσμημένην τῷ ἀνδρὶ αὐτῆς Apk 21, 2. Häufig in d. Anrede: ἄνδρες *ihr Männer* (X., an. 1, 4, 14. 1 Esr 3, 18. 4, 14. 34) AG 14, 15. 19, 25. 27, 10. 21. 25. ἄ. ἀδελφοί *ihr Männer, Brüder* (4 Makk 8, 19; vgl. X., an. 1, 6, 6 ἄ. φίλοι) 15, 7. 13. 23, 1. 6. 28, 17. 1 Kl 14, 1. 37, 1. 43, 4. 62, 1. ἄ. ἀδελφοὶ καὶ πατέρες AG 7, 2. V. Soldaten, wie wir *Leute* als Pl. v. *Mann* sagen (1 Makk 5, 17. 16, 15): οἱ ἄ. οἱ συνέχοντες αὐτόν *d. Leute, d. ihn in d. Mitte hatten* Lk 22, 63. ▬ 2. d. Mann im Ggs. z. Knaben (Tob 1, 9) ὅτε γέγονα ἀ. *als ich e. Mann geworden war* 1 Kor 13, 11. ἀ. τέλειος *erwachsener M.* (X., Cyr. 1, 2, 4) Eph 4, 13; im sittl. Sinne *vollkommen* Jk 3, 2. ▬ 3. in Verb. mit e. Gentilicium, d. einzelne Individuum hervorhebend od. auch d. Mehrzahl individualisierend; daher bes. bei Anreden (X., an. 1, 7, 3 ὦ ἄ. Ἕλληνες. Jdth 4, 9. 15, 13. 1 Makk 2, 23): ἀνὴρ Αἰθίοψ AG 8, 27 (X., an. 1, 8, 1 ἀ. Πέρσης. Palaeph. 5. Maxim. Tyr. 5, 1a ἀ. Φρύξ). ἄ. 'Αθηναῖοι (Lysias 6, 8) 17, 22. ἄ. Γαλιλαῖοι 1, 11. ἄ. 'Εφέσιοι 19, 35. ἀ. 'Ιουδαῖος 10, 28. ἄ. 'Ιουδαῖοι (Jos., ant. 11, 169) 2, 14. ἄ. 'Ισραηλῖται (Jos., ant. 3, 189) 2, 22. 5, 35. 13, 16. 21, 28. ἄ. Κύπριοι καὶ Κυρηναῖοι 11, 20. ἀ. Μακεδών 16, 9. (Vgl. Bl-D. § 242). ▬ 4. in Verb. mit Adjektiven d. persönliche Moment hervorhebend: ἀ. ἀγαθός AG 11, 24. ἀ. ἀγαθὸς καὶ δίκαιος Lk 23, 50. δεδοκιμασμένοι ἄ. 1 Kl 44, 2. δίκαιος Hm 4, 1, 3. 11, 9. 13f. δίκαιος καὶ ἅγιος Mk 6, 20. ἀ. δίψυχος, ἀκατάστατος Jk 1, 8. ἀ. ἐλλόγιμος 1 Kl 44, 3. ἀ. ἔνδοξος Hv 5, 1. ἀ. εὐλαβής AG 8, 2. 22, 12. ἀ. λόγιος 18, 24. ἀ. μεμαρτυρημένος IPhld 11, 1. ἀ. πιστὸς καὶ ἐλλογιμώτατος 1 Kl 62, 3. ἀ. πονηρός AG 17, 5. ἀ. πραΰς D 15, 1. ἀ. συνετός AG 13, 7. ἀ. φρόνιμος Mt 7, 24. ἀ. μωρός V. 26. — Oft zur Umschreibg. des Subst., teilweise pleonastisch (wie אִישׁ) οἱ ἄνδρες τοῦ τόπου (Gen 26, 7) *d. Ortseinwohner* Mt 14, 35. ἀ. πλήρης λέπρας *e. stark mit Aussatz Behafteter* Lk 5, 12. ἀ. πλήρης πίστεως *e. Vollgläubiger* AG 6, 5. 11, 24. ἀ. χρυσοδακτύλιος *e. mit goldenen Fingerringen Geschmückter* Jk 2, 2. Vgl. ἀ. ἁμαρτωλός (Sir 12, 14. 27, 30 u. ö.) *e. Sünder* Lk 5, 8. 19, 7. — M. Hauptwort (Ps.-Pla., Axioch. 12 p. 371 A ἀ. μάγος. Chio, ep. 14, 4 ἀ. δεσπότης. Maximus Tyr. 19, 2a ποιμὴν ἀ.) ἀ. προφήτης (Ri 6, 8) *e. Prophet* 24, 19. ἀ. πρεσβύτης (s. πρεσβύτης) MPol 7, 2. ▬ 5. *d. Mann* mit bes. Betonung d. Mannhaftigkeit (seit Homer, auch Philostr., vi. Apoll. 1, 16 p. 17. 2) v. d. Aposteln 1 Kl 6, 1. ▬ 6. = τὶς *irgendwer, jemand* (Theognis 1, 199 Diehl^2. X., Cyr. 2, 2, 22. Sir 27, 7) Lk 9, 38. 19, 2. J 1, 30. Pl. *einige, gewisse* Leute (1 Makk 12, 1. 13, 34) Lk 5, 18. AG 6, 11. ἀνήρ τις Lk 8, 27. AG 10, 1. ἀνὴρ ὅς is qui (wie אִישׁ אֲשֶׁר; vgl. 1 Makk 7, 7 u. schon Pind., Pyth. 9, 87 ἀνήρ τις ὅς . . .) Rö 4, 8 (Ps 31, 2). Jk 1, 12. οἱ κατ' ἄνδρα (Dio Chrys. 15

[32], 6) ***Mann für Mann*** IEph 4, 2. 20, 2. ITr 13, 2. ISm 5, 1. 12, 2. IPol 1, 3. — **7.** *d. Männergestalt* v. Himmelswesen, d. wie Männer aussehen (Or. Sib. 3, 137 heißen d. Titanen so) PE 9, 36. 10, 39. — **8.** von Jesus als dem von Gott bestimmten Weltrichter: ὁ θεὸς . . . μέλλει κρίνειν τὴν οἰκουμένην ἐν ἀνδρὶ ᾧ ὥρισεν AG 17, 31 (vgl. Oenom. b. Eus., pr. ev. 5, 19, 3 Minos ist der ἀνήρ, ὃν ἀποδεικνύναι ἐμέλλετε κοινὸν ἀνθρώπων δικαστήν = den ihr [Götter] zum gemeinsamen Richter der Menschen machen wolltet).

ἀνθέω (seit Homer, auch LXX. Jos., ant. 1, 171. 288. Test. Sim. 3, 3. 6, 2. Or. Sib. 4, 103) *blühen* τὴν γῆν ἀνθοῦσαν ἀμαράντοις ἄνθεσι *blühend v. unverwelklichen Blumen* PA 5, 15 (m. d. Dat. ἄνθεσι wie hom. Hymn. Ap. 139).*

ἀνθηρός, ά, όν (seit Soph., auch Cornutus 30 p. 59, 16. Longus 1, 15, 3) *lieblich, zierlich, anmutig* PA 3, 10.*

ἀνθίστημι (seit Homer, auch Pap. LXX. Jos., bell. 7, 246; c. Ap. 2, 23 ἀνθίστασθαί τινι) Aor. 2 ἀντέστην. Pf. ἀνθέστηκα. Aor. 1 Pass. ἀντεστάθην Hm 12, 2, 3 *entgegenstellen*; d. in uns. Lit. vorkommenden Formen haben med. Sinn *sich entgegenstellen, entgegentreten, sich widersetzen* — **1.** τινί *jmdm.* (P. Gieß. 65, 9) Mt 5, 39. AG 13, 8. κατὰ πρόσωπον αὐτῷ ἀντέστην (Dt 7, 24. 9, 2. 11, 25) *Auge in Auge bin ich ihm entgegengetreten* Gal 2, 11. ἀ. Μωϋσεῖ 2 Ti 3, 8. ἀ. τῷ διαβόλῳ Jk 4, 7; vgl. 1 Pt 5, 9. Hm 12, 5, 2. 4. ἀντιστήτω μοι *der trete mir entgegen* B 6, 1 (Jes 50, 8). — **2.** τινί v. Unpersönl. τῇ σοφίᾳ Lk 21, 15. AG 6, 10. τ. βουλήματι αὐτοῦ Rö 9, 19 (vgl. Demosth. 18, 49 τοὺς ἀνθισταμένους τοῖς ὑμετέροις βουλήμασι). θεοῦ διαταγῇ 13, 2. τῷ κράτει τῆς ἰσχύος αὐτοῦ 1 Kl 27. 5 (vgl. Wsh 11, 21). τῇ ἀληθείᾳ 2 Ti 3, 8. τοῖς ἡμετέροις λόγοις 4, 15 (vgl. Jdth 8, 28). ἐπιθυμίαις Hm 12, 2, 3f. ἀ. τῇ ὀξυχολίᾳ *d. Jähzorn bekämpfen* m 5, 2, 8. — **3.** abs. (BGU 747 II, 10. Esth 9, 2. 3 Makk 6, 19) ἵνα δυνηθῆτε ἀντιστῆναι *damit ihr Widerstand leisten könnt* Eph 6, 13 (vgl. P. Petr. II 37, 2a, 14 [III v] οὐ δύναμαι ἀνθιστάνειν). ἀντιστῶμεν *wir wollen Widerpart halten* B 4, 9. οἱ ἀνθεστηκότες *d. Widersetzlichen* Rö 13, 2 (erg. τῇ διαταγῇ).*

ἀνθομολογέομαι (in mancherlei Bed. seit Demosth., auch Pap. LXX. Jos., ant. 8, 257. 362) Ipf. ἀνθωμολογούμην *preisen, danken* (öffentl. aussprechen: Dank Plut., Aemil. Paul. 11, 1; Anerkennung Diod. S. 1, 70, 6) τῷ θεῷ (Ps 78, 13. Da 4, 37 [hier v. ἐξομολογοῦμαι abgelöst; vgl. Sir 17, 27. 28]. 3 Makk 6, 33) Lk 2, 38.*

ἄνθος, ους, τό (seit Homer, auch LXX. Philo, aet. m. 64. Jos., ant. 15, 394. 19, 192. Or. Sib. 5, 261) — **1.** *d. Blüte, d. Blume*, eigtl. v. d. Blüte d. Weinstocks 1 Kl 23. 4. Bild d. Vergänglichkeit (Quint. Smyrn. 14, 207 ἄνδρων γὰρ γένος ἐστὶν ὁμοίιον ἄνθεσι ποίης = den Blumen des Grases. Aristaen., ep. 2, 1 πέπαυται τὰ ἄνθη) Jk 1, 10f. 1 Pt 1, 24 a b (beidemale Jes 40, 6f.); bunter Pracht PA 3 10 (Beschreibg. d. κόμη wie Anakr., Fgm. 46 Diehl[2]. Pap. v. Chicago col. 3, 9f.: Coll. p. 83). ἄ. ἀμάραντα *unverwelkliche Bl.* 5, 15 — **2.** *d. Blumenduft* PA 5 16.*

ἀνθρακιά, ᾶς, ἡ (seit Homer, auch Sir 11, 32. 4 Makk 9, 20) *d. Kohlenhaufe, d. Kohlenfeuer* ἀ. ποιεῖν *e. Kohlenfeuer anmachen* (ZP 4, 2468) J 18, 18. ἀ. κειμένη *e. Kohlenfeuer am Boden* 21, 9 (d. v. l. ἀ. καιομένη würde bedeuten: e. brennender Kohlenhaufe). Z. ἀνθ., um Fische zuzubereiten, und dem Zus.hang von J 21, 9 vgl. Kreophylos v. Ephesus [400 v] Nr. 416 fgm. 1 Jac. ἁλιέας ἀριστοποιεῖσθαι . . . τῶν ἰχθύων . . . σὺν ἀνθρακιᾷ.*

ἄνθραξ, ακος, ὁ (seit Thu. Aristoph., auch Inschr. Pap. LXX. Ep. Arist. Philo) *d. Kohle* nur in d. Sprichwort ἄνθρακας πυρὸς σωρεύειν ἐπὶ τὴν κεφαλήν τινος *brennende Kohlen auf jmds. Haupt häufen* Rö 12, 20, d. h. wohl jmdm. d. Schmerz reuevoller Beschämung zufügen (Spr 25, 22). Vgl. AWright, Interpreter 16, '20, 159. EJRoberts u. FJarrat, ebd. 239. ATFryer, ET 36, '25, 478. SBartstra, NThT 23, '34, 61—68.*

ἀνθρωπαρεσκέω (Hapaxleg.) *den Menschen zu Gefallen sein* οὐ θέλω ὑμᾶς ἀνθρωπαρεσκῆσαι IRö 2, 1 (vgl. Gal 1, 10).*

ἀνθρωπάρεσκος, ον (Ps 52, 6. PsSal 4, 7. 8. 19; vgl. Nägeli 61) *jmd., der den Menschen zu gefallen sucht; d. Menschenknecht* ὡς ἀ. Kol 3, 22. Eph 6, 6. Neb. ἑαυτῷ ἀρέσκειν 2 Kl 13, 1.*

ἀνθρώπινος, η, ον (seit Vorsokr. u. Hdt., auch Inschr. Pap. LXX. Philo. Jos., ant. 8, 419 u. ö.) *menschlich* — **1.** allg. (ἀνθρώπινόν τι πάσχειν = sterben: P. Petr. I 11, 9ff. P. Genf 21, 15. BGU 1149, 34. Dit., Syll.[3] 1042, 13) ἀ. ἔργα *Menschenwerke* 1 Kl 59, 3. φόβοι ἀ. *Menschenfurcht* 2 Kl 10, 3. συνήθεια ἀ. IEph 5, 1. σὰρξ ἀ. (Wsh 12, 5. Philo, spec. leg. 4, 103) IPhld 7, 2. πειρασμὸς ἀ. *e. menschliche*, im Menschenleben normale (vgl. Epikt. 1, 9, 30; ench. 26. Num 5, 6) d. h. ertragbare *Versuchung* (Pollux 3, 27, 131 nennt unter den Begriffen, die den Gegensatz bilden zu ὃ οὐκ ἄν τις ὑπομένειεν, auch τὸ ἀνθρώπινον) 1 Kor 10, 13. ἀνθρώπινον λέγειν *menschlich reden* d. h. so, wie es d. M. im tägl. Leben tun Rö 6, 19 (vgl. Plut., mor. 13C. Philo, somn. 2, 288). ἀ. ὁ λόγος *allg. menschl. ist d. Wort* 1 Ti 3, 1 D (v. Zahn, Einl. I 487, GWohlenberg z. St., EKühl, Erläuterung d. paul. Briefe II '09, 179 vorgezogen). — **2.** im Ggs. z. Tierischen (Diod. S. 3, 35, 5. Ez 4, 15. Da 7, 4. 8): δεδάμασται τῇ φύσει τῇ ἀ. *ist gezähmt worden durch d. menschl. Natur* Jk 3, 7. — **3.** im Ggs. z. Göttlichen (Maximus Tyr. 38, 5e. Dit., Syll.[3] 526, 29f. [III v]. 721, 33. 798, 10 [ca. 37 n]. Hi 10, 5. 4 Makk 1, 16. 17. 4, 13. Jos., bell. 6, 429): ἀ. μυστήρια *menschl. Geheimnisse* Dg 7, 1. ὑπὸ χειρῶν ἀ. θεραπεύεται AG 17, 25 (χ. ἀ. Jos., bell. 5, 387. 400). ἀ. σοφία *Menschenweisheit* (Philo, rer. div. her. 126. — Jos., ant. 3, 223 σύνεσις ἀ.) 1 Kor 2, 13 (t. r. auch 2, 4). ἀ. ἡμέρα *e. menschl. Gerichtstag* 4, 3. πρόσκλισις ἀ. *Menschengunst* 1 Kl 50, 2. δόγμα ἀ. *Menschensatzung* Dg 5, 3. ἀ. κτίσις *d. menschl. Behörde* 1 Pt 2, 13.

ἀνθρωπίνως (Thu. u. a., auch Jos., ant. 19, 4) Adv. v. ἀνθρώπινος *menschlich* θεοῦ ἀ. φανερουμένου *da Gott sich als Mensch zeigte* IEph 19, 3.*

ἀνθρωποκτόνος, ου, ὁ (sehr selten: Eurip., Cycl. 127; Iph. T. 389; adjektiv. Ps.-Plut., de fluv. 1165 A. Nicetas Eugen. 8, 225 H) *d. Mörder* v. dem, d. seinen Nächsten haßt 1 J 3, 15 (vgl. Mt 5, 21f.). V. Teufel ἀ. ἦν ἀπ' ἀρχῆς *er war e. Mörder v. Anfang an*, nicht mit Bezug auf d. Brudermord d. Kain gesagt, sondern um d. Teufel als den zu bezeichnen, der durch Verführung des ersten Menschen d. Tod in d. Welt brachte (Wsh 2, 24) J 8, 44.*

ἀνθρωπόμορφος, ον (Epikur, Fgm. 353 Us. θεός [nach Diod. S. 40, 3, 4 hat Mose einen θ. ἀνθρωπόμορφος abgelehnt]. Diod. S. 3, 62, 2 [Dionysos]. 22, 9, 4 θεοὶ ἀ. Strabo 16, 2, 35 τὸ θεῖον. Cornutus 27 p. 49, 7. Diog. L. Plut., mor. 149C. 167D. Philo, op. m. 69) *Menschengestalt tragend* θηρία ἀ. *Bestien in Menschengestalt* (Philo, Abr. 33) v. Häretikern ISm 4, 1.*

ἀνθρωποποίητος, ον *v. Menschen gemacht* προσφορὰ ἀ. *e. v. M. zubereitetes Opfer* B 2, 6.*

ἄνθρωπος, ου, ὁ (seit Homer, auch Inschr. Pap. LXX. Hen. Ep. Arist. Philo. Joseph. Test. 12 Patr. Fremdw. im Rabb.) *d. Mensch* — **1.** allg. — **a.** als Gattung — **α.** ἐγεννήθη ἄ. J 16, 21. εἰς χεῖρας ἀ. Mk 9, 31. ψυχὴ ἀνθρώπου Rö 2, 9 συνείδησις ἀ. 2 Kor 4, 2. μέτρον ἀ. Apk 21, 17. — **β.** im Ggs. zu Tieren, Pflanzen usw. Mt 4, 19. 12, 12. Mk 1, 17. Lk 5, 10. 1 Kor 15, 39. 2 Pt 2, 16. Apk 9, 4. 7. 13, 18 u. ö.; zu d. Engeln (vgl. Aristaenet. 1, 24 a. E. σάτυροι οὐκ ἄνθρωποι) 1 Kor 4, 9. 13, 1; zu Gott (Aeschyl., Agam. 663 θεός τις οὐκ ἄνθ. Aeschines 3, 137 θεοὶ κ. δαίμονες. Ael. Aristid. 30 p. 578 D. Herm. Schr. 14, 8 θεοὺς κ. ἀνθρ.) Hb 13, 6 (Ps 117, 6). Mt 10, 32f. 19, 6. Mk 10, 9. J 10, 33 (ἄνθ. ὤν = „als e. sterbl. Mensch" ist e. beliebte Formel: X., an. 7, 6, 11. Menander, epitr. 528; fgm. 51. 460, 2. 549, 1. Alexis Com., fgm. 150. Polyb. 3, 31, 3. Charito 4, 4, 8 [WEBlake '38]. Heliodor 6, 9, 3. Schon Eurip., Hippolyt 472ff. ἄνθρωπος οὖσα ... κρείσσω δαιμόνων εἶναι θέλειν). AG 10, 26. 12, 22. 14, 11. 15. 1 Th 2, 13. Phil 2, 7. ἐντάλματα ἀνθρώπων *Menschengebote* Mt 15, 9. Mk 7, 7 (Jes 29, 13); neb. οὐρανός (= Gott) Mt 21, 25. Mk 11, 30. ἀδύνατα παρὰ ἀνθρώποις Lk 18, 27, vgl. Mt 19, 26. δοῦλοι ἀνθρώπων *Menschensklaven* 1 Kor 7, 23. πείθειν u. ἀρέσκειν ἀ. Gal 1, 10. μεσίτης θεοῦ καὶ ἀ. 1 Ti 2, 5 u. ö. θεὸς πάντας ἀνθρώπους θέλει σωθῆναι 1 Ti 2, 4 (vgl. Epikt. 3, 24, 2 ὁ θεὸς πάντας ἀνθρώπους ἐπὶ τὸ εὐδαιμονεῖν ἐποίησεν). — **γ.** in d. Anrede ἄνθρωπε *Mensch* (X., Cyr. 2, 2, 7. Plut., mor. 553 E) in vertraul. Zusammenschluß d. Redenden u. Angeredeten Lk 5, 20; mit d. Nebensinn d. Scheltens, wie bei uns emphatisches *Mensch!* (Kyn. Diogenes bei Diog. L. 6, 56. Diod. S. 33, 7, 4. Charito 6, 7, 9. Ps.-Callisth. 1, 31, 1) 12, 14. 22, 58. 60. Auch in d. rhetor. Anrede e. Briefes Rö 2, 1. 3. 9, 20 (Pla., Gorg. 452 B σὺ δὲ ... τίς εἶ, ὦ ἄνθρωπε). Jk 2, 20. (Vgl. Pla., apol. 16 p. 28 B. Epikt. Index Schenkl, auch Mi 6, 8. Ps 54, 14. — JWackernagel, Über einige antike Anredeformen: Progr. Gött. '12). — **δ.** im Pl. in allgemeiner Bedeutung οἱ ἄ. *d. Leute*, auch *d. Mitmenschen* (Jos., ant. 9, 28) Mt 5, 13. 16. 6, 1f. 5. 14. 18. 7, 12. 8, 27. 23, 5. Mk 8, 27 u. s. o. οἱ τότε ἄ. *d. Leute von damals* Pol 3, 2. — οἱ υἱοὶ τῶν ἀνθρώπων *d. Menschenkinder* (Gen 11, 5. 1 Esr 4, 37. Ps 10, 4) Mk 3, 28. Eph 3, 5. — **b.** als Naturwesen Jk 5, 17; d. Tode unterworfen Hb 9, 27. Apk 8, 11. Rö 5, 12; in Sünde verfallend (Menand., fgm. 499 K. ἄνθρωπος ὢν ἥμαρτον. Herondas 5, 27 ἄνθρωπός εἰμι, ἥμαρτον. Schol. zu Apoll. Rhod. 4, 1015—17a σὺ ἄνθρωπος εἶ, οἷς τὸ ἁμαρτάνειν γίνεται ῥᾳδίως) 5, 18f. u. ö., daher geringschätzig beurteilt Gal 1, 1. 11f. Kol 2, 8. 22 (Jes 29, 13) oder auch vorsichtig zu meiden προσέχειν ἀπὸ τ. ἀ. *s. vor den* (bösen) *Menschen in acht nehmen* Mt 10, 17; vgl. Lk 6, 22. 26. — **c.** κατὰ ἄνθρωπον (Aeschyl., Sept. 425. Pla., Phileb. 370 F. Diod. S. 16, 11, 2. Athen. 10 p. 444 B. Plut., mor. 1042 A. Witkowski 8, 5 [252 v]) *nach Menschenart* blickt auf die Weise der Menschen, wobei überwiegend an ihre Minderwertigkeit im Vergleich mit Gott gedacht ist. λαλεῖν 1 Kor 9, 8. λέγειν Rö 3, 5. Gal 3, 15. περιπατεῖν 1 Kor 3, 3. κ. ἀ. ἐθηριομάχησα *wie ein gewöhnlicher Mensch* (Ggs. als ein der Auferstehung gewisser Christ) 15, 32. Vom Evangelium οὐκ ἔστιν κ. ἀ. Gal 1, 11. Plur. κ. ἀνθρώπους (Ggs. κ. θεόν) 1 Pt 4, 6. — **2.** in bes. Verbindungen u. Bedeutungen — **a.** m. Gen. ἄνθρωποι εὐδοκίας Lk 2, 14 (εὐδοκία 1). ὁ ἄ. τῆς ἀνομίας (v. l. ἁμαρτίας) 2 Th 2, 3. ἄ. (τοῦ) θεοῦ *Gottesmann* 1 Ti 6, 11. 2 Ti 3, 17. 2 Pt 1, 21 t. r. (3 Kö 12, 22. 13, 1. 17, 24. 4 Kö 1, 9ff. 2 Ch 8, 14 u. ö. Ep. Arist. 140. Philo, gig. 61; deus imm. 138f. Doch auch Sextus 2. 3, Herm. Schr. 1, 32. 13, 20 u. ZP 4, 1177, wo zwischen ἄ. u. θ. kein Komma zu stehen braucht). — **b.** Der Zshg. ergibt d. Bed. — **α.** *d. Mann* (Pla., Prot. 6 p. 314 E; Phaedo 66 p. 117 E) Mt 11, 8. Lk 7, 25. σκληρὸς εἶ ἄ. Mt 25, 24; vgl. Lk 19 21f. Im Ggs. zur Frau (Achilles Tat. 5, 22, 2. ZP 36, 225f. 1 Esr 9, 40. Tob 6, 8) Mt 19, 5. Eph 5, 31 (beidemal Gen 2, 24). 1 Kor 7, 1. — **β.** *d. Ehemann* Mt 19, 10. — **γ.** *d. Sohn* im Ggs. zum Vater (Sir 3, 11) Mt 10, 35. — **δ.** *d. Sklave, Diener* (X., mem. 2, 1, 15; vect. 4, 14. Herondas 5, 78. BGU 830, 4. P. Oxy. 1067, 30. 1159, 16) Lk 12, 36. οἱ τοῦ πυρὸς ἄ. *d. Sklaven, d. den Scheiterhaufen besorgen* MPol 15, 1. — Viell. J 5, 7. — **ε.** *d. Menschengestalt* von einem Himmelswesen, das wie e. Mensch aussah, PE 11, 44. — **c.** D. paulin. u. nachpaulin. Vorstellung v. Menschen unterscheidet — **α.** d. beiden Seiten d. menschl. Wesens als ὁ ἔξω ἄ. *d. äußere Mensch*, d. h. der M. nach seiner materiellen, vergängl. u. sündigen Seite 2 Kor 4, 16; Ggs. ὁ ἔσω ἄ. *d. innere M.*, d. h. d. M. nach seiner geistl., unvergängl., Gott zustrebenden Seite Rö 7, 22. 2 Kor 4, 16. Eph 3, 16 (vgl. Pla., Rep. 9, 589 A ὁ ἐντὸς ἄνθρωπος. Plotin, Enn. 5, 1, 10 ὁ εἴσω ἄ. Philo, plant. 42 ὁ ἐν ἡμῖν πρὸς ἀλήθειαν ἄ., τουτέστιν ὁ νοῦς, congr. erud. grat. 97, det. pot. insid. 23. Zosimus b. Rtzst., Poim. 104 ἔσω αὐτοῦ ἄνθρωπος πνευματικός. Z. Sache auch Rtzst., Mysterienrel.[3] 354f. WGutbrod, D. paulin. Anthropologie '34. KThSchäfer, FTillmann-Festschr. '34, 25—35). Ebenso zu verstehen ist ὁ κρυπτὸς τῆς καρδίας ἄ. *d. verborgene M. d. Herzens* = ὁ ἔσω ἄ. 1 Pt 3, 4. — **β.** Anders gedacht sind d. Gegensätze v. παλαιὸς und καινὸς (νέος) ἄ. Rö 6, 6. Eph 4, 22. 24. Kol 3, 9 (vgl. auch Dg 2, 1. Jesus als καινὸς ἄ. IEph 20, 1 ist d. *neuartige Mensch*, d. eigentl. Gott ist) od. von ὁ ψυχικὸς ἄ. und ὁ πνευματικὸς ἄ. 1 Kor 2, 14f. (vgl. πνευματικός 2 a γ). — **d.** Jes. Christus heißt ἄ. 1 Ti 2, 5. Hb 2, 6a (Ps 8, 5a). Er tritt Adam gegenüber Rö 5, 15. 1 Kor 15, 21, dem πρῶτος ἄ. 1 Kor 15, 45. 47 (vgl. Philo, Abr. 56) als δεύτερος ἄ. V. 47. Über Art und Wurzeln dieser Vorstellung vgl. Ltzm. u. JWeiß zu 1 Kor 15, 45ff. WBousset, Kyrios Christos[2] '21, 120ff.; Jesus d. Herr '16, 67ff. Rtzst., Mysterienrel.[3] 343ff.; Erlösungsmyst. 107ff. AEJ Rawlinson, The New Testament Doctrine of the Christ '26, 124ff. BAStegmann, Christ, the „Man from Heaven", a Study of 1 Cor 15, 45—47: The Cath. Univ. Washington '27. CHKraeling, Anthropos and Son of Man '27. S. zu 'Αδάμ u. zu οὐρανός 2 b. — Über υἱὸς τοῦ ἀ. als Selbstbezeichnung Jesu s. υἱός 2 c. — **3.** mit völlig verblaßter Grundbedeutung fast d. unbest. Pron. entspr. — **a.** ohne Art. — **α.** mit τὶς verb. ἐὰν γένηταί τινι ἀνθρώπῳ Mt 18, 12. ἄνθρωπός τις κατέβαινεν *irgend jmd. ging hinab* Lk 10, 30. ἀνθρώπου τινὸς πλουσίου 12, 16. ἄ. τις ἦν ὑδρωπικός 14, 2, vgl. V. 16. 15, 11. 16, 1. 19. 19, 12. ἦν τις ἄ. ἐκεῖ J 5, 5. τινῶν ἀ. αἱ ἁμαρτίαι 1 Ti 5, 24. — **β.** als Ersatz für τὶς (Pausan. 5, 7, 3 ἐξ ἀνθρώπου = von irgend jmdm.) εἷς ἄ. = εἷς τις *ein einziger* J 11, 50, vgl. 18, 14. εἶδεν ἄνθρωπον καθήμενον *er sah einen sitzen* Mt 9, 9. ἰδοὺ ἄ. χεῖρα ἔχων ξηράν *da war einer, der hatte e. vertrocknete Hand* 12, 10. λαβὼν ἄ. *es nimmt es jmd.* 13, 31; vgl. Mk 1, 23. 3, 1. 4, 26. 5, 2. 7, 11. 10, 7 (Gen 2, 24).

Lk 2, 25. 4, 33. 5, 18. 6, 48f. 13, 19. J 3, 4. 27 u. ö. M. Negation verbunden ἄ. οὐκ ἔχω *ich habe niemanden* J 5, 7. οὐδέποτε ἐλάλησεν οὕτως ἄ. *niemand hat je so geredet* 7, 46. — **γ.** in unbestimmtem u. gleichzeitig allg. Sinn, oft = *man* οὕτως ἡμᾶς λογιζέσθω ἄ. *so soll man uns betrachten* 1 Kor 4, 1; vgl. Mt 16, 26. Rö 3, 28. 1 Kor 7, 26. 11, 28. Gal 2, 16. 6, 7. Jk 2, 24. — **δ.** m. flgd. Relativ ἴδετε ἄ., ὅς εἶπέν μοι *da ist einer, der mir sagte* J 4, 29. ἄ., ὅς τὴν ἀλήθειαν ὑμῖν λελάληκα 8, 40. ὁ ἄ., ἐν ᾧ ἦν τὸ πνεῦμα τὸ πονηρόν AG 19, 16. — **ε.** pleonastisch e. Subst. zugesetzt (Il. 16, 263. Lev 21, 9. Sir 8, 1. 1 Makk 7, 14) ἄ. φάγος *e. Fresser* Mt 11, 19. Lk 7, 34. ἄ. ἔμπορος *e. Kaufmann* Mt 13, 45 v.l. ἄ. οἰκοδεσπότης V 52. 21, 33. ἄ. βασιλεύς (Horapollo 2, 85. Jos. ant. 6, 142) 18, 23. 22, 2. — Ebenso mit Gentilnamen (X., an. 6, 4, 23. Ex 2, 11 ἄ. Αἰγύπτιος) ἄ. Κυρηναῖος *e. Kyrenäer* 27, 32. ἄ. Ἰουδαῖος AG 21, 39. ἄ. Ῥωμαῖος 16, 37. 22, 25. M. Adj., diesem d. Eigenschaft des Subst. gebend (Menand., fgm. 630 ἄ. φίλος. P. Flor. 61, 60. P. Amh. 78, 13 ἄ. αὐθάδης. P. Straßb. 41, 40 πρεσβύτης ἄ. εἰμι. Sir 8, 2 u. o.) ἄ. τυφλός (EpJer 36) *e. Blinder* J 9, 1. ἄ. ἁμαρτωλός (Sir 11, 32. 32, 17) V. 16 ἄ. αἱρετικός Tit 3, 10. Ebenso m. Ptz.: ἄ. σπείρων *e. Säemann* Mt 13, 24. — **ζ.** pleonastisch sind auch die Verb. τίς ἄ.; *wer?* Mt 7, 9. Lk 15, 4. πᾶς ἄ. *ein jeder* J 2, 10. Jk 1, 19. πάντες ἄ. *alle* AG 22, 15. 1 Kor 7, 7. εἷς ἄ. *einer* J 11, 50. δύο ἄ. Lk 18, 10. Ebenso d. gen. partit. ἀνθρώπων b. οὐδείς (vgl. Mimnermus 1, 15f. Diehl² οὐ δέ τίς ἐστιν ἀνθρώπων) Mk 11, 2. Lk 19, 30, μηδείς AG 4, 17, τίς 19, 35. 1 Kor 2, 11. — **b.** mit generisch. Art. (Wsh 2, 23. 4 Makk 2, 21) ὁ ἀγαθὸς ἄ. *der Gute*, Ggs. ὁ πονηρὸς ἄ. *der Böse* Mt 12, 35. οὐκ ἐπ' ἄρτῳ ζήσεται ὁ ἄ. *kein Mensch kann v. Brot leben* (Dt 8, 3) 4, 4. κοινοῖ τὸν ἄ. *verunreinigt d. Menschen* 15, 11. 18. Vgl. Mk 7, 15. 20. τὸ σάββατον διὰ τὸν ἄ. ἐγένετο 2, 27. τί ἦν ἐν τῷ ἀ. J 2, 25. κρίνειν τὸν ἄ. 7, 51. ὁ νόμος κυριεύει τοῦ ἀ. Rö 7, 1. ὁ ποιήσας ἄ. *jeder, der es tut* 10, 5 (Lev 18, 5. 2 Esr 19, 29). κακὸν τῷ ἀ. τῷ διὰ προσκόμματος ἐσθίοντι *schlimm für jeden, der mit Bedenken ißt* 14, 20 u. ö. — **4.** mit Art. bez. ἄ. — **a.** den Menschen, von dem gerade die Rede ist (Diod. S. 37, 18 ὁ ἄνθρ. εἶπε) Mt 12, 13. Mk 3, 5. 5, 8. J 4, 50 u. ö. — **b.** in verächtl. Ton e. bestimmte Pers. (Diogenianus Epicureus [II n] b. Eus., praep. ev. 6, 8, 30 nennt seinen Gegner Chrysipp verächtl. ὁ ἄνθ. Artem. 5, 67 ἡ ἄνθρωπος von e. Hure. UPZ 72, 6 [152 v]. BGU 1208 I, 25. — ASvensson [ὁ, ἡ, τό a. Anf.]; dazu AWilhelm, Anzeigen der Ak. d. W. in Wien, phil.-hist. Kl. '37 [XXIII—XXVI 83—86]) οὐκ οἶδα τὸν ἄ. *ich kenne d. Kerl nicht* Mt 26, 72. 74. Mk 14, 71. προσηνέγκατέ μοι τὸν ἄ. τοῦτον Lk 23, 14. εἰ ὁ ἄ. Γαλιλαῖός ἐστιν V. 6. ἰδοὺ ὁ ἄ. *da ist d. Mensch!* J 19, 5 (zu d. Versuch, Mitleid zu erregen, vgl. Nicol. Dam.: 90 fgm. 68, 4 Jac. Cyrus im Fall des Krösus. Diog. L. 2, 14 Perikles zugunsten s. Lehrers Anaxagoras. Jos., ant. 19, 35f.). μὴ οἰέσθω ὁ ἄ. ἐκεῖνος *so e. M. soll nur ja nicht glauben* Jk 1, 7. — JMNielen, D. Mensch in d. Verkünd. der Ev.: FTillmann-Festsehr. '34, 14—24. Gutbrod ob. 2 c α. WGKümmel, D. Bild v. Menschen im NT '48.

ἀνθυπατεύω (Plut., Cic. 52, 7. Herodian 7, 5, 2. Dit., Or. 517, 10) *Prokonsul sein* AG 18, 12 t. r. ἀνθυπατεύοντος Στατίου Κοδράτου *während d. Prokonsulates d. St. Quadratus* MPol 21.*

ἀνθύπατος, ου, ὁ (seit Polyb. häufig bei Schriftstellern, auch b. Jos. [ant. 14, 236. 244 u. ö.] u. in Inschr. Pap.) *d. Prokonsul*, an d. Spitze senatorischer Provinzen stehend (vgl. Hahn 39f. 115. 259, wo weitere Lit.). Genannt wird d. Prokonsul von Cypern, Sergius Paulus AG 13, 7, vgl. V. 8. 12; v. Achaia, Gallio 18, 12, vgl. 19, 38; v. Asien MPol 3f. 9, 2. 10, 2. 11, 1. 12, 1.*

ἀνίατος, ον (seit Hippokr. Pla., auch IGIIIadd. 171a. Pap. LXX. Jos., ant. 19, 325 [Adv.]) *unheilbar* nur übertr. (Aeschines 3, 156 κακά. Test. Rub. 6, 3) ἁμαρτία μεγάλη καὶ ἀ. *e. schwere u. unvergebbare Sünde* Hm 5, 2, 4 (vgl. Philo, somn. 1, 87 τὰ ἀνίατα τῶν ἁμαρτημάτων. Pla., Gorg. 525C διὰ τοιαῦτα ἀδικήματα ἀνίατοι).*

ἀνίημι (seit Homer, auch Inschr. Pap. LXX. Joseph.; vgl. Nägeli 16. 20) Aor. 1 ἀνῆκα. Aor. 2 Konj. ἀνῶ, Ptz. ἀνείς. Aor. 1 Pass. ἀνέθην (ohne Augment Bl-D. § 67, 2 Anh.). — **1.** *loslassen, lösen* v. Fesseln (Od. 8, 359. Callim., Hec. 1, 2, 13 δεσμά. Plut., Alex. M. 73, 9 τοὺς δεσμούς) πάντων τὰ δεσμὰ ἀνέθη AG 16, 26. V. Tauen ἀ. τὰς ζευκτηρίας 27, 40. — **2.** *verlassen, aufgeben* τινά *jmdn.* οὐ μή σε ἀνῶ (wörtl. wie Philo, conf. lingu. 166; vgl. PKatz, Biblica 33, '52, 523—25) *nimmermehr will ich dich aufgeben* Hb 13, 5. — **3.** *ablassen* τι *von etw.* (Thu. 3, 10, 4. Plut., Alex. M. 70, 6 τὴν ὀργήν. Jos., ant. 14, 286) ἀ. τὴν ἀπειλήν *d. Drohen sein lassen* Eph 6, 9.*

ἀνίλεως, Gen. ω *unbarmherzig* (Herodian, epim. 257 Boiss. Test. Gad 5, 11) κρίσις Jk 2, 13 t. r. (i. T. ἀνέλεος, s. d.).*

ἀνίπταμαι (Maxim. Tyr. 20, 6d. Cass. Dio 56, 42, 3. Themist. 27 p. 406, 11. Kyraniden 3 p. 100, 11; z. Form Kühner-Bl. II 450) *auffliegen* νοσσοὶ ἀνιπτάμενοι B 11, 3 (Jes 16, 2).*

ἄνιπτος, ον (seit Homer) *ungewaschen* χεῖρες (Il. 6, 266. Philo, spec. leg. 2, 6) Mt 15, 20. κοιναῖς χερσίν, τουτέστιν ἀνίπτοις Mk 7, 2. 5 t. r. Nach rabb., über d. Tora hinausgehender Vorschrift wusch man vor d. Beginn d. Mahlzeit d. Hände; s. Schürer⁴ II 565.*

ἀνίστημι (seit Homer, auch Inschr. Pap. LXX. Hen. Philo. Joseph. Test. 12 Patr.) Fut. ἀναστήσω. Aor. 1 ἀνέστησα. Aor. 2 ἀνέστην, Imp. ἀνάστηθι u. ἀνάστα Eph 5, 14. AG 12, 7 (9, 11. 11, 7 v. l.), Ptz. ἀναστάς. W-S. § 14, 15. Bl-D. § 95, 3. Fut. Med. ἀναστήσομαι. — **1.** trans. (Fut. Akt. Aor. 1) *aufstellen, aufstehen machen* (oft von Bildsäulen: Dit., Syll.³ 867, 68. 1073, 45. BGU 362 VI, 4) — **a.** eigtl. v. Götzenbildern PK 2 S. 14, 16. — V. e. Liegenden (Artem. 2, 37 p. 139, 23 τοὺς νοσοῦντας ἀνίστησιν. Jos., ant. 7, 193) δοὺς αὐτῇ χεῖρα ἀνέστησεν αὐτήν *er gab ihr d. Hand u. richtete sie auf* AG 9, 41; bes. v. Toten *auferwecken* (Ps.-X., cyn. 1, 6. Pausan. 2, 26, 5 [Asklepios] ἀνίστησι τεθνεῶτας. Ael. Aristid. 45, 29 K. = 8 p. 95 D.: [Sarapis] κειμένους ἀνέστησεν. Palaeph. p. 35, 8. Himerius, or. [ecl.] 5, 32. 2 Makk 7, 9) J 6, 39f. 44. 54; vollst. ἀ. ἐκ νεκρῶν AG 13, 34 (Herondas 1, 43 ἐκ νερτέρων ἀνίστημί τινα). Bes. v. d. Auferweckung Jesu AG 2, 24. 32. 3, 26. 13, 33f. 17, 31. Ign. braucht v. Jesus d. Ausdruck ἀνέστησεν ἑαυτόν Sm 2 (vgl. Theodor Prodr. 5, 88 H ἂν ... ἑαυτὸν αὐτὸς ἐξαναστήσῃ πάλιν). — **b.** übertr. *erscheinen lassen, auftreten lassen* (Plut., Marcell. 27, 2. Synes., ep. 67 p. 210 C. EpJer 52) προφήτην ὑμῖν AG 3, 22 (nach Dt 18, 15). σπέρμα τῷ ἀδελφῷ *dem Bruder Nachkommenschaft erzeugen* Mt 22, 24 (Gen 38, 8) mit Rücksicht auf d. Leviratsehe. — **c.** v. e. Bauwerk *errichten* (Jos., ant. 19, 329 ναούς) Mk 14, 58 D. — **2.** intr. (Aor. 2 u. Med.) *aufstehen* — **a.** eigtl. v. e. Sitzenden od. Liegenden: z. Reden

(X., an. 3, 2, 34 ἀναστὰς εἶπε) ἀναστὰς ὁ ἀρχιερεὺς εἶπεν Mt 26, 62; vgl. Mk 14, 57. 60; aus dem Bett (2 Kö 11, 2) Lk 11, 7. 8. *aufstehen* u. zur Beratung zusammentreten (P. Tebt. 285, 15 — APF 5, '08, 232 —: ἀναστὰς εἰς συμβούλιον καὶ σκεψάμενος μετὰ τῶν ...) AG 26, 30. V. Genesenen Mk 9, 27 od. ins Leben Zurückgekehrten (Proverbia Aesopi 101 P.) ἀνέστη τὸ κοράσιον Mk 5, 42; vgl. Lk 8, 55. M. flgd. Inf. z. Angabe d. Zweckes ἀ. ἀναγνῶναι *a. um* (den Schrifttext) *zu verlesen* Lk 4, 16. ἀ. παίζειν 1 Kor 10, 7 (Ex 32, 6). ἀ. ἄρχειν Rö 15, 12 (Jes 11, 10). Verkürzt: *aufstehen u. gehen* (Sus 34) ἀναστὰς ὁ ἀρχιερεὺς εἰς μέσον *er stand auf u. trat in d. Mitte* Mk 14, 60. ἀ. ἀπὸ τῆς συναγωγῆς Lk 4, 38. ἀ. ἀπὸ τῆς προσευχῆς 22, 45. V. einem sich neigenden u. wieder aufrichtenden Baum B 12, 1. — Bes. häufig v. Toten gebr. (Il. 21, 56. Hdt. 3, 62, 2) J 11, 23f. 1 Kor 15, 51 v. l. (PBrandhuber, D. sekund. LAA b. 1 Kor 15, 51: Bibl. 18, '37, 303—33. 418—38). 1 Th 4, 16. IRö 4, 3. Sm 7, 1. B 11, 7 (Ps 1, 5). 2 Kl 9, 1; vollst. ἐκ νεκρῶν ἀ. (Phlegon: 257 fgm. 36, 3, 3 Jac. ἀνέστη ὁ Βούπλαγος ἐκ τῶν νεκρῶν) Mk 9, 10. 12, 25. Namentl. v. d. Auferstehung Jesu (vgl. Hos 6, 2 ἐν τῇ ἡμέρᾳ τῇ τρίτῃ ἀναστησόμεθα: 1 Kor 15, 4) Mt 17, 9 u. 20, 19 v. l. Mk 8, 31. 9, 9f. 31. 10, 34. 16, 9. Lk 18, 33. 24, 7. 46. J 20, 9. AG 17, 3. 1 Th 4, 14. IRö 6, 1. B 15, 9. D. Intr. f. d. Pass. gesetzt ὑπὸ τ. θεοῦ ἀναστάντα *v. Gott auferweckt* Pol 9, 2. Übertr. auf d. geistige Auferstehung ἀνάστα ἐκ τῶν νεκρῶν *stehe auf v. d. Toten* Eph 5, 14 (vgl. Kleopatra Zl. 127f. u. Rtzst., Erlösungsmyst. 6. 135ff.) — Lit. b. ἀνάστασις a. E. — **b.** *sich erheben*, um etw. zu tun: v. Gott 1 Kl 15, 6 (Ps 11, 6). — **c.** *auftreten, hervortreten, aufkommen* (1 Makk 2, 1. 14, 41. Jdth 8, 18. 1 Esr 5, 40) v. e. Könige AG 7, 18 (Ex 1, 8). V. e. Priester Hb 7, 11. 15. V. Anklägern vor Gericht Mt 12, 41. Lk 11, 32. Mk 14, 57. V. e. Fragenden, der in d. Kreis der d. Lehrer umgebenden Schüler tritt Lk 10, 25, vgl. AG 6, 9 (s. 2 Ch 20, 5). V. e. Feind ἀ. ἐπί τινα (Gen 4, 8. 2 Ch 20, 23. Sus 61 Theod.) *sich gegen jmdn. erheben* Mk 3, 26. — **d.** allg. m. verblaßter Grundbed. zur Bez. d. Beginnens d. durch e. anderes Verb. (meist d. Bewegung) ausgedrückten Handlung: *sich aufmachen, sich bereit machen* (X., Cyr. 5, 2, 14. Gen 13, 17. 19, 14. 1 Makk 16, 5. Tob 8, 10. 10, 10. Sus 19 Theod. Jos., ant. 14, 452) ἀναστὰς ἠκολούθησεν αὐτῷ *er machte sich bereit und folgte ihm* Mt 9, 9. Lk 5, 28. Mk 2, 14. ἀ. ἐξῆλθεν 1, 35. ἀ. ἀπῆλθεν 7, 24. ἀ. ἔρχεται 10, 1. ἀναστᾶσα ἐπορεύθη (vgl. Gen 43, 8) Lk 1, 39, vgl. 15. 18. ἀναστάντες ἐξέβαλον 4, 29. ἀναστᾶσα διηκόνει V. 39. ἀ. ἔστη 6, 8. ἀ. ἦλθεν 15, 20. ἀνάστηθι καὶ πορεύου *auf! gehe hin* AG 8, 26; vgl. 27. Dafür ἀναστὰς πορεύθητι (doch v. l. ἀνάστα πορ.) 9, 11. ἀνάστηθι καὶ εἴσελθε V. 6. ἀνάστηθι καὶ στρῶσον V. 34. ἀναστὰς κατάβηθι 10, 20 u. ö. — **e.** v. e. Bauwerk *erstehen* Mk 13, 2 v. l. — Dalman, Worte 18f.

῞Αννα, ας (חַנָּה) N. pr. f. (1 Kö 1, 2ff. Philo, deus imm. 5ff.; ebr. 145ff.; mut. nom. 143f.; somn. 1, 254. Jos., ant. 5, 342. 344—47. Bull. de corr. hell. 3, '79, p. 344, 23. Wadd. 1965. Oft Pap.) *Hanna* Lk 2, 36; vgl. Bl-D. § 39, 3. 40. 53, 3.*

῞Αννας, α N. pr. m. (Herondas 8, 14. 43. 66 [als Männername von den Ausgaben 'Αννᾶς geschrieben]. P. Genf 42, 8. Cypr. Inschr. aus e. aeg. Tempel: Κυπρ. I S. 293 No. 21) *Hannas* (vgl. Bl-D. § 40. 53, 2; verkürzt aus ῞Ανανος, חֲנַנְיָה), Hoherpriester v. 6—15n, Lk 3, 2. J 18, 24. AG 4, 6. Schwiegervater d. Kaiphas J 18, 13. Vgl. Jos., ant. 18, 26. 20, 197. Schürer II⁴ 256. 270. 274f.*

ἀνοδία, ας, ἡ (Polyb. 5, 13, 6 u. ö. Diod. S. 19, 5, 3. Plut., Mar. 37, 9; mor. 508 D. Sym. Hi 12, 24) *d. unwegsame Gegend* Hv 1, 1, 3. Ggs. ὁδός (Philo, somn. 2, 161; Mos. 2, 138) 3, 2, 9. Pl. (Jos., bell. 4, 109) 3, 7, 1. m 6, 1, 3.*

ἀνόητος, ον (ganz überwiegend u. in uns. Lit. durchweg aktivisch, wie b. Vorsokr. Soph. Pla., Gorg. 464 D u. a., auch LXX. Ep. Arist. 136. Philo. Jos., ant. 9, 225; c. Ap. 2, 255) *unverständig, unvernünftig* — **1.** v. Personen Ggs. σοφός (vgl. Spr 17, 28) Rö 1, 14; neb. ἄφρων (Plut., mor. 22 C τοῖς ἄφροσι καὶ ἀνοήτοις. Epikt. 2, 21, 1) 1 Kl 21, 5; neb. βραδὺς τῇ καρδίᾳ Lk 24, 25. In d. Anrede (Diog. L. 2, 117 ἀνόητε = du Narr! 4 Makk 8, 17) 1 Kl 23, 4. 2 Kl 11, 3. Hm 10, 2, 1. — Gal 3, 1 (Charito 6, 7, 9. Alciphr. 4, 7, 4. Philostrat., vi. Apoll. 8, 7 p. 307, 13 ὦ ἀνόητοι. Philo, somn. 2, 181 ὦ ἀνόητε). 3 (Charito 5, 7, 3 οὕτως ἀ. Maximus Tyr. 36, 4 τίς οὕτως ἀ.; Jos., ant. 9, 255). V. d. geistigen Verfassung d. Menschen vor d. Gläubigwerden ἦμεν γάρ ποτε καὶ ἡμεῖς ἀ. Tit 3, 3 (vgl. Herm. Schr. 1, 23 τοῖς ἀνοήτοις πόρρωθέν εἰμι). — **2.** mit sachl. Subst. (Soph., Aj. 162 γνῶμαι. Pla., Phileb. 12 D δόξαι. Herm. Schr. 6, 3b) ἐπιθυμίας ἀ. *törichte Begierden* 1 Ti 6, 9 (v. l. ἀνονήτους).*

ἄνοια, ας, ἡ (seit Theognis 453. Pla., Tim. 86 B δύο ἀνοίας γένη, τὸ μὲν μανία, τὸ δ' ἀμαθία, auch Herm. Schr. 14, 8. LXX. Philo. Jos., bell. 2, 110; c. Ap. 1, 210) *d. Unvernunft, d. Unverstand* v. Irrlehren 2 Ti 3, 9. Allg. v. menschl. Unverstand neb. πονηρία (Jos., ant. 8, 318) 2 Kl 13, 1. V. Zornigen ἐπλήσθησαν ἀνοίας *sie wurden ganz toll* Lk 6, 11.*

ἀνοίγω (seit Homer, auch Inschr. LXX. Hen. Philo. Joseph. Test. 12 Patr. Or. Sib. 3, 769) üb. diese NF zu ἀνοίγνυμι s. Kühner-Bl. II S. 496f. W-S. § 12, 7 u. § 15 (S. 130). Bl-D. § 101 (S. 47) m. Anh. 66, 2. 69, 1. 2. Mayser 404. Fut. ἀνοίξω. Aor. 1 ἀνέῳξα J 9, 14 (v. l. ἠνέῳξα, ἤνοιξα), ἠνέῳξα V. 17 (BX, ἤνοιξα א AD al., ἀνέῳξα KL), meist ἤνοιξα AG 5, 19. 9, 40 u. ö. Pf. 2 (intrans.) ἀνέῳγα. Pf. Pass. ἀνέῳγμαι (ἠνέῳγμαι 2 Kor 2, 12 nach DEP); Ptz. ἀνεῳγμένος. Aor. 1 Pass. ἀνεῴχθην Mt 3, 16, ἠνεῴχθην (Mt 3, 16 B. 9, 30 BD) J 9, 10. ἠνοίχθην AG 16, 26 (ἠνεῴχθην BCD); Inf. ἀνεῳχθῆναι Lk 3, 21 (ἀνοιχθῆναι D). Fut. 1 Pass. ἀνοιχθήσομαι Lk 11, 9 ([A]DEF al.). Aor. 2 ἠνοίγην Mk 7, 35. AG 12, 10. Hv 1, 1, 4 (DBm., NB 17). Fut. 2 ἀνοιγήσομαι Mt 7, 7. Derselbe Tatbestand in LXX: Helbing 78f. 83ff. 95f. 102f. Thackeray 202ff. — **1.** trans *öffnen* — **a.** d. Tür (Menand., Epitr. 643. Polyb. 16, 25, 7. Dit., Or. 222, 36. 332, 28; Syll.³ 798, 19. 1 Kö 3, 15. Jos., ant. 13, 92 ἀ. τ. πύλας; vi. 246) τὰς θύρας (eigtl. die Flügel d. Tür) AG 5, 19. 12, 10. 16, 26f. (vgl. OWeinreich, Türöffnung im Wunder-, Prodigien- u. Zauberglauben d. Antike, d. Judentums u. Christentums: WSchmid-Festschr. '29. 200—452). ἀ. τὸν πυλῶνα *d. Vorhallentür* (Haustür) *öffnen* AG 12, 14. τ. θύραν τ. ναοῦ bildl. v. Munde des Gläubigen, in dem als Tempel Gott Wohnung genommen B 16, 9 (z. Bilde vgl. Philosophenspr. p. 488, 6 τοῦ σοφοῦ στόματος ἀνοιχθέντος, καθάπερ ἱεροῦ = wenn sich des Weisen Mund wie ein Tempel öffnet). Ohne Objektsakk., als den der Zusammenhang *d. Tür* ergibt (Achilles Tat. 2, 26, 1) Mt 7, 7f. Lk 11, 9f. Mt 25, 11. Lk 13, 25. — Bildl. gebr. in verschiedener Weise (P. Tebt. 383, 29 [46 n]. Epikt. Schenkl Index θύρα: ἡ θύρα ἤνοικται = ich bin frei, überall hinzugehen) Apk 3, 20, vgl. 3, 7f. (s. Jes 22, 22. Hi 12, 14). πύλη δικαιοσύνης 1 Kl 48, 2, vgl. 4. V. d. Predigt, d. offene Ohren findet ἤνοιξεν τοῖς ἔθνεσιν θύραν πίστεως er ermöglichte den Heiden d. Zutritt z. Glauben AG 14, 27. Vgl. θύρας μοι ἀνεῳγμένης *da mir eine Tür aufgetan,* d. h. d. Möglichkeit zu wirken gegeben war 2 Kor 2, 12 (1 Kor 16, 9 s. u. 2). Ebenso ἀ. θύραν τοῦ λόγου Kol 4, 3. — **b.** verschlossene Orte, deren Inneres dadurch freigegeben wird: e. Heiligtum 1 Kl 43, 5; pass. Apk 11, 19. 15, 5. d. Himmel (Epigr. Gr. 882 [III n] οὐρανὸν ἀνθρώποις εἶδον ἀνοιγόμενον. ZP 4, 1180. 36, 298. Jes 64, 1. Ez 1, 1; vgl. 3 Makk 6, 18) Mt 3, 16. Lk 3, 21. AG 10, 11. Apk 19, 11. EbEv 3. Hv 1, 1, 4. d. Unterwelt Apk 9, 2. d. Gräber (Dit., Syll.³ 1237, 3 ἀνοῖξαι τόδε τὸ μνῆμα. Ez 37, 12. 13) Mt 27, 52. Übertr. auf d. Kehle d. Gottlosen τάφος ἀνεῳγμένος ὁ λάρυγξ αὐτῶν *e. geöffnetes Grab ist ihr Schlund* (Verwesung aushauchend?) Rö 3, 13 (Ps 5, 10. 13, 3). — **c.** verschließbare u. verschlossene Gegenstände τοὺς θησαυρούς (Dit., Syll.² 587, 302 τῷ τοὺς θησαυροὺς ἀνοίξαντι. 601, 32. 653, 93. Eur., Ion 923. Arrian, cyneg. 34, 2 ἀνοίγνυται ὁ θησαυρός. Jes 45, 3. Sir 43, 14. Philo, leg. all. 3, 105) *d. Schatzbehälter* Mt 2, 11. κεράμιον οἴνου ἢ ἐλαίου *e. Wein- od. Ölkrug anbrechen* D 13, 6. ἀ. βιβλίον *e. Buchrolle öffnen* (Diod. S. 14, 55, 1 βιβλίον ἐπεσφραγισμένον ... ἀνοίγειν. 2 Esr 18, 5. Da 7, 10) Lk 4, 17. Apk 5, 2ff. 10, 2. 8 (vgl. 2 Esr 16, 5). 20, 12. — **d.** Verschlußmittel (wie Riegel): Siegel (X., de rep. Lac. 6, 4. Dit., Syll.³ 1157, 47 [In] τὰς σφραγῖδας ἀνοιξάτω) Apk 5, 9. 6, 1—12. 8, 1. — **e.** Körperteile — **α.** d. Mund ἀ. τὸ στόμα einem andern *d. Mund öffnen* 1 Kl 18, 15 (vgl. Ps 50, 17); einem Fische, um etw. herauszunehmen Mt 17, 27; e. Stummen (Wsh 10, 21) Lk 1, 64. — Selbst *d. Mund auftun,* um zu reden (oft im AT, wie Or. Sib. 3, 497, doch z. B. auch Aristoph., av. 1719) Mt 5, 2. 6, 8D. AG 8, 35. 10, 34. 18, 14. EbEv 2. Mit genauerer Bezeichnung ἐν παραβολαῖς = er redete *in Gleichnissen* Mt 13, 35 (Ps 77, 2; vgl. Lucian, Philops. 33 ὁ Μέμνων αὐτὸς ἀνοίξας τὸ στόμα ἐν ἔπεσιν ἑπτά). εἰς βλασφημίας es öffnete s. Mund *zu Lästerungen* Apk 13, 6. — *d. Mund nicht öffnen,* stumm bleiben AG 8, 32. 1 Kl 16, 7 (beidemal Jes 53, 7). — Übertr. auf d. Erde, d. sich auftut, um etw. zu verschlingen ἤνοιξεν ἡ γῆ τὸ στόμα αὐτῆς Apk 12, 16 (vgl. Num 16, 30. 26, 10. Dt 11, 6). — **β.** d. Augen ἀ. τοὺς ὀφθαλμούς eines Blinden (Jes 35, 5. 42, 7. Tob 11, 7) Mt 9, 30. 20, 33. J 9, 10. 14. 17. 21. 26. 30. 32. 10, 21. B 14, 7 (Jes 42, 7). — d. eignen, um zu sehen (Epikt. 2, 23, 9. 12. ZP 4, 624): *d. Augen aufschlagen* AG 9, 8. 40. — Übertr. auf d. geistige Sehen Lk 24, 31 v. l. AG 26, 18. τοὺς ὀφθαλμοὺς τῆς καρδίας 1 Kl 36, 2. 59, 3. — **γ.** d. Ohren (Epikt. 2, 23, 10. ZP 7, 329) e. Tauben Mk 7, 35. — **δ.** d. Herz: ἀ. τὴν καρδίαν πρὸς τὸν κύριον *dem Herrn d. Herz erschließen* Hv 4, 2, 4. — **2.** intr. (nur Pf. 2: Hippokr., morb. 4, 39 ed. Littré VII 558. Plut., mor. 693D; Coriol. 37, 2. Lucian, nav. 4. Polyaenus 2, 28, 1) *sich auftun,* auch pass. *geöffnet werden* τ. οὐρανὸν ἀνεῳγότα J 1, 51. θύρα μοι ἀνέῳγεν 1 Kor 16, 9 (s. o. 1a. Dazu Lucian, Soloec. 8 ἡ θύρα ἀνέῳγέ σοι τῆς γνωρίσεως αὐτῶν). τὸ στόμα ἡμῶν ἀνέῳγεν πρὸς ὑμᾶς *unser Mund hat s. aufgetan gegen euch,* d. h. ich habe frei u. offen geredet 2 Kor 6, 11 (vgl. Ez 16, 63. 29, 21 u. ἄνοιξις).

ἀνοικοδομέω (seit Hdt. Aristoph., auch Inschr. Pap. LXX. Ep. Arist. 100. Jos., ant. 2, 203 u. ö. als wiederbauen u. aufbauen) Fut. ἀνοικοδομήσω *wiederbauen* (so Ephoros [IV v]: 70 fgm. 132. Jac P. Petr. II 12, 1, 15. Wilcken, Chrest. 96 VIII, 4. Dit., Syll.³ 454, 12 τῶν τειχῶν τῶν πεπτωκότων συνεπεμελήθη ὅπως ἀνοικοδομηθεῖ) τὴν σκηνὴν Δαυίδ *d. Hütte Davids* AG 15, 16a (Am 9, 11). τὰ κατεστραμμένα αὐτῆς *ihre zerfallenen Teile* V. 16b. d. Tempel B 16, 4.*

ἄνοιξις, εως, ἡ (seit Thu. 4, 68, 5, auch Plut., mor. 738C χειλῶν. ZP 5, 285. 36, 312. Jos., ant. 18, 30) *d. Öffnen* ἵνα μοι δοθῇ λόγος ἐν ἀνοίξει τ. στόματός μου *damit mein Mund zur Rede aufgetan werde* Eph 6, 19 (vgl. ἀνοίγω 2).*

ἀνομέω (Hdt. 1, 144. UPZ 5, 47 = 6, 34 [163 v]. LXX; dazu RHelbing, Kasussyntax '28, 12) Aor. 1 ἠνόμησα, Ptz. ἀνομήσας *gesetzwidrig handeln.* εἴς τινα (Num 32, 15. Ps 118, 78) *gegen jmdn.* Hv 1, 3, 1. Absol. 1 Kl 53, 2. B 4, 8. 14, 3 (alle drei Ex 32, 7).*

ἀνόμημα, ατος, τό (Stoic. III 136. Diod. S. 1, 77, 2. 17, 5, 4. ZP 4, 3099. LXX. Hen. 9, 10. Jos., ant. 8, 251. CSchmidt u. WSchubart, Altchr. Texte '10, S. 111) *d. gesetzwidrige Handlung* neben ἁμαρτία Hv 1, 3, 1; neb. ἀνομία u. ἁμαρτία 1 Kl 18, 2f. (Ps 50, 3f.).*

ἀνομία, ας, ἡ (seit Eur. Hdt. Vorsokr., auch Pap. LXX. Hen. Philo. Jos., bell. 1, 493; ant. 15, 348. Test. 12 Patr.) *d. Gesetzlosigkeit* — **1.** als Gesinnung Ggs. δικαιοσύνη (Hdt. 1, 96. X., mem. 1, 2, 24 ἀνομίᾳ μᾶλλον ἢ δικαιοσύνῃ χρώμενοι) Rö 6, 19a. 2 Kor 6, 14. Dg 9, 5. Hm 4, 1, 3; neb. ὑπόκρισις Mt 23, 28; oft (wie Ps 58, 3) neb. ἁμαρτία, mit d. sie 1 J 3, 4 identifiziert wird: vgl. 1 Kl 8, 3. 18, 3 (Ps 50, 4. 102, 10). Hs 7, 2. ἔργα τῆς ἀ. *gesetzlose Taten,* wie sie aus dieser Gesinnung entspringen B 4, 1. Hs 8, 10, 3. υἱοὶ τῆς ἀ. *gesetzlose Leute,* die d. Gesetz verachten (vgl. Ps 88, 23) Hv 3, 6, 1. PA 1, 3. ἀ. kennzeichnet diesen Äon als Herrschaftsgebiet Satans Mk-Schluß d. Freerhs. 2. ὁ ἄνθρωπος τῆς ἀ. (v. l. ἁμαρτίας) v. Antichrist 2 Th 2, 3 (als Übers. von Beliar gefaßt v. Bousset, D. Antichr. '95, 86; s. auch Ps 93, 20 θρόνος ἀνομίας). μυστήριον τῆς ἀ. *d. Geheimnis d. Gesetzlosigkeit,* weil u. solange der Antichrist noch nicht in die Erscheinung getreten ist V. 7; v. der ἀ. in der Endzeit auch D 16, 4. Mt 24, 12. μέθυσμα ἀνομίας *gottlose Trunkenheit* Hm 8, 3. ἡ τῆς πλάνης ἀ. *d. gottlose Trug* B 14, 5. ὁ καιρὸς ὁ νῦν τῆς ἀ. *d. gegenwärtige Zeit, in der d. Gottlosigkeit herrscht* 18, 2; vgl. 15, 7. V. Gott μισεῖν ἀ. (Ps 44, 8) Hb 1, 9 (v. l. ἀδικίαν). — **2.** *d. gesetzwidrige Tat* Rö 6, 19b. λυτρώσασθαι ἀπὸ πάσης ἀ. (Ps 129, 8) *v. aller Gesetzlosigkeit,* d. h. den g. Taten, *erlösen* Tit 2, 14. ἐργάζεσθαι ἀ. (oft LXX) Mt 7, 23. Hm 10, 3, 2. ἐργάτης ἀ. 2 Kl 4, 5. ἀ. ποιεῖν (Hos 6, 9. Jes 5, 7 u. ö.) Mt 13, 41. 1 J 3, 4. 1 Kl 16, 10 (Jes 53, 9); genauer bestimmt durch ἐν στόματι *sich mit d. Munde vergehen* B 10, 8. ἁρπάζειν ἐν ἀ. *gesetzwidrig rauben* 10, 4. Pl. *d. gesetzwidrigen Handlungen* (P. Oxy. 1121, 20. Herm. Schr. 1, 23; oft LXX) Rö 4, 7 (Ps 31, 1). Hb 8, 12 t. r. 10, 17. 1 Kl 16, 5. 9 (Jes 53, 8). 18, 5. 9 (Ps 50, 7. 11). 50, 6 (Ps 31, 1). 60, 1. B 5, 2 (Jes 53, 5). Hv 2, 2. 3, 6, 4. s 5, 5, 3. (Das Wort ist in d. Überlief. zuweilen mit Synonymen vertauscht worden; so Hb 1, 9 [ἀδικία]. 2 Th 2, 3 [ἁμαρτία]. 1 Kl 35, 5 v. l. [i. T. πονηρία]).*

ἀνόμοιος, ον (Pind. Pla. u. a., auch P. Oxy. 237 VI, 29. Wsh 2, 15. Philo) *unähnlich* mit Dat. (Pla., Gorg. 513B. Wsh) v. e. Sternerscheinung πόθεν ἡ καινότης ἡ ἀ. αὐτοῖς *woher d. neue ihnen* (d. h. d. anderen Gestirnen) *unähnliche Erscheinung stamme* IEph 19, 2.*

ἄνομος, ον (seit Soph. Hdt. Thu., auch P. Oxy. 237 VII, 11 [II n]. ZP 58, 8. LXX. Hen. Test. 12 Patr.) *gesetzlos, gesetzwidrig* — **1.** m. Bezug auf jedes Gesetz ἄ. κριτής *e. ungerechter Richter*, d. sich um d. Gesetz nicht kümmert B 20, 2. D 5, 2. — **2.** m. Bezug auf d. Mosaische Gesetz v. d. Heiden gebraucht — **a.** als solchen, die es nicht kennen, ohne daß ihnen daraus ein Vorwurf erwüchse (Pla., Polit. 302 E [Nägeli 14]. Esth 4, 17 u) τοῖς ἄ. ὡς ἄ. *den Heiden wie e. Heide* 1 Kor 9, 21. Doch auch — **b.** m. d. Beigeschmack d. Gottlosigkeit, so daß e. Annäherung an d. Bedeutung 3 stattfindet (Wsh 17, 2) διὰ χειρὸς ἀνόμων AG 2, 23. οἱ ἄνομοι MPol 16, 1. τὰ ἄ. ἔθνη (3 Makk 6, 9) *d. gottlosen Heiden* 9, 2. — **3.** m. Bezug auf d. sittl. Gesetze Gottes. μὴ ὢν ἄ. θεοῦ *während ich doch Gottes Gesetz nicht verwerfe* 1 Kor 9, 21 (Ggs. ἔννομος, z. Konstrukt. d. ἄ. θεοῦ s. Mlt. 114 Anm.). Daher überh. *gottlos* (oft LXX) neb. ἀνυπότακτος 1 Ti 1, 9; neb. ἀσεβής (1 Makk 7, 5. ZP 58, 11. Audollent, Defix. tab. 188) 1 Kl 18, 13 (Ps 50, 15); neb. ἄδικος (P. Lond. 358, 13 ἄνομα καὶ ἄδικα) 56, 11 (Hi 5, 22). Ggs. δίκαιος (Spr 21, 18) 45, 4; ἅγιος Dg 9, 2. μετὰ ἀνόμων λογισθῆναι *unter d. Verbrecher gerechnet werden* Mk 15, 28. Lk 22, 37; vgl. 1 Kl 16, 13 (alle drei Jes 53, 12). ὑπὲρ πᾶσαν ἁμαρτίαν ἀνομώτερος *über d. Maßen gottlos* B 5, 9. τὸ γένος ἄ. *d. gottlose Geschlecht* Hs 9, 19, 1. — V. Sachen ἄ. βίος neb. ἄδικος MPol 3. ἄ. ἔργα 2 Pt 2, 8 (Nicol. Dam.: 90 fgm. 58, 2 Jac. ἔργον ἄνομον ἐργάσασθαι). ὁ ἄ. καιρός *d. gottlose Zeit* B 4, 9 (vgl. 18, 2). — **4.** ὁ ἄ. *d. Gesetzlose* (Ez 18, 24. 33, 8) v. Antichrist 2 Th 2, 8 (vgl. V. 3). V. hier aus ist wohl auch zu verstehen ὁ καιρὸς τοῦ ἄ. B 15, 5.*

ἀνόμως *ohne Gesetz* (seit Eur. Thu., in der Regel freilich = gottloserweise P. Magd. 6, 11. BGU 1200, 20. 2 Makk 8, 17. Philo, leg. all. 1, 35 v. l. Jos., c. Ap. 1, 147. 2, 151; ant. 15, 59) Adv. v. ἄνομος. — ὅσοι ἀ. ἥμαρτον, ἀ. καὶ ἀπολοῦνται *d. ohne Gesetz sündigten, werden auch ohne G. verlorengehen* Rö 2, 12 (= χωρὶς νόμου 7, 9; vgl. Isokr. 4, 39 ἀ. ζῆν = leben in Unkenntnis d. Gesetzes. Ähnl. Jos., c. Ap. 2, 151).*

ἀνονειδίστως *ohne Vorwurf* Adv. v. ἀνονείδιστος (Nicol. Dam.: 90 fgm. 130, 62 Jac. ἀνονείδιστα) neb. ἀδιστάκτως: χορηγεῖν τινι Hs 9, 24, 2.*

ἀνόνητος, ον (seit Soph. Pla., auch Mitteis, Chrest. 88 IV, 9. Wsh 3, 11. 4 Makk 16, 7. 9. Jos., bell. 1, 464; vi. 422 u. ö.) *nutzlos, keinen Nutzen stiftend* ἐπιθυμίαι ἀ. neb. βλαβεραί 1 Ti 6, 9 v. l. (im Text ἀνοήτους).*

ἀνορθόω (seit Eur. Hdt., auch LXX) Fut. ἀνορθώσω. Aor. 1 Pass. ἀνορθώθην Lk 13, 13 (ἀνωρθώθη t. r., W-H.; vgl. Bl-D. § 67, 2 Anh. Helbing S. 72 f.) *wieder aufrichten* eigtl. e. eingefallenes Bauwerk (Hdt. 1, 19 τὸν νηόν. Dit., Or. 710, 4 [II n] τὸ προπύλαιον χρόνῳ διαφθαρὲν ἀνώρθωσεν. 2 Kö 7, 26 v. l. 1 Ch 17, 24) AG 15, 16. V. einer Gelähmten, d. geheilt wurde: ἀνορθώθη *sie richtete sich wieder auf* Lk 13, 13 (Hobart 22). τὰ παραλελυμένα γόνατα ἀ. *d. gelähmten Knie in d. ursprünglichen Zustand versetzen* Hb 12, 12.*

ἀνόσιος, ον (seit Aeschyl. Hdt., auch Inschr. Pap. LXX. Philo. Jos., bell. 6, 399; c. Ap. 2, 201 u. ö.) *unheilig, gottlos* — **1.** v. Pers. (P. Brem. 1, 4 [116 n]. P. Gieß. 41 II, 4 [beidemal ἀνόσιοι Ἰουδαῖοι. ZP 4, 2476. 2 Makk 7, 34. 8, 32. 4 Makk 12, 11. Ep. Arist. 289) 1 Ti 1, 9; vgl. 2 Ti 3, 2. neb. ἄνομος 1 Kl 45, 4. — **2.** v. Sachen (Diod. S. 34+35, fgm. 14 πρᾶξις. Wsh 12, 4. 3 Makk 5, 8) ἀ. στάσις *d. gottlose Aufruhr* 1 Kl 1, 1. αἰκίσματα δεινὰ καὶ ἀ. *furchtbare u. ruchlose Martern* 6, 2.*

ἀνοχή, ῆς, ἡ (seit X.) — **1.** *d. Aufhalten, d. Hemmung, d. Aufschub, d. Frist* (1 Makk 12, 25. Jos., bell. 1, 173; ant. 6, 72. Mit ἔχειν Diod. S. 11, 36, 4 ἀνοχὴν ἔχειν. P. Oxy. 1068, 15 ἡμερῶν ἀνοχὴν ἔχω) ἀνοχὴν οὐκ ἔχειν *keine Pause haben* = *unaufhörlich* Hs 6, 3, 1. ἀ. τῆς οἰκοδομῆς *e. Unterbrechung d. Baues* s 9, 5, 1. 9, 14, 2. — **2.** *d. Zurückhaltung, d. Nachsicht* (Epikt. 1, 29, 62 ἀ. ἔχω ich genieße Nachsicht. PSI 632, 13 [III v]; vgl. Nägeli 45) ἐν τῇ ἀ. τοῦ θεοῦ *während d. Zeit d. göttl. Nachsicht* Rö 3, 26. Neb. μακροθυμία 2, 4.*

ἀνταγωνίζομαι (seit Thu., auch 4 Makk 17, 14. Jos., c. Ap. 1, 56; mit πρός τινα Inschr. v. Priene 17, 15 [III v]) *ankämpfen* πρὸς τὴν ἁμαρτίαν Hb 12, 4.*

ἀντακούω (seit Trag. X., an. 2, 5, 16, auch Philostrat., imag. 1, 28 p. 333, 24. P. Lond. 1708, 57) Fut. ἀντακούσομαι *wieder hören* ὁ τὰ πολλὰ λέγων καὶ ἀντακούσεται *wer viel redet, bekommt auch wieder viel zu hören* 1 Kl 30, 4 (Hi 11, 2).*

ἀνταλλαγή, ῆς, ἡ (Maximus Tyr. 39, 1 c v. l. Hesych. Simplicius, in Aristot. Phys. 1350, 32. Theophilus Antecessor [VI n] 2, 6 p. 281 [ed. OReitz 1751]) *d. Tausch* ὢ τῆς γλυκείας ἀ. *o d. süßen Tausches*, näml. aus Sündern Gerechte geworden zu sein Dg 9, 5.*

ἀντάλλαγμα, ατος, τό (seit Eur., auch Ruth 4, 7. Hi 28, 15. Jer 15, 13. Sir 6, 15. Philo, Fgm. 110 Harris. Jos., bell. 1, 355; ant. 14, 484) *d. Tauschmittel* τί δώσει ἄνθρωπος ἀ. τῆς ψυχῆς αὐτοῦ; *was soll man als T. für s. Seele geben?* man hat nichts, wofür man die verlorene eintauschen könnte Mt 16, 26. Mk 8, 37.*

ἀνταναιρέω (seit Demosth., auch Pap. LXX) Aor. 2 ἀντανεῖλον *zur Vergeltung* oder *zur Strafe wegnehmen* τὶ ἀπό τινος *jmdm. etw.* 1 Kl 18, 11 (Ps 50, 13).*

ἀνταναπληρόω (Demosth. 14, 16. 17. Cass. Dio 44, 48. Apollon. Dysc., constr. ed. GUhlig '10 p. 21, 5. 158, 1. 365, 3. 487, 1) *etw. in Stellvertretung ausfüllen* τὰ ὑστερήματα τῶν θλίψεων *ich fülle aus, was noch v. Leiden aussteht* Kol 1, 24. Der Christ muß leiden, um Christus gleich zu werden (2 Kor 1, 5. 4, 10. 1 Th 3, 3). Pls freut sich, durch s. Mühsale, die er nach s. Willen stellvertretend zugunsten der Gemeinde trägt, diese zu ihrem Nutzen eng an Christus zu schließen. Er füllt aus, was sie noch nicht genug gelitten hat. Vgl. WRGMoir, Col 1, 24: ET 42, '31, 479 f. u. d. Lit. zu πάθημα 1.*

ἀνταποδίδωμι Fut. ἀνταποδώσω. Aor. 2 Inf. ἀνταποδοῦναι. Fut. 1 Pass. ἀνταποδοθήσομαι *als Ersatz erstatten, vergelten* (seit Hdt., auch Suppl. epigr. Gr. VIII 549, 33 [I v]. PSI 386, 23 [245 v]. UPZ 120, 22 [II v]. LXX) — **1.** im guten Sinne τινί τι (P. Lond. 413, 8 ἵν' ἀνταποδώσω σοι τὴν ἀγάπην. Spr 25, 22. Sir 30, 6. 1 Makk 10, 27): εὐχαριστίαν τῷ θεῷ ἀ. *Gott* (als Vergeltung) *Dank abstatten* 1 Th 3, 9; ohne Obj. οὐκ ἔχουσιν ἀ. σοι *sie haben nicht d. Mittel, es dir z. vergelten* Lk 14, 14 (vgl. EpJer 33). Pass. (Jos., ant. 14, 212) ἀνταποδοθήσεται αὐτῷ *es wird ihm zurückerstattet werden* Rö 11, 35 (Jes 40, 14 v. l.). — **2.** im bösen Sinne als Strafe od. Rache *rächen, heimzahlen* (ZP 3, 7) τινί τι *jmdm. etw.* (ZP 3, 115. Lev 18, 25. Ps 7, 5. 34, 12 u. ö.) ἀ. τοῖς θλίβουσιν ὑμᾶς θλῖψιν 2 Th 1, 6. Absol. ἐγὼ ἀνταποδώσω *ich w. Ver-*

geltung üben Rö 12, 19. Hb 10, 30 (beidemale Dt 32, 35).*

ἀνταπόδομα, ατος, τό (LXX) *d. Vergeltung,* als Lohn (Jes 1, 23. Sir 20, 10) B 20, 2. D 5, 2; μὴ γένηται ἀ. σοι *damit dir nicht V. zuteil werde* Lk 14, 12. — Als Strafe, wie meist LXX, (neb. σκάνδαλον) εἰς ἀ. αὐτοῖς *zur V. für sie* Rö 11, 9. — Neutral v. Endgericht, das Lohn u. Strafe verteilt (neb. ἀνάστασις) B 21, 1.*

ἀνταπόδοσις, εως, ἡ (seit Thu. [vgl. Nägeli 36], auch Inschr. Pap. LXX, meist sensu malo) *d. Vergeltung* ἀπολαμβάνειν τὴν ἀ. τῆς κληρονομίας *d. Vergeltung empfangen, d. im Erbteil besteht* Kol 3, 24 (vgl. Ri 9, 16B. Ps 18, 12). ἡμέρα τῆς ἀ. (Jes 63, 4) *Tag d. Vergeltung* v. göttl. Gerichtstag B 14, 9 (Jes 61, 2); vgl. Rö 2, 5A.*

ἀνταποδότης, ου, ὁ (Jer 28, 56 Sym.) *d. Vergelter* ὁ τοῦ μισθοῦ καλὸς ἀ. *d. gütige Lohnerstatter* D 4, 7. B 19, 11.*

ἀνταποκρίνομαι (t. t. der Mathem.: entsprechen [Nicomachus Gerasenus — II n —, Arithmet. 1, 8, 10f. Hoche]. LXX) Aor. 1 Pass. ἀνταπεκρίθην *entgegnend antworten* (Aesop 301a, 6 [ed. Chambry '25]. Schol. z. Pind., Pyth. 9, 65. Syntipas p. 80, 12. Leontios 35 p. 68, 23 τινί. Ri 5, 29A. Hi) οὐκ ἴσχυσαν ἀ. πρὸς ταῦτα *sie vermochten darauf nichts zu antw.* Lk 14, 6 (vgl. Hi 32, 12). ὁ ἀνταποκρινόμενος τῷ θεῷ *der antwortend Gott entgegentritt, mit Gott rechtet* Rö 9, 20 (vgl. Hi 16, 8. Pind. Pyth. 2, 88 χρὴ δὲ πρὸς θεὸν οὐκ ἐρίζειν = man darf gegen Gott nicht streiten).*

ἀντασπάζομαι (X. Plut., Tim. 38, 6) Aor. 1 ἀντησπασάμην *wieder grüßen* τινά *jmdn.* Hv 4, 2, 2. 5, 1.*

ἀντεῖπον (seit Aeschyl. Thu., auch LXX. Jos., ant. 1, 11. 19, 208. Or. Sib. 2, 276) Aor. 2 (an Stelle des fehlenden Aor. v. ἀντιλέγω) *widersprechen, erwidern* τινί *jmdm.* (P. Mich. 219, 9) Lk 21, 15. Hm 3, 3. οὐδὲν εἶχον ἀντειπεῖν *sie hatten nichts zu erwidern* AG 4, 14 (vgl. Aeschyl., Prom. 51 οὐδὲν ἀντειπεῖν ἔχω. P. Oxy. 237 V, 13 [186 n] ἐσιώπησεν οὐδὲν ἀντειπεῖν δυνάμενος).*

ἀντέχω (in unserer Lit. nur als Med., das — seit Pind. belegbar — der hellenist. Umgangssprache geläufig ist [Nägeli 54]) Fut. ἀνθέξομαι ▬ **1.** *sich halten an, festhalten an jmdm. od. etw., jmdm. anhangen* τινός (P. Tebt. 40, 9. P. Oxy. 1230, 30. P. Straßb. 74, 18. Jes 56, 2. 4. 6. Jer 2, 8. 1 Makk 15, 34 [festhalten an]. Spr 4, 6. Jer 8, 2 [anhangen]. Jos., bell. 4, 323): ἑνὸς ἀνθέξεται *er wird d. einen anhangen* Mt 6, 24. Lk 16, 13 (vgl. Pind., Nem. 1, 33 ἀντ. Ἡρακλέος). τῶν ἀγαθῶν τῶν μελλόντων *an den zukünftigen Gütern festhalten* Hv 1, 1, 8. τοῦ πιστοῦ λόγου *sich an d. zuverlässige Wort halten* Tit 1, 9 (vgl. Ael. Aristid. 36, 112K. = 48 p. 484D.: ἀληθείας ἀντέχεσθαι). Da es sich an letzterer Stelle um den Bischof handelt, dem mehr zugemutet sein könnte als d. Festhalten an d. Kirchenlehre, ist vielleicht vorzuziehen ▬ **2.** *sich angelegen sein lassen, sich annehmen* τινός *jmds.* oder *e. Sache* (Diod. S. 2, 33, 3. 3, 71, 4. 14, 4, 5 u. o. UPZ 170 [127/6 v] A, 24 = B, 23 οὐθενὸς δικαίου ἀντεχόμενοι. Dt 32, 41. Spr 3, 18. Ze 1, 6. Jos., ant. 20, 120) ἀ. τῶν ἀσθενῶν 1 Th 5, 14.*

ἀντί Präp. m. Gen. (seit Homer, auch Inschr. Pap. LXX. Jos., ant. 16, 158; Lit. s. zu ἀνά a. Anf.); eigtl. lokal *gegenüber.* Übertr. ▬ **1.** um zu bez., daß e. Größe durch e. andere ersetzt ist od. werden soll: *anstatt, für* ἀντὶ τοῦ πατρὸς αὐτοῦ Ἡρῴδου *anstatt seines Vaters Herodes* Mt 2, 22 (vgl. Hdt. 1, 108. X., an. 1, 1, 4. Appian, Mithrid. 7 § 23 Νικομήδης ἀντὶ Προυσίου ἐβασίλευε; Syr. 69 § 364. 3 Kö 11, 43. Tob 1, 15. 21. 1 Makk 3, 1. 9, 31 u. ö. Jos., ant. 15, 9). ἀ. ἰχθύος ὄφιν *anstatt eines Fisches e. Schlange* Lk 11, 11 (Paroem. Gr.: Zenobius [Hadr.] 1, 88 ἀντὶ πέρκης σκορπίον, wohl aus der att. Komödie: Kock III 678 [adesp.]. Paus. 9, 41, 3 bekommt Kronos zum Verschlingen ἀντὶ Διὸς πέτρον). ἀ. τῆς προκειμένης αὐτῷ χαρᾶς ὑπέμεινεν σταυρόν Hb 12, 2 (vgl. P. Hib. 170 [247 v] ἀντὶ φιλίας ἔχθραν. 3 Makk 4, 6. 8). Viell. kommt auch d. Bed. 3 in Frage, je nach d. Sinn v. πρόκειμαι (s. d. 2 u. 3). ▬ **2.** um zu bez., daß eine Größe einer anderen gleichwertig ist: *anstelle, für* (Diod. S. 3, 30, 3) κόμη ἀ. περιβολαίου *Haar als Hülle* 1 Kor 11, 15. ὀφθαλμὸν ἀ. ὀφθαλμοῦ καὶ ὀδόντα ἀ. ὀδόντος Mt 5, 38 (Ex 21, 24). κακὸν ἀ. κακοῦ ἀποδίδωμι (vgl. Ael. Aristid. 38 p. 711D.: ἴσα ἀντ' ἴσων ἀποδ. Spr 17, 13. — Dit., Syll.³ 145, 5 τὰ κακὰ ἀντὶ τ. ἀγαθῶν) Rö 12, 17. 1 Th 5, 15. 1 Pt 3, 9. λοιδορίαν ἀ. λοιδορίας ebd. (Dionys. Soph., ep. 40 χάριν ἀντὶ χάριτος = Geschenk gegen Geschenk). Anders χάριν ἀ. χάριτος *Gnade über Gnade* (in immer neuen Fluten strömt d. Gnade; vgl. Philo, poster. Cai. 145 διὰ τὰς πρώτας χάριτας. . . . ἑτέρας ἀντ' ἐκείνων καὶ τρίτας ἀντὶ τ. δευτέρων καὶ ἀεὶ νέας ἀντὶ παλαιοτέρων . . . ἐπιδίδωσι. Theognis 344 ἀντ' ἀνιῶν ἀνίας) J 1, 16 (JMBover, Biblica 6, '25, 454—60. PJoüon, Rech de Screl 22, '32, 206). ▬ **3.** Gen 44, 33 lehrt, wie sich aus dem *anstatt* ein *zugunsten von, für jmdn.* entwickeln kann, so daß ἀ. = ὑπέρ wird (vgl. Roßberg [b. ἀνά] 18. — Diod. S. 20, 33, 7 αὐτὸν ἀντ' ἐκείνου τὴν τιμωρίαν ὑπέχειν = er müsse für jenen d. Strafe erleiden. Ael. Aristid. 51, 24K. = 27 p. 540D.: Φιλουμένη ψυχὴν ἀντὶ ψυχῆς κ. σῶμα ἀντὶ σώματος ἀντέδωκεν, τὰ αὑτῆς ἀντὶ τῶν ἐμῶν) δοῦναι ἀ. ἐμοῦ καὶ σοῦ *für mich u. dich abgeben* Mt 17, 27. λύτρον ἀ. πολλῶν *Lösegeld zugunsten vieler* 20, 28. Mk 10, 45 (Appian, Syr. 60 § 314 διδόναι τι ἀντὶ τῆς σωτηρίας; bell. civ. 5, 39 § 166 ἐμοὶ ἀντὶ πάντων ὑμῶν καταχρήσασθαι = mich allein zugunsten von euch allen. Jos., ant. 14, 107 τὴν δοκὸν αὐτῷ τὴν χρυσῆν λύτρον ἀ. πάντων ἔδωκεν). S. d. Lit. z. λύτρον. — ἀ. τούτου *deshalb* Eph 5, 31. M. relat. Attraktion ἀνθ' ὧν *dafür, daß* = *weil* (Soph., Ant. 1068. X., an. 1, 3, 4. Dit., Or. 90, 35 [196 v]. P. Leid. D I, 21. LXX. Jos., ant. 17, 201. Or. Sib. 5, 68) Lk 1, 20. 19, 44. AG 12, 23. 2 Th 2, 10; *deshalb* (Aeschyl., Prom. 31. Thu. 6, 83, 1. 4 Makk 18, 3. Jdth 9, 3. Jos., ant. 4, 318) Lk 12, 3. — M. subst. Inf. (Ael. Aristid. 34 p. 654D. Jos., ant. 16, 107) ἀ. τοῦ λέγειν ὑμᾶς *statt daß ihr sagt* Jk 4, 15 (Bl-D. § 403). — D. Gen. pretii ersetzend (schon klass. Kühner-G. I 454; vgl. Hdt. 3, 59 νῆσον ἀντὶ χρημάτων παρέλαβον. Pla., Rep. 371D. Jos., ant. 4, 118) ἀ. βρώσεως μιᾶς ἀπέδετο *für e. einzige Mahlzeit* Hb 12, 16. So viell. auch V. 2 (s. o. 1).

ἀντιβάλλω (seit Thu., auch Pap. LXX) *entgegenhalten* τὶ πρός τινα (2 Makk 11, 13 ἀ. πρὸς ἑαυτόν) *jmdm. etw.* τίνες οἱ λόγοι οὓς ἀντιβάλλετε πρὸς ἀλλήλους; *was sind das für Reden, die ihr untereinander austauscht?* Lk 24, 17 (Theophanes Conf. [VIII n], Chron. 461, 18 de Boor ἀντιβάλλειν πρὸς ἀλλήλους = disputieren).*

ἀντιβλέπω (seit X., auch ZP 5, 323. Jos., ant. 6, 10; c. Ap. 2, 235) *ansehen* πρός τινα (vgl. Plut., Pomp. 69, 5. Aelian, h. a. 3, 33) *jmdn.* PA 3, 6.*

ἀντίγραφον, ου, τό (Lysias. Demosth. u. a., auch Strabo 8, 6, 15. Inschr. Pap. LXX. Ep. Arist.

Jos., ant. 13, 126. 17, 145. Test. 12 Patr.) *d. Abschrift, d. Exemplar* e. Buches MPol 22, 2. Epil Mosq 4.*

ἀντιδιατίθημι (nachklass. Wort d. höheren Koine [Nägeli 30]) Med. *sich entgegenstellen* (Περὶ ὕψους 17, 1 πρὸς τὴν πειθὼ τ. λόγων πάντως ἀντιδιατίθεται) παιδεύειν τοὺς ἀντιδιατιθεμένους *d. Widerspenstigen erziehen* 2 Ti 2, 25.*

ἀντίδικος, ου, ὁ *d. Prozeßgegner* (so seit X., auch Dit., Syll.^{3} 656, 24. 953, 5. 15. Sehr oft Pap.: z. B. P. Oxy. 37 I, 8. 237 VII, 24. 32 VIII, 12. BGU 592, 7. Spr 18, 17. Jer 27, 34. Philo, aet. m. 142. Jos., ant. 8, 30. Fremdw. im Rabb.) Mt 5, 25. Lk 12, 58. 18, 3. V. Teufel, weil er beim Gericht als Kläger auftritt 1 Pt 5, 8 (vgl. Apk 12, 10. Hi 1, 6ff. Sach 3, 1); doch könnte hier, wie Lk 18, 3, ἀ. auch allgemeiner *Feind, Widersacher* sein (so Aeschyl., Ag. 41. Philod., ira p. 65W. ZP 3, 6. 1 Kö 2, 10. Jes 41, 11. Sir 36, 6. Jos., ant. 13, 413). Dem entspräche d. Bezeichnung d. Teufels als ἐχθρός Test. Dan 6, 3f.*

ἀντίδοτος, ου, ἡ (Strato [IIn]: Anth. Pal. 12, 13. Diosc. 2, 110, 1W. Galen: CMG V 4, 2 p. 147, 15. 191, 21. Philumen. p. 21, 1 u. ö.) *d. Gegenmittel, d. Gegengift* (neb. φάρμακον) ἀ. τοῦ μὴ ἀποθανεῖν *G. gegen d. Tod* IEph 20, 2.*

ἀντίζηλος, ου, ὁ (adj. Vett. Val. 198, 11. Lev 18, 18. Sir 26, 6. 37, 11) *d. Neider* (Test. Jos. 7, 5 ἡ ἀντίζηλός σου) neb. βάσκανος u. πονηρός v. Teufel gesagt MPol 17, 1.*

ἀντίθεσις, εως, ἡ (seit Vorsokr., auch Plut., mor. 953 B. Lucian, dial. mort. 10, 10. Herm. Schr. 10, 10. Philo, ebr. 187) *d. Gegensatz, d. Widerspruch, d. Einwand* ἀ. τῆς ψευδωνύμου γνώσεως 1 Ti 6, 20 (γνῶσις 3).*

ἀντικαθίστημι *dagegenstellen* Aor. 2 ἀντικατέστην. Intr. *entgegentreten, Widerstand leisten* (so seit Thu. 1, 62, 5. 1, 71, 1, auch P. Oxy. 97, 9 [II n]. BGU 168, 11. Mi 2, 8 A) μέχρις αἵματος ἀ. *bis aufs Blut widerstehen* Hb 12, 4.*

ἀντικαλέω Aor. 1 ἀντεκάλεσα *wiedereinladen* τινά *jmdn.* v. d. Einladung zu e. Mahle als Erwiderung e. vorausgegangenen Einladung (so X., conviv. 1, 15) Lk 14, 12.*

ἀντίκειμαι (seit Hdt. im Sinne v. „gegenüberliegen, d. Gegensatz bilden zu“; vgl. Nägeli 39. So auch Jos., bell. 4, 454) *im Streite liegen* τινί *mit jmdm.* (Cass. Dio 39, 8 ἀλλ᾽ ἐκείνῳ τε ὁ Μίλων ἀντέκειτο): ταῦτα ἀλλήλοις ἀντίκειται *diese liegen im Streite miteinander* Gal 5, 17. ἀ. τῇ ὑγιαινούσῃ διδασκαλίᾳ 1 Ti 1, 10. — ὁ ἀντικείμενος *d. Widersacher, d. Feind* (UPZ 69, 6 [152 v] Μενέδημον ἀντικείμενον ἡμῖν. Ex 23, 22. Esth 9, 2. 2 Makk 10, 26 u. ö. LXX. Ep. Arist. 266) m. Dat. d. Pers. Lk 13, 17. 21, 15. Absol. 1 Kor 16, 9. Phil 1, 28. V. Antichrist 2 Th 2, 4. V. Teufel (Berl. kopt. Urk. 6, 25) 1 Kl 51, 1. MPol 17, 1; viell. auch 1 Ti 5, 14.*

ἀντικνήμιον, ου, τό (Hipponax [VI v] 49. Aristoph. Hippokr. X. u. a.; oft Pap.) *d. Schienbein* MPol 8, 3.*

ἄντικρυς Adv. (z. Form des seit Homer gebräuchl., b. Joseph. häufigen Wortes vgl. Kühner-Bl. I S. 298f. W-S. § 5, 28b. Bl-D. § 21. Thackeray p. 136) *gegenüber von*, als uneigentl. Präp. m. Gen. verb. (Themistokl., ep. 20 ἄ. τοῦ θρόνου. P. Oxy. 43 verso III, 20 ἄ. οἰκίας 'Επιμάχου. P. Tebt. 395, 4. 3 Makk 5, 16. Philo, op. m. 79. Jos., ant. 15, 410) ἄ. Χίου AG 20, 15. ἄ. αὐτῶν PA 11, 26 (vgl. P. Oxy. 471, 81 ἄ. τοῦ δεῖνα).*

ἀντιλαμβάνω in unserer Lit. nur Med. (das seit Thu. häufig, auch LXX. Philo. Joseph.) Aor. 2 ἀντελαβόμην — **1.** *sich annehmen* τινός — **a.** *jmds.* (Diod. S. 11, 13, 1 [von göttl. Hilfe]. Cass. Dio 40, 27. 46, 45. Plut., Pyrrh. 25, 2. Dit., Or. 51, 9. 10. 697, 1. P. Petr. II 3b, 7. UPZ 47, 23 [II v]. LXX) ἀντελάβετο 'Ισραὴλ παιδὸς αὐτοῦ *er hat sich seines Knechtes Israel angenommen* Lk 1, 54 (vgl. Jes 41, 8f.). ἀ. τῶν ἀσθενούντων *sich d. Kranken a.* AG 20, 35 (vgl. 2 Ch 28, 15). ἀ. ἀλλήλων Hv 3, 9, 2. — **b.** v. Sachen *sich befleißigen* (X., Cyr. 2, 3, 6 τ. πραγμάτων. P. Reinach 47, 4 τῆς γεωργίας. P. Lond. 301, 6ff. τῆς χρείας = des Amtes; ebenso P. Oxy. 1196, 12ff. Dit., Or. 339, 32 τῆς εὐσχημοσύνης. Jes 26, 3. Bar 3, 21. Jos., ant. 5, 194. 19, 238): οἱ τῆς εὐεργεσίας ἀντιλαμβανόμενοι 1 Ti 6, 2. — **2.** *etw. wahrnehmen* (Ps.-Plato, Axioch. 370 A; vgl. MMeister, Axioch. dial. Diss. Breslau '15, 43) εὐωδίας *e. Wohlgeruch bemerken* MPol 15, 2 (Philo, leg. all. 3, 56; det. pot. ins. 101: Töne).*

ἀντιλέγω (seit Trag. Hdt., auch Inschr. Pap. LXX) dazu Aor. 2 ἀντεῖπον; s. d. — **1.** *widersprechen* τινί *jmdm.* od. *etw.* (Thu. u. a., auch Sir 4, 25. Jos., ant. 3, 217 μηδὲν ἀ. δύνασθαι τούτοις = nichts dagegen sagen können) τοῖς ὑπὸ Παύλου λαλουμένοις AG 13, 45. Absol. (Thu. 8, 53, 2b οἱ ἀντιλέγοντες. Ep. Arist. 266. Jos., ant. 1, 338) τοὺς ἀντιλέγοντας ἐλέγχειν *d. Widersprechenden überführen* Tit 1, 9; οἱ μὴ ἀντιλέγοντες 2, 9 (vgl. 3 Makk 2, 28). — AG 28, 19. 22. — Mit flgd. μή c. inf. *etw. leugnen, bestreiten* (Dio Chrys. 21 [38], 14; im Sinne von „s. gegen e. Sache aussprechen“ findet s. diese Konstr. Thu. 3, 41) ἀ. ἀνάστασιν μὴ εἶναι *sie leugneten, daß es e. Auferstehung gebe* Lk 20, 27. — **2.** *sich in Gegensatz zu jmdm. bringen, sich widersetzen, jmdn. bekämpfen* (Appian, Liby. 94 § 442. Lucian, abdic. 24; dial. mort. 30, 3. Achilles Tatius 5, 27. P. Oxy. 1148, 5ff. Pap.brief b. Dßm., LO 160, 23. Jes 22, 22. 4 Makk 8, 2) ἀ. τῷ Καίσαρι J 19, 12. λαὸν ἀντιλέγοντα ὁδῷ δικαίᾳ μου *das sich meiner gerechten Leitung widersetzt* B 12, 4 (vgl. Jes 65, 2). τῇ δωρεᾷ τοῦ θεοῦ = d. Gabe nicht annehmen ISm 7, 1. Abs. (Diod. S. 18, 2, 3 οἱ ἀντιλέγοντες = d. Widersacher) λαὸν ἀπειθοῦντα καὶ ἀντιλέγοντα *e. ungehorsames u. widerspenstiges Volk* Rö 10, 21 (Jes 65, 2). — σημεῖον ἀντιλεγόμενον *e. Zeichen, das bekämpft wird* Lk 2, 34. — e. Schrift als gefälscht *ablehnen*: Plut., mor. 839 C Aphareus dichtete 37 Tragödien, ὧν ἀντιλέγονται δύο. Andererseits sind Plut., mor. 839 F von den 64 λόγοι des Isaeus 50 γνήσιοι = echt.*

ἀντίλημψις, εως, ἡ (seit Thu. in mancherlei Bedeutung; z. Schreibung mit od. ohne μ vgl. W-S. § 5, 30. Mayser 194f. WSchulze, Orthographica '94 I p. XIVff.) *d. Hilfe* (so UPZ 42, 40 [162 v]. P. Amh. 35, 57. BGU 1187, 27. LXX. Jos., ant. 18, 4; vgl. Dßm., B 87. Nägeli 39) ἀντιλήμψεις *Hilfeleistungen* 1 Kor 12, 28 (z. Pl. vgl. 2 Makk 8, 19. 3 Makk 5, 50).*

ἀντιλήπτωρ, ορος, ὁ (BGU 1138, 19 v. e. röm. Beamten: τὸν πάντων σωτῆρα κ. ἀντιλήμπτορα. UPZ 14, 17f. [158 v] d. Königspaar: ὑμᾶς τ. θεοὺς μεγίστους καὶ ἀντιλήμπτορας. LXX v. Gott. Hen. 103, 9) *der sich jmds. annimmt, d. Beschützer* ὁ βοηθὸς καὶ ἀ. ἡμῶν *unser Helfer u. Beschützer* 1 Kl 59, 4 (ἀ. u. βοηθός zus.: Ps 118, 114. 17, 3. 58, 17f.).*

ἀντίληψις s. ἀντίλημψις.

ἀντιλογία, ας, ἡ (seit Hdt. auch Inschr. Pap. LXX) — **1.** *d. Widerspruch, d. Einwand* χωρὶς πάσης ἀντιλογίας (BGU 1133, 15. P. Straßb. 75, 10. P. Lond. 310, 16) *ohne jede Widerrede* = selbstverständlich Hb 7, 7. πάσης ἀ. πέρας 6, 16. — **2.** *d. Widersetzlichkeit, d. Anfeindung, d. Auflehnung* (P. Petr. II 17 (3), 7 [III v]. Spr 17, 11. Jos., ant. 2, 43. 17, 313) ἡ εἰς ἑαυτὸν ἀ. *d. Anfeindung gegen sich* Hb 12, 3. τῇ ἀντιλογίᾳ τοῦ Κόρε *durch d. Auflehnung Koras* Jd 11.*

ἀντιλοιδορέω (Plut., Anton. 42, 5; mor. 88 E. Lucian, conviv. 40. P. Petr III 21g, 20 [III v] ἐμοῦ δέ σε ἀντιλοιδοροῦντος m. flgd. ἐλοιδόρησας φαμένη) *wiederschmähen* v. Christus λοιδορούμενος οὐκ ἀντελοιδόρει 1 Pt 2, 23.*

ἀντίλυτρον, ου, τό (Polyaenus, exc. 52, 7 Melber. Orphica Lithica 593 πάντων ἀ. Schol. zu Nicander, alexiph. 560 ἀ. . . . ὑπὲρ τῶν βοῶν. Origenes, Hexapl. II 170 Field zu Ps 48, 9. Hesych. Kos. u. Dam. 40, 30. P. Lond. 1343, 31 [VIII n]) *d. Lösegeld* ἀ. ὑπὲρ πάντων 1 Ti 2, 6 (vgl. Mlt. 171. Jos., ant. 14, 107 λύτρον ἀντὶ πάντων).*

ἀντιμετρέω (viell. schon Caecilius Calactinus p. 147 Ofenloch. Dann Ps.-Lucian, amor. 19. Rhet. Gr. I 523, 12 [Med.]) Fut. Pass. ἀντιμετρηθήσομαι *wieder zumessen* τινί *jmdm.* (Psellus p. 169, 1 ἀντιμετρεῖταί τινι = es wird jmdm. wieder zugemessen) Lk 6, 38. Pol 2, 3.*

ἀντιμιμέομαι (Appian, bell. civ. 5, 41 § 174. 5, 94 § 393) als Rivale od. Konkurrent *in nachahmenden Wettbewerb treten* τινά *mit jmdm.* IEph 10, 2.*

ἀντιμισθία, ας, ἡ (bisher nur im christl. Sprachgebrauch nachgewiesen; Teoph. ad Autol. 2, 9. Klem. v. Alex.) *d. Lohn,* auch im Sinne der *Vergeltung* m. Betonung d. Umstandes, daß es sich um e. Gegenleistung handelt (ἀντί): τὴν αὐτὴν ἀ. πλατύνθητε καὶ ὑμεῖς *weitet auch ihr euch aus in derselben Weise z. Lohne* 2 Kor 6, 13 (z. Akk. vgl. Bl-D. § 154). — ἀπολαμβάνειν τὴν ἀ. *d. Lohn erhalten* Rö 1, 27. ἀ. διδόναι τινί 2 Kl 1, 3. 9, 7. ἀντιμισθίας ἀποδιδόναι τινί 11, 6. 15, 2. μισθὸν ἀντιμισθίας διδόναι *Lohn zum Lohne, Entgelt geben* 1, 5.*

Ἀντιόχεια, ας (Lit. Inschr. Joseph. Or. Sib.) N. pr. f. *Antiochia* — **1.** A. am Orontes, d. größte Stadt Syriens (Jos., ant. 16, 148), Residenz d. Seleuciden, später Sitz des röm. Legaten. Es gab dort viele Juden (Jos., bell. 7, 43). V. der Entstehung der christl. Gemeinde in A. wissen wir nur, was sich aus AG 11, 19—26 ergibt. Pls wirkte dort AG 13, 1. 14, 26. 15, 22ff. 18, 22 u. hatte mit Petrus e. Auseinandersetzung Gal 2, 11. Ignatius, Bischof d. dortigen Gemeinde, erwähnt d. Stadt IPhld 10, 1. ISm 11, 1. IPol 7, 1. — OMüller, Antiquitates Antiochenae 1839. ThMommsen, Röm. Gesch. V 456ff. RFörster, A. am Orontes: Jahrb. d. K. D. Arch. Inst. 12, '97, 103—49. HLeclercq, Antioche: Dict. d'Arch. chrét. I 2359—2427. KBauer, A. in d. ältesten Kirchengesch. '19. HDieckmann, Antiochien '20. KPieper, A. am Orontes im ap. Zeitalter: ThGl 22, '30, 710—28. VSchultze, Antiocheia '30. LMEnfrey, Antioche '30. CHKraeling, The Jewish Community at Antioch: JBL 51, '32, 130—60. JKollwitz, RAC I '50, 461—69. — **2.** A. ad Pisidas (Strabo 12, 8, 14. Plin. d. Ä., nat. hist. 5, 94. Dit., Or. 536), zur Provinz Galatien gehörig, Sitz d. zivilen u. militärischen Verwaltung v. Südgalatien. V. Paulus mehrfach besucht. AG 13, 14. 14, 19. 21. 2 Ti 3, 11. — Ramsay, zuletzt Bearing 282ff. JWeiß, RE X 559f. WMCalder, Journ. of Rom. Stud. II '12, 79—109.*

Ἀντιοχεύς, έως, ὁ (Lit. Inschr. Joseph.) *d. Antiochener.* V. Nikolaus, e. aus Antiochia 1 stammenden Proselyten AG 6, 5.*

ἀντιπαλαίω (P. Oxy. 1099. Schol. zu Aristoph., Ach. 570. Schol. zu Thu. 2, 89) Aor. 1 ἀντεπάλαισα, Inf. ἀντιπαλαῖσαι *kämpfen, ringen* τινί *mit jmdm.* (Ggs. καταπαλαίω) τῷ διαβόλῳ Hs 8, 3, 6; absol. m 12, 5, 2.*

ἀντιπαρέλκω nur Pass.: *sich nach d. entgegengesetzten Seite abziehen lassen* 2 Kl 17, 3.*

ἀντιπαρέρχομαι (d. Wort b. Straton: Anth. Pal. 12, 8 Jacobs. Wsh 16, 10) Aor. 2 ἀντιπαρῆλθον *in entgegengesetzter Richtung vorbeigehen* (wie Heliodor 7, 27, 6 ἀντιπαρήει) Lk 10, 31f.*

Ἀντιπᾶς, ᾶ N. pr. m. (Sb 4206, 65. 255 [I v]; wohl verkürzt aus Ἀντίπατρος [vgl. Jos., ant. 14, 10], das sich unter anderem auch Inschr. v. Perg. 524, 2 findet) *Antipas,* Zeuge (μάρτυς 3) Christi in Pergamum Apk 2, 13. — WSchulze, Kl. Schr. 61, 275 A. 1.*

Ἀντιπατρίς, ίδος N. pr. f. *Antipatris* Stadt in Judäa, v. Herodes d. Gr. gegründet u. nach s. Vater benannt (Jos., ant. 16, 143; bell. 1, 417), am Wege v. Lydda nach Caesarea. Mt 13, 54 ℵ. Pls berührte die Stadt als Gefangener auf d. Transport nach Caesarea AG 23, 31. — Schürer[4] II 202—04.*

ἀντιπέρα Adv. (Bl-D. § 26 Anh. Jos. hat nur ant. 2, 341 τὴν ἀντιπέραν γῆν) *auf der entgegengesetzten Seite,* als (uneigtl.) Präp. m. Gen. (Polyb. 4, 43, 4. Diod. S. 2, 47, 1. P. Osl. 26, 8 [5/4 v]; als ἀντιπέρας schon Thu. 2, 66, 1) Gerasa ἀ. τῆς Γαλιλαίας *Gal. gegenüber* am Ostufer d. Sees Gennezaret Lk 8, 26.*

ἀντιπίπτω (d. Wort seit Aristot.) *sich entgegenwerfen, widerstreben, hinderlich sein* (so seit Polyb. 24, 11, 5, oft b. Plut., auch UPZ 36, 21 [162/1 v]. Num 27, 14; vgl. Anz 343) m. Dat. (Polyb., a. a. O. BGU 1300, 22 [III/II v]. UPZ 81 III, 6 dem göttl. Gebot): τῷ πνεύματι τῷ ἁγίῳ AG 7, 51.*

ἀντιστρατεύομαι (X., Cyr. 8, 8, 26. Diod. S. 22, 13, 2 Dind. Hier auch das Akt., wie Jos., ant. 2, 240. — Nägeli 18. 23) *gegen jmdn. zu Felde ziehen* τινί, nur übertr. (vgl. Aristaen. 2, 1 Ἔρωτες ἀντ. τοῖς ὑπερηφανοῦσι) auf d. als Herrschermacht gedachte Sünde ἀ. τῷ νόμῳ τοῦ νοός μου *kämpfend gegen d. Gesetz meiner Vernunft* Rö 7, 23.*

ἀντιτάσσω (seit Aeschyl. Hdt. im Gebrauch, in uns. Lit., wie LXX. Jos., bell. 2, 194. 3, 15; vi. 202, nur Med.) *sich entgegenstellen, sich auflehnen* m. Dat. dessen, dem d. Widerstand gilt. Persönliches (3 Kö 11, 34. Hos 1, 6): ὑπερηφάνοις Jk 4, 6. 1 Pt 5, 5. 1 Kl 30, 2. IEph 5, 3 (alle Spr 3, 34). οὐκ ἀ. ὑμῖν *er leistet euch keinen Widerstand* Jk 5, 6. τῇ ἐξουσίᾳ Rö 13, 2. μηδενί (neb. ἡσύχιον εἶναι) Hm 8, 10. — Sachliches (Esth 3, 4. 4 Makk 16, 23 S): τῷ θελήματι θεοῦ *sich gegen Gottes Willen auflehnen* 1 Kl 36, 6. τῷ νόμῳ Hs 1, 6. ταῖς ἡδοναῖς *gegen d. Lüste ankämpfen* (Procop. Soph., ep. 117 ἀντιτάξει τ. ἡδοναῖς) Dg 6, 5. Absol. AG 18, 6.*

ἀντίτυπος, ον (d. Wort seit Anaximander, auch IG XIV 1320. Esth 3, 13d v. l.) — **1.** adj. *gegenbildlich,* dem Vorbild (τύπος vgl. d. Orakelspruch b. Diod. S. 9, 36, 3 τύπος ἀντίτυπος. Ex 25, 40) entsprechend (Polyb. 6, 31, 8 ἀντίτυπος τίθεμαί τινι) ὃ (d. h. ὕδωρ) ὑμᾶς ἀ. νῦν σῴζει βάπτισμα *das gegenbildlich euch jetzt als Taufe rettet,* d. h. d. Rettung Noahs aus d. Flut ist τύπος, Vorbild, d. Taufe das Gegenbild 1 Pt 3, 21. — **2.** subst. τὸ ἀ. *d. Abbild, d. Gegenbild* (Wadd. 1855. Plotin 2, 9, 6. Proclus zu Pla., Cratyl. p. 76, 28 Pasquali), nach platonischer Lehre v. d. sinnl. Erscheinungswelt im Ggs. zu den wahrhaften, himmlischen Urbildern (dem αὐθεντικόν). So χειροποίητα ἅγια, ἀ. τῶν ἀληθινῶν *e. mit Händen gemachtes Heiligtum, d. Abbild d. wahren* (Heiligtums) Hb 9, 24. D. Fleisch ist ἀντίτυπος τοῦ πνεύματος 2 Kl 14, 3a; d. Geist tritt dem ἀ. als τὸ αὐθεντικόν gegenüber V. 3b.*

ἀντίχριστος, ου, ὁ (vgl. ἀντίθεος: Heliodor 4, 7, 13. Jambl., myst. 3, 31. ZP 7, 635 πέμψον μοι τὸν ἀληθινὸν ᾿Ασκληπιὸν δίχα τινὸς ἀντιθέου πλανοδαίμονος. Philo, somn. 2, 183) *der Antichrist,* d. zur Endzeit auftretende Gegner d. Messias 1 J 2, 18. 22. 4, 3. 2 J 7. Pol 7, 1. Pl. ἀ. πολλοί 1 J 2, 18. D. Ausdruck ist außerhalb d. Christentums nicht nachweisbar, wohl aber die Sache. Vgl. WBousset, Der Antichrist '95; Rel.³ 254—56 u. ö. KErbes, Der A. in den Schriften des NTs '97. JGeffcken, Die Sage v. Antichrist: PJ 102, '00, 385ff. MFriedländer, Der Antichrist in d. vorchr. jüd. Quellen '01. AJeremias, D. Antichrist in Gesch. u. Gegenwart '30. PB Rigaux, L'Antéchrist '32. HSchlier, KBarth-Festschr. '36, 110—24. ELohmeyer, RAC I '50, 450—57.*

ἀντίψυχον, ου, τό *d. Lösegeld* (vgl. 4 Makk 6, 29. 17, 21. D. Adj. ἀντίψυχος, ον = als Gegengabe f. d. Leben: Lucian, Lex. 10 χρήματα ἀντίψυχα διδόναι. Cass. Dio 59, 8, 3 ἀντίψυχοι) IEph 21, 1. ISm 10, 2. IPol 2, 3. 6, 1.*

ἀντλέω (seit Theognis. Hdt.) Aor. 1 ἤντλησα — **1.** *schöpfen* (so seit Hdt., auch P. Oxy. 985. P. Lond. 1177, 66. LXX. Jos., bell. 4, 472) m. Akk. τὸ ὕδωρ (Biogr. p. 428. Gen 24, 13. Jes 12, 3) J 2, 9. 4, 7. Absol. (Hdt. 6, 119. Diog. L. 7, 168. 169) 2, 8. 4, 15. — **2.** übertr. *erdulden* (Trag. u. Spätere. Lucian, de merc. cond. 17 δουλείαν) πολλοὺς κόπους ἀ. Hs 5, 6, 2 (s. ἀναντλέω).*

ἄντλημα, ατος, τό *d. Schöpfeimer* (Plut., mor. 974E. Schol. zu Aristoph., ran. 1297; d. Wort auch P. Flor. 384, 17) J 4, 11.*

ἀντοφθαλμέω (oft b. Polyb., der es in verschied. Bedeutung als sprachliche Eigentümlichkeit hat) *entgegensehen, gerade hineinsehen* εἴς τι *in etw.*: v. d. Sonne εἰς τὰς ἀκτῖνας αὐτοῦ B 5, 10 (vgl. Antig. Car. 46; griech. Apk. Bar. 7). τινί *jmdm. ins Gesicht sehen,* ἀ. τῷ ἐργοπαρέκτῃ *d. Arbeitgeber* 1 Kl 34, 1. ἀ. τῇ ἀληθείᾳ *der Wahrheit ins Gesicht sehen* im Sinne des Trotzbietens od. Standhaltens (Περὶ ὕψους 34, 4 ἀντ. τοῖς ἐκείνου πάθεσιν = den Leidenschaften jenes Mannes. Wsh 12, 14) AG 6, 10 D. Übertr. v. e. Schiffe τοῦ πλοίου μὴ δυναμένου ἀ. τῷ ἀνέμῳ *da d. Schiff nicht mit dem Kopfe in den Wind zu drehen war* AG 27, 15 (vgl. Breusing 167f. ChVoigt, Hansa 53, '16, 728).*

ἀνυβρίστως Adv. v. ἀνύβριστος *ohne Überhebung* (so akt. b. Plut. Ps.-Phok. 157 v. l. Jos., ant. 17, 308) ἀ. ἀγαλλιᾶσθαι *ohne Übermut frohlocken* Hs 1, 6.*

ἄνυδρος, ον (seit Hes., fgm. 24 Rz. Eurip. Hdt., auch Dit., Or. 199, 21. P. Oxy. 918 II, 10. LXX. Jos., c. Ap. 1, 277) *wasserlos, dürr* τόποι ἄ. *wasserlose Plätze* (Plut., Lucull. 36, 3. Ps.-Callisth. 2, 9, 1; vgl. Spr 9, 12c. Jes 44, 3. Jos., c. Ap. 2, 25) als Aufenthaltsort d. Dämonen (vgl. Jes 13, 21. Bar 4, 35. Apk 18, 2) Mt 12, 43. Lk 11, 24; übertr. πηγαὶ ἄ. *Quellen, d. kein Wasser geben* v. Sündern 2 Pt 2, 17. Dafür νεφέλαι ἄ. (vgl. Spr 25, 14 hebr. Vergil, Georg. 3, 197 arida nubila) *Wolken, die keinen Regen geben* Jd 12.*

ἀνυπέρβλητος, ον (X. Pla. u. a., auch Polyb. 8, 12, 12. Diod. S. 1, 55, 10. 13, 56, 5. Dio Chrys. 58 [75], 8. Ael. Arist. 25, 18 K. = 43 p. 803 D. Herm. Schr. 6, 3. 11, 5. Dit., Syll.³ 839, 9. 893, 16f. ZP 2, 150. 4, 1201. 1873. 3172. Jdth 16, 13. Ep. Arist. 92. Philo, Mos. 2, 207. Jos., bell. 2, 198; ant. 11, 44) *unübertrefflich, unüberbietbar* τελειότης ἀ. *u. Vollkommenheit* 1 Kl 53, 5. εὔνοια MPol 17, 3.*

ἀνυπόκριτος, ον (Schol. Aristoph., av 798. Jambl., vi. Pyth. § 69, 188 αἰδώς. Ps.-Demetr., de eloc. 194. Wsh 5, 18. 18, 15) *ungeheuchelt* ἀγάπη Rö 12, 9. 2 Kor 6, 6. φιλαδελφία 1 Pt 1, 22. πίστις 1 Ti 1, 5. 2 Ti 1, 5. *nicht heuchelnd* σοφία Jk 3, 17.*

ἀνυποκρίτως (M. Ant. 8, 5, 2) Adv. v. ἀνυπόκριτος *ohne Verstellung, ohne Heuchelei* 2 Kl 12, 3.*

ἀνυπότακτος, ον (d. Wort seit Polyb. 3, 36, 4) — **1.** *nicht unterworfen, unabhängig* (Epikt. 2, 10, 1. 4, 1, 161. Artem. 2, 30 p. 125, 13. Vett. Val. 9, 18. 41, 3 u. ö. ZP 4, 1366. Philo, rer. div. her. 4. Jos., ant. 11, 217) οὐδὲν ἀφῆκεν αὐτῷ ἀ. *er hat nichts unabhängig von ihm gelassen* d. h. nichts hat er seiner Herrschaft entzogen Hb 2, 8. — **2.** *nicht unterwürfig, unbotmäßig, widersetzlich* (Ptolem., apotel. 2, 3, 13. 18. 45. 4, 5, 3. 5. Sym. 1 Kö 2, 12. 10, 27. Moeris p. 34 Pierson stellt ἀ. zus. mit ἀφηνιαστής u. ὑπερήφανος. ZP 4, 1367. Maspero 97 II, 49) neb. ἄνομος 1 Ti 1, 9. V. aufsässigen Gemeindegliedern Tit 1, 10. V. mißratenen Kindern 1, 6.*

ἀνυστέρητος, ον *nicht entbehrend, keinen Mangel habend* mit Gen. *an etw.* ἐκκλησίᾳ ἀ. οὔσῃ παντὸς χαρίσματος *keiner Gnadengabe ermangelnd* ISm insc. ἀπὸ πάντων τῶν αἰτημάτων σου ἀ. ἔσῃ *alle deine Bitten werden dir erfüllt werden* Hm 9, 4.*

ἄνω Ortsadv. (seit Homer, auch Inschr. Pap. LXX) — **1.** *oben* (Ggs. κάτω wie Aristot. p. 6a, 13. Aeneas Tact. 1674. Philo, conf. ling. 139; deus imm. 175 u. ö. Jos., c. Ap. 1, 77) ἐν τῷ οὐρανῷ ἄ. *oben am Himmel* AG 2, 19 (Jo 3, 3 v. l.; vgl. Ex 20, 4. Dt 4, 39. 5, 8 u. ö. Herm. Schr. b. Stob. I 407, 23 W. = Sc. 494, 28), wo ἄ. scheinbar pleonastisch steht. ἕως ἄ. (2 Ch 26, 8) *bis oben hin* γεμίζειν *bis a. d. Rand füllen* J 2, 7. — Adjektiv. (Diod. S. 4, 55, 7 οἱ ἄνω τόποι. Appian, Syr. 12 § 47 ἡ ᾿Ασία ἡ ἄνω. Arrian, Ind. 5, 13. UPZ 162 V, 28 [117 v]. Jos., ant. 12, 135 οἱ ἄνω τόποι. 147. 13, 223 ἡ ἄ. Συρία; vi. 67) ἡ ἄ. ᾿Ιερουσαλήμ (Ggs. ἡ νῦν ᾿Ι.) *d. himmlische Jerusalem* Gal 4, 26 (s. ῾Ιεροσόλυμα 2 u. vgl. Jos., bell. 5, 400 ὁ ἄ. δικαστής v. Gott). — Substantiv. τὰ ἄ. *das Obere* = d. Himmel (vgl. Herm. Schr. 4, 11 τὴν πρὸς τὰ ἄνω ὁδόν): ἐγὼ ἐκ τῶν ἄ. εἰμί *ich stamme aus d. obern Welt* J 8, 23. τὰ ἄ. ζητεῖν *d. Obere* (Himmlische) *suchen* Kol 3, 1. τὰ ἄ. φρονεῖν V. 2. — **2.** *nach oben, aufwärts, hinauf* (Alex. Aphr., fat. 27, II 2 p. 198, 28 ἄνω φέρεσθαι = s. nach oben erheben. P. Oxy. 744, 8 [I v]. 1 Esr 9, 47. Philo, spec. leg. 1, 207 ἀπὸ γῆς ἄνω πρὸς οὐρανόν) ἄ. ὁρᾶν *aufwärts blicken* Dg 10, 2 (b. Gebet wie ἄνω βλέπω bei Moschus, fgm. 4 p. 139 v. Wilam. ['06]. Vgl. Herm. Schr. 406, 19 Sc. ἄ. βλέπειν. Celsus 3, 62). Dafür ἦρεν τοὺς ὀφθαλμοὺς ἄ. (wobei ἄ. überflüssig ist) J 11, 41. ῥίζα ἄ. φύουσα *e. aufsprossender Wurzelschoß* Hb 12, 15 (Dt 29, 17). ἡ ἄ. κλῆσις *d. Berufung nach oben* Phil 3, 14 (vgl. griech. Apk. Bar. 4 p. 87, 33 James ἐν αὐτῷ μέλλουσιν τ. ἄνω κλῆσιν προσλαβεῖν καὶ τ. εἰς παράδεισον εἴσοδον).*

ἀνώγαιον und **ἀνώγεον** s. ἀνάγαιον.

ἄνωθεν Ortsadv. (seit Trag. Hdt., auch Inschr. Pap. LXX) — **1.** lokal *von oben her* (Dit., Syll.³

969, 63. P. Hib. 110, 66. 107. 109. Gen 49, 25. Jos 3, 16. EpJer 61. Hen. 28, 2. Philo, rer. div. her. 64. 184; fug. 138; somn. 2, 142. Jos., ant. 3, 158) σχισθῆναι ἀπ' ἄ. ἕως κάτω *v. oben bis unten zerreißen* Mk 15, 38. Dafür ἄ. ἕως κάτω Mt 27, 51 (wo ἀπ' von d. meisten Zeugen nach Mk zugesetzt wird). ἐκ τῶν ἄ. ὑφαντὸς δι' ὅλου *v. oben an ganz gewebt* (d. h. ganz ohne Naht) J 19, 23. Bes. *v. Himmel her* (vgl. ἄνω 1 u. Schol. zu Pla. 856 E vom Seher: ἄνωθεν λαμβάνειν τὸ πνεῦμα. Philo, Mos. 2, 69) ἄ. ἐκ τ. οὐρανοῦ 3, 27 v. l. ὁ ἄ. ἐρχόμενος *wer v. Himmel kommt* (gleich darauf durch ὁ ἐκ τοῦ οὐρανοῦ ἐρχόμενος erkl.) 3, 31. V. Hl. Geist πνεῦμα ἄ. ἐρχόμενον Hm 11, 21; dafür einfach τὸ πνεῦμα τὸ ἄ. 11, 8. ἡ δύναμις ἡ ἄ. ἐρχομένη 11, 20. ἡ σοφία ἄ. κατερχομένη Jk 3, 15. Dafür ἡ ἄ. σοφία V. 17. ἄ. εἶναι *v. oben her stammen* Hm 9, 11. 11, 5. Jk 1, 17. Ggs. νῦν (vgl. ἄνω 1) 2 Kl 14, 2. ἄ. δεδομένον *v. oben her* (d. h. v. Gott; vgl. Procop. Soph., ep. 109 θεοῦ ἄ. ἐπινεύοντος) *verliehen* J 19, 11. — **2.** zeitl. — **a.** *von Anfang an* (Pla. Demosth. 44, 69. Dit., Syll.³ 1104, 11. P. Oxy. 237 VIII, 31. Hen. 98, 5. Philo, Mos. 2, 48) παρακολουθεῖν ἄ. *v. Anfang an nachgehen* Lk 1, 3. — **b.** *von alters, v. früher her* (Dit., Syll.³ 685, 81. 91. 748, 2. P. Tebt. 59, 7. 10. Jos., ant. 15, 250) προγιγνώσκειν ἄ. *von früher kennen* AG 26, 5 (Ael. Aristid. 50, 78 K. = 26 p. 525 D.: ἄ. 'Αριστείδην γιγνώσκω). — **3.** *wiederum, v. neuem* (Pla., ep. 2 p. 310 E ἄ. ἀρξάμενος. Epikt. 2, 17, 27. Jos., ant. 1, 263. IG VII 2712, 58. BGU 595, 5ff.) ἄ. ἐπιδεικνύναι MPol 1, 1. Manchmal m. verstärkend. πάλιν (CIG 1625, 60. Wsh 19, 6) Gal 4, 9. — Absichtl. doppelsinnig ἄ. γεννηθῆναι „*von oben her*" *gezeugt* u. so „*wiederum*" *geboren werden* J 3, 3. 7 (ἀ. γεννᾶσθαι auch Artem. 1, 13. Epikt. 1, 13, 3: alle Menschen sind von ihrem Vorvater Zeus gezeugt ἐκ τῶν αὐτῶν σπερμάτων καὶ τῆς αὐτῆς ἄνωθεν [v. oben her] καταβολῆς). JLouw, NThSt 23, '40, 53—56.*

ἀνωτερικός, ή, όν (d. Wort b. Hippokr. Galen [Hobart 148]. Hippiatr. I 69, 22) *d. obere* τὰ ἀ. μέρη *d. oberen* d. h. landeinwärts gelegenen *Gegenden* AG 19, 1 (wie ἄνω d. Binnenland bez.; Jdth 1, 8. 2, 21 u. ö. LXX).*

ἀνώτερος, α, ον in uns. Lit. nur Neutr. als Adv. (seit Aristot., auch Dit., Syll.³ 674, 55. Lev 11, 21. 2 Esr 13, 28; vgl. Bl-D. § 62) — **1.** *hinauf* προσαναβαίνω ἀ. *weiter hinaufrücken* Lk 14, 10. — **2.** *früher* (wie wir bei e. Zitat *oben* sagen; Zen.-P. 59631, 10 [III v] ἀνώτερον γεγράφαμεν. Polyb. 3, 1, 1 τρίτῃ ἀνώτερον βίβλῳ. Jos., ant. 19, 212 καθάπερ ἀν. ἔφην; vgl. auch AHeisenberg u. LWenger, Byz. Pap. in d. Staatsbibl. zu München '14, Nr. 7, 47) ἀ. λέγειν Hb 10, 8.*

ἀνωφελής, ές (seit Aeschyl. Thu., auch LXX. Ep. Arist. 253. Philo) *unnütz* — **1.** *nutzlos, erfolglos* (P. Lond. 908, 31; vgl. 28. Wsh 1, 11. Jes 44, 10. Jer 2, 8. Jos., ant. 4, 191) νηστεία Hs 5, 1, 3. τὸ ἀνωφελές, *d. Zwecklosigkeit* (Lucian, dial. mort. 15, 4) διὰ τὸ ἀσθενὲς καὶ ἀ. *wegen d. Schwäche u. Nutzlosigkeit* Hb 7, 18. — **2.** *schädlich* (Pla., Protag. 21 p. 334 A. Spr 28, 3. PsSal 16, 8 ἁμαρτία ἀ.) v. Streitigkeiten Tit 3, 9. IMg 8, 1.*

ἀξιαγάπητος, ον *liebenswürdig* v. Pers. (neb. ἀξιοθαύμαστος) IPhld 5, 2. — *liebenswert* ὄνομα 1 Kl 1, 1. ἦθος 21, 7.*

ἀξίαγνος s. ἀξιόαγνος.

ἀξιέπαινος, ον (X. u. a., auch Appian, Ital. 6; Liby. 51 § 224. Aelian, n. a. 2, 57) *lobwürdig lobenswert* v. d. röm. Gemeinde IRö insc.*

ἀξίνη, ης, ἡ (seit Homer, auch BGU 1529, 4 [III v]. Zen.-P. 59783. LXX) *d. Axt,* z. Holzfällen gebraucht (X., an. 1, 5, 12. Jer 26, 22) Mt 3, 10. Lk 3, 9. 13, 7 D.*

ἀξιόαγνος, ον *der Heiligung würdig* IRö insc. (Lghtf. ἀξίαγνος).*

ἀξιοεπίτευκτος, ον *d. Erfolges würdig* IRö insc. (s. Lghtf. z. St.).*

ἀξιοθαύμαστος, ον (X., mem. 1, 4, 4. Appian, bell. civ. 1, 6 § 24. Herm. Schr. 458, 16 Sc. Ep. Arist. 282) *bewunderungswürdig* (neben ἀξιαγάπητος) IPhld 5, 2.*

ἀξιόθεος, α, ον *Gottes würdig* (Oenomaus [II n] b. Euseb., pr. ev. 5, 34, 4. Studia Pontica III Nr. 173 τῇ ἀξιοθέᾳ μητρί) v. d. Gemeinde v. Tralles ITr insc.; v. Rom IRö insc.; v. Pers. Mg 2, 1. Sm 12, 2. τὰ ἀ. πρόσωπα IRö 1, 1.*

ἀξιομακάριστος, ον (X., apol. 34, auch Cyrill v. Scyth. S. 235, 27) *preiswürdig* IEph insc.; IRö insc. u. 10, 1; v. Paulus IEph 12, 2.*

ἀξιονόμαστος, ον *d. s. Namen mit Recht trägt* πρεσβυτέριον IEph 4, 1.*

ἀξιόπιστος, ον — **1.** *vertrauenswürdig* (X. Pla. u. a., auch Pap. Spr 28, 20. 2 Makk 15, 11. Jos., c. Ap. 1, 4) οἱ δοκοῦντες ἀ. εἶναι καὶ ἑτεροδιδασκαλοῦντες *d. vertrauenswürdig zu sein scheinen u. doch Irrtümer verbreiten* IPol 3, 1. — **2.** im schlechten Sinn *Vertrauenswürdigkeit vortäuschend* (Lucian, Alex. 4. Charito 6, 9, 7; so d. Adv. Jos., bell. 1, 508) φιλόσοφοι Dg 8, 2. λύκοι ἀ. IPhld 2, 2. — Suidas: ἀξιόπιστος οὐχὶ ὁ κατάπλαστος λέγεται ὑπὸ τῶν παλαιῶν καὶ τερατείᾳ χρώμενος, ἀλλ' ὁ πιστὸς καὶ δόκιμος καὶ ἀξιόχρεως.*

ἀξιόπλοκος, ον *würdig geflochten* στέφανος in e. Bild v. e. Kreis würdiger Personen IMg 13, 1.*

ἀξιοπρεπής, ές (X., conviv. 8, 40. Sym. Ps 89, 16) *ehrwürdig* v. d. röm. Gemeinde IRö insc. V. Personen ἀξιοπρεπέστατος ἐπίσκοπος *d. hochwürdigste Bischof* Mg 13, 1.*

ἄξιος, ία, ον (seit Hom., auch Inschr. Pap. LXX. Ep. Arist. Philo. Joseph. Fremdw. im Rabb.) — **1.** v. Sachen an Wert od. Bedeutung einer Sache *entsprechend, angemessen* — **a.** v. d. Preis *gleichwertig* (Ps.-Demosth. 13, 10. Herodian 2, 3 [v. Wert einer Sache]. Spr 3, 15. 8, 11. Sir 26, 15; vgl. Nägeli 62) οὐκ ἄξια τὰ παθήματα πρὸς τὴν μέλλουσαν δόξαν *d. Leiden stehen in keinem Verhältnis zu d. künftigen Herrlichkeit* Rö 8, 18 (Arrian, anab. 6, 24, 1 οὐδὲ τὰ ξύμπαντα ... ξυμβληθῆναι ἄξια εἶναι τοῖς ... πόνοις = das alles ist nicht wert, verglichen zu werden mit den Mühsalen). οὐδενὸς ἄ. λόγου *nicht d. Rede wert* Dg 4, 1 (λόγου ἀξ.: Hdt. 4, 28. Pla., ep. 7 p. 334 E. Diod. S. 13, 65, 3 οὐδὲν ἄξιον λόγου πράξας. Dionys. Hal. 1, 22, 5. Dio Chrys. 22 [39], 1. Vi. Hom. 4); vgl. V. 4. — **b.** allg. v. jedem sonstigen Verhältnis (Diod. S. 4, 11, 1 ἄξιον τῆς ἀρετῆς = der Tugend angemessen. Jos., vi. 250 βοὴ εὐνοίας ἀξία) καρποὶ ἄ. τῆς μετανοίας *Früchte, d. der Buße entsprechen* Lk 3, 8. Mt 3, 8. Dafür ἄ. τῆς μετανοίας ἔργα AG 26, 20. καρπὸς ἄ. οὗ ἔδωκεν *e. Frucht, die dem entspricht, was er uns gegeben hat* 2 Kl 1, 3. ἄ. πρᾶγμα ISm 11, 3. ἀκκεπτα IPol 6, 2. ἔργα ἄ. τῶν ῥημάτων *d. den Worten entspr.* 2 Kl 13, 3. πάσης ἀποδοχῆς ἄ. *aller Annahme wert* 1 Ti 1, 15. 4, 9 (Ps.-Dicaearch p. 144 Zl. 10 F. πάσης ἄξιος φιλίας). οὐδὲν ἄ. θανάτου *nichts Todeswürdiges,* d. h. nichts, was Todesstrafe verdient hätte Lk 23, 15. AG 25, 11. 25. θανάτου ἢ δεσμῶν ἄ. *was Tod oder Gefängnis* *verdient hätte* 26, 31 (vgl. Hyperid. 3, 14. Appian, Iber. 31 § 124 ἄξια θανάτου. Jos., ant. 11, 144. Herm. Schr. 1, 20 ἄ. τοῦ θανάτου). M. flgd. Relativsatz ἄ. ὧν ἐπράξαμεν Lk 23, 41. — **c.** unpers. ἄξιόν ἐστι *es ziemt sich, es ist billig, es ist d. Sache wert* (Hyperid. 2, 3. 6, 3. 4 Makk 17, 8. Ep. Arist. 4. 282) m. flgd. subst. Inf. (Bl-D. § 400, 3) τοῦ πορεύεσθαι 1 Kor 16, 4. καθὼς ἄ. ἐστιν 2 Th 1, 3. — **2.** v. Pers. *würdig, wert* — **a.** im guten Sinne m. Gen. d. Sache, deren man würdig ist τῆς τροφῆς αὐτοῦ *seiner Nahrung* Mt 10, 10. D 13, 1f. τῆς αἰωνίου ζωῆς AG 13, 46. τοῦ μισθοῦ Lk 10, 7. 1 Ti 5, 18. πάσης τιμῆς 6, 1 (Dio Chrys. 14 [31], 93. Lucian, Tox. 3 τιμῆς ἄ. παρὰ πάντων). ἄ. μετανοίας Hs 8, 6, 1. — M. Gen. d. Pers.: οὐκ ἔστιν μου ἄ. *ist meiner nicht wert* = verdient nicht, mir anzugehören (viell.: paßt nicht zu mir; s. 1) Mt 10, 37f.; vgl. PK 3 S. 15, 17. D 15, 1. ἄ. θεοῦ (Wsh 3, 5) IEph 2, 1. 4, 1; vgl. 15, 1. IRö 10, 2. ὧν οὐκ ἦν ἄ. ὁ κόσμος *d. Welt war ihrer nicht wert* = verdiente sie nicht zu besitzen Hb 11, 38. — M. flgd. Inf. (M. Ant. 8, 42 οὔκ εἰμι ἄξιος c. inf. BGU 1141, 15 [13 v]. Jos., ant. 4, 179) οὐκέτι εἰμὶ ἄ. κληθῆναι υἱός σου Lk 15, 19. 21; vgl. AG 13, 25. Apk 4, 11. 5, 2. 4. 9. 12. B 14, 1. IEph 1, 3. Mg 14. Tr 13, 1. Sm 11, 1. Hs 8, 2, 5. M. Gen. d. Inf. MPol 10, 2. M. flgd. ἵνα (Bl-D. § 393, 4): ἄ. ἵνα λύσω τὸν ἱμάντα J 1, 27. M. flgd. Relativsatz ἄ. ἐστιν ᾧ παρέξῃ τοῦτο Lk 7, 4 (Bl-D. § 5, 3b. 379). Abs. (P. Petr. II 15 [3], 8 ἄ. γάρ ἐστιν ὁ ἄνθρωπος. 2 Makk 15, 21) ἄ. εἰσιν *sie verdienen es* Apk 3, 4. 16, 6. Mt 10, 11. 13. 22, 8. IEph 2, 2. Mg 12. Tr 4, 2. IRö 9, 2. ISm 9, 2; vgl. IPol 8, 1. Hs 6, 3, 3. B 9, 9. 14, 4. 21, 8. ἄ. τινα ἡγεῖσθαι (Hi 30, 1) Hv 2, 1, 2. 3, 3, 4. 4, 1, 3. m 4, 2, 1. s 7, 5. 9, 28 5 (m. flgd. ἵνα). Als Beiwort v. Personen IMg 2. — **b.** im schlimmen Sinne (Ael. Aristid. 34 p. 650 D.: ἄ. ὀργῆς) ἄ. πληγῶν (Dt 25, 2; vgl. Jos., ant. 13, 294) *Schläge verdienend* Lk 12, 48. ἄ. θανάτου (Nicol. Dam.: 90 fgm. 4 p. 335, 12f. Jac. Appian, bell. civ. 2, 108 § 452) Rö 1, 32. Komp. ἀξιώτερος (Dit., Syll.³ 218, 25) Hv 3, 4, 3. — JAKleist, „Axios" in the Gospels: Cath. Bibl. Quart. 6, '44, 342—46.*

ἀξιόω (seit Trag. Hdt., auch Inschr. Pap. LXX. Ep. Arist. Philo. Joseph.) Ipf. ἠξίουν. Fut. ἀξιώσω. Aor. 1 ἠξίωσα. Pass. Imp. ἀξιούσθω. Fut. 1 ἀξιωθήσομαι. Pf. ἠξίωμαι — **1.** — **a.** *für wert erachten, für würdig ansehen* τινά τινος (Diod. S. 17, 76, 3 τιμῆς ἠξίωσαν αὐτόν. Schol. zu Nicander, alex. 8. 2 Makk 9, 15. Jos., vi. 231) *jmdn. einer Sache* σὲ λόγου (Eur., Med. 962 ἡμᾶς ἀξιοῖ λόγου) MPol 10, 2; vgl. 14, 2. Pass. (Diod. S. 16, 59, 2 τ. στρατηγίας ἠξιωμένος. Schol. zu Apoll. Rhod. 4, 1212—14a. Jos., ant. 2, 258 τιμῆς) διπλῆς τιμῆς ἀξιοῦσθαι 1 Ti 5, 17. δόξης Hb 3, 3. Im schlimmen Sinn (Hdt. 3, 145. Diod. S. 16, 64, 1 ὑπὸ τοῦ δαιμονίου τιμωρίας ἠξιώθησαν) χείρονος τιμωρίας 10, 29 (Diod. Sic. 34+35, fgm. 3 τῆς αὐτῆς τιμωρίας ἀξιῶσαί τινα). Mit flgd. Inf. οὐδὲ ἐμαυτὸν ἠξίωσα πρὸς σὲ ἐλθεῖν *ich habe mich nicht für würdig gehalten, zu dir zu kommen* Lk 7, 7. MPol 20, 1. Pass. *gewürdigt werden* mit flgd. Inf. (Simplicius in Epict. p. 110, 37 ἀξιοῦσθαι μανθάνειν. Gen 31, 28) IEph 9, 2. 21, 2. IMg 2. 14. IRö 1, 1. — **b.** *würdig machen* τινά τινος *jmdn. einer Sache* ἵνα ὑμᾶς ἀξιώσῃ τ. κλήσεως ὁ θεός *daß euch Gott würdig mache der Berufung*, der ihr bereits Folge geleistet habt 2 Th 1, 11. Pass. Dg 9, 1. — **2.** — **a.** *für angemessen, passend halten* (Appian, bell. civ. 1, 34 § 154. Philo, spec. leg. 1, 319. Jos., ant. 1, 307), als solches *verlangen, darauf antragen* m. flgd. Inf. (EpJer 40) ἠξίου, μὴ συμπαραλαμβάνειν τοῦτον *er bestand darauf* (Ipf.), *diesen nicht mitzunehmen* AG 15, 38. ἀξιοῦμεν παρὰ σοῦ ἀκοῦσαι *wir verlangen von dir zu hören* 28, 22; vgl. Dg 3, 2. 7, 1. — **b.** allgemein *bitten* (X., mem. 3, 11, 12. Herondas 6, 79; so meist LXX) m. flgd. Inf. (Alex. Aphr., an. mant. II 1 p. 184, 2 ἀξ. παρὰ θεῶν μαθεῖν = bitten, von d. Göttern zu lernen. Jos., ant. 1, 338) AG 13, 42 v. l. 1 Kl 51, 1. 53, 5. 59, 4. M. Akk. d. Pers. u. flgd. ἵνα Hv 4, 1, 3. Nur m. Akk. d. Pers. 1 Kl 55, 6. In d. Stellen aus 1 Kl u. H richtet sich die Bitte an Gott (so UPZ 78, 22 [159 v]. Rachegebete v. Rheneia bei DBm., LO 352. 354 = Dit., Syll.³ 1181, 1 [II/I v] ἐπικαλοῦμαι καὶ ἀξιῶ τ. θεὸν τὸν ὕψιστον. Jer 7, 16. 11, 14. Ep. Arist. 245).*

ἀξίως (seit Soph. Hdt., auch Inschr. Pap. LXX. Ep. Arist. 32. 39) Adv. v. ἄξιος *entsprechend, angemessen, würdig, wert* m. flgd. Gen. d. Person: τοῦ θεοῦ (Hyperid. 3, 25 τῆς θεοῦ) 1 Th 2, 12. 3 J 6, vgl. Pol 5, 2. 1 Kl 21, 1; τοῦ κυρίου Kol 1, 10 (vgl. zu d. Formeln, d. in den Inschr. zahlreiche Seitenstücke haben, DBm., NB 75f. Nägeli 54. Thieme 21). τῶν ἁγίων Rö 16, 2. ὑπηρετῶν Dg 11, 1. M. Gen. d. Sache (Diod. S. 1, 51, 7 τῆς ἀληθείας ἀ. Appian, bell. civ. 5, 36 § 146 ἀ. τῆς ἀνάγκης = der Notlage entsprechend. Wsh 7, 15) τοῦ εὐαγγελίου Phil 1, 27. τῆς κλήσεως Eph 4, 1. τῆς ἐντολῆς Pol 5, 1. Ohne solchen Gen. ἀγαπᾶν τινα ἀ. *jmdn. in angemessener Weise lieben* (= „wie er es verdient"; vgl. Thu. 3, 40, 8 κολάσατε ἀξίως τούτους. Wsh 16, 1. Sir 14, 11) MPol 17, 3.*

ἄοκνος, ον (seit Hes. Thu., auch Pap. Spr 6, 11a) *unermüdlich* ἀγάπη IPol 7, 2. ὃν ἀγαπητὸν λίαν ἔχετε καὶ ἄοκνον *der bei euch als bes. liebenswert u. unermüdlich gilt* ebd.*

ἀόκνως (Hippokr. u. a., auch Dit., Syll.³ 762, 30. PSI 621, 6 [III v]. UPZ 145, 46 [164 v]. Jos., ant. 5, 238) Adv. v. ἄοκνος *ohne Zaudern* προσέρχεσθαί τινι 1 Kl 33, 8.*

ἀόρατος, ον (seit Isokr., auch LXX) *unsichtbar* v. Gott (Diod. S. 2, 21, 7. Cornutus 5 p. 5, 3. Maxim. Tyr. 2, 10a. 11, 9d. ZP 5, 123. 12, 265. 13, 71. Herm. Schr. 11, 22. 14, 3. Philo, op. mundi 69; Mos. 2, 65; spec. leg. 1, 18. 20. 46 u. ö. Jos., bell. 7, 346. Or. Sib. Fgm. 1, 8. HDaxer, Rö 1, 18—2, 20 im Verh. z. spätjüd. Lehrauffassung, Diss. Rostock '14, 11. Vgl. Ltzm., Hdb. zu Rö 1, 20 [Lit.]. FBoll, Studien über Claud. Ptolem. '94, 68. RBultmann, ZNW 29. '30, 169—92. EFascher, Deus invisibilis: Marb. Theol. Studien '31, 41—77) Kol 1, 15. 1 Ti 1, 17. Hb 11, 27. 2 Kl 20, 5. PK 2 S. 13, 24. Dg 7, 2. V. göttl. Eigenschaften δύναμις (vgl. Philo, somn. 2, 291) Hv 1, 3, 4. 3, 3, 5. τὰ ἀ. τοῦ θεοῦ *Gottes unsichtbare Eigenschaften* Rö 1, 20. V. Christus, d. als ἀ. ἐπίσκοπος bez. wird IMg 3, 2 od. als ὁ ἀ., ὁ δι' ἡμᾶς ὁρατός IPol 3, 2. τὰ ἀ. *d. unsichtbare Welt* (Ggs. τὰ ὁρατά d. Erscheinungswelt, wie Philo, congr. erud. gr. 25) Kol 1 16. ITr 5, 2. IRö 5, 3. IPol 2, 2. ἄρχοντες ὁρατοί καὶ ἀ. *d. sichtbaren u. unsichtbaren Herrschermächte* ISm 6, 1. θησαυροὶ ἀ. B 11, 4 (Jes 45, 3). ψυχή (Philo, virt. 57. 172) Dg 6, 4. θεοσέβεια ebd.*

ἀόργητος, ον (d. Wort seit Aristot.; im Sinne d. Leidenschaftslosigkeit t. t. der Stoa; vgl. Philo, praem. 77 [Mose]) *nicht zürnend* v. Gott (neben χρηστός, ἀγαθός u. ἀληθής) Dg 8, 8. ἀ. ὑπάρχει πρὸς πᾶσαν τὴν κτίσιν αὐτοῦ *er ist ohne Groll gegen s. gesamte Schöpfung* 1 Kl 19, 3. τὸ ἀόργητον αὐτοῦ *sein dem Zorne abholdes Wesen* IPhld 1, 2 (τὸ ἀ. Epikt. 3, 20, 9. M. Ant. 1, 1).*

ἀπαγγέλλω (seit Homer, auch Inschr. Pap. LXX) Ipf. ἀπήγγελλον. Fut ἀπαγγελῶ. Aor. 1 ἀπήγγειλα. Aor. 2 Pass. ἀπηγγέλην (Bl-D. § 76, 1) — **1.** *melden, berichten, erzählen* (Jos., vi. 62 u. ö.) m. Dat. d. Person Mt 2, 8. 14, 12. 28, 8. Mk 16, 10. 13. AG 22, 26. 23, 16. M. Dat. d. Pers. u. Akk. d. Sache (Gen 37, 5. 42, 29. 44, 24 u. ö.) Mt 28, 11. Mk 6, 30 u. ö. 1 Kl 65, 1. Hs 5, 2, 11. Nur m. Akk. d. Sache: πάντα Mt 8, 33. περί τινος 1 Th 1, 9. τὶ περί τινος AG 28, 21. τινὶ περί τινος (X., an. 1, 7, 2. Gen 26, 32. Esth 6, 2. 1 Makk 14, 21) Lk 7, 18. 13, 1. J 16, 25. τὶ πρός τινα (Hyperid. 3, 14. Epikt. 3, 4, 1. 2 Kö 15, 13) AG 16, 36. 38D. ἀ. εἰς τὴν πόλιν *in d. Stadt hinein melden, d. Nachricht in d. Stadt bringen* (X., Hell. 2, 2, 14) Mk 5, 14. Lk 8, 34 (vgl. noch Jos., ant. 5, 357 ἀπαγγελθείσης τῆς ἥττης εἰς τὴν Σιλώ. Am 4, 13. 1 Makk 6, 5). M. λέγων verb. J 4, 51 t. r. AG 5, 22. M. Dat. d. Pers. u. flgd. Akk. mit Inf. IPhld 10, 1. M. flgd. Relativsatz Mt 11, 4. Lk 7, 22. AG 4, 23. 23, 19. M. flgd. πῶς Lk 8, 36. AG 11, 13. M. flgd. ὅτι Lk 18, 37. M. Akk. mit Inf. AG 12, 14. M. flgd. ὡς (1 Esr 5, 37) Lk 8, 47 (Bl-D. § 396). — **2.** *ansagen, verkünden* (v. Gegenwärtigem u. Zukünftigem) κρίσιν τοῖς ἔθνεσιν Mt 12, 18. (neb. μαρτυρεῖν) τὴν ζωὴν 1 J 1, 2; vgl. V. 3. τὸ ὄνομά σου τοῖς ἀδελφοῖς Hb 2, 12. ἀ. ἐνώπιόν τινος (Ps 141, 3) im Sinne v. *offen aussprechen* (Gen 12, 18. 1 Kö 9, 19) ἀπήγγειλεν ἐνώπιον παντὸς τοῦ λαοῦ *sie bekannte vor allem Volk* Lk 8, 47; vgl. 1 Kor 14, 25. M. Dat. u. flgd. Inf. τ. ἔθνεσιν ἀ. μετανοεῖν καὶ ἐπιστρέφειν *sie verkündeten den Heiden, sie sollten Buße tun* ... AG 26, 20. M. flgd. ἵνα z. Einleitung d. übermittelten Auftrages Mt 28, 10 (z. St. vgl. Polyaenus 7, 15, 2 den Befehl des Xerxes: ἄπιτε κ. τοῖς Ἕλλησιν ἀπαγγείλατε, ὅσα ἑωράκατε). — JSchniewind, ThW I 64—66.

ἀπάγχω (d. Wort seit Homer, auch Jos., ant. 12, 256. 15, 176) Med. Aor. 1 ἀπηγξάμην *sich aufhängen* (so seit Aeschyl. Hdt., auch Epikt. PSI 177, 10. ZP 4, 1911. 2 Kö 17, 23. Tob 3, 10. — Mlt. 243) v. Judas Mt 27, 5 (ἀπελθὼν ἀπήγξατο wie Epikt. 1, 2, 3). S. Ἰούδας 6.*

ἀπάγω (seit Homer, auch Inschr. Pap. LXX. Philo. Jos., c. Ap. 2, 271. Test. 12 Patr.) Aor. 2 ἀπήγαγον. Pass. Aor. 1 ἀπήχθην AG 12, 19. *wegführen* — **1.** allg. z. Tränke Lk 13, 15. M. Akk. d. Pers. u. Angabe d. Zieles (Ps 59, 11. 3 Kö 1, 38) με εἰς τὴν Ἀρκαδίαν Hs 9, 1, 4 (Diod. S. 5, 51, 4 Διόνυσος ἀπήγαγε τὴν Ἀριάδνην εἰς τὸ ὄρος). — **2.** t. t. d. Rechtssprache — **a.** *vorführen* πρὸς Καϊάφαν Mt 26, 57. πρὸς τὸν ἀρχιερέα Mk 14, 53. — Mt 27, 2. V. d. Vorführung e. Zeugen AG 23, 17. — **b.** e. Verhafteten od. Verurteilten *abführen* (vgl. Andoc. 4, 181. Demosth. 23, 80. P. Petr. II 10 [2], 7. P. Lille 7, 13 οὗτος ἀπήγαγέν με εἰς τὸ δεσμοτήριον. Dit., Or. 90, 14. Gen 39, 22. Philo, de Ios. 154) Mk 14, 44. 15, 16. — **c.** z. Hinrichtung *fortführen* (Diod. S. 13, 102, 3. P. Oxy. 33. Sus 45 Theod.. EpJer 17. Jos., bell. 6, 155; ant. 19, 269) ἀ. εἰς τὸ σταυρῶσαι *zur Kreuzigung* Mt 27, 31. Ohne Zusatz (Aesop, Fab. 56 P. Esth 1, 1 o) Lk 23, 26. J 19, 16 t. r. Pass. ἐκέλευσεν ἀπαχθῆναι *er befahl, daß sie* (z. Hinrichtung) *abgeführt würden* (Polyaenus 5, 2, 16 ἀπαχθῆναι προσέταξεν) AG 12, 19. εἰς Ῥώμην IEph 21, 2. — **3.** intr. v. e. Wege *führen* (wie ducere) εἴς τι (Vita Aesopi W c. 4 ἀπάγουσα ὁδὸς εἰς τὴν πόλιν. Stephanus Byzantius [VI n], ethnica ed. AMeineke I [1849] p. 287 Εὔτρησις, κώμη ... κεῖται παρὰ τ. ὁδὸν τὴν ἐκ Θεσπιῶν εἰς Πλαταιὰς ἀπάγουσαν): εἰς τὴν ἀπώλειαν *in d. Verderben* Mt 7, 13. εἰς τὴν ζωήν V. 14. — **4.** Pass. *hingerissen, verführt werden* (Lucian-Catapl. 26 πρὸς ὕβριν) πρὸς τὰ εἴδωλα ἀπαγόμενοι *zu d. Götzen fortgerissen* 1 Kor 12, 2. ἡδοναῖς καὶ ἐπιθυμίαις ἀπαγόμενοι *verführt durch Lüste u. Begierden* Dg 9, 1.

ἀπαθής, ές *nicht fähig zu leiden, leidenslos* (so Pla. u. a., auch Teles p 56, 14. Porphyr., abst. 2, 61. Herm. Schr 2, 12. Philo. Jos., bell. 5, 417. — = ohne gelitten zu haben: Dio Chrys. 19 [36], 40. Appian, Liby. 111 § 522. Jos., ant. 1, 284) v. Christus (Ggs. παθητός wie Proclus, Theol. 80 p. 74, 33) IEph 7, 2. IPol 3, 2.*

ἀπαίδευτος, ον (seit Eur. Pla., auch LXX. Philo. Jos., ant. 2, 285; c. Ap. 2, 37. Or. Sib. 3, 670, meist v. Personen) *ununterrichtet, ungebildet* (neb. ἄφρων, ἀσύνετος, μωρός) 1 Kl 39, 1. ζητήσεις *unverständige Untersuchungen* (Spekulationen) 2 Ti 2, 23 (vgl. Xenophon, ep. 2 ad Crit. p. 789 γνώμη ἀ. Pla., Phaedr. 269 B ῥῆμα ἀ.).*

ἀπαίρω (seit. Eur. Hdt., auch Pap. LXX. Jos., bell. 4, 87; vi. 422) Aor. 1 Pass. ἀπήρθην *wegnehmen, entreißen* τινὰ ἀπό τινος in uns. Lit. nur Pass. ὅταν ἀπαρθῇ ἀπ' αὐτῶν ὁ νυμφίος *wenn ihnen d. Bräutigam entrissen ist* Mt 9, 15. Mk 2, 20. Lk 5, 35. Doch braucht dabei keine Gewaltsamkeit im Spiel zu sein AG 1, 9D (P. Petr. II 13 [5], 5 [III v] ist ἀπηρμένος = abgereist. Vgl. P. Leipz. 47, 12 [IV n].*

ἀπαιτέω (seit Trag. Hdt., auch Inschr. Pap. LXX. Philo. Joseph.) — **1.** *zurückfordern*, z. B. ein Darlehen oder geraubtes Gut (Theophr., char. 10, 2. Phalaris, ep. 83, 1. 2. Dit., Syll.³ 955, 18. BGU 183, 8. Sir 20, 15. Philo, de Ios. 227) τὶ ἀπό τινος Lk 6, 30. D. Obj. aus d. Zshg. zu erg. ἀπό τινος Hs 8, 1, 5; vgl. D 1, 4. Abs. 1, 5. V. d. Vorstellung vom Leben als einem Darlehen (Cicero, de rep. 1, 3, 4; vgl. Epikt. 4, 1, 172. Wsb 15, 8) aus τὴν ψυχὴν ἀπαιτοῦσιν ἀπὸ σοῦ *man wird deine Seele von dir zurückverlangen* Lk 12, 20 (v. l. αἰτοῦσιν). — **2.** allg. *fordern, verlangen* (Diod. S. 16, 56, 3. Jos., ant. 12, 181. P. Berl. 11662, 26 [I n. BOlsson, Pap.briefe aus d. frühest. Römerzeit. Diss. Ups. '25, S. 100] ὁ τόπος ἀπαιτεῖ = d. Stelle fordert) ὁ καιρὸς ἀπαιτεῖ σε *d. Zeit verlangt dich*, d. h. e. Mann, wie dich IPol 2, 3 (Procop. Soph., ep. 54 καιρὸς γράμματα ἀπαιτῶν = Zeit, d. nach e. Brief verlangt). 1 Pt 3, 15 v. l.*

ἀπαλγέω (d. Wort schon Thu. 2, 61, 4, auch Philo, exs. 135) Pf. ἀπήλγηκα *stumpf werden, erschlaffen* (Polyb. 1, 35, 5 ἀπηλγηκυίας ψυχάς. 16, 12, 7. Cass. Dio 48, 37; vgl. Nägeli 34) ἀπηλγηκότες Eph 4, 19 (v. l. ἀπηλπικότες).*

ἀπαλλάσσω (seit Aeschyl. Hdt., auch Inschr. Pap. LXX. Philo. Joseph.) Aor. 1 ἀπήλλαξα. Pf. ἀπήλλαγμαι. Aor. 2 ἀπηλλάγην — **1.** Akt. trans. *befreien, losmachen* τούτους Hb 2, 15 (vgl. Jos., ant. 11, 270. 13, 363). αὐτόν v. e. bösen Geist Lk 9, 40D. — **2.** Pass. — **a.** *entlassen werden, loskommen* (P. Tebt. 104, 31. P. Oxy. 104, 26. P. Genf 21, 12. Philo, spec. leg. 3, 107) δὸς ἐργασίαν ἀπηλλάχθαι ἀπ' αὐτοῦ *gib dir Mühe, gütlich von ihm loszukommen*, d. h. daß er v. d. Klage Abstand nimmt Lk 12, 58. Kranke *werden frei* ἀπὸ πάσης ἀσθενείας AG 5, 15D (Jos., ant. 2, 33). — **b.** intr. *sich entfernen, weichen* (Philo, spec. leg. 2, 85. Jos., ant. 5, 143) ἀπό τινος (X., an. 7, 1, 4. Phlegon: 257 fgm. 36, 1, 2 Jac. Mitteis, Chrest. 284, 12.

P. Ryl. 154, 26 ἀπαλλασσομένης ἀπ' αὐτοῦ) v. Krankheiten AG 19, 12 (vgl. Ps.-Plato, Eryx. 401C εἰ αἱ νόσοι ἀπαλλαγείησαν ἐκ τ. σωμάτων. ZP 13, 245). τοῦ κόσμου *aus d. Welt scheiden* euphem. f. *sterben* 1 Kl 5, 7. Dafür τοῦ βίου (Eur., Hel. 102. P. Fay. 19, 19 ἀπαλλάσσομαι τοῦ βίου) MPol 3. εἰς οἶκον *nach Hause gehen* PE 14, 59. 2 Kl 17, 3.*

ἀπαλλοτριόω (seit Hippokr. u. Pla., auch Inschr. Pap. LXX) Aor. 1 ἀπηλλοτρίωσα. Pf. Pass. Ptz. ἀπηλλοτριωμένος *entfremden* τινά τινος (Dit., Syll.³ 495, 164 [III v]. Sir 11, 34. Jos., ant. 4, 3): γαμετὰς ἀνδρῶν *d. Ehefrauen den Männern* 1 Kl 6, 3. ἡμᾶς τοῦ καλῶς ἔχοντος *uns v. dem, was recht ist* 14, 2. — Pass. (Polyb. 1, 79, 6. Ez 14, 5. 7. 3 Makk 1, 3. Test. Benj. 10, 10. Herm. Schr. 13, 1 τ. κόσμου) ἀπηλλοτριωμένοι τῆς ζωῆς τοῦ θεοῦ *dem Leben Gottes fremd* Eph 4, 18. τῆς πολιτείας τοῦ 'Ισραήλ *ausgeschlossen v. d. Gemeinwesen Israels* 2, 12. Neb. ἐχθρός Kol 1, 21.*

ἁπαλός, ή, όν (seit Homer, auch Zen.-P. 22, 9 = Sb 6728 [257/6 v]. LXX. Jos., bell. 2, 120) *zart*, v. jungen Trieben d. Feigenbaumes ὅταν ὁ κλάδος αὐτῆς ἁ. γένηται *wenn sein Gezweige zart wird*, d. h. junge Triebe ansetzt Mt 24, 32. Mk 13, 28 (von Pflanzen bes. beliebt bei Theokr. 5, 55. 8, 67. 11, 57. 15, 113).*

ἀπαναίνομαι (seit Homer, auch P. Grenf. I 1 [1], 5. LXX) *verneinen, abschlagen, ablehnen, zurückweisen, nichts wissen wollen von* m. Akk. (Hippokr., mul. 2, 179 die Frau τὸν ἄνδρα ἀπαναίνεται) νουθέτημα παντοκράτορος 1 Kl 56, 6 (Hi 5, 17).*

ἀπάνθρωπος, ον (seit Trag., auch Jos., ant. 8, 117. 16, 42. Pap.) *unmenschlich* βασανισταί MPol 2, 3.*

ἀπαντάω (seit Eur. Hdt., auch Inschr. Pap. LXX. Ep. Arist. 36. Philo, migr. Abr. 82. Joseph.; vgl. Anz 351) Fut. ἀπαντήσω (Polyaenus 2, 1, 17 für d. ältere u. übliche Med). Aor. 1 ἀπήντησα *begegnen* od. *entgegenkommen* τινί *jmdm.* (Appian, Liby. 109 § 515; bell. civ. 4, 36 § 152. 1 Kö 25, 20. Jos., ant. 1, 179. 6, 189) Mk 14, 13. AG 16, 16 t. r. Ohne Obj. (Hyperid., fgm. 205) ἀπήντησαν δέκα λεπροὶ ἄνδρες *da kamen zehn Aussätzige entgegen* Lk 17, 12 (v. l. ὑπήντησαν; in d. Hss. überhaupt häufig mit ὑπαντάω verwechselt, so Mt 28, 9. Mk 5, 2. Lk 14, 31. J 4, 51. AG 16, 16). — οὐδέν σοι ἀπήντησεν; *ist dir nichts begegnet?* Hv 4, 2, 3 (nach d. Zshg. = entgegengekommen, nicht = zugestoßen. D. letzteren Sinn hat ἀπ. Polyb. 4, 38, 10. Diod. S. 15, 58, 4. Gen 49, 1. Jer 13, 22. Sir 31, 22. 33, 1).*

ἀπάντησις, εως, ἡ (Soph., auch Polyb. 5, 26, 8. Diod. S. 18, 59, 3 u. a., auch Inschr. Pap. LXX. Ep. Arist. 91. Jos., ant. 7, 276; vgl. Nägeli 30. Mlt. 19, 3. Fremdwort im Rabbinischen [ThW I 380]) *d. Begegnung* nur in d. Formel εἰς ἀπάντησιν (LXX häufig in freundl. wie feindl. Sinn) *entgegen*. Abs. (P. Tebt. 43 I, 7 [118 v] παρεγενήθημεν εἰς ἀπ. 1 Kö 13, 15) ἐξέρχεσθαι εἰς ἀ. Mt 25, 6 (vv. ll. füg. e. Gen. od. Dat. [so auch J 12, 13 v. l.] bei). M. Dat. (1 Kö 4, 1. 13, 10. 1 Ch 14, 8. Jos., ant. 13, 101) ἔρχεσθαι εἰς ἀ. τινι (Jdth 5, 4) AG 28, 15. M. Gen. (Pel.-Leg. p. 19. 1 Kö 30, 21. 2 Kö 19, 26) Mt 27, 32D. ἁρπάζεσθαι εἰς ἀ. τοῦ κυρίου εἰς ἀέρα *d. Herrn entgegen in die Luft entrafft werden* 1 Th 4, 17 (s. EPeterson, D. Einholung des Kyrios: ZsystTh 7, '30, 682—702. — Diod. S. 34+35, fgm. 33, 2 von der Einholung der großen Göttermutter durch die Römer).*

ἅπαξ (seit Homer, auch Inschr. Pap. LXX. Philo. Jos., vi. 82) Adv. *einmal* ▬ 1. als eigtl. Zahlbegriff ἅ. ἐλιθάσθην *e. wurde ich gesteinigt* 2 Kor 11, 25. ἅ. πεφανέρωται Hb 9, 26. ἅ. ἀποθανεῖν V. 27 (Proverbia Aesopi 141 P.: πλέον ἢ ἅπαξ οὐδεὶς ἄνθρωπος θνήσκει); vgl. 1 Pt 3, 18. ἅ. προσενεχθείς Hb 9, 28. M. flgd. Gen. ἅ. τοῦ ἐνιαυτοῦ (Hdt. 2, 59. Ex 30, 10. Lev 16, 34) *e. im Jahre* Hb 9, 7. ἔτι ἅ. (2 Makk 3, 37. Ri 16, 18. 28) *noch einmal* = zum letzten Male (Aeschyl., Ag. 1322. Ri 6, 39) 12, 26f. (Hg 2, 6). ἅ. καὶ δίς (Dionys. Hal. 8, 56, 1 οὐχ ἅ. ἀλλὰ καὶ δίς. Ael. Aristid. 36, 91K. = 48 p. 474D.: ἅ. ἢ δίς. Anna Comn., Alexias 3, 3 ed. Reiff. I 102, 17 καὶ ἅ. καὶ δίς. 1 Kö 17, 39. 2 Esr 23, 20. 1 Makk 3, 30) *d. eine und d. andere Mal* = wiederholt Phil 4, 16. 1 Th 2, 18. 1 Kl 53, 3 (Dt 9, 13). M. Verblassen d. Zahlbegriffs ἐπεὶ ἅ. (Thu. 7, 44, 7. X., an. 1, 9, 10. Menand., Pap. Did. 36 J. Chio, ep. 14, 1. P. Oxy. 1102, 8 ἐπεὶ ἅ. προσῆλθε τῇ κληρονομίᾳ) *da doch einmal* Hv 3, 3, 4. m 4, 4, 1. ▬ 2. *ein für allemal* (Hippokr. ep. 27, 41. Aelian, v. h. 2, 30. Philostrat., ep. 7, 2. P. Leipz. 34, 20. 35, 19. Ps 88, 36. PsSal 12, 6. Philo, ebr. 198. Jos., bell. 2, 158; ant. 4, 140) Hb 10, 2. Jd 3. 5. — *überhaupt* (Alciphr. 1, 8, 4. 1, 10, 2) Hb 6, 4.*

ἀπαράβατος, ον (der späteren Gräzität angehörig [Phyrn. p. 313L.], nicht LXX) wird Hb 7, 24 in d. Regel gedeutet *nicht* (auf e. andern) *übergehend*. Doch ist diese Bedeutung nicht bezeugt. Vielmehr hat ἀ. sonst d. Sinn von *unverletzlich, unveränderlich, unwandelbar* (Stoic. II 266. 293. Plut., mor. 410F.; 745D. Epikt. 2, 15, 1; ench. 51, 2. Herm. Schr. 494, 26 Sc. Philo, aet. m. 112. Jos., ant. 18, 266; c. Ap. 2, 293. P. Ryl. 65, 18 [I v]. P. Lond. 1015, 12 ἄτρωτα καὶ ἀσάλευτα καὶ ἀπαράβατα).*

ἀπαρασκεύαστος, ον (seit X., auch Jos., ant. 4, 293; vgl. Nägeli 16) *nicht in Bereitschaft* (eigtl. t. t. d. Heeresspr.) εὑρεῖν τινα ἀ. *jmdn. nicht in Bereitschaft finden* 2 Kor 9, 4.*

ἀπαρνέομαι (seit Soph. Hdt.) Fut. ἀπαρνήσομαι. Aor. 1 ἀπηρνησάμην. Pass. Pf. ἀπήρνημαι ISm 5, 2. Fut. 1 ἀπαρνηθήσομαι (W-S. § 13, 9. Bl-D. § 78. 311) Verdorben Aor. Akt. ἀπαρνῆσαι Hs 1, 5. *verleugnen* τινά *jmdn.* (Jes 31, 7): Christus (v. d. Verleugnung d. Petrus; dazu MGoguel, Did Peter deny his Lord? HThR 25, '32, 1—27) Mt 26, 34f. 75. Mk 14, 30f. 72. Lk 22, 61. Vollst. ἕως τρίς με ἀπαρνήσῃ μὴ εἰδέναι *bevor du dreimal abgeleugnet hast, mich zu kennen* V. 34 (z. Konstr. vgl. Soph., Ant. 442 καταρνῇ μὴ δεδρακέναι τάδε;). τὸν κύριον Hv 3, 6, 5. ISm 5, 2 (Lucian, m. Peregr. 13 p. 337 θεούς). Abs. (doch ist τὸν κύριον zu erg.) Hs 8, 8, 2. M. Akk. der Sache (Diod. S. 20, 63, 4 ἀ. τὴν ἐπιστήμην = nichts mehr wissen wollen von seinem [früheren] Kunstgewerbe [Ggs. καυχάομαι = stolz sein darauf]. Or. Sib. 4, 27f. νηοὺς κ. βωμούς) τὸν νόμον Hs 1, 5. — ἀ. ἑαυτόν *sich selbst verleugnen* = vollkommen selbstlos handeln, seine Persönlichkeit aufgeben Mt 16, 24. Mk 8, 34 (Lk 9, 23 v. l.). A. Fridrichsen, „S. selbst verleugnen": Con. Neot. 2, '36, 1—8. 6, '42, 94—96; Sv. exeg. Årsbok 5, '40, 158—62. JLebreton, La doctrine du renoncement dans le NT: Nouv. Rev. théol. 65, '38, 385—412. Pass. (Soph., Philokt. 527. Pla., 7. Brief p. 338E. Herondas 4, 74) ἀπαρνηθήσεται ἐνώπιον τῶν ἀγγέλων *er wird vor d. Engeln verleugnet* d. h. nicht anerkannt werden Lk 12, 9 (Ps.-Callisth. 2, 8, 10 ist ἀπαρνέομαι = ablehnen, nichts wissen wollen von).*

ἀπάρτι s. ἀπ' ἄρτι zu ἄρτι 3.

ἀπαρτίζω (d. Wort seit Aeschyl. Hippokr., auch Pap.) Aor. 1 ἀπήρτισα. Pf. Pass. ἀπήρτισμαι,

Ptz. ἀπηρτισμένος *ins Werk setzen, fertigstellen, vollenden* (Polyb. 31, 12, 10. 31, 13, 1. Diod. S. 1, 11, 6 u. a. P. Oxy. 908, 23. 936, 22. P. Leipz. 105, 11. 3 Kö 9, 25A. Jos., ant. 3, 146. 8, 130) τὶ *etw.* ἔργον τελείως ἀ. *e. Werk völlig zu Ende bringen* IEph 1, 1. τὸν ἴδιον κλῆρον *sein Geschick vollenden* MPol 6, 2. ὅταν αὐτὸ ἀπαρτίσητε *wenn ihr das vollendet habt* IPol 7, 3. V. Gott ὁ ἀπαρτίσας αὐτά *d. es vollendet hat* Hs 5, 5, 2. Auch τινά (P. Oxy. 724, 11 [II n] ἐὰν αὐτὸν ἀπαρτίσῃς) *jmdn. vollkommen machen*: με ἀπαρτίσει IPhld 5, 1. Pass. παρὰ θεῷ ἀπηρτισμένος IEph 19, 3. ἀπήρτισμαι ἐν 'Ι. Χριστῷ 3, 1.*

ἀπάρτισμα, ατος, τό (3 Kö 7, 9 Sym.) *d. Vollendung* ἀ. ἀφθαρσίας *d. fertige Größe d. Unvergänglichkeit* IPhld 9, 2.*

ἀπαρτισμός, οῦ, ὁ (Chrysipp: Stoic. II 164. Dionys. Hal., de comp. verb. 24. Apollon. Dysc., de adv. p. 532. 8. Pap. in Mitteis, Chrestomathie 88 IV, 25 [II n]. P. Gieß. 67, 8ff.) *d. Vollendung* ἀ. (e. g. πύργου) Lk 14, 28.*

ἀπαρχή, ῆς, ἡ (seit Soph. Hdt., auch Inschr. Pap. LXX. Philo. Joseph. Test. 12 Patr. Celsus 8, 33) t. t. d. Opfersprache *d. Erstlingsfrucht* jeder Art (auch der Herden, wie der Jagdbeute [Arrian, cyneg. 33, 1]), d. der Gottheit heilig war u. geweiht wurde, ehe d. Ganze d. profanen Gebrauch übergeben werden durfte (vgl. Theopomp [IV v]: 115 fgm. 344 Jac. Cornutus 28 p. 55, 9. Ael. Aristid. 45 p. 136D. Theophyl. Sim., ep. 29 Πανὶ τοῦ ποιμνίου τὰς ἀπαρχάς. Dit., Or. 179 [I v]. PSI 690, 11. Porphyr., abst. 2, 61 θεοῖς ἀρίστη μὲν ἀπαρχὴ νοῦς καθαρός). — **1.** eigtl. εἰ ἡ ἀ. ἁγία, καὶ τὸ φύραμα *wenn d. E. heilig ist, so ist es auch d. ganze Teig* Rö 11, 16 (z. Erstlingsgabe vom Brotteig, Num 15, 18—21, vgl. D. Mischna ed. Beer-Holtzmann I 9: Challa v. KAlbrecht '13). Vollst. ἀ. γεννημάτων ληνοῦ καὶ ἅλωνος, βοῶν τε καὶ προβάτων *d. Erstlinge d. Ertrages v. Kelter u. Tenne, der Herden v. Rindern u. Schafen* D 13, 3, vgl. 5f. (s. Ex 22, 28); ἀ. τῆς ἅλω 1 Kl 29, 3. Dem Propheten zugewiesen, wie bei den Heiden den Priestern u. Sehern (Artem. 3, 3) und im AT dem Priester D 13, 3. 6f. — **2.** übertr. — **a.** Personen *d. Erstlinge* v. d. Christen ἀ. τῆς 'Ασίας d. h. die in Asien zuerst Bekehrten Rö 16, 5. ἀ. τῆς 'Αχαΐας 1 Kor 16, 15. Viell. 2 Th 2, 13 (nach Kod. BFGP 33 ἀπαρχήν) d. Erstbekehrten von Thessalonich (so Harnack, SAB '10, 575ff.); Pl. 1 Kl 42, 4. Allg. ἀ. τις τῶν αὐτοῦ κτισμάτων *e. Art Erstlingsfrucht seiner Geschöpfe* Jk 1, 18 (vgl. Philo, spec. leg. 4, 180 vom Judenvolk: τοῦ σύμπαντος ἀνθρώπων γένους ἀπενεμήθη οἷά τις ἀπαρχὴ τῷ ποιητῇ καὶ πατρί. Alex. Aphr., fat. 1, II 2 p. 164, 10 τινὰ ἀπαρχὴν τῶν ἡμετέρων καρπῶν = eine Art Erstlingsfrucht unserer [geistigen] Ernte). Hier wie Apk 14, 4 liegt d. Nachdruck weniger auf d. Reihenfolge als auf der Beschaffenheit (Schol. zu Eurip., Or. 96 ἀπαρχὴ ἐλέγετο οὐ μόνον τ. πρῶτον τῇ τάξει, ἀλλὰ καὶ τ. πρῶτον τ. τιμῇ). D. urspr. Bed. ist stark verblaßt, so daß ἀ. fast = πρῶτος ist; v. Christus ἀ. τῶν κεκοιμημένων *als erster der Gestorbenen* 1 Kor 15, 20; vgl. V. 23. 1 Kl 24, 1. — **b.** Sachen (Dio Chrys. 54 [71], 2 ἀπαρχαὶ τῆς σοφίας) τὴν ἀ. τοῦ πνεύματος ἔχοντες *da wir d. Erstlingsgabe des Geistes*, das, was an Geist bisher zur Ausschüttung kam, *besitzen* Rö 8, 23 (vgl. Thieme 25f. HStJones, JThSt 23, '22, 282f.). διδόναι ἀπαρχὰς τῆς γεύσεώς τινος *e. Vorschmack v. etw. geben* B 1, 7. — HBeer, 'Απαρχή. Diss. Würzb. '14.*

ἅπας, ασα, αν (seit Homer, auch Inschr. Pap. LXX. Philo. Jos., ant. 14, 28 u. ö. Or. Sib., Fgm. 1, 9. Neb. πᾶς im Attischen nach Konsonanten, ἅπας nach Vokalen, vgl. HDiels, GGA '94, 298ff.; doch ist d. Unterschied f. d. NT nicht festzuhalten Bl-D. § 275; s. auch Mayser 161f. Über d. Verb. m. Art. W-S. § 20, 11) — **1.** in Verb. m. e. Substant. m. Art. ἅ. τὸν λαόν (vgl. Jos., ant. 7, 63. 211) *d. ganze Volk* (Ggs. e. einzelner) Lk 3, 21; vgl. PE 8, 28. ἅ. τὸ πλῆθος *d. ganze Menge* Lk 8, 37. 19, 37. 23, 1. AG 25, 24. ἅ. τὸν βίον Lk 21, 4 v. l. (i. T. πάντα). ἅ. τὰ γενόμενα *alle Geschehnisse* Mt 28, 11. τὴν ἐξουσίαν ταύτην ἅπασαν *diesen ganzen Machtbereich* Lk 4, 6. ὁ λαὸς ἅ. (Jos., ant. 6, 199. 8, 101) 19, 48. — **2.** ohne Subst. Mask. ἅπαντες *alle* Mt 24, 39. Lk 5, 26. 7, 16 v. l. 9, 15. 21, 4 v. l. AG 2, 7 v. l. 4, 31. 5, 12 v. l. 16. 16, 3. 28. 27, 33. Gal 3, 28 v. l. Jk 3, 2. — Neutr. ἅπαντα *alles* Mk 8, 25. Lk 2, 39 v. l. 15, 13 v. l. ἔχειν ἅ. κοινά *alles gemeinschaftlich haben* AG 2, 44. 4, 32 v. l. χρῄζειν τούτων ἅ. *dies alles brauchen* Mt 6, 32.

ἀπασπάζομαι (Tob 10, 12 S. Himerius, eclog. apud Phot. 11, 1 p. 194) Aor. 1 ἀπησπασάμην *sich verabschieden* τινά *von jmdm.* (Charito 3, 5, 8) ἀπησπασάμεθα ἀλλήλους *wir nahmen Abschied voneinander* AG 21, 6. Abs. 20, 1 D (s. FBlaß, Acta apost. '95 z. d. St.).*

ἀπατάω (seit Homer, fehlt Inschr. u. Pap. [außer PSI 152, 24 [II n]. P. Lond. 1345, 13], doch b. Epikur p. 298, 29 Us. Plut. Epikt. 4, 5, 32. Herodian 2, 1, 10. LXX. Philo, aet. m. 117. Joseph. Test. 12 Patr.) Aor. 1 Pass. ἠπατήθην — **1.** *irreleiten, täuschen* τινά τινι (Jes 36, 14) *jmdn. durch etw.* μηδεὶς ὑμᾶς ἀπατάτω κενοῖς λόγοις *niemand soll euch durch nichtige Reden täuschen* Eph 5, 6 (vgl. Test. Naphth. 3, 1. Jos., vi. 302 λόγοις ἀπ. τινά). ἀπατῶν αὐτοὺς ταῖς ἐπιθυμίαις ταῖς πονηραῖς Hs 6, 2, 1. ἀ. καρδίαν ἑαυτοῦ *sich selbst täuschen* Jk 1, 26 (vgl. Hi 31, 27). Hs 6, 4, 1. 4. M. Akk. d. Pers. Dg 2, 1. Hm 11, 13. Pass. (Jos., ant. 12, 20; im Sinne von *verführt werden* c. Ap. 2, 245) 'Αδὰμ οὐκ ἠπατήθη 1 Ti 2, 14 (v. l. hat d. Simpl. auch in bez. auf Eva). ἀπατηθεὶς τῷ κάλλει τῶν γυναικῶν τούτων *verführt durch die Schönheit dieser Weiber* Hs 9, 13, 9 (Test. Jud. 12, 3 ἠπάτησέ με τὸ κάλλος αὐτῆς. — ἀ. = geschlechtl. verführen schon Eratosth. p. 22, 10). — **2.** Med. *sich vergnügen* (neb. τρυφᾶν vgl. Sir 14, 16 u. s. ἀπάτη 2) s 6, 4, 1. 6, 5, 3f.*

ἀπάτη, ης, ἡ (seit Homer, auch Inschr. Pap. LXX. Philo. Joseph. Test. 12 Patr.) — **1.** *d. Täuschung, d. Verführung, d. Betrug* (Jdth 9, 10. 13. 4 Makk 18, 8. Jos., ant. 2, 300. Or. Sib. 5, 405 ἀ. ψυχῶν) ἡ ἀ. τοῦ πλούτου *d. Verführung, die durch d. Reichtum erfolgt* Mt 13, 22. Mk 4, 19 (doch ist auch Bedeutung 2 möglich). ἀ. τῆς ἁμαρτίας *d. Verführung der Sünde* Hb 3, 13. ἀ. τοῦ κόσμου Dg 10, 7 (vgl. Herm. Schr. 13, 1 ἡ τοῦ κόσμου ἀπάτη). (neb. φιλοσοφία) κενὴ ἀ. *leerer Trug* Kol 2, 8. ἐν πάσῃ ἀ. τῆς ἀδικίας *mit jeder Art von Verführung der Ungerechtigkeit* 2 Th 2, 10 (v. trügerischer Gaukelei wie Jos., ant. 2, 284). ἐπιθυμία τ. ἀπάτης *trügerische Begierde* Eph 4, 22. Neb. φιλαργυρία 2 Kl 6, 4; neb. εἰκαιότης Dg 4, 6; neb. andern Sünden aufgezählt Hm 8, 5. Personif. (Hes., Theog. 224. Lucian, de merc. cond. 42) s 9, 15, 3. — **2.** bes. (seit Polyb. 2, 56, 12. 4, 20, 5. Inschr. v. Priene 113, 64 [84 v]; vgl. Rouffiac 38f.]. Moeris p. 65 ἀπάτη· ἡ πλάνη παρ' 'Αττικοῖς... ἡ τέρψις παρ' Ἕλλησιν. Philo, dec. 55) *d.* in Sünde verstrickende *Lust, Vergnügung, Ergötzlichkeit* neb.

τρυφή Hs 6, 2, 1. 6, 4, 4. 6, 5, 1. 3f. Pl. (Ps.-Dicaearch p. 140 F. ψυχῆς ἀπάται) m 11, 12. s 6, 2, 2. 4. (neb. ἐπιθυμίαι) ἀπάται τοῦ αἰῶνος τούτου 6, 3, 3; vgl. 6, 5, 6. Daher ἐντρυφῶντες ἐν ταῖς ἀ. (v. l. ἀγάπαις; dieselbe Variante Mk 4, 19. Pre 9, 6. S. dazu AvHarnack, Z. Revision d. Prinzipien d. ntl. Textkritik '16, 109f. u. ἀγάπη II) *schwelgend in ihren Lüsten* 2 Pt 2, 13.*

ἀπάτωρ, ορος (seit Soph., oft Pap.) *vaterlos* v. verwaisten, verstoßenen, entfremdeten, unehelichen Kindern, in uns. Lit. nur v. Melchisedek neb. ἀμήτωρ, ἀγενεαλόγητος, um s. himml. Herkunft zu bez. Hb 7, 3 (Pollux, onom. 3, 26 ὁ οὐκ ἔχων μητέρα ἀμήτωρ, καθάπερ ἡ 'Αθηνᾶ, καὶ ὁ οὐκ ἔχων πατέρα ἀπάτωρ ὡς ὁ "Ηφαιστος. Anth. Pal. 15, 26. Schol. zu Theokrit 1, 3/4d Wendel ['14] vom Pan. ZP 5, 282 v. Gott Horus; s. auch ἀμήτωρ).*

ἀπαύγασμα, ατος, τό (Heliodor 5, 27, 4 φωτὸς ἀ. Philo. Wsh 7, 26. Plut. hat mor. 83D und 934D ἀπαυγασμός. ZP 4, 1130 καταύγασμα) akt. *d. Ausstrahlung*, pass. *d. Rückstrahlung, d. Reflex, d. Abglanz.* Nicht immer ist d. Bedeutung sicherzustellen. D. pass. steht wohl für Plut. fest. D. akt. scheint für Wsh u. Philo (op. mundi 146; spec. leg. 4, 123; plant. 50) vorzuziehen entsprechend Hesych: ἀ. = ἡλίου φέγγος. Philo überträgt d. Wort auf d. Verhältnis d. Logos z. Gott. Christus als ἀ. τῆς δόξης *Ausfluß d. Herrlichkeit* bez. Hb 1, 3 (d. akt. Bedeutung b. d. griech. Vätern Orig. Gregor Nyss. Theodoret. Chrysost.: φῶς ἐκ φωτός. Ebenso Theodor v. Mopsv. Severian v. Gabala. Gennadius v. Konstantinopel: KStaab, Pauluskommentare '33, 201. 346. 421). Dafür ἀ. τῆς μεγαλωσύνης 1 Kl 36, 2. — FJDölger, Sonne und Sonnenstrahl als Gleichnis in d. Logostheologie d. Altertums: Antike u. Christent. I '29, 269ff.*

ἀπαφρίζω (Galen, CMG V 4, 2 p. 120, 3. 125, 21. Oribas. 5, 33, 4. Geopon. 8, 29. 32) *abschäumen* τι *etw.* Jd 13 v. l.*

ἀπεῖδον Aor. 2 zu ἀφοράω, s. d.

ἀπείθεια, ας, ἡ (seit X., mem. 3, 5, 5, auch Inschr. Pap. 4 Makk 8, 9. 18. 12, 4) *d. Ungehorsam*, in uns. Lit. stets v. Ungehorsam gegen Gott (vgl. Jos., ant. 3, 316). Die ihm Widerstrebenden heißen υἱοὶ τῆς ἀ. Eph 2, 2. 5, 6. Kol 3, 6 v. l. V. Ungehorsam d. Juden Rö 11, 30. Hb 4, 6. 11; überh. aller Menschen Rö 11, 32. Personifiz. Hs 9, 15, 3.*

ἀπειθέω (für ἀπιθέω [Homer] seit Aeschyl. Pla., auch Inschr. Pap. LXX. Ep. Arist. 25. Jos., bell. 2, 320; vi. 109. Test. 12 Patr.) Aor. 1 ἠπείθησα *ungehorsam sein*, in uns. Lit. stets gegen Gott u. seine Maßnahmen (wie Eur., Or. 31. Pla., leg. 741D. Lucian, dial. deor. 8, 1. Dit., Syll.³ 736, 40 [92 v] τὸν δὲ ἀπειθοῦντα ἢ ἀπρεπῶς ἀναστρεφόμενον εἰς τὸ θεῖον μαστιγούντω οἱ ἱεροί. Dt 1, 26. 9, 23. Jos 5, 6. Jes 36, 5. 63, 10. Bar 1, 18f.) — 1. m. Dat. d. Person (Num 14, 43 κυρίῳ) τῷ θεῷ (Diod. S. 5, 74, 4 ἀ. τοῖς θεοῖς. Hierocles 24 p. 473 τ. θεῷ. Jos., ant. 9, 249) Rö 11, 30, vgl. Pol 2, 1. τῷ υἱῷ J 3, 36. — M. Dat. d. Sache (Diod. S. 5, 71, 5 τοῖς νόμοις) τῇ ἀληθείᾳ Rö 2, 8. τῷ εὐαγγελίῳ 1 Pt 4, 17. τῷ λόγῳ 2, 8. 3, 1. τοῖς εἰρημένοις 1 Kl 59, 1. τοῖς ἐμοῖς ἐλέγχοις 57, 4 (Spr 1, 25). — 2. abs. (Dicaearch b. Athen. 13 p. 603 B ἀπειθήσας = ungehorsam) v. d. Juden AG 19, 9. Rö 11, 31. 15, 31. οἱ ἀπειθήσαντες 'Ιουδαῖοι *d. ungehorsamen Juden* AG 14, 2. λαὸς ἀπειθῶν Rö 10, 21 (Jes 65, 2). οἱ ἀπειθοῦντες IMg 8, 2. 1 Kl 58, 1. V. d. Heiden οἱ ἀπειθήσαντες Hb 11, 31. — Allg. 3, 18. 1 Pt 3, 20.*

ἀπειθής, ές *ungehorsam* (so seit Thu., auch LXX Jos., ant. 17, 186) — 1. m. Dat. d. Pers. γονεῦσιν *den Eltern* Rö 1, 30. 2 Ti 3, 2 (vgl. Dt 21, 18). — M. Dat. d. Sache τῇ οὐρανίῳ ὀπτασίᾳ *d. himml. Gesicht* AG 26, 19. — 2. abs. (Num 20, 10) Ggs. δίκαιος Lk 1, 17; neben βδελυκτός Tit 1, 16; neben ἀνόητος, πλανώμενος 3, 3. V. d. Juden λαὸς ἀ. B 12, 4 (vgl. Jes 30, 9. Or. Sib. 3, 668).*

ἀπειλέω (seit Homer, auch Pap. LXX. Jos., ant. 5, 144. Test. 12 Patr.) Impf. ἠπείλουν. Aor. 1 Med. ἠπειλησάμην (z. Med. vgl. Bl-D. § 316, 1) *drohen* τινί *jmdm.*, m. flgd. μή u. Inf. *unter Drohungen verbieten, daß* AG 4, 17 (t. r. fügt ἀπειλῇ hinzu). τι (4 Makk 9, 5. Jos., ant. 13, 143 πόλεμον) *etw. androhen* πῦρ MPol 11, 2. Abs. v. Christus πάσχων οὐκ ἠπείλει *leidend drohte er nicht* 1 Pt 2, 23.*

ἀπειλή, ῆς, ἡ (seit Homer, auch Pap. LXX. Jos., bell. 6, 257; ant. 8, 362) *d. Drohung* ἐμπνέων ἀπειλῆς καὶ φόνου *Drohung u. Mord schnaubend* AG 9, 1. ἀνιέναι τὴν ἀ. *d. drohende Schelten sein lassen* Eph 6, 9. ἡ ἀ. τοῦ διαβόλου Hm 12, 6, 2. ἀπειλῇ ἀπειλεῖσθαι μή c. inf. *unter scharfer Drohung verbieten zu* AG 4, 17 t. r. Pl. (Or. Sib. 3, 71. 97) φυγεῖν τὰς ἀ. *sich vor den Drohungen hüten* 1 Kl 58, 1. ἐφορᾶν ἐπὶ τὰς ἀ. AG 4, 29.*

I. ἄπειμι (v. εἰμί. Seit Homer, auch Inschr. Pap. LXX. Jos., c. Ap. 2, 212) Ptz. ἀπών *abwesend sein.* πόρρω ἀ. ἀπό τινος *weit entfernt v. jmdm. sein* 1 Kl 15, 2. 2 Kl 3, 5. Ggs. παρών (Socrat., ep. 7, 1. Ael. Aristid. 13 p. 222D. Dit., Syll.³ 1044, 43. P. Tebt. 317, 32. BGU 1080, 6ff. Wsh 11, 11. 14, 17) 2 Kor 13, 2. ISm 9, 2; vgl. Pol 3, 2. ἀπὼν θαρρῶ 2 Kor 10, 1. ἀ. γράφω 13, 10. ἀ. ἀκούω Phil 1, 27. M. genauerer Bestimmung ἀ. τῷ σώματι *d. Leibe nach abwesend sein* 1 Kor 5, 3. Dafür τῇ σαρκὶ ἄ. Kol 2, 5.*

II. ἄπειμι (v. εἶμι. Seit Homer, auch Inschr. Pap. LXX. Jos., bell. 7, 17. 69; ant. 1, 59. 4, 126) Ipf. ἀπῄειν *weggehen* ἀπό τινος *v. etw.* (Dit., Syll.³ 1218, 19) Hs 9, 7, 3. Einfach *gehen, kommen* (Jos., ant. 14, 289) εἰς τὴν συναγωγήν (vgl. 4 Makk 4, 8) AG 17, 10. ἄ. οὗ ἐὰν βούλησθε *wohin ihr wollt* 1 Kl 54, 2. V. Tag *dahingehen, vergehen* (vgl. Inschr. 10, 1: Eranos 13, '13, S. 87) 24, 3.*

ἀπεῖπον Aor., wozu (seit Hdt., auch Ostraka II 1156. LXX; vgl. Nägeli 23) als Med. ἀπειπάμην gehört (z. Form vgl. W-S. § 13, 13 Anm.); in uns. Lit. nur Med. *sich lossagen* τι *v. etw.* (vgl. Hdt. 4, 120 συμμαχίην. Polyb. 33, 12, 5 φιλίαν. Hi 6, 14) ἀπειπάμεθα τὰ κρυπτὰ τῆς αἰσχύνης *wir haben dem, was man aus Schamgefühl verbirgt, aufgesagt* 2 Kor 4, 2.*

ἀπείραστος, ον (Philodem, Rhet. I p. 45, 3 Sudh. Empirikerschule S. 91, 18 KDeichgräber ['30]. Galen: CMG V 4, 1, 1 p. 62, 30. Alciphron 2, 35, 3 Sch. nach Cobet. Jos., bell. 5, 364 u. 7, 262 Kodd.) f. d. ältere ἀπείρατος (seit Pind.) *ohne Versuchung*, entw. aktiv: der nicht versucht, od. pass.: der keine Versuchung erduldet hat od. erdulden kann. V. Gott ὁ θεὸς ἀ. ἐστιν κακῶν Jk 1, 13, wegen des einen neuen Gedanken einführenden δέ gewiß pass. *Gott kann nicht zu bösen Dingen* (d. Gen. κακῶν wie X., Cyr. 3, 3, 55 ἀπαίδευτος ἀρετῆς) *versucht werden* (Leontios 8 p. 17, 3 v. Gott als einem, der nicht versucht werden kann oder darf); vgl. Bl-D. § 182, 3. W-S. § 16, 3a. V. Menschen ἀνὴρ ἀδόκιμος ἀπείραστος (παρὰ θεῷ fügen Const. apost. II 8 hinzu) *e. Unversuchter ist e. unbewährter Mann* Agr 21.*

I. ἄπειρος, ον (v. πειράομαι) *ungeübt, unfähig, unkundig* (seit Pind. Hdt., auch Epikt. 2, 24, 3. Dit., Or. 669, 11. PSI 522, 4. LXX. Philo, agr. 160 [d. Anfänger heißt ἄ.]; op. m. 171. Jos., bell. 6, 291), v. e. unmündigen Christen ἄ. λόγου δικαιοσύνης *weiß sich nicht in die Predigt der Gerechtigkeit zu finden* Hb 5, 13 (d. Gen. wie sehr oft, auch P. Gieß. 68, 17 ἄ. τῶν τόπων. Jos., ant. 7, 336).*

II. ἄπειρος, ον (v. πέρας; vgl. ἀπέραντος) *unendlich* (Pind. Hdt. u. a., auch Dit., Or. 383, 43. 113 [I v]. Herm. Schr. 3, 1. Philo. Jos., ant. 4, 163. Test. Juda 13, 4. Or. Sib. 3, 236) θάλασσα 1 Kl 20, 6.*

ἀπεκδέχομαι Ipf. ἀπεξεδεχόμην *erwarten* (so Alciphron 3, 4, 6. Heliodor 2, 35, 3. 7, 23, 5. Sext. Emp., math. 2, 73) τινά od. τὶ *jmdn.* od. *etw.*; in uns. Lit. stets v. d. christl. Hoffnung mit ihren versch. Objekten: σωτῆρα Phil 3, 20. Christus Hb 9, 28. — τὴν ἀποκάλυψιν τῶν υἱῶν τοῦ θεοῦ *d. Offenbarung d. Söhne Gottes* Rö 8, 19; vgl. 1 Kor 1, 7. υἱοθεσίαν *d. Adoption* Rö 8, 23. ἐλπίδα δικαιοσύνης Gal 5, 5. — Abs. *warten, abwarten* δι' ὑπομονῆς *in Geduld warten* Rö 8, 25. V. Gottes Langmut 1 Pt 3, 20.*

ἀπεκδύομαι (Proclus zu Pla., Rep. I p. 16, 10 WKroll. Jos., ant. 6, 330 Kod. Marc. Eustath. ad Il. p. 664, 23) Aor. 1 Ptz. ἀπεκδυσάμενος ▬ **1.** *etw. ausziehen* (Ggs. ἐπενδύομαι) nur übertr. (v. σῶμα: Dox. Gr. 573, 22) τὸν παλαιὸν ἄνθρωπον *d. alten Menschen a.* Kol 3, 9 (vgl. Philo, mut. nom. 233 ἐκδύεσθαι τὰ ἁμαρτήματα). ▬ **2.** *entwaffnen* τινά *jmdn.* (z. Med. statt Akt. s. Bl-D. § 316, 1) τὰς ἀρχὰς καὶ τὰς ἐξουσίας *d. Mächte u. Gewalten* 2, 15. — S. zu θριαμβεύω.*

ἀπέκδυσις, εως, ἡ (unabhängig von Paulus nicht nachgewiesen; erst wieder bei Eustath. ad Il. p. 91, 28; vgl. Nägeli 50) *d. Ablegen* e. Gewandes; nur übertr. ἐν τῇ ἀ. τοῦ σώματος τῆς σαρκός v. *Ablegen d. Fleischesleibes*, weil die Christen gleichsam e. neuen Leib haben Kol 2, 11.*

ἀπελαύνω (seit d. Trag. u. Hdt., auch Kyraniden p. 101, 2 δαίμονας. Pap. LXX. Joseph.) Aor. 1 ἀπήλασα *forttreiben, wegjagen* τινὰ ἀπό τινος (X., Cyr. 3, 2, 16. Ez 34, 12) *jmdn. von etw.* αὐτοὺς ἀπὸ τοῦ βήματος AG 18, 16 (v. l. ἀπέλυσε. — Vgl. Jos., bell. 1, 245 τ. λοιποὺς ἀπήλασεν).*

ἀπελεγμός, οῦ, ὁ (im außerchristl. Sprachgebr. nicht nachgewiesen) *d. Widerlegung, d. Verruf* εἰς ἀ. ἐλθεῖν in redargutionem venire = *in Mißkredit kommen* AG 19, 27.*

ἀπελεύθερος, ου, ὁ (seit Ps.-X., de rep. Ath. 1, 10. X. Pla., oft in Pap. u. Inschr., auch Jos., ant. 7, 263. 14, 75; vgl. Hahn 241, 10. 244, 4. 246, 3. Thalheim b. Pauly-W. VII 95ff. JBaunack, Philol. 69, '10, 473ff.) *d. Freigelassene* nur übertr. auf d. Christen ἀ. κυρίου *e. Freigelassener d. Herrn*, weil durch ihn freigeworden v. d. finsteren Mächten, den Sklavenhaltern dieser Weltzeit 1 Kor 7, 22. Ebenso ἀ. Ἰησοῦ Χριστοῦ IRö 4, 3 (dazu Epikt. 1, 19, 9 ἐμὲ ὁ Ζεὺς ἐλεύθερον ἀφῆκεν. — DBm., LO 277. 323. Magie 70. JWeiß zu 1 Kor 7, 22). W Elert, ThLZ 72, '47, 265ff.*

Ἀπελλῆς, οῦ N. pr. m. (Dit., Or. 265, 12. 444, 7. Inschr. v. Priene 248. Philo, leg. ad Gai. 203ff. Jos., ant. 12, 270) *Apelles* Empfänger e. Grußes Rö 16, 10. D. Name war bei Juden häufig (vgl. credat Iudaeus Apella: Hor., Sat. 1, 5, 100). AG 18, 24. 19, 1 steht Ἀ. im א für Ἀπολλῶς vgl. Bl-D. § 29, 4. 125, 1.*

ἀπελπίζω (Hyperid. 5, 35. Epikur p. 62, 6 Us. Polyb. 1, 19, 12. Diod. S. 17, 106, 7 u. a. Dit., Syll.^{3} 1173, 5. Zen.-P. 59 642, 4 [III v]. LXX. Jos., bell. 4, 397. 5, 354) Ptz. Pf. ἀφηλπικώς (BGU 1844, 13 [I v]. Hv 3, 12, 2; vgl. dazu Reinhold 36) *verzweifeln* abs. Eph 4, 19 v. l. ἀ. ἑαυτόν *an sich selbst verzweifelnd* Hv 3, 12, 2. Pass. (Hen. 103, 10) ἀπηλπισμένος (Jes 29, 19) *verzweifelt* 1 Kl 59, 3. — Lk 6, 35 δανείζετε μηδὲν ἀπελπίζοντες fordert wegen d. Ggs. zu παρ' ὧν ἐλπίζετε λαβεῖν 34, entgegen dem nachweisbar. Sprachgebr., die bei den Griechen mindestens seit Chrysostomus zu beleg. (Zahn z. St.), dann durch d. Vulg. verbreitete Deutung *leihet, indem ihr nichts davon erhofft*; v. l. μηδένα ἀ. *ohne jmdn. zu enttäuschen.**

ἀπέναντι (seit Polyb. 1, 86, 3. Pap. seit III v [P. Petr. II 17 (3), 3; vgl. Mayser 242. 457]. Inschr. seit II v [Priene]. LXX. JWackernagel, Hellenistica '07, 3ff.) uneigtl. Präp. m. Gen. ▬ **1.** *gegenüber von jmdm.* od. *etw.* ▬ **a.** rein örtl. (Diod. S. 18, 34, 6 ἀ. τῆς Μέμφεως) καθήμεναι ἀ. τοῦ τάφου *d. Grabe gegenüber* Mt 27, 61, vgl. Mk 12, 41 v. l. (Dit., Syll.^{3} 756, 17 ἀ. τῆς εἰσόδου. P. Grenf. I 21, 14. Jdth 3, 9. 7, 3. 18); *im Angesichte jmds.* (vgl. 1 Makk 6, 32) ἀ. τοῦ ὄχλου *angesichts d. Volksmenge* Mt 27, 24 v. l. (i. T. κατέναντι); ἀ. πάντων ὑμῶν AG 3, 16. βλέπω ἀ. μου *ich sehe vor mir* Hv 2, 1, 3. ▬ **b.** übertr. ἀ. τῶν ὀφθαλμῶν αὐτῶν *vor ihren Augen* (לְנֶגֶד עֵינָיו) = bei ihnen Rö 3, 18 (Ps 13, 3. 35, 2). ἀ. τ. ὀ. μου (vgl. Sir 27, 23) = so daß ich es sehe 1 Kl 8, 4 (Jes 1, 16); vgl. Pol 6, 2. ▬ **2.** *gegen, entgegen* (Sir 37, 4) ἀ. τῶν δογμάτων Καίσαρος πράσσειν *d. Erlassen d. Kaisers zuwiderhandeln* AG 17, 7.*

ἀπέραντος, ον (seit Pind. Thu., auch Herm. Schr. 1, 11. 4, 8. Hi 36, 26. 3 Makk 2, 9. Philo, congr. erud. gr. 53. Jos., ant. 17, 131) *unendlich, endlos* ὠκεανός *d. unendliche Ozean* 1 Kl 20, 8 (vgl. 3 Makk 2, 9). γενεαλογίαι *Geschlechtsregister, d. ins Endlose fortlaufen* 1 Ti 1, 4 (Polyb. 1, 57, 3 v. d. ermüdenden Aufzählung v. Einzelheiten).*

ἀπερινόητος, ον (Epikur p. 10, 5 Us. Sext. Emp., Pyrrh. 2, 70 ed. Mutschm. v. l. Damascius, de princ. 4. Philo, mut. nom. 15 [v. Gott]. ZP 4, 1138) *unbegreiflich* v. göttl. λόγος Dg 7, 2.*

ἀπερίσπαστος, ον (seit Polyb. Diod. S. 17, 9, 4, auch BGU 1057, 22 [I v]. P. Oxy. 898, 15. P. Lond. 932, 9. Wsh 16, 11. Sir 41, 1; vgl. Nägeli 30) *nicht zerstreut, gesammelt* ἀ. διανοίᾳ *m. gesammeltem Sinn* IEph 20, 2.*

ἀπερισπάστως (Polyb. 2, 20, 10. 4, 18, 6. Epikt. 1, 29, 59) Adv. v. ἀπερίσπαστος *unzerstreut, ungestört* πρὸς τὸ εὐπάρεδρον τῷ κυρίῳ ἀ. *damit ihr treu b. Herrn ausharrt ohne Ablenkung* 1 Kor 7, 35 (Epikt. 3, 22, 69 ἀπερίσπαστον εἶναι δεῖ τὸν Κυνικὸν ὅλον πρὸς τῇ διακονίᾳ τοῦ θεοῦ. Deshalb soll er s. von der Ehe u. allen anderen irdischen Bindungen frei halten. Diod. S. 40, 3, 7 Mose stellt d. Priester wirtschaftl. besser als die Laien, ἵνα ἀπερίσπαστοι προσεδρεύωσι ταῖς τοῦ θεοῦ τιμαῖς).*

ἀπερίτμητος, ον (oft LXX. Philo. Jos., bell. 1, 34; ant. 20, 45. Bei Plut., mor. 495C = unverstümmelt) *unbeschnitten* ▬ **1.** eigt. (so auch Zen.-P. 84 = Sb 6790, 14 [257 v]) ἔθνη ἀπερίτμητα ἀκροβυστίαν *Heiden mit u. Vorhaut* B 9, 5a (Jer 9, 25). ▬ **2.** übertr. ἀ. καρδίαις καὶ τοῖς ὠσίν *u.* (= verstockt) *an Herzen und Ohren* AG 7, 51 (nach Lev 26, 41. Jer 6, 10. Ez 44, 7. 9). ἀ. καρδίας B 9, 5b (Jer 9, 25b). Vgl. DBm., B 151.*

ἀπέρχομαι (seit Homer, auch Inschr. Pap. LXX. Joseph. Test. 12 Patr.) Fut. ἀπελεύσομαι. Aor. 2 ἀπῆλθον. Pf. ἀπελήλυθα Jk 1, 24. Hs 9, 5, 4. Plsqpf. ἀπεληλύθειν J 4, 8. Vgl. Bl-D. § 101 ἔρχεσθαι. W-S. § 15 dsgl. ▬ **1.** *weggehen, sich entfernen* ▬ **a.** eigtl. ohne Ortsangabe (1 Makk 9, 36. 2 Makk 14, 34. 1 Esr 4, 11) Mt 8, 21. 13, 25. 16, 4. AG 10, 7. 28, 29 v. l. Jk 1, 24. — Ptz. ἀπελθών mit Ind., Imp. od. Konj. e. anderen Verbums = *fortgehen und* (Epikt. Index Sch. Gen 21, 14. 16 u. ö.) Mt 13, 28. 46. 18, 30. 25, 18. 25. Mk 6, 27. 37. Lk 5, 14. — M. Angabe d. Ortes od. d. Person: ἀπό τινος (Thu. 8, 92, 2. UPZ 61, 7 [161 v] ἀφ' ὑμῶν ἀπελήλυθα. Epikt. 3, 15, 11. 3 Kö 21, 36. Tob 14, 8): ἀπὸ τῶν ὁρίων αὐτῶν Mk 5, 17. ἀπ' αὐτῆς Lk 1, 38. ἀπ' αὐτῶν 2, 15. 8, 37. — ἔξω τοῦ συνεδρίου AG 4, 15 (vgl. Jdth 6, 12). M. e. Schiffe *abfahren* J 6, 22. ▬ **b.** übertr. auf Krankheiten u. ä. (Cebes 14, 3 οὐ μὴ ἀπέλθῃ ἀπ' αὐτῶν ἡ κακία. Ex 8, 25) ἀπῆλθεν ἀπ' αὐτοῦ ἡ λέπρα *d. Aussatz ging v. ihm weg* Mk 1, 42. Lk 5, 13; auf gute Dinge ἡ ὀπώρα ἀ. ἀπὸ σοῦ *d. Obst ist von dir gewichen* Apk 18, 14. — Allg. *vorübergehen, vergehen* (HL 2, 11) 9, 12. 11, 14. 21, 1. 4. ▬ **2.** *hingehen* m. Angabe d. Ortes εἰς (Simplicius in Epict. p. 134, 51 ἀ. εἰς τὸ ἱερόν) εἰς ἔρημον τόπον Mk 1, 35; vgl. 6, 36. 46. 7, 24. Mt 8, 33. 14, 15. εἰς τὸν οἶκον Mt 9, 7. Mk 7, 30. Lk 1, 23. Hs 9, 11, 2. εἰς τὴν Γαλιλαίαν Mt 28, 10. J 4, 3. εἰς Σπανίαν Rö 15, 28; vgl. 2 Kor 1, 16 v. l. (i. T. διελθεῖν). Gal 1, 17. ἐπί τι (Jos., vi. 151) ἐπὶ τὸ μνημεῖον Lk 24, 24 (vgl. 3 Kö 19, 19 v. l. Epikt. 4, 7, 30). ἐν: Hs 1, 6 (Diod. S. 23, 18, 5 ἀπῆλθεν ἐν Μεσσήνῃ. Pel.-Leg. p. 7, 3. Epikt. 2, 20, 33 ἀπελθεῖν ἐν βαλανείῳ). M. einf. Dat. (P. Fay. 113, 12 [100 n] τῇ πόλει πέμψας) ποίῳ τόπῳ ἀπῆλθεν Hv 4, 3, 7. — V. Dämonen (Thrasyllus [I n] b. Ps.-Plut., fluv. 16, 2. ZP 13, 244) ἀ. εἰς τοὺς χοίρους Mt 8, 32. — ἀ. πρός τινα (P. Fay. 123, 19 [100 n]. BGU 884 II, 13f. 1 Kö 25, 5. 1 Makk 7, 20) *zu jmdm. hingehen*: Mk 3, 13. J 20, 10. Apk 10, 9. πρὸς αὐτόν *nach Hause* Lk 24, 12. — J 16, 7 ist πρὸς τὸν πατέρα aus d. Zshg. hinzuzunehmen (vgl. P. Petr. II 13 (19), 7 [252 v] εἰς θεοὺς ἀπελθεῖν). — Auch v. d. Fahrt m. e. Schiffe: εἰς τὸ πέραν *nach d. gegenüberliegenden Ufer fahren* Mt 8, 18. Mk 8, 13. εἰς ἔρημον τόπον Mk 6, 32. Ohne Ortsangabe = *hingehen* (d. Ziel ergibt der Zshg. wie P. Oxford [EPWegener '42] 16, 16: zu e. Fest) Lk 17, 23. — Übertr. v. Steinen *hineingelangen* εἰς τ. οἰκοδομήν *in den Bau* Hs 9, 5, 3. 4. ▬ **3.** v. e. Gerücht *ausgehen u. sich verbreiten* εἰς ὅλην τὴν Συρίαν Mt 4, 24. ▬ **4.** ἀ. ὀπίσω τινός (Hi 21, 33) *hinter jmdm. hergehen, jmdm. folgen* v. d. Jüngern Mk 1, 20; v. d. Welt J 12, 19; v. d. Sodomitern ἀ. ὀπίσω σαρκὸς ἑτέρας *hinter fremdem Fleisch herlaufen* Jd 7. — Abs. ἀ. εἰς τὰ ὀπίσω *zurückweichen* J 18, 6. s. v. a. *abfallen* 6, 66.

ἀπέχω (seit Homer, auch Inschr. Pap. LXX. Philo. Joseph. Test. 12 Patr.) Fut. Med. ἀφέξομαι ▬ **1.** Akt. t. t. d. Geschäftsspr. e. Betrag *empfangen haben* u. über ihn quittieren (Dit., Syll.[2] 845, 7 [200 v] τὰν τιμὰν ἀπέχει. M. Ant. 9, 42 ἀπέχει τὸ ἴδιον. Oft Pap. u. Ostraka; vgl. DBm., NB 56; LO 88ff. Erman, APF 1, '01, 77ff. Mayser 487. Ostraka I 86. Nägeli 54f. Anz 318. S. auch Gen 43, 23. Num 32, 19. Jos., bell. 1, 596 ἀ. τῆς ἀσεβείας τὸ ἐπιτίμιον) τὸν μισθόν (Plut., Sol. 22, 4; mor. 334A) Mt 6, 2. 5. 16. τὴν παράκλησιν Lk 6, 24. πάντα Phil 4, 18 (Epikt. 3, 2, 13 ἀπέχεις ἅπαντα). τὸ τέλειον τῆς γνώσεως *d. vollkommene Erkenntnis* B 13, 7. ἀ. τὴν ἀποκάλυψιν *d. Offenbarung empfangen haben* Hv 3, 13, 4. — Ähnl. Phlm 15 ἵνα αἰώνιον αὐτὸν ἀπέχῃς *damit du ihn ewig behältst* (Ggs. χωρίζεσθαι πρὸς ὥραν). Hierher viell. d. unpers. ἀπέχει als *es ist quittiert, d. Rechnung ist abgeschlossen* Mk 14, 41; vgl. JdeZwaan, Exp 6. S. XII '05, 459–472, der den V. 42 genannten Verräter als Subj. nimmt *er hat d. Geld erhalten*. Vulg. hat dafür sufficit *es ist genug*, was d. späte u. unklare P. Lond. 1343, 38 [709 n] nur schwach stützt. Das nicht seltene οὐδὲν ἀπέχει = nichts hält ab, nichts hindert (Pla., Cra. 23 p. 407B. Plut., mor. 433A. 680E) ergäbe für ἀπέχει ein: *es hält ab, das stört* (wie Anacreontea 16, 33 Preisend.) u. träfe d. unüberwindl. Schlafsucht d. Jünger im Augenblick der Entscheidung. D hat ἀ. τὸ τέλος *es hat s. Ende* (Bl-D. § 129 Anh. JWackernagel, Syntax. I[2] '26, 119. Vgl. Epigr. Gr. 259 [II n] ἀπέσχε τέλος [= Tod]). — GHBoobyer, 'Απέχει in Mark. 14, 41: NT Studies 2, '55, 44–48. ▬ **2.** intr. *entfernt sein* (seit Hdt., auch P. Straßb. 57, 6. P. Lille 1, 5. 2, 2. Jos., ant. 5, 161) αὐτοῦ μακρὰν ἀπέχοντος *als er noch weit weg war* Lk 15, 20 (Diod. S. 12, 33, 4 μακρὰν ἀπ. Gen 44, 4. Jo 4, 8. Hen. 32, 2). Mit Angabe des Ausgangspunktes (wie 1 Makk 8, 4. 2 Makk 11, 5) οὐ μακρὰν ἀπέχων ἀπὸ τῆς οἰκίας *nicht weit v. Hause e.* Lk 7, 6; vgl. MPol 5, 1 u. von e. Schiff. das s. in Abstand vom Land befindet Mt 14, 24 (wie Inscr. gr. 466, 9 ἀπέχον ἀπὸ τῆς γῆς). Mit genauer Angabe d. Entfernung (so seit Thu. 2, 5, 2) κώμη ἀπέχουσα σταδίους ἑξήκοντα ἀπὸ 'Ιερουσαλήμ *sechzig Stadien v. Jerusalem entfernt* Lk 24, 13 (Demetr. v. Kallatis [200 v]: 85 fgm. 2 Jac. ἀπεχούσης τῆς νήσου ἀπὸ τῆς ἠπείρου σταδίους ῡ. Vgl. Komiker Euphro [III v] 11, 3 Kock. Appian, Ital. 5 § 1. 2 Makk 12, 29 Jos., bell. 2, 516). — Übertr. πόρρω ἀ. ἀπό τινος (= רָחַק מִן) *v. jmdm. fern sein* Mt 15, 8. Mk 7, 6 (beidemal Jes 29, 13). ▬ **3.** Med. *sich fernhalten von, sich enthalten* m. Gen. d. Sache (seit Homer, auch Dit., Syll.[3] 768, 16 [31 v]. P. Hermopol. 52, 21. 1 Esr 6, 26. Wsh 2, 16. Jos., bell. 2, 581; ant. 11, 101): εἰδωλοθύτων καὶ αἵματος καὶ πνικτῶν καὶ πορνείας *sich d. Götzenopfers, d. Blutes, d. Erstickten u. d. Unzucht e.* AG 15, 29, vgl. V. 20 (s. αἷμα 1b). πάσης ἀδικίας (Hyperid., fgm. 210 τ. ἀδικημάτων. Dit., Syll.[3] 1268 I, 18 [III v] κακίας ἀπέχου) Pol 2, 2; vgl. 6, 1. 3. Hv 1, 2, 4. 2, 2, 3. 3, 8, 4. m 3, 5. Dg 4, 6. τῶν κακῶν βοτανῶν IPhld 3, 1; vgl. ITr 6, 1. βρωμάτων 1 Ti 4, 3. εὐχαριστίας καὶ προσευχῆς *v. Herrnmahl u. Gebet s. fernhalten* ISm 7, 1 (Schol. zu Pla. 2A ἀπέχεσθαι μυστηρίων = s. von Mysterienfeiern fernhalten). τῶν σαρκικῶν ἐπιθυμιῶν 1 Pt 2, 11. D 1, 4. τῆς γλώσσης = *d. Zunge hüten* Hv 2, 2, 3. λατρείας Dg 3, 2. — M. ἀπό τινος (oft LXX. Hen. 104, 6. Ep. Arist. 143): ἀπὸ τῆς πορνείας 1 Th 4, 3; vgl. AG 15, 20 t. r. ἀπὸ παντὸς εἴδους πονηροῦ *v. jeder Art v. Bösem* 1 Th 5, 22. ἀπὸ παντὸς κακοῦ 1 Kl 17, 3 (Hi 1, 1. 8. 2, 3). ἀπέχεσθε ἀπὸ τ. ἀνθρώπων *laßt d. Hände v. d. Menschen!* AG 5, 39D. — Pol 5, 3. Hm 2, 3. 4, 1, 3. 9. 5, 1, 7. 5, 2, 8. 7, 3. 9, 12. 11, 4. 8. 21. 12, 1, 3. 12, 2, 2. s 4, 5.*

ἀπιστέω (seit Homer, auch LXX. Philo). Ipf. ἠπίστουν. Aor. 1 ἠπίστησα ▬ **1.** *ungläubig sein* ▬ **a.** allg. (P. Oxy. 471, 4 [II n]. Jos., ant. 2, 58) Mk 16, 11. Lk 24, 41. ἠπίστουν *sie ließen s. nicht überzeugen* AG 28, 24. ἀ. τινι *jmdm. keinen Glauben schenken* (Jos., ant. 2, 330) Lk 24, 11. — Dit., Syll.[3] 1168, 24. 30. 31. Philo, Mos. 1, 212. 2, 261 zeigen d. Übergang zu ▬ **b.** im relig. Sinne (Jambl., vi. Pyth. 28, 148 περὶ θεῶν μηδὲν θαυμαστὸν ἀπιστεῖν. Herm. Schr. 9, 10. Wsh 1, 2. 10, 7. 18, 13. 2 Makk 8, 13. Jos., ant. 2, 270) Mk 16, 16. οἱ ἀπιστοῦντες *d. Ungläubigen* (Jambl., vi. Pyth. 28, 139) v. Heiden u. Juden 1 Pt 2, 7. IEph 18, 1. — **2.** *untreu sein* (X., an. 2, 6, 19 v. treulosen Soldaten) Rö 3, 3. 2 Ti 2, 13.*

ἀπιστία, ας, ἡ (seit Hes. Hdt., auch LXX. Philo. Joseph.; vgl. Mayser 11f. 130) — **1.** *d. Untreue, d. Treulosigkeit, d. Unzuverlässigkeit* (seit X., an. 3, 2, 4, auch UPZ 18, 5 [163v]. Wsh 14, 25. Philo, spec. leg. 2, 8; decal. 172. Jos., ant. 14, 349) Rö 3, 3 (JGGriffiths, ET 53, '41, 118). — **2.** *d. Unglaube* (Wilcken, Chrest. 155, 11. Jos., ant. 2, 327. 19, 127) — **a.** der Juden v. Nazaret Mt 13, 58. Mk 6, 6 u. anderer Leute 9, 24. 16, 14 Jesus gegenüber. — **b.** in ausgesprochen relig. Sinne (Cercidas Iamb. [III v] 72 Knox '29 p. 234. Plut., Coriol. 38, 4; Alex. 75, 2 ἀ. πρὸς τὰ θεῖα καὶ καταφρόνησις αὐτῶν; de superstit. 2 p. 165B. Ael. Aristid. 47, 66K. = 23 p. 462D. Philo, leg. ad Gai. 118 ἀ. πρὸς τὸν τοῦ κόσμου παντὸς εὐεργέτην; mut. nom. 201 u. ö. Jos., ant. 10, 142) der Jünger Mt 17, 20 t. r. (mit CDSyr. sin.). d. Juden Gott gegenüber Rö 11, 20 (τῇ ἀπιστίᾳ = weg. ihres U. Zum dat. causae Schmid III 57. IV 59. M. Ant. 3, 1. Inschr. b. ENachmanson, Eranos 11, '11, 220—25). 23. Hb 3, 19. διακρίνεσθαι τῇ ἀπιστίᾳ *ungläubigen Zweifel entgegenbringen* Rö 4, 20. ἐποίησα ἐν ἀ. *während ich noch u. war* 1 Ti 1, 13. καρδία πονηρὰ ἀπιστίας *e. böses, ungläubiges Herz* Hb 3, 12. — Bei Christen neb. διψυχία 2 Kl 19, 2. Personif. unter d. Hauptsünden Hs 9, 15, 3. (Ggs. πίστις) IEph 8, 2. — Als Kennzeichen dieser Weltzeit (neb. ἀνομία) Mk-Schluß der Freerhs. Zl. 2.*

ἄπιστος, ον (seit Homer, auch LXX. Philo. Joseph.) — **1.** *unglaubwürdig, unglaublich* (Bacchylides 17, 117. X., Cyr. 3, 1, 26. Pla., Theag. 130D, auch Herm. Schr. 9, 10. Ep. Arist. 296. Philo, op. m. 114 u. ö. Jos., ant. 6, 198) τί ἄπιστον κρίνεται παρ' ὑμῖν; *warum gilt euch als unglaubwürdig?* AG 26, 8 (Jos., ant. 18, 76 ἄπιστα αὐτὰ κρίνειν). — **2.** *ungläubig* (mit relig. Färbung schon Dit., Syll.^{3} 1168, 33 [ca. 320v]. Jes 17, 10. Spr 28, 25 v. l. Philo, leg. all. 3, 164; leg. ad Gai. 3) γενεά Mt 17, 17. Mk 9, 19. Lk 9, 41; v. Thomas J 20, 27. — Bes. v. d. Heiden οἱ ἄ. 1 Kor 6, 6. 7, 15. 10, 27. 14, 22. 2 Kl 17, 5. Dg 11, 2. MPol 16, 1. IMg 5, 2; beim Jüngsten Gericht verdammt Lk 12, 46 (vgl. Paroem. Gr.: Zenob. [IIn] 2, 6 p. 33, 4f. αἱ ἀμυήτων ψυχαί werden im Hades gepeinigt); neb. ἰδιώτης 1 Kor 14, 23f. ἄ. γυνή 7, 12. 14. ἀνήρ V. 13f. (vgl. JKöhne, D. Ehen zw. Christen u. Heiden in d. ersten christl. Jahrhunderten '31). M. d. Nebenbed. d. Lasterhaften 2 Kor 6, 14f. 1 Ti 5, 8; neb. μεμιαμμένοι Tit 1, 15; vgl. Apk 21, 8. — V. Irrlehrern ITr 10. ISm 2. 5, 3. — ἐν οἷς ὁ θεὸς τ. αἰῶνος τούτου ἐτύφλωσεν τὰ νοήματα τῶν ἀ. 2 Kor 4, 4 wird am besten aufgelöst *d. Ungläubigen, in denen d. Gott dieser Weltzeit d. Sinn verblendet hat.**

ἁπλότης, ητος, ἡ (X. Pla. u. a., auch Dit., Or. 764, 1. Epigr. Gr. 716, 5. LXX. Philo. Joseph.; vgl. Nägeli 52) *d. Einfalt, d. Schlichtheit, d. Gradheit* ἐν ἁ. τῆς καρδίας ὑπακούειν *m. redlichem Herzen gehorchen* Eph 6, 5; vgl. Kol 3, 22 (s. Diod. S. 5, 66, 4 ἁπλότης τῆς ψυχῆς. 1 Ch 29, 17. Wsh 1, 1. Test. Rub. 4, 1; Sim. 4, 5; Levi 13, 1). ἐν ἁ. λέγειν *schlicht reden* B 8, 2 (vgl. Dionys. Hal., ars rhet. 9, 14). ἐν ἁ. δηλῶσαι 17, 1. ἐν ἁ. εὑρίσκεσθαι *aufrichtig erfunden werden* Hm 2, 7. ἡ ἁ. ἡ εἰς Χριστόν *d. schlichte Hingabe an Chr.* 2 Kor 11, 3 (s. WSWood, Exp. 9. S. II '25, 450—53). — D. schlichte Güte, die s. ohne Hintergedanken entäußert (Jos., bell. 5, 319; ant. 7, 332. Test. Is. 3, 8) Rö 12, 8. 2 Kor 8, 2. 9, 11. 13. Bes. beliebt bei Hermas: neb. ἀκακία (Philo, op. m. 170) v 1, 2, 4. 3, 9, 1. Neb. ἐγκράτεια v 2, 3, 2. Neb. νηπιότης s 9, 24, 3. ἐμμένειν τῇ ἁ. *seine Schlichtheit behalten* v 3, 1, 9. Dafür ἁ. ἔχειν m 2, 1. Personif. unter and. christl. Tugenden v 3, 8, 5. 7. s 9, 15, 2.*

ἁπλοῦς, ῆ, οῦν (seit Aeschyl., Thu., auch Inschr. Pap. Spr 11, 25. Philo. Jos., c. Ap. 2, 190) *einfältig, schlicht* εἶναι ἁ. τῇ καρδίᾳ *geraden Herzens sein* B 19, 2 (vgl. Dit., Syll.^{3} 1042, 12 ἁ. τῇ ψυχῇ. Spr 11, 25. Ps-Phok. 50). ἁ. διάνοια *schlichter Sinn* 1 Kl 23, 1. Neb. ἄκακος (Diod. S. 13, 76, 2. Nicol. Dam.: 90 fgm. 61, 2 Jac. Appian, bell. civ. 5, 136 § 566) Hs 9, 24, 2. V. Auge (Damasc., vi. Isid. 16) *lauter* (Ggs. πονηρός, dessen Bedeutung sich aus Mt 20, 15. Mk 7, 22 ergibt. Vgl. Test. Is. 3 πορευόμενος ἐν ἁπλότητι ὀφθαλμῶν. 4) Mt 6, 22. Lk 11, 34 (s. Jülicher, Gleichn. 98ff., bes. 100f. WBrandt, ZNW 14, '13, 189ff. Vgl. noch λύχνος 2, ὀφθαλμός 1, πονηρός 1 a α u. b β). — Wie überh. v. Tieren (Aristot., hist. an. 9, 1), so d. Superl. ἁπλούστατος (d. Form b. X., mem. 4, 2, 16. Polyb. 9, 10, 5. Strabo 7, 3, 7. Philo, vi. cont. 82) *ganz schlicht* v. Tauben Mt 10, 16D. — CSpicq, La vertu de Simplicité dans l' A. et le N. Test.: RSphth 22, '33, 1—26.*

ἁπλόω (Hero Alex. III p. 130, 7. Cornutus 32 p. 66, 7. Soranus p. 76, 16. Aelian, n. a. 12, 27. Ps.-Callisth. S. 36, 10. Herm. Schr. 486, 8 Sc. Anth. Pal. 11, 107, auch Hi 22, 3) *einfach machen, entfalten* Pass. (Aelian, n. a. 14, 26 p. 359, 13) χάρις ἁπλουμένη *d. sich entfaltende Gnade* Dg 11, 5.*

ἄπλυτος, ον (Semonides 7, 5, auch Dio Chrys. 11 [12], 43. Galen XIII 664K.) *ungewaschen* τὸ ἔντερον ἄ. φαγεῖν *d. inneren Organe u. essen* B 7, 4.*

ἁπλῶς (seit Aeschyl., auch Inschr. Pap. Spr 10, 9. Philo) Adv. von ἁπλοῦς — **1.** *offen, schlicht, aufrichtig* (Demosth. 23, 178. Epikt. 2, 2, 13. Philo, ebr. 76) διδόναι *ohne Hintergedanken g.* Jk 1, 5 (vgl. MDibelius z. St. HRiesenfeld, Con. Neot. 9, '44, 33—41). Hm 2, 4; vgl. 2, 6a. b. Komp. ἁπλούστερον (Isaeus 4, 2) γράφειν *ganz schlicht schreiben* B 6, 5. — **2.** *geradeheraus, rückhaltlos* (Epikt. 3, 15, 3. M. Ant. 5, 7, 2. Schol. zu Apollon. Rhod. 2, 844—47a ἁπλῶς καὶ κατὰ ἀλήθειαν ἐξειπεῖν) ἁ. δ' εἰπεῖν Dg 6, 1. προσευχὰς ἀναφέρειν 2 Kl 2, 2. — **3.** *einfach, überhaupt* b. negat. Ausdrücken (Belege b. Riesenf., a.a.O. 37f., auch Theopomp [IV v]: 115 fgm. 224 Jac. ἁ. οὐδείς. Diod. S. 3, 8, 5 ἁ. οὐ) ἁ. οὐ δύναμαι ἐξηγήσασθαι *ich kann einfach nicht beschreiben* PA 3, 9.*

ἀπό (seit Homer, auch Inschr. Pap. LXX. Philo. Joseph. Test. 12 Patr.) Präp. m. Gen. (s. d. Lit. b. ἀνά a. Anf. Dazu für ἀπό: KDieterich, IndogF 24, '09, 93—158). Grundbed.: *Trennung, Scheidung v. jmdm. od. v. etw.*, woraus sich d. anderen Bed. entwickeln. Ist im NT auch für att. ἐκ. ὑπό, παρά eingetreten u. z. T. an d. Stelle d. alten Gen. d. Trennung gesetzt; vgl. Mlt. 111. 162ff.

I. Rein örtl. *von, von—weg* — **1.** bei allen Verba die eine Bewegung bez., namentl. solchen, die mit ἀπό zus.gesetzt sind; so ἀπάγεσθαι, ἀπαλλάσσεσθαι, ἀπελαύνειν, ἀπέρχεσθαι, ἀπολύεσθαι, ἀποπλανᾶσθαι, ἀποχωρεῖν, ἀποχωρίζεσθαι; aber auch bei διαστῆναι, διέρχεσθαι, ἐκδημεῖν, ἐκκινεῖν, ἐκπλεῖν, ἐκπορεύεσθαι, ἐξέρχεσθαι, ἐξωθεῖν, μεταβαίνειν, μετατίθεσθαι, νοσφίζειν, παραγίνεσθαι, πλανᾶσθαι, πορεύεσθαι, ὑπάγειν, ὑποστρέφειν, φεύγειν; s. d. betr. Artikel. — **2.** bei allen Verba, die d. Begriff d. Trennung enthalten ἐκβάλλειν τὸ κάρφος ἀ. τοῦ ὀφθαλμοῦ *d. Splitter aus d. Auge entfernen* Mt 7, 4 v. l. (i. T. ἐκ). ἀπολύεσθαι ἀ. ἀνδρός *v. Manne weg entlassen w.* Lk 16, 18, vgl. AG 15, 33. ἀποκυλίειν, ἀπολαμβάνεσθαι, ἀποστρέφειν, ἐπιστρέφεσθαι, ἐπανάγειν, αἴρειν, ἀφαιρεῖν, ἀπολέσθαι u. a.; s. d. betr. Artikel. So auch κενὸς ἀ. τινος Hs 9, 19, 2. ἔρημος ἀ. τινος (Jer 51, 2) 2 Kl 2, 3. Bei d. Verba, die d. Begriff d. Trennung im weiteren Sinne enthalten, wie lösen, befreien, freisprechen u. a. ἀπορφανίζειν, διεγείρεσθαι, δικαιοῦν, ἐλευθεροῦν, λούειν, λύειν, λυτροῦν, ῥαντίζειν, σαλεύειν, στέλλειν, σῴζειν, φθείρειν; s. d. Artikel; daher auch ἀθῷος (Sus 46 Theod. v. l.) Mt 27, 24. καθαρὸς ἀ. τινος (Tob 3, 14; doch s. DBm., NB 24) AG 20, 26; vgl. Kuhring 54. — **3.** Die Verba *sich hüten, schämen* usw. nehmen d. Gegenstand, vor dem man sich hütet, schämt, fürchtet mit ἀπό zu sich; so αἰσχύνεσθαι, βλέπειν, μετανοεῖν, προσέχειν, φοβεῖσθαι, φυλάσσειν, φυλάσσεσθαι; s. d. Artikel u. unten V 3. — **4.** Bei d. Verba d. *Verheimlichens, Verbergens, Verhinderns* steht d. Pers., *vor* der etw. verborgen wird, mit ἀπό; so: κρύπτειν τι ἀπό τινος, παρακαλύπτειν τι ἀπό τινος, κωλύειν τι ἀπό τινος; s. d. Artikel. — **5.** in prägnanten Wendungen wie ἀνάθεμα εἶναι ἀ. τοῦ Χριστοῦ *durch d. Bannfluch von Christus geschieden sein* Rö 9, 3. μετανοεῖν ἀ. τ. κακίας (Jer 8, 6) AG 8, 22. ἀποθνῄσκειν ἀ. τινος *durch d. Tod frei werden von* Kol 2, 20. φθείρεσθαι ἀ. τ. ἁπλότητος *verdorben werden u. mit d. schlichten Hingabe aufhören* 2 Kor 11, 3. — **6.** als Ersatz d. gen. part. (Hdt. 6, 27. Thu. 7, 87, 6, auch P. Petr. III 11, 20. P. Iand. 8, 6. Kuhring 20. Roßberg 22. Johannessohn 17) τίνα ἀ. τῶν δύο; Mt 27, 21, vgl. Lk 9, 38. 19, 39 (wie P. Tebt. 299, 13. 1 Makk 1, 13. 3, 24. Sir 6, 6. 46, 8). τὰ ἀ. τοῦ πλοίου *d. Schiffstrümmer* AG 27, 44. ἐκχεῶ ἀ. τοῦ πνεύματός μου AG 2, 17f. (Jo 3, 1f.). λαμβάνειν ἀ. τῶν καρπῶν *d. Anteil an d. Früchten nehmen* Mk 12, 2. — Bei Speisen (wie Da 1, 13. 4, 33a. 2 Makk 7, 1) ἐσθίειν ἀ. τῶν ψιχίων *v. d. Brocken fressen* Mt 15, 27. Mk 7, 28. χορτάζεσθαι ἀ. τινος *sich an etw. sättigen* Lk 16, 21. αἴρειν ἀ. τῶν ἰχθύων *Reste v. d. Fischen aufheben* Mk 6, 43. ἐνέγκατε ἀ. τῶν ὀψαρίων *bringt v. d. Fischen* J 21, 10. — V. Trank (wie Sir 26, 12) πίνειν ἀπὸ τοῦ γενήματος τῆς ἀμπέλου *v. Gewächs d. Weinstockes trinken* Lk 22, 18.

II. Zur Bez. d. Ausgangspunktes in eigtl. u. übertr. Bed. — **1.** örtl. *von, von — aus, aus* σημεῖον ἀ. τοῦ οὐρανοῦ *e. Zeichen vom Himmel* Mk 8, 11. ἀ. πόλεως εἰς πόλιν *v. einer Stadt in d. andere* Mt 23, 34. ἀπ' ἄκρων οὐρανῶν ἕως ἄκρων αὐτῶν (Dt 30, 4. Ps 18, 7) *v. e. Ende d. Himmels zum andern* 24, 31, vgl. Mk 13, 27. ἀπ' ἄνωθεν ἕως κάτω *v. oben bis unten* Mt 27, 51. ἀρξάμενοι ἀ. Ἰερουσαλήμ *in Jerusalem anfangend* Lk 24, 47; ἀφ' ὑμῶν ἐξήχηται ὁ λόγος τοῦ κυρίου *von euch ausgehend ist d. Wort d. Herrn erschollen* 1 Th 1, 8. ἀπὸ βορρᾶ, ἀπὸ νότου *im Norden, im Süden* (P. Goodspeed 6, 5 [129 v] ἐν τῷ ἀπὸ νότου πεδίῳ. Wilcken, Chrest. 11A Col. 1, 12 [123 v] τὸ ἀπὸ νότου τῆς πόλεως χῶμα. 7 ἀπὸ βορρᾶ τῆς πόλεως. 70, 16 u. ö. Jos 18, 5. 19, 34. 1 Kö 14, 5) Apk 21, 13. — **2.** zeitl. *von — an, seit* (P. Oxy. 523, 4; vgl. Kuhring 54ff.) — **a.** ἀ. τῶν ἡμερῶν Ἰωάννου *v. d. Tagen d. Johannes an* Mt 11, 12. ἀ. τῆς ὥρας ἐκείνης 9, 22. ἀπ' ἐκείνης τῆς ἡμέρας (Jos., bell. 4, 318; ant. 7, 382) Mt 22, 46. J 11, 53. ἔτη ἑπτὰ ἀ. τῆς παρθενίας αὐτῆς *sieben Jahre, seit sie nicht mehr Jungfrau war* Lk 2, 36. ἀ. ἐτῶν δώδεκα *seit zwölf Jahren* 8, 43. ἀ. τρίτης ὥρας τῆς νυκτός AG 23, 23. ἀ. κτίσεως κόσμου Rö 1, 20. ἀ. πέρυσι *seit d. letzten Jahre* 2 Kor 8, 10. 9, 2. — ἀπ' αἰῶνος. ἀπ' ἀρχῆς, ἀπ' ἄρτι, ἀπὸ καταβολῆς κόσμου, ἀπὸ πότε, ἀπὸ τότε, ἀπὸ τοῦ νῦν; s. d. betr. Artikel. — **b.** mit Bez. d. Grenzen nach rückwärts u. vorwärts: ἀπὸ — ἕως (Jos., ant. 6, 364) Mt 27, 45. ἀπὸ — ἄχρι Phil 1, 5. ἀπὸ — μέχρι AG 10, 30. Rö 5, 14. 15, 19. — **c.** ἀφ' ἧς (erg. ὥρας oder ἡμέρας, das Kol 1, 6. 9 steht; doch ist ἀφ' ἧς erstarrte Formel: Plut., Pelop. 15, 5; vgl. Bl-D. § 241, 2 Anh.) *seitdem* Lk 7, 45. AG 24, 11. 2 Pt 3, 4 (vgl. X., Hell. 4, 6, 6. 1 Makk 1, 11). ἀφ' οὗ (erg. — m. X., Cyr. 1, 2, 13 — χρόνου; att. Inschr. b. Meisterhans³-Schw. u. s. Witkowski. Auch ἀφ' οὗ ist Formel) *seitdem* (X., conv. 4, 62. Lucian, dial. mar. 15, 1) Lk 13, 25. 24, 21. Apk 16, 18 (vgl. Da 12, 1. 1 Makk 9, 29. 16, 24. 2 Makk 1, 7. Jos., ant. 4, 78). τρία ἔτη ἀφ' οὗ (vgl. Tob 5, 3 S) Lk 13, 7. — **3.** d. Anfangspunkt e. Reihe bez. *von — an* — **a.** ἀρξάμενος ἀ. Μωϋσέως καὶ πάντων τῶν προφητῶν *mit Mose u. allen Propheten beginnend* Lk 24, 27. ἕβδομος ἀ. Ἀδάμ Jd 14 (Diod. S. 1, 50, 3 ὄγδοος ὁ ἀπὸ τοῦ πατρός [= Stammvater]. Appian, Mithrid. 9 § 29 τὸν ἕκτον ἀπὸ τοῦ πρώτου Μιθριδάτην. Arrian, anab. 7, 12, 4. Diog. L. 3, 1 Pla. in der Reihe der Abkömmlinge ἕκτος ἀπὸ Σόλωνος. Biogr. p. 31: Homer δέκατος ἀπὸ Μουσαίου). ἀ. διετοῦς καὶ κατωτέρω Mt 2, 16 (vgl. Num 1, 20. 2 Esr 3, 8). — **b.** m. Bez. d. Anfangs- und d. Endpunktes ἀπὸ — ἕως (Sir 18, 26. 1 Makk 9, 13) Mt 1, 17. 23, 35. AG 8, 10. Ähnl. ἀ. δόξης εἰς δόξαν *v. Herrlichkeit zu Herrlichkeit* 2 Kor 3, 18.

III. Zur Bez. d. Entfernung v. e. Punkte aus: *von — ab* μακρὰν ἀ. τινος *fern v. jmdm.*, ἀπὸ μακρόθεν *aus weiter Entfernung* s. μακράν, μακρόθεν. ἀπέχειν ἀπό τινος s. ἀπέχω 2. Bei genauen Angaben (entspr. lat. *a*, vgl. Bl-D. § 161, 1. WSchulze, Graeca Latina '01, 15ff. Hdb. zu J 11, 18. Appian, bell. civ. 3, 12 § 42. Ramsay, Phrygia I 2 p. 390 No 248) ἦν Βηθανία ἐγγὺς τῶν Ἱεροσολύμων ὡς ἀπὸ σταδίων δεκαπέντε *Bethanien lag nahe bei J. etwa 15 Stadien davon* J 11, 18. ὡς ἀπὸ πηχῶν διακοσίων *etwa 200 Ellen* 21, 8. ἀπὸ σταδίων χιλίων ἑξακοσίων Apk 14, 20; vgl. Hv 4, 1, 5. — Hebrais. ἀπὸ προσώπου τινός (Gen 16, 6. Jer 4, 26. Jdth 2, 14. Sir 21, 2. 1 Makk 5, 34) = מִפְּנֵי פ' *von jmdm. her, vor jmdm.* 2 Th 1, 9 (Jes 2, 10. 19. 21). Apk 12, 14 (Bl-D. § 140. 217, 1).

IV. Zur Bez. d. Ursprunges, d. Herkunft *von — her* — **1.** eigtl. — **a.** bei Verben, die e. Bewegung ausdrücken — **α.** *von — herab* πίπτειν ἀ. τῆς τραπέζης Mt 15, 27. καθεῖλεν δυνάστας ἀ. θρόνων *er stürzte Herrscher v. Throne* Lk 1, 52. — **β.** *von — her* ἔρχεσθαι ἀ. θεοῦ J 3, 2; vgl. 13, 3. 16, 30. παραγίνεται ἀ. τῆς Γαλιλαίας Mt 3, 13. ἀ. ἀνατολῶν ἥξουσιν 8, 11 (Jes 49, 12. 59, 19). ἀ. τοῦ ἱεροῦ ἐπορεύετο 24, 1. ἀ. Παμφυλίας AG 15, 38. ἐγείρεσθαι ἀ. τῶν νεκρῶν *v. d. Toten auferweckt w.* Mt 14, 2. — **b.** z. Bez. d. Herkunft jmds. *aus* (seit Homer. Soph., El. 701. Hdt. 8, 114, auch Inschr. [Rev. archéol. 4 sér. IV '04 p. 9 ἀπὸ Θεσσαλονίκης]. P. Flor. 14, 2. 15, 5. 17, 4. 22, 13 u. ö. Ri 12, 8. 13, 2. 17, 1 [alle drei nach B]. 2 Kö 23, 20 u. ö. Jos., bell. 3, 422; vi. 217; vgl. Bl-D. § 209, 3) ἦν ἀ. Βηθσαϊδά *er war aus B.* J 1, 44; vgl. 12, 21. ὄχλοι ἀ. τῆς Γαλιλαίας *Volkshaufen aus G.* Mt 4, 25. ἄνδρες ἀ. παντὸς ἔθνους AG 2, 5. ἀνὴρ ἀ. τοῦ ὄχλου *e. Mann aus der Menge* Lk 9, 38. ὁ προφήτης ὁ ἀ. Ναζαρέθ Mt 21, 11. οἱ ἀ.

Κιλικίας *d. Cilicier* AG 6, 9. οἱ ἀδελφοὶ οἱ ἀ. Ἰόππης 10, 23 (Musaeus v. 153 παρθένος ἀπ' Ἀρκαδίας). οἱ ἀ. Θεσσαλονίκης Ἰουδαῖοι 17, 13. οἱ ἀ. τῆς Ἰταλίας *d. Italiener* Hb 13, 24, die sich ebensowohl innerhalb wie außerhalb Italiens befinden können (vgl. DBm., Her 33, '98, 344; LO 167, 1. Mlt. 165. Bl-D. § 437). — Mehr d. Zugehörigkeit bez. das οἱ ἀ. τῆς ἐκκλησίας *d. Gemeindeglieder* AG 12, 1; ebenso 15, 5 (vgl. Plut., Cato Min. 4, 2 οἱ ἀπὸ τ. στοᾶς φιλόσοφοι. Ps.-Demetr. c. 68 οἱ ἀπ' αὐτοῦ = seine [des Isokrates] Schüler. Synes., ep. 4 p. 162B. 66 p. 206C. P. Tebt. 33, 3 [112 v] Ῥωμαῖος τῶν ἀπὸ συγκλήτου). — Zur Angabe d. Ursprungs im Sinne d. Stoffs, aus dem etwas besteht (Hdt. 7, 65. Theokr. 15, 117. Inschr. v. Priene 117, 72 ἀπὸ χρυσοῦ. 1 Esr 8, 56. Sir 43, 20 v. l.) ἔνδυμα ἀ. τριχῶν καμήλου *e. Kamelshaarkleid* Mt 3, 4. ▬ **2.** übertr. ▬ **a.** bei Verben d. Forderns, Begehrens u. ä. z. Bez. d. Pers., *von* der man etw. fordert: δανείσασθαι ἀπό τινος *v. jmdm. borgen* Mt 5, 42. ἐκζητεῖν ἀ. τῆς γενεᾶς ταύτης Lk 11, 51. ἀπαιτεῖν τι ἀπό τινος Lk 12, 20. ζητεῖν τι ἀπό τινος 1 Th 2, 6. λαμβάνειν τι ἀπό τινος Mt 17, 25f. 3 J 7. ▬ **b.** bei Verben d. Wahrnehmens, z. Bez. dessen, woran d. Wahrnehmung gemacht wird (Lysias, Andoc. 6. Ps.-Aristot., de mundo 6 p. 399b ἀπ' αὐτῶν τῶν ἔργων θεωρεῖται ὁ θεός. Appian, Liby. 104 § 493 ἀπὸ τῆς σφραγῖδος = am Siegelring [einen Toten erkennen]): ἀ. τῶν καρπῶν αὐτῶν ἐπιγνώσεσθε αὐτούς *an ihren Früchten werdet ihr sie erkennen* Mt 7, 16. 20. μανθάνειν παραβολὴν ἀ. τῆς συκῆς *an d. Feigenbaum e. Gleichnis lernen* 24, 32. Mk 13, 28. — Dagegen μανθάνειν τι ἀπό τινος *etw. v. jmdm. erfahren* Gal 3, 2. Kol 1, 7. ▬ **c.** γράψαι ἀφ' ὧν ἠδυνήθην *aus d. Bereiche meines Könnens heraus schreiben* B 21, 9.

V. Zur Bez. d. Ausgehens e. Wirkung ▬ **1.** allg. z. Angabe e. Grundes *wegen, infolge, vor* (zahlreiche Belege bei FBleek zu Hb 5, 7, auch PFay. 111, 4. Jdth 2, 20. Jos., ant. 9, 56): οὐκ ἠδύνατο ἀ. τοῦ ὄχλου *er vermochte es nicht wegen d. Menge* Lk 19, 3; vgl. Mk 2, 4 v. l. οὐκ ἐνέβλεπον ἀπὸ τῆς δόξης τοῦ φωτός *ich konnte nicht hineinsehen wegen d. Lichtglanzes* AG 22, 11. ἀ. τοῦ πλήθους τῶν ἰχθύων J 21, 6. ἀ. τοῦ ὕδατος *vor dem Wasser* Hs 8, 2, 8. ἀ. τῆς θλίψεως *wegen d. Bedrängnis* AG 11, 19. οὐαὶ τῷ κόσμῳ ἀ. τῶν σκανδάλων Mt 18, 7 (vgl. Bl-D. § 176, 1. Mlt. S. 164). εἰσακουσθεὶς ἀ. τῆς εὐλαβείας *erhört um d. Frömmigkeit willen* Hb 5, 7 (doch ist d. Stelle viell. verdorben, jedenfalls dunkel u. verschieden erklärt; s. außer d. Komm. auch Bl-D. § 211 Anh. u. zu εὐλάβεια). ▬ **2.** z. Angabe d. Mittels, wodurch d. Wirkung erzielt wird: *mit Hilfe von, mit, durch* (Hdt. u. a., auch Ael. Aristid. 37, 23K. = 2 p. 25D. ZP 4, 2128 σφράγιζε ἀπὸ ῥύπου = versiegele mit Schmutz. Hen. 97, 8) γεμίσαι τὴν κοιλίαν ἀ. τῶν κερατίων *sich d. Bauch mit den Schoten füllen* Lk 15, 16 v. l. (vgl. Spr 18, 20). οἱ πλουτήσαντες ἀπ' αὐτῆς Apk 18, 15 (vgl. Sir 11, 18). ▬ **3.** z. Angabe d. Beweggrundes *aus, vor* (Appian, bell. civ. 5, 13 § 52 ἀπ' εὐνοίας = aus Wohlwollen. 1 Makk 6, 10. Papyrusbeispiele bei Kuhring 35) κοιμᾶσθαι ἀ. τῆς λύπης *vor Trauer schlafen* Lk 22, 45. ἀ. τῆς χαρᾶς αὐτοῦ Mt 13, 44; vgl. Lk 24, 41. AG 12, 14. ἀ. τοῦ φόβου κράζειν Mt 14, 26. ἀ. φόβου καὶ προσδοκίας *vor Furcht u. Erwartung* Lk 21, 26. Daher werden d. Verba d. Fürchtens u. ä. mit ἀ. verb., um d. Ursache d. Furcht zu bez. (s. oben I 3) μὴ φοβεῖσθαι ἀ. τῶν ἀποκτεννόντων τὸ σῶμα *sich nicht vor denen fürchten, die nur d. Leib töten* Mt 10, 28. Lk 12, 4 (vgl. Jdth 5, 23. 1 Makk 2, 62. 3, 22. 8, 12). ▬ **4.** z. Bez. d. Urhebers, von dem das ausgeht, was d. Verbum angibt, *von* (seit Trag. Hdt.): ἀ. σοῦ σημεῖον ἰδεῖν *von dir e. Zeichen sehen* Mt 12, 38. γινώσκειν ἀπό τινος *von jmdm. erfahren* Mk 15, 45. ἀκούειν ἀ. τοῦ στόματός τινος *aus jmds. Mund hören*, es v. ihm persönlich vernehmen Lk 22, 71 (Dionys. Hal. 3, 8 ἀ. στόματος ἤκουσεν); vgl. AG 9, 13. 1 J 1, 5. τὴν ἀ. σοῦ ἐπαγγελίαν *d. v. dir gegebene Nachricht* AG 23, 21. ἀφ' ἑνὸς ἐγενήθησαν Hb 11, 12. Ebenso ist wohl παραλαμβάνειν ἀπὸ τοῦ κυρίου 1 Kor 11, 23 zu verstehen; denn Paulus ist sich bewußt, vom Herrn selbst unterrichtet zu sein (für unmittelbare Belehrung auch EBröse, Die Präp. ἀπό 1 Kor 11, 23: StKr 71, '98, 351—60. DBm. BWeiß. Ltzm. H-DWendland. Dagegen f. indirekte Mitteilung: Zahn. PFeine. JWeiß. PhBachmann. Kümmel. OHoltzmann. Sickenberger. Schlatter). — V. d. entfernteren Ursache ἀπ' ἀνθρώπων *v. Menschen* (neb. δι' ἀνθρώπου. Vgl. Artem. 1, 73 p. 66, 11 ἀπὸ γυναικῶν ἢ διὰ γυναικῶν. 2, 36 p. 135, 26) Gal 1, 1. ἀ. κυρίου πνεύματος *v. dem Herrn d. Geistes her* 2 Kor 3, 18. ἔχειν τι ἀπό τινος *etw. v. jmdm. besitzen* 1 Kor 6, 19. 1 Ti 3, 7. 1 J 2, 20. 4, 21. — In d. Grußformeln εἰρήνη ἀ. θεοῦ πατρός *Friede, d. ausgeht v. Gott, d. Vater* Rö 1, 7. 1 Kor 1, 3. 2 Kor 1, 2. Gal 1, 3. Eph 1, 2; vgl. 6, 23. Phil 1, 2. Kol 1, 2. 1 Th 1, 1 t. r. 2 Th 1, 2. 1 Ti 1, 2. 2 Ti 1, 2. Tit 1, 4. Phlm 3. σοφία ἀ. θεοῦ *Weisheit, die v. Gott stammt* 1 Kor 1, 30. ἔπαινος ἀ. θεοῦ *Lob, das v. Gott gespendet wird* 4, 5. καὶ τοῦτο ἀ. θεοῦ *u. dies auf Veranlassung Gottes* Phil 1, 28. Ganz singulär ist d. Ausdruck εἰρήνη ἀπὸ „ὁ ὢν καὶ ὁ ἦν καὶ ὁ ἐρχόμενος" Apk 1, 4, viell. e. schon übliche deutende Umschreibung d. Jahwenamens, viell. nur einer der in Apk so häufigen sprachl. Mängel (Meyer[6]-Bousset '06, 159ff.; vgl. P. Par. 51, 33 ἀπὸ ἀπηλιώτης). ▬ **5.** Wie im klass. Sprachgebr. (Thu. 5, 60, 1. X., mem. 2, 10, 3. Andoc., orat. 2, 4 οὗτοι οὐκ ἀφ' αὑτῶν ταῦτα πράττουσιν, auch Diod. S. 17, 56, 2. Num 16, 28. 4 Makk 11, 3) findet sich häufig ἀφ' ἑαυτοῦ, ἀφ' ἑαυτῶν wenn es sich um mehrere handelt, ἀπ' ἐμαυτοῦ, wenn es sich auf d. Subj. bezieht: *von selbst, von sich aus* Lk 12, 57. 21, 30. 2 Kor 3, 5; bes. häufig bei J: 5, 19. 30. 8, 28. 10, 18. 15, 4. — 7, 17f. 11, 51. 14, 10. 16, 13. 18, 34. So auch ἀπ' ἐμαυτοῦ οὐκ ἐλήλυθα *ich bin nicht v. selbst gekommen* (Ggs. d. Vater hat mich gesandt) 7, 28. 8, 42. ▬ **6.** Beim Passiv u. bei Verben m. pass. Sinn wird ὑπό zuweilen durch ἀπό ersetzt (b. Klassikern vereinzelt [Kühner-G. I S. 457f.]. Polyb. 1, 79, 14. Hero I 152, 6. 388, 11. Nicol. Dam.: 90 fgm. 130, 130 Jac. IG XII 5, 29. Dit., Syll.[3] 820, 9. P. Lond. 1173, 12. BGU 1185, 26. P. Flor. 150, 6 ἀ. τῶν μυῶν κατεσθιόμενα. ZP 4, 256. Kuhring 36f. 1 Makk 15, 17. Sir 16, 4. Philo, leg. all. 3, 62. Vgl. Bl-D. §210. GNHatzidakis, Einl. in d. neugriech. Gramm. '92, 211. ANJannaris, An Historical Greek Grammar '97 § 1507). Doch ist gerade hier d. Überl. d. Textes bes. schwankend u. d. Wahl d. Präp. wohl manchmal durch bes. Tönungen d. Ausdruckes veranlaßt. Lk 8, 43b (ὑπ' v. l.). 10, 22D. ἀποδεδειγμένος ἀ. τοῦ θεοῦ *v. Gott beglaubigt* AG 2, 22. ἐπικληθεὶς Βαρναβᾶς ἀ. (ὑπὸ t. r.) τῶν ἀποστόλων *v. d. Aposteln B. genannt* 4, 36. κατενεχθεὶς ἀ. τοῦ ὕπνου *v. Schlafe übermannt* 20, 9. Häufig bez. in solchen Fällen ἀπό d. indir. Urheber u. ist dann *vonseiten* zu übersetzen: πολλὰ παθεῖν ἀ. τῶν πρεσβυτέρων *viel erdulden vonseiten d. Ältesten* Mt 16, 21; vgl.

Lk 9, 22. 17, 25, wo d. Nachdruck auf παθεῖν u. nicht auf ἀποδοκιμασθῆναι liegt. ἀ. θεοῦ πειράζομαι d. Versuchung ist v. Gott veranlaßt, geschieht aber nicht durch ihn Jk 1, 13. ἡτοιμασμένος ἀ. τοῦ θεοῦ *vonseiten Gottes bereitet*, nicht durch ihn selbst Apk 12, 6.

VI. In einzelnen Redensarten dient ἀπό z. Umschreibung v. Adv. ἀπὸ μέρους; s. μέρος 1c. — ἀπὸ μιᾶς (nach Wlh., Einl.² 26 Aramaismus min ch'da = auf einmal, wobei jedoch das Fem. unerklärt bleibt, das ebenso formelhaft Maxim. Tyr. 6, 3f. und Hen. 99, 9 in ἐπὶ μιᾶς u. im Neugriech. in μὲ μιᾶς *auf einmal* [AThumb, Hdb. d. neugriech. Volkssprache² '10 § 162 Anm. 2] wiederkehrt. PSI 286, 22 gebraucht ἀπὸ μιᾶς von e. „auf einmal" geleisteten Zahlung. Ursprüngl. mag etwa e. γνώμης dazu gehört haben [Philo, spec. leg. 3, 73] od. auch e. ὁρμῆς [Thu. 7, 71, 6], e. γλώσσης [Cass. Dio 44, 36, 2], e. φωνῆς [Herodian 1, 4, 8]; vgl. Bl-D. § 241, 6 Anh.) *einmütig* Lk 14, 18. Ähnl. ἀπὸ τῶν καρδιῶν *von Herzen, herzlich* Mt 18, 35. — Himer., or. 39 [= or. 5], 6 hat formelhaft διὰ μιᾶς, wohl = in einem Stück, durchlaufend; or. 44 [= or. 8], 2 ein vollständigeres διὰ μιᾶς τῆς σπουδῆς = mit ein u. demselben od. mit ganz d. gleichen Eifer.

ἀποβαίνω (seit Homer, auch Inschr. Pap. LXX) Fut. ἀποβήσομαι. Aor. 2 ἀπέβην. — **1.** eigtl. *weggehen* z. B. v. Schiff ans Land steigen (X., an. 5, 7, 9 ἀ. εἰς τ. χώραν. Diogenes, ep. 37, 1) ἀ. εἰς τὴν γῆν J 21, 9. Abs. (Thu. 1, 116, 2. Jos., bell. 4, 660) ἀποβάντες *nachdem sie ausgestiegen waren* Lk 5, 2. — **2.** übertr. *auslaufen in, ausschlagen zu* (seit Hdt.; auch Artem. 3, 66. Dit., Syll.³ 851, 10 εἰ καὶ ἑτέρως τοῦτο ἀπέβη. P. Petr. III 42H (8) f, 5 = Witkowski p. 15. Hi 30, 31 εἰς πάθος. Jos., ant. 1, 20 ἀ. εἰς) ἀ. εἰς μαρτύριον *zum Zeugnis ausschlagen* Lk 21, 13. ἀ. εἰς σωτηρίαν Phil 1, 19 (Hi 13, 16).*

ἀποβάλλω (seit Homer, auch Inschr. Pap. LXX) Fut. ἀποβαλῶ. Aor. 2 ἀπέβαλον. Pf. ἀποβέβληκα; Pass. Ptz. ἀποβεβλημένος. Aor. 1 ἀπεβλήθην. — **1.** *abwerfen, ablegen* — **a.** eigtl. e. Gewand Mk 10, 50. V. Baum ἀ. τὰ φύλλα (Jes 1, 30) *d. Blätter fallen lassen* Hs 3, 3 (ἀποβ. = [absichtslos] fallen lassen: Ps.-Demetr. c. 65). ἀ. λίθους *Steine beiseite werfen* Hv 3, 2, 7. 3, 5, 5. Pass. 3, 7, 5. s 9, 8, 4ff. 9, 9, 4. 9, 13, 3. 6. 9. 9, 30, 1. ἀποβάλλεσθαι ἀπὸ τοῦ πύργου s 9, 8, 3. ἀπὸ τοῦ οἴκου s 9, 13, 9. ἐκ τῆς οἰκοδομῆς s 9, 7, 1. 9, 9, 5. Mit Angabe d. Zieles ἀποβάλλεσθαι εἰς τὸν ἴδιον τόπον *an seinen Platz geworfen werden* s 9, 12, 4. ἀποβάλλεσθαι πρὸς τ. λοιπούς *zu den Übrigen geworfen werden* s 9, 8, 7. — **b.** übertr. — **α.** *ablegen* (Schol. zu Nicander, alexiph. 450 τὸν ὕπνον ἀποβ. = abschütteln) v. Eigenschaften, die man wie e. Gewand an- u. ablegt (neb. ἐνδύσασθαι) m 10, 3, 4. ἀ. τὰς πονηρίας s 6, 1, 4. ἀ. πᾶσαν λύπην v 4, 3, 4. ἀ. πονηρίαν ἀφ' ἑαυτοῦ *d. Schlechtigkeit ablegen* m 1, 2. ἀ. τὰς ἐπιθυμίας s 9, 14, 1. τὰ ἔργα τούτων τῶν γυναικῶν s 9, 14, 2. — **β.** *verwerfen* τινά (Theokr. 11, 19. Hippokr., ep. 10, 4) 2 Kl 4, 5. Pass. 1 Kl 45, 3. Hs 9, 18, 3f. 9, 22, 3. — **γ.** *hinauswerfen* Pass. ἀπὸ τῆς πίστεως *v. Glauben abgedrängt werden* m 8, 10 (Schol. zu Nicander, ther. 270 ἀποβαλλομένη τῆς εὐθείας ὁδοῦ = vom rechten Wege abgedrängt). — **2.** *verlieren* τὶ *etw.* (Hdt. u. a., auch Epikt. 2, 10, 15 ἀ. αἰδῶ. Dio Chrys. 17 [34], 39 ἀ. τὴν παρρησίαν. Dt 26, 5. Philo, Abr. 235. 256; spec. leg. 3, 202. Jos., bell. 1, 90; ant. 8, 225. 14, 77) τὴν παρρησίαν Hb 10, 35 (doch ist auch d. Bed. *wegwerfen* [Lucian, dial. mort. 10, 1. Aelian, v. h. 10, 13 u. a.] mögl.). V. Gold ἀποβάλλει τὴν σκωρίαν *stößt ab, verliert d. Schlacke* Hv 4, 3, 4. ἐὰν μή ... ἀποβάλῃ ἐξ αὐτοῦ τι *wenn er nicht etwas davon verliert* v 3, 6, 6. — **3.** *verstoßen, vertreiben* τινά τινος *jmdn. von etw.* ἀ. τῆς ἐπισκοπῆς *des Bischofsamtes entsetzen* (vgl. Ltzm. ZWTh 55, '13, 135) 1 Kl 44, 4. Pass. ἀ. τῆς λειτουργίας *seines Dienstes enthoben werden* 44, 3. — **4.** Med. = 1b α Rö 13, 12 v. l.*

ἀποβλέπω (seit Trag. Hdt., auch Inschr. Pap. LXX) Ipf. ἀπέβλεπον *hinblicken* εἴς τι *auf etw.* (Epikt. 1, 6, 37. Dit., Syll.³ 867, 10. PSI 414, 9. Ps 9, 29. 10, 4. Philo, spec. leg. 1, 293) übertr. v. Mose ἀ. εἰς τὴν μισθαποδοσίαν *auf d. Lohn hinblicken* Hb 11, 26 (vgl. Jos., bell. 2, 311; ant. 20, 61).*

ἀπόβλητος, ον Verbaladj. v. ἀποβάλλω (seit Homer, auch Pap. Aq. Sym. Philo, spec. leg. 2, 169 [vgl. Nägeli 25]) *verworfen* v. d. Gottheit (Herm. Schr. 6, 1) = unrein (Ggs. καλός) 1 Ti 4, 4.*

ἀποβολή, ῆς, ἡ (seit Pla., auch P. Lond. 1659, 10) entspr. d. verschiedenen Bed. v. ἀποβάλλω — **1.** *d. Verwerfung* übertr. auf d. Verwerfung der Juden durch Gott (Jos., ant. 4, 314) Rö 11, 15 (Ggs. πρόσλημψις). — **2.** *d. Verlust* (Zen.-P. 59569, 25. 106 [246v]. 55. Brief des Apoll. v. Ty. [Philostrat. I 358, 19] durch Tod. Philo, praem. 33 vom Schiff. Jos., ant. 2, 147. Sextus 257) ἀ. ψυχῆς οὐδεμία ἔσται ἐξ ὑμῶν *kein einziger v. euch wird verloren gehen* AG 27, 22 (Straton v. Lamps., fgm. 124 ἀ. ζωῆς).*

ἀπογίνομαι Aor. 2 ἀπεγενόμην (im Ggs. zu ζῆν) *sterben* (Hdt. Thu. [vgl., allerdings im Sinne des Unbeteiligtseins an, 1, 39, 3 τῶν ἁμαρτημάτων ἀπογενόμενοι], auch Teles 59, 11f. Dionys. Hal. 4, 15. Dit., Syll.³ 1099, 15. ³850, 12. P. Magd. 29, 3. P. Ryl. 65, 9. P. Grenf. II 69, 10. P. Leipz. 29, 9. 10. 13. ZP 4, 719. Vgl. Jos., ant. 5, 1) 1 Pt 2, 24.*

ἀπογινώσκω Pf. ἀπέγνωκα *nicht aus noch ein wissen, verzweifeln* (so Lysias u. a., auch Dit., Syll.³ 326, 30. 2 Makk 9, 22. Jdth 9, 11) τὶ *an etw. v.* (Aristot., eth. Nic. 1115b, 2 u. a., auch P. Gieß. 72, 12 τοῦτο ἀπέγνων. Jos., ant. 2, 140 τ. σωτηρίαν. 336 u. ö.): ἀ. ἑαυτόν (Polyb. 22, 9, 14. Plut., Tib. Gracch. 13, 6. Philo, somn. 1, 60. Jos., bell. 5, 537) *an sich selbst v.* Hv 1, 1, 9. s 9, 26, 4. τὴν ζωήν *am Leben* m 10, 6, 2 (vgl. Philo, leg. ad Gai. 352 τὸ ζῆν ἀ.).*

ἀπογνωρίζω *aberkennen* Pass. ἀπογνωρίζεσθαι ἀπὸ τῆς ζωῆς *d. Leben wird jmdm. aberkannt* Hv 2, 2, 8.*

ἀπογραφή, ῆς, ἡ (Lysias. Pla. u. a. auch Dit., Syll.³ 1023, 45. 71. 1109, 34. 1157, 33; Or. 338, 11. 34. Sehr oft Pap. LXX. Ep. Arist. Joseph.) *d. Aufzeichnung* v. d. statistischen Mitteilungen u. Erklärungen d. Bürger z. Zwecke d. Ergänzung d. Steuerlisten u. d. Stammrollen (vgl. Wilcken, Grundz. 175f. 178. 202ff. 225ff.; Chrest. Nr. 198ff., bes. 202 d. Censusedikt d. C. Vibius Maximus 104n; dazu DBm., LO 231f.). Lk 2, 2 ist d. Wort als *Census, Schatzung* gebr. v. d. Schatzung d. Quirinius 6/7 n. Chr. (vgl. Jos., bell. 7, 253; ant. 18, 3). Auf sie bezieht sich auch AG 5, 37 ἐν ταῖς ἡμέραις τῆς ἀπογραφῆς. Vgl. Schürer I⁴ 508—43 (hier d. ältere Lit.). Ramsay, zuletzt Bearing 238ff. Zahn, zuletzt Lk 129—35 u. Exk. IV. EKlostermann, Hdb. zu Lk 2, 1—3. M-JLagrange, RB n. s. 8, '11, 60—84. EGroag, Prosopogr. Beitr. VII (Jahresh. d. Österr. Arch. Inst. 21/22, '24

Beiblatt, Sp. 445—78). HWindisch, NThT 16, '27, 106—24. AvPremerstein, Ztschr. d. Savigny-Stiftg. f. Rechtsgesch. 48, '28, Rom. Abt. 449ff. LRTaylor, AJPh 54, '33, 120—33. S. noch zu ἡγεμονεύω u. Κυρήνιος.*

ἀπογράφω (seit Hdt., auch Inschr. Pap. LXX) Aor. 1 Med. ἀπεγραψάμην. Pf. Pass. Ptz. ἀπογεγραμμένος *aufzeichnen* — **1.** v. d. amtl. Eintragung in d. Steuerlisten (Philol. 71, '12, 24. P. Oxy. 249, 5. 250, 1 u. ö.; vgl. ἀπογραφή) Med. *sich eintragen lassen* (Arrian, anab. 3, 19, 6) Lk 2, 3. 5. Pass. V. 1. — **2.** übertr. auf d. v. Gott geführten Listen (d. „Buch d. Lebens"; vgl. Hen. 98, 7. 8. Apc. Pauli p. 39f. Tischendorf πάντα τὰ πραττόμενα παρ' ὑμῶν καθ' ἡμέραν ἄγγελοι ἀπογράφονται ἐν οὐρανοῖς) πρωτότοκοι ἀπογεγραμμένοι ἐν οὐρανοῖς Hb 12, 23.*

ἀποδείκνυμι (seit Pind. Hdt., auch Inschr. Pap. LXX. Philo, aet. m. 112. 116) Aor. 1 ἀπέδειξα. Pf. Pass. Ptz. ἀποδεδειγμένος. — **1.** *bestellen zu, machen zu* mit doppeltem Akk. (X., Cyr. 1, 2, 5 παῖδας βελτίστους ἀ. Socrat., ep. 28, 11. Diod. S. 2, 26, 6. Arrian, anab. 6, 2, 1. Da 2, 48. 2 Makk 14, 26. Jos., ant. 8, 162) v. Gott (Jos., ant. 11, 3. Test. Jos. 2, 7) ἡμᾶς τοὺς ἀποστόλους ἐσχάτους ἀπέδειξεν *er hat uns, d. Apostel, zu d. Letzten* (d. h. Niedrigsten) *gemacht* 1 Kor 4, 9. M. flgd. ὅτι statt d. 2. Akk. ἀποδεικνύντα ἑαυτὸν ὅτι ἐστὶν θεός *der sich selbst zum Gott einsetzt* 2 Th 2, 4. Pass. (Diod. 3, 59, 2) διάκονοι, ἀποδεδειγμένοι ἐν γνώμῃ Ἰησοῦ *Diakonen, im Sinne Jesu eingesetzt* IPhld insc. (vgl. P. Petr. III 36a verso, 17 ἀποδεδειγμένοι ἐπίσκοποι. P. Genf 36, 2. Jos., ant. 7, 356). — **2.** *erweisen, ausweisen* (P. Lond. 904, 34. BGU 388 II, 19) τὸ ἀκέραιον τῆς πραΰτητος αὐτῶν βούλημα ἀποδειξάτωσαν *sie sollen d. lautere Absicht ihrer Sanftmut erweisen* 1 Kl 21, 7. Pass. ἄνδρα ἀποδεδειγμένον ἀπὸ τοῦ θεοῦ *v. Gott beglaubigt* AG 2, 22 (vgl. Esth 3, 13c; auch Diod. S. 20, 40, 6 ἀποδεδειγμένος εἰς τὴν πόλιν = wohlgelitten in der Stadt). — **3.** *beweisen* τὶ *etw.* (4 Makk 1, 8) AG 25, 7. — EPeterson, Deißmann-Festschr. '26, 320ff.*

ἀπόδειξις, εως, ἡ (seit Vorsokr. u. Hdt., auch Inschr. Pap. 3 Makk 4, 20. Ep. Arist. 102. Philo. Jos., c. Ap. 1, 155; ant. 17, 99. Test. Jos. 14, 5) *d. Beweis, d. Erweis, d. Probe* (bes. auch von dem od. für das Eingreifen der Gottheit, wie Diod. S. 15, 49, 4) ἀ. πνεύματος καὶ δυνάμεως *Beweis v. Geist u. Kraft* d. h. der Beweis, der im Besitz d. Geistes u. d. Betätigung d. Wunderkraft liegt (Ggs. πειθοὶ λόγοι) 1 Kor 2, 4 (Philo, Mos. 1, 95 ἀ. διὰ σημείων κ. τεράτων im Ggs. zu διὰ τ. λόγων).*

ἀποδεκατεύω (Alexis b. Athen. 6 p. 216 A. Suppl. epigr. Gr. IX 72, 56 τῷ θεῷ) *verzehnten, d. Zehnten entrichten* τὶ (v.) *etw.* πάντα Lk 18, 12.*

ἀποδεκατόω (LXX. Test. Levi 9, 4. Mich. Glykas 263, 6 IBekker [1836]) Inf. ἀποδεκατοῦν, nicht ἀποδεκατοῖν Hb 7, 5 𝔓[46] B D* (Bl-D. § 91 Anh. Mlt. S. 79) — **1.** *verzehnten, d. Zehnten geben* τὶ (v.) *etw.* (Gen 28, 22) Mt 23, 23. Lk 11, 42. — **2.** *d. Zehnten nehmen, auferlegen* (1 Kö 8, 15. 16. 17) τινά *jmdn. m. d. Zehnten belegen, zehnten* τὸν λαόν Hb 7, 5.*

ἀπόδεκτος, ον in dieser Betonung fast durchweg in d. ntl. Überlieferung (doch s. CRGregory, Prolegomena zu Tdf. NT[8] '94, 100f.), während anderweitig die Akzentuierung ἀποδεκτός begegnet (Plut., mor. 1061 A. Sext. Emp., math. 11, 83. So auch Dit. in Or. 441, 100). Streng genommen bedeutet ἀποδεκτός *annehmbar*, ἀπόδεκτος *acceptus, angenehm, wohlgefällig* (W-S. § 6, 4). Ersteres ist Dg 8, 3 gegeben, letzteres 1 Ti 2, 3. 5, 4 vorzuziehen.*

ἀποδέχομαι (seit Homer, auch Inschr. Pap. LXX. Ep. Arist. Philo. Joseph.) Aor. 1 ἀπεδεξάμην; Pass. ἀπεδέχθην. — **1.** τινά *jmdn. freundlich aufnehmen, willkommen heißen* (Polyb. 21, 35, 5. Diod. S. 1, 18, 5. Dit., Syll.[3] 601, 9. P. Oxy. 939, 11. 2 Makk 3, 9. 13, 24) Lk 8, 40. 9, 11. AG 18, 27. 21, 17. 28, 30. IEph 1, 1. ITr 1, 2. — *annehmen* τὶ *etw.* (Hen. 103, 14. Philo, Abr. 90. Jos., ant. 9, 176) τὸν λόγον (diese Redensart b. Pla. u. a.) AG 2, 41; vgl. Dg 8, 2. — **2.** *jmdn.* od. *etw. anerkennen, loben* (Diod. S. 4, 31, 8 τὴν ἀνδρείαν. Appian, bell. civ. 2, 82 § 347. Aesop, Fab. 173 P. = 308 H. Himerius, or. 65 [= or. 19], 2. IG II 481, 60. 4 Makk 3, 20. Ep. Arist. 194. 274 u. ö. Philo, gig. 37. Jos., ant. 9, 176. 20, 264) AG 24, 3. IPol 1, 1. τινά τινος *jmdn. wegen etw.* (P. Oxy. 705, 59 ἀποδεχόμεθά σε ταύτης τ. ἐπιδόσεως. Jos., ant. 6, 340. 7, 160) τῆς προθυμίας σε ταύτης *ich lobe dich wegen dieser Bereitwilligkeit* Dg 1.*

ἀποδημέω (seit Pind. Hdt., auch Inschr. Pap. Ez 19, 3A) Aor. 1 ἀπεδήμησα — **1.** *verreisen* εἰς *in, nach* (PSI 436, 2 [248v]. 413, 22) εἰς χώραν μακράν *in e. weit entlegenes Land* Lk 15, 13. Abs. (PSI 416, 3 [III v]. Jos., ant. 6, 227; c. Ap. 2, 259) Mt 21, 33. 25, 15. Mk 12, 1. Lk 20, 9. ἄνθρωπος ἀποδημῶν *jmd., der auf Reisen gehen wollte* Mt 25, 14 (Epikt. 4, 1, 58 vom κύριος des δοῦλος, der ἀποδημεῖ aber ἥξει). — Übertr. euphemistisch ἀ. τῆς σαρκός *aus d. Leben scheiden* MPol 2, 2 (= sterben: Epikt. 3, 24, 88. Vgl. MMeister, Axioch. dial. Diss. Bresl. '15, 87, 1). — **2.** *in d. Ferne weilen* ἀπὸ τ. κυρίου *ferne v. Herrn* 2 Kor 5, 6 DG.*

ἀποδημία, ας, ἡ (seit Hdt., auch Dit., Syll.[3] 1109, 50. P. Oxy. 471, 134. P. Tebt. 330, 3. Jos., ant. 17, 69) *d. Abwesenheit, d. Reise* Hs 5, 5, 3. εἰς ἀ. ἐξέρχεσθαι *auf Reisen gehen* s 5, 2. 2.*

ἀπόδημος, ον (seit Pind., auch Plut., mor. 799E. Dit., Syll.[3] 279, 24. 524, 30. P. Oxy. 1446, 84. 89. 1547, 23. Jos., ant. 2, 165) *auf Reisen abwesend* ἄνθρωπος ἀ. *jmd., der auf R. a. ist* Mk 13, 34.*

ἀποδιδράσκω (seit Homer, auch Pap. LXX. Hen. 102, 1. Philo, post. Cai. 43. Jos., ant. 12, 378. Or. Sib. 4, 124) Aor. 2 ἀπέδραν, 3. Sg. ἀπέδρα. E. spätere Zeit bildet d. Konjunktivform ἀποδράσῃ. *davonlaufen* ἀπό τινος (Jdth 11, 3. Test. Benj. 5, 3. Kleopatra Zl. 126) *vor jmdm.* 1 Kl 28, 4. ἀπὸ προσώπου τινός (Gen 16, 6. Jdth 10, 12. 11, 16) 4, 8.*

ἀποδίδωμι (seit Homer, auch Inschr. Pap. LXX. Ep. Arist. Philo. Joseph. Test. 12 Patr.) Ptz. ἀποδιδοῦν (st. -δόν) Apk 22, 2 (Bl-D. § 94, 1 Anh.). Ipf. ἀπεδίδουν AG 4, 33. Fut. ἀποδώσω. Aor. 1 ἀπέδωκα. Aor. 2. Konj. 2. Sg. ἀποδῷς, 3. Sg. ἀποδῷ; Imp. ἀπόδος, ἀπόδοτε. Aor. 2 Med. ἀπεδόμην, 3. Sg. ἀπέδοτο Hb 12, 16. Aor. 1 Pass. ἀπεδόθην, Inf. ἀποδοθῆναι (d. hsl. Überlieferung schwankt beim Konj. Aor. Akt. vgl. Bl-D. § 95, 2). — **1.** *abgeben, herausgeben* τὸ σῶμα Mt 27, 58 (Diod. S. 14, 84, 2 τοὺς νεκροὺς ἀπέδωκαν). τὸν μισθόν (X., an. 1, 2, 12. Dio Chrys. 13 [7], 12. Dit., Syll.[3] 127, 27. Sb 3924, 20 [19n]. Tob 2, 12. Jer 22, 13. Philo, virt. 88) *d. Lohn auszahlen* Mt 20, 8. 2 Kl 20, 4. B 11, 8. τὴν ἀντιμισθίαν τινὶ ἀ. 2 Kl 11, 6. 15, 2. Übertr. στέφανον ἀ. *e. Kranz* (als Lohn) *verleihen* 2 Ti 4, 8. d. Erträgnisse *abliefern* Mt 21, 41. d. Steuer *zahlen* (Philo, op. m. 85) 22, 21. Mk 12, 17. Lk 20, 25 (vgl. Sextus 20).

ἀ. τῷ ὑψίστῳ τὰς εὐχάς *d. Höchsten d. Gelübde zahlen* 1 Kl 52, 3 (Ps 49, 14; vgl. Dt 23, 22. Jos., ant. 11, 9 τ. εὐχὰς ἀπεδίδοσαν τῷ θεῷ. X., mem. 2, 2, 10 τοῖς θεοῖς εὐχὰς ἀ. Diod. S. 4, 48, 7. 4, 49, 2. 8 τὰς εὐχὰς ἀποδοῦναι τοῖς θεοῖς. 14, 13, 5 Ἄμμωνι. P. Gieß. 27, 10 [II n] ἵνα τοῖς θεοῖς τὰς ὀφειλομένας σπονδὰς ἀποδῶ). τὴν ὀφειλήν τινι ἀ. *seine Pflicht gegen jmdn. erfüllen* 1 Kor 7, 3. Pl. Rö 13, 7. V. Gott: *verleihen, schenken* τινί τι *jmdm. etw.* 1 Kl 23, 1. B 5, 7. Hv 1, 3, 4. καρπόν *Frucht bringen* (P. Oxy. 53, 11 καρποὺς ἀ. Lev 26, 4) Apk 22, 2; übertr. Hb 12, 11. τοὺς ὅρκους ἀ. *d. Eid halten* Mt 5, 33 (vgl. P. Oxy. 1026, 6). μαρτύριον ἀ. (4 Makk 6, 32) *Zeugnis ablegen* AG 4, 33. λόγον ἀ. *Rechenschaft ablegen* (s. λόγος 2a) Mt 12, 36. Lk 16, 2. AG 19, 40. Rö 14, 12 v. l. Hb 13, 17. 1 Pt 4, 5. Hv 3, 9, 10. m 2, 5. — 2. *übergeben, zurückgeben* τὶ *etw.* (Philo, spec. leg. 4, 67. Jos., vi. 335) Hm 3, 2. τινί τι (X., Hell. 2, 2, 9 u. a.) Lk 9, 42. Hs 2, 7. τινί v 2, 1, 3. τῷ ὑπηρέτῃ Lk 4, 20. e. *Schuld zurückzahlen* Mt 5, 26. 18, 25ff. 34. Lk 7, 42. 12, 59. D 1, 5. Auslagen *zurückerstatten* Lk 10, 35. zu Unrecht erhobene Steuern *wiedererstatten* 19, 8 (vgl. Num 5, 7f.). — 3. im guten u. schlimmen Sinne *vergelten* wie ἀνταποδίδωμι v. Gott: Mt 6, 4. 6. 18. ἑκάστῳ κατὰ τὰ ἔργα αὐτοῦ Rö 2, 6 (Ps 61, 13. Spr 24, 12); vgl. 2 Ti 4, 14. Apk 22, 12. 1 Kl 34, 3. ἑκάστῳ κατὰ τὴν πρᾶξιν αὐτοῦ Mt 16, 27 (vgl. Sir 35, 22). τινί τι *jmdm. etw.* 1 Kl 18, 12 (Ps 50, 14). κακὸν ἀντὶ κακοῦ (vgl. Spr 17, 13) *Böses mit Bösem v.* Rö 12, 17. 1 Th 5, 15. 1 Pt 3, 9. Pol 2, 2. ἀμοιβὰς ἀ. (Dionys. Hal. 6, 73. P. Oxy. 705, 61 ἀποδιδοὺς ἀμοιβήν. Aq. Ps 27, 4) *Wiedervergeltung erweisen, wiedervergelten* 1 Ti 5, 4. Abs. ἀπόδοτε αὐτῇ ὡς καὶ αὐτὴ ἀπέδωκεν *teilt ihr aus, wie sie ausgeteilt hat* Apk 18, 6 (vgl. Ps 136, 8). — 4. Med. — a. *verkaufen* (seit Hdt. 1, 70, auch Inschr. Pap.) τὸν Ἰωσήφ AG 7, 9 (Gen 37, 28. 45, 3. Philo, de Ios. 15. 238). τί τινος *etw. für etw.* (Pla., Phaedo 98 B. X., Hell. 2, 3, 48) τοσούτου τὸ χωρίον *d. Grundstück für soviel v.* 5, 8 (ἀ. τὸ χ. wie Jos., ant. 3, 283). — b. *hergeben* τὸν ἴδιον υἱὸν λύτρον *d. eigenen Sohn als Lösegeld hergeben* Dg 9, 2. Dafür τὶ ἀντί τινος (wie Test. Is. 2, 2) Hb 12, 16. — c. *abgeben* τὰς ῥάβδους Hs 8, 1, 5.*

ἀποδιορίζω (Aristot., pol. 4, 4, 13 p. 1290 b, 25. Herm. Schr. 3, 2a Kodd.) *sondern, trennen* (Ggs. ἐποικοδομεῖν) abs. οὗτοί εἰσιν οἱ ἀποδιορίζοντες *diese sind es, die lostrennen, e. Trennung verursachen* Jd 19.*

ἀποδιυλίζω (s. Lghtf. z. St.) *klären, reinigen* ἀπὸ παντὸς ἀλλοτρίου χρώματος *v. jeder fremden Färbung* übertr. auf d. reine Lehre IRö insc.*

ἀποδιυλισμός, οῦ, ὁ (s. ἀποδιυλίζω) *d. Reinigung, d. Klärung*; übertr. *Läuterung* v. schlechten Elementen (Ggs. μερισμός) IPhld 3, 1.*

ἀποδοκιμάζω (seit Solon u. Hdt. 6, 130, auch Vett. Val. 278, 18. 313, 26. LXX) Aor. 1 ἀπεδοκίμασα; Pass. ἀπεδοκιμάσθην. Pf. Pass. Ptz. ἀποδεδοκιμασμένος (nach vorausgegangener Prüfung) *verwerfen, für unbrauchbar erklären* — 1. v. Sachen (Epikur b. Diog. L. 10, 31. Appian, bell. civ. 5, 32 § 126. Ps.-Demetr. c. 200. Dit., Syll.³ 306, 52. P. Gieß. 47, 14ff. Jer 6, 30. Jos., ant. 15, 321) v. Steinen Mt 21, 42. Mk 12, 10. Lk 20, 17. 1 Pt 2, 4. 7. B 6, 4 (alle bisher angeführten Stellen nach Ps 117, 22). Hs 9, 7, 4. 9, 23, 3. λίθους ἀ. ἐκ τῆς οἰκοδομῆς *Steine aus d. Bau ausscheiden* 9, 12, 7. Münzen: *als unecht verwerfen* Agr 11 (v. τραπεζίτης Epikt. 3, 3, 3; vgl. Theophr., Char. 4, 11 ἀργύριον. Jer 6, 30). — 2. v. Menschen (Pla., Theaet. 181 B. X., mem. 2, 2, 13) Pass. *verworfen werden* (Aristoxenus, fgm. 18) v. Jesus Mk 8, 31. Lk 9, 22. 17, 25. Allg. v. Gott *verworfen werden* (Jer 6, 30. 7, 29. 14, 19 u. ö.) Hb 12, 17. IRö 8, 3 (hier im Sinne v.: nicht z. Martyrium kommen, Ggs. παθεῖν).*

ἀποδοχή, ῆς, ἡ (d. Wort seit Thu.) *d. Annahme, d. Billigung, d. Zustimmung* (so seit Polyb. [1, 5, 5 ὁ λόγος ἀποδοχῆς τυγχάνει]. Diod. S. 1, 47, 4 ἀποδοχῆς ἄξιον. 12, 15, 1. 2. Brief des Apoll. v. Ty. [Philostrat. I 345, 12] ἀποδοχῆς ἄξιον. Diog. L. 5, 64. Hierocles b. Stob. ecl. 4, 27, 20 p. 662 H. ἔργον πολλῆς ἄξιον ἀποδοχῆς. Inschr. v. Priene 108, 312. Dit., Syll.³ 867, 21 ἀνδρὸς πάσης τειμῆς καὶ ἀποδοχῆς ἀξίου. Ep. Arist. 257. 308. Jos., ant. 6, 347. Vgl. Nägeli 34 f.) vom Wort πάσης ἀ. ἄξιος 1 Ti 1, 15. 4, 9.*

ἀποδύομαι (seit Homer, auch Jos., bell. 1, 452 Kodd.) Aor. 1 ἀπεδυσάμην *sich ausziehen* τὸ ἔνδυμα Hs 9, 13, 8 (vgl. Athen. 11 p. 507 E als Wort des Pla.: τὸν τῆς δόξης χιτῶνα ἀποδυόμεθα. P. Leipz. 40 III, 22 τὸ ἱμάτιον).*

ἀπόθεσις, εως, ἡ (in verschied. Bedeutung seit Hippokr. u. Pla., auch Inschr. Pap.) *d. Ablegen* nur übertr. ἀ. ῥύπου *A. d. Schmutzes* in d. Taufe 1 Pt 3, 21. ἡ ἀ. τοῦ σκηνώματός μου *d. A. meiner Behausung* euphem. für Tod 2 Pt 1, 14.*

ἀποθήκη, ης, ἡ (seit Thu. 6, 97, 5, auch Dit., Syll.³ 1106, 84. P. Ryl. 97, 11. P. Tebt. 347, 1. 5. BGU 32, 3. 816, 5. 931, 2. LXX. Jos., ant. 9, 274. Fremdw. im Rabb.) *d. Scheune, d. Speicher, d. Lagerraum* συνάγειν εἰς τὴν ἀ. *in die Scheune sammeln* Mt 3, 12. 6, 26. 13, 30. Lk 3, 17. S. zu ἀλοάω. — 12, 18. neb. ταμιεῖον (Jos., a. a. O.) 12, 24. *d. Keller* f. Öl u. Wein Hm 11, 15.*

ἀποθησαυρίζω (Diod. S. 3, 31, 3. 5, 75, 4. Epikt. 3, 22, 50. Lucian, Alex. 23. Aelian, n. a. 14, 18. Artem. 1, 73 p. 66, 22. Vett. Val. 16, 21. 18, 12. Jos., bell. 7, 299 u. a. [Nägeli 30]. Sir 3, 4) *aufspeichern* übertr. ἀ. θεμέλιον καλόν *e. guten Grundstock sammeln* 1 Ti 6, 19.*

ἀποθλίβω (seit Eur. in mancherlei Bedeutung, auch Pap. [Mayser 381]. Num 22, 25. Jos., ant. 2, 64. 6, 118) *drängen, bedrängen* (UPZ 162 II, 13 [117 v]) τινά *jmdn.*, v. drängenden Volksmassen (neb. συνέχειν) Lk 8, 45.*

ἀποθνήσκω (über ῃ s. Bl-D. § 26 Anh.) Ipf. ἀπέθνησκον. Fut. ἀποθανοῦμαι. Aor. 2 ἀπέθανον (seit Homer, auch Inschr. Pap. LXX. Hen. Philo. Joseph. Test. 12 Patr.) — 1. *versterben, sterben* — a. eigtl. v. natürl. Tod — α. v. Menschen Mt 9, 24. 22, 24 (Dt 25, 5). 27. Mk 5, 35. 39. 9, 26. Lk 8, 42 (ἀπέθνησκεν *war im Begriff zu sterben*, wie Jos., ant. 5, 4). 52. Rö 6, 10. 7, 2f. (Artem. 4, 71 p. 246, 2 πάντων ὁ θάνατός ἐστι λυτικός). Phil 1, 21. Hb 9, 27 (Archinus: Orat. Att. II p. 167 πᾶσι ἀνθρώποις ὀφείλεται ἀποθανεῖν). AE 1 u. o. V. gewaltsamen Tode (auch als Pass. zu ἀποκτείνω = getötet werden: Hdt. 1, 137. 7, 154. Lykurg 93. Pla., Ap. 29 D. 32 D. Nicol. Dam.: 90 fgm. 30 Jac. Lucian, dial. mort. 4, 4 ὑπὸ τοῦ παιδὸς ἀποθανῶν. Jambl., vi. Pyth. 28, 143 ἱεροσυλῶν ἐλήφθη κ. ἀπέθανε. Jos 20, 3) Mt 26, 35 (zu κἂν δέῃ ἀποθανεῖν vgl. Lucian, Timon 43. Jos., ant. 6, 108). J 19, 7. AG 25, 11. θανάτῳ ἀ. (Od. 11, 412. Gen 2, 17. 3, 4) J 12, 33. 18, 32; vgl. Hs 8, 7, 3. M. ἐπί τινι *auf Grund von* (Dio Chrys. 47 [64], 3) ἐπὶ δυσὶν ἢ τρισὶν μάρτυσιν ἀ. *auf Grund d. Zeugnisses v. zwei od. drei Zeugen d. Tod erleiden* Hb 10, 28 (Dt 17, 6). M. ὑπέρ τινος *zugunsten von* (Epikt. 2, 7, 3 ὑπὲρ αὐτοῦ. Lucian, Peregr. 23. 33: P. stirbt ὑπὲρ τ. ἀνθρώπων. 2 Makk 7, 9. 8, 21. 4 Makk 1, 8. 10. Jos., ant. 13, 5. 6) J 11, 50f. AG 21, 13. Rö 5, 6ff. διά (4 Makk 6, 27. 16, 25) Ἰησοῦν Χριστὸν ἀ. IRö 6, 1 v. l. (d. LA schwankt zwischen διά, εἰς, ἐν). Bes. v. Christi Tod Rö 5, 8. 14, 15. 1 Kor 15, 3. 2 Kor 5, 14f. ITr 2, 1. IRö 6, 1. Pol 9, 2. ἀ. ἐν κυρίῳ *im Herrn sterben* v. Märtyrern Apk 14, 13. Dafür ὑπὲρ θεοῦ ἀ. IRö 4, 1. Nicht spez. vom Märtyrertod τῷ κυρίῳ ἀ. *für d. Herrn sterben* Rö 14, 8 (vgl. Alciphr. 4, 10, 5 δεῖ γάρ αὐτὸν ἢ ἐμοὶ ζῆν ἢ τεθνάναι Θεττάλῃ). M. Angabe d. Grundes ἀ. ἔκ τινος *an etw. sterben* (Hdt. 2, 63 ἐκ τ. τρωμάτων) Apk 8, 11. Eigentüml. ἀ. εἰς τὸ αὐτοῦ (d. h. Jesu) πάθος *im Hinblick auf sein Leiden (= seinen Tod) sterben* IMg 5, 2. — **β.** v. Tieren u. Pflanzen ἀ. ἐν τοῖς ὕδασιν *ertrinken* Mt 8, 32. V. in d. Erde gesenkten Getreidekörnern *vergehen* J 12, 24. 1 Kor 15, 36, was im Hinblick auf das, was es abbilden soll, *sterben* genannt wird. V. Bäumen *absterben* Jd 12. — **b.** übertr. — **α.** v. Verlust des wahren, ewigen Lebens Rö 8, 13. Apk 3, 2. So fast stets im J: 6, 50. 58. 8, 21. 24. 11, 26 u. ö. ἡ ἁμαρτία ἀνέζησεν, ἐγὼ δὲ ἀπέθανον *d. Sünde bekam Leben, ich aber starb* Rö 7, 9. 10. — **β.** v. mystischen Tod mit Christus zus. ἀπεθάνομεν σὺν Χριστῷ Rö 6, 8. Vgl. 2 Kor 5, 14. Kol 3, 3. — **γ.** mit Dat. dessen, aus dessen Bereich man durch den — wie immer verstandenen — Tod ausscheidet: τ. θεῷ Hs 9, 28, 5. νόμῳ Gal 2, 19. τῇ ἁμαρτίᾳ Rö 6, 2. ἀ. (τούτῳ) ἐν ᾧ κατειχόμεθα *unserem Zwingherrn gestorben* 7, 6. — Für den Dat. steht ἀπό τινος Kol 2, 20 (vgl. Porphyr., abst. 1, 41 ἀπὸ τ. παθῶν). — **2.** v. Todesgefahr u. Todesschicksal (Phalaris, ep. 52 ἀποθνήσκοντες = in Todesgefahr. Philosophenspr. p. 495, 125 ὁ τῶν ἀσώτων βίος ὥσπερ καθ' ἡμέραν ἀποθνήσκων ἐκφέρεται. Athen. 12 p. 552B καθ' ἑκάστην ἡμέραν ἀποθνήσκειν. Seneca, ep. 24, 20. Philo, in Flacc. 175. P. Gieß. 17, 9 ἀποθνήσκομεν ὅτι οὐ βλέπομέν σε καθ' ἡμέραν): καθ' ἡμέραν ἀ. *ich schwebe täglich in Todesgefahr* 1 Kor 15, 31 (vgl. Ps 43, 23). ὡς ἀποθνήσκοντες καὶ ἰδοὺ ζῶμεν 2 Kor 6, 9. ἀποθνήσκοντες ἄνθρωποι *d. Tode geweihte, sterbliche Menschen* Hb 7, 8.

ἀποίητος, ον (seit Pind.) *ungemacht, ungeschaffen* v. Gott PK 2.*

ἀποκαθίστημι u. **ἀποκαθιστάνω** (diese Form b. Dit., Syll.³ 588, 55 [196 v]. Polyb. 3, 98, 9. Jos., ant. 16, 170. Mk 9, 12. AG 1, 6; Bl-D. § 93 m. Anh. W-S. § 14, 14) Fut. ἀποκαταστήσω. Aor. 2 ἀπεκατέστην. Fut. 1 Pass. ἀποκατασταθήσομαι. Aor. 1 Pass. ἀπεκατεστάθην (über d. doppelte Augm. — P. Tebt. 413, 4 — vgl. W-S. § 12, 7. Bl-D. § 69, 3. KBrugmann⁴-AThumb, Griech. Gramm. '13, S. 311). Seit X., auch Inschr. Pap. LXX. Anz. 330f. — **1.** *in d. richtigen Zustand versetzen* (Dit., Or. 90, 18), auch *wiederherstellen* (Demosth. 18, 90. Dionys. Hal. 3, 23. Herodian 2, 6, 11. Inschr. v. Priene 361, 2 [IV v]. ZP 4, 629f. Gen 29, 3. Ez 16, 55. 1 Makk 15, 3) v. Elias (Mal 3, 23) πάντα Mt 17, 11. Mk 9, 12 (vgl. Schürer⁴ II 610ff. Bousset, Rel.³ 232f. Billerb. IV 764—98). τινί τι *etw. für jmdn.* (Diod. S. 16, 45, 9. 20, 32, 2 τοῖς πολίταις τὴν δημοκρατίαν ἀποκατέστησε) ἀ. τὴν βασιλείαν τῷ Ἰσραήλ AG 1, 6. Abs. 1 Kl 56, 6 (Hi 5, 18). — Mediz. t. t. *herstellen* (Diosc., mat. med. I 64, 4. Vita Aesopi I c. 7 ἀ. τὴν φωνήν = die Stimme eines Stummen. Ex 4, 7. Lev 13, 16) ἀπεκατέστη *er wurde hergestellt* (Ep. Arist. 316) Mk 8, 25. Pass. ἀπεκατεστάθη ὑγιής *sie wurde gesund* Mt 12, 13. Mk 3, 5. Lk 6, 10. ἀπεκατεστάθη τὸ οὖς 22, 51 D. Übertr. auf d. gequälten Leib einer verfolgten Kirche ISm 11, 2. — **2.** *zurückführen* — **a.** eigtl. τινὰ εἴς τι (Polyb. 8, 29, 6. 1 Esr 6, 25. Jer 16, 15. 23, 8. Jos., ant. 11, 2; vi. 183): εἰς τὸν οἶκον Hs 7, 6. — **b.** übertr. ἐπί τι *zu etw.* (Diod. S. 2, 9, 3) ἐπὶ τὴν σεμνὴν τῆς φιλαδελφίας ἀγωγήν *z. ehrbaren Verhalten d. Bruderliebe* 1 Kl 48, 1. — **3.** *wiedergeben, zurückerstatten* (Polyb. 3, 98, 7. Diod. S. 18, 65, 1. P. Oxy. 38, 12 ὑφ' οὗ καὶ ἀποκατεστάθη μοι ὁ υἱός u. ö. in Pap. 2 Kö 9, 7. Hi 8, 6. 2 Makk 11, 25. Jos., ant. 15, 195) ἵνα ἀποκατασταθῶ ὑμῖν *damit ich euch wiedergeschenkt werde* Hb 13, 19.*

ἀποκαλύπτω (seit Hdt., auch Pap. LXX. Jos., bell. 5, 350; ant. 14, 406. Test. 12 Patr.) Fut. ἀποκαλύψω. Aor. 1 ἀπεκάλυψα; Pass. ἀπεκαλύφθην. Fut. 1 ἀποκαλυφθήσομαι. *offenbaren, enthüllen*; in uns. Lit. nur übertr. — **1.** allg. verborgene Dinge *aufdecken, offenbar machen, ans Licht bringen* (Appian, Syr. 5 § 18) Pass. auch *sich offenbaren* (Ggs. καλύπτω) Mt 10, 26. Lk 12, 2. J 12, 38. 1 Kl 16, 3 (Jes 53, 1). Rö 1, 17 (vgl. Ps 97, 2). 18. Lk 2, 35 (vgl. Jos 2, 20. Sir 27, 16f. Ez 16, 57. 1 Makk 7, 31). — **2.** bes. v. göttl. Offenbarung irgendwelcher überirdischer Geheimnisse (Ps 97, 2. Da 2, 19. 22 [beidemal Theod.]. 28. 1 Kö 2, 27. 3, 21. Jes 56, 1) ἀ. τινί τι *jmdm. etw. offenbaren* (Test. Jos. 6, 6) Mt 11, 25. 16, 17. Lk 10, 21. Phil 3, 15. IEph 20, 1; mit flgd. ὅτι (Test. Levi 1, 2) 1 Pt 1, 12. Werkzeuge d. Offenbarung sind Christus Mt 11, 27. Lk 10, 22; d. Hl. Geist 1 Kor 2, 10. 14, 30. Eph 3, 5. Über Gal 1, 16 s. zu ἐν IV 4a. Abs. (neb. φανεροῦν) ἀ. διά τινος Dg 8, 11. τὰ ἀποκαλυφθέντα ἡμῖν *d. uns zuteil gewordenen Offenbarungen* 11, 8. — **3.** v. d. Deutung prophetischer Visionen ἀ. τινί Hv 2, 2, 4. 2, 4, 1. 3, 3, 2ff. 3, 4, 3. 3, 8, 10. 3, 13, 4. ἀ. τινὶ ἀποκάλυψιν *jmdm. e. Offenbarung zuteil werden lassen* v 3, 12, 2. ἀ. τινὶ περί τινος *jmdm. e. Enthüllung über etw. zuteil werden lassen* (Test. Rub. 3, 15) v 3, 10, 2. ἀπεκαλύφθη μοι ἡ γνῶσις τῆς γραφῆς *d. Erkenntnis d. Schrift wurde mir erschlossen* v 2, 2, 1. — **4.** im eschatolog. Sinne v. d. Offenbarung best. Pers. u. Zustände (Da 10, 1 Theod.): v. d. Wiederkunft Christi Lk 17, 30. V. Antichrist 2 Th 2, 3. 6. 8. V. Gerichtstag 1 Kor 3, 13. ἡ μέλλουσα δόξα ἀποκαλυφθῆναι *d. Herrlichkeit, deren Offenbarung bevorsteht* Rö 8, 18; vgl. 1 Pt 5, 1. σωτηρία 1, 5. πίστις Gal 3, 23. D. Jünger sagen z. Auferstandenen ἀποκάλυψον σοῦ τὴν δικαιοσύνην ἤδη *offenbare deine Gerechtigkeit jetzt gleich* Mk-Schluß der Freerhs. — RBultmann, D. Begriff d. Offenbarung im NT '29. EFScott, The NT Idea of Revelation '35. AOepke, ThW III 365—97.*

ἀποκάλυψις, εως, ἡ (Philod., περὶ κακιῶν p. 38 Jensen) *d. Enthüllung, d. Offenbarung* (Plut., Cato Mai. 20, 8; Aemil. 14, 3; mor. 70F ἀ. τῆς ἁμαρτίας. Sir 11, 27. 22, 22. 41, 26 v. l.) in uns. Lit. nur übertr. — **1.** v. der Offenbarung d. Wahrheit im allg.: m. gen. obi. Rö 16, 25. πνεῦμα σοφίας κ. ἀ. Eph 1, 17. φῶς εἰς ἀ. ἐθνῶν *e. Licht z. Offenb. für d. Heiden* Lk 2, 32. — **2.** v. Offenbarungen bes. Art, durch Visionen usw.: m. gen. auctoris ἀ. Ἰησοῦ Χριστοῦ Gal 1, 12. Apk 1, 1. (Neb. ὀπτασία) ἀ. κυρίου 2 Kor 12, 1. κατὰ ἀποκάλυψιν *auf Grund e. O.* Gal 2, 2. MPol 22, 3. Epil Mosq 4. κατὰ ἀ. ἐγνωρίσθη μοι τὸ μυστήριον *d. Geheimnis wurde mir infolge e. O. kund* Eph 3, 3. Vgl. 1 Kor 2, 4D. 14, 6. 26. 2 Kor 12, 7. — In den vis. des Hermas sind die ἀ. sowohl überird. Kundgebungen für Auge u. Ohr, als auch d. Deutungen, die sie finden.

Denn die ἀ. ist erst ὁλοτελής *vollständig* v 3, 10, 9. 3, 13, 4a, wenn sie erklärt u. verstanden ist. Neb. ὁράματα 4, 1, 3. Vgl. noch 3, 1, 2. 3, 3, 2. 3, 10, 6—9. 3, 12, 2. 3, 13, 4b. v 5 insc. — MBuber, Ekstatische Konfessionen '09. — **3.** im eschatolog. Sinne v. d. Enthüllung d. Geheimnisse d. Endzeit ἀ. τῆς δόξης τοῦ Χριστοῦ 1 Pt 4, 13. V. d. Parusie ἐν ἀποκαλύψει 'Ι. Χ. 1 Pt 1, 7. 13; vgl. 1 Kor 1, 7. 2 Th 1, 7. τὴν ἀ. τῶν υἱῶν τοῦ θεοῦ ἀπεκδέχεσθαι *auf d. O. d. Söhne Gottes warten* d. h. auf d. Zeit, in der sie offenbar werden Rö 8, 19. ἀ. δικαιοκρισίας τοῦ θεοῦ 2, 5. — **4.** in Buchform (Porphyr., vi. Plot. 16 συγγράμματα ... ἀποκαλύψεις Ζωροάστρου κ. Ζωστριανοῦ κτλ.) ἀ. 'Ιωάννου Apk insc.**

ἀποκαραδοκία, ας, ἡ (nur b. Christen — auch Hesych. Suidas. Anecd. Gr. p. 428, 14. Etym Gud. 171, 14 —, dagegen ἀποκαραδοκέω b. Polyb. 16, 2, 8. 18, 48, 4 ἀ. τὴν 'Αντιόχου παρουσίαν. 22, 19, 3. Sostratus [I v] b. Stob. 4, 20, 70 = t. I p. 187 Jac. Aesop, Fab. 177P. 194P. Jos., bell. 3, 264. Ps 36, 7 Aq.) *d. sehnsüchtige Erwartung* ἡ ἀ. τῆς κτίσεως = ἡ ἀποκαραδοκοῦσα κτίσις *d. erwartungsvoll harrende Schöpfung* Rö 8, 19 (GSchläger, D. ängstl. Harren d. Kreatur: NThT 19, '30, 353—60). κατὰ τὴν ἀ. μου (neb. ἐλπίς) *entsprechend m.* (Hoffen und) *Harren* Phil 1, 20.*

ἀποκαταλλάσσω (nur in christl. Lit. belegt; vgl. Nägeli 52) Aor. 1 ἀποκατήλλαξα. Pass. Aor. 2 ἀποκατηλλάγην *versöhnen* (Anecd. Gr. p. 428, 15 = φιλοποιῆσαι) ἀ. τὰ πάντα εἰς αὐτόν *alles auf ihn hin zu versöhnen*, d. h. das All soll zu e. Einheit verbunden werden, die ihr Ziel in Christus hat Kol 1, 20 (vgl. MDibelius, Hdb. z. St.). ἀ. τοὺς ἀμφοτέρους τῷ θεῷ Eph 2, 16. Abs. ἀποκατήλλαξεν Kol 1, 22 (v. l. ἀποκατηλλάγητε u. ἀποκαταλλαγέντες).*

ἀποκατάστασις, εως, ἡ (Aristot. p. 1204b, 36. Epikur 8, 9 Us. Polyb. Diod. S. 20, 34, 5 u. a., auch Inschr. Pap. Herm. Schr. 8, 4. 11, 2. τέλειος λόγος b. Lact., inst. 7, 18, 3. Jambl., myst. 1, 10. Ep. Arist. 123. Philo, rer. div. her. 293. Jos., ant. 11, 63. 98) *d. Zurückversetzung in e. früheren Zustand*, die in verschiedener Weise gedacht sein kann ἄχρι χρόνων ἀποκαταστάσεως πάντων *bis zu d. Zeit d. Wiederherstellung v. allem* in d. vollkommenen Zustand AG 3, 21.*

ἀπόκειμαι (seit Pind.) *bereitliegen, aufbewahrt sein* (so seit X., auch Pap. LXX) — **1.** eigtl. (P. Oxy. 69, 5 ἀπὸ τῶν ἐν τῇ οἰκίᾳ ἀποκειμένων. BGU 275, 9. P. Tebt. 340, 13. Hi 38, 23. Philo, det. pot. ins. 128. Jos., vi. 119) ἡ μνᾶ, ἣν εἶχον ἀποκειμένην ἐν σουδαρίῳ *d. Mine, die ich aufbewahrt hielt im Taschentuch* Lk 19, 20. — **2.** übertr. διὰ τὴν ἐλπίδα τὴν ἀποκειμένην ὑμῖν ἐν τοῖς οὐρανοῖς *wegen d. Hoffnungsgutes, das für euch bereit liegt im Himmel* Kol 1, 5. ἀπόκειταί μοι ὁ τῆς δικαιοσύνης στέφανος 2 Ti 4, 8 (vgl. Jambl., myst. 8, 7 p. 270 P. τὰ ἀπὸ τ. εἱμαρμένης ἀποκείμενα κακά. Demophilus, similitud. 22 p. 6 Orelli. Dit., Or. 383, 189 οἷς ἀποκείσεται παρὰ θεῶν χάρις εὐσεβείας. UPZ 144, 47 [II v] ἀπόκειται παρὰ θεοῦ μῆνις τοῖς ... 2 Makk 12, 45. Jos., ant. 6, 368). FPfister, ZNW 15, '14, 94—96. — Unpers. ἀπόκειταί τινι: *es wartet jmds., es ist jmdm. vorbehalten, sicher* (Ael. Aristid. 39 p. 764D.) mit flgd. Inf. ἅπαξ ἀποθανεῖν Hb 9, 27 (vgl. Epigr. Gr. 416, 6 ὡς εἰδώς, ὅτι πᾶσι βροτοῖς τὸ θανεῖν ἀπόκειται. 4 Makk 8, 11).*

ἀπόκενος, ον (Diosc. 5, 36 W. u. a.) *ganz leer* (Hero, Spiritalia 2, 24. Zen.-P. 59680, 3 [III v]) neb. δίψυχος Hm 5, 2, 1. 12, 5, 2ff.*

ἀποκεφαλίζω (Philod., περὶ σημ. 13, 29 G. Epikt. 1. 1, 19. 24 u. ö. Artemidor 1, 35. Cass. Dio 71, 28, 1. Pap. Ps 151, 7. Phryn. p. 341 L.) Aor. 1 ἀπεκεφάλισα *enthaupten* 'Ιωάννην Mt 14, 10. Mk 6, 16. 27. Lk 9, 9.*

ἀποκλείω (seit Trag. Hdt., auch Pap. LXX) Aor. 1 ἀπέκλεισα *verschließen* τὶ *etw.* τὴν θύραν (Jambl., myst. 2, 8. Achilles Tat. 6, 10, 6. P. Oxy. 1272, 5. Gen 19, 10. 2 Kö 13, 17f. u. ö. Hen. 101, 2. Jos., vi. 246) Lk 13, 25.*

ἀποκνέω (Thu. u. a. Ael. Aristid. 34 p. 664, 9 D. u. ö., auch Zen.-P. 59416, 3 [III v]) Fut. ἀποκνήσω *zaudern, Bedenken tragen* LJ 2, 4.*

ἀποκομίζω (Hdt. u. a., auch Inschr. Pap. LXX) Aor. 1 Konj. ἀποκομίσω *überbringen* (Polyb. 28, 10, 7) γράμματα *e. Brief* Pol 13, 1.*

ἀποκόπτω (seit Homer, auch Pap. LXX. Philo. Joseph.) Fut. ἀποκόψω. Aor. 2 Inf. Pass. ἀποκοπῆναι — **1.** *abhauen* v. Gliedern (seit Homer, auch Hdt. 6, 91 χεῖρας. Diod. S. 17, 20, 7 ἀπέκοψε τὴν χεῖρα. Dt 25, 12. Ri 1, 6f. Jos., bell. 6, 164; vi. 177) Mk 9, 43. 45 (Epikt. 2, 5, 24 vom ἀποκόπτειν des Fußes ὑπὲρ τοῦ ὅλου. Vgl. Ael. Aristid. 48, 27K. = 24 p. 472D.: ein Glied παρατέμνειν ὑπὲρ σωτηρίας d. ganzen Leibes). J 18, 10. 26. τὰ σχοινία *d. Taue kappen* (vgl. Od. 10, 127. X., Hell. 1, 6, 21. Polyaenus 5, 8, 2. 6, 8) AG 27, 32. πολὺ δεῖ ἀπ' αὐτῶν ἀποκοπῆναι *es muß viel v. ihnen abgehauen werden* Hs 9, 9, 2. — **2.** *entmannen* (Lucian, Eunuch. 8. Cass. Dio 79, 11. Dt 23, 2. Philo, leg. all. 3, 8; spec. leg. 1, 325) Med. (Epikt. 2, 20, 19. Bl-D. §317) ὄφελον καὶ ἀποκόψονται *mögen sie sich doch auch entmannen (lassen)* Gal 5, 12. So seit Chrysost. u. Ambrosiaster viele, auch PDebouxhtay, Revue des Études Grecques 39, '26, 323—26 (gegen ChBruston, ebd. 36, '23, 193f.). GSDuncan, Gal. '34, 154. 161. GStählin, ThW III 853—55.*

ἀπόκριμα, ατος, τό (seit Polyb. exc. Vat. 12, 26b, 1 als t. t. belegbar vor allem durch d. Inschr. [Dßm., NB 85. Nägeli, 30], auch P. Tebt. 286, 1. Jos., ant. 14, 210. Vgl. Wilcken, Her 55, '20, S. 32, 1) *d. offizielle Bescheid, d. Entscheidung* ἀ. τοῦ θανάτου *d. Todesurteil* 2 Kor 1, 9 (Theodoret III 291 N. ἀ. δὲ θανάτου τὴν τοῦ θανάτου ψῆφον ἐκάλεσε).*

ἀποκρίνομαι Aor. 1 Med. ἀπεκρινάμην (7mal; dies d. Regel b. Joseph.); Pass. ἀπεκρίθην (195mal; b. Joseph. nur ant. 9, 35). Fut. 1 ἀποκριθήσομαι (vgl. Bl-D. § 78. W-S. § 13, 9. Mayser I 2², 158. Thackeray 239) — **1.** *jmdm. antworten* (so gelegtl. b. Hdt. u. v. Thu. an, auch Inschr. Pap. LXX. Hen. 106, 9. Ep. Arist. Philo, z. B. aet. m. 4 [ἀπεκρίνατο]) τινί und bei Lk πρός τινα (Thu. 5, 42, 2. Jambl., myst. 7, 5 a. E.) Lk 4, 4. 6, 3. AG 3, 12. 25, 16. auf e. Frage Mt 11, 4. 13, 11. 19, 4. Mk 12, 28. 34. Lk 3, 11. 7, 22. J 1, 21. 26. 48. 3, 5 u. ö. auf Bitten, Ermahnungen, Gebote u. ä., was in dir. Rede gesprochen ist Mt 4, 4. 12, 39. 13, 37. 1 Kl 12, 4 u. ö. Häufig bei Hermas: v 1, 1, 5. 7. 3, 3, 1. 3, 4, 1. 3. 3, 6, 5f. u. ö. Ohne vorausgeg. Frage od. in Frage umzuwandelnde Aussage, wenn d. Rede sich inhaltl. auf d. Vorhergehende bezieht u. e. Ggs. dazu einführt, *erwidern* Mt 3, 15. 8, 8. 12. 48. 14, 28. 15, 24. 28. Mk 7, 28. J 2, 18. 3. 9. AG 25, 4 u. ö. τινί τι Mt 15, 23. 22, 46. Mk 14, 40. Lk 23, 9 (vgl. Epikt. 2, 24, 1 πολλάκις ἐπιθυμῶν σου ἀκοῦσαι ἦλθον πρός σε καὶ οὐδέποτέ μοι ἀπεκρίνω). οὐ γὰρ ᾔδει τί ἀποκριθῇ Mk 9, 6. οὐδέν Mt 26, 62. 27, 12. Mk 14, 61. πρός τι *auf etw.* (Pla., Protag. 338D) οὐκ ἀπεκρίθη αὐτῷ πρὸς οὐδὲ ἓν ῥῆμα *er antw. ihm auf nichts auch nur ein Wort* Mt 27, 14 (vgl. Jos., bell. 6, 305 Jesus, Sohn des Ananias, vor dem Prokurator Albinus: πρὸς ταῦτα οὐδ' ὁτιοῦν ἀπεκρίνατο. Eupolis Com. [V v] K. ὡς ὑμῖν ἐγὼ πάντως ἀποκρινοῦμαι πρὸς τὰ κατηγορούμενα. — Artem. 3, 20 ὁ μηδὲν ἀποκρινόμενος μάντις ... καὶ ἡ σιγὴ ἀπόκρισις ἀλλ' ἀπαγορευτική = ... freilich eine ablehnende). M. flgd. Inf. Lk 20, 7; m. flgd. acc. c. inf. (X., Hell. 2, 2, 18) AG 25, 4; m. flgd. ὅτι u. orat. dir. Mk 8, 4. AG 25, 16. IPhld 8, 2; m. flgd. orat. dir. ohne ὅτι Mk 9, 17. J 1, 21. — 2. hebrais. v. d. Fortführung d. Rede wie עָנָה (וַיַּעַן וַיֹּאמֶר) *fortfahren, wiederum d. Wort ergreifen* Mt 11, 25. 12, 38. 15, 15. 22, 1. 26, 25. Mk 10, 24. Auch am Anfang e. Rede: *beginnen, anheben* Mt 26, 63 v. l. Mk 9, 5. 10, 51. 11, 14. 12, 35. Lk 1, 19. 13, 14. 14, 3. J 5, 19. AG 5, 8 (vgl. Dt 21, 7. 26, 5. Jes 14, 10. Sach 1, 10. 3, 4. 1 Makk 2, 17. 8, 19. 2 Makk 15, 14). Formelhaft in Verb. mit εἰπεῖν od. λέγειν: 2 Kl 5, 3. ἀπεκρίθη καὶ εἶπεν J 2, 19. ἀποκριθεὶς εἶπεν Mt 16, 16 u. o. ἀποκριθεὶς ἔφη Lk 23, 3. PE 11, 46. ἀπεκρίθη καὶ λέγει Mk 7, 28. ἀποκριθήσονται λέγοντες Mt 25, 37 (vgl. Test. Levi 19, 2. Bl-D. § 420, 1. Mlt. 212. Dalman, Worte 19f. PJoüon, „Respondit et dixit“: Biblica 13, '32, 309—14).

ἀπόκρισις, εως, ἡ (seit Theognis u. Hdt., auch Dit., Syll.³ 344, 62. 591, 28. Pap. LXX. Ep. Arist. Jos., ant. 7, 119) *d. Antwort* Lk 2, 47. 20, 26. ἀ. διδόναι τινί (Dit., Syll.³ 683, 15. Hi 32, 4. 33, 5. 35, 4 u. ö.; ohne Dat. Diod. S. 16, 25, 2. 18, 48, 3. Jos., ant. 20, 89) J 1, 22. 19, 9.*

ἀποκρύπτω (seit Homer, auch Vett. Val. 15, 26. PSI 169, 13 [II v]. P. Straßb. 42, 17. LXX. Hen. 98, 6. Jos., bell. 2, 446; ant. 3, 73. Or. Sib. 4, 75) Fut. ἀποκρύψω. Aor. 1 ἀπέκρυψα. Pf. Pass. Ptz. ἀποκεκρυμμένος *verbergen* — 1. *verstecken* durch Vergraben Mt 25, 18 v. l. — 2. *verheimlichen* τὶ ἀπό τινος (Jes 40, 27. Jer 39, 17) Lk 10, 21. Hs 9, 11, 9. ἀποκεκρυμμένος *geheimgehalten* (Pla., Phaedr. 273 C ἀποκεκρυμμένη τέχνη. Ps.-Demetr. c. 155 κατηγορίαι ἀποκεκρυμμέναι) 1 Kor 2, 7. Eph 3, 9. Kol 1, 26.*

ἀπόκρυφος, ον (seit Vorsokr. Eur., auch Vita Philonidis [Crönert, SAB '00, 942ff.], Fgm. 3. Vett. Val. Index. Epigr. Gr. 1028, 10. ZP 4, 1115. 12, 321. 13, 343f. 730f. LXX. Hen. Jos., bell. 3, 340) *verborgen* v. versteckten Schätzen (Da 11, 43 Theod. 1 Makk 1, 23 = Jos., ant. 12, 250), übertr. auf d. geheimnisvolle Weisheit (Isishymn. v. And. [I v] S. 15, 10ff. 31ff. ἀπόκρυφα σύμβολα. Philo, sacr. Abel. 62 ἐν ἀποκρύφοις αὐτὸν ἐθησαυρίσαντο) θησαυροὶ ἀ. Kol 2, 3. B 11, 4 (Jes 45, 3). Ggs. φανερός (Philo, Abr. 147) Mk 4. 22. Lk 8, 17. — Vgl. noch AOepke u. RMeyer, ThW III 979—99: Kanonisch u. apokryph.*

ἀποκτείνω (seit Homer, auch Inschr. Pap. LXX. Hen. Joseph. Test. 12 Patr.) NF ἀποκτέννω Mt 10, 28. Mk 12, 5. Lk 12, 4. 2 Kor 3, 6 v. l. Apk 6, 11. 2 Kl 5, 4 (vgl. Bl-D. § 73 m. Anh. W-S. § 15 unter κτείνω; d. Schreibung schwankt in d. einzelnen Hss. stark ἀποκτέννω, ἀποκτένω, ἀποκτεννύω, ἀποκτιννύω). Fut. ἀποκτενῶ. Aor. 1 ἀπέκτεινα; Pass. ἀπεκτάνθην (vgl. dazu W-S. § 15, 5. Bl-D. § 76, 2. 315) *töten* τινά *jmdn.* — 1. eigtl. v. jeder Art der Lebensberaubung — a. d. irdischen Lebens Mt 14, 5. 16, 21. 21, 35. 38. 39. Mk 6, 19. Lk 11, 47. J 16, 2 (Tötung d. Ungläubigen v. d. Juden als Gottesdienst gewertet: Synes., ep. 4 p. 160 A. — Lycophron v. 1172 δῆμος τὸν κτανόντ' ἐπαινέσει durch Volksbeschluß wird jeder Troer öffentlich belobt, der einen v. den verfluchten Lokrern umbringt. Daher allg. Mordgier gegen diese Unglücklichen). 18, 31 (hierzu Ltzm., SAB '31 XIV; ZNW 31, '32, 78—84. FBüchsel, ebd. 30, '31, 202—10; 33, '34, 84—87. MGoguel, ebd. 31, '32, 289—301. PFiebig, StKr 104, '32, 213—28. UHolzmeister, Biblica 19, '38, 43—59. 151—74. HEWvanHille, Mnemosyne 10, '42, 241—50. JBlinzler, D. Prozeß Jesu '51. JoachJeremias ZNW 43, '51. 145—50 [Lit.]). Apk 6, 8. 9, 5 u. ö. V. Gott ὁ ἀποκτείνων καὶ ζῆν ποιῶν 1 Kl 59, 3. ἀ. ἑαυτόν *Selbstmord begehen* (Dio Chrys. 47 [64], 3. Artem. 2, 49 p. 151, 13. Jos., ant. 9, 39) J 8, 22. Auch v. sachl. Subjekten d. Tötens: v. e. einstürzenden Turm *erschlagen* Lk 13, 4; v. Plagen Apk 9, 18. — Mk 3, 4. Lk 6, 9 t. r. ist ἀποκτεῖναι entw. abs. oder mit ψυχήν verbunden (wie Eur., Tro. 1214). — b. d. wahren Lebens Rö 7, 11. τὸ γράμμα ἀ. *d. Buchstabe* (d. Gesetzes) *macht tot*, sofern d. Gesetz d. Tod d. Menschen herbeiführt 2 Kor 3, 6. ἀ. τὴν ψυχήν Mt 10, 28 (s. ψυχή 1c; vgl. noch Epikt. 3, 23, 21 [nach Pla., Apol. p. 30 C] ἐμὲ ἀποκτεῖναι μὲν δύνανται, βλάψαι δ' οὔ). — 2. übertr. *ertöten* (Eur., Hipp. 1064 τὸ σεμνόν. Philippus [= Demosth. 12] 9 φιλίαν) τὴν ἔχθραν *d. Feindschaft e.* Eph 2, 16.

ἀποκυέω (Aristot., Fgm. 76 Rose. Dionys. Hal. 1, 70 [interpol.]. Plut., Sull. 37, 7. Lucian, dial. mar. 10, 1. Aelian, v. h. 5, 4 u. a. Herm. Schr. 1, 16. BGU 665 II, 19 [I n]. APF 3, '06, 370 II, 4. Sb 6611, 15. 4 Makk 15, 17. Philo, ebr. 30 u. ö.) Aor. 1 ἀπεκύησα (wegen dieses Aoristes Jk 1, 18 wird 1, 15 ἀποκυεῖ zu akzentuieren, nicht aber e. NF ἀποκύω anzunehmen sein; vgl. W-S. § 15 S. 129) *gebären* in uns. Lit. nur übertr. v. d. persönl. gedachten Sünde ἡ ἁμαρτία ἀ. θάνατον *d. Sünde gebiert Tod* Jk 1, 15. Doch nicht nur vom weibl. Prinzip (vgl. Herm. Schr. 1, 9); v. Gott (vgl. γεννάω) ἀπεκύησεν ἡμᾶς λόγῳ ἀληθείας *er hat uns hervorgebracht durch d. Wort d. Wahrheit* Jk 1, 18. — C-MEdsman, Schöpferwille u. Geburt Jk 1, 18: ZNW 38, '39, 11—44.*

ἀποκυλίω (Diod. S. 14, 116, 6. Ps.-Apollodor 3, 15, 7. Lucian, rhet. praec. 3. Jos., ant. 4, 284. 5, 359. LXX) Fut. ἀποκυλίσω. Pf. Pass. ἀποκεκύλισμαι (vgl. Bl-D. § 101 S. 46) *wegwälzen* τὶ *etw.* ('Αρχαιολ. 'Εφημερίς '23, 39 [IV v] λίθους) ἀ. τὸν λίθον (Gen 29, 3. 8. 10) Mt 28, 2. PE 12, 53. ἀ. τὸν λίθον ἐκ τῆς θύρας *d. Stein aus d. Türöffnung herauswälzen* Mk 16, 3; vgl. V. 4 v. l. λίθος ἀποκεκυλισμένος ἀπὸ τοῦ μνημείου Lk 24, 2 (d. Pass. hat auch die Bed. des intr. *wegrollen*: Diod. S. 20, 14, 6).*

ἀπολακτίζω (seit Theognis) Aor. 1 ἀπελάκτισα intr. *mit dem Fuß ausschlagen* (als Wort Platos bei Diog. L. 5, 2. M. Ant. 10, 28, 1. Ps.-Lucian, asin. 18). So der Form nach 1 Kl 3, 1 (Dt 32, 15). Doch ist d. übertragene Bedeutung *verachten, verschmähen* dabei nicht zu verkennen (vgl. Aeschyl., Prom. 651. Plut., Ant. 36, 2 τὰ καλά).*

ἀπολαλέω (Lucian, Nigrin. 22 ausschwatzen) Ipf. 3. Sg. ἀπελάλει *frei herausreden* (Jos., ant. 6, 178) AG 18, 25 D.*

ἀπολαμβάνω (seit Eur. Hdt., auch Inschr. Pap. LXX. Ep. Arist. 14. Joseph.) Fut. ἀπολή(μ)ψομαι. Aor. 2 ἀπέλαβον. Aor. 2 Med. Ptz. ἀπολαβόμενος — 1. *empfangen, erhalten* τὶ *etw.* τὴν υἱοθεσίαν *d. Adoption empfangen* Gal 4, 5. τὴν ἐπαγγελίαν B 15, 7; Pl. Hv 2, 2, 6, vgl. 5, 7. πάντα Hm 9, 4. τὴν ἐκκλησίαν πνευματικήν 2 Kl 14, 3. τὴν αἰώνιον ζωήν 8, 6. — Als t. t. d. Geschäftssprache (vgl. ἀπέχω): *empfangen* (UPZ 162 VIII, 28 [117 v] τὴν τιμὴν ἀπολαβεῖν) τὰ ἀγαθά σου *du hast dein Gutes bereits empfangen* Lk 16, 25 (anders KBornhäuser, NKZ 39, '28, 838f.); vgl. 2 Kl 11, 4. Bes. v. Lohn (seit Hdt. 8, 137 μισθόν. Sb 7438, 13 [VI n] μισθόν) ἀ. πολλαπλασίονα *vielfachen Lohn erhalten* Lk 18, 30 v. l. ἄξια ἀ. 23, 41. τὸν μισθόν 2 Kl 9, 5. Hs 5, 6, 7. μισθὸν πλήρη 2 J 8. ἀντιμισθίαν ἀ. Rö 1, 27. ἀπὸ κυρίου ἀ. τὴν ἀνταπόδοσιν Kol 3, 24. τὸν κλῆρον ἀ. *sein Los erhalten* IRö 1, 2. τὸν μέλλοντα αἰῶνα *d. zukünftige Weltzeit* (mit ihrer Herrlichkeit) *e.* Pol 5, 2. τὸν τῆς ἀφθαρσίας στέφανον MPol 19, 2. Zweifelh. ist d. Bed. Ox 4, wo ἀ. abs. gebraucht ist; EPreuschen, ZNW 9, '08, 4. — **2.** *zurückempfangen, wiedererlangen* (Jos., ant. 5, 19) τὰ ἴσα *dieselbe Summe* Lk 6, 34 (Sb 7516, 24 [II n] τὰ ὀφειλόμενα). ὑγιαίνοντα αὐτὸν ἀπέλαβεν *er hat ihn gesund wiedererhalten* 15, 27. Übertr. τὸν λαὸν καθαρόν *d. Volk gereinigt wiedererhalten* Hs 9, 18, 4. τὸ ἴδιον μέγεθος ISm 11, 2. — **3.** *wegnehmen* v. Personen (so seit Hdt. 1, 209. Aristoph., ran. 78 αὐτὸν μόνον; auch P. Lond. 42, 12ff. P. Vat. A, 10 bei Witkowski[2] p. 65. Jos., bell. 2, 109 ἀπολαβόμενος αὐτὸν κατ' ἰδίαν. 2 Makk 6, 21) Med. ἀπολαβόμενος αὐτὸν ἀπὸ τ. ὄχλου κατ' ἰδίαν *er nahm ihn mit sich von der Menge abseits allein* Mk 7, 33. — **4.** *aufnehmen* (P. Leipz. 110, 6. P. Iand. 13, 17 ἵνα μετὰ χαρᾶς σε ἀπολάβωμεν) 3 J 8 v. l. τὴν πολυπληθίαν ὑμῶν *euere große Zahl* IEph 1, 3. ὃν ἐξεμπλάριον τῆς ἀφ' ὑμῶν ἀγάπης ἀπέλαβον *den ich als verkörperndes Abbild der von euch ausgehenden Liebe aufgenommen habe* 2, 1.*

ἀπόλαυσις, εως, ἡ (seit Eur. u. Thu., auch Dit., Or. 383, 12. 150. 404, 10. Pap. 3 Makk 7, 16 v. l. Philo, Mos. 2, 70. Jos., ant. 2, 52. 174 εἰς ἀ. ἀγαθῶν) *d. Genuß* πρόσκαιρον ἔχειν ἁμαρτίας ἀπόλαυσιν *e. vorübergehenden Genuß v. d. Sünde haben* Hb 11, 25. (Ggs. ἐπαγγελία) ἡ ἐνθάδε ἀ. 2 Kl 10, 3f. πρὸς ἀπόλαυσιν (Klearch, fgm. 44. Palaeph. p. 84, 13. Dit., Or. 669, 8. IG XII, III 326, 12) *zum Genuß* 1 Kl 20, 10, eine hellenist. Wendung, wie εἰς ἀ. (Diod. S. 14, 80, 2. Nägeli 30): εἰς ἀ. διδόναι τί τινι *jmdm. etw. z. Genuß überlassen* D 10, 3. Dafür παρέχειν τί τινι εἰς ἀ. 1 Ti 6, 17.*

ἀπολείπω (seit Homer, auch Inschr. Pap. LXX. Philo, aet. m. 7. 8. Joseph.) Ipf. ἀπέλειπον, Aor. 2 ἀπέλιπον — **1.** *zurücklassen* (vgl. Nägeli 23) τινά oder τὶ ἔν τινι (1 Makk 9, 65) 2 Ti 4, 13. 20. Tit 1, 5. — **2.** *übriglassen*, Pass. *übrigbleiben* ἀ. σαββατισμός *e. Sabbatruhe bleibt übrig* Hb 4, 9 (Polyb. 6, 58, 9 ἐλπὶς ἀπολείπεται σωτηρίας). ἀ. θυσία *e. Opfer bleibt übrig* = bleibt darzubringen 10, 26 (vgl. Polyb. 3, 39, 12. Diog. L. 7, 85 ἀ. λέγειν). Abs. ἀ. m. flgd. acc. c. inf. (Bl-D. § 393, 6) *es bleibt dabei, es ist sicher* 4, 6. — **3.** *verlassen* (Apollon. Rhod. 4, 752 δώματα = e. Haus. Appian, bell. civ. 3, 92 § 377. 380. UPZ 19, 6 [163 v].Hi 11, 20. Jos., ant. 1, 20) τὸ ἴδιον οἰκητήριον *d. eigene Behausung v.* Jd 6. — **4.** *ablassen von, aufgeben* τὶ *etw.* (Polykrates: No 588 fgm. 1 Jac. Dio Chrys. 45 [62], 2. Socrat., ep. 6, 2 οὐδέν. Sir 17, 25. Spr 9, 6), auch *hinter sich lassen, besiegen* (Isokr., panegyr. 50; panathen. 159. Harpocration p. 47, 6 Dind.: ἀπολελοιπότες · ἀντὶ τοῦ νενικηκότες. Lex. Vind. p. 7, 33) τὸν φόβον *d. Furcht fahren lassen* 1 Kl 3, 4. τὰς κενὰς φροντίδας *d. eitlen Sorgen* 7, 2. τὴν ματαιοπονίαν 9, 1. μιαρὰς ἐπιθυμίας 28, 1. τὴν κενὴν ματαιολογίαν Pol 2, 1; vgl. 7, 2.*

ἀπολείχω (Apollon. Rhod. 4, 478. Athen. 6, 13 p. 250 A) Ipf. ἀπέλειχον *ablecken, belecken* Lk 16, 21 v. l.*

ἀπόλλυμι (seit Homer, auch Inschr. Pap. LXX. Hen. Philo. Joseph. Test. 12 Patr.) zur Konjugation s. Bl-D. § 101 S. 47. W-S. § 14, 18. Fut. ἀπολέσω Hs 8, 7, 5; att. ἀπολῶ 1 Kor 1, 19 (Jes 29, 14). Aor. 1 ἀπώλεσα. Pf. 1 ἀπολώλεκα. Med. Fut. ἀπολοῦμαι Lk 13, 3. Aor. 2 ἀπωλόμην. Als med. Pf. dient d. Pf. 2 ἀπόλωλα; Ptz. ἀπολωλώς. — **1.** Akt. — **a.** *verderben, vernichten* — **α.** v. Pers. *jmdn. ins Verderben stürzen* (Sir 10, 3) Mk 1, 24. Lk 4, 34. M. d. Gedanken an d. ewige Verderben: μὴ ἐκεῖνον ἀπόλλυε *bringe ihn nicht ins Verderben* Rö 14, 15. Bes. *töten, umbringen* (Gen 20, 4. Esth 9, 6 v. l. 1 Makk 2, 37. Jos., c. Ap. 1, 122) Hs 9, 26, 7. παιδίον Mt 2, 13; Jesus 12, 14. 27, 20. Mk 3, 6. 11, 18. Lk 19, 47. B 12, 5; d. bösen Weingärtner κακοὺς κακῶς ἀ. (s. κακός 1a) *er wird d. Übeltäter übel umbringen* Mt 21, 41. τοὺς γεωργούς Mk 12, 9. Lk 20, 16. τοὺς φονεῖς Mt 22, 7. τοὺς μὴ πιστεύσαντας *d. Ungläubigen* Jd 5. πάντας Lk 17, 27. 29. Neb. σῶσαι (wie Charito 2, 8, 1) Jk 4, 12. Hs 9, 23, 4. V. Ewigen Tod (Herm. Schr. 4, 7) ψυχὴν καὶ σῶμα ἀ. ἐν γεέννῃ Mt 10, 28. ψυχήν B 20, 1. τὰς ψυχάς Hs 9, 26, 3 (vgl. Sir 20, 22). — **β.** mit unpers. Obj. ἀ. τ. σοφίαν τ. σοφῶν *d. Weisheit d. Weisen vernichten* 1 Kor 1, 19 (Jes 29, 14). ἀ. τὴν διάνοιαν *d. Sinn verwirren* Hm 11, 1. — **γ.** ohne Obj. J 10, 10. — **b.** *verlieren* (seit X. Pla., auch P. Petr. III 51, 5. P. Oxy. 743, 23. P. Fay. 111, 3ff. Sir 6, 3. 9, 6. 27, 16 u. ö. Tob 7, 6 BA. 4 Makk 2, 14) τὸν μισθόν *d. Lohnes verlustig gehen* Mt 10, 42. Mk 9, 41. Hs 5, 6, 7. δραχμήν (Dio Chrys. 70 [20], 25) Lk 15, 8f. ἀ. ἃ ἠργασάμεθα *einbüßen, was wir erarbeitet haben* 2 J 8. διαθήκην *e. Bundes verlustig gehen* B 4, 6. 8. τὴν ζωὴν τῶν ἀνθρώπων Hm 2, 1; vgl. s 8, 6, 6. 8, 7, 5. 8, 8, 2f. 5. τὴν ἐλπίδα *d. Hoffnung verlieren* m 5, 1, 7. — Semitisierend ἵνα πᾶν ὃ δέδωκέν μοι μὴ ἀπολέσω ἐξ αὐτοῦ *daß ich nichts von dem, was er mir gegeben hat, verliere* J 6, 39 (Bl-D. § 466, 3). — ἀ. τὴν ψυχήν (vgl. Sir 20, 22) *d. Leben verlieren* Mt 10, 39. 16, 25. Mk 8, 35. Lk 9, 24. 17, 33; vgl. J 12, 25. Dafür ἀ. ἑαυτόν *sich selbst verlieren* Lk 9, 25 (der Form nach ähnlich Tyrtaeus Lyr. [VII v], fgm. 8 Diehl[2] V. 12ff.: „Wer in der Schlacht sein Leben wegwirft, hat am meisten Aussicht, es zu behalten; u. wer flieht, um es zu retten, wird es am sichersten verlieren"). — **2.** Med. — **a.** *ins Verderben kommen* — **α.** v. Pers. *umkommen, sterben* (Schol. zu Nicander, ther. 188 ἀπόλλυται ὁ ἀνήρ = d. Mensch stirbt) 1 Kl 51, 5. 55, 6. B 5, 4. 12. D 16, 5. Hs 6, 2, 1f. Als Angstruf ἀπολλύμεθα *wir gehen zugrunde!* (Epikt. 2, 19, 16 ἀπολλύμεθα [im sturmgefährdeten Schiff]. P. Petr. II 4, 4 νυνὶ δὲ ἀπολλύμεθα) Mt 8, 25. Mk 4, 38. Lk 8, 24 (Arrian, peripl. 3, 3 v. Unheil, das d. stürm. Meer über den Seefahrer bringt). ἐν μαχαίρῃ ἀ. *durchs Schwert umkommen* Mt 26, 52. λιμῷ *Hungers sterben* (Ez 34, 29) Lk 15, 17. τῇ ἀντιλογίᾳ τοῦ Κόρε Jd 11 (wegen 11a. b muß es vielleicht heißen *verdorben werden*; vgl. Polyb. 32, 23, 6). ὑπό τινος (Hdt. 5, 126. Dio Chrys. 13 [7], 12): ὑπὸ τῶν ὄφεων *v. d. Schlangen getötet w.* 1 Kor 10, 9; vgl. V. 10. Abs. v. e. Volk: *zugrunde gehen* J 11, 50. V. einzelnen (Lev 23, 30) AG 5, 37. 2 Pt 3, 9. 1 Kl 12, 6. 39, 5 (Hi 4, 20). — Bes. v. Ewigen Tode (vgl. Ps 9, 6. 7. 36, 20. 67, 3. 72, 27. 82, 18. 91, 10. Jes 41, 11) J 3, 16. 17, 12. ἀπολέσθαι εἰς τὸν αἰῶνα *auf ewig sterben* 10, 28 (Bar 3, 3 ἡμεῖς ἀπολλύμενοι τὸν αἰῶνα). ἀνόμως ἀ. Rö 2, 12. μωρῶς ἀ. IEph 17, 2. ἐν καυχήσει *wegen d. Rühmens* ITr 4, 1; vgl. IPol 5, 2. Abs. 1 Kor 8, 11. 15, 18. 2 Kl 17, 1. — οἱ ἀπολλύμενοι (Ggs. οἱ σῳζόμενοι, wie Plut., mor. 469D) *d. Verlorenen* 1 Kor 1, 18. 2 Kor 2, 15. 4, 3. 2 Th 2, 10. 2 Kl 1, 4. 2, 5. Dafür τὸ ἀπολωλός Lk 19, 10. (Mt 18, 11 — Ez 34, 4. 16). τὰ ἀπολλύμενα 2 Kl 2, 7 (vgl. Dit., Syll.³ 417, 9 τά τε ἀπολωλότα ἐκ τ. ἱεροῦ ἀνέσωσαν). ▬ **β.** v. Sachen *verderben, vergehen* (Jos., bell. 2, 650 v. Jerusalem) v. platzenden Schläuchen Mt 9, 17. Mk 2, 22. Lk 5, 37, welkender Schönheit Jk 1, 11, vergängl. Goldschmuck 1 Pt 1, 7, schwindender Pracht Apk 18, 14 (mit ἀπό wie Jer 10, 11. Da 7, 17). V. ird. Speise J 6, 27, verdorb. Honig Hm 5, 1, 5. V. d. Himmel, der wie d. Erde zugrunde gehen wird Hb 1, 11 (Ps 101, 27). V. Weltuntergang Hv 4, 3, 3. V. dem im Dunkel sich verlierenden Lebenspfade d. Gottlosen B 11, 7 (Ps 1, 6). ▬ **b.** *verlorengehen* (Antipho 54 Diels, Vorsokr. ἀπολόμενον ἀργύριον. X., conv. 1, 5. 1 Kö 9, 3) ISm 10, 1. V. ausfallenden Haaren Lk 21, 18. AG 27, 34, abgehauenen Gliedern Mt 5, 29f., Speiseresten J 6, 12. V. verlorengegangenen Wohlgeschmack des Weins Hm 12, 5, 3. — V. verlaufenen Schafen Mt 10, 6. 15, 24. Lk 15, 4. 6. B 5, 12 (vgl. Jer 27, 6. Ez 34, 4. Ps 118, 176). V. e. verlorenen Sohn Lk 15, 24 (Artem. 4, 33 ἡ γυνὴ . . . τ. υἱὸν ἀπώλεσε καὶ . . . εὗρεν αὐτόν. — JSchniewind, D. Gleichn. vom verl. Sohn '40). ἀ. θεῷ *für Gott verlorengehen* Hs 8, 6, 4.

Ἀπολλύων, ονος, ὁ *d. Verderber*, Übers. v. Ἀβαδδών (s. d.) Apk 9, 11 (Archilochus, fgm. 30 Ἄπολλον . . . ὄλλυ' ὥσπερ ὀλλύεις = Apollo, du Vernichtergott, vernichte sie!). — AOepke, ThW I 396.*

Ἀπολλωνία, ας N. pr. f. *Apollonia*, Stadt in Mazedonien (Lit. Inschr.), v. Pls auf d. Durchreise berührt AG 17, 1.*

Ἀπολλώνιος, ου weit verbreitetes (Dit., Syll. u. Or., auch Inschr. v. Magn. Indices. Joseph.) N. pr. m. *Apollonius*. Presbyter in Magnesia IMg 2, 1. — AG 18, 24D s. Ἀπολλῶς.*

Ἀπολλῶς, ῶ N. pr. m. (Ostraka II 1319. 1577. Sehr oft Pap.; z. B. P. Lond. 929, 44. 66. 1233, 8) *Apollos* Christ alexandrin. Herkunft und Bildung, der in Ephesus u. Korinth wirkte. AG 18, 24. 19, 1. 1 Kor 1, 12 (vgl. Epikt. 1, 9, 1—4: nicht Ἀθηναῖος ἢ Κορίνθιος, ἀλλὰ κόσμιος). 3, 4—6. 22. 4, 6. 16, 12. Tit 3, 13. 1 Kl 47, 3. Über d. Namensform, e. Kurzform v. Ἀπολλώνιος, wie d. Mann AG 18, 24D heißt, auch wohl von Ἀπολλόδωρος und Ἀπολλωνίδης, vgl. W-S. § 16, 9 a. E. Bl-D. § 125, 1. Ltzm., Hdb. Exk. hinter 1 Kor 16, 18 u. s. zu Ἀπελλῆς. — RSchumacher, D. Alexandriner Apollos '16. GABarton, Some Influences of Apollos in the NT: JBL 43, '24, 207—23. EBuonaiuti, Paolo ed Apollo: Ricerche Religiose 1, '25, 14—34. HPreisker, Ap. u. d. Johannesjünger in AG 18, 24—19, 6: ZNW 30, '31, 301—04. SBugge, Norsk Teol. Tidsskr. 44, '43, 83—97.*

ἀπολογέομαι (seit Eur. Hdt., auch Dit., Or. 609, 39. P. Straßb. 5, 15 u. ö. Pap. LXX. Joseph.) Ipf. ἀπελογούμην. Aor. 1 ἀπελογησάμην. Aor. 1 Pass. Inf. ἀπολογηθῆναι Lk 21, 14 *sich herausreden, sich verteidigen* (Jos., ant. 4, 169. 15, 35). Abs. (Ggs. κατηγορέω) Rö 2, 15. Lk 21, 14. ὁ Παῦλος ἀπελογεῖτο AG 26, 1. Mk-Schluß der Freerhs. 1. M. Akk. ταῦτα αὐτοῦ ἀπολογουμένου *als er dies zu seiner Entschuldigung vorbrachte* AG 26, 24. πῶς ἢ τί ἀπολογήσησθε *wie oder womit ihr euch v. sollt* Lk 12, 11. τὰ περὶ ἐμαυτοῦ ἀ. *ich bringe meinen Fall z. Verteidigung vor* AG 24, 10. ἀ. περί τινος *sich gegen etw. v.* (Demosth. 19, 214. Diod. S. 4, 53, 1) 26, 2 (ἐπί τινος *vor jmdm.*). — M. Dat. d. Pers. (Pla., Prot. 359A, bes. Spätere [Nägeli 43], auch Epikt. 2, 16, 42 σοὶ [Gott] ἀπολογήσομαι [ὑπέρ τινος πρός τινα = in einer Sache gegen jmdn.]. Maximus Tyr. 3, 7a. Vett. Val. 209, 13 βασιλεῖ ἀπολογήσεται) ἀ. τῷ δήμῳ *sich vor d. Volke v.* AG 19, 33. ὑμῖν ἀ. 2 Kor 12, 19. αὐτοῖς MPol 10, 2. — M. flgd. ὅτι: τοῦ Παύλου ἀπολογουμένου, ὅτι *während Paulus zu seiner Verteidigung erklärte* (es folgt or. dir.) AG 25, 8.*

ἀπολογία, ας, ἡ (seit Vorsokr. Thu., auch BGU 531, 21 [I n]. P. Leipz. 58, 18. Wsh 6, 10. Jos., c. Ap. 2, 147) *d. Verteidigung, d. Rechtfertigung* ▬ **1.** als Sache *d. Verteidigungsrede, d. Antwort* ἀκούσατέ μου τῆς πρὸς ὑμᾶς νυνὶ ἀπολογίας *hört auf meine gegenwärtige, an euch gerichtete V.* AG 22, 1 (ἀ. πρός τινα wie X., mem. 4, 8, 5). ἡ ἐμὴ ἀ. τοῖς ἐμὲ ἀνακρίνουσιν *meine Antwort an die, die über mich zu Gericht sitzen* 1 Kor 9, 3. ▬ **2.** als Handlung ▬ **a.** vor Gericht (Jos., bell. 1, 621): ἐν τῇ πρώτῃ μου ἀ. *bei m. ersten Verteidigung* 2 Ti 4, 16 (s. πρῶτος 1a). τόπον ἀπολογίας λαμβάνειν περί τινος *d. Möglichkeit erhalten, sich wegen e. Sache zu vert.* AG 25, 16. ▬ **b.** allg. v. d. Eifer, jmdn. in Schutz zu nehmen 2 Kor 7, 11. V. d. Verteidigung d. Evangeliums Phil 1, 7. 16. ἕτοιμοι πρὸς ἀπολογίαν παντὶ *bereit, sich gegen jeden zu v.* 1 Pt 3, 15. ▬ **3.** *d. Entschuldigung* ἔχειν ἀπολογίαν εἰπεῖν *z. Entschuldigung sagen können* PK 3 S. 15, 23.*

ἀπολούω (seit Homer, auch Hi 9, 30) Aor. 1 Med. ἀπελουσάμην. D. NT kennt nur das Med. im Sinne von *sich abwaschen lassen*, u. zwar übertr. (wie Philo, mut. nom. 49. Lucian, cataplus 24 ἀπάσας τ. κηλῖδας τῆς ψυχῆς ἀπελουσάμην) τὰς ἁμαρτίας *d. Sünden sich* (wie e. Schmutz) *a. lassen* AG 22, 16. Abs. (neb. ἁγιάζεσθαι) 1 Kor 6, 11.*

ἀπόλυσις, εως, ἡ (seit Hdt., auch Pap. 3 Makk. Ep. Arist. Jos., ant. 17, 204 als *Ablösung, Befreiung, Entlassung*; b. Polyb. oft als d. *Aufbruch, Abzug*) euphem. f. d. Tod (Theophr., hist. pl. 9, 16, 8. Dio Chrys. 60 + 61 [77 + 78], 45. Diog. L. 5, 71) γίνεσθαι πρὸς ἀ. τοῦ ἀποθανεῖν *z. Todesaufbruch kommen* 1 Kl 25, 2.*

ἀπολύτρωσις, εως, ἡ ursprgl. *d. Loskaufung* e. Gefangenen oder Sklaven, seine *Freimachung* durch Erlegung des Lösegeldes (λύτρον, s. d.). Das Wort ist selten (Diod. S. Fgm. 37, 5, 3 p. 149, 6 Dind. Plut., Pomp. 24, 5. Ep. Arist. 12. 33. Philo, omn. prob. lib. 114. Jos., ant. 12, 27, auch Da 4, 34. E. Inschrift v. Kos bez. so die sakrale Sklavenfreilassung: RHerzog, Koische Forschungen und Funde '99, 39f. DBm., LO 278. KLatte, Heiliges Recht '20), u. sein Gebrauch erlaubt sich Freiheiten gegenüber der Urbedeutung. ▬ **1.** eigtl. *d. Freilassung*, angeboten gegen d. Preis d. Verleugnung (Philo. a. a. O.; z. Sache auch 2 Makk 7, 24. 4 Makk 8, 4—14) Hb 11, 35. ▬ **2.** übertr. auf d. Befreiung v. Sünde u. Endlichkeit durch Christus ▬ **a.** *d. Erlösung*, auch als Zustand *d. Erlöstsein* διὰ τῆς ἀ. τῆς ἐν Χριστῷ Ἰησοῦ Rö 3, 24. εἰς ἀ. τῶν παραβάσεων *zur Erlösung v. d. Übertretungen* Hb 9, 15. ἐγγίζει ἡ ἀ. ὑμῶν Lk 21, 28. ἡ ἀ. τοῦ σώματος ἡμῶν *d. Befreiung unseres Leibes* v. der Vergänglichkeit oder *d. Erlösung von unserem Leibe* (σῶμα = σάρξ wie 2 Kor 5, 8) Rö 8, 23. ἔχομεν τὴν ἀ. διὰ τοῦ αἵματος αὐτοῦ Eph 1, 7. Kol 1, 14. ἐσφραγίσθητε εἰς ἡμέραν ἀπολυτρώσεως *ihr empfinget d. Siegel für d. Tag d. Erlösung* Eph 4, 30. εἰς ἀ. τῆς περιποιήσεως *zur E., durch die ihr Gottes Eigentum werdet* 1, 14. — **b.** abstr. pro concr. *d. Erlöser*: Christus ἐγενήθη ἡμῖν ἀ. 1 Kor 1, 30. — JWirtz, D. Lehre von d. Apolytrosis '06. JJStamm, Erlösen u. Vergeben im AT '40. BWWarfield, The NT Terminology of „Redemption": Princeton Theol. Rev. 15, '17, 201—49. ELohmeyer, D. Begriff d. Erlösung im Urchristentum '28. Dazu EvDobschütz, ThBl 8, '29, 34—36. 99f. OProcksch u. FBüchsel, ThW IV 330—37. 343—59.*

ἀπολύω (seit Homer, auch Inschr. Pap. LXX. Ep. Arist. Joseph.) Ipf. ἀπέλυον. Fut. ἀπολύσω. Aor. 1 ἀπέλυσα; Inf. ἀπολῦσαι. Pass. Pf. ἀπολέλυμαι. Aor. 1 ἀπελύθην. Fut. 1 ἀπολυθήσομαι — **1.** *loslassen* τινά *jmdn.* e. Gefangenen (P. Gieß. 65a, 4. 66, 11. P. Oxy. 1271, 5. 2 Makk 4, 47. 12, 25. 4 Makk 8, 2. Jos., bell. 2, 4) ἀ. ενα τῷ ὄχλῳ δέσμιον *dem Volk e. Gefangenen freigeben* (JMerkel, D. Begnadigung am Passahfeste: ZNW 6, '05, 293—316. — ἀπολύω = begnadigen: Diod. S. 3, 71, 5. Appian, bell. civ. 5, 4 § 15. Dit., Or. 90, 14 [196 v]. UPZ 111, 2 [163 v]) Mt 27, 15—26; vgl. Mk 15, 6—15. Lk 23, 16—25. J 18, 39. 19, 10. 12. AG 3, 13. 5, 40. 16, 35f. 26, 32. 28, 18. e. Schuldner *losgeben* Mt 18, 27. e. Bittenden *abfertigen* 15, 23. Abs. ἀπολύετε καὶ ἀπολυθήσεσθε *gebt* (eure Schuldner) *los, und ihr werdet auch losgegeben werden* Lk 6, 37. — Pass. *befreit werden* (Tob 3, 6. 2 Makk 12, 45. Jos., ant. 2, 65 τ. δεσμῶν) v. Krankheiten (Diog. L. 3, 6. Jos., ant. 3, 264 τ. νόσου) ἀπολέλυσαι (v. l. + ἀπὸ) τῆς ἀσθενείας σου Lk 13, 12. — **2.** *gehen lassen, entlassen* — **a.** *fortschicken* τὴν γυναῖκα *d. Ehefrau mit d. Scheidebrief* (1 Esr 9, 36; vgl. Dt 24, 1ff. D. Redensart ἀ. τ. γυν. auch Dionys. Hal. 2, 25, 7) Mt 1, 19. 5, 31f. 19, 3. 7—9. Mk 10, 2. 4. 11. Lk 16, 18. Hm 4, 1, 6. V. d. Frau ἀ. τὸν ἄνδρα *dem Mann d. Laufpaß geben* (Diod. S. 12, 18, 1) Mk 10, 12. Das ist freilich nicht jüd. (Jos., ant. 15, 259), sondern griech.-röm. Brauch (D hat d. unverfängl. ἐξέλθ ἴν ἀπὸ τοῦ ἀνδρός). Vgl. über d. Ehescheidung Th Engert, Ehe- u Familienrecht d. Hebräer '05. AOtt, D. Auslegung d. ntl. Texte über d. Ehescheidung '10. HNordin, D. ehel. Ethik d. Juden z. Zt. Jesu '11. AEberharter, D. Ehe- u. Familienrecht d. Hebräer '14. LBlau, D. jüd. Ehescheidung u. d. jüd. Scheidebrief '11/12. RHCharles, The Teaching of the NT on Divorce '21. Billerb. I 303—21 u. ö. SEJohnson, Jesus' Teaching on Divorce '45. FLCirlot, Christ and Divorce '45. — **b.** *verabschieden* (X., Hell. 6, 5, 21. UPZ 62, 18 [161 v]. Tob 10, 12 S. 1 Makk 11, 38. 2 Makk 14, 23. Jos., ant. 5, 97) v. e. Volksmenge (Jos., ant. 11, 337 ἀ. τὸ πλῆθος) *gehen lassen* Mt 14, 15. 22. 15, 32. 39. Mk 6, 36. 45. 8, 9 u. ö. ἀ. τὴν ἐκκλησίαν *d. Gemeinde entlassen* AG 19, 40. Auch v. einzelnen: Lk 8, 38. 14, 4. M. Angabe d. Zieles (Jos., vi. 271 εἰς) εἰς τὸν οἶκον *nach Hause* Mk 8, 3. εἰς τὰ τείχη *in d. Bau entlassen* Hs 8, 2, 5; vgl. 8, 2, 1. Pass. *verabschiedet werden, sich trennen, scheiden* (Philo, in Flacc. 96. Jos., ant. 5, 99) AG 4, 23. 15, 30. 33, auch Hb 13, 23, falls es sich an dieser Stelle nicht um Freikommen aus der Gefangenschaft (s. oben 1) oder einfach um Bedeutung 3 handelt (vgl. WWrede, D. literar. Rätsel d. Hb '06, 57ff.). — Euphemist. für *sterben lassen* (Ps.-Plut., consol. ad Apoll. 13 p. 108 C ἕως ἂν ὁ θεὸς αὐτὸς ἀπολύσῃ ἡμᾶς. M. Ant. 12, 36. Grabstein e. Veteranen [Sb 2477] 'Ηλιόδωρε ἐντείμως ἀπολελυμένε, εὐψύχει. Gen 15, 2. Num 20, 29. Tob 3, 6. 2 Makk 7, 9) νῦν ἀπολύεις τὸν δοῦλόν σου Lk 2, 29 (wohl modal *nun mögest du* . . .: JAKleist, Mk '36, 147ff. AFridrichsen, Con. Neot, 7, '42, 5f.). — **3.** Med. *weggehen* (Thu. Polyb., auch P.Hal. 1, 174 [III v]. Ex 33, 11, Ep Arist. 304. Anz 285) AG 28, 25; viell. Hb 13, 23.

ἀπομάσσω (seit Aristoph., auch P. Oxy. 1381, 133. Tob 7, 16 S) *abwischen*, Med. *sich a.* (Galen, Protr. 10 S. 34, 5 John, Ps.-Callisth. 1, 18, 10) τὸν κονιορτὸν ἀπομασσόμεθα ὑμῖν *d. Staub w. wir euch z. Schaden ab* Lk 10, 11, S. zu ἐκτινάσσω 1.*

ἀπομένω (sehr späte Pap. [VIII n] = an e. Ort verweilen. In zweifelhaftem Sinn P. Flor. 378, 6 [V n]) *zurückbleiben* (so Alciphr. 3, 24, 2) Lk 2, 43 D.*

ἀπονέμω (seit Simonides u. Pind., auch Dit., Or. 90, 19. 116, 19. BGU 168, 4, P. Oxy. 71 II, 3. 1185, 6. LXX. Ep. Arist. 24. Philo, spec. leg. 1, 148) *zuteilen, zuteil werden lassen* τινὶ τιμήν (Isokr., paneg. 178. Herodian 1, 8, 1. Jos., ant. 1, 156) *jmdm. Ehre zuteil w. l.* 1 Pt 3, 7. 1 Kl 1, 3. MPol 10, 2. τινὶ πᾶσαν ἐντροπήν *jmdm. alle Achtung erzeigen* IMg 3, 1.*

ἀπονεύω (Pla. Theophr. u. a.) m. ἀπό τινος *sich entfernen von* (Epikt. 4, 10, 2. 4, 12, 18. Von Jesus: ἀπένευσεν ἀπ' [αὐτῶν] *er entfernte sich von* [ihnen] UGosp 31.*

ἀπονίζω (d. Wort seit Homer) u. später

ἀπονίπτω (Od. 18, 179 v. l., dann Diod. S. 4, 59, 4 LXX) Aor. 1 Med. ἀπενιψάμην (diese Formbildung ist klass. [s. νίπτω a. A.], auch Dit., Syll.³ 1168, 63 [III v]) *abwaschen*, Med. *sich a.* (Plut., Phoc. 18, 3. Philostrat., vi. Apoll. 8, 13 p. 330, 26. Achilles Tat. 8, 3, 2 μὲ ἀ. τὸ πρόσωπον) τὰς χεῖρας (Theophr., char. 16, 2) als Zeichen d. Unschuld (jüd., nicht röm. Sitte nach Orig., in Mt. comm. ser. lat. 124 [ed. EKlostermann '33, 259]; vgl. Dt 21, 6f. = Jos., ant. 4, 222. Ps 25, 6. 72, 13. Ep. Arist. 305f. = Jos., ant. 12, 106. Sota 9, 6. — Für die Griechen erzählt Anticlides Hist. [III v] No. 140 fgm. 6 Jac. im Nachtrag III B S. 743, daß nach alter, noch jetzt lebendiger Sitte ὅταν ἢ φόνον ἀνθρώπων ἢ καὶ ἄλλας σφαγὰς ἐποίουν, ὕδατι ἀεννάῳ τὰς χεῖρας ἀπονίπτειν εἰς τοῦ μιάσματος κάθαρσιν Mt 27, 24.*

ἀπόνοια, ας, ἡ (seit Thu., auch Inschr. Pap. LXX. Philo. Jos., bell. 7, 267; c. Ap. 2, 148; ant. 14, 321) *d. Tollheit, d. Sinnlosigkeit* εἰς τοσοῦτον ἀπονοίας *bis zu e. solchen Grade v. Tollheit* 1 Kl 1, 1 (neb. στάσις, wie Cat. cod. astr. II 18). εἰς τοσαύτην ἀ. ἔρχεσθαι 46, 7 (vgl. Dit., Syll.³ 643, 19 [171 v] εἰς τοῦτο ἦλθεν ἀπονοίας. Philo, somn. 2, 277 ἐπὶ τοσοῦτον ἀπονοίας. — M. flgd. ὥστε wie Hyperid. 2, 5).*

ἀποπίπτω (seit Homer, auch UPZ 70, 27 [II v]. LXX) Aor. ἀπέπεσα *abfallen* ἀπό τινος (Hdt. 3, 130. Hi 24, 24) od. m. Gen. (Hdt. 3, 64. Jdth 11, 6) *v. etw.* — **1.** eigtl. (Jos., ant. 6, 2) ἀ. αὐτοῦ ἀπὸ τῶν ὀφθαλμῶν *es fiel von seinen Augen ab* AG 9, 18. — **2.** übertr. (Polyb. Diod. S. Jdth 11, 6. Jos., bell. 1, 527) ἀ. τῆς ὁδοῦ τῆς δικαίας *den rechten Weg verlassen* 2 Kl 5, 7 (vgl. Proclus, inst. 13 ἀ. τἀγαθοῦ).*

ἀποπλανάω (seit Hippokr., auch Ps.-Pla., Axioch. 369 D. Polyb. 3, 57, 4. Dionys. Hal. Plut Epikt. 4, 6, 38. LXX) Aor. 1 Pass. ἀπεπλανήθην *irreführen* τινά *jmdn.* (2 Ch 21, 11. Spr 7, 21. Sir 13, 6. Hen. 98, 15) nur übertr. auf Irrlehrer ἀ. τοὺς

Kolibri 360 GmbH
Ferdinand-Jühlke-Straße 7
99095 Erfurt, Deutschland
produktsicherheit@kolibri360.de